图解现场施工实施系列

图解建筑工程施工简明数字化手册

翟会朝 陈跃锋 主编

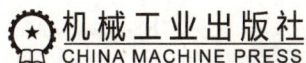

本书是以国家现行建筑设计规范、施工规范、技术标准、规程为依据，并结合工程实践，以建筑施工新工艺、新技术、新材料为内容，系统且全面地融合建筑施工工序、工艺方法、计算公式、数据查询、施工要点、质量要求及施工机具等为一体的综合性简明数据查询手册，在内容上体现了表格化、插图化、图形旁批化，可充分满足各类相关人员的需求，帮助广大施工现场人员迅速、准确地解决各类技术问题，对工程技术人员和现场施工人员极具实用性和指导价值。编写本书旨在为广大建筑设计、施工人员提供一本简明实用、随时参考的数据性工具书，便于他们在施工现场快速解决实际问题，保证施工质量。

本书共分为 4 篇，分别为施工管理篇、施工基础篇、施工技术篇和施工防护篇，全书用 17 个章节详细介绍了施工准备、施工管理、施工测量、土方工程和爆破工程、基坑工程、地基与基础工程、砌体工程、混凝土工程及预应力混凝土工程、钢筋工程、钢结构工程、模板工程、脚手架工程与垂直运输工程、装配式建筑工程、防水工程、防腐蚀工程、保温隔热工程和装饰装修工程等工程的具体实施过程、实施方法及实施技术。

本书配有四大线上资源：18 个视频，504 个知识条目，92 个可计算公式，7 个可查询表格。读者可通过在平台中搜索关键词，直接获得相关结果。

本书可作为建筑施工工程技术人员、管理人员和相关岗位人员的学习用书，也可作为建筑施工第一线技术工人和高等学校相关专业的参考用书。

图书在版编目（CIP）数据

图解建筑工程施工简明数字化手册 / 翟会朝，陈跃锋主编. —北京：机械工业出版社，2025.7

（图解现场施工实施系列）

ISBN 978-7-111-73738-4

Ⅰ. ①图… Ⅱ. ①翟… ②陈… Ⅲ. ①建筑施工 – 手册 Ⅳ. ①TU7-62

中国国家版本馆 CIP 数据核字（2023）第 160436 号

机械工业出版社（北京市百万庄大街 22 号　邮政编码 100037）
策划编辑：汤　攀　　　　　责任编辑：汤　攀　关正美
责任校对：贾海霞　张亚楠　　封面设计：张　静
责任印制：常天培
北京联兴盛业印刷股份有限公司印刷
2025 年 7 月第 1 版第 1 次印刷
184mm×260mm・27.75 印张・2 插页・686 千字
标准书号：ISBN 978-7-111-73738-4
定价：158.00 元

电话服务　　　　　　　　　网络服务
客服电话：010-88361066　　机　工　官　网：www.cmpbook.com
　　　　　010-88379833　　机　工　官　博：weibo.com/cmp1952
　　　　　010-68326294　　金　书　网：www.golden-book.com
封底无防伪标均为盗版　　　机工教育服务网：www.cmpedu.com

编写人员名单

主　编

翟会朝　陈跃锋

副主编

张亚斌　王天成

参　编

曾亚萍　牛淑飞　张建忠　赵运方
赵小云　张小平　张巧霞　陈素叶

前　言

建筑业在我国国民经济中占有举足轻重的地位，而建筑施工是整个建设环节中尤为重要的一环。在现代化建设中，建筑施工是一项复杂的系统工程，包括从施工准备、施工组织调配、方案制定、施工技术到质量的控制和处理等方面，需要广泛、综合地运用现代科学手段，对施工各个方面进行有效的控制和管理。作为现场直接从事指导建筑施工的技术和管理人员，常需要迅速处理现场施工中遇到的各方面问题，特别是施工技术和技术管理以及质量的控制，迫切需要各方面的技术资料作为参考，以便迅速用科学定量和实用简便的方法及时地进行判断和处理，以充分发挥先进的施工技术和现代化管理科学在建筑施工中的指导作用，确保工程质量和施工顺利进行，从而获得最优的技术和经济效益。

本书一方面迎合数据化的需求，将一些重要的数据查询和计算公式，进行数据表格化，公式便利化；另一方面将现场施工采用插图化、图形旁批化等多个方式融合为一体，为大家提供实用、内容丰富、资料翔实的工具书，便于及时查找急需解决的技术问题，以利于工作开展，并促进施工技术、管理的提高，推动施工技术进步，适应当前建筑施工科学迅速发展的需要。

本书融合了各工种工程的基本施工方法和施工要点，也介绍了近年来应用较多的新技术和新工艺。从施工准备、施工管理开始，逐步按照建筑施工的流程分别讲述了施工测量、土方工程和爆破工程、基坑工程、地基与基础工程、砌体工程、混凝土工程及预应力混凝土工程、钢筋工程、钢结构工程、模板工程、脚手架工程与垂直运输工程、装配式建筑工程、防水工程、防腐蚀工程、保温隔热工程和装饰装修工程等。为了方便读者查阅，除了常规的数据表格化外，而且将施工的方法、工艺、做法、操作或原理和图片融合，这样不仅直观形象还更便于理解。

相比于同类书，本书具有以下几个特点：

1. 数字化。本书提供数字化内容（详见附录），常用的表格、公式都可以通过手机、电脑进行查阅、搜索或者计算。

2. 全面性。内容全面，包括建筑施工的各个分部分项工程，涵盖面广，通俗易懂。

3. 数据化。采用数据表格化，将常用的数据采用表格的形式，清晰明了。

4. 直观化。将现场的施工采用图片加旁批注释化的形式，别出心裁、醒目独特。

5. 缜密性。工艺流程严格按照施工工序编写，操作工艺简明扼要，满足材料、机具、人员等资源和施工条件要求，在施工过程中可直接引用。

6. 知识性。对新材料、新产品、新技术、新工艺进行了较全面的介绍，淘汰已经落后的、不常用的施工工艺和方法。

本书在编写和出版过程中得到了许多单位的领导以及一线施工技术人员、管理人员的支持和帮助，很多学者、专家对本书提出了宝贵的意见和建议，在此向他们表示由衷的感谢。由于编者水平有限和时间紧迫，书中难免有不妥之处，真诚地欢迎广大读者批评指正，也恳请广大同仁不吝赐教。

编　者

目 录

前言

第1篇　施工管理篇

第1章　施工准备 2
1.1　施工准备前的调查研究 2
1.2　施工准备工作 6
1.3　施工技术资料的准备 10
1.4　建筑工地临时设施 15
1.5　季节性施工准备 18

第2章　施工管理 20
2.1　现场施工管理 20
2.2　施工机具管理 21
2.3　计划管理 22
2.4　施工材料管理 24
2.5　质量管理 25
2.6　财务管理 27
2.7　施工项目管理 28
2.8　安全生产管理 30

第2篇　施工基础篇

第3章　施工测量 34
3.1　施工测量的内容 34
3.2　测量仪器与方法 38
3.3　施工控制测量 39
3.4　施工过程测量 43
3.5　建筑施工期间的变形测量 47
3.6　线路测量 51

第4章　土方工程和爆破工程 53
4.1　土方工程概述 53
4.2　土方工程施工数据 56
4.3　土方工程施工相关计算 58
4.4　土方施工特点 64
4.5　土方工程施工准备和开挖 65
4.6　填方与压实 70
4.7　土石方工程施工与质量验收 73
4.8　爆破工程施工相关计算 74
4.9　起爆器材与起爆方式 79
4.10　露天爆破 82
4.11　爆破工程施工作业 86
4.12　建（构）筑物拆除爆破 88
4.13　特种爆破 92
4.14　绿色施工技术要求 94

第5章　基坑工程 97
5.1　基坑工程基本规定 97
5.2　基坑支护结构的选型 99
5.3　基坑工程施工相关计算 102
5.4　基坑（槽）施工 107
5.5　钢板桩工程施工 115
5.6　钻孔灌注排桩工程施工 117
5.7　地下连续墙工程施工 119
5.8　土钉墙工程施工 120
5.9　地下结构逆作法施工 121
5.10　基坑工程施工质量验收 123

第6章　地基与基础工程 125
6.1　地基基础 125
6.2　地基与基础工程施工相关计算 127
6.3　地基处理技术 133
6.4　浅基础施工 141

6.5 桩基础施工 ………………… 145
6.6 沉井 ………………………… 148
6.7 地基与基础工程施工质量验收 … 151

第3篇 施工技术篇

第7章 砌体工程 ……………… 154
7.1 工程施工材料 ……………… 154
7.2 砌筑工程施工相关计算 …… 156
7.3 砖砌体工程 ………………… 164
7.4 石砌体工程 ………………… 169
7.5 混凝土小型空心砌块砌体
工程 ………………………… 171
7.6 配筋砌体工程 ……………… 172
7.7 填充墙砌体工程 …………… 174
7.8 砌体结构冬期和雨期施工 … 175
7.9 砌体工程的质量控制与安全技术
措施 ………………………… 176

第8章 混凝土工程及预应力混凝土
工程 ………………………… 178
8.1 混凝土材料和技术性能 …… 178
8.2 混凝土工程施工相关计算 … 179
8.3 混凝土工程施工 …………… 184
8.4 混凝土质量控制与检验 …… 191
8.5 预应力混凝土概述 ………… 195
8.6 预应力混凝土工程施工相关
计算 ………………………… 198
8.7 预应力混凝土先张法施工 … 205
8.8 预应力混凝土后张法施工 … 208
8.9 预应力钢结构施工 ………… 212
8.10 施工安全与质量验收 ……… 214

第9章 钢筋工程 ……………… 216
9.1 钢筋简述 …………………… 216
9.2 钢筋工程施工相关计算 …… 217
9.3 钢筋加工 …………………… 222
9.4 钢筋焊接连接 ……………… 229
9.5 钢筋绑扎与安装 …………… 233

第10章 钢结构工程 …………… 236
10.1 钢结构工程施工相关计算 … 236
10.2 钢结构制作与连接 ………… 245
10.3 钢结构安装 ………………… 250
10.4 钢结构焊接施工 …………… 253
10.5 钢结构涂料涂装 …………… 258
10.6 装配式钢结构建筑 ………… 259

第11章 模板工程 ……………… 269
11.1 模板结构类型 ……………… 269
11.2 模板工程相关计算 ………… 275
11.3 现场加工、拼装模板 ……… 283
11.4 模板施工 …………………… 286
11.5 模板安装与拆除 …………… 290

第12章 脚手架工程与垂直运输
工程 ………………………… 292
12.1 脚手架的分类和基本要求 … 292
12.2 脚手架工程施工计算 ……… 294
12.3 常用脚手架搭设与拆除 …… 300
12.4 脚手架安全与维护 ………… 303
12.5 垂直运输工程 ……………… 306

第13章 装配式建筑工程 ……… 309
13.1 装配整体式混凝土结构材料与
构件 ………………………… 309
13.2 装配式建筑生产、存放与
运输 ………………………… 312
13.3 装配式建筑基础的类型与
施工 ………………………… 314
13.4 装配式工业厂房安装施工 … 317

第4篇 施工防护篇

第14章 防水工程 ……………… 328
14.1 防水基本知识 ……………… 328
14.2 防水工程相关计算 ………… 332
14.3 屋面防水施工 ……………… 336

14.4 地下防水施工 338
14.5 厕浴间地面防水施工 342

第15章 防腐蚀工程 345
15.1 防腐蚀工程施工相关计算 ... 345
15.2 块材铺砌防腐蚀工程 348
15.3 水玻璃类防腐蚀工程 350
15.4 沥青类防腐蚀工程 353
15.5 硫黄类防腐蚀工程 356
15.6 树脂类防腐蚀工程 357

第16章 保温隔热工程 363
16.1 松散材料保温隔热层 363
16.2 板状材料保温隔热层 366
16.3 反射型保温隔热层 369
16.4 整体保温隔热层 371

16.5 其他保温隔热结构层 374

第17章 装饰装修工程 379
17.1 抹灰工程 379
17.2 楼地面工程 383
17.3 吊顶工程 388
17.4 饰面板（砖）工程 389
17.5 轻质隔墙和隔断工程 393
17.6 建筑幕墙工程 397
17.7 涂饰、裱糊与软包工程 403
17.8 门窗工程 407
17.9 细部工程 413

附录 线上资源使用说明 417

参考文献 436

第1篇

施工管理篇

第 1 章
施工准备

1.1 施工准备前的调查研究

进行调查研究，收集有关施工资料，是施工准备的重要内容之一。尤其是当施工单位进入一个新的城市或地区，对建设地区的技术经济条件、场地特征和社会情况等不太熟悉时，此项工作显得更加重要。因此，要想很好地完成施工任务，必须先了解实际情况，熟悉当地条件，掌握原始资料，然后才能编制出一个切合实际、高质量、效果好的施工组织设计。

1.1.1 建设场地勘察

建设场地勘察的调查内容见表1-1。

表 1-1 建设场地勘察的调查内容

序号	项目	调查内容
1	土壤及地下水污染源调查	针对产品生产、原辅材料使用、废水产生、处理和排放等方面，详细调查了解。调查场地的土壤及地下水可能遭受污染的原因、污染因子、区域，以便初步划定本场地的土壤及地下水的污染因子、分布，有针对性地设置土壤和地下水采样点位，进行土壤及地下水样品的采样与检测
2	土壤样品采集	为获取有代表性的土壤样品，在土壤样品采集过程中，由专业人员采用环境钻机土壤样品采集设备进行样品采集，通过土质观察、土壤气体调查（PID）、便携X射线衍射荧光分析仪（XRF）检测等方式，筛选土壤样品，以确保土壤样品的代表性，并使所采集的土壤样品能够适用于特征污染物扩散、污染分布的界定
3	监测井安装与地下水样品采集	由技术人员依据场地水文地质条件和相关技术规范，开展地下水监测井的钻探、建设安装及地下水样品采集等工作，并测量地下水水位埋深，测定地下水的物理、化学参数
4	其他场地特征参数调查	现场采集不同代表位置和土层或选定土层的土壤样品分析其理化性质，如土壤pH值等，用于可能会进行的风险评估和场地修复实际需要
5	样品的保存和流转	为了防止从采样到分析测定阶段，由于环境条件的改变，致使样品的某些物理参数和化学组分的变化，对样品进行的保存和运输，土壤和地下水样品封装保存在加有蓝冰的保温箱中，在4℃的低温环境中，尽快运送、移交分析室测试

1.1.2 社会劳动力与生活设置的调查

建筑施工是劳动密集型的生产活动，社会劳动力是建筑施工劳动力的主要来源。其资料来源于当地劳动、商业、卫生等部门。调查社会劳动力和生活条件主要是为制订劳动力计划，布置临时设施和确定施工力量提供依据。社会劳动力和生活设置的调查内容及目的见表1-2。

表1-2 社会劳动力与生活设置的调查内容及目的

序号	项目	调查内容	调查目的
1	社会劳动力	①少数民族地区的风俗习惯 ②当地能提供的劳动力人数、技术水平、工资费用和来源 ③上述人员的生活安排	制订劳动力计划
2	房屋设施	①必须在工地居住的单身人数和户数 ②能作为施工用的现有房屋栋数、每栋面积、结构特征、总面积、位置、水暖电卫、设备状况 ③上述建筑物的适宜用途，用作宿舍、食堂、办公室的可能性	安排临时设施
3	周围环境	①主副食品供应、日用品供应，文化教育、消防治安等机构能为施工提供的支援能力 ②邻近医疗单位至工地的距离，可能就医情况 ③当地公共汽车、邮电服务情况 ④是否存在有害气体、污染情况	安排职工生活基地，解除后顾之忧

1.1.3 建设场地自然条件的调查

建设场地自然条件的调查内容有：建设地点的气象条件、工程地形地貌条件、工程及水文地质条件、地区地震条件、场地周围环境及障碍物条件等。其资料主要来源于气象部门及设计单位，主要作用是为确定施工方法和技术措施、编制施工进度计划和施工平面布置图提供依据。施工场地及附近地区自然条件调查内容及目的见表1-3。

表1-3 施工场地及附近地区自然条件的调查内容及目的

序号	项目	调查内容	调查目的
		气象资料	
1	气温	①全年各月平均温度 ②最高温度、月份，最低温度、月份 ③冬天、夏季室外计算温度 ④霜冻、冰雹期 ⑤小于 $-3℃$、$0℃$、$5℃$ 的天数及起止日期	①防暑降温 ②全年正常施工天数 ③冬期施工措施 ④估计混凝土、砂浆强度增长
2	降雨	①雨季起止时间 ②全年降水量、一日最大降水量 ③全年雷暴日数、时间 ④全年各月平均降水量	①雨期施工措施 ②现场排水、防洪 ③防雷 ④雨天天数估计

(续)

序号	项目	调查内容	调查目的
		气象资料	
3	风	①主导风向及频率 ②大于或等于8级风全年天数、时间	①布置临时设施 ②高处作业及吊装措施
		工程地形、地质	
1	地形	①区域地形图与工程位置地形图 ②工程建设地区的城市规划 ③控制桩、水准点的位置 ④地形地质的特征 ⑤勘察高程、水文要素等	①选择施工用地 ②合理布置施工总平面图 ③计算现场平整土方量 ④障碍物及数量 ⑤拆迁和清理施工现场
2	地质	①钻孔布置图 ②地质剖面图（各层土的特征、厚度） ③地质稳定性：滑坡、流沙、冲沟 ④地基土各项物理力学指标：天然含水量、孔隙比、渗透性、压缩性指标、塑性指数、地基承载力 ⑤软弱土、膨胀土、湿陷性黄土分布情况，最大冻结深度 ⑥防空洞、枯井、土坑、古墓、洞穴、地基土破坏情况 ⑦地下沟渠管网、地下构筑物	①土方施工方法的选择 ②地基处理方法 ③基础、地下结构施工措施 ④障碍物拆除计划 ⑤基坑开挖方案设计
3	地震	地震设防烈度的大小	对地基、结构的影响，施工注意事项
		工程水文地质	
1	地下水	①最高、最低水位及时间 ②流向、流速、流量 ③水质分析 ④抽水试验、测定水量	①土方施工、基础施工方案的选择 ②降低地下水水位的方法、措施 ③判定侵蚀性质及施工注意事项 ④使用、饮用地下水的可能性
2	地面水 （地面河流）	①临近的江河湖泊及距离 ②洪水、平水、枯水时期的水位、流量、流速、航道深度、通航可能性 ③水质分析	①临时给水 ②航运组织 ③水土工程

1.1.4 水、电、气供应条件的调查

水、电是施工不可缺少的必要条件，主要调查内容如下：

①城市自来水干管的供水能力、接管距离、地点和接管条件等，利用市政排水设施的可能性，排水去向、距离、坡度等。

②可供施工使用的电源位置，引入现场工地的路径和条件，可以满足的容量和电压，电话、电报的利用可能，需要增添的线路和设施等。

资料来源主要是当地市政建设、供电、电信等管理部门和建设单位，主要用作选用施工用水、用电等的依据。施工区域水、电、气供应条件的调查内容见表1-4。

表 1-4 施工区域水、电、气供应条件的调查内容

序号	项目	调查内容
1	给水排水	①与当地现有水源连接的可能性，可供水量，接管地点、管径、管材、埋深、水压、水质、水费、至工地距离，地形地物情况 ②临时供水源，利用江河、湖水的可能性，水源、水量、水质，取水方式，至工地距离，地形地物情况，临时水井位置、深度、出水量、水质 ③利用永久排水设施的可能性，施工排水去向、距离、坡度，有无洪水影响，现有防洪设施、排洪能力
2	供电与通信	①电源位置，引入的可能，允许供电容量，电压、距离、电费，接线地点至工地距离，地形地物情况 ②建设、施工单位自有发电、变电设备的规格、台数、能力、燃料、资料及可能性 ③利用邻近电信设备的可能性，电话、电报局至工地的距离，增设电话设备和计算机等自动化办公设备和线路的可能性
3	供气	①蒸汽来源，可供能力、数量、接管地点、管径、埋深、至工地距离，地形地物情况，供气价格，供气的正常性 ②建设、施工单位自有锅炉型号、台数、能力，所需燃料，用水水质，投资费用 ③当地部门、建设单位提供压缩空气、氧气的能力，至工地的距离

1.1.5 交通运输条件的调查

建筑施工常用铁路、公路、水路三种主要交通运输方式。交通运输资料可向当地铁路、公路运输和航运管理部门进行调查，主要用作组织施工运输业务、选择运输方式的依据。交通运输条件的调查内容见表 1-5。

表 1-5 交通运输条件的调查内容

序号	运输方式	调查内容
1	铁路	①邻近铁路专用线、车站至工地的距离及沿途运输条件 ②站场卸货线长度、起重能力和储存能力 ③装载单个货物的最大尺寸、重量 ④力支费、装卸费和装卸力量
2	公路	①主要材料产地至工地的公路等级，路面构造宽度及完好情况，允许最大载重量 ②途经桥涵等级，允许最大载重量 ③当地专业机构及附近村镇能提供的装卸、运输能力，汽车、人力车的数量及运输效率，运费，装卸费 ④当地有无汽车修配厂，修配能力和至工地距离，路况 ⑤沿途架空电线高度
3	航运	①货源，工地至邻近河流、码头渡口的距离，道路情况 ②洪水、平水、枯水期，封冻期，通航的最大船只及吨位，取得船只的可能性 ③码头装卸能力，最大起重量，增设码头的可能性 ④渡口的渡船能力，同时可载汽车、马车数，每日次数，能为施工提供的能力 ⑤运费、渡口费、装卸费

1.2 施工准备工作

1.2.1 施工准备工作的实施

对施工准备工作的内容,逐项确定完成日期,落实具体负责人。其中,单位工程施工准备工作的内容见表1-6。

表1-6 施工准备工作内容

项目	准备内容
施工准备	①现场障碍物清理及场地平整 ②临时设施的搭建 ③暂设水电管线的安装 ④场内交通道路 ⑤排水沟的修筑以及人工降低地下水位 ⑥材料、机具设备及劳动力进场 ⑦加工订货及设备的落实

施工准备工作计划表格见表1-7。

表1-7 施工准备工作计划表格

序号	项目	准备工作内容	做法要求	完成日期	负责人	涉及单位	备注

1.2.2 物资条件准备

施工物资准备是指施工中必需的劳动手段(施工机械、工具、临时设施)和劳动对象(材料、配件、构件)等的准备,是一项较为复杂而又细致的工作,建筑施工所需的材料、构(配)件、机具和设备品种多且数量大,能否保证按计划供应,对整个施工过程的工期、质量和成本,有着举足轻重的作用。各种施工物资只有运到现场并有必要的储备后,才具备必要的开工条件。因此,要将这项工作作为施工准备工作的一个重要方面来抓。施工管理人员应尽早计算出各阶段对材料,施工机械,设备、工具等的需用量,并说明供应单位、交货地点、运输方式等,特别是对预制构件,必须尽早从施工图中摘录出构件的规格、质量、品种和数量,制表造册,向预制加工厂订货并确定分笔交货清单、交货地点及时间,对大型施工机械、辅助机械及设备要精确计算工作日,并确定进场时间,做到进场后立即使用,用毕立即退场,提高机械利用率,节省机械台班费及停留费。

物资准备的具体内容有建筑材料的准备、预制构件和商品混凝土的准备、施工机具的准备、模板和脚手架的准备、生产工艺设备的准备等。

1. 建筑材料的准备

建筑材料的准备主要是根据施工预算进行分析,按照施工进度计划的使用要求以及材料储备定额和消耗定额,分别按材料名称、规格、使用时间、材料储备定额和消耗定额进行汇总,编制出材料需要量计划,为组织备料、确定仓库、场地堆放所需的面积和组织运输等提供依据。建筑材料的准备包括三材(钢材、木材和水泥)、地方材料、装饰材料的准备。准备工作应根据材料的需要量计划,组织货源,确定加工、供应地点和供应方式,签订物资供应合同,见表1-8。

表1-8 建筑材料的准备

项目	准备内容
建筑材料的准备	①根据施工方案中的施工进度计划和施工预算中的工料分析,编制工程所需材料用量计划,作为备料、供料和确定仓库、堆场面积及组织运输的依据 ②根据材料需用量计划,做好材料的申请、订货和采购工作,使计划得到落实 ③组织材料按计划进场,按施工平面图和相应位置堆放,并做好合理储备、保管工作 ④严格验收、检查、核对材料的数量和规格,做好材料试验和检验工作,保证施工质量

2. 预制构件和商品混凝土的准备

工程项目施工中需要大量的预制构件、门窗、金属构件、水泥制品以及卫生洁具等。这些构件、配件必须事先提出订制加工单。对于采用商品混凝土现浇的工程,则先要到生产单位签订供货合同,注明品种、规格、数量、需要时间及送货地点等,如图1-1所示。

材料进场后,需要妥善保管

图1-1 材料的堆放

3. 施工机具的准备

根据采用的施工方案,安排施工进度,确定施工机具的类型、数量和进场时间。确定施工机具的供应办法和进场后的存放地点和方式,编制建筑安装机具的需要量计划,为组织运输、确定堆场面积等提供依据,见表1-9。

表1-9 施工机具的准备

项目	准备内容
施工机具的准备	①根据施工进度计划及施工预算所提供的各种构(配)件及设备数量,做好加工翻样工作,并编制相应的需用量计划 ②根据需用量计划,向有关厂家提出加工订货计划要求,并签订订货合同 ③对施工企业缺少且需要的施工机具,应与有关部门签订订购和租赁合同,以保证施工需要 ④对于大型施工机械(如塔式起重机、挖掘机、桩基设备等)的需求量和时间,应与有关方面(如专业分包单位)联系,提出要求,在落实后签订有关分包合同,并为大型机械按期进场做好现场有关准备工作 ⑤安装、调试施工机具,按照施工机具需要量计划,组织施工机具进场,根据施工总平面图将施工机具安置在规定的地方或仓库。对于施工机具要进行就位、搭棚、接电源、保养、调试工作。对所有施工机具都必须在使用前进行检查和试运转

4. 模板和脚手架的准备

模板和脚手架是施工现场使用量大、堆放占地面积大的周转材料。

模板及其配件规格多、数量大，对堆放场地要求比较高，一定要分规格、型号整齐码放，以便于使用和维修。

大钢模板一般要求立放，并防止倾倒，在现场应规划出必要的存放场地。钢管脚手架、桥式脚手架等都应按指定的平面位置堆放整齐，扣件等零件还应防雨，以防锈蚀。

5. 生产工艺设备的准备

订购生产用的生产工艺设备，要注意交货时间与土建进度密切配合。因为某些庞大设备的安装往往要与土建施工穿插进行，如果土建全部完成或封顶后，安装会有困难，故各种设备的交货时间要与安装时间密切配合，以免影响建设工期。准备时按照拟建工程生产工艺流程及工艺设备的布置图提出工艺设备的名称、型号、生产能力和需要量，确定分期分批进场时间和保管方式，编制工艺设备需要量计划，为组织运输、确定堆场面积提供依据。

1.2.3 施工组织准备

1. 建立健全现场施工管理体制

此项工作应在承接工程任务后立即进行，以便于进行开工前的各项准备工作。现场施工组织准备遵循的原则，见表1-10。

表1-10 现场施工组织准备遵循的原则

项目	遵循的原则
建立健全现场施工管理体制	要形成有一定权威性的统一指挥，着重协调各方面的关系，排除各种障碍，确保工程能按预定要求顺利完成 设置的规模应根据工程任务的大小、技术复杂程度以及纵、横关系情况确定，做到因事设职，因职选人，建立有施工经验、有开拓精神和效率高的组织班子 在采用现代项目管理体制时，要结合我国的国情，妥善设置。要使经济手段和行政手段相结合，一方面运用经济合同明确工程建设各方面的责任，建立相适应的项目管理体系；另一方面要运用可行的行政管理体系，为工程的顺利进行扫除障碍，创造条件

2. 确定合理的劳动组织

根据工程特点和拟采用的施工方法，建立相应的专业或混合劳动组织；按照施工方案确定的劳动力需要量计划，组织工人进场，安排好工人生活，并进行职工进场教育。

1.2.4 现场施工准备

施工现场的准备即通常所说的室外准备（外业准备），包括拆除障碍物、"三通一平"、测量放线、搭设临时设施等内容。

1. 拆除障碍物

拆除障碍物一般由建设单位完成，也可委托施工单位完成。拆除时要弄清情况，尤其是原有障碍物复杂、资料不全时，应采取相应的措施，防止发生事故。

架空电线、埋地电缆、自来水管、污水管、煤气管道等的拆除，都应与有关部门取得联系并办好手续后，才可进行，一般由专业公司来拆除。场内的树木需报请园林部门批准后方可砍伐。房屋要在水源、电源、气源等截断后方可进行拆除。坚实、牢固的房屋等，采用定向爆破方法拆除，应经有关主管部门批准，由专业施工队拆除。

2. "三通一平"

在工程用地范围内，接通施工用水、用电、道路和平整场地的工作简称"三通一平"。其实工地上的实际需要往往不止是水通、电通、路通，有的工地还需要供应蒸汽，架设热力管线，简称"热通"；通煤气，称为"气通"；通电话作为联络通信工具，称为"话通"；还可能因为施工中的特殊要求，有其他的"通"，但最基本的还是"三通"，见表1-11。

表1-11 "三通一平"工作的内容

项目	工作的内容
平整场地	清除障碍物后，方可进行场地平整工作。平整场地工作是根据建筑施工总平面图规定的标高，勘测地形图和场地平整方案等技术文件的要求，通过测量，计算出挖、填土方量，设计土方调配方案，组织人力或机械进行平整工作。应尽量使挖填方量趋于平衡，总运输量最小，便于机械施工和充分利用建筑物挖方填土，并应防止利用地表土、软润土层、草皮、建筑垃圾等做填方。如果规模较大，这项工作可以分段进行，先完成第一期开工的工程用地范围内的场地平整工作，再依次进行后续的平整工作，为第一期工程项目尽早开工创造条件
路通	施工现场的道路是组织物资运输的"动脉"。开工前应按总平面图的要求，修建好施工现场的永久性道路和临时性道路，从而形成一个完整畅通的运输道路网，为建筑材料进场、堆放和消防创造有利条件。为节省临时工程费用，缩短施工准备工作时间，尽量利用原有道路设施或拟建永久性道路解决现场道路问题。临时道路的等级，可根据交通流量和所用车辆确定
水通	水通包括给水和排水两个方面。施工用水主要是指施工现场的生产用水、生活用水和消防用水，它的布置应按施工组织总设计的规划安排。给水设施尽量利用永久性的给水线路。临时线路的铺设应在满足生产与生活用水需要与方便的同时，尽可能缩短线路，节约成本。与此同时，还应做好地面排水系统，保证场地排水的通畅，为施工创造良好的环境
电通	电通包括施工生产用电和生活用电。电通应按施工组织设计要求布设线路和通电设备。由于建筑工程施工供电面积大，起动电流大，负荷变化多和手持式用电机具多，施工现场临时用电要考虑安全和节能措施。开工前，要按照施工组织设计的要求，接通电力和电信设施。电源首先应考虑从国家电力系统或建设单位已有的电源上获得，如供电系统的供电量不能满足施工生产、生活用电的需要，则应考虑在现场建立自备发电系统，以确保施工现场动力设备和通信设备的正常运转

3. 测量放线

测量放线的任务是把图纸上所设计好的建筑物、构筑物及管线等测量到地面上或实物上，并用各种标志表现出来，以作为施工的依据。它是确保建筑施工质量的先决条件。其工作的进行，一般是在土方开挖之前，通过在施工场地内设置坐标控制网和高程控制点来实现。这些网点的设置应视工程范围的大小和控制的精度而定。测量放线前的准备工作，见表1-12。

表1-12 测量放线前的准备工作

项目	工作的内容
测量仪器进行检验和校正	所用的经纬仪、水准仪、全站仪、钢尺、水准尺等，应进行校验

(续)

项目	工作的内容
了解设计意图，熟悉并校核施工图	通过设计交底，了解工程全貌和设计意图，掌握现场情况和定位条件，主要轴线尺寸的相互关系，地下、地上的标高以及测量精度要求。在熟悉施工图过程中，应仔细核对图纸尺寸，对轴线尺寸、标高是否齐全以及边界尺寸要特别注意
校核红线桩与水准点	建设单位提供的由城市规划勘测部门给定的建筑红线，在法律上起着限制建筑边界的作用。在使用红线桩前要进行校核，施工过程中要保护好桩位，以便将其作为检查建筑物定位的依据。水准点也同样要校测和保护。红线和水准点经校测发现问题，应提请建设单位处理
制定测量、放线方案	根据设计图的要求和施工方案，制定切实可行的测量、放线方案，主要包括平面控制、标高控制、±0 以上施测、沉降观测和竣工测量等项目。建筑物定位放线是确定整个工程平面位置的关键环节，施测中必须保证精度，杜绝错误，否则其后果将难以处理。建筑物定位、放线，一般通过设计图中平面控制轴线来确定建筑物的位置，测定并经自检合格后，提交有关部门和甲方（或监理人员）验线，以保证定位的准确性。沿红线建的建筑物放线后，还要由城市规划部门验线，以防止建筑物压红线或超红线，为正常顺利地施工创造条件

4. 搭设临时设施

现场所需临时设施，应报请规划、市政、消防、交通、环保等有关部门审查批准。

为了施工方便行人的安全，应用围墙将施工用地围护起来。围墙的形式和材料应符合市容管理的有关规定和要求，并在主要入口处设置标牌，标明工地名称、施工单位、工地负责人等。

所有宿舍、办公用房、仓库、作业棚等，均应按批准的图纸搭建，不得乱搭乱建，并尽可能利用永久性工程。

1.3 施工技术资料的准备

1.3.1 熟悉和审查施工图

设计交底由建设单位负责组织，由设计单位向施工单位和承担施工阶段监理任务的监理单位等相关参建单位进行交底。图纸会审由建设单位负责组织施工单位、监理单位、设计单位等相关参建单位参加。

设计交底与图纸会审的通常做法是设计文件完成后，设计单位将设计图移交建设单位，建设单位发给承担施工监理的监理单位和施工单位；由建设单位负责组织参建各方进行图纸会审，并整理成会审问题清单，在设计交底前一周交设计单位；设计交底一般以会议形式进行，先进行设计交底，由设计单位介绍设计意图、结构特点、施工要求、技术措施和有关注意事项，而后转入图纸会审问题解释，通过设计、监理、施工三方或参建多方的研究协商，确定存在的各种问题的解决方案。设计交底应在施工开始前完成。

1. 熟悉和会审图纸的目的

①了解设计意图并向设计人员质疑，询问图纸中不清楚的部分，直到彻底弄懂为止。

②对图纸中的差错及不合理部分或不符合国家制定的建设方针、政策的部分，本着对工

程负责的态度予以指出,并提出修改意见,供设计人员参考。

2. 熟悉图纸的关键

施工技术人员熟悉图纸时应关注的重点,见表1-13。

表1-13 熟悉图纸时应关注的重点

项目	熟悉图纸时应关注的重点
基础部分	核对建筑、结构、设备施工图中关于基础留洞位置及标高、地下室排水方向,变形缝及人防出口的做法、防水体系的做法要求等
主体结构部分	弄清主体结构各层的砖、砂浆、混凝土构件的强度等级有无变化,墙、柱与轴线间的关系,梁柱的配筋及节点做法,悬臂结构的锚固要求,楼梯间的构造,设备图与土建图上洞口尺寸及位置的关系
屋面及装修部分	屋面防水节点做法,结构施工时应为装修施工提供的预埋件和预留洞,内外墙和地面等的材料、做法及技术要求

3. 审查设计技术资料

审查设计图及其他技术资料时,应注意以下几个问题:

①审查拟建工程的地点、建筑总平面图同国家、城市或地区的规划是否一致,以及建筑物或构筑物的设计功能和使用要求是否符合环卫、防火及美化城市方面的要求。

②审查设计图是否完整、齐全以及设计图和资料是否符合国家有关的技术规范要求。

③审查设计图与说明书在内容上是否一致,规定是否明确,以及设计图之间有无矛盾和错误。

④审查建筑总平面图与其他结构在几何尺寸、坐标、标高、说明等方面是否一致,技术要求是否正确。

⑤审查工业项目的生产工艺流程和技术要求,掌握配套投产的先后次序和相互关系,以及与设备安装图相配合的土建施工图在坐标、标高上是否一致,在配合上是否存在技术问题,能否合理解决。

⑥审查地基处理与基础设计同拟建工程地点的工程水文、地质等条件是否一致,以及建筑物或构筑物与地下构筑物及管线之间有无矛盾。

⑦明确拟建工程的结构形式和特点,复核主要承重结构的强度、刚度和稳定性是否满足要求,审查设计图中工程复杂、施工难度大和技术要求高的分部分项工程或新结构、新材料、新工艺,检查现有施工技术水平和管理水平能否满足工期和质量要求,并采取可行的技术措施加以保证。

⑧审查设计图本身的建筑构造与结构构造之间,结构与各构件之间以及各种构(配)件之间的联系是否清楚。

⑨明确建设期限,分期分批投产或交付使用的顺序和时间,以及工程所用的主要材料及设备的数量、规格、来源和供货日期。

⑩明确建设、设计和施工等单位之间的协作、配合关系,以及建设单位可以提供的施工条件。

4. 学习和熟悉技术规范、规程及有关技术规定

技术规范、规程是由国家有关部门制定的,是具有法令性、政策性和严肃性的建设法规。施工各部门必须按技术规范与规程施工。建筑施工中常用的技术规范、规程见表1-14。

表1-14　建筑施工中常用的技术规范、规程

项目	主要内容
建筑施工中常用的技术规范、规程	①建筑施工及验收规范 ②建筑安装工程质量检验评定标准 ③施工操作规程 ④设备维护及检修规程 ⑤安全技术规程 ⑥上级部门所颁发的其他技术规范与规定

各施工有关人员务必结合本工程实际，认真学习和熟悉有关技术规范、规程，为保证优质、安全、按时完成工程任务打下坚实的技术基础。

在学习与审查图纸过程中，对发现的问题应做好记录。图纸会审由建设单位或委托监理单位组织，设计、施工单位参加。设计单位进行图纸技术交底后，各方提出意见，经充分协商后形成图纸会审纪要。会审各方应会签，作为设计图的修改文件。对涉及技术和经济的较大问题，则必须经建设单位、监理单位、设计单位和施工单位共同协商，由设计单位提供补充图纸或变更设计通知，分送各有关单位。这些技术资料应作为施工图的一部分，并应组织归档。

1.3.2　原始资料的调查分析

建筑工程施工涉及的单位多，内容广，情况多变，问题复杂，编制施工组织设计的人员对建筑地区的技术经济条件、场址特征和社会情况等往往不太熟悉，特别是建筑工程的施工在很大程度上要受当地技术经济条件的影响和约束。因此，为了形成符合实际情况并切实可行的最佳施工组织设计方案，在进行建设项目施工准备工作中，必须进行建设场址的勘察和技术经济条件的调查，以获得施工组织设计的基础资料。这些基础资料称为原始资料，加上对这些资料的分析研究就称为原始资料的调查分析。

原始资料是工程设计及施工组织设计的重要依据之一。原始资料的调查主要是对工程条件、工程环境特点和施工条件等施工技术与组织的基础资料进行调查，以此作为施工准备工作的依据。原始资料调查工作应有计划、有目的地进行，事先要拟定明确、详细的调查提纲。调查的范围、内容、要求等，应根据拟建工程的规模、性质、复杂程度、工期及对当地的熟悉了解程度而定。

原始资料调查内容一般包括建设场址勘察和技术经济资料调查两方面。

1. 建设场址勘察

建设场址勘察主要是了解建设地点的地形、地貌、地质、水文、气象以及场址周围环境和障碍物情况等。勘察结果一般可作为确定施工方法和技术措施的依据。

①地形、地貌勘察。这项勘察要求提供工程的建设规划图、区域地形图（1/25000～1/10000）、工程位置地形图（1/2000～1/1000）、该地区城市规划图、水准点及控制桩的位置、现场地形地貌特征、勘察高程及高差等。对地形简单的施工现场，一般采用目测和步测；对场地地形复杂的，可用测量仪器进行观测，也可向规划部门、建设单位、勘察单位等

进行调查。这些资料可作为选择施工用地、布置施工总平面图、场地平整及土方量计算、了解障碍物及其数量的依据。

②工程地质勘察的目的是为了查明建设地区的工程地质条件和特征，包括地层构造、土层的类别及厚度、承载力及地震级别等。应提供的资料有：钻孔布置图；工程地质剖面图；土层类别、厚度；土壤物理力学指标，包括天然含水量、孔隙比、塑性指数、渗透系数、压缩试验及地基土强度等；地层的稳定性，断层滑块，流沙；最大冻结深度；地基土破坏情况等。工程地质勘察资料可为选择土方工程施工方法、地基土的处理方法以及基础施工方法提供依据。

③水文地质勘察所提供的资料，见表 1-15。

表 1-15 水文地质勘察所提供的资料

项目	内容
地下水文资料	地下水最高、最低水位及时间，水的流速、流向、流量；地下水的水质分析及化学成分分析；地下水对基础有无冲刷、侵蚀影响等。所提供资料有助于选择基础施工方案、选择降水方法以及拟定防止侵蚀性介质的措施
地面水文资料	临近江河湖泊距工地的距离；洪水、平水、枯水期的水位，流量及航道深度；水质分析；最大、最小冻结深度及结冻时间等。调查目的在于为确定临时给水方案、施工运输方式提供依据

④气象资料的调查。气象资料一般可向当地气象部门进行调查，调查资料作为确定冬期、雨期施工措施的依据。气象资料的调查内容，见表 1-16。

表 1-16 气象资料的调查内容

项目	内容
降雨、降水资料	全年降雨量、降雪量；一日最大降雨量；雨期起止日期；年雷暴日数等
气温资料	年平均、最高、最低气温；最冷、最热月及逐月的平均温度
风向资料	主导风向、风速、风的频率；大于或等于 8 级风全年天数，并应将风向资料绘成风玫瑰图

⑤周围环境及障碍物的调查。这项调查包括施工区域现有建筑物、构筑物、沟渠、水井、树木、土堆、电力架空线路、地下沟道、人防工程、上下水管道、埋地电缆、煤气及天然气管道、地下杂填坑、枯井等。

这些资料要通过实地踏勘，并向建设单位、设计单位等调查取得，可作为布置现场施工平面的依据。

2. 技术经济资料调查

技术经济资料调查的目的，是为了查明建设地区地方工业、资源、交通运输、动力资源、生活福利设施等地区经济因素，获取建设地区技术经济条件资料，以便在施工组织中尽可能利用地方资源为工程建设服务，同时也可作为选择施工方法和确定费用的依据。

①建设地区的能源调查。能源一般是指水源、电源、气源等。能源资料可向当地城建、电力、燃气供应部门及建设单位等进行调查，主要为选择施工用临时供水、供电和供气的方式提供经济分析比较的依据。调查内容主要有：施工现场用水与当地水源连接的可能性、供水距离、接管距离、地点、水压、水质及水费等资料；利用当地排水设施排水的可能性、排水距离、去向等；可供施工使用的电源位置、引入工地的路径和条件，可以满足的容量，电

压及电费；建设单位、施工单位自有的发变电设备、供电能力；冬期施工时附近蒸汽的供应量、接管条件和价格；建设单位自有的供热能力；当地或建设单位提供煤气、压缩空气、氧气的能力和它们至工地的距离等。

②建设地区的交通调查。交通运输方式一般有铁路、公路、水路、航空等。交通资料可向当地铁路、交通运输和民航等管理局的业务部门进行调查。收集交通运输资料是调查主要材料及构件运输通道的情况，包括道路、街巷、途经的桥涵宽度、高度、允许载重量和转弯半径限制等资料。

有超长、超高、超宽或超重的大型构件，大型起重机械和生产工艺设备需整体运输时还要调查沿途架空电线、天桥的高度，并与有关部门商议避免大件运输对正常交通产生干扰的路线、时间及解决措施。所收集资料主要为组织施工运输业务、选择运输方式提供经济分析比较的依据。

③主要材料及地方资源情况调查。这项调查的内容包括：三大材料（钢材、木材和水泥）的供应能力，质量，价格，运费情况；地方资源如石灰石、石膏石、碎石、卵石、河砂、矿渣、粉煤灰等能否满足建筑施工的要求；开采、运输和利用的可能性及经济合理性。这些资料可向当地计划、经济等部门进行调查，作为确定材料的供应计划、加工方式、储存和堆放场地及建造临时设施的依据。

④建筑基地情况调查。主要调查建设地区附近有无建筑机械化基地、机械租赁站及修配站；有无金属结构及配件加工厂；有无商品混凝土搅拌站和预制构件等。这些资料可用来确定构（配）件、半成品及成品等货源的加工供应方式，运输计划和规划临时设施。

⑤社会劳动力和生活设施情况调查。这些情况包括当地能提供的劳动力人数、技术水平、来源和生活安排；建设地区已有的可供施工期间使用的房屋情况；当地主副食、日用品供应，文化教育、消防治安、医疗单位的基本情况以及能为施工提供的支援能力。这些资料是制订劳动力安排计划，建立职工生活基地，确定临时设施的依据。

⑥参加施工的各单位能力调查。主要调查施工企业的资质等级、技术装备、管理水平、施工经验、社会信誉等有关情况。这些可作为了解总分包单位的技术及管理水平与选择分包单位的依据。

在编制施工组织设计时，为弥补原始资料的不足，有时还可借助一些相关的参考资料来作为编制依据，如冬期、雨期参考资料，机械台班产量参考指标，施工工期参考指标等。这些参考资料可利用现有的施工定额、施工手册、施工组织设计实例或通过平时的施工实践活动来获得。

1.3.3　编制施工图预算和施工预算

建筑工程预算是反映工程经济效果的技术经济文件，在我国现阶段也是确定建筑工程预算造价的主要形式。建筑工程预算按照不同的编制阶段和不同的作用，可分为设计概算、施工图预算和施工预算三种。

施工图预算是技术准备工作的主要组成部分之一，是按照施工图确定的工程量，施工组织设计所拟定的施工方法，建筑工程预算定额及其取费标准编制的确定建筑安装工程造价和主要物资需要量的经济文件。它是施工企业进行工程投标，签订工程承包合同，进行工程结算，建设银行拨付工程价款，进行成本核算，加强经营管理等方面工作的重要依据。

在施工图预算的基础上，结合施工定额和拟采用的施工方法、技术措施和节约措施来编制施工预算，以作为本施工企业（或基层施工队）对该建设项目内部经济核算的依据。施工预算主要是用来控制工料消耗和施工中的成本支出。根据施工预算的分部分项工程量及定额工料用量，在施工中对施工班组签发施工任务单，实行限额材料及班组核算。在施工过程中，要按施工预算严格控制各项指标，以降低工程成本，提高施工管理水平。

施工图预算与施工预算存在很大的区别：施工图预算是甲乙双方确定预算造价，发生经济联系的技术经济文件；而施工预算则是施工企业内部经济核算的依据，施工预算直接受施工图预算的控制。如果应用电子计算机编制预算，根据施工图将工程量一次性输入，然后应用预算定额（或单位估价表）、地区施工定额这两种数据库文件，即可输出两种不同的预算即施工图预算和施工预算。根据这些预算文件，在施工过程中进行严格控制，实行限额领料、限额用工和成本控制，必然会降低工程造价，提高企业效益。因此，编制施工图预算和施工预算是施工准备中的重要工作。

1.3.4　编制施工组织设计

施工组织设计是施工准备工作的重要组成部分，也是指导施工现场全部生产活动的技术经济文件。建筑施工生产活动的全过程是非常复杂的物质财富再创造的过程，为了正确处理人与物、主体与辅助、工艺与设备、专业与协作、供应与消耗、生产与储存、使用与维修以及它们在空间布置、时间排列之间的关系，必须根据拟建工程的规模、结构特点和建设单位的要求，在原始资料调查分析的基础上，编制出一份能切实指导该工程全部施工活动的科学方案。

施工准备阶段监理工作程序：审查施工组织设计→组织设计技术交底和图纸会审→下达工程开工令→检查落实施工条件→检查承建单位质量保证体系→审查分包单位→测量控制网点移交→施工复测→开工项目的设计图提供→进场材料的质量检验→进场施工设备的检查→业主提供条件检查→组织人员设备→测量、试验资质→监理审图意见→承建单位审图意见→业主审图意见→汇总交设计单位→四方形成会议纪要。

施工监理工作的总程序：签订委托监理合同→组织项目监理机构→进行监理准备工作→施工准备阶段的监理→召开第一次工地会议、施工→监理交底会→审批"工程动工报审表"→签署审批意见→施工过程监理→组织竣工验收→参加竣工验收→在单位工程验收纪录上签字→签发"竣工移交证书"→监理资料归档→编写监理工作总结→协助建设单位组织施工招标投标、评标和优选中标单位→承包单位提交工程保修书→建设单位向政府监督部门申办竣工备案。

1.4　建筑工地临时设施

1.4.1　工地临时房屋设施

1. 一般要求

①结合施工现场具体情况，统筹规划，合理布置。
a. 布点要适应施工生产需要，方便职工工作生活。

b. 不能占据正式工程位置，留出生产用地和交通道路。
　　c. 尽量靠近已有交通线路，或即将修建的正式或临时交通线路。
　　d. 选址应注意防洪水、泥石流、滑坡等自然灾害，必要时应采取相应的安全防护措施。
　　②认真执行国家严格控制非农业用地的政策，尽量少占或不占农田，充分利用山地、荒地、空地或劣地。
　　③尽量利用施工现场或附近已有的建筑物。
　　④必须搭设的临时建筑，应因地制宜，利用当地材料和旧料，尽量降低费用。
　　⑤符合安全防火要求。

2. 临时房屋设施分类

　　①生产性临时设施。生产性临时设施是指直接为生产服务的设施，如临时加工厂现场作业棚、机修间等。
　　②物资贮存临时设施。物资贮存临时设施专为某一项在建工程服务，即一方面要做到能保证施工的正常需要；另一方面又不宜贮存过多，以免加大仓库面积，积压资金。
　　③行政生活福利临时设施。行政生活福利临时设施是指专为工作人员服务的设施，如宿舍、食堂、医务室、俱乐部等。

1.4.2 临时道路

　　临时道路的参考指标见表1-17～表1-20。

表1-17　简易公路技术要求

指标名称	单位	技术标准
设计车速	km/h	≤20
路基宽度	m	双车道6～6.5；单车道4.4～5；困难地段3.5
路面宽度	m	双车道5～5.5；单车道3～3.5
平面曲线最小半径	m	平原、丘陵地区20；山区15；回头弯道1
最大纵坡	%	平原地区6；丘陵地区8；山区9
纵坡最短长度	m	平原地区100；山区50
桥面宽度	m	木桥4～4.5
桥涵载重等级	t	木桥涵7.8～10.4（汽6～汽8）

表1-18　各类车辆要求路面最小允许曲线半径

车辆类型	路面内侧最小曲线半径/m		
	无拖车	有一辆拖车	有两辆拖车
小客车、三轮汽车	6	—	—
一般两轴载重汽车：单车道	9	12	15
双车道	7	—	—
三轴载重汽车、重型载重汽车、公共汽车	12	15	18
超重型载重汽车	15	18	21

表1-19 临时道路路面种类和厚度

路面种类	特点及其使用条件	路基土	路面厚度/cm	材料配合比
级配砾石路面	雨天照常通车,可通行较多车辆,但材料级配要求严格	砂质土	10~15	体积比: 黏土:砂:石子=1:0.7:3.5 重量比: 1. 面层:黏土13%~15%,砂石料85%~87% 2. 底层:黏土10%,砂石混合料90%
		黏质土或黄土	14~18	
碎(砾)石路面	雨天照常通车,碎(砾)石本身含土较多,不加砂	砂质土	10~18	碎(砾)石≥65%,当地土壤含量≤35%
		砂质土或黄土	15~20	
碎砖路面	可维持雨天通车,通行车辆较少	砂质土	13~15	垫层:砂或炉渣4~5cm 底层:7~10cm碎砖 面层:2~5cm
		砂质土或黄土	15~18	
碎砖炉渣或矿渣路面	可维持雨天通车,通行车辆较少,当附近有此种材料可利用时	一般土	10~15	炉渣或矿渣75%,当地土25%
		较松软时	15~30	
砂土路面	雨天停车,通行车辆较少,附近不产石料而只有砂时	砂质土	15~20	粗砂50%,细砂、粉砂和黏质土50%
		黏质土	15~30	
风化石屑路面	雨天不通车,通行车辆较少,附近有石屑可利用	一般土壤	10~15	石屑90%,黏土10%
石灰土路面	雨天停车,通行车辆少,附近产石灰时	一般土壤	10~13	石灰10%,当地土壤90%

表1-20 路边排水沟最小尺寸

边沟形状	最小尺寸/m		边坡坡度	适用范围
	深	底宽		
梯形	0.4	0.4	1:1~1:1.5	土质路基
三角形	0.3	—	1:2~1:3	岩石路基
方形	—	0.3	1:0	岩石路基

1.4.3 场外组织与管理的准备

1. 材料的加工和订货

建筑材料、构(配)件和建筑制品大部分必须外购,工艺设备更是如此。这样如何与加工部、生产单位联系,签订供货合同,维持交通秩序,对于施工企业的正常生产是非常重要的,对于协作项目也是如此,除了要签订议定书之外,还必须做相关方面的大量工作。

2. 施工机具租赁或订购

对于本单位缺少且需用的施工机具,应根据需要量计划,同有关单位签订租赁合同或订购合同。

3. 做好分包工作和签订分包合同

由于施工单位本身的力量所限，有些专业工程的施工、安装和运输等均需要委托外单位完成。根据工程量、完成日期、工程质量和工程造价等内容，与其他单位签订分包合同，保证按时实施。

4. 向上级提交开工申请报告

当材料的加工和订货、施工机具的租赁和订购、分包工作等施工场外的准备工作做完后，应及时填写开工申请报告，并报上级批准。

5. 施工准备工作计划

为了落实各项施工准备工作，加强对其检查和监督，必须根据各项施工准备工作的内容、时间和人员，编制出施工准备工作计划。

1.5 季节性施工准备

1.5.1 冬期施工准备

1. 合理安排冬期施工项目

建筑产品的生产周期长，且多为露天作业，冬期施工条件差、技术要求高，因此在施工组织设计中就应合理安排冬期施工项目，尽可能保证工程连续施工，一般情况下尽量安排费用增加少、易保证质量、对施工条件要求低的项目在冬期施工，如吊装、打桩、室内装修等。而如土方、基础、外装修、屋面防水等则不易在冬期施工。

2. 落实各种热源的供应工作

提前落实供热渠道，准备热源设备，贮备和供应冬期施工用的保温材料，做好培训工作。

3. 做好保温防冻工作

①临时设施的保温防冻。如给水管道的保温，防止管道冻裂；防止道路积水、积雪成冰，保证运输顺利。

②工程已完成部分的保温保护。如基础完成后及时回填至基础顶面同一高度，砌完一层墙后及时将楼板安装到位等。

③冬期要施工部分的保温防冻。如凝结硬化尚未达到强度要求的砂浆、混凝土要及时测温，加强保温，防止遭受冻结。将要进行的室内施工项目，先完成供热系统，安装好门窗玻璃等。

4. 加强安全教育

要有冬期施工的防火、安全措施，加强安全教育，做好职工培训工作，避免火灾、安全事故的发生。

1.5.2 雨期施工准备

1. 做好现场排水工作

雨季来临前，应针对现场具体情况做好排水沟渠的开挖，准备好抽水设备，以防止因场地积水和地沟、基槽、地下室等的浸水对工程的施工造成损失。

2. 做好雨期施工的合理安排

为避免雨期施工时窝工，在雨期来临之前，应不安排土方、基础、室外及屋面等不宜在雨期施工的项目，多留些室内工作在雨期施工。

3. 做好运输道路的维护

雨季前检查道路边坡排水情况，适当提高路面，防止路面凹陷，保证运输畅通。

4. 做好物资的贮存

雨期来临之前应多贮存一些物资，以减少雨天的运输量，节约施工费用；准备必要的防雨器材，库房四周要有排水沟渠，以防止物资淋湿浸水而变质。

5. 做好机具设备等的防护工作

雨期施工时对现场各种机具、设施都应加强检查，尤其是脚手架、垂直运输设备等，要采取防倒塌、防雷击等一系列技术措施。

6. 加强施工管理和安全教育

认真编制雨期施工技术措施，加强对职工的安全教育，防止各种事故的发生。

1.5.3 夏期施工准备

夏期施工最显著的特点就是环境温度较高、相对湿度较小、雨水较多，所以要认真编制夏期施工的安全技术施工预案，认真做好各项准备工作。

1. 编制夏期施工项目的施工方案，并认真组织贯彻实施

根据施工生产的实际情况，积极采取行之有效的防暑降温措施，充分发挥现有降温设备的功能，添置必要的设施，并及时做好检查维修工作。

2. 现场防雷装置的准备

①防雷装置设计应取得当地气象主管机构核发的"防雷装置设计核准意见书"。

②待安装的防雷装置应符合国家有关标准和国务院气象主管机构规定的使用要求，并具备出厂合格证等证明文件。

③从事防雷装置的施工单位和施工人员应具备相应的资质证或资格证书，并按照国家有关标准和国务院气象主管机构规定进行施工作业。

第 2 章

施工管理

2.1 现场施工管理

1. 现场施工调度

①现场施工调度概述。由于施工的可变因素多，计划也不可能十分准确和一成不变，原计划的平衡状态在施工中总会出现不协调和新的不平衡。为解决新出现的不协调和不平衡而进行的及时调整、平衡、解决矛盾、排除障碍，使之保持正常的施工秩序的工作，就是现场施工调度工作。

②现场施工调度的内容。

a. 监督、检查计划和工程合同的执行情况，掌握和控制施工进度，及时进行人力、物力平衡，调配人力，督促物资、设备的供应，促进施工的正常进行。

b. 及时解决施工现场出现的矛盾，协调各单位及各部门之间的协作配合。

c. 监督工程质量和安全施工。

d. 检查后续工序的准备情况，布置工序之间的交接。

e. 定期组织施工现场调度会，落实调度会的决定。

f. 及时公布天气预报，做好预防准备。

③现场施工调度的要求。

a. 调度工作的依据要正确，这些依据有施工过程中检查和发现出来的问题、计划文件、设计文件、施工组织设计、有关技术组织措施、上级的指示文件等。

b. 调度工作要做到"三性"，即及时性、准确性、预防性。

c. 采用科学的调度方法，即逐步采用新的现代调度方法和手段，广泛应用电子计算机技术。

d. 建立施工调度机构网，由各级主管生产的负责人兼任调度机构的负责人。

e. 为了加强施工的统一指挥，必须给予调度部门和调度人员应有的权力。

f. 调度部门无权改变施工作业计划的内容，但在遇到特殊情况无法执行原计划时，可通过一定的批准手续，经技术部门同意，方可进行调度。

2. 现场平面管理

①现场平面管理概述。施工现场平面管理是现场施工管理的重要组成部分，当前建筑施工现场存在由工期较紧、场地狭小、交叉作业多而引起的施工材料乱放、加工厂距离施工现场远等场地平面布置不当的问题，因此在施工现场管理中要根据工程特点和实际情况对现场布置进行科学组织，以满足施工的需求，加大周转效益，保证工程质量。

②现场平面管理的内容。

a. 建立统一的平面管理制度，以施工总平面规划为依据，进行经常性的管理工作。
　　b. 施工总平面的统一管理和区域管理密切地结合起来。
　　c. 做好现场平面管理的经常性工作，做好土石方的平衡工作。

3. 现场场容管理

①现场场容管理概述。施工现场场容管理，实际上是根据施工组织设计的施工总平面图，对施工现场进行的管理。搞好施工现场场容管理，不但可以清洁城市，还可以为建设者创造良好的劳动环境、工作环境和生活环境，振奋职工精神，从而保证工程质量，提高劳动生产率。

②现场场容管理的内容。
　　a. 施工现场用地。
　　b. 围挡与标牌。
　　c. 现场整洁。
　　d. 道路与场地。
　　e. 临设工程。
　　f. 成品保护。
　　g. 环境保护。
　　h. 保护绿地与树木。
　　i. 保护文物。

③现场场容管理责任制。
　　a. 落实领导责任制。
　　b. 实行区域责任制。
　　c. 分口负责，共同管理。

2.2　施工机具管理

1. 施工机具的选择

对于建筑工程而言，施工机具的来源有购置、制造、租赁和利用企业原有设备 4 种方式，正确选择施工机具是降低工程成本的一个重要环节。

①购置。购置新施工机具是较常采用的方式，其特点是需要较高的初始投资，但选择余地大，质量可靠，其维修费用小，使用效率较稳定，故障率低。企业购置施工机具，应当由企业设备管理机构或设备管理人员提出有关设备的可靠性和有利于设备维修等要求。进口的设备到达后，应认真验收，及时安装、调试和投入使用，发现问题应当在索赔期内提出索赔。

②制造。企业自制设备，应当组织设备管理、维修、使用方面的人员参加设计方案的研究和审查工作，并严格按照设计方案做好设备的制造工作。大型或通用性强的设备，一般不采用此法。

③租赁。根据工程需要，向租赁公司或有关单位租用施工机具。

④利用。利用企业原有的施工机具，实际是租赁的延伸方式。项目部向公司租赁施工机具，并向公司支付一定的租金，我国比较普遍。

根据以上4种方式分别计算施工机具的等值年成本，从中挑选等值年成本最低的方式作为选择的对象，总的选择原则为技术安全可靠、费用最低。

2. 施工机具的使用

使用是施工机具管理中的一个重要环节。正确、合理地使用施工机具可以减轻磨损、保持良好的工作性能和应有的精度。为把施工机具用好、管好，企业应当建立健全设备的操作、使用、维修规程和岗位责任制。

①定人、定机、定岗位。定人、定机、定岗位的目的，是把人机关系相对固定，把使用、维修、保管的责任落实到人。

②合理使用施工机具。合理使用，就是要正确处理好管、用、养、修四者的关系，科学地使用施工机具。

③建立安全生产制度。确保施工机具在施工作业中安全生产。

④建立设备事故处理制度。事故发生后，应立即停机并保持现场，事故情况要逐级上报，主管人员应立即深入现场调查分析事故原因，进行技术鉴定和处理；同时要制定防止类似事故再发生的措施，并按事故性质严肃处理和如实上报。

⑤建立健全施工机具的技术档案。主要的机械设备必须逐台建立技术档案。

3. 施工机具的检查、保养及维修

①施工机具的检查。通过检查可全面地掌握实况、查明隐患、发现问题，以便改进维修工作、提高修理质量和缩短修理时间。

②施工机具的保养。保养是预防性的措施，其目的是使机械保持良好的技术状况，提高其运转的可靠性和安全性，减少零部件的磨损以延长使用寿命，降低消耗，提高机械施工的经济效益。

③施工机具的修理。设备的修理是修复因各种因素而造成的设备损坏，通过修理和更换已磨损或腐蚀的零部件，使其技术性能得到恢复。

2.3 计划管理

1. 施工进度计划

施工进度计划应包括从施工现场的准备、进入土建和专业施工操作、设备安装直到工程竣工验收、交付使用为止的全部施工工程的计划。

建筑企业根据各项生产经营活动的不同要求编制的各种计划，构成了一个计划体系，把企业的全部生产经营活动纳入企业统一的计划，建立起企业的计划管理秩序。建筑企业的计划按时间划分由长期计划、年度计划、季度计划和月（旬、周、日）作业计划等构成。

施工进度计划的编制与实施的计划管理方法，通常有横道进度计划表和网络进度计划表两种。

①横道进度计划表。用粗的横道线表示工程各项目的开工与竣工日期、延续时间。由于这种进度计划表简单易画，明了易懂，无论过去和现在均为一种运用最广泛的表述进度计划的方法之一，即使普及了网络计划，而最终的工作进度表或编制轮廓性进度计划时，仍然要采用横道进度计划表的形式。

②网络进度计划表。用一个网络图来模拟一项工程施工进度中，各工作项目的相互联系

和相互制约的逻辑关系,并通过计算,找出关键线路,通过网络计划的调整,选择最优方案,在执行过程中,又不断根据主客观条件的变化信息,进行有效控制和监督,使计划任务能在最合理地使用资源条件下更好地完成。

2. 施工进度的检查

为了完成和超额完成计划,不仅要做好贯彻执行计划的组织工作,同时还必须经常地对计划执行情况进行检查与考核,以便及时发现问题和解决问题。

①利用横道计划检查。在图2-1中,细线表示计划进度,而下面的粗线表示实际进度。

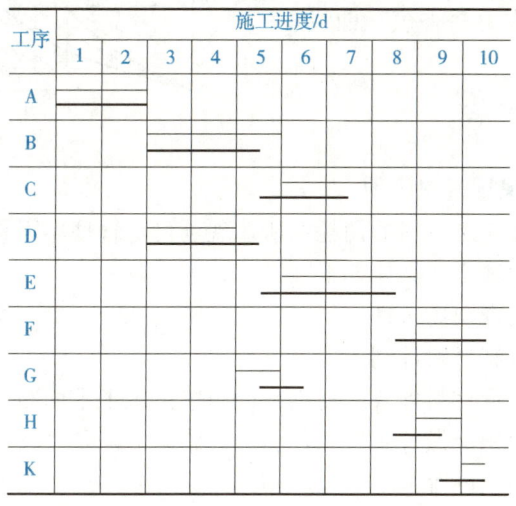

图2-1 利用横道计划检查

②利用网络计划检查。

a. 记录实际作业时间。例如某项工作计划为8d,实际进度为7d,如图2-2所示,将实际进度记录于括号中,显示进度提前1d。

b. 记录工作的开始日期和结束日期并进行检查。例如图2-3所示某项工作计划为8d,实际进度为7d,如图2-3中标法记录,也表示实际进度提前1d。

c. 标注已完成工作。可以在网络图上用特殊的符号、颜色记录其已完成部分,如图2-4所示,阴影部分为已完成部分。

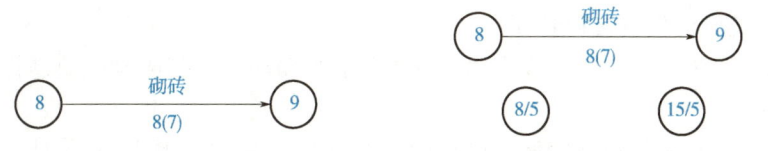

图2-2 实际作业时间记录　　　图2-3 工作实际开始和结束日期记录

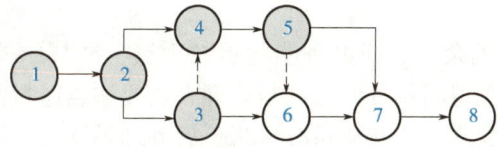

图2-4 已完成工作的记录

③利用"香蕉"曲线进行检查。图 2-5 所示为根据计划绘制的累计完成数量与时间对应关系的轨迹。A 线是按最早时间绘制的计划曲线，B 线是按最迟时间绘制的计划曲线，P 线是实际进度记录线。由于一项工程开始、中间和结束时曲线的斜率不相同，总是呈"S"形，故称 S 形曲线。又由于 A 线与 B 线构成香蕉状，故称为"香蕉"曲线。

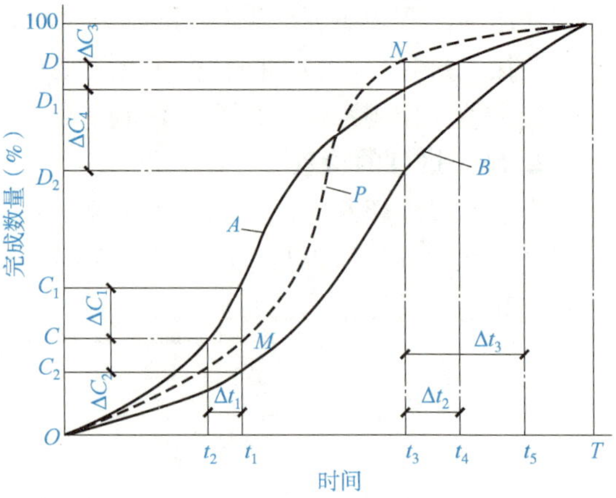

图 2-5 "香蕉"曲线

2.4 施工材料管理

1. 施工准备阶段的现场材料管理

建筑工程施工现场是建筑材料的消耗场所。现场材料管理属于材料使用过程的管理，施工准备阶段的现场材料管理工作具体如下：

①了解工程概况，调查现场条件。

②计算材料用量，编制材料计划。

③设计平面规划、布置材料堆放、材料平面布置是施工平面布置的组成部分。材料管理部门应配合施工管理部门积极做好布置工作，满足施工的需要。材料平面布置包括库房和料场面积计算及选择位置两项内容。

2. 施工阶段的现场材料管理

进入现场的材料不可能直接用于工程中，必须经过验收、保管、发料等环节才能被施工生产所消耗。现场材料的验收、保管、发料工作和仓库管理的业务类似。但施工现场的材料杂，堆放地点多为临时仓库或料场，保管条件差，给材料管理工作带来许多困难。

①进场材料的验收。现场材料管理人员应全面检查、验收入场的材料。

②现场材料的保管。现场材料的堆放，由于受场地限制一般较仓库零乱一些，再加上进出料频繁，使保管工作更加困难。

③现场材料的发放。现场材料发放工作的重点，是要抓住限额问题。现场材料需方多是施工班组或承包队，限额发料的具体方法视承包组织的形式而定。

3. 竣工收尾阶段的现场材料管理

现场材料管理，随着工程竣工而结束。在工程收尾阶段，材料管理也应进行各项收尾工作，保证工完场清。

①控制进料。工程进入收尾阶段，应全面清点余料，核实领用数，对照计划需用量计算缺料数量，按缺料数量进货，避免盲目进料造成现场材料积压。

②退料与利废。

a. 退料。工程竣工后的余料，应办理实物退料手续，冲减原领用数量，核算实际耗用量与节约、超耗数量。办理退料手续时，材料管理人员要注意退料的品种和质量，以便再次使用。对于退回的旧、次材料，应按质量分等折价后办理手续。

b. 利废。修旧利废是增加企业经济效益的有效措施，应作为用料单位的考核指标。现场材料的利废措施很多，应结合实际条件加强管理，建立相应的利废制度。

③现场清理。工程全部竣工后,材料管理部门应全面清理现场,将多余材料整理归类,运出现场以做他用。清理时,尤其要注意周转材料,特别是易丢失的脚手架扣件及钢模板的配件等的收集。现场清理是建筑企业退出施工项目的最后一项工作,必须引起足够的重视。它不仅可以回收大量多余及废旧材料,还可以做到工完场清,交给用户一个整洁的产品,提高企业信誉。

2.5 质量管理

1. 质量管理的基础工作

质量管理的基础工作包括质量教育工作、标准化工作、计量工作、质量情报工作和质量责任制等。

①质量教育工作。

②标准化工作。标准是衡量产品质量和各项工作质量的尺度,又是企业进行技术活动和各项经营管理工作的依据。标准化是质量管理的基础,质量管理是执行标准化的保证。企业标准,主要分为技术标准和管理标准两大类。

③计量工作。计量工作是保证计量的量值准确和统一,确保技术标准的贯彻执行,保证零部件、构件互换和工程质量的重要手段和方法。搞好计量工作,要把施工生产中所需要的量具、设备、仪器配齐配全,并注意维修保养,使用灵活,保证仪表随时处于优良的状态。

④质量情报工作。质量情报是指建筑工程在设计、施工过程中,各个环节有关工程质量和工作质量的信息。包括设计方案的合理性、施工准备和施工组织工作的周密性、原材料质量的稳定性、施工操作认真程度等所收集的基本数据、原始记录和工程竣工交付使用后反映出来的各种质量情报。

⑤质量责任制。工程质量是建筑安装企业经营管理的核心,是企业各项管理工作的综合反映。建立健全质量责任制,是质量管理的一项重要基础工作,具体落实到企业每个部门、每个人员身上,形成一个完整的质量保证体系,才能保证稳步提高工程(产品)质量。

2. 全面质量管理的基本观点

①质量第一的观点。"质量第一"是建筑工程推行全面质量管理的思想基础。建筑工程质量的好坏,不仅关系到国民经济的发展及人民生命财产的安全,而且直接关系到施工企业的信誉、经济效益、生存和发展。

②用户至上的观点。"用户至上"是建筑工程推行全面质量管理的精髓。坚持用户至上的观点,企业就会蓬勃发展,背离了这个观点,企业就会失去存在的必要。

③预防为主的观点。工程质量是设计、制造出来的,而不是检验出来的。检验只能发现工程质量是否符合质量标准,但不能保证工程质量。在工程施工过程中,每个工序,每个分部、分项工程的质量,都会随时受到许多因素的影响,只要有一个因素发生变化,质量就会产生波动,不同程度地出现质量问题。全面质量管理强调将事后检验把关变为工序控制,从管质量结果变为管质量因素,防检结合,防患于未然。

④全面管理的观点。全面质量管理突出的是一个"全"字,即实行全员、全过程、全企业的管理。施工企业的全体人员,包括各级领导、管理人员、技术人员、政工人员、生产工人、后勤人员等都要参加到质量管理中来,人人都要学习运用全面质量管理的理论和方

法，明确自己在全面质量管理中的义务和责任，使工程质量管理具有扎实的群众基础。

⑤一切用数据说话的观点。全面质量管理强调"一切用数据说话"，是因为它以数理统计方法为基本手段，而数据是应用数理统计方法的基础，这是区别于传统管理方法的重要方面。它依靠实际的数据资料，运用数理统计的方法做出正确的判断，采取有力措施进行质量管理。

⑥通过实践，不断完善提高的观点。重视实践，坚持按照计划、实施、检查、处理的循环过程办事，经过一个循环后，对事物内在的客观规律就会有进一步的认识，从而制定新的质量管理计划与措施，使质量管理工作及工程质量不断提高。

3. 全面质量管理基本工作方法

①质量管理的四个阶段。全面质量管理的一个重要概念，就是要注意抓工作质量。任何工作除了做好协调一致工作外，还必须有一个应该遵循的工作程序和方法，要分阶段、分步骤地做到层次分明，有条不紊的科学管理，才能使工作更切合客观实际，避免盲目性，不断提高工作质量和工作效率。要按照计划、实施、检查、处理这四个阶段不断循环。这个循环简称PDCA循环，又称"戴明环"，循环示意图如图2-6所示。

第一阶段是计划（也称为P阶段），包括制定企业质量方针、目标、活动计划和实施管理要点等。

第二个阶段是实施（也称为D阶段），即按计划的要求去做。

第三个阶段是检查（也称为C阶段），即计划、实施之后要进行检查，看看实施效果，做对的要巩固，做错的要进一步找出问题所在。

第四个阶段是处理（也称为A阶段），把成功的经验加以肯定，形成标准，以后再干就按标准进行，没有解决的问题，反映到下期计划。

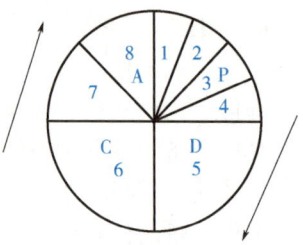

图2-6 四个阶段与八个步骤循环关系示意图

②解决和改进问题的八个步骤。为了解决和改进质量问题，通常把PDCA循环进一步具体化为以下八个步骤：

    a. 分析现状，找出存在的质量问题。

    b. 分析产生质量问题的各种原因或影响因素。

    c. 找出影响质量的主要因素。

    d. 针对影响质量的主要因素，制定措施，提出行动计划，并预计效果。

    e. 执行措施或计划。

    f. 检查采取措施后的效果，并找出问题。

    g. 总结经验，制定相应的标准或制度。

    h. 提出尚未解决的问题。

以上前四个步骤在计划（P）阶段，第五个步骤是实施阶段，第六个步骤是检查阶段，最后两个步骤是处理阶段。这八个步骤中，需要利用大量的数据和资料，做出科学的分析和判断，对症下药，才能真正解决问题。

③质量管理的统计方法。在全面质量管理过程中，一个过程、四个阶段、八个步骤，是一个循序渐进的工作环，是一个逐步充实、逐步完善、逐步深入细致的科学管理方法。在整个过程中，每一个步骤都要用数据说话，都要对数据进行整理、分析、判断来表达工程质量

的真实状态，从而使质量管理工作更加系统化、图表化。目前，常用的统计方法有排列图法、因果分析图法、分层法、频数直方图（简称直方图）法、控制图（又称管理图）法、散布图（又称相关图）法和调查表（又称统计调查分析）法等。施工质量管理应用较多的是排列图法、因果分析图法、频数直方图法、控制图法等。

2.6 财务管理

1. 施工项目成本计划的内容

施工项目成本计划是以货币形式预先规定施工项目进行中的施工生产耗费的水平，确定对比项目总投资（或中标额）应实现的计划成本降低额与降低率，提出保证成本计划实施的主要措施方案。

施工项目成本计划的具体内容包括编制说明、项目成本计划指标和计划成本汇总表。

①编制说明。它是对工程的范围、合同条件、企业对项目经理提出的责任成本目标、项目成本计划编制的指导思想和依据等的具体说明。

②项目成本计划指标。应经过科学地分析预测确定，可以采用对比法、因素分析法等。

③按工程量清单列出的单位工程计划成本汇总表，见表2-1。

表2-1 按工程量清单列出的单位工程计划成本汇总表

序号	清单项目编码	清单项目名称	合同价格	计划成本
1				
2				
…				

④按成本性质划分的单位工程计划成本汇总表，见表2-2。

根据清单项目的造价分析，分别对人工费、材料费、施工机械使用费、措施费、企业管理费和规费进行汇总，形成单位工程计划成本汇总表。

表2-2 按成本性质划分的单位工程计划成本汇总表

序号	成本项目	合同价格	计划成本	备注
一	直接成本			
1	人工费			
2	材料费			
3	施工机械使用费			
4	措施费			
二	间接成本			
5	企业管理费			
6	规费			
	合计			

2. 施工项目成本计划编制的程序

①收集和整理资料。

②估算计划成本，确定目标成本。目标成本的计算公式如下：

$$\text{项目目标成本} = \text{预计结算收入} - \text{税金} - \text{项目目标利润} \tag{2-1}$$

$$\text{目标成本降低额} = \text{项目的预算成本} - \text{项目的目标成本} \tag{2-2}$$

$$\text{目标成本降低率} = \frac{\text{目标成本降低额}}{\text{项目的预算成本}} \times 100\% \tag{2-3}$$

③编制成本计划草案。

④综合平衡，编制正式的成本计划。

3. 成本管理的三个阶段

成本管理大体可分为三个阶段：计划成本的编制阶段；计划成本的实施（贯彻、检查、控制）阶段；计划成本的调整阶段，如图 2-7 所示。

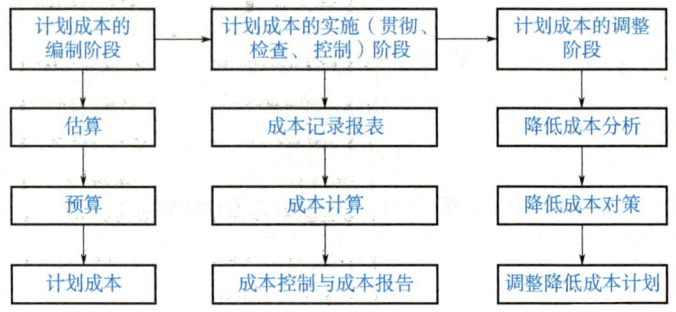

图 2-7 成本管理的三个阶段

2.7 施工项目管理

1. 施工项目目标管理的概念

建设项目分解体系如图 2-8 所示。施工项目是由整体系统和大小子系统构成的。因此，施工项目管理也是一个系统。在进行管理时必须首先界定其工程系统，再针对工程系统确定施工项目管理目标，从而实施项目管理。

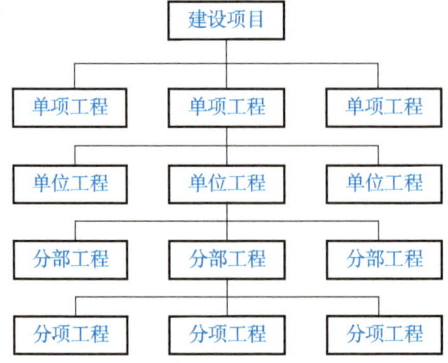

图 2-8 建设项目分解体系

2. 施工项目的目标管理体系

施工项目的总目标是企业目标的一部分。企业的目标体系应以施工项目为中心，形成纵横结合的目标体系结构，如图2-9所示。如表2-3所示为职能部门的目标展开表，可供进行目标管理参考。

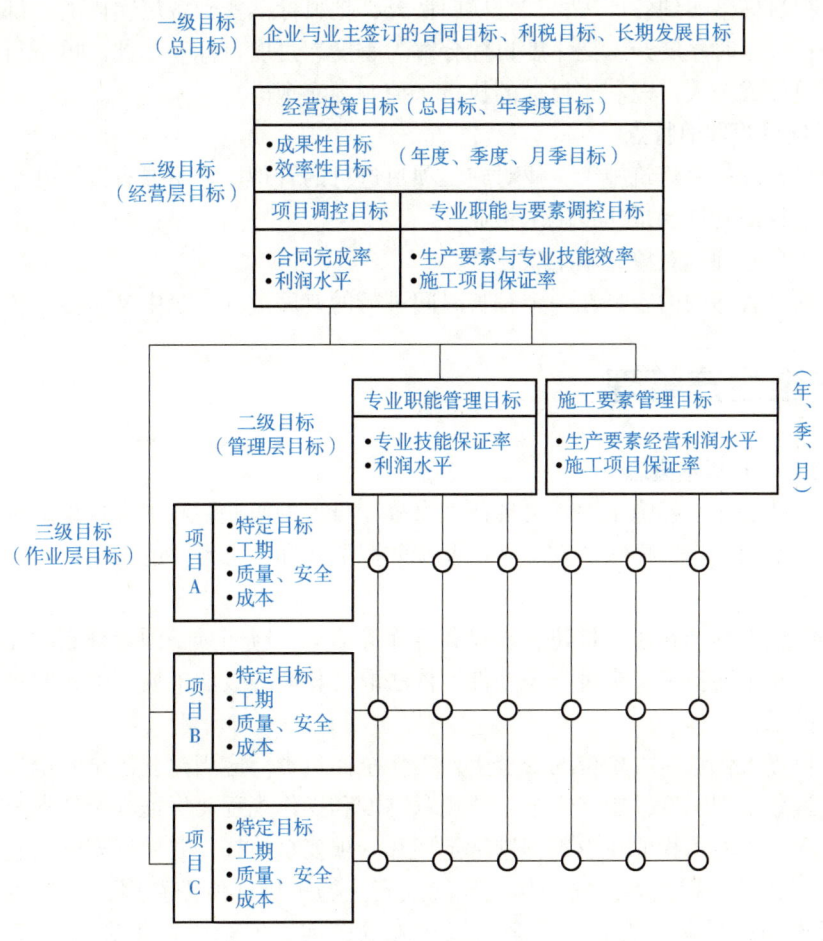

图 2-9　目标管理体系一般模式

表 2-3　职能部门的目标展开表

目标项目			管理点	对策	×× 部门	×× 部门	×× 部门	×× 部门	实施进度				责任者
									一季度	二季度	三季度	四季度	
类别	目标	量值							计划	计划	计划	计划	
									实际	实际	实际	实际	
主管目标													
自控目标													
相关目标													

从图2-9中可以看到，企业的总目标是一级目标，其经营层和管理层的目标是二级目标，项目管理层（作业管理层）的目标是三级目标。对项目而言，需要制定成果性目标；

对职能部门而言，需要制定效率性目标。不同的时间周期，要求有不同的目标，有年、季、月度目标。指标是目标的数量表现。不同的管理主体、不同的时期、不同的管理对象，目标值（指标）不同。

企业总目标制定后，目标应自上而下地展开。目标分解与展开从以下三方面进行：一是纵向展开，把目标落实到各层次；二是横向展开，把目标落实到各层次内的各部门，明确主次关联责任；三是时序展开，把年度目标分解为季度、月度目标。如此，可把目标分解到最小的可控制单位或个人，以利于目标的执行、控制与实现。

3. 施工项目管理的特点

施工项目管理是由建筑施工企业对施工项目进行的管理。它主要有以下几个特点：
①施工项目的管理者是建筑施工企业。
②施工项目管理的对象是施工项目。
③施工项目管理的内容是在一个较长时间进行的有序过程，之中又是按阶段变化的。

2.8 安全生产管理

1. 安全生产的基本概念

安全生产就是在工程施工中不出现伤亡事故、重大的职业病和中毒现象。也就是说在工程施工中不仅要杜绝伤亡事故的发生，还要预防职业病和中毒事件的发生。

2. 安全责任

①从事建设工程的新建、扩建、改建和拆除等活动，应当具备国家规定的注册资本、专业技术人员、技术装备和安全生产等条件，依法取得相应等级的资质证书，并在其资质等级许可的范围内承揽工程。

②主要负责人依法对本单位的安全生产工作全面负责。应当建立健全安全生产责任制度和安全生产教育培训制度，制定安全生产规章制度和操作规程，保证本单位安全生产条件所需资金的投入，对所承担的建设工程进行定期和专项安全检查，并做好安全检查记录。

③对列入建设工程概算的安全作业环境及安全施工措施所需费用，应当用于施工安全防护用具及设施的采购和更新、安全施工措施的落实、安全生产条件的改善，不得挪作他用。

④应当设立安全生产管理机构，配备专职安全生产管理人员。

⑤建设工程实行施工总承包的，由总承包单位对施工现场的安全生产负总责。

⑥垂直运输机械作业人员、安装拆卸工、爆破作业人员、起重信号工、登高架设作业人员等特种作业人员，必须按照国家有关规定经过专门的安全作业培训，并取得特种作业操作资格证书后，方可上岗作业。

⑦应当在施工组织设计中编制安全技术措施和施工现场临时用电方案，对达到一定规模的危险性较大的分部分项工程编制专项施工方案，并附有安全验算结果，经施工单位技术负责人、总监理工程师签字后实施，由专职安全生产管理人员进行现场监督。

⑧建设工程施工前，负责项目管理的技术人员应当对有关安全施工的技术要求向施工作业班组、作业人员做出详细说明，并由双方签字确认。

⑨应当在施工现场入口处、施工起重机械、临时用电设施、脚手架、出入通道口、楼梯

口、电梯井口、孔洞口、桥梁口、隧道口、基坑边沿、爆破物及有害危险气体和液体存放处等危险部位，设置明显的安全警示标志。安全警示标志必须符合国家标准。

⑩应当将施工现场的办公区、生活区与作业区分开设置，并保持安全距离；办公区、生活区的选址应当符合安全性要求。职工的膳食、饮水、休息场所等应当符合卫生标准。不得在尚未竣工的建筑物内设置员工集体宿舍。

⑪对因建设工程施工可能造成损害的毗邻建筑物、构筑物和地下管线等，应当采取专项保护措施。

⑫应当在施工现场建立消防安全责任制度，确定消防安全责任人，制定用火、用电、使用易燃易爆材料等各项消防安全管理制度和操作规程，设置消防通道、消防水源，配备消防设施和灭火器材，并在施工现场入口处设置明显标志。

⑬应当向作业人员提供安全防护用具和安全防护服装，并书面告知危险岗位的操作规程和违章操作的危害。

⑭作业人员应当遵守安全施工的强制性标准、规章制度和操作规程，正确使用安全防护用具、机械设备等。

⑮采购、租赁的安全防护用具、机械设备、施工机具及配件，应当具有生产（制造）许可证、产品合格证，并在进入施工现场前进行查验。

⑯在使用施工起重机械和整体提升脚手架、模板等自升式架设设施前，都应当组织有关单位进行验收，也可以委托具有相应资质的检验检测机构进行验收；使用承租的机械设备和施工机具及配件的，由施工总承包单位、分包单位、出租单位和安装单位共同进行验收，验收合格方可使用。

⑰施工单位的主要负责人、项目负责人、专职安全生产管理人员应当经建设行政主管部门或者其他有关部门考核合格后方可任职。

⑱作业人员进入新的岗位或者新的施工现场前，应当接受安全生产教育培训。未经教育培训或者教育培训考核不合格的人员，不得上岗作业。

⑲应当为施工现场从事危险作业的人员办理意外伤害保险。

3. 生产安全事故的应急救援和调查处理

①县级以上地方人民政府建设行政主管部门应当根据本级人民政府的要求，制定本行政区域内建设工程特大生产安全事故应急救援预案。

②应当制定本单位生产安全事故应急救援预案，建立应急救援组织或者配备应急救援人员，配备必要的应急救援器材、设备，并定期组织演练。

③应当根据建设工程施工的特点、范围，对施工现场易发生重大事故的部位、环节进行监控，制定施工现场生产安全事故应急救援预案。实行施工总承包的，由总承包单位统一组织编制建设工程生产安全事故应急救援预案，工程总承包单位和分包单位按照应急救援预案，各自建立应急救援组织或者配备应急救援人员，配备救援器材、设备，并定期组织演练。

④发生生产安全事故，应当按照国家有关伤亡事故报告和调查处理的规定，及时、如实地向负责安全生产监督管理的部门、建设行政主管部门或者其他有关部门报告；特种设备发生事故的，还应当同时向特种设备安全监督管理部门报告。接到报告的部门应当按照国家有关规定，如实上报。实行施工总承包的建设工程，由总承包单位负责上报事故。

⑤发生生产安全事故后,应当采取措施防止事故扩大,保护事故现场。需要移动现场物品时,应当做出标记和书面记录,妥善保管有关证物。

⑥建设工程生产安全事故的调查、对事故责任单位和责任人的处罚与处理,按照有关法律、法规的规定执行。

第2篇

施工基础篇

第 3 章

施工测量

3.1 施工测量的内容

3.1.1 施工测量的基本工作

地面点的空间位置由平面位置（X，Y）和高程（H）来确定，但在实际测量中，X、Y、H不能直接测量出来，而是先测出水平角、水平距离和高差，再根据已知点的坐标、方向和高程，推算出其他点的坐标和高程，以确定它们的点位，所以高差、水平角和水平距离是确定地面点位的三个基本要素。高差测量、角度测量和距离测量是测量的三项基本工作。

1. 高差测量

高差测量就是测定两点之间高程之差。高差测量有多种方法，其中水准测量是比较精密的方法，也是最常用的方法。水准测量主要通过水准仪进行测量。

2. 角度测量

水平角和竖直角的观测是测量的基本工作，统称为角度测量。角度测量的常用仪器是经纬仪。工程上最常用的方法是测回法。

3. 距离测量

常用的距离测量方法有卷尺（皮尺和钢尺）量距、视距测量和电磁波测距等。

卷尺量距使用卷尺沿地面丈量，属于直接量距。卷尺丈量工具简单，但易受地形限制，适合平坦地区的测距。

视距测量是利用经纬仪或水准仪望远镜中的视距丝及水准尺，按几何光学原理进行测距，属于间接量距。视距测量不受地形限制，工作简便，但其测量精度较低，且距离越长，通常适用于地形图测量或土石方测量的测距工作。

电磁波测距是用仪器发射和接收光波或微波，按其传播速度及时间测定距离，也属于间接测距。电磁波测距仪器先进，工作方便，测距精度高，测程远，适合于高精度要求时的测距工作。

3.1.2 施工控制网的建立

1. 地面工程施工平面控制网的建立

地面施工平面控制网通常采用三角网、GPS 网、导线网、建筑基线或建筑方格网等形式。

①对于地形起伏较大的山区或丘陵地区采用三角测量、边角测量或 GPS 方法建立控制网。

②对于地形平坦而通视比较困难的地区,采用导线网或GPS网。

③对于地面平坦而简单的小型建筑场地,采用一条或几条建筑基线作为施工放样的依据。

④对于地势平坦、建筑物众多且分布比较规则和密集的工业场地,采用建筑方格网。

2. 地面工程施工高程控制网的建立

高程控制网的布设要求水准点有足够的密度,尽量使得在施工放样时,安置一次仪器即可测设所需要的高程点。

当场地面积较大时,高程控制网可分为首级网和加密网两级布设,相应的水准点称为基本水准点和施工水准点。为测设方便,在较大建(构)筑物附近还要测设±0.000m水准点,其位置多选在较稳定的建筑物墙、柱的侧面,用红油漆绘成上顶线为水平线的倒三角形。

3.1.3 建筑物定位

建筑物的定位就是根据设计条件将建筑物四周外廓主要轴线的交点测设到地面上作为基础放线和细部轴线放线的依据。由于设计条件和现场条件不同,建筑物的定位方法也有所不同。以下为3种常见的定位方法。

1. 根据控制点定位

如果待定位建筑物的定位点设计坐标已知,且附近有高级控制点可供利用,可根据实际情况选用极坐标法、角度交会法或距离交会法来测设定位点。在这3种方法中,极坐标法是用得最多的一种定位方法,如图3-1所示。

2. 根据建筑方格网和建筑基线定位

如果待定位建筑物的定位点设计坐标已知,并且建筑场地已设有建筑方格网或建筑基线,可利用直角坐标法测设定位点,如图3-2所示。

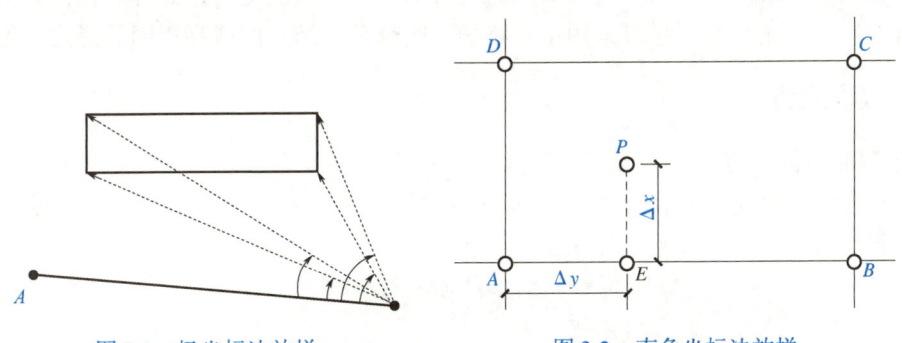

图3-1 极坐标法放样　　　　图3-2 直角坐标法放样

3. 根据与原有建筑物和道路的关系定位

如果设计图上只给出新建筑物与附近原有建筑物或道路的相互关系,而没有提供建筑物定位点的坐标,周围又没有测量控制点、建筑方格网和建筑基线可供利用,可根据原有建筑物的边线或道路中心线将新建筑物的定位点测设出来。

3.1.4 控制测量

控制测量为地形图测绘和各种工程测量提供了控制基础和起算基准,具有控制全局、限制测量误差的传播和积累的作用,提高了测量的精度。控制测量也是各项测量工作的基础,起到了基础保证的作用。

控制测量分为测定控制点平面坐标的平面控制和测定控制点高程的高程控制。

1. 平面控制方法

①三角控制测量。选择若干控制点而形成互相连接的三角形,然后测出其中一边的水平距离和每个角形的顶角,根据起算数据算出各控制点坐标。

②导线控制测量。将一系列点组成折线形式,测定边长和转折角来逐步建立控制点。测定导线各个边长及转折角,并换算到另一平面上,根据起始数据推算各边的方位角及各点坐标。导线的布设方式分为附合导线、闭合导线、支导线。

③GPS控制测量。先布设控制点网,然后利用GPS测量,建立高精度的控制网,控制点网型见表3-1。

表3-1 控制点网型

项目	内容
点连式控制点网型	相邻的同步图形间只通过一个公共点相连,作业效率高,图形扩展迅速,但是图形强度低
边连式控制点网型	相邻的图形间有一条边相连,作业效率高,图形强度高
网连式控制点网型	相邻的同步图形有3个以上的公共点相连,图形强度高,但作业效率低

2. 高程控制方法

①水准测量。用水准测量方法建立的高程控制网成为水准网,高程控制网可以一次全面布网,也可以分级布设。首级网一般布设成环形网,加密时可布设成附合线路或结点网。

②三角高程测量。根据两点间的竖直角和水平距离计算高差而求出高程,其精度低于水准测量。常用在地形起伏较大、直接水准测量有困难的地区测定三角点的高程,为地形测图提供高程控制。三角高程测量可采用单一路线、闭合环、结点网或高程网的形式布设。

3.1.5 过程测量

1. 过程测量的内容

过程测量是指确定"量值"的一组操作。过程测量要在受控条件下实施,受控条件要能满足计量要求。施工过程测量如图3-3所示。

图3-3 施工过程测量

2. 过程测量的四个要素

一个完整的过程测量包含四个要素，即测量对象、计量单位、测量方法和测量精度。

①测量对象。即测量的客体，主要是指几何量，包括长度、面积、形状、高程、角度、表面粗糙度以及形位误差等。由于几何量的特点是种类繁多，形状各式各样，因此对于它们的特性、被测参数的定义以及标准等都必须加以研究和熟悉，以便进行测量。

②计量单位。在长度计量中单位为米（m），其他常用单位有毫米（mm）和微米（μm）。在角度测量中以度（°）、分（′）、秒（″）为单位。

③测量方法。它是指在进行测量时所用的按类叙述的一组操作逻辑次序。对几何量的测量而言，则是根据被测参数的特点，如公差值、大小、轻重、材质、数量等，并分析研究该参数与其他参数的关系，最后确定对该参数如何进行测量的操作方法。

④测量精度。它是指测量结果与真值的一致程度。由于任何测量过程总不可避免地会出现测量误差，误差大说明测量结果离真值远，准确度低。因此，准确度和误差是两个相对的概念。由于存在测量误差，任何测量结果都以近似值来表示。

3.1.6 细部测量

1. 细部测量的方法

细部测量的方法，见表 3-2。

表 3-2 细部测量的方法

项目	内容
解析法	全部界址点位置是根据实测数据按公式解析计算得出坐标，主要采用全站仪和 RTK 测量。也称为坐标法
部分解析法	街坊外围和街坊内明显界址点采用解析法测定，其余界址点通过勘丈值来确定位置
图解法	不测定界址点，而通过勘丈数据来确定全部界址点位置，这种方法一般在地籍调查时完成

2. 细部测量的特点

①解析法的界址点都是实测元素按公式计算坐标。
②部分解析法只部分界址点是实测元素按公式计算坐标，其余依靠图解勘丈来确定。
③全部图解勘丈求界址点位置，精度差。

3.1.7 竣工图的绘制

1. 利用施工蓝图改绘竣工图

①在施工蓝图上改绘竣工图一般采用杠（划）改法、叉改法。局部修改可以圈出更改部位，在原图空白处绘出更改内容。所有变更处都必须引索引线并注明更改依据。

②在施工图上改绘，不得使用涂改液涂抹、刀刮、补贴等方法修改图纸。具体的改绘方法可视图面、改动范围和位置、繁简程度等实际情况而定。

2. 在底图上修改竣工图

①用设计底图制成二底（硫酸纸）图，在二底图上依据设计变更、工程洽商记录用刮改法进行绘制，即将需要更改部位刮掉，再用绘图笔绘制修改内容，并在图中空白处做修改备考表，注明设计变更、工程洽商记录编号（或时间）和修改内容。

②修改的部位用语言描述不清楚时,可用细实线在图上画出修改范围,修改后的二底图应加盖竣工图章,没有改动的底图做竣工图也应加盖竣工图章。

3. 重新绘制竣工图

重新绘制的竣工图应与原图比例相同,符合制图规范,并有标准的图框和内容齐全的图签,图签中应有明确的"呈竣工图"字样或加盖竣工图章。

4. 用 CAD 绘制竣工图

在电子版施工图上依据设计变更、工程洽商记录进行修改时,修改后用云图圈出修改部位,并在图中空白处做修改备考表,原设计人员必须在图签上签字。

3.2 测量仪器与方法

3.2.1 测量仪器

①游标式测量仪器。如游标卡尺、游标高度尺及游标量角器等。
②微动螺旋副式测量仪器。如外径千分尺、内径千分尺及公法线千分尺等。
③机械式测量仪器。如百分表、千分表、杠杆比较仪、扭簧比较仪及三坐标测量机等。
④光学机械式测量仪器。如光学计、测长仪、投影仪、接触干涉仪、干涉显微镜、光切显微镜、工具显微镜及测长机等。
⑤气动式测量仪器。如流量计式、气压计式等。
⑥电学式测量仪器。如电接触式、电感式、电容式、磁栅式、电涡流式及感应同步器等。
⑦光电式测量仪器。如激光干涉仪、激光准直仪、激光丝杆动态测量、光栅式测量仪以及影像测量仪等。

3.2.2 测量方法

1. 在平坦地面上丈量水平距离

如图 3-4 所示,丈量 AB 直线,丈量之前先要进行定线,定线可用目测法在 AB 间用花杆定直线方向。当精度要求较高时应用经纬仪定线。

2. 在倾斜地面丈量水平距离

①平量法。如图 3-5a 所示,当地面坡度不大时,可将尺子拉平。然后用垂球在地面上标出其端点,则 AB 直线总长度可按下式计算:

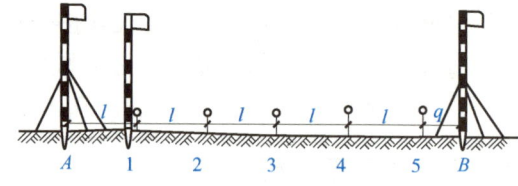

图 3-4 钢尺量距的一般方法

$$L = l_1 + l_2 + \cdots + l_n \tag{3-1}$$

这种量距的方法,产生误差的因素很多,因而精度不高。

②斜量法。如果地面坡度比较均匀,可沿斜坡丈量出倾斜距离 L,并测出倾斜角 α,如图 3-5b 所示,然后按下式改算成水平距离 L:

$$D = L' \cos\alpha \tag{3-2}$$

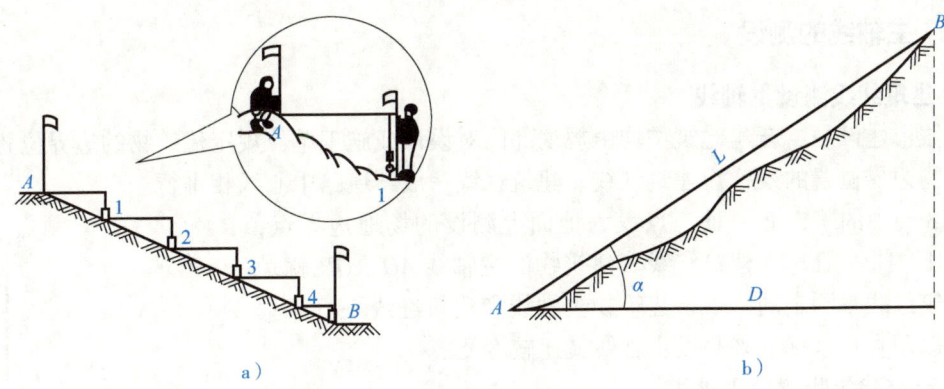

图 3-5 倾斜地面量距
a) 平量法 b) 斜量法

3.3 施工控制测量

3.3.1 坐标系统的转换

在施工测量中，GPS 定位的是绝对的位置（相对于地球），而一个地方的坐标肯定不能与它完全一致，所以要进行坐标系统的转换。

1. 含义

坐标系统转换是空间实体的位置描述，是从一种坐标系统变换到另一种坐标系统的过程。其通过建立两个坐标系统之间一一对应关系来实现。

2. 转换方法

①二维转换方法。该方法是将平面坐标（东坐标和北坐标）从一个坐标系统转换到另一个坐标系统。在转换时不计算高程参数。该转换方法需要确定 4 个参数（2 个向东和向北的平移参数，1 个旋转参数和 1 个比例因子）。如果要保持 GPS 测量结果独立并且有地方地图投影的信息，那么采用三维转换方法最合适。

②三维转换方法。该方法基本操作步骤是利用公共点，也就是同时具有直角坐标和地方坐标的直角坐标的点位，一般需要 3 个以上重合点，通过布尔莎模型（或其他模型）进行计算，得到从一个系统转换到另一个系统中的平移参数、旋转参数和比例因子。三维转换方法可确定最多 7 个转换参数（3 个平移参数、3 个旋转参数和 1 个比例因子）。用户也可以选择确定几个参数。

3. 施工控制点的坐标转换

供工程建设施工放样使用的平面直角坐标系，称为施工坐标，也称建筑坐标。由于建筑设计是在总体规划下进行的，因此建筑物的轴线往往不能与测图坐标系的坐标轴相平行或垂直，施工坐标系通常选定独立坐标系，这样可使独立坐标系的坐标轴与建筑物的主轴线方向相一致，坐标原点 O 通常设置在建筑场地的西南角上，纵轴记为 A 轴，横轴记为 B 轴，用 AB 坐标确定各建筑物的位置。由此得出建筑物的坐标位置计算简便，而且所有坐标数据均为正值。

3.3.2 主轴线的测设

1. 建筑红线测设主轴线

在城市建设中，新建建筑物均由规划部门对设计或施工单位规定建筑物的边界位置。限制建筑物边界位置的线称为建筑红线。建筑红线一般与道路中心线相平行。

图3-6中的Ⅰ、Ⅱ、Ⅲ三点设为地面上测设的场地边界点，其连线Ⅰ、Ⅱ、Ⅲ称为建筑红线。建筑物的主轴线 AO、OB 就是根据建筑红线来测定的，由于建筑物主轴线和建筑红线平行或垂直，所以用直角坐标法来测设主轴线就比较方便。

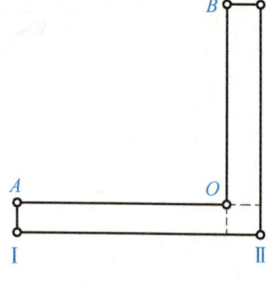

图3-6 建筑红线测设主轴线

2. 已有建筑物测设主轴线

在现有建筑群内新建或扩建时，设计图上通常给出拟建的建筑物与原有建筑物或道路中心线的位置关系数据，主轴线就可根据给定的数据在现场测设。如图3-7所示为几种常见的情况，画有斜线的为原有建筑物，未画斜线的为拟建建筑物。

图3-7a中拟建的建筑物轴线 AB 在原有建筑物轴线 MN 的延长线上。测设直线 AB 的方法如下：先作 MN 的垂线 MM' 及 NN'，并使 $MM' = NN'$，然后在 M 处架设经纬仪作 $M'N'$ 的延长线 $A'B'$，再在 A'、B' 处架设经纬仪作垂线得 A、B 两点，其连线 AB，即为所要确定的直线。一般也可以用线绳紧贴 MN 进行穿线，在线绳的延长线上定出 AB 直线。

图3-7b 图是按上法，定出 O 点后转90°，根据坐标数据定出 AB 直线。

图3-7c 图中，拟建的建筑物平行于原有的道路中心线，测法是先定出道路中心线位置，然后用经纬仪作垂线，定出拟建建筑物的轴线。

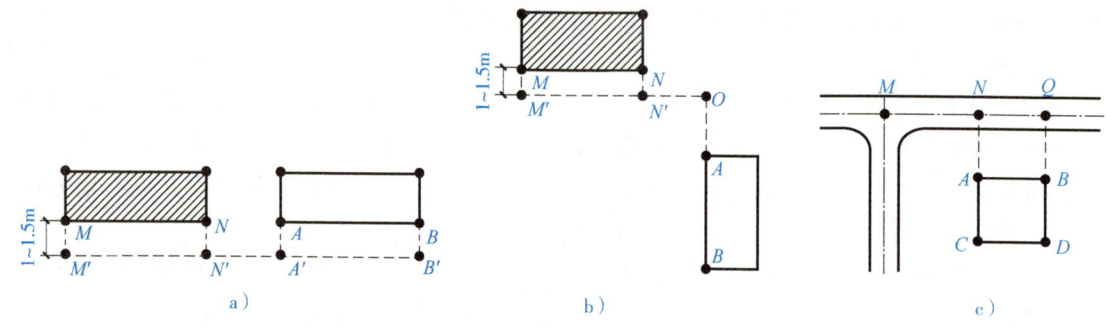

图3-7 建筑物测设主轴线

a) 主轴线样式1 b) 主轴线样式2 c) 主轴线样式3

3.3.3 建筑方格网的测设

建筑方格网是由正方形或矩形组成的施工平面控制网，或称矩形网，如图3-8所示。建筑方格网适用于按矩形布置的建筑群或大型建筑场地。

1. 建筑方格网点初步定位

建筑方格网测量之前应以建筑物主轴线为基础对方格点的设计位置进行初步放样。要求初放样的点位误差（对方格网起

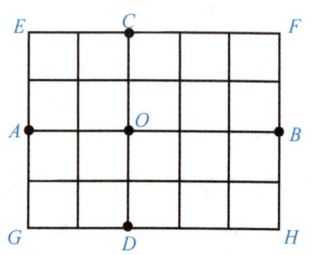

图3-8 建筑方格网示意图

算点而言）为 ±50mm。初步放样的点位用木桩临时标定然后埋设永久标桩。如设计点所在位置地面标高与设计标高相差很大，这时应在方格点设计位置附近的方向线上埋设临时木桩。

2. 建筑方格网点坐标测定方法

建筑方格网点实地位置定出以后，一般采用导线测量法来建立建筑方格网。采用导线测量法建立方格网一般有下列3种方法：

①中心轴线法。在建筑场地不大，布设一个独立的方格网就能满足施工定线要求时，一般先行建立方格网中心轴线。如图3-9所示，以 AB 为纵轴，以 CD 为横轴，中心交点为 O。轴线测设调整后，再测设方格网，从轴线端点定出 N_1、N_2、N_3 和 N_4 点，组成大方格，通过测角、量边、平差、调整后构成一个四个环形的一级方格网，然后根据大方格边上点位，定出边上的内分点和交会出方格中的中间点作为网中的二级点。

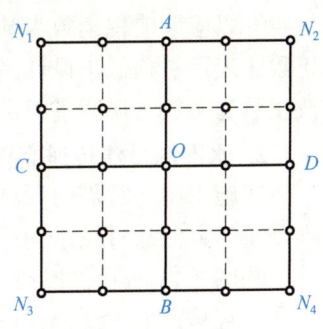

图3-9　中心轴线方格网

②附合于主轴线法。如果建筑场地面积较大，需按其建筑物不同精度要求建立方格网，则可以在整个建筑场地测设主轴线，在主轴线下分部建立方格网。如图3-10所示为在一条三点直角形主轴线下建立由许多分部构成的一个整体建筑方格网。

③一次布网法。一般在小型建筑场地和开阔地区建立方格网可以采用一次布网。测设方法有两种情况：一种方法是不测设纵横主轴线，尽量布成二级全面方格网，如图3-11所示，可以将长边 $N_1 \sim N_5$ 先行定出，再从长边作垂直方向线定出其他方格点 $N_6 \sim N_{15}$，构成八个方格环形，通过测角、量距、平差、调整等工作，构成一个二级全面方格网；另一种方法是只布设纵横轴线作为控制，不构成方格网形。

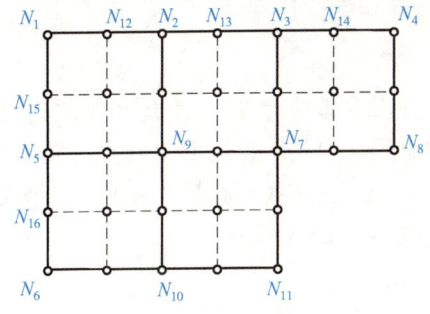

图3-10　附合于主轴线方格网

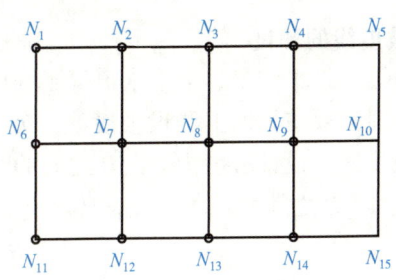

图3-11　一次布设方格网

3.3.4　高程控制测量

1. 已知高程点测设

在进行施工测量时，经常要在地面上和空间设置一些已知高程点。测设已知高程是根据已知高程的水准点，将设计高程测设到实地上，并设置标志作为施工的依据，高程测设非常广泛，如进行建筑物室内地坪 ±0.000m 的测设；道路工程线路中心设计高程的测设；桥墩、隧道口高程的测设；管道工程坡度钉的测设等。如图3-12所示为测

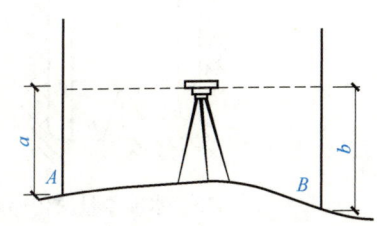

图3-12　高程点测设示意图

设设计高程为 H_B 的 B 点,其中 A 点为已知水准点,高程为 H。

测设方法:

①以水准点 A 为后视读取后视读数,并计算出视线高 $H_i = H_A + a$。

②根据视线高和设计高程(H_B),计算测设计高程点的"应读前视读数 b",即

$$\text{应读前视读数} = \text{视线高} - \text{设计高程}\,(b = H_i - H_B) \tag{3-3}$$

③以应读前视读数为基准,标出设计高程的位置或在所钉木桩上注明改正数。改正数为正数,表示桩顶低于设计高,应将桩顶接木条,自桩顶向上量改正数即可得设计高位置;如改正数为负数,说明桩顶高于设计高,应自桩顶向下量取改正数,即可得设计高程位置。

2. 水准测量法传递高程

在施工中,常需向深坑内测设已知高程点,或在高层建筑向上引测高程,则一般利用水准测量的方法通过悬吊钢尺进行高程传递测量。

如图 3-13 所示,拟利用地面水准点 A 的高程 H_A,测量基坑内 B 点高程 H_B。

高程传递的方法:在坑边架设一吊杆,从杆顶向下挂一根钢尺(钢尺原点在下),在钢尺下端吊一重锤,重锤的重量应与检定钢尺时所用的拉力相同。为了将地面水准点 A 的高程 H 传递到坑内的临时水准点 B 上,在地面水准点和基坑之间安置水准仪,先在 A 点立尺,测出后视读数 a,然后前视钢尺,测出前视读数 b。将仪器搬到坑内,测出钢尺上后视读数 c 和 B 点前视读数 d,则坑内临时水准点 B 的高程 H_B 按下式计算:

$$H_B = H_A + a - (b - c) - d \tag{3-4}$$

式中,$(b-c)$ 为通过钢尺传递的高差,如高程传递的精度要求较高时,对 $(b-c)$ 的值应进行尺长改正及温度改正。

上述是由地面向低处引测高程点的情况,当需要由地面向高处传递高程时也可以采用同样方法进行。

3. 坡度线的测设

在道路、排水沟渠、上下水道等工程施工时,需要按一定的设计坡度(倾斜度)进行施工,这时需要在地面上测设坡度线。如图 3-14 所示,A、B 为地面上两点,要求沿 AB 测设一条坡度线,设计坡度为 i,AB 之间的距离为 L,A 点的高程为 H_A。为了测出坡度线,首先应根据 A、B 之间的距离 L 及设计坡度 i,再计算 B 点的高程 H_B。

$$H_B = H_A + iL \tag{3-5}$$

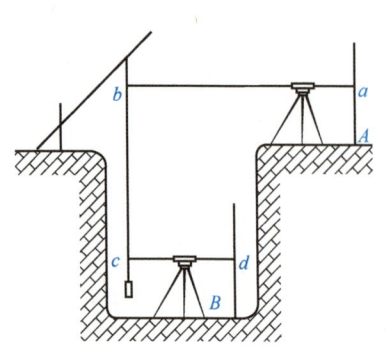

图 3-13 水准测量法传递高程

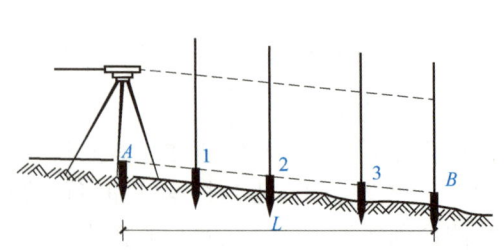

图 3-14 坡度线的测设

3.3.5 房屋定位测设

根据场地上民用建筑主轴线控制点或其他控制点,首先将房屋外墙轴线的交点用木桩测定于地上,并在桩顶钉上小钉作为标志。房屋外墙轴线测定以后,再根据建筑物平面图,将内部开间所有轴线一一测出。然后检查房屋轴线的距离,其误差不得超过轴线长度的1/2000。最后根据中心轴线,用石灰在地面上撒出基槽开挖边线,以便开挖。如同一建筑区各建筑物的纵横边线在同一直线上,在相邻建筑物定位时,必须进行校核调整,使纵向或横向边线的相对偏差在5cm以内。

3.4 施工过程测量

3.4.1 基础工程施工测量

基础是建筑物地面以下的承重构件,它支撑着其上部建筑物的全部荷载,并将这些荷载及自重传给下面的地基。按使用的材料可分为:灰土基础、砖基础、毛石基础、混凝土基础、钢筋混凝土基础。按埋置深度可分为:浅基础、深基础。按受力性能可分为:刚性基础和柔性基础。按构造形式可分为:条形基础、独立基础、满堂基础和桩基础。

1. 条形基础施工测量

当基础长度大于或等于10倍基础宽度时称为条形基础。条形基础按结构形式可分为墙下条形基础和柱下条形基础。其中,墙下条形基础如图3-15所示。

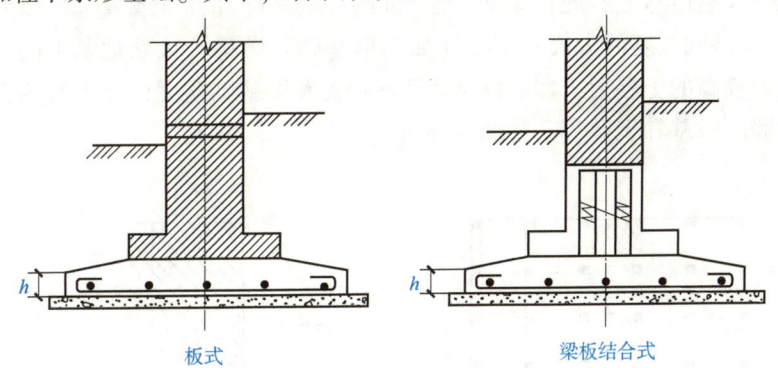

图3-15 墙下条形基础

条形基础的施工测量主要包括两部分:一部分是基础的平面位置控制,另一部分是基础的标高控制。

平面位置控制方法如下:

①根据基础施工平面图和基础施工详图计算放样数据。

②根据建筑方格网、建筑基线或龙门板在垫层上用经纬仪投测建筑物主轴线。

③按放样数据在垫层上依据轴线放样出基础的边线。

基础的标高控制方法如下:

为了控制挖基槽深度、修平基槽底和打基础垫层,一般在基槽壁各拐角处、深度变化处和基槽壁上每隔3~4m测设一些水平桩。为了控制基槽的开挖深度,当要挖到槽底设计标高时，应用水准仪根据地面上±0.000m点，在基槽壁上测设一些水平小木桩（称为水平桩）。如图3-16所示，使木桩的上表面离槽底的设计标高为一固定值（如0.300m）。根据这些小木桩支护模板，支护完毕用水准仪根据±0.000m标高对模板进行复测、校正使其标高正好为设计标高。

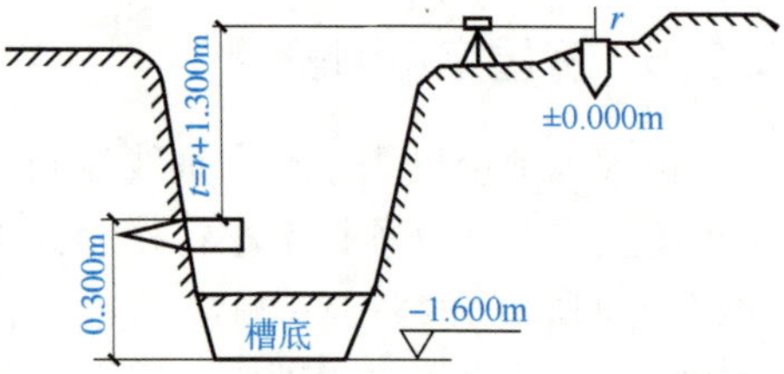

图3-16 设置水平小木桩

2. 箱形基础施工测量

所谓箱形基础是指基础由钢筋混凝土墙纵横交错相交组成，并且基础高度比较高，形成一个箱子形状的围护结构的基础，它的承重能力要比单独的条形基础高很多。箱形基础是高层建筑广泛采用的基础形式，但其材料用量较大，且为保证箱基刚度要求设置较多的内墙，墙的开洞率也有限制，故箱基作为地下室时，会对使用带来一些不便，因此要根据使用要求比较确定，如图3-17所示。箱形基础的施工测量比较复杂，首先放样基础地板以及内墙的位置，待施工完毕后再对顶板进行放样。

箱形基础平面位置控制方法如下：
①依据基础施工平面图和基础施工详图计算基础内墙与各主轴线间的位置关系。
②根据建筑方格网、建筑基线或龙门板在垫层上用经纬仪投测建筑物主轴线。
③依据主轴线放样出箱形基础的边线及各内墙中线。
④用墨线弹出基础边线及内墙边线用于控制钢筋的绑扎和模板的支护。

3. 深基坑基础施工测量

通常把位于天然地基上、埋置深度小于5m的一般基础（柱基或墙基）以及埋置深度虽超过5m，但小于基础宽度的大尺寸基础（如箱形基础）统称为天然地基上的浅基础。位于地基深处承载力较高的土层上，埋置深度大于5m或大于基础宽度的基础称为深基础，如桩基、地下连续墙、墩基和沉井等，如图3-18所示。

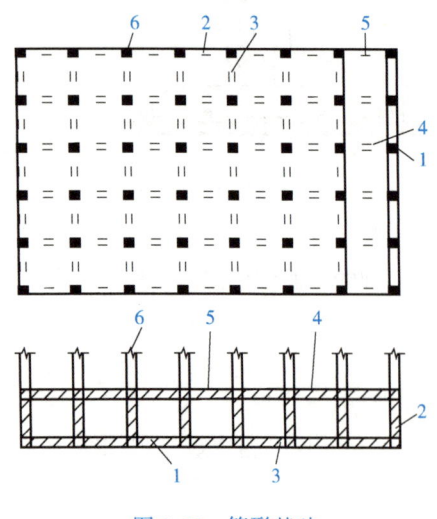

图3-17 箱形基础
1—底板 2—外墙 3—内横隔墙
4—内墙纵墙 5—顶板 6—柱子

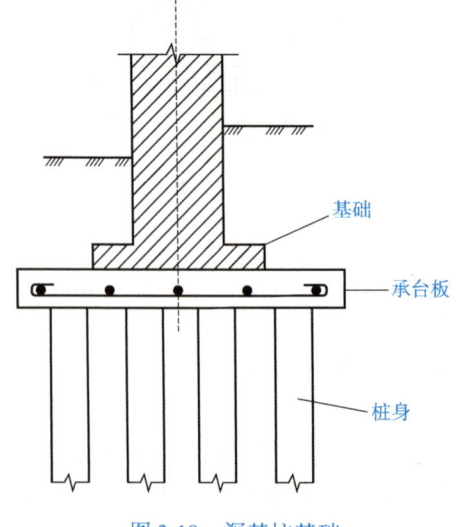

图3-18 深基坑基础

桩基的施工测量包括桩位测设和测量桩入土深度。定桩位是根据施工设计图计算放样数据，计算出每个桩的坐标，用经纬仪根据建筑方格网或龙门板放样出桩位，或用全站仪根据场地控制点放样每个桩位钉上小木桩。放样完后对桩位进行检核，桩位的放线允许误差为：群桩 ±20mm，单排桩 ±10mm。

3.4.2 砌筑工程施工测量

房屋墙体砌筑过程中的测量工作主要有墙体的轴线恢复和墙体各部位的标高控制。

1. 墙体轴线恢复

基础施工结束后，检查确认控制桩没有发生位移之后，便可利用龙门板或引桩将建筑物轴线测设到基础或防潮层等部位侧面，并用"▼"标记，如图 3-19 所示，以此来确定建筑物上部墙体的轴线位置，以便施工人员后续可以以此为标记进行墙体的砌筑，也可作为向上投测轴线的依据。

在砌筑时，应在基础顶面上投测墙体中心轴线，并据此弹出纵横墙的边线和门窗洞口的位置。

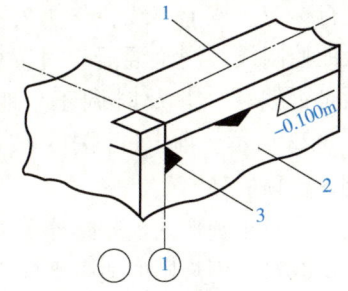

图 3-19 墙外轴线与标高线标注
1—墙中线 2—外墙基础 3—轴线标志

2. 墙体皮数杆设置

墙体砌筑施工时，墙身上各部位的标高通常用皮数杆来控制和传递。皮数杆是根据建筑物剖面图画有每皮砖和灰缝的厚度，并注明墙体上窗台、门窗洞口、过梁、雨篷、圈梁、楼板等构件高度位置的专用木杆，如图 3-20 所示。在墙体施工中，用皮数杆可以控制各部位构件的准确位置，并保证每皮砖灰缝厚度均匀，且每皮砖都处在同一水平面上。

皮数杆一般立在建筑物转角和隔墙处。立皮数杆时先在地面上打一木桩用水准仪测出 ±0.000m 标高位置并画一横线作为标志，然后把皮数杆上的 ±0.000m 线与木桩上 ±0.000m 对齐，钉牢。皮数杆钉好后要用水准仪进行检测，并用垂球来校正皮数杆是否竖直。

3.4.3 混凝土结构施工测量

柱身模板支好后，必须用经纬仪检查柱子垂直度。由于现场通视困难，一般采用平行线投点法来检查柱子的垂直度，并将柱身模板校正。其施测步骤如下：先在柱子模板上端根据外框量出柱子中心点，再与柱子下端的中心点相连弹以墨线，如图 3-21 所示。

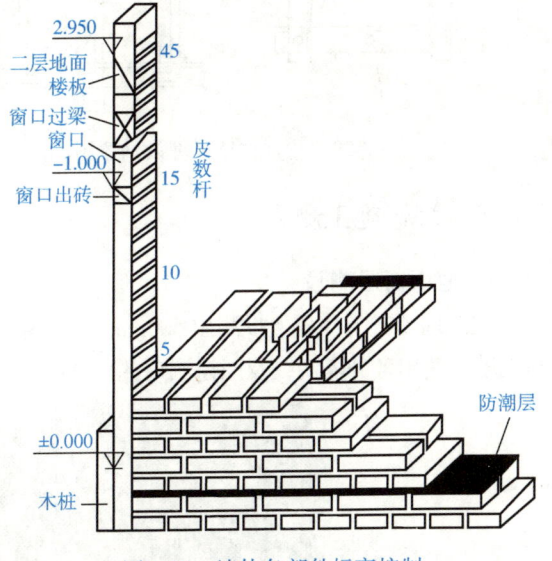

图 3-20 墙体各部件标高控制

然后根据柱中心控制点 A、B 测设 AB 的平行线 $A'B$，其间距为 $1\sim1.5m$。将经纬仪安置在 B 点，照准 A'。此时由一人在柱上持木尺，并将木尺横放，使尺的零点水平地对正模板上端中心线。旋转望远镜仰视木尺，若十字丝正好对准 1m 或 1.5m 处，则柱子模板正好垂直，否则应将模板向左或向右移动,达到十字丝正好对准1m或1.5m处为止。

3.4.4 钢结构安装测量

①地脚螺栓施工时,根据轴线控制网,在绑扎楼板梁钢筋时,将定位控制线投测到钢筋上,再测设出地脚螺栓的中心十字线,用油漆进行标记。拉上小线,作为安装地脚螺栓定位板的控制线。浇筑混凝土过程中,要复测定位板是否偏移,并及时调正。地脚螺栓定位如图3-22所示。埋设过程中,要用水准仪抄测地脚螺栓顶标高。

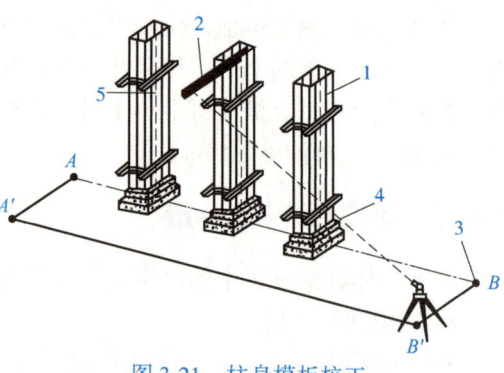

图3-21 柱身模板校正
1—模板 2—木尺 3—柱中心线控制点
4—柱下端中心线点 5—柱中心线

②对于圆形的地脚螺栓,埋设时应注意螺栓的方向和角度。

③对于不规则的地脚螺栓,如复杂的组合钢柱,应放样出各部分的中心线,相互间距精度误差要在2mm以内。组合柱子的地脚螺栓埋设定位图,如图3-23所示。

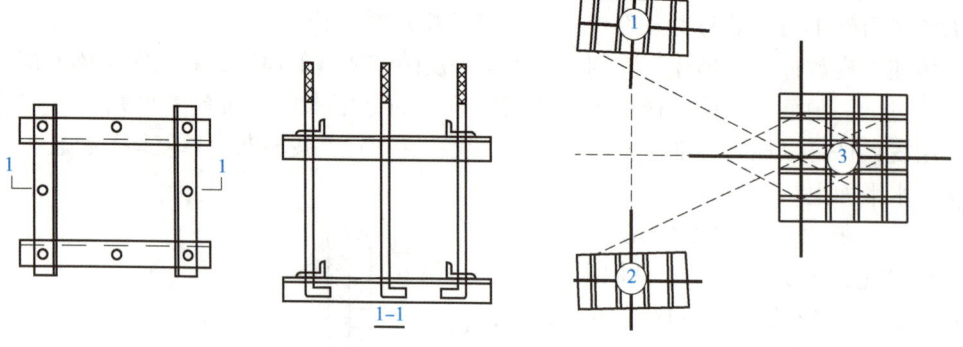

图3-22 预埋件整体埋设示意图　　图3-23 地脚螺栓埋设示意图

3.4.5 装修施工测量

1. 地面面层测量

在四周墙身与柱身上投测出500mm水平线,作为地面面层施工标高控制线。根据每层结构施工轴线放出各分隔墙线及门窗洞口的位置线,门窗洞口位置误差应小于2mm,如图3-24所示。

图3-24 地面面层测量

2. 吊顶施工测量

以 1000mm 线为依据,用钢尺量至吊顶设计标高,并在四周墙上弹出水平控制线;对于装饰物比较复杂的吊顶,应在顶板上弹出十字线,十字线应将顶板均匀分格,以此为依据向四周扩展等距方格网来控制装饰物的位置,同时按照吊顶工程的各项允许偏差进行控制,如图 3-25 所示。

图 3-25　吊顶施工测量

3. 墙面装饰施工测量

内墙面装饰控制线,竖直线的精度不应低于 1/3000,水平线精度每 3m 两端高差小于 ±1mm,同一条水平线的标高允许误差为 ±3mm,如图 3-26 所示。

图 3-26　墙面装饰施工测量

4. 外幕墙施工测量

结构完工后,安装幕墙时,用铅垂钢丝控制竖直龙骨的竖直度,幕墙分格轴线的测量放线应与主体结构的测量放线相配合,对其误差应在分段分块内控制、分配、消化,不使其积累。幕墙与主体连接的预埋件,应按设计要求埋设,其测量放线偏差高差不大于 ±3mm,埋件轴线左右与前后偏差不大于 10mm。

3.5　建筑施工期间的变形测量

3.5.1　沉降观测

1. 沉降观测点的布设

进行沉降观测的建筑物,应埋设沉降观测点,沉降观测点的布设应满足以下要求:

①沉降观测点的位置。沉降观测点应布设在能全面反映建筑物沉降情况的部位，如建筑物四角、沉降缝两侧、荷载有变化的部位、大型设备基础、柱子基础和地质条件变化处。

②沉降观测点的数量。沉降观测点是均匀布置的，它们之间的距离一般为 10～20m。

③沉降观测点的设置形式，如图 3-27 所示。

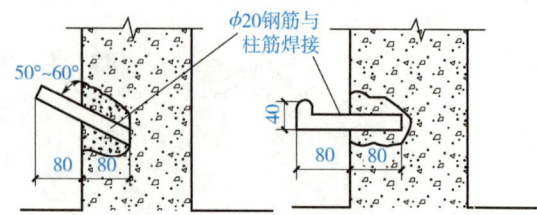

图 3-27　沉降观测点的设置形式

2. 沉降观测

①观测周期。观测的时间和次数，应根据工程的性质、施工进度、地基地质情况及基础荷载的变化情况而定。

a. 当埋设的沉降观测点稳固后，在建筑物主体开工前，进行第一次观测。

b. 在建（构）筑物主体施工过程中，一般每建造 1～2 层观测一次。如中途停工时间较长，应在停工时和复工时进行观测。

c. 当发生大量沉降或严重裂缝时，应立即或几天一次连续观测。

d. 建筑物封顶或竣工后，一般每月观测一次，如果沉降速度减缓，可改为 2～3 个月观测一次，直至沉降稳定为止。

②观测方法。观测时先后视水准基点，接着依次前视各沉降观测点，最后再次后视该水准基点，两次后视读数之差不应超过 ±1mm。另外，沉降观测的水准路线（从一个水准基点到另一个水准基点）应为闭合水准路线。

③精度要求。沉降观测的精度应根据建筑物的性质而定。

a. 多层建筑物的沉降观测，可采用 DS3 水准仪，用普通水准测量的方法进行，其水准路线的闭合差不应超过 ±2.0mm、$\sqrt{n}$ mm（n 为测站数）。

b. 高层建筑物的沉降观测，则应采用 DS1 精密水准仪，用二等水准测量的方法进行，其水准路线的闭合差不应超过 ±1.0mm、$\sqrt{n}$ mm（n 为测站数）。

3.5.2　倾斜观测

用测量仪器来测定建筑物的基础和主体结构倾斜变化的工作，称为倾斜观测。

1. 一般建筑物主体的倾斜观测

建筑物主体的倾斜观测，应测定建筑物顶部观测点相对于底部观测点的偏移值，再根据建筑物的高度，计算建筑物主体的倾斜度，即

$$i = \tan\alpha = \frac{\Delta D}{H} \tag{3-6}$$

倾斜测量主要是测定建筑物主体的偏移值 ΔD。偏移值 ΔD 的测定一般采用经纬仪投影法。具体观测方法如下：

①如图 3-28 所示，将经纬仪安置在固定测站上，该测站到建筑物的距离，为建筑物高

度的 1.5 倍以上。瞄准建筑物 X 墙面上部的观测点 M，用盘左、盘右分中投点法，定出下部的观测点 N。用同样的方法，在与 X 墙面垂直的 Y 墙面上定出上观测点 P 和下观测点 Q。M、N、P 和 O 即为所设观测标志。

②相隔一段时间后，在原固定测站上，安置经纬仪，分别瞄准上观测点 M 和 P，用盘左、盘右分中投点法，得到 N' 和 Q'。如果 N 与 N'，Q 与 Q' 不重合，说明建筑物发生了倾斜。

③用尺子，量出在 X、Y 墙面的偏移值 ΔA、ΔB，然后用矢量相加的方法，计算出该建筑物的总偏移值 ΔD，即

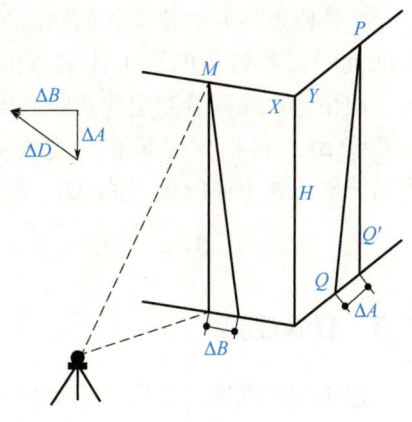

图 3-28　变形观测

$$\Delta D = \sqrt{\Delta A^2 + \Delta B^2} \tag{3-7}$$

根据总偏移值 ΔD 和建筑物的高度 H，即可计算出其倾斜度 i。

2. 圆形建（构）筑物主体的倾斜观测

圆形建（构）筑物的倾斜观测，是在互相垂直的两个方向上，测定其顶部中心对底部中心的偏移值。具体观测方法如下：

①如图 3-29 所示，在烟囱底部横放一根标尺，在标尺中垂线方向上安置经纬仪，经纬仪到烟囱的距离为烟囱高度的 1.5 倍。

②用望远镜将烟囱顶部边缘两点 A、A' 及底部边缘两点 B、B' 分别投到标尺上，得出读数为 y_1、y_1' 及 y_2、y_2'，烟囱顶部中心 O 对底部中心 O' 在 y 方向上的偏移值 Δy 为

$$\Delta y = \frac{y_1 + y_1'}{2} + \frac{y_2 + y_2'}{2} \tag{3-8}$$

③用同样的方法，可测得在 x 方向上，顶部中心 O 的偏移值 Δx 为

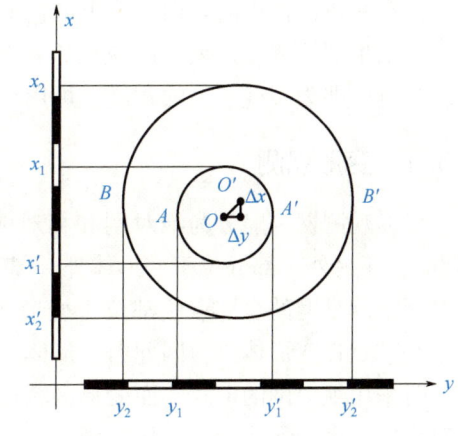

图 3-29　圆形建（构）筑物主体的倾斜观测

$$\Delta x = \frac{x_1 + x_1'}{2} - \frac{x_2 + x_2'}{2} \tag{3-9}$$

④用矢量相加的方法，计算出顶部中心 O 对底部中心 O' 的总偏移值 ΔD，即

$$\Delta D = \sqrt{\Delta x^2 + \Delta y^2} \tag{3-10}$$

根据总偏移值 ΔD 和圆形建（构）筑物的高度 H，即可计算出其倾斜度 i。另外，也可采用激光铅垂仪或悬吊垂球的方法，直接测定建（构）筑物的倾斜量。

3. 建筑物基础的倾斜观测

建筑物基础的倾斜观测一般采用精密水准测量的方法，定期测出基础两端点的沉降量差值 Δh，如图 3-30 所示，再根据两点间的距离 L，即可计算出基础的倾斜度：

$$i = \frac{\Delta h}{L} \tag{3-11}$$

对整体刚度较好的建筑物的倾斜观测,也可采用基础沉降量差值,推算主体偏移值。如图3-30所示,用精密水准测量测定建筑物基础两端点的沉降量差值 Δh,再根据建筑物的宽度 L 和高度 H,推算出该建筑物主体的偏移值 ΔD,即

$$\Delta D = \frac{\Delta h}{L} H \qquad (3-12)$$

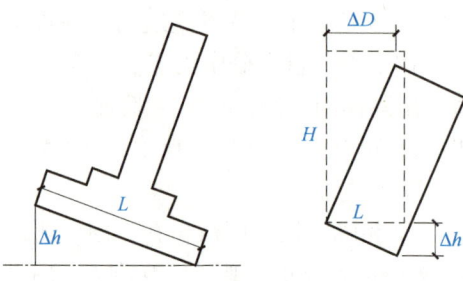

图 3-30 建筑物倾斜观测

3.5.3 裂缝观测

当建筑物出现裂缝之后,应及时进行裂缝观测。常用的裂缝观测方法有以下两种:

1. 石膏板标志

用厚10mm、宽50~80mm的石膏板(长度视裂缝大小而定),固定在裂缝的两侧。当裂缝继续发展时,石膏板也随之开裂,从而观察裂缝继续发展的情况。

2. 白铁皮标志

①如图3-31所示,用两块白铁皮,一片取150mm×150mm的正方形,固定在裂缝的一侧。

②另一片取50mm×200mm的矩形,固定在裂缝的另一侧,使两块白铁皮的边缘相互平行,并使其中的一部分重叠。

③在两块白铁皮的表面,涂上红色油漆。

④如果裂缝继续发展,两块白铁皮将逐渐拉开,露出正方形上原被覆盖没有油漆的部分,其宽度即为裂缝加大的宽度,可用尺子量出。

3.5.4 变形观测

变形观测网一般分为绝对网和相对网。绝对网指的是有一部分位于变形体上(变形观测点),而另外一部分位于变形体外(基准点和工作基点)形成的观测网,如图3-32a所示。相对网指的是网的全部点位都位于变形体上形成的观测网,如图3-32b所示。在绝对网中,由于基准点在变形体外,因此由变形体上的观测点测定的位移就是绝对位移,当变形体范围较小时采用绝对网的形式,而变形区域过大或者变形范围难以确定时,采用相对网形式。在相对网中,由于无法确定变形区域,因此如果某些点相对于其他点位发生位移就能确定该点发生了变形,进而推导出整个变形区域。

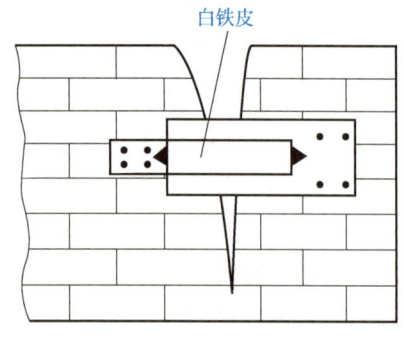

图 3-31 建筑物的裂缝观测

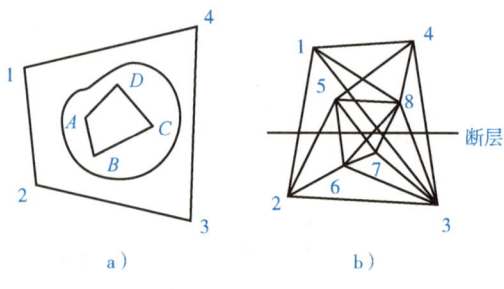

图 3-32 变形观测网布设
a) 绝对网 b) 相对网

3.6 线路测量

3.6.1 测设线路中心线

1. 具体工作

测设线路中心线是把设计图上的中线测设到实地上的工作,分放线和中桩测设两步进行。放线是把纸上定线的各交点间的直线测设到地面上的工作。这时可以地面上的初测导线为依据,把每条直线段独立地测设出来,再将相邻两直线延长相交,定出线路中线的转向点,也可根据纸上定线的各交点的坐标,预先在室内计算出各直线段的长度和转向角,在实地按计算数据定出中线。中桩测设是在线路中线上测设百米桩、加桩、控制桩和曲线主点桩的工作。其内容包括:丈量线路的直线长度,详细测设曲线,按规定要求设置中线桩。中线桩不仅表示线路中线在地面上的位置和离开线路起点的里程,而且是测绘线路纵、横断面图的依据。测设线路中心线的步骤,见表3-3。

表 3-3 测设线路中心线的步骤

项目	步骤
测设线路中心线的步骤	①测设线路中心线上的主点 ②测设里程桩和加桩 ③测定转折点处的折角 ④测绘线路的纵断面图 ⑤线路地面横断面图的测绘

2. 注意事项

①如现场有已建成的建筑物,也可用直角坐标法来确定线路的主点。
②测设里程桩时,量距的相对误差不应超过 1/2000。

3.6.2 测设线路平曲线

1. 平曲线在工程中的应用

平曲线在工程中的应用如下:
①道路及输水沟渠,在转弯处需设平曲线,不能折线拐弯。平曲线多用圆弧曲线,由于半径一般均较大,且实际地貌又较为复杂,故不能用半径直接在地面上画出圆弧。一般多采用偏角法来测设线路圆弧曲线上的里程桩点位。
②为使车辆平顺地转变方向,需在两相邻直线间测设所设计的曲线,一般有平曲线和竖曲线两种。

2. 具体工作

平曲线分为圆曲线和缓和曲线两种。圆曲线又有单曲线、复曲线、反向曲线和回头曲线等多种。

圆曲线是以一定半径 R 的圆弧构成的曲线。控制圆曲线形状的3个主要点称为圆曲线主点,即中直圆点(ZY)、曲中点(QZ)和圆直点(YZ)。测设圆曲线的基本数据称为圆曲线要素,即图中的切线长 T、曲线长 L_0 和外矢距 E_0。测设曲线时,先测设圆曲线主点,再测设圆曲线细部点。圆曲线如图 3-33 所示。

缓和曲线是连接直线和圆曲线的过渡曲线。缓和曲线的半径是由无穷大逐渐变化为圆曲线的半径。在缓和曲线上任一点的曲率半径与该点至起点的曲线长度成反比。在圆曲线的两端加设等长的缓和曲线后,圆曲线主点则为直缓点(ZH)、缓圆点(HY)、曲中点(QZ)、圆缓点(YH)和缓直点(HZ)。当圆曲线半径 R、缓和曲线长 L_0 及转向角已知时,曲线要素切线长 T、外矢矩 E_0、曲线长 L_0 等数值即可算得,据以可测设圆曲线主点。

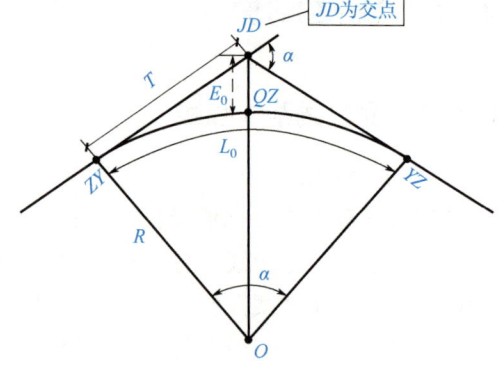

图 3-33　圆曲线示意图

3.6.3　线路的施工放线

线路的施工放线是线路测量中沿某一方向测量地面起伏的工作。线路的施工放线如图 3-34 所示。

图 3-34　线路的施工放线

1. 纵断面测量

①纵断面测量是测量线路中线桩地面高程的工作。

②纵断面测量的具体施测方法与一般水准测量相同,根据纵断面测量成果绘制纵断面图,供设计时坡度用。为了显示地势变化,图的高程比例尺通常比水平距离比例尺大 10 倍或 20 倍。

③绘图时以距离为横坐标,高程为纵坐标,按规定的比例尺将外业所测各点画在毫米方格纸上,依次连接各点即为沿线路中线的地面线。

2. 横断面测量

①横断面测量是测量垂直于线路中线方向的地面起伏的工作。在线路上所有百米桩和加桩处都应测量横断面。

②测量时以中线桩为准,在与线路中线的垂直方向上分别测量两侧各变坡点至中线桩的水平距离和高程差,并根据测得的数值绘制横断面图。

③横断面图主要用于设计线路横断面的形状、计算土石方量、放样边坡和布置各种构筑物。横断面图的距离与高程比例尺相同,一般为 1:100 或 1:200。

第4章

土方工程和爆破工程

4.1 土方工程概述

4.1.1 土的工程分类及性质

1. 土的工程分类

土的种类很多，不同种类的土的工程性质直接影响土方工程施工方法的选择以及劳动量的消耗和工程费用。

在建筑工程施工中，根据土的开挖难易程度，将土分为松软土、普通土、坚土、砂砾坚土等八类，见表4-1。其中，前四类属于一般土，后四类属于岩石。

表4-1 土的工程分类

土的分类	土的级别	土的名称	坚实系数（f）	密度/（kg/m³）	开挖方法及工具
一类土（松软土）	Ⅰ	砂土；粉土；冲积砂土层；疏松的种植土；淤泥（泥炭）	0.5~0.6	600~1500	用锹、锄头挖掘，少许用脚蹬
二类土（普通土）	Ⅱ	粉质黏土；潮湿的黄土；夹有碎石、卵石的砂；粉土混卵（碎）石；种植土；填土	0.6~0.8	1100~1600	用锹、锄头挖掘，少许用镐翻松
三类土（坚土）	Ⅲ	软及中等密实黏土；重粉质黏土；砾石土；干黄土；含有碎石卵石的黄土、粉质黏土；压实的填土	0.8~1.0	1750~1900	主要用镐，少许用锹、锄头挖掘，一部分用撬棍
四类土（砂砾坚土）	Ⅳ	坚硬密实的黏性土或黄土；含碎石、卵石的中等密实的黏性土或黄土；粗卵石；天然级配砂石；软混灰岩	1.0~1.5	1800~1950	整个先用镐、撬棍，然后用锹挖掘，部分用楔子及大锤
五类土（软石）	Ⅴ~Ⅵ	硬质黏土；中密的页岩、泥灰岩、白垩土；胶结不紧的砾岩；软石灰岩及贝壳石灰岩	1.5~4.0	1100~2700	用镐或撬棍、大锤挖掘，部分使用爆破方法
六类土（次坚石）	Ⅶ~Ⅸ	泥岩；砂岩；砾岩；坚实的页岩、泥灰岩；密实的石灰岩；风化花岗岩、片麻岩及正常岩	4.0~10.0	2200~2900	用爆破方法开挖，部分用风镐
七类土（坚石）	Ⅹ~Ⅻ	大理岩；辉绿岩；玢岩；粗、中粒花岗岩；坚实的白云岩、砂岩、砾岩、片麻岩、石灰岩；微风化安山岩、玄武岩	10.0~18.0	2500~3100	用爆破方法开挖
八类土（特坚石）	ⅩⅢ~ⅩⅣ	安山岩；玄武岩；花岗片麻岩；坚实的细粒花岗岩、闪长岩、石英岩、辉长岩、辉绿岩、玢岩、角闪岩	18.0~25.0及以上	2700~3300	用爆破方法开挖

2. 土的工程性质

①土石的可松性是指经挖掘以后，组织破坏，体积增加的性质，以后虽经回填压实，仍能恢复成原来的体积。岩土的可松性程度一般以可松性系数表示，见表 4-2，它是挖土方时计算土方机械生产率、回填土方量、运输机具数量、进行场地平整规划、竖向设计和土方平衡调配的重要参数。

表 4-2　各种岩土的可松性系数参考值

土的类别	体积增加百分比（%）		可松性系数	
	最初	最终	K_P	K'_P
一类（种植土除外）	8~7	1~2.5	1.05~1.17	1.01~1.03
一类（植物性土、泥炭）	20~30	3~4	1.20~1.30	1.03~1.04
二类	14~28	1.5~5	1.14~1.28	1.02~1.05
三类	24~30	4~7	1.24~1.30	1.04~1.07
四类（泥炭岩、蛋白石除外）	26~32	6~9	1.26~1.32	1.06~1.09
四类（泥炭岩、蛋白石）	33~37	11~15	1.33~1.45	1.11~1.15
五至七类	30~45	10~20	1.30~1.45	1.10~1.20
八类	45~50	20~30	1.45~1.50	1.20~1.30

注：1. 最初体积增加百分比为 $\dfrac{V_2-V_1}{V_1}\times 100\%$；最终体积增加百分比为 $\dfrac{V_3-V_1}{V_1}\times 100\%$。

2. K_P 为最初可松性系数，$K_P=\dfrac{V_2}{V_1}$。

3. K'_P 为最终可松性系数，$K'_P=\dfrac{V_3}{V_1}$。

4. V_1 为开挖前土的自然体积。

5. V_2 为开挖后土的松散体积。

6. V_3 为运至填埋处压实的体积。

②土的压缩性是指取土回填，经运输、填压以后，均会压缩的性质。一般土的压缩性以土的压缩率表示，见表 4-3。

表 4-3　土的压缩率的参考值

土的类别	土的名称	土的压缩率（%）	每 m² 松散土压实后的体积
一、二类土	种植土	20	0.80
	一般土	10	0.90
	砂土	5	0.95
三类土	天然湿度黄土	12~17	0.85
	一般土	5	0.95
	干燥坚实黄土	5~7	0.94

注：一般可按填方截面增加 10%~20% 方数考虑。

③土石的休止角是指在某一状态下的岩土体可以稳定的坡度。土石的休止角见表4-4。

表4-4 土石的休止角

土石的名称	干土		湿润土		潮湿土	
	角度（°）	高度与底宽比	角度（°）	高度与底宽比	角度（°）	高度与底宽比
砾石	40	1:1.25	40	1:1.25	35	1:1.50
卵石	35	1:1.50	45	1:1.00	25	1:2.75
粗砂	30	1:1.75	35	1:1.50	27	1:2.00
中砂	28	1:2.00	35	1:1.50	25	1:2.25
细砂	25	1:2.25	30	1:1.75	20	1:2.75
重黏土	45	1:1.00	35	1:1.50	15	1:3.75
粉质黏土、轻黏土	50	1:1.75	40	1:1.25	30	1:1.75
粉土	40	1:1.25	30	1:1.75	20	1:2.75
腐殖土	40	1:1.25	35	1:1.50	25	1:2.25
填方土	35	1:1.50	45	1:1.00	27	1:2.00

4.1.2 土的现场鉴别方法

1. 碎石土的现场鉴别

碎石土的现场鉴别见表4-5。

表4-5 碎石土的现场鉴别

密实度	骨架颗粒含量和排列	可挖性	可钻性
密度	骨架颗粒含量大于总重量的70%。呈交错排列，连续接触	锹镐挖掘困难，用撬棍方能松动，坑壁一般稳定	钻进极困难，冲击钻探时，钻杆、吊锤跳动剧烈，孔壁较松动
中密	骨架颗粒含量等于总重量的60%~70%。呈交错排列，大部分接触	锹镐可挖掘，坑壁有掉块现象，从坑壁取出大颗粒处，能保持颗粒凹面形状	钻进较困难，冲击钻探时，钻杆、吊锤跳动不剧烈，孔壁有坍塌现象
稍密	骨架颗粒含量等于总重量的55%~60%，排列混乱，大部分不接触	可以挖掘，坑壁易坍塌，从坑壁取出大颗粒后砂土立即坍落	钻进较容易，冲击钻探时，钻杆稍有跳动，孔壁易坍塌
松散	骨架颗粒含量小于总重量的55%。排列十分混乱，绝大部分不接触	锹易挖掘，坑壁极易坍塌	钻进很容易，冲击钻探时，钻杆无跳动，孔壁极易坍塌

2. 黏性土的现场鉴别

黏性土的现场鉴别见表4-6。

表4-6 黏性土的现场鉴别

土的名称	湿润时用刀切	湿土用手捻摸时	土的状态		湿土搓条情况
			干土	湿土	
黏土	切面光滑，有黏刀阻力	有滑腻感，感觉不到有砂粒，水分较大，黏手	土块坚硬，用锤才能打碎	易黏着物体，干燥后不宜剥去	塑性大，能搓成直径小于0.5mm的长条，手持一端不易断裂
粉质黏土	稍有光滑面，切面平	稍有滑腻感，有黏滞感，感觉到有少量砂黏	土块用力可压碎	能黏着物体，干燥后较易剥去	有塑性，能搓成直径为2～3mm的土条
粉土	无光滑面，切面稍粗糙	有轻微黏滞感或无黏滞感，感觉到有砂粒较多，粗糙	土块用手捏或抛扔时易碎	不易黏着物体，干燥后一碰就掉	塑性小，能搓成直径为2～3mm的土条
砂土	无光滑面，切面粗糙	无黏滞感，感觉到全是砂粒，粗糙	松散	不能黏着物体	无塑性，不能搓成土条

4.1.3 土的物理力学性质

1. 土的主要性能参数

①土的含水量。

②土的饱和度。土的饱和度是土中被水充满的孔隙体积与孔隙总体积之比，饱和度 S_r 越大，表明土孔隙中充水越多。

③土的孔隙比。它是土中孔隙体积与土粒体积之比，反映天然土层的密实程度，一般孔隙比小于0.6的土是密实的低压缩性土，大于1.0的土是疏松的高压缩性土。

④土的孔隙率。

⑤土的塑性指数和液性指数。

2. 土的力学性质

土的力学性质主要是指压缩性和抗剪强度。土的压缩性是土在压力作用下体积缩小的特性。在土的自重或外荷载作用下，土体中某一个曲面上产生的剪应力值达到了土对剪切破坏的极限抗力时，土体就会沿着该曲面发生相对滑移而失稳。土对剪切破坏的极限抗力称为土的抗剪强度。

4.2 土方工程施工数据

4.2.1 土方开挖

永久性土工构筑物挖方的边坡坡度，见表4-7。

表 4-7　永久性土工构筑物挖方的边坡坡度

序号	挖土性质	坡度值（高宽比）
1	在天然湿度、层理均匀、不易膨胀的黏土、粉质黏土和砂土（不包括细砂、粉砂）内挖方深度不超过3m	1:1.25~1:1.00
2	在天然湿度、层理均匀、不易膨胀的黏土、粉质黏土和砂土（不包括细砂、粉砂）内挖方深度为 3~12m	1:1.50~1:1.25
3	干燥地区内土质结构未经破坏的干燥黄土及类黄土，深度不超过12m	1:1.25~1:0.10
4	在碎石土和泥灰岩土的地方，深度不超过12m，根据土的性质、层理特性和挖方深度确定	1:1.50~1:0.50
5	在风化岩内的挖方根据岩石性质、风化程度、层理特性和挖方深度确定	1:1.50~1:0.20
6	在微风化岩石内的挖方，岩石无裂缝且无倾向挖方坡脚的岩层	1:0.10
7	在未风化的完整岩石内的挖方	直立的

黄土挖方边坡坡度值，见表 4-8。

表 4-8　黄土挖方边坡坡度值

地质年代	允许边坡值（高宽比）		
	坡高在5m以内	坡高 5~10m（含等于5m）	坡高 10~15m（含等于10m）
次生黄土 Q4	1:0.50~1:0.75	1:0.75~1:1.00	1:1.25~1:1.00
马兰黄土 Q3	1:0.30~1:0.50	1:0.50~1:075	1:1.00~1:0.75
离石黄土 Q2	1:0.20~1:0.30	1:0.30~1:0.50	1:0.75~1:0.50
午城黄土 Q1	1:0.10~1:0.20	1:0.20~1:0.30	1:0.50~1:0.30

临时性挖方坡度值，见表 4-9。

表 4-9　临时性挖方坡度值

土的类别		边坡值（高宽比）
砂土（不包括细砂、粉砂）		1:1.50~1:1.25
一般性黏土	硬	1:1.00~1:0.75
	硬、塑	1:1.250~1:1.00
	软	更缓或1:1.50
碎石类土	充填坚硬、硬塑黏性土	1:1.00~1:0.50
	充填砂土	1:1.50~1:1.00

4.2.2　土方回填

填土的边坡控制，见表 4-10。

表 4-10　填土的边坡控制

序号	土的种类	填方高度/m	边坡坡度
1	黏土类土、黄土、类黄土	6	1:1.50
2	粉质黏土、泥灰岩土	6~7	1:1.50

(续)

序号	土的种类	填方高度/m	边坡坡度
3	中砂和粗砂	10	1:1.50
4	砾石和碎石土	10~12	1:1.50
5	易风化的岩土	12	1:1.33
6	轻微风化、尺寸在25cm内的石料	6以内	1:1.50
7	轻微风化、尺寸大于25cm的石料,边坡用最大石块、分排整齐铺砌	6~12	1:1.075~1:1.50
8	轻微风化、尺寸大于40cm的石料,其边坡分排整齐	5以内 5~10 10以上	1:0.50 1:0.65 1:1.00

4.2.3 土方压实

压实的边坡允许值,见表4-11。

表4-11 压实的边坡允许值

填料类别	压实系数 λ_c	边坡允许值（高宽比）			
		填料厚度 H/m			
		$H \leqslant 5$	$5 < H \leqslant 10$	$10 < H \leqslant 15$	$15 < H \leqslant 20$
碎石、卵石	0.94~0.97	1:1.25	1:1.25	1:1.25	1:1.25
砂夹石（其中碎石、卵石占全重30%~50%）		1:1.25	1:1.25	1:1.25	1:1.25
土夹石（其中碎石、卵石占全重30%~50%）	0.94~0.97	1:1.25	1:1.25	1:1.25	1:1.25
粉质黏土、黏粒含量 $\rho_c \geqslant 10\%$ 的粉土		1:1.25	1:1.25	1:1.25	1:1.25

4.3 土方工程施工相关计算

4.3.1 土的物理性质指标计算与换算

土的物理性质指标,见表4-12。

表4-12 土的物理性质指标

指标名称	单位	物理意义	表达式	附注
密度 ρ	t/m³	单位体积土的质量	$\rho = \dfrac{m}{V}$	由试验方法（环刀法）测定
重度 γ	kN/m³	单位体积土所受的重力,又称重力密度	$\gamma = \dfrac{W}{V}$ 或 $\gamma = \rho g$	由试验方法测定后计算求得
相对密度 d_s	—	土粒单位体积的质量于4℃时蒸馏水的密度之比	$d_s = \dfrac{m_s}{V_{spw}}$	由试验方法（环刀法）测定
干密度 ρ_d	t/m³	土的单位体积内颗粒的质量	$\rho_d = \dfrac{m_s}{V}$	由试验方法测定后计算求得

（续）

指标名称	单位	物理意义	表达式	附注
干重度 γ_d	kN/m³	土的单位体积内颗粒的重力	$\gamma_d = \dfrac{W_s}{V}$	由试验方法测定
含水量 ω	%	土中水的质量与颗粒质量之比	$\omega = \dfrac{m_w}{m_s} \times 100\%$	由试验方法（烘干法）测定
饱和密度 ρ_{sat}	t/m³	土中孔隙完全被水充满时土的密度	$\rho_{sat} = \dfrac{m_s + V_V \rho_W}{V}$	由计算求得
饱和重度 γ_{sat}	kN/m³	土中孔隙完全被水充满时土的重度	$\gamma_{sat} = \rho_{sat} g$	由计算求得
有效重度 γ'	kN/m³	在地下水位以下，土体受到水的浮力作用时土的重度，又称浮重度	$\gamma' = \gamma_{sat} - \gamma_w$	由计算求得
孔隙比 e	—	土中孔隙体积与土粒体积之比	$e = \dfrac{V_v}{V_s}$	由计算求得
孔隙率 n	%	土中孔隙体积与土的体积之比	$n = \dfrac{V_v}{V} \times 100\%$	由计算求得
饱和度 S_r	%	土中水的体积与孔隙体积之比	$S_r = \dfrac{V_w}{V_v} \times 100\%$	由计算求得

4.3.2 土的力学性质指标计算

1. 压缩系数

土的压缩性通常用压缩系数（或压缩模量）来表示，其值由原状土的压缩试验确定。压缩系数按下式计算：

$$\alpha = 1000 \times \frac{e_1 - e_2}{p_1 - p_2} \tag{4-1}$$

式中　1000——单位换算系数；
　　　α——土的压缩系数（MPa⁻¹）；
　　　p_1、p_2——固结压力（kPa）；
　　　e_1、e_2——相对应 p_1、p_2 时的孔隙比。

2. 压缩模量

工程上常用室内试验求压缩模量 E_s 作为土的压缩性指标。压缩模量按下式计算：

$$E_s = (1 + e_0)/\alpha \tag{4-2}$$

式中　E_s——土的压缩模量（MPa）；
　　　e_0——土的天然（自重压力下）孔隙比；
　　　α——从土的自重应力至土的自重加附加应力段的压缩系数（MPa⁻¹）。

3. 抗剪强度

土在外力作用下抵抗剪切滑动的极限强度，用室内直剪、二轴剪切、十字板剪切、标准贯入、动力触探、静力触探等试验方法测定，是评价地基承载力、边坡稳定性、计算土压力的重要指标。

①抗剪强度计算。土的抗剪强度一般按下式计算：

$$\tau_1 = \sigma \tan\varphi + c \tag{4-3}$$

式中 τ_1——土的抗剪强度（kPa）；

σ——作用于剪切面上的法向应力（kPa）；

φ——土的内摩擦角（°），剪切试验法向应力与剪应力曲线的切线倾斜角；

c——土的黏聚力（kPa），剪切试验中土的法向应力为零时的抗剪强度，砂类土 $c=0$。

②土的内摩擦角 φ 和黏聚力 c 的求法。同一土样，切取不少于 4 个环刀进行不同垂直压力作用下的剪力试验后，绘制抗剪强度 τ 与法向应力 σ 的相关直线，直线交 τ 值的截距即为土的黏聚力 c，砂类土 $c=0$，直线的倾斜角即为土的内摩擦角 φ。

4.3.3 土的可松性与压缩性计算

1. 土的可松性计算

土的可松性是指土经过挖掘后组织破坏、体积增加的性质，以后虽经回填压实，仍不能恢复成原来的体积。土的可松性程度一般以可松性系数表示，它是挖填土方时计算土方机械生产率、回填土方量、运输机具数量、进行场地平整规划竖向设计、土方平衡调配的重要参数。

土的可松性，根据其开挖后和经回填压实后增加体积量的不同，分为最初可松性系数和最后可松性系数。

一般土的可松性系数参考数值见表 4-2。

2. 土的压缩性计算

取土回填或移挖作填，松土经运输、填压以后，均会压缩，一般以压缩率表示，可按下式计算：

$$P = [(\rho - \rho_d)/\rho_d] \times 100\% \qquad (4\text{-}4)$$

式中 P——土的压缩率（%）；

ρ_d——原状土的干质量密度（g/cm³）；

ρ——压实后土的干质量密度（g/cm³）。

4.3.4 场地平整高度的计算

1. 初步计算场地设计标高

如图 4-1a 所示，将地形图划分成方格网（或利用地形图的方格网），每个方格的角点标高，一般可根据地形图上相邻两等高线的标高，用插入法求得。当无地形图时，也可通过在现场打设木桩定好方格网，然后用仪器直接测出。

一般要求使场地内的土方在平整前和平整后相等，从而达到挖方和填方量平衡，如图 4-1b 所示。设达到挖填平衡的场地平整标高为 H，则由挖填平衡条件得 H_0 值为

$$H_0 = \frac{\sum H_1 + \sum H_2 + \sum H_3 + \sum H_4}{4N} \qquad (4\text{-}5)$$

式中 N——方格网数（个）；

H_1——一个方格共有的角点标高（m）；

H_2——两个方格共有的角点标高（m）；

H_3——三个方格共有的角点标高（m）；

H_4——四个方格共有的角点标高（m）。

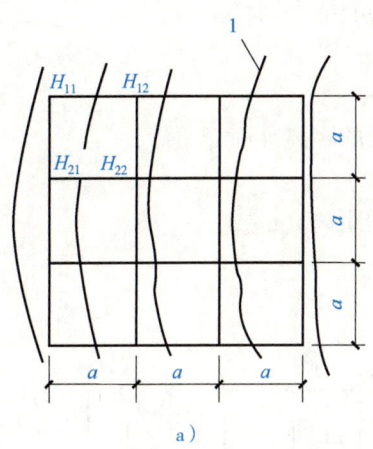 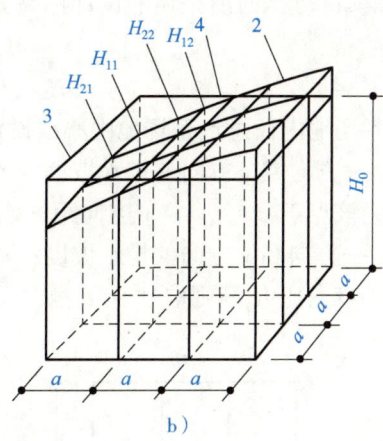

图 4-1 场地设计标高计算简图
a）地形图上划分方格 b）设计标高示意图
1—等高线 2—自然地坪 3—设计标高平面 4—自然地面与设计标高平面的交线（零线）

2. 场地设计标高的调整计算

①土的可松性影响。由于土具有可松性，如按挖填平衡计算得到的场地设计标高进行挖填施工，填土多少有富余，特别是当土的最终可松性系数较大时，更不容忽视。如图 4-2 所示，设 Δh 为土的可松性引起的设计标高增加值，则设计标高调整后的总挖方体积 V'_W 应为 $V'_W = V_W - F_W \Delta h$，总填方体积 V'_T 应为 $V'_T = V'_W K'_S$，则可得 $V'_T = V'_W K'_S = (V_W - F_W \Delta h) K'_S$。

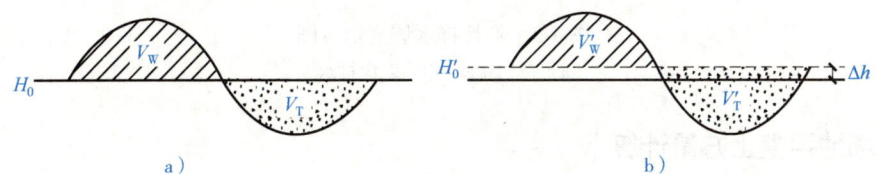

图 4-2 设计标高调整计算示意图
a）理论设计标高 b）调整设计标高

此时，填方区的标高也应与挖方区一样提高 Δh，即

$$\Delta h = \frac{V'_T - V_T}{F_T} = \frac{(V_W - F_W \times \Delta h)K'_S - V_T}{F_T} \tag{4-6}$$

由 $V_T = V_W$ 得

$$\Delta h = \frac{V_W(K'_S - 1)}{F_T + F_W K'_S} \tag{4-7}$$

式中 V_W、V_T——按理论设计标高计算的总挖方、总填方体积；
　　　F_W、F_T——按理论设计标高计算的挖方区、填方区总面积；
　　　K'_S——土的最终可松性系数；
　　　V'_T——总填方体积。

故考虑土的可松性后，场地设计标高调整为 $H'_0 = H_0 + \Delta h$。

②场地排水坡度对设计标高的影响。上述 H_0 及 H'_0 的计算公式中，并未考虑场地的排水要求（即场地表面均处于同一个水平面上），实际上均应有一定排水坡度，如图 4-3 所示。如场地面积较大，应有 0.2% 以上的排水坡度，故尚应考虑排水坡度对设计标高的影响，场

地内任意点实际施工时所采用的设计标高 H_n（m）可由下式计算：
单向排水时
$$H_n = H'_0 + li \qquad (4-8)$$
双向排水时
$$H_n = H'_0 \pm l_x i_x \pm l_y i_y \qquad (4-9)$$
式中　l——场地内任意点至场地中心线设计标高 H_0 的距离（m）；
　　　i——x 方向或 y 方向的排水坡度（不少于 2%）；
　　l_x、l_y——该点于 $x-x$、$y-y$ 方向距场地中心线的距离（m）；
　　i_x、i_y——x 方向和 y 方向的排水坡度；
　　　$\pm$——该点比 H_0 高则取"$+$"号，反之取"$-$"号。

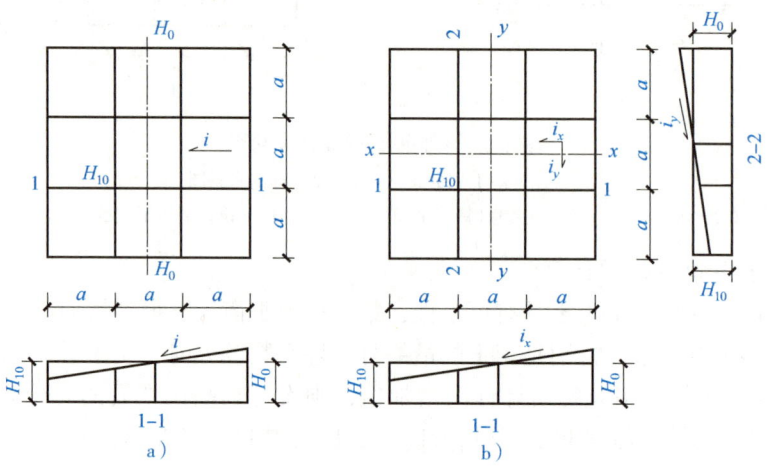

图 4-3　场地排水坡度示意图
a）单向排水　b）双向排水

4.3.5　场地平整土方量计算

在编制场地平整土方工程施工组织设计或施工方案，进行土方的平衡调配以及检查验收土方工程时，常需要进行土方工程量的计算。计算方法有方格网法和横截面法两种。

1. 方格网法

方格网法适用于地形较为平坦或面积较大的场地。计算方法较为复杂，但精度较高，其计算步骤和方法如下所述。

①划分方格网。根据已有地形图（一般用 1∶500 的地形图），将计算场地划分成若干个方格网。方格网应尽量与测量的纵、横坐标网对应。方格一般采用 20m×20m 或 40m×40m，将相应设计标高和自然地面标高分别标注在方格点的右上角和右下角。将自然地面标高与设计地面标高的差值，即各角点的施工高度（挖或填），填在方格网的左上角，挖方为（+），填方为（-）。

②计算零点位置。在一个方格网内同时有填方或挖方时，应先算出方格网边上的零点的位置，并标注于方格网上。如图 4-4 所示，连接零点，即得填方区与挖方区的分界线，即零线，零点的位置按下式计算：

$$x_1 = \frac{h_1}{h_1 + h_2} \times a, \quad x_2 = \frac{h_2}{h_1 + h_2} \times a \qquad (4-10)$$

式中 x_1、x_2——角点至零点的距离（m）；
h_1、h_2——相邻两角点的施工高度（m），均用绝对值；
a——方格网的边长（m）。

为省略计算，也可采用图解法直接求出零点位置，如图 4-5 所示。具体方法是用尺在各角上标注出相应比例，用尺相接，与方格相交点即为零点位置。这种方法可避免计算（或查表）出现的错误。

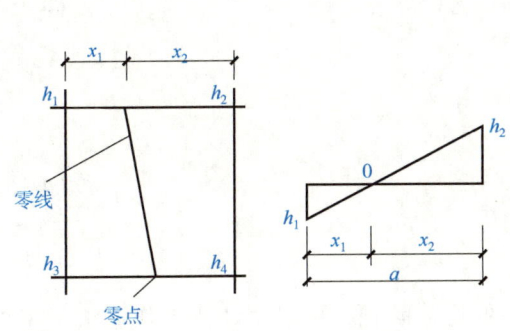

图 4-4 零点位置计算示意图

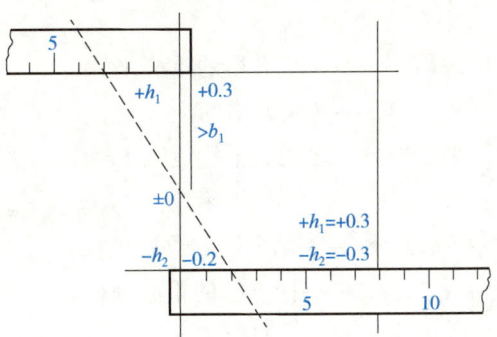

图 4-5 零点位置图解法

2. 横截面法

①计算横截面面积。如图 4-6 所示，横截面由多个三角形和梯形组成，其中三角形和梯形的面积为

$$A_1 = \frac{1}{2}h_1 \times d_1,\ A_2 = \frac{1}{2}(h_1 + h_2)d_2,\ \cdots,\ A_n = \frac{1}{2}h_n \times d_n \qquad (4-11)$$

则该横截面的面积为

$$F_i = A_1 + A_2 + \cdots + A_n \qquad (4-12)$$

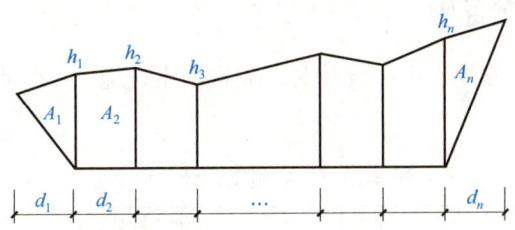

图 4-6 横截面面积计算示意图

②计算土方量。在各个横截面的面积求出后，即可计算土方体积。设各横截面的面积分别为 F_1、F_2、$\cdots$、F_n，相邻两截面之间的距离依次为 l_1、l_2、$\cdots$、l_n，则所求的土方体积为

$$V = \frac{F_1 + F_2}{2}l_1 + \frac{F_2 + F_3}{2}l_2 + \cdots + \frac{F_{n-1} + F_n}{2}l_n \qquad (4-13)$$

4.3.6 土方的平衡与调配计算

土方平衡与调配需编制相应的土方调配图，其步骤如下：
①划分调配区。在平面图上先画出挖填区的分界线，并在挖方区和填方区适当画出若干

调配区，确定调配区的大小和位置。借土区或一个弃土区可作为一个独立的调配区。

②计算各调配区的土方量并标明在图上。

③计算各挖、填方调配区之间的平均运距，即挖方区重心至填方区重心的距离，取场地或方格网中的纵横两边为坐标轴，以一个角作为坐标原点，按下式求出各挖方或填方调配区土石方重心坐标 x_0 及 y_0：

$$x_0 = \sum(x_i V_i) / \sum V_i \quad (4\text{-}14)$$

$$y_0 = \sum(y_i V_i) / \sum V_i \quad (4\text{-}15)$$

式中　x_i、y_i——i 块方格的重心坐标；

V_i——i 块方格的土方量。

填、挖方区之间的平均运距 L_0 为

$$L_0 = [(x_{01} - x_{0W})^2 + (y_{01} - y_{0W})^2]^{1/2} \quad (4\text{-}16)$$

式中　x_{01}、y_{01}——填方区的重心坐标；

x_{0W}、y_{0W}——挖方区的重心坐标。

④确定土方最优调配方案。对于线性规划中的运输问题，可以用"表上作业法"来求解，使总土方运输量 $W = \sum_{i=1}^{m}\sum_{j=1}^{n} L_{ij} x_{ij}$ 为最小值，即为最优调配方案。式中，L_{ij} 为各调配区之间的平均运距（m）；x_{ij} 为各调配区的土方量（m³）。

⑤绘出土方调配图。根据以上计算，标出调配方向、土方数量及运距（平均运距再加施工机械前进、倒退和转弯必需的最短长度）。

4.4　土方施工特点

4.4.1　土方施工设计的原则

在组织施工或编制土方施工组织设计时，应根据土方施工的特点和以往积累的经验，遵循的原则见表 4-13。

表 4-13　土方施工设计的原则

项目	土方设计的原则
土方施工设计的原则	①认真贯彻党和国家对基本建设的各项方针和政策 ②严格遵守国家和合同规定的工程竣工及交付使用期限 ③合理安排工程开展程序和施工顺序。建筑施工的特点之一是产品的固定性，因而使建筑施工在同一场地上同时或者先后交叉进行。没有前一阶段的工作，后一阶段的工作就不能进行，同时它们之间又是交错搭接地进行。顺序反映客观规律要求，交叉则反映争取时间的努力。因此，在编制施工组织设计的过程中必须合理安排施工程序

4.4.2　施工特点

施工特点见表 4-14。

表 4-14 施工特点

项目	工作的内容
量大面广，劳动繁重	在建筑工程中，尤其是比较大型的建筑项目的场地平整，土方施工面积很大。其土方工程量可达几万立方米甚至几十万立方米、几百万立方米。劳动强度很高，工作繁重
施工条件复杂	土方施工大都为露天作业，有些土方工程又往往是在施工条件不完全具备的情况下施工，因而在工程施工中难以确定的因素较多，条件复杂。尤其要受到地区、气候、水文、地质、人文历史等条件的影响，给施工带来很大困难，有时甚至会影响到施工的正常进行
施工费用低	需投入的劳力和时间较多，土方施工程序及装备简单、适用面广、节省材料（钢、木材、水泥）等，具有易于掌握，具有快速、经济、效果显著等优点。但影响质量的因素较多，施工质量难以控制，排污量大有时难以处置，难以组织机械化施工，所以又常常会影响后续工程的施工

4.5 土方工程施工准备和开挖

4.5.1 土方工程施工准备

①学习和审查图纸。检查图纸和资料是否齐全，核对平面尺寸和坑底标高，图纸相互间有无错误和矛盾，掌握设计内容及各项技术要求，了解工程规模、结构形式、特点、工程量和质量要求，熟悉土层地质、水文勘察资料，审查地基处理和基础设计，研究开挖程序，并对参加施工的人员进行技术交底，如图 4-7 所示。

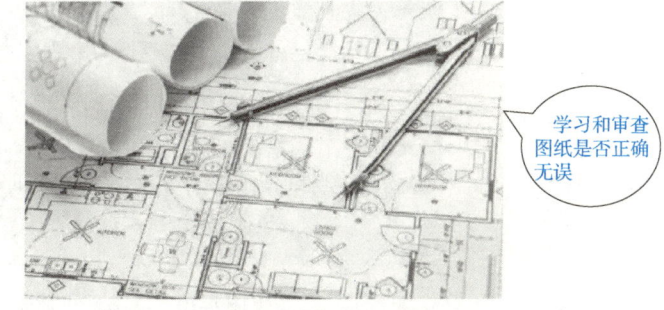

图 4-7 学习和审查图纸

②勘查施工现场。摸清工程场地情况，收集施工需要的各项资料，包括施工场地地形、地貌、地质水文、河流、气象、运输道路、邻近建筑物、地下基础、管线、电缆、坑基、防空洞以及地面上施工范围内的障碍物和堆积物状况，供水、供电、通信情况，防洪排水系统等，以便为施工规划和准备提供可靠的资料和数据，如图 4-8 所示。

图 4-8 勘查施工现场

③编制施工方案。研究制定现场场地平整、基坑开挖施工方案，绘制施工总平面布置图和基坑土方开挖图，确定开挖路线、顺序、范围、底板标高、边坡坡度、排水沟、集水井位置，以及挖出的土方堆放地点。

④平整施工场地。按设计或施工要求范围和标高平整场地，将土方弃至规定弃土区，在施工区域内，凡影响工程质量的软弱土层、淤泥、腐殖土、大卵石、孤石、垃圾、树根、草

皮以及不宜做填土和回填土料的稻田湿土，均应根据不同情况，分别采取全部挖除或设排水沟疏干，抛填块石、砂砾等方法进行妥善处理，以免影响地基承载力，如图4-9所示。

图4-9　平整施工场地

⑤清除现场障碍物。对施工区域内所有障碍物，如高压电线、电杆、塔架、地上管道和地下管道、电缆、坟墓、树木、沟渠以及旧有房屋、基础等进行拆除或搬迁、改建、改线；对附近原有建筑物、电杆、塔架等，采取有效的防护加固措施，可利用的建筑物应充分利用，如图4-10所示。

图4-10　清除现场障碍物

⑥进行地下勘探。在黄土地区或有古墓地区，应在工程基础部位，按设计要求位置，用洛阳铲进行铲探，发现墓穴、土洞、地道（地窖）、废井等，应对地基进行局部处理。

⑦设置排水降水设施。在施工区域内设置临时性或永久性排水沟，将地面水排走或排到低洼处，再设水泵排走或疏通原有排水泄洪系统。地下水位高的基坑，在开挖前一周，将水位降到要求的深度。

⑧设置测量控制网。

⑨修建临时设施及道路。

⑩准备机具、物资及人员。

做好设备调配，对进场挖土、运输车辆及各种辅助设备进行维修检查，试运转，并运至使用地点就位，准备好施工用料及工程用料，按施工平面图要求堆放。

4.5.2　土方边坡及其稳定

1. 土方边坡

土体边坡的坡度是指为保持土体在施工阶段的稳定性而放坡的程度，用土方边坡高度 h

与边坡底宽 b 之比来表示，如图 4-11 所示，即土方边坡坡度 = h/b = $1/(h/b)$ = $1/m$ = $1:m$，式中 m 为坡度系数。

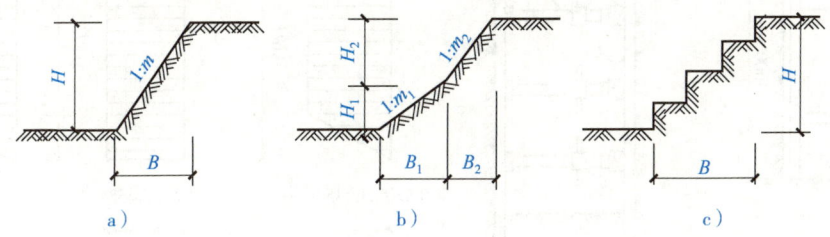

图 4-11 土方边坡
a) 直线形 b) 折线形 c) 阶梯形

土方边坡可根据土壁的高度、土的分层土质情况和土体的受力大小，做成直线形、折线形或阶梯形等形式，其目的都是为了维持土体的稳定。

2. 影响边坡稳定的因素

土体内存在的内摩擦力和粘结力使土体具有一定的抗剪强度，能够稳定土体。但土体的抗剪强度除与土质有关外，还受到外界因素的影响。当外界因素使土体抗剪强度降低或剪应力达到一定程度，土体也会失去稳定性而造成塌方。根据工程实践分析，造成边坡塌方的主要原因有以下几个：

①雨水、地下水或施工用水渗入边坡，使土体的重量增大而抗剪强度降低，这是造成边坡塌方的最主要原因。

②边坡坡度太陡，使土体稳定性不足而发生塌方。

③边坡上边缘附近大量堆土或停放机具，使上部荷载增加，加大了土体的剪应力。

因此，为防止边坡塌方，除保证边坡大小与边坡上边缘的荷载符合规定要求外，在施工中还必须做好排除地面水工作，以防地表水、施工用水和生活用水侵入开挖场地。在雨期施工时，更应注意检查边坡的稳定性，必要时，可适当放缓边坡坡度或设置支撑，以防塌方。

4.5.3 基坑（槽）支护

1. 横撑式支撑

开挖较窄的沟槽，多用横撑式土壁支撑。横撑式土壁支撑根据挡土板的不同，分为水平挡土板式（图 4-12a）和垂直挡土板式（图 4-12b）两类，前者挡土板的布置又分为间断式和连续式两种。湿度小的黏性土挖土深度小于 3m 时，可用间断式水平挡土板支撑，对松散、湿度大的土壤可用连续式水平挡土板支撑，挖土深度可达 5m。对松散和湿度很高的土可用垂直挡土板式支撑，挖土深度不限。

支撑所承受的荷载为土压力。土压力的分布不仅与土的性质、土坡高度有关，且与支撑的形式及变形有关。由于支撑多为随挖、随铺、随撑，支撑构件的刚度不同，撑紧的程度又难于一致，故作用在支撑上的土压力不能按库仑或朗肯土压力理论计算。实测资料表明，作用在木板支撑上的土压力的分布很复杂，也很不规则。实用上常按如图 4-13 所示几种简化图形进行计算。

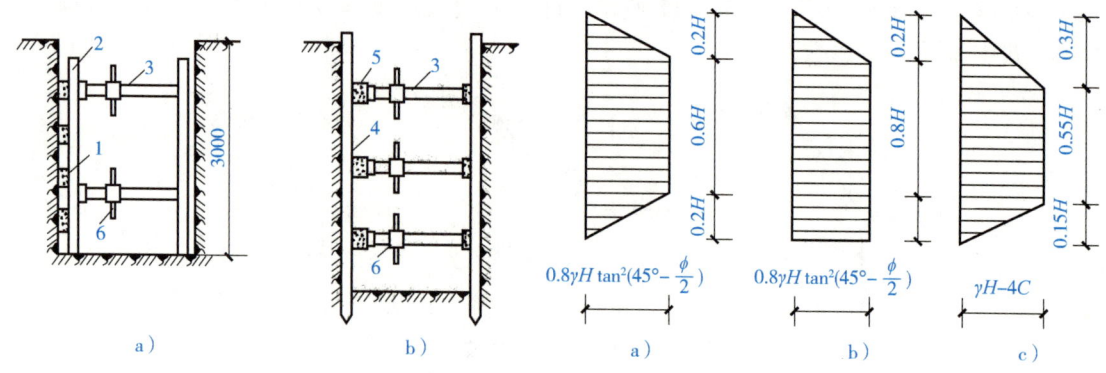

图4-12　横撑式支撑
a）水平挡土板支撑　b）垂直挡土板支撑
1—水平挡土板　2—立柱　3—工具式横撑
4—垂直挡土板　5—横楞木　6—调节螺栓

图4-13　支撑计算简图
a）密砂　b）松砂　c）黏土
注：H为支撑的高度；C为工作面黏土的宽度。

2. 板桩支护结构

板桩支护结构由两大系统组成：挡墙系统和支撑（或拉锚）系统，如图4-14所示。悬臂式板桩支护结构则不设支撑（或拉锚）。

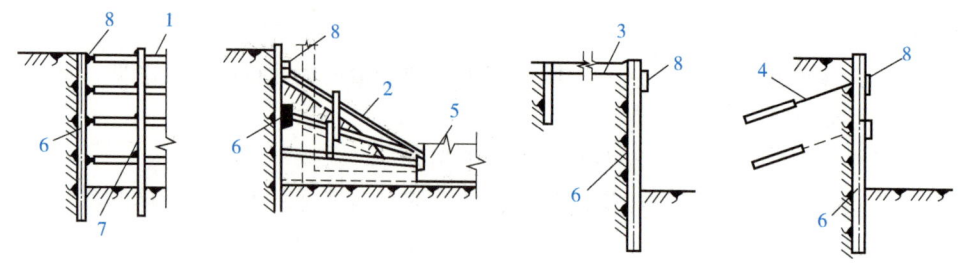

图4-14　板桩结构
1—钢支撑　2—斜撑　3—拉锚　4—土锚杆　5—先施工的基础　6—板桩墙　7—竖撑　8—围檩

挡墙系统常用的材料有型钢、钢板桩、钢筋混凝土板桩、钢筋混凝土灌注桩、地下连续墙，少量采用木材。

钢板桩有平板形和波浪形两种，如图4-15所示，钢板桩通过锁口互相连接，形成一道连续的挡墙。由于锁口的连接，使钢板桩之间连接牢固，形成整体。同时，也具有较好的隔水能力。钢板桩截面面积小，易于打入，U形、Z形等波浪式钢板桩截面抗弯能力较好。施工完毕后还可拔出重复使用。

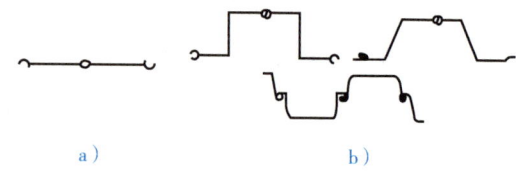

图4-15　常用钢板桩
a）平板形　b）波浪形

3. 重力式围护结构

深层水泥土搅拌桩围护结构是近年来发展起来的重力式围护结构，它由搅拌桩机将水泥和土强行搅拌，形成柱状的水泥土搅拌桩，水泥土柱状加固体连续，搭接形成重力挡墙，具有挡土支护能力。由于水泥土的渗透系数很小，故它兼有隔水作用。它适用于4~6m深的基坑，最大可达7m。

水泥土围护结构墙体通常布置成格栅式,如图4-16所示,要求相邻桩搭接不小于20cm,格栅的截面置换率(加固土面积与总面积之比)为0.6~0.8。墙体宽度B、插入深度D根据基坑开挖深度h_0估算,一般为$B=(0.6~0.8)h_0$,$D=(0.8~1.2)h_0$。

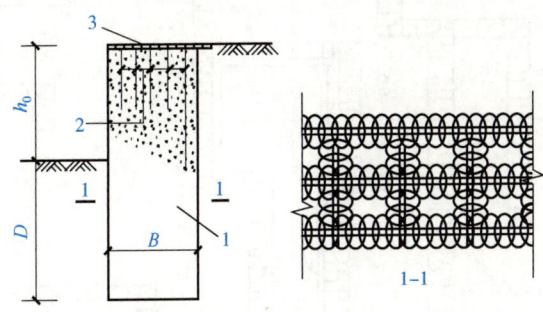

图4-16 水泥土重力式围护结构
1—水泥土搅拌桩 2—插筋 3—混凝土面层

4.5.4 土方开挖与运输

1. 场地开挖边坡

边坡稳定,地质条件良好,土质均匀,高度在10m内的边坡,土质边坡坡度允许值见表4-15。

表4-15 土质边坡坡度允许值

土的种类	密实度或状态	坡度允许值(高宽比)	
		坡高在5m以下	坡高为5~10m
碎石土	密实	1:0.35~1:0.50	1:0.50~1:0.75
	中密	1:0.50~1:0.75	1:0.75~1:1.00
	稍密	1:0.75~1:1.00	1:1.00~1:1.25
黏性土	坚硬	1:0.75~1:1.00	1:1.00~1:1.25
	硬塑	1:1.00~1:1.25	1:1.25~1:1.50

2. 土方机械化开挖

①土方开挖应绘制土方开挖图,如图4-17所示,确定开挖路线、顺序、范围、基底标高、边坡坡度、排水沟、集水井位置以及挖出的土方堆放地点等。绘制土方开挖图应尽可能使机械多挖,减少机械超挖和人工挖方。

②大面积基础群基坑底标高不一,机械开挖次序一般采取先整片挖至一平均标高,然后再挖个别较深部位。当一次开挖深度超过挖土机最大挖掘高度(5m以上)时,宜分2~3层开挖,并修筑10%~15%坡道,以便挖土及运输车辆进出。

③基坑边角部位,机械开挖不到之处,应用少量人工配合清坡,将松土清至机械作业半径范围内,再用机械掏取运走。人工清土所占比例一般为1.5%~4%,修坡以厘米作限制误差。大基坑宜另配一台推土机清土、送土、运土。

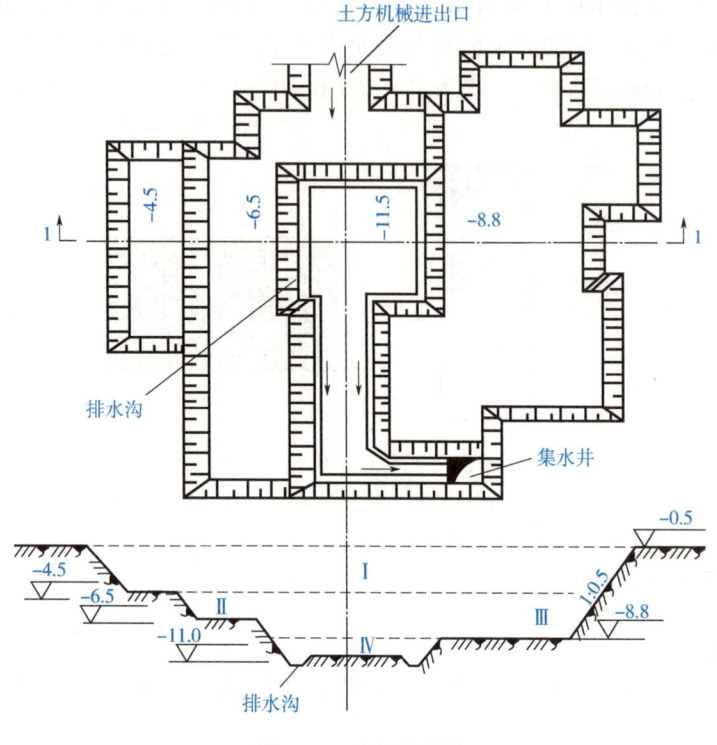

图 4-17 土方开挖图

④做好机械的表面清洁和运输道路的清理工作,以提高挖土和运输效率。

4.6 填方与压实

4.6.1 土料的选用、含水率控制及基底处理

1. 土料的选用

①一般碎石类土、砂土和爆破石渣,可用作表层以下的填料,其最大粒径不得超过每层铺垫厚度的 2/3(当用振动碾时,不得超过 3/4)。

②含水量符合压实要求的黏性土,可用作各层填料。

③碎块草皮和有机质含量大于 8% 的土,仅用于无压实要求的填方。

④淤泥和淤泥质土,一般不能用作填料。

⑤含有盐分的盐渍土中,仅中、弱两类盐渍土一般可以用作填料,但土中不得含有盐品、盐块或含盐植物的根茎。

2. 土料含水率控制

填土土料含水率的控制应注意以下两点:

①填土土料含水量的大小,直接影响到夯实(碾压)质量,在夯实(碾压)前应预试验,以得到符合密实度要求条件下的最优含水量和最少夯实(或碾压)遍数。含水量过小,夯压(碾压)不实,含水量过大,则易形成橡皮土。各种土的最优含水量和最大干密度参

考数值见表4-16。黏性土料施工含水量与最优含水量之差可控制在 -4% ~ 2% 内（使用振动碾时，可控制在 -6% ~ 2% 内）。

表 4-16 各种土的最优含水量和最大干密度参考数值

土的种类	变动范围	
	最优含水量（质量分数,%）	最大干密度/（t/m³）
砂土	8 ~ 12	1.80 ~ 1.88
黏土	19 ~ 23	1.58 ~ 1.70
粉质黏土	12 ~ 15	1.85 ~ 1.95
粉土	16 ~ 22	1.61 ~ 1.80

注：1. 表中土的最大干密度应以现场实际达到的数字为准。
    2. 一般性的回填，可不作此项测定。

② 土料含水量一般以手握成团、落地开花为宜。当含水量过大，应采取翻松、晾干、风干、换土回填、掺入干土或其他吸水性材料等措施；如土料过干，则应预先洒水润湿。每 1m³ 铺好的土层需要补充水量（L）按下式计算：

$$V = \frac{\rho_w}{1+\omega}(\omega_{op} - \omega) \tag{4-17}$$

式中　V——单位体积内需要补充的水量（L）；
　　　ω——土的天然含水量（质量分数,%）（以小数计）；
　　　ω_{op}——土的最优含水量（质量分数,%）（以小数计）；
　　　ρ_w——填土碾压前的密度。

当用喷水器润湿前，先用秒表测量单位时间喷水器的流量，然后确定 1m³ 及整个润湿地段的洒水时间。当含水量小时，也可采取增加压实遍数或使用大功能压实机械等措施。在气候干燥时，须加速挖土、运土、平土和碾压过程，以减少土的水分散失。当填料为碎石类土，碾压前应充分洒水湿透，以提高压实效果。

3. 基底处理

在土方填筑前，应清除填方基底上的树根、草皮、垃圾和坑穴中的积水、淤泥和杂物等，验收基底标高。填土区如遇有地下水或地面滞水时，必须设置排水措施，以保证施工顺利进行。

在建筑物和构筑物地面下的填方或厚度小于 0.5m 的填方，应清除基底上的草皮、垃圾和软弱土层。填方地面坡度陡于 1/5 时，应将基底挖成阶梯形，阶高 0.2 ~ 0.3m，阶宽不小于 1m。

当填方基底为耕植土或松土时，应将基底充分夯实或碾压密实。在水田、沟渠、池塘或含水量很大的松软土上填方前，应根据实际情况采用排水疏干、挖除淤泥换土或抛填块石、砂砾、矿渣、掺石灰或翻松晾晒等方法处理后再进行填土。

4.6.2 填方压实机具的选用

填方压实机具选用的类型及适用范围，见表4-17。

表 4-17　填方压实机具选用的类型及适用范围

机具	适用范围
推土机	①推一至四类土，运距 60m 以内的堆土回填 ②短距离移挖作填、回填基坑（槽）管沟并压实 ③堆筑高 1.5m 内的路基、堤坝 ④拖羊足碾压实填土
自卸汽车	①运距 1500m 以内的运土、卸土带行驶压实 ②密实度要求不高的场地整平压实 ③弃土造地填方
铲运机	①运距 800~1500m 以内的大面积场地整平，挖土带运输回填、压实（效率最高为 200~350m） ②填筑路基、堤坝，但不适于砾石层、冻土地带及沼泽地带使用 ③开挖土方的含水率应在 27% 以下，行驶坡度控制在 20°以内
光碾压路机	①爆破石渣、碎石类土、杂填土或粉质黏土的碾压 ②大型场地整平、填筑道路、堤坝的碾压
小型打夯机	①小型打夯机包括蛙式打夯机、振动夯实机、内燃打夯机等，小型打夯工具包括人工铁夯、木夯、石夯及混凝土夯等 ②黏性较低的土（如砂土、粉土等）小面积或工作面较窄的回填夯实 ③配合光碾压路机，对边缘或边角碾压不到之处的夯实
羊足碾、平碾	①羊足碾适于黏性土的大面积碾压，由于羊足碾的羊足从土中拔出会使表面土层翻松，不宜用于砂与面层的压实 ②平碾适于黏性土和非黏性土的大面积压实 ③大型场地整平，填筑道路堤坝
平板振捣器	①小面积黏性土薄层回填土的振实 ②较大面积砂性土的回填振实 ③薄层砂卵石、碎石垫层的振实

4.6.3　填方边坡要求

填方边坡要求如下：

①填方的边坡坡度应根据填方厚度、填料性质和重要性在设计中加以规定，当设计无规定时，可按表 4-18 采用。

表 4-18　压实填土的边坡坡度允许值

填土类型	边坡坡度允许值（高宽比）		压实系数（λ_c）
	坡高在 8m 以内	坡高为 8~15m	
碎石、卵石	1:1.50~1:1.25	1:1.75~1:1.50	0.94~0.97
砂夹石（碎石、卵石占全重 30%~50%）	1:1.50~1:1.25	1:1.75~1:1.50	
土夹石（碎石、卵石占全重 30%~50%）	1:1.50~1:1.25	1:2.00~1:1.50	
粉质黏土，黏粒含量 ρ_c≥10% 的粉土	1:1.75~1:1.50	1:2.25~1:1.75	

②对使用时间较长的临时性填方（如使用时间超过一年的临时道路、临时工程的填方）

边坡坡度，当填方高度小于 10m 时可采用 1∶1.5，超过 10m，可做成折线形，上部采用 1∶1.5，下部采用 1∶1.75。

4.7 土石方工程施工与质量验收

4.7.1 土石方开挖

1. 对定位放线的控制

复核建筑物的定位桩、轴线、方位和几何尺寸。

2. 对土方开挖的控制

检查挖土标高、截面尺寸、放坡和排水。地下水位应保持低于开挖面 500mm 以下。

3. 基坑（槽）验收

由施工单位、设计单位、监理单位或建设单位、质量监督部门等共同进行验槽，用表面检查验槽法，必要时采用钎探检查。检查合格，填写基坑槽验收记录，办理交接手续。

4. 土石方开挖工程质量检验标准

土石方开挖工程质量检验标准，见表 4-19 和表 4-20。

表 4-19 土方开挖工程质量检验标准

类别	序号	检验项目	允许偏差或允许值/mm					检验方法
			柱基、基坑、基槽	挖方场地平整		管沟	地（路）面基层	
				人工	机械			
主控项目	1	标高	-50	±30	±50	-50	-50	水准仪
	2	长度、宽度（由设计中心线向两边量）	+200 -50	+300 -100	+500 -100	+100	—	经纬仪、用钢尺量
	3	边坡	设计要求					观察用坡度尺检查
一般项目	1	表面平整度	20	20	50	20	20	用 2m 靠尺和楔形塞尺检查
	2	基底土性	设计要求					观察或土样分析

表 4-20 石方开挖工程质量检验标准

类别	序号	检验项目	质量标准	单位	检验方法及器具
主控项目	1	底基层土质	必须符合设计要求	—	观察检查及检查试验记录
	2	边坡坡度偏差	应符合设计要求，不允许偏陡，稳定无松石	—	用坡度尺检查

4.7.2 土石方回填

①回填施工过程中应检查排水措施、每层填筑厚度、含水量控制和压实程序。

②对每层回填的质量进行检验,采用环刀法(或)灌砂法、灌水法取样测定土(石)的干密度,求出土(石)的密实度,或用小轻便触探仪检验干密度和密实度。

③基坑和室内填土,每层按 100~500m² 取样 1 组;场地平整填方,每层按 400~900m² 取样 1 组;基坑和管沟回填每 20~50m² 取样 1 组,但每层均不少于 1 组,取样部位在每层压实后的下半部。

④干密度应有 90% 以上符合设计要求,10% 的最低值与设计值之差,不大于 0.08t/m³,且不应集中。

⑤填方施工结束后应检查标高、边坡坡度、压实程度等,检验标准见表 4-21。

表 4-21 回填工程质量检验评定标准

类别	序号	检验项目	允许偏差或允许值/mm					检验方法
			柱基、基坑、基槽	挖方场地平整		管沟	地(路)面基层	
				人工	机械			
主控项目	1	标高	−50	±30	±50	−50	−50	水准仪
	2	分层压实系数	设计要求					按规定方法
一般项目	1	回填土料	设计要求					取样检查或直接鉴别
	2	分层厚度及含水量	设计要求					水准仪及抽样检查
	3	表面平整度	20	20	20	20	20	用靠尺或水准仪

4.8 爆破工程施工相关计算

4.8.1 土石方爆破作用指数与药量计算

1. 爆破漏斗和爆破作用指数计算

当药包在具有一个临空面的土石内爆破后,土石被炸成碎块,并抛撒在其周围地面上,形成一个倒立圆锥体形状的爆破坑,称为爆破漏斗,如图 4-18 所示。图 4-18 中 O 为药包中心,ON 为最小抵抗线,r 为爆破漏斗上口半径,R 为抛掷半径,mol 包围部分称为抛掷漏斗(一般称为爆破漏斗),mol 与 MOL 所包围部分称为破坏漏斗。

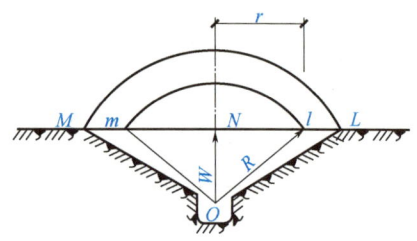

图 4-18 爆破漏斗分类简图

注:W—最小抵抗线;r—爆破漏斗上口半径;R—抛掷半径。

爆破漏斗的形状随岩土的性质、炸药的品种性能和药包大小及药包埋置深度等不同而变化,其大小和抛掷岩土碎块的多少,以爆破作用指数 n 来表示,按下式计算:

$$n = \frac{r}{W} \tag{4-18}$$

式中 W——最小抵抗线(m);
r——爆破漏斗上口半径(m)。

2. 爆破药量计算

在进行爆破时，用药量通常是根据地形、地质条件（地面形状、临空面多少、岩石软硬程度、地质构造、节理缝隙状况等）、炸药性能、药包量大小、预计爆破的方数以及现场施工条件和经验等来确定的。

计算药包量的基本公式，是假定需要装药量的多少与被爆破的土石方数成正比，又与这种土石对爆炸作用力抵抗程度成正比，则所需的药包量可用下式表达：

$$Q = qV \tag{4-19}$$

式中 Q——所需的药包量（kg）；

q——爆破 $1m^3$ 某类土石方所消耗的炸药量（kg）；

V——需爆破的土石方数（m^3）。

4.8.2 建筑物控制爆破工艺参数与药量计算

1. 炮孔布置及工艺参数

①最小抵抗线。当爆破墙壁或小截面柱、梁时，最小抵抗线可按下式计算：

$$W = \frac{1}{2}B \tag{4-20}$$

式中 W——最小抵抗线（m）；

B——墙壁的厚度或柱、梁爆破截面中最小的边长（m）。

当爆破较大体积施工结构，并采用人工清渣时，W 值一般为：混凝土 $W = 0.40 \sim 0.60m$；钢筋混凝土 $W = 0.30 \sim 0.50m$；浆砌块石 $W = 0.50 \sim 0.70m$；若要求爆渣小，上述 W 取较小值。

②炮孔深度。一般不应小于抵抗线长度，可按下式确定：

$$l = C \cdot H \tag{4-21}$$

式中 H——设计爆除部分的高度（或厚度）；

C——边界条件系数，当爆破体底部有临空面或有明显断裂层时，取 $0.5 \sim 0.7$，爆裂面位于衔接不够紧密的接触面时，取 $0.7 \sim 0.8$；爆破面位于变截面上时，取 $0.9 \sim 1.0$；爆裂面位于强度均匀、等截面的爆破体之间时，取 1.0。

要求设计爆裂面以外保留部分不受损伤时，药孔深度可按下式计算：

$$l = H - (0.2 - 0.4)W \tag{4-22}$$

③炮孔间距。它关系到破碎块度和爆裂面的平整程度，并与爆破要求及起爆方法有关。炮孔间距一般按下式计算：

$$a = K_a W \tag{4-23}$$

式中 a——炮孔间距；

K_a——间距系数。

预裂爆破时，炮孔间距可按下式计算：

$$a = (8 \sim 12)d \tag{4-24}$$

式中 d——炮孔直径（cm）。

④炮孔排距。排距一般按下式计算：

$$b = K_b a \tag{4-25}$$

式中 b——炮孔排距；

a——炮孔间距；

K_b——排距系数，当为多排炮孔挤爆时，K_b 可取 0.8～1.0；当为多排炮孔延期起爆时，K_b 可取 1.0～1.2；当材料强度较低时，K_b 可取大值，反之取小值。

2. 药量计算

①混凝土结构单个炮孔的装药量 q_1 可按下式计算，如图 4-19 所示。

$$q_1 = KPL \tag{4-26}$$

式中 K——临空系数；

P——爆破系数，与最小抵抗线及材质有关；

L——炮孔深度（cm）。

②钢筋混凝土结构单个炮孔的装药量 q_2 按下式计算：

钢筋粗密时 $\qquad q_2 = (1.6 \sim 2.0)q_1 \tag{4-27}$

钢筋少时 $\qquad q_2 = (1.2 \sim 1.5)q_1 \tag{4-28}$

③毛石混凝土结构单个炮孔的装药量 q_3 按下式计算：

$$q_3 = (0.6 \sim 1.0)q_1 \tag{4-29}$$

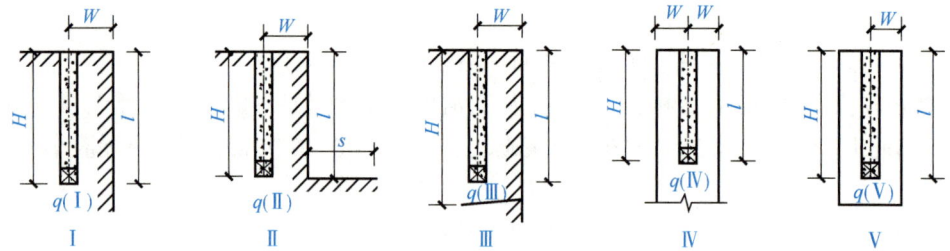

图 4-19 装药量计算简图

注：H—爆除部分的深度（或厚度）；l—炮孔深度；W—装药筒中间到筒壁的距离；q—装药量。

4.8.3 烟囱控制爆破工艺参数与药量计算

1. 爆破工艺参数

烟囱爆破的平面、立面范围确定后，可求出切口崩掉的体积。根据烟囱的材料、结构，可按松动爆破确定有关爆破参数。

切口爆破最小抵抗线 W，一般取 $W = d/2$（m）（d 为筒壁厚度）。炮孔间距 a，混凝土烟囱 $a = (1.3 \sim 1.6)W$；砖烟囱 $a = (1.4 \sim 2.0)W$。炮孔排距 b，一般取 $b = a$。

2. 爆破用药量计算

单个炮孔装药量按下式计算：

$$Q = cabd \tag{4-30}$$

式中 a——炮孔间距（m）；

b——炮孔排距（m）；

d——筒壁厚度（m）；

c——装药系数。

4.8.4 水压控制爆破工艺参数与药量计算

1. 药包布置及工艺参数

对于均匀圆筒形或长方形（长宽比 $a/b \leq 1.2$）的中空构筑物或罐体，一般用单个中心药包，药包至内壁的距离，取等于罐体内半径（图4-20a），当罐体高度 $H \geq 3R_w$（药包中心至圆形罐体内壁或矩形罐体内壁的距离）时，则设计上下层中心群药包（图4-20b）。长方形罐体的长宽比 $a/b > 1.5$ 时，可设计分群药包。药包入水深度 H_0 与 R_w 之比应为 $H_0/R_w = 0.7 \sim 1.0$，同时 H_0 不小于 $\sqrt[3]{Q}$（Q 为药包总质量），药包与罐底的距离 H_1 与 R_w 之比 $H_1/R_w = 0.35 \sim 0.5$，水深应充满整个要爆碎的罐体。采用群药包，药包的间距 $a = (1.0 \sim 1.5)R_w$。如在罐体壁上有加强柱，应在加强柱底部另设辅助药包。

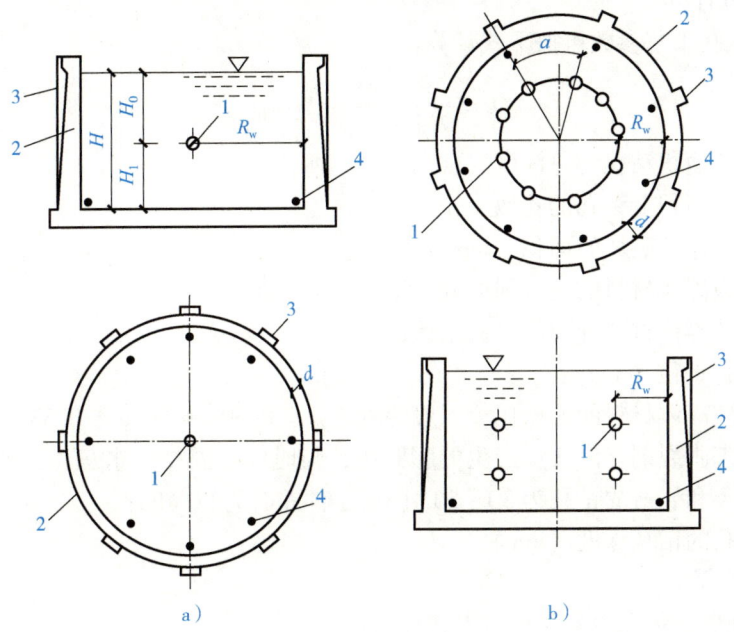

图4-20 水压控制爆破计算简图
a) 中心药包布置方式 b) 群药包布置方式
1—药包 2—罐壁 3—加强柱 4—辅助药包

2. 药包量计算

水压控制爆破的装药量，可按以下经验公式计算：

$$Q = K_e d R_w^2 \tag{4-31}$$

式中　Q——药包总质量（kg）；

　　　d——构筑物壁厚（m）；

　　　R_w——药包中心至圆形罐体内壁或矩形罐体短边内壁的距离（m）；

　　　K_e——与中空结构特性、爆破方式、配筋情况、材质、环境条件等有关的系数，一般取 $0.5 \sim 2.5$；直径 <10m，壁厚 <0.2m，常取 $0.5 \sim 1.25$。

对于边长不等的矩形薄壁构筑物，d 与 R 应采用等效壁厚 d 与等效半径 R，可按下式计算：

$$\hat{d} = \sqrt{\frac{4(a+b)(b+d)}{\pi}} - \sqrt{\frac{4ab}{\pi}}, \hat{R} = \frac{4ab}{\pi} \tag{4-32}$$

式中 a、b——矩形构筑物边长的 1/2。

水压控制爆破简单钢筋混凝土槽形结构，装药量也可按以下经验公式计算：

$$Q = KS \tag{4-33}$$

式中 Q——药包装药质量（kg）；

K——爆破系数，混凝土结构为 0.020～0.025，钢筋混凝土结构为 0.030～0.033；

S——通过装药中心水平面的槽壁截面面积（cm²）。

4.8.5 破碎剂静态爆破工艺参数与药量计算

1. 工艺参数计算

被破碎的钻孔工艺参数可按下式计算：

$$L = \frac{A_c f_t \eta}{D(1+\mu)p}, \quad N = \frac{L}{L_1} \tag{4-34}$$

式中 L——单位面积钻孔的总深度（mm）；

N——单位面积上钻孔的孔数（个）；

A_c——破碎体被破坏的面积（mm²）；

f_t——被破碎体材料的抗拉强度（MPa）；

η——被破碎体材料开裂的经验系数；

D——钻孔直径（mm）；

μ——被破碎体材料的泊松比，一般混凝土 $\mu=0.30$；岩石 $\mu=0.33$；

p——静态胀裂剂（SCA）产生的膨胀压，与时间、温度、水灰比、孔径有关，对混凝土和岩石的钻孔为 30～50MPa，条件差时为 20MPa；

L_1——单孔的钻孔深度（mm）。

2. 用药量计算

静态破碎剂爆破每孔用药量可按下式计算：

$$Q = \pi R^2 L K \tag{4-35}$$

式中 Q——每孔的破碎剂质量（kg）；

R——钻孔半径（m）；

L——钻孔深度（m）；

K——每立方米静态胀裂剂（SCA）浆体中静态胀裂剂（SCA）重量（kg/m³）。

4.8.6 爆破作业安全距离的计算

1. 爆破地震波作用安全距离的计算

在地面建筑物或地下建筑物附近进行爆破时，建筑物防爆破地震波作用的安全距离，一般可按下式计算：

$$R_C = K_C \alpha \sqrt[3]{Q} \tag{4-36}$$

式中 R_C——爆破作用点至建筑物的安全距离（m）；

K_C——根据建筑物地基土石性质确定的系数；

α——依据爆破作用指数 n 确定的系数；

Q——一次起爆的炸药总质量（kg）。

2. 爆破冲击波作用安全距离的计算

爆破时空气冲击波会对建筑物造成破坏作用，对房屋的冲击波安全距离一般按下式计算：

$$R_B = K_B \sqrt{Q} \tag{4-37}$$

式中　R_B——冲击波安全距离（m），即空气波的危害半径；

K_B——与装药条件和破坏程度有关的系数；

Q——装药量，即药包总质量（kg）。

3. 爆破殉爆安全距离的计算

在设置炸药库房位置时，应使某一库房爆炸不得殉爆另一库房，其殉爆安全距离可按下式计算：

$$R_S = K_S \sqrt{Q} \tag{4-38}$$

式中　R_S——殉爆安全距离（m）；

K_S——由炸药种类及爆破条件所定的殉爆安全系数；

Q——炸药质量（即炸药库存量）（kg）。

如果仓库内贮存有数种不同种类的炸药，则殉爆安全距离可由下式计算：

$$R_S = \sqrt{Q_1 K_{S1}^2 + Q_2 K_{S2}^2 + \cdots + Q_n K_{Sn}^2} \tag{4-39}$$

式中　Q_1、Q_2、$\cdots$、Q_n——不同品种炸药的质量（kg）；

K_{S1}、K_{S2} $\cdots$、K_{Sn}——由炸药种类及爆破条件所决定的系数。

4.9　起爆器材与起爆方式

4.9.1　炸药及其分类

凡在外部施加一定的能量后，能发生化学爆炸的物质称为炸药，应用于国民经济各个部门的炸药称为工业炸药。

1. 按主要化学成分分类

①硝铵类炸药，以硝酸铵为主要成分，加上适量的可燃剂、敏化剂及其附加剂的混合炸药均属此类。

②硝化甘油类炸药，以硝化甘油或硝化甘油与硝化乙二醇混合物为主要组分的混合炸药，有粉状和胶质之分。

③芳香族硝基化合物类炸药，苯及其同系物以及苯胺、苯酚和萘的硝基化合物，如梯恩梯、二硝基甲苯磺酸钠等。

2. 按使用条件分类

①准许在一切地下和露天爆破工程中使用的炸药，是安全炸药，又称为煤矿许用炸药。

②准许在露天和地下工程中使用的炸药，但不包括有瓦斯和矿尘爆炸危险的矿山。

③只准许在露天爆破中使用的炸药。

4.9.2 起爆器材

1. 火雷管

火雷管即普通雷管，用导火线点燃来起爆药包，它的构造如图4-21所示。

雷管外壳为纸管或金属管，内装起爆药，底部做成对称窝槽（聚能穴），使冲击波通过凹面时因折射而集中，增加起爆效果。其另一端开口，以便插入导火线。

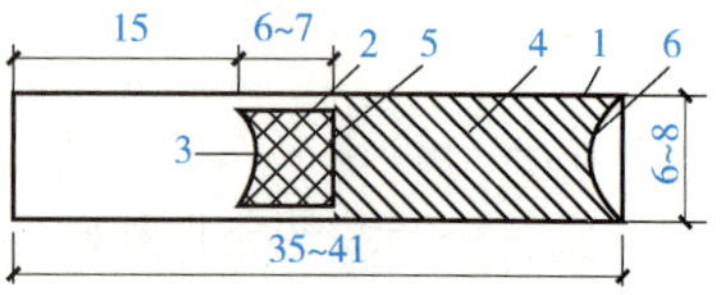

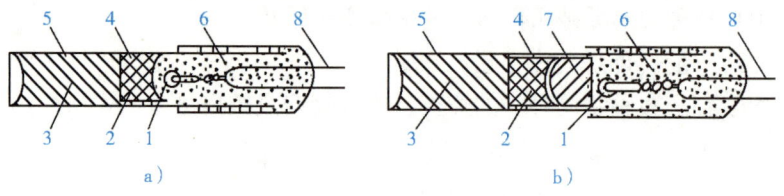

图4-21 火雷管的构造
1—管壳 2—金属加强帽 3—帽孔
4—副装药 5—正装药 6—窝槽

2. 电雷管

电雷管由普通雷管和电力引火装置所组成。电雷管通电后，电阻丝发热，使发火剂点燃，立即引起正起爆药爆炸的，即发电雷管，如图4-22a所示，当电力引火装置与正起爆药之间放上一段缓燃剂时，则为迟发电雷管，如图4-22b所示，迟发电雷管又分为延期电雷管和毫秒电雷管。

图4-22 电雷管的构造示意图
a) 即发电雷管 b) 迟发电雷管
1—电气点火装置 2—正装药 3—副装药 4—加强帽 5—管壳 6—密封胶和防潮涂料 7—缓燃剂 8—脚线

4.9.3 起爆方式

1. 火花起爆

火花起爆是通过点燃导火索起爆火雷管来引爆药包。导火索的长度按炮工撤离到安全区及点炮数目所需时间来确定。火花起爆设备简单，操作方便。缺点是比较危险，为了安全，一次不能同时点燃多根导火线，因而不可能一次使大量的药包同时爆炸。另外，由于火线燃烧会产生有毒气体，所以仅适用于小规模爆破。

2. 电力起爆

电力起爆是通电后，灼热的电桥点燃引燃剂，如图4-23所示，使电雷管爆炸，从而引起药包的爆炸。与火花起爆比较，电力起爆的优点是：改善了工作条件，能远距离操作，且可用仪表检测电雷管和起爆网路的质量，因此不仅操作安全可靠，而且能分段或同时起爆大规模的药包群。

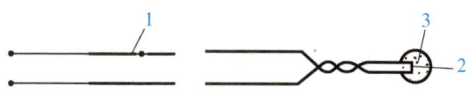

图4-23 电雷管的电气点火装置
1—脚线 2—电桥丝 3—滴状引燃剂

电爆网路的计算和敷设比较麻烦，电爆网路常用联结形式有串联法、并联法、串并联法、并串联法等。串联法又有单式串联和复式串联之分。常用电线电阻值见表4-22。

表 4-22 常用电线电阻值

截面面积/mm²	股数/单股直径/mm	铅芯线电阻/Ω	铜芯线电阻/Ω
0.75	1/0.98	38.1	23.3
1.00	1/1.13	28.6	17.5
1.50	1/1.37	19.0	11.7
2.50	1/1.76	11.4	7.0
8.00	7/1.20	3.51	2.19
14.00	7/1.60	2.00	1.25
16.00	7/1.68	1.84	1.09
25.00	7/2.11	1.17	0.70

3. 传爆线起爆

传爆线的爆速很高，因此可以利用它使群药包在瞬间同时发生爆炸。在大的洞室药包中利用传爆线，不仅可以增加爆炸速度，而且能保证炸药爆炸完全，从而提高炸药的爆炸效率。

传爆线起爆的主要优点是：在药包中不需要放雷管，装药和堵塞等操作比较安全，准爆性能较好。它的缺点是成本高。传爆线仅用于深孔爆破和大爆破等比较重要的工程中，常与电气起爆并用以保证准爆。

传爆线的连接方法有分段并联和并簇联两种。如图 4-24 和图 4-25 所示，传爆线连接时，其相互的接头对保证准爆有决定意义，因此应该重视接头方法。通常使用搭接法，接头如图 4-26 和图 4-27 所示。

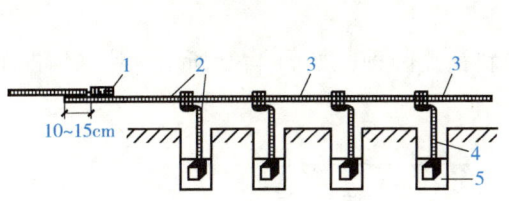

图 4-24 传爆线的分段并联

1—雷管 2—传爆线 3—主线 4—支线 5—药室

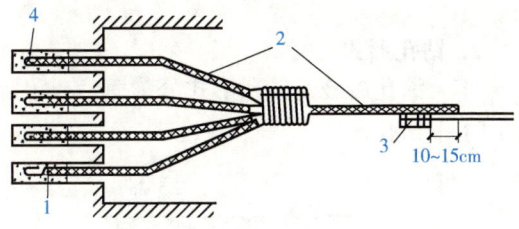

图 4-25 传爆线的并簇联

1—炮眼 2—传爆线 3—雷管 4—药包

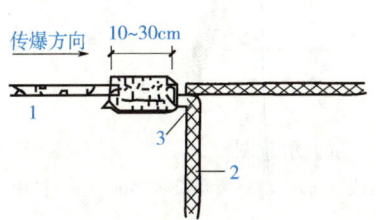

图 4-26 支线与主线连接

1—主线 2—支线 3—搭接（用细麻绳或胶布扎紧）

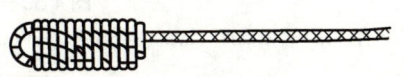

图 4-27 传爆线在药包内卷成起爆束

4.10 露天爆破

4.10.1 露天深孔爆破

深孔爆破一般是在台阶上或事先平整的场地上进行钻孔作业，并在孔中装入延长药包，朝向自由面的，以一排或数排炮孔进行爆破的一种作业方式。深孔爆破按孔径、孔深不同，分为深孔台阶爆破和浅孔台阶爆破两种。通常将孔径大于75mm，孔深大于5m的钻孔称为深孔。反之，则称为浅孔，如图4-28所示。

1. 台阶要素

如图4-29所示，H为台阶高度（m）；W_1为前排钻孔的底盘抵抗线（m）；L为钻孔深度（m）；L_1为装药长度（m）；L_2为堵塞长度（m）；h为超深（m）；α为台阶坡面角（°）；a为孔距（m）；b为排距（m）。

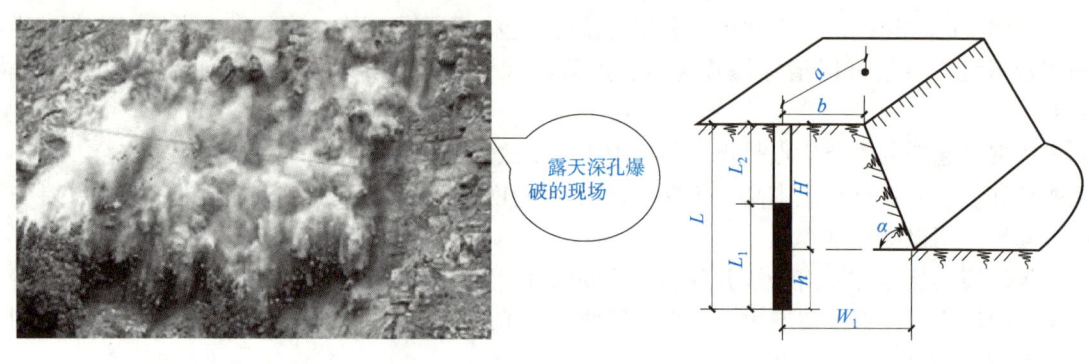

图4-28 露天深孔爆破　　　　图4-29 台阶要素示意图

2. 钻孔形式

露天深孔爆破的钻孔形式分为垂直钻孔和倾斜钻孔两种，如图4-30所示，特殊情况下采用水平钻孔。

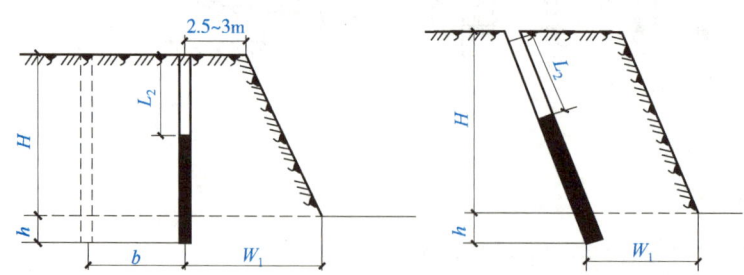

图4-30 露天深孔形式布置示意图

注：H—台阶高度（m）；h—超深（m）；W_1—底盘抵抗线（m）；L_2—堵塞长度（m）；b—排距（m）。

3. 布孔方式

分为单排布孔和多排布孔两种。多排布孔又分为方形、矩形及三角形布孔3种，如图4-31所示。

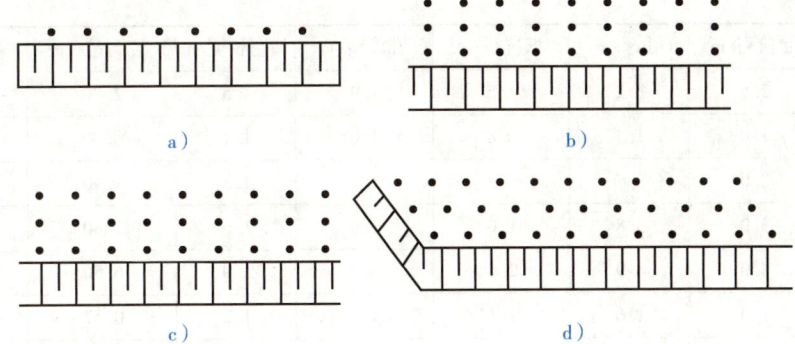

图 4-31 深孔布置方式

a) 单排布孔　b) 方形布孔　c) 矩形布孔　d) 三角形布孔

4.10.2 露天浅孔爆破

与露天深孔爆破基本原理、爆破参数选择相似，露天浅孔爆破的孔径、孔深、孔间距、爆破规模比较小，如图4-32所示。

露天浅孔爆破的现场

图 4-32 露天浅孔爆破

坚硬岩石浅孔爆破主要参数，见表4-23。

表 4-23 坚硬岩石浅孔爆破主要参数

孔径/mm	台阶高/m	孔深/m	抵抗线/m	孔间距/m	堵塞长度/m	装药量/kg	单耗/(kg/m³)
26~34	0.2	0.6	0.4	0.5	0.5	0.05	1.25
26~34	0.3	0.6	0.4	0.5	0.5	0.05	0.83
26~34	0.4	0.6	0.4	0.5	0.5	0.05	0.63
26~34	0.6	0.9	0.5	0.65	0.8	0.10	0.51
26~34	0.8	1.1	0.6	0.75	0.1	0.20	0.56
26~34	1.0	1.4	0.8	1.0	1.0	0.40	0.50
51	1.0	1.4	0.8	1.0	1.1	0.40	0.50
51	1.5	2.0	1.0	1.2	1.2	0.85	0.47
51	2.0	2.6	1.3	1.6	1.3	1.70	0.41

（续）

孔径/mm	台阶高/m	孔深/m	抵抗线/m	孔间距/m	堵塞长度/m	装药量/kg	单耗/(kg/m³)
51	2.5	3.2	1.5	1.9	1.5	2.70	0.38
64	1.0	1.4	0.8	1.0	1.1	0.40	0.50
64	2.0	2.7	1.3	1.6	1.5	1.90	0.46
64	3.0	3.8	1.6	2.0	1.6	3.80	0.40
64	4.0	4.9	2.1	2.6	2.0	6.50	0.30
76	1.0	1.6	1.1	1.3	1.2	0.57	0.40
76	2.0	2.6	1.3	1.6	1.3	1.70	0.41
76	3.0	3.8	1.5	1.8	1.5	3.20	0.40
76	4.0	5.0	1.7	2.1	1.7	5.60	0.39
76	5.0	6.2	2.0	2.5	2.0	10.0	0.40
76	6.0	7.4	2.6	3.2	2.6	18.1	0.36

4.10.3　路堑深孔爆破

铁路、公路路堑爆破与露天深孔爆破有所不同，特点是地形变化大，多在条形地带施工，爆破区域不规则，孔深、孔间距、抵抗线、每孔装药量等变化大，布孔条件复杂，通常有以下两种布孔方法。

1. 半壁路堑开挖布孔方式

半壁路堑开挖，多以纵向台阶法布置，平行线路方向钻孔。对于高边坡半壁路堑，应采用分层布孔，如图4-33所示。复线扩建路堑，采用浅层横向台阶纵向推进法布孔，边坡用预裂爆破，如图4-34所示。

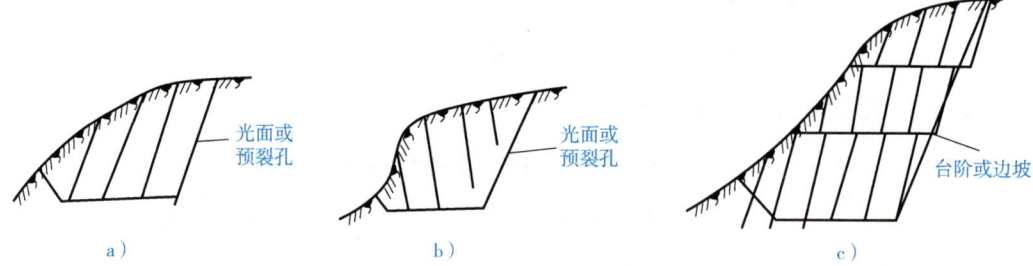

图4-33　半壁路堑布孔
a) 倾斜孔　b) 垂直孔　c) 分层布孔

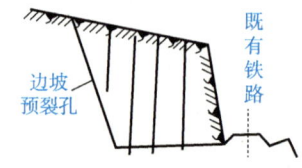

图4-34　复线扩建路堑开挖法

2. 全路堑开挖布孔方式

全路堑开挖断面小,缺少自由面,爆破易影响边坡的稳定性。最好采用纵向浅层开挖。上层边孔可布置倾斜孔进行预裂爆破,下层靠边坡的垂直孔深度应控制在边坡线以内,如图4-35所示。

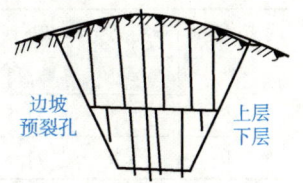

图4-35 单线全路堑分层开挖法

4.10.4 沟槽爆破

1. 常规沟槽爆破

宽度小于4m的台阶爆破称为沟槽爆破。中间孔(单孔或双孔)布置在边孔前面,起爆顺序是先中间后两边,装药量基本相同,装药量集中于底部,如图4-36所示。

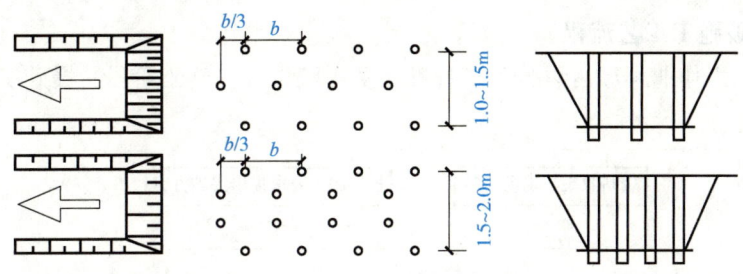

图4-36 常规沟槽爆破炮孔布置

2. 光面沟槽爆破

光面沟槽爆破布孔时中间孔和边孔应布置在一排,如图4-37所示。

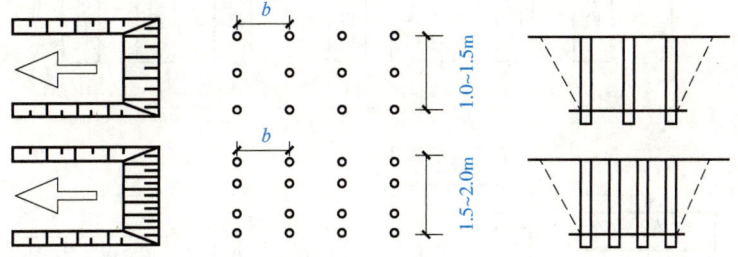

图4-37 光面沟槽爆破孔布置方式

3. 高效沟槽爆破

采用孔径64~75mm炮孔,开挖宽度3m,深度2.0~5.0m,爆破参数,见表4-24。

表4-24 高效沟槽爆破参数

沟槽深度 H /m	炮孔深度 L /m	抵抗线 W /m	装药集中度 /(kg/m)	装药高度 L_1 /m	铵油炸药(ANFO)装药量 Q_1/kg	起爆药量 Q_2 /kg	堵塞长度 L_2 /m	平均单耗 /(kg/m)
2.0	2.6	1.6	2.6	0.6	1.55	1.25	1.5	1.2
2.5	3.2	1.6	2.6	1.2	3.70	1.25	1.5	1.2
3.0	3.7	1.6	2.6	1.7	4.40	1.25	1.5	1.6
3.5	4.2	1.6	2.6	2.2	5.70	1.25	1.5	1.6
4.0	4.7	1.5	2.6	2.7	7.00	1.25	1.5	1.8

(续)

沟槽深度 H /m	炮孔深度 L /m	抵抗线 W /m	装药集中度 /(kg/m)	装药高度 L_1 /m	铵油炸药（ANFO）装药量 Q_1/kg	起爆药量 Q_2 /kg	堵塞长度 L_2 /m	平均单耗 /(kg/m)
4.5	5.3	1.5	2.6	3.3	8.0	1.25	1.5	1.8
5.0	5.8	1.5	2.6	3.8	9.90	1.25	1.5	1.8

4.11 爆破工程施工作业

4.11.1 爆破施工工艺流程

1. 拆除爆破施工工艺流程

拆除爆破工程作业程序可以分为工程准备及爆破设计、施工阶段、爆破实施阶段。流程如图 4-38 所示。

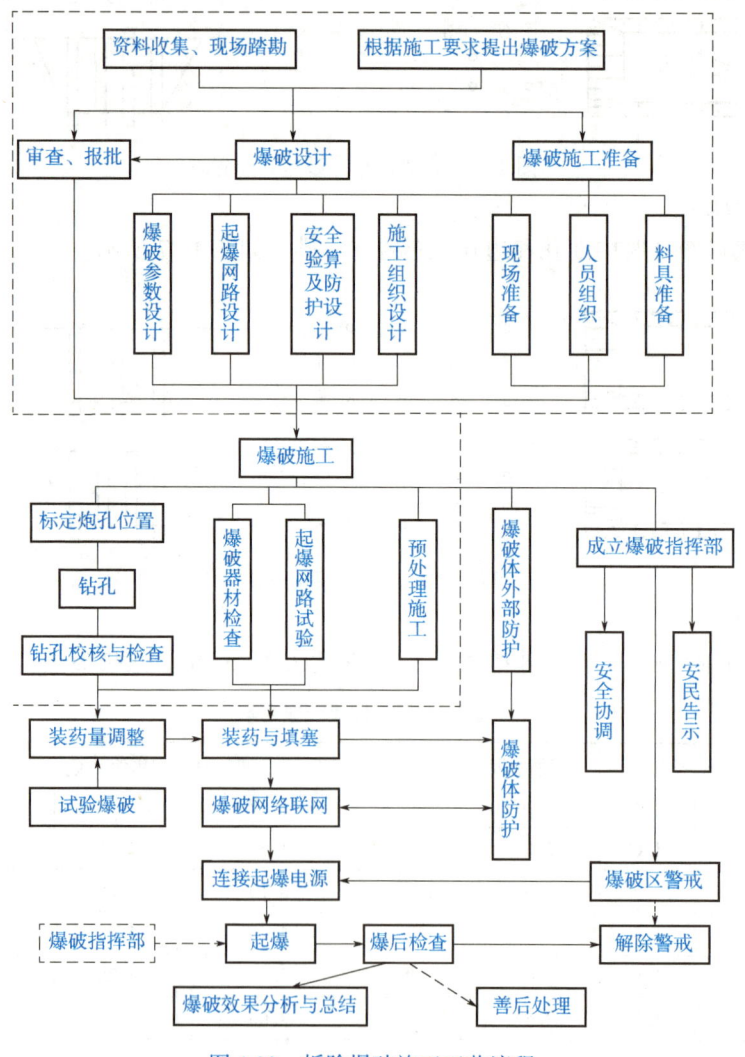

图 4-38　拆除爆破施工工艺流程

2. 深孔爆破施工工艺流程

深孔爆破施工工艺流程：平整工作面→孔位放线→钻孔→孔位检查→装药→堵塞→联网→安全警戒→击发起爆→爆后检查→解除警戒，如图 4-39 所示。

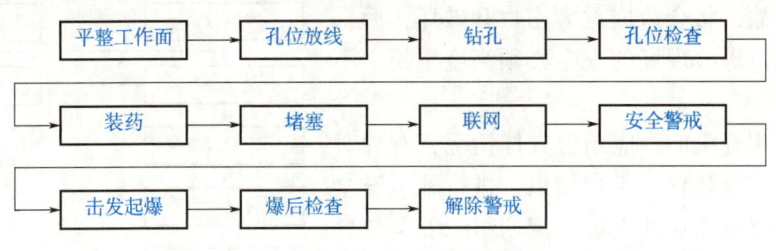

图 4-39　深孔爆破施工工艺流程

4.11.2　爆破工程的施工准备

1. 进场前的准备

①调查工地及其周围环境情况。
②了解爆破区周围的居民情况。
③对地形地貌和地质条件进行复核。
④组织施工方案评估，办理相关手续、证件，包括《爆炸物品使用许可证》《爆炸物品安全贮存许可证》《爆炸物品购买证》和《爆炸物品运输证》等。

2. 施工现场管理

①拆除爆破工程和城镇岩土爆破工程。
②爆破前以书面形式发布爆破通告。

3. 施工现场准备

①技术准备。
②物资准备。
③劳动组织准备。

4. 施工现场的通信联络

为了及时处置突发事件，确保爆破安全，有效地组织施工，项目经理部与爆破施工现场、起爆站、主要警戒哨之间应建立并保持通信联络。在有条件的施工场地，每人配备一台呼叫机，防止出现事故无人应答，如图 4-40 所示。

图 4-40　施工现场的通信联络

4.11.3 爆破工程的现场安全技术

安全是爆破现场的一个最重要的因素,一旦爆破现场出现事故,将会造成重大伤亡和破坏,后果可想而知,所以爆破现场的安全必须高度重视,不容忽视。

①爆破工程开工前,应结合具体情况,有针对性地进行爆破安全教育。工程结束,进行施工安全总结。对从事爆破作业的人员,定期组织安全教育和学习。

②制订爆破安全事故处理预案。发生事故时的处理流程,如图 4-41 所示。

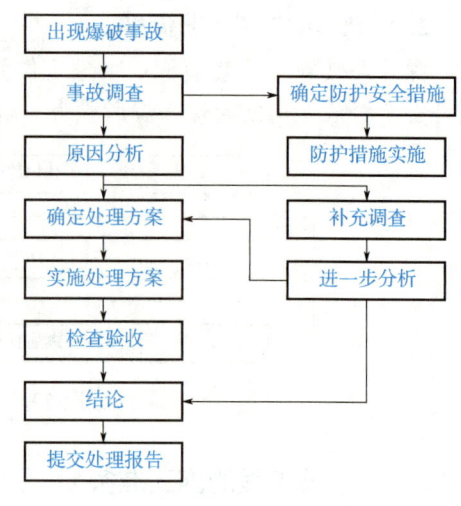

图 4-41 爆破事故处理流程

4.12 建(构)筑物拆除爆破

4.12.1 拆除爆破的特点及适用范围

利用少量炸药爆破拆除废弃的建(构)筑物,使其塌落解体或破碎;受环境约束,严格控制爆破产生的振动、飞石、粉尘、噪声等危害的影响,保护周围建筑物和设备安全的控制爆破技术。

1. 拆除爆破的特点
①保证拆除范围塌散、破碎充分,邻近的保留部分不受损坏。
②控制建(构)筑物爆破后的倒塌方向和堆积范围。
③控制爆破时个别碎块的飞散方向和抛出距离。
④控制爆破时产生的冲击波、爆破振动和建筑物塌落振动的影响范围。

2. 拆除爆破的范围
①一类是有一定高度的建(构)筑物,如厂房、桥梁、烟囱等;另一类是基础结构物、构筑物,如建筑基础、桩基等。
②按材质分为钢筋混凝土、素混凝土、砖砌体、浆砌片石、钢结构等。

4.12.2 砖混结构楼房拆除爆破

1. 砖墙爆破方式
砖墙拆除爆破一般采用水平钻孔,最小抵抗线 W 为砖墙厚度 δ 的一半,即 $W=\delta/2$;炮孔水平方向间距 a 随墙体厚度及其浆砌强度而变化,可取 $a=(1.2\sim2)W$;炮孔排距 $b=(0.8\sim0.9)a$,因为垂直方向的砖缝错位,间距要小。砖墙拆除爆破参数见表 4-25。

表 4-25 砖墙拆除爆破参数

墙厚/cm	最小抵抗线/cm	孔距/cm	排距/cm	孔深/cm	炸药单耗/(g/m³)	单孔药量/g
24	12	25	25	15	1000	15

(续)

墙厚/cm	最小抵抗线/cm	孔距/cm	排距/cm	孔深/cm	炸药单耗/(g/m³)	单孔药量/g
37	18	30	30	23	750	25
50	25	40	36	35	650	45

2. 砖混结构楼房爆破施工要点

①为使楼房顺利坍塌，影响楼房坍塌的原承重墙和隔断墙应预先拆除。

②楼梯间和现浇楼梯往往会影响楼房的倒向和解体，爆破前应将楼梯逐段切断，并在相关墙体上布孔装药，与楼房一起爆破。

③砖混结构住宅，要注意卫生间、厨房的具体位置，因其墙多、开间小、整体性较好，爆破前应先作弱化处理。否则，若这些结构倒向前方，则会造成倾倒不彻底；若倒向后方，则会造成解体不充分。

4.12.3 框架结构楼房拆除爆破

国内早期大量的商住楼都是框架结构，框架结构楼房的承重构件是钢筋混凝土立柱，它们和梁连接构成框架，有的还和楼板浇筑为一体。框架结构楼房拆除爆破时必须将立柱一段高度的混凝土进行充分爆破破碎，使它们和钢筋骨架脱离，使柱体上部失去支撑。爆破部位以上的建筑结构物在重力作用下失稳，在重力和重力弯矩作用下，爆破柱体以上的构件将受剪力破坏，同时将向爆破一侧倾斜塌落。如果后排立柱根部和前排柱同时或是延时松动爆破，则建筑物整体将以其支撑点转动塌落。

框架结构拆除爆破容易发生后坐，应引起足够重视。如后排承重立柱不处理，前排立柱爆破后，楼房在重力弯矩作用下，将使立柱在一楼和二楼之间折断造成一楼立柱后仰，产生很大后坐；反之，如后排立柱处理过高，则不能形成很好支撑，会造成楼旁整体下坐，而失去"爆高差"，影响定向倾倒，许多爆而不倒的事故就是由此而造成的，因此框架结构的楼房爆破一定要注意后排转动铰点的处理，必要时应进行受力验算分析，才能保证这一方法的成功。

框架结构楼房的结构多种多样，考虑拆除工程要求和环境状况，有不同的拆除设计方案。

4.12.4 烟囱、水塔类构筑物

烟囱爆破的特点是重心高、支撑面积小。

1. 砖烟囱爆破

在砖烟囱的根部，布置几排呈梅花形交错炮孔，如图 4-42 所示。爆破范围应大于或等于筒身爆破截面处外周长 L 的 60% ~75%，炮孔位置按放倒方向两侧均匀排列，高度距地面一般为 0.7~1.0m。烟囱内堆积物爆破前应予以清除。钻孔分上下两排交错排列，孔径一般为 40~50mm；孔距与孔平均装药量视砖烟囱壁厚而定，雷管分两组引爆，相隔时间控制在 1/10s 左右，雷管为并联电路。起爆时，破坏烟囱围壁的一半以上，使重心落入被破坏空隙处，靠烟囱本身

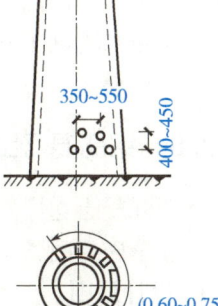

图 4-42 砖烟囱炮孔布置

自重定向翻倒90°塌落，散落范围约成60°角，散落半径约等于烟囱实际放倒高度的1.2～1.3倍。砖烟囱爆破单位炸药消耗量见表4-26。

表4-26 砖烟囱爆破单位炸药消耗量

壁厚 d/cm	径向砖块数/块	q/(g/m³)	$(\Sigma Q_i)/V$/(g/m³)
37	1.5	2100～2500	2000～2400
49	2.0	1350～1450	1250～1350
62	2.5	830～950	840～900
75	3.0	640～690	600～650
89	3.5	440～480	420～460
101	4.0	340～370	320～350
114	4.5	271～300	250～280

2. 钢筋混凝土烟囱爆破

钢筋混凝土烟囱炮孔布置如图4-43所示，先在烟道口的两侧开两个梯形或楔形孔洞，使筒身依靠三块或四块板体支撑（应做强度核算）。爆破时，在倾倒方向前侧两个板体上布孔，孔距200～300mm。爆破范围、距地面高度等要求与砖烟囱基本相同，爆破后将向一侧倾倒90°倒塌。钢筋混凝土烟囱爆破单位炸药消耗量见表4-27。

表4-27 钢筋混凝土烟囱爆破单位炸药消耗量

壁厚 d/cm	q/(g/m³)	$(\Sigma Q_i)/V$/(g/m³)	壁厚 d/cm	q/(g/m³)	$(\Sigma Q_i)/V$/(g/m³)
50	900～1000	700～800	70	480～530	380～420
60	660～730	530～580	80	410～450	330～360

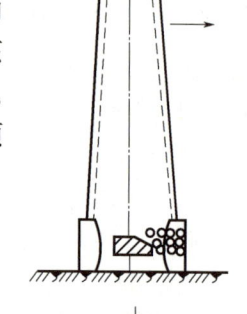

图4-43 钢筋混凝土烟囱炮孔布置

3. 烟囱、水塔拆除爆破工程施工

①爆破缺口中心线位置的确定和钻孔。准确测量定向倾倒中心线方向、位置，从中心线向两侧均匀对称布孔，炮孔应指向截面的圆心。

②爆破缺口内衬的处理。爆破前采用人工方法破碎拆除或和筒壁同时进行爆破，处理范围应与爆破缺口部位一致。

③定向窗的预处理。要准确测量两侧三角形底角顶点的位置，进行小药量爆破，人工剔凿，两边三角形的剔凿面要尽量对称，其连线的中垂线将是烟囱倒塌的方向，对于钢筋混凝土烟囱，定向窗部位的钢筋也要预先切除。

④烟囱水塔倒塌方向的地面处理。在设计倒塌的地面铺上煤渣等缓冲材料，严禁堆放煤渣、块状材料。

4.12.5 钢筋混凝土类爆破

钢筋混凝土类爆破拆除，其特点是处交通安全要道，建筑物、各种管道、线路、车、人多，工程爆破时间紧，安全要求高。

1. 设计原则

一般先支撑，后围檩，或用微差爆破先切割分开围檩和支撑，再进行破碎爆破。

2. 安全防护

①控制地震，一般用毫秒爆破技术，严格控制最大段起爆药量。

②控制飞石和噪声，措施有两个：第一是保证钻孔质量，严格装药量；第二是用草袋加胶帘或荆芭进行密集防护覆盖。

3. 拆除方案

因基坑条件限制，爆破拆除钻孔采用手风钻钻孔，孔径 $D = 38 \sim 42mm$，标准药卷 $\varphi = 32mm$，导爆管毫秒雷管爆破网路进行爆破拆除。为了保证爆破后支撑中钢筋便于切割，分段爆破切口长度不应小于2倍的构件高度，即 $L \leq 2H \approx 200cm$。对于较长的支撑梁，除支点进行爆破外，还应根据吊车起吊能力，进行分段切割爆破，分段长度以 $10 \sim 15m$ 为宜。围檩最靠墙的炮孔距墙 $0.2m$。

4.12.6 桥梁拆除爆破

桥梁大多为钢筋混凝土结构，其特点是处于交通安全要道、建筑物、各种管道、线路、车、人多等，工程爆破时间紧、任务重，要求较高，如图4-44所示。

图4-44 桥梁拆除爆破

1. 设计原则

①一般考虑两次爆破，即墩、台和桥面为一次坍塌，桥基和翼墙作为第二次爆破。其优点是利用桥面防护墩台，可减少防护材料，防飞石，安全性好。

②进行结构力学分析，只需把关键部位的结点约束力爆破解除，减少钻孔爆破工程量。

③针对清渣手段，控制解体残渣合适的块度。

④应当把钻孔爆破、切割爆破等爆破手段结合起来使用，根据环境情况确定一次起爆药量。

2. 基本参数

①最小抵抗线 W，根据结构、材质及清渣方式决定。一般取 $W = 35 \sim 50cm$。

②孔深 L 为自由面时 $L = 0.6H$，为实体时 $L = 0.9H$，其中 H 为爆破体高度或厚度。

③排距 $b = W$，孔距 $a = (1.0 \sim 1.8) W$，切除爆破 $a = (0.5 \sim 0.8) W$。

④单耗药量（q）可参照表4-28的数据选取。

表4-28 混凝土桥梁拆除爆破 q 值参考表

材料种类	低强度等级混凝土	高强度等级混凝土	砌砖（石）	钢筋混凝土	密筋混凝土
临空面个数	1~2	1~2	2~3	3~4	1~2
$q/(g/m^3)$	125~150	150~180	160~200	280~340	360~420

4.12.7 静态破碎

静态破裂技术也称静态破石技术、无声膨胀技术或无声破碎技术，在石材开采、岩石开挖和高边坡修整等工程领域得到广泛应用。虽然静态破裂技术并不属于"爆破"范畴，但是由于其在特别苛刻环境下能够破碎混凝土，拆除基础，可以作为拆除爆破的一项重要补充。

1. 作用原理

将一种含有钼、镁、钙、钛等元素的无机盐粉末状态静态破碎剂，用适量水调成流动状浆体，然后把它直接灌入钻孔中，经化学反应使晶体变形，随时间的增长产生巨大的膨胀压力，缓慢、静静地施加给孔壁，经过一段时间后达到最大值，这时就可以将岩石或混凝土胀裂、破碎。

2. 影响破碎效果的因素

静态破碎剂的破碎效果与介质的性质、破碎剂在炮孔中水化以后所产生的膨胀压力的大小和选取的破裂参数是否合理有关，而膨胀压力的大小又与下列因素有关：

①时间。静态破碎剂膨胀压力初期随着时间的增加而迅速增大，稍后膨胀压力随时间的增长而逐渐变得缓慢，如图 4-45 和图 4-46 所示。

②温度。

③水灰比。

④孔径。

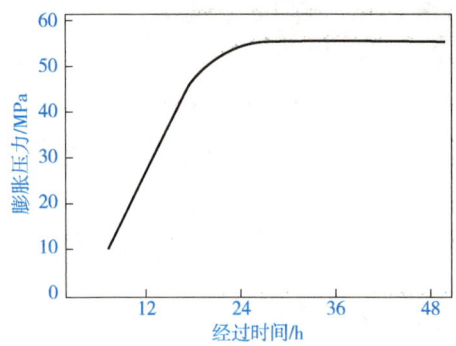

图 4-45　普通静态破碎剂的压力-时间曲线

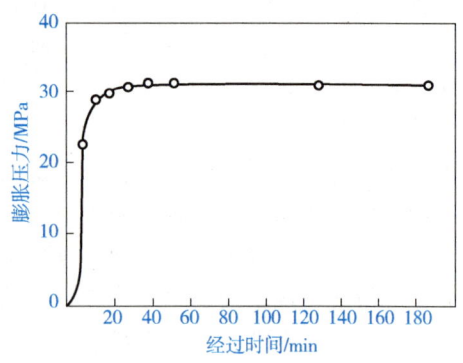

图 4-46　快速静态破碎剂的压力-时间曲线

3. 适用范围

①混凝土和砖石结构物的破碎拆除。

②各种岩石的切割或破碎，或者二次破碎，但不适用于多孔体和高耸的建筑物。

4.13　特种爆破

4.13.1　定向爆破

定向爆破是一种加强抛掷爆破，即在一定的条件下，使爆裂的介质朝着预定的方向集中抛掷，达到筑坝、填坑或挖成一定断面渠道的目的。

定向爆破主要是使抛掷爆破的最小抵抗线方向符合预期的抛掷方向，并且在最小抵抗线的方向人为地造成定向坑，利用聚能效应，作为保证定向的主要手段。这样就能使抛掷更集中，准确性更高。造成定向坑的办法，在大多数情况下，都是利用辅助药包，让它在主药包起爆前先爆，形成一个起定向坑作用的爆破漏斗。为了避免辅助药包起爆后的爆破岩石回落到定向坑内,一般应在辅助药包起爆2~3s后起爆主药包。如果有天然的凹面,也可不用辅助药包。

图4-47a所示为用定向爆破筑坝或填平洼坑,药包埋设在山坡的一侧(也有从两侧爆破的);而图4-47b所示为定向爆破挖渠,在梯形渠底两边埋辅助药包,中间埋主药包,辅助药包先起爆,造成定向坑,由于时间相差很短,两边爆破物尚未落下时,主药包起爆,把岩块(连同两边辅助药包的爆碎物)一齐抛向两岸,再稍加整理,即成渠道断面。

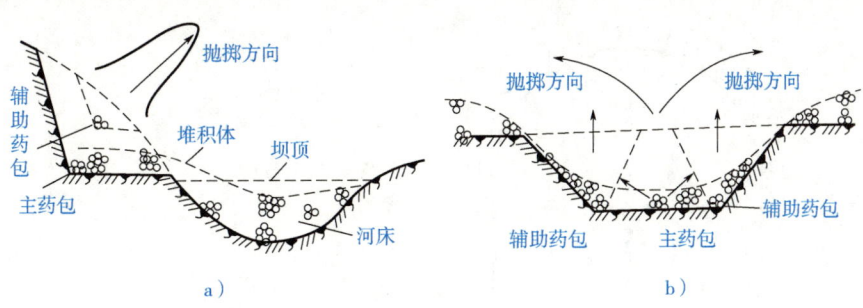

图4-47 定向爆破筑坝挖渠示意图
a)筑坝 b)挖渠

4.13.2 边线控制爆破

1. 密孔法

为了保证获得设计要求的断面形状,避免超挖或欠挖;或者为了建筑物的修复与改建,需要用爆破拆除一部分而保留其余部分,都要进行边线控制爆破。

密孔法,也称防震孔法,如图4-48所示,它是沿着设计的开挖线钻一排(或两排)很密的钻孔,在这些钻孔中都不装药,其目的是为了造成一个薄弱面,靠这个面反射一部分爆震波,从而减轻对非开挖部分的围岩或建筑物的破坏作用,同时也控制了开挖的轮廓。密孔法使用钻孔的孔距为孔径的2~4倍,孔深不宜过大(10m以内),否则因钻孔偏斜,不能保持在一个平面上,反而引起不良效果。紧靠密孔的一排炮孔,装药量减少50%左右,孔距则要适当加密,为正常装药炮孔间距的50%~75%。密孔法的主要缺点是施工速度慢,费用也比较高,而效果又不够可靠。经验证明,在均质的层面破碎带和接合面很少的岩层中,应用效果比较好。如果层面破碎带发育或接合面多,它们本身就是天然的薄弱面,这时用密孔法,效果就不显著,有时反而促进了岩体的剪切破坏。

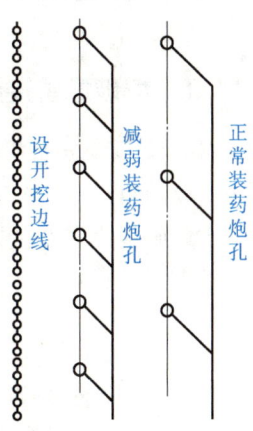

图4-48 密孔法示意图

2. 预裂法

预裂法爆破是一种常用于大劈坡和开挖深槽控制设计边线的爆破。它的特点是:在开挖区爆破前,根据岩石特点,沿设计开挖线先炸出一条宽1~4cm的裂缝面。试验表明,这个裂缝面可将爆破开挖区传来的冲击波能量削减70%,减轻保留区的震动,避免爆区裂缝向保留区扩展,保证设计边坡的稳定和平整。

3. 光面法

光面法爆破是一种用于开挖地下工程的控制爆破。其施工方法是沿设计开挖线布置小孔径、密间距的周边炮孔，采用空隙装药，进行弱震爆破，炸除松动炮孔和周边孔间保护层的岩石，形成光面。它的作用和预裂法爆破的成缝机理颇为相似。光面法爆破的起爆程序与预裂法爆破不同，光面爆破洞挖作业是先掏槽（1~2 孔段），次崩落（3~8 孔段），后周边（9~12 孔段），如图 4-49 所示。

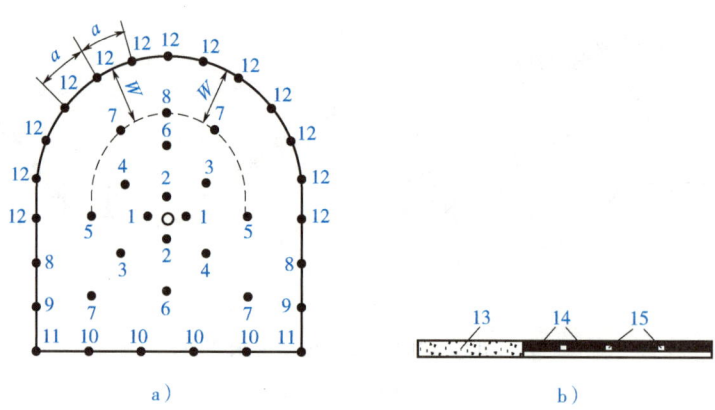

图 4-49　光面法爆破洞挖布孔图
a）炮孔布置　b）边孔装药结构
1~12—炮孔孔段编号　13—堵塞物　14—药卷　15—空隙

4.14　绿色施工技术要求

4.14.1　爆破危害控制

爆破地震可能造成对周围建（构）筑物的损伤和影响，为人们所关注，是爆破危害控制的主要项目。

①爆破地震强度预报。我国采用保护对象所在地振动速度作为爆破振动判据的主要指标，按下式计算：

$$V = K \left(\frac{Q^{1/3}}{R} \right)^{\alpha} \tag{4-40}$$

式中　Q——爆破总药量（t）；
　　　R——环境影响范围（m）；
　　　K、α——可按表 4-29 选取，也可通过类似工程选取或现场试验确定。

表 4-29　爆区不同岩性的 K、α 值与岩性的关系

岩性	K	α
坚硬岩石	50~150	1.3~1.5
中硬岩石	150~250	1.5~1.8
软岩石	250~350	1.8~2.0

②拆除爆破产生的地震波。药包数量比较多,也比较分散,计算拆除爆破产生的地面振动速度的经验公式,在上述公式的基础上,引入一个修正系数 K',即

$$V = KK' \left(\frac{Q^{1/3}}{R}\right)^\alpha \tag{4-41}$$

根据部分整体框架式建筑物拆除爆破测振资料,公式中经验系数的取值范围:K 取 175;a 取 1.5~1.8;K' 取 0.25~1.0,离爆源近,且爆破体临空面较少时取大值,反之取小值。

③降低爆破地震效应的措施。采用微差爆破,与齐发爆破相比,平均降振率为 50%,微差段数越多,降振效果越好;采用预裂爆破,起到降振效果,降振率可达 30%~50%;限制一次爆破的最大用药量;对被保护物爆破振动标准 V_{kp} 确定后,即可根据 R、K 和 α,计算出一次爆破允许的最大用药量,即 $Q_{max} = R^3 \left(\frac{V_{kp}}{K}\right)^{3/a}$。

4.14.2 爆破安全、职业健康及环境保护评估

1. 主要危险及有害因素辨识

根据《企业职工伤亡事故分类》(GB 6441—1986)标准,结合爆破工程的生产实际、生产设备及设施的运行情况,分析其可能存在的主要危险、有害因素。

①物体打击。在边坡爆破工作面上,悬石或滚石发生滚(坠)落,会产生物体打击事故。

②车辆伤害。爆破开挖区有车辆进出,车辆的维护和保养不到位,均可引发车辆伤害事故。

③机械伤害。对设备缺乏防护,不配备或不正确穿戴劳保用品,违章操作,均可造成机械伤害。

④高处坠落。分台阶开挖具有一定的高度,若平台、坡面不当或悬空作业人员身体不适,注意力不集中及违规操作,均可能发生高空坠落事故。

⑤坍塌。深基坑(槽)、路堑边坡存在软弱结构面、软弱层或岩石节理裂隙发育,自然或人为外力的作用,均可能发生坍塌事故。

⑥爆炸伤害。爆炸物品贮存、运输、使用及管理不当,或在爆破作业过程中的任何不慎,均有可能导致爆炸伤害。爆炸将导致设备、设施损毁及人员伤亡。

⑦中毒窒息。爆破和设备排放大量的 CO、NO、SO 等有害有毒气体,若通风不畅,未正确穿戴防护用品,擅自进入或操作,极易导致中毒、窒息事故的发生。

⑧粉尘危害。石方凿岩、挖装和运输都会产生粉尘,长期接触,对人体健康会造成一定的危害。

⑨噪声危害。凿岩、挖装、运输设备,空压机、发电机等在运行中均会产生噪声,对人体产生危害。

2. 安全评估程序

安全评估程序,如图 4-50 所示。

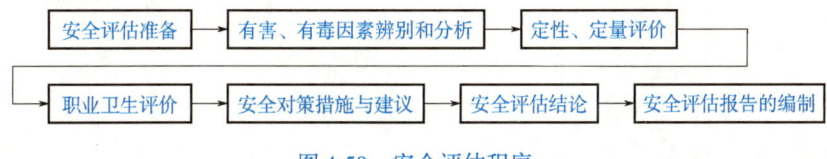

图 4-50 安全评估程序

3. 职业卫生健康评估

①主要有害因素。粉尘、有毒有害气体、高噪声是爆破作业危害身体健康的三大主要因素。

②职业卫生健康对策措施。采用湿式凿岩抑制粉尘的产生，喷雾洒水，改进爆破方法等措施抑制爆破粉尘的产生；对挖装工作面、运输道路等定期喷雾洒水抑尘；操作人员佩戴防尘罩；正确选择机型，装配尾气净化器；选用高标准优质油料，严禁超负荷，严格维修保养；爆破前关注天气、风向情况，爆破时人员撤离危险区，爆破后人员不得提前进入危险区。

露天爆破有毒有害气体的影响范围可参照下式计算：

$$R = KQ^{1/3} \tag{4-42}$$

式中　R——有毒有害气体的影响范围（m）；
　　　Q——爆破总药量（t）；
　　　K——系数。

③噪声的控制及对策措施。选择低噪声设备；提高安装技术，保证安装质量；改变能量结构，用液压代替电动或压缩空气动力；操作人员佩戴防噪声用品。

第 5 章

基坑工程

5.1 基坑工程基本规定

5.1.1 基坑支护结构的设计安全等级与原则

1. 基坑支护结构的安全等级

基坑支护结构设计应根据表 5-1 选用相应的侧壁安全等级及重要性系数。

表 5-1 基坑侧壁安全等级及重要性系数

安全等级	破坏后果	γ_0
一级	支护结构破坏、土体失稳或过度变形对基坑周边环境及地下结构施工影响很严重	1.10
二级	支护结构破坏、土体失稳或过度变形对基坑周边环境及地下结构施工影响一般	1.00
三级	支护结构破坏、土体失稳或过度变形对基坑周边环境及地下结构施工影响不严重	0.90

注：有特殊要求的建筑基坑侧壁安全等级可根据具体情况另行确定。

2. 基坑支护结构的设计原则

支护结构的作用是在基坑挖土期间挡土、挡水，保证基坑开挖和基础（地下室）结构施工能安全、顺利地进行，并在基础施工期间不对邻近的建筑物、道路和地下管线等产生危害。

支护结构一般是临时性结构，一旦基础施工完毕即失去作用。一些支护结构（如钢板桩、型钢支柱木挡板、工具式支撑等）可以回收重复利用。也有一些支护结构（如灌注桩、旋喷桩、深层搅拌水泥土桩、地下连续墙、钢筋混凝土板桩）就永久埋在地下。还有部分支护结构（作特殊用途的地下连续墙）在基础施工完毕即成为永久结构物的一个组成部分，成为复合式地下室外墙。

支护结构为起到上述作用，必须在强度、稳定性和变形等方面都满足要求。如无足够的强度和稳定性，挡墙会破坏，支撑会压屈，坑底会产生坑底隆起或管涌，这些都会引起支护结构破坏和使地下基础无法顺利施工，也会危及周围环境。如刚度不足，产生过大的变形，坑内会影响工程桩，坑外则会影响周围建筑物的正常使用或对周围环境造成有害影响（路面沉降开裂，管线断裂漏水、漏气等），严重时会造成重大事故。这种事故在我国工程建设中已多次发生，应当在支护结构设计与施工中引起充分的重视。

设计支护结构应遵循安全第一、经济第二的原则，即应在保证支护结构正常使用、安全施工的前提下尽可能地节省投资。如上所述，支护结构设计得合理与否，不但影响基础能否正常施工，而且严重影响周围环境。一旦发生事故，其影响非常大，后果严重，往往要长时间停工进行试验、加固、补桩、纠偏等，经济损失十分巨大。从上海地区几起较重大的支护结构事故来看，有的停工半年以上，经济损失数百万元甚至千万元以上者都发生过。

从另一方面来看，支护结构的费用又是巨大的，在软土地区有的达到每延米数万元，挖深大工程的支护结构，千万元以上甚至数千万元者都不鲜见。为此，设计支护结构时，在保证一定安全度的前提下，应尽量节约，不能一强调安全，就不合理地加大断面、增加配筋，造成巨大财富的浪费。

5.1.2 支护结构选型

支护结构可根据基坑周边环境、开挖深度、工程地质与水文地质、施工作业设备和施工季节等条件，按表5-2选用排桩、地下连续墙、水泥土墙、土钉墙、逆作拱墙、原状土放坡或采用上述形式的组合。

表5-2 支护结构选型

结构形式	适用条件
排桩或地下连续墙	①适于基坑侧壁安全等级一至三级 ②悬臂式结构在软土场地中不宜大于5m ③当地下水位高于基坑底面时，宜采用降水、排桩加截水帷幕或地下连续墙
水泥土墙	①基坑侧壁安全等级宜为二级、三级 ②水泥土桩施工范围内地基土承载力不宜大于150kPa ③基坑深度不宜大于6m
土钉墙	①基坑侧壁安全等级宜为二级、三级的非软土场地 ②基坑深度不宜大于12m ③当地下水位高于基坑底面时，应采取降水或截水措施
逆作拱墙	①基坑侧壁安全等级宜为二级、三级，淤泥和淤泥质土场地不宜采用 ②拱墙轴线的矢跨比不宜小于1/8 ③基坑深度不宜大于12m ④地下水位高于基坑底面时，应采取降水或截水措施
原状土放坡	①基坑侧壁安全等级宜为三级 ②施工场地应满足放坡条件

5.1.3 基坑工程勘察要求

基坑工程勘察要求如下：

①在主体建筑地基的初步勘察阶段，应根据岩土工程条件，收集工程地质和水文地质资料，并进行工程地质调查，提出基坑支护方案。

②在建筑地基详细勘察阶段，对需要支护的工程宜按下列要求进行勘察工作：

a. 勘察范围应根据开挖深度及场地的岩土工程条件确定，并宜在开挖边界外按开挖深度的1~2倍范围内布置勘探点，当开挖边界外无法布置勘探点时，应通过调查取得相应资料。对于软土，勘察范围尚宜扩大。

b. 基坑周边勘探点的深度应根据基坑支护结构设计要求确定，不宜小于1倍开挖深度，软土地区应穿越软土层。

c. 勘探点间距应视地层条件而定，可在15~30m内选择，地层变化较大时，应增加勘探点，查明分布规律。

③场地水文地质勘察应达到以下要求：

a. 查明开挖范围及邻近场地地下水含水层和隔水层的层位、埋深和分布情况，查明各含水层（包括上层滞水、潜水、承压水）的补给条件和水力联系。

b. 测量场地各含水层的渗透系数和渗透影响半径。

c. 分析施工过程中水位变化对支护结构和基坑周边环境的影响，提出应采取的措施。

5.2　基坑支护结构的选型

5.2.1　地基支护结构体系

支护结构体系按其工作机理和围护墙的形式分类，见表5-3。

表 5-3　支护结构体系的分类

分类	类型
水泥土挡墙式支护体系	水泥土墙
	高压旋喷桩
排桩与板墙式支护体系	板桩式分钢板桩、混凝土板桩、型钢横挡板
	排桩式分钢管桩、预制钢筋混凝土桩、钻孔灌注桩、挖孔灌注桩
	板墙式分现浇地下连续墙和预制装配式地下连续墙
	组合式分加筋水泥土桩（SMW工法）和高应力区加筋水泥土围护墙
边坡稳定式支护体系	土钉墙
	喷锚支护
逆作拱墙式支护体系	—

水泥土挡墙体式支护体系，依靠本身自重和刚度保护坑壁，一般不设支撑，特殊情况下经采取措施后也可局部加设支撑。

排桩与板墙式支护体系，通常由围护墙（挡墙）、支撑体系（或土层锚杆）及防渗帷幕等组成。

边坡稳定式支护体系，与起被动挡土作用的支护结构不同，其本身起主动嵌固作用，能增加边坡的稳定性。

当主体工程建设或环境保护有特殊要求采用逆作法施工多层地下室时，围护墙就兼作地下室结构外墙，地下室各层楼板就用作水平支撑。此种情况下，就将地下室外墙和围护墙两墙合一。

上述各种形式的支护结构体系，各有其特点和适用范围。

5.2.2　浅基坑支撑（护）方法

对宽度较大、深度不大的浅基坑，其支撑（护）形式如下：

1. 斜柱支撑

水平挡土板钉在柱桩内侧，柱桩外侧用斜撑支顶，斜撑底端支在木桩上，在挡土板内侧回填土，如图5-1a所示。适于开挖较大型、深度不大的基坑或使用机械挖土时使用。

2. 锚拉支撑

水平挡土板支在柱桩的内侧,柱桩一端打入土中,另一端用拉杆与锚桩拉紧,在挡土板内侧回填土,如图5-1b所示。适于开挖较大型、深度不大的基坑,或使用机械挖土不能安设横撑时使用。

3. 短桩横隔板支撑

打入小短木桩,部分打入土中,部分露出地面,钉上水平挡土板,在背面填土、夯实,如图5-1c所示。适于开挖宽度大的基坑,当部分地段下部放坡不够时使用。

4. 临时挡土墙支撑

沿坡脚用砖、石叠砌或用装水泥的聚丙烯扁丝编织袋、草袋装土或砂堆砌,使坡脚保持稳定,如图5-1d所示。适于开挖宽度大的基坑,当部分地段下部放坡不够时使用。

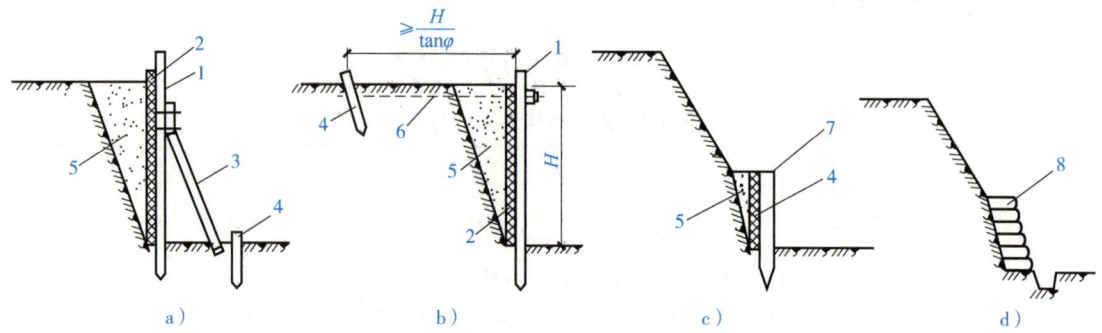

图5-1 浅基坑支撑(护)

a)斜柱支撑 b)锚拉支撑 c)短桩横隔板支撑 d)临时挡土墙支撑

1—柱桩 2—挡板 3—斜撑 4—短桩 5—回填土 6—拉杆 7—横隔板 8—扁丝编织袋或草袋装土、砂或干砌、浆砌毛石

注:φ为柱桩与短桩的摩擦角。

5.2.3 深基坑支护结构形式

支护结构的种类繁多,国内常用的几种支护结构形式如下:

1. 挡土灌注排桩或地下连续墙

挡土灌注排桩是以现场灌注桩按队列式布置组成的支护结构;地下连续墙是用机械施工方法成槽浇灌钢筋混凝土形成的地下墙体。

2. 排桩土层锚杆支护

排桩土层锚杆支护是指在稳定土层钻孔,用水泥浆或水泥砂浆将钢筋与土体黏结在一起拉结排桩挡土。

3. 排桩内支撑支护

排桩内支撑支护是指在排桩内侧设置钢或钢筋混凝土水平支撑,用以支挡基坑侧壁进行挡土。

4. 水泥土墙支护

水泥土墙支护是指由水泥土桩相互搭接形成的格栅状、壁状等形式的连续重力式挡土止水墙体。

5. 土钉墙或喷锚支护

土钉墙或喷锚支护是指用土钉或预应力锚杆加固的基坑侧壁土体与喷射钢筋混凝土护面组成的支护结构。

6. 逆作拱墙支护

逆作拱墙支护是指在平面上将支护墙体或排桩做成闭合拱形支护结构。

7. 钢板桩

钢板桩是指采用特制的型钢板桩，利用机械打入地下，构成一道连续的板墙作为挡土截水围护结构。

8. 放坡开挖

对土质较好、地下水位低、场地开阔的基坑按规范允许坡度放坡开挖，或仅在坡脚叠袋护脚，坡面做适当保护。

5.2.4 地基支护结构选用

1. 水泥土墙支护

这种围护墙是用深层搅拌机就地将土和输入的水泥浆强行搅拌，形成连续搭接的水泥土柱状加固体挡墙，如图 5-2 所示。

2. 混凝土板桩支护

混凝土板桩支护是一种传统的支护结构围护墙，截面带企口，用后不再拔出，永久留在地基土中，截面有一定厚度和刚度，可限制变形。建筑施工中应用较少，只用于施工后钢板桩难以拔除的地段和一些特殊情况。

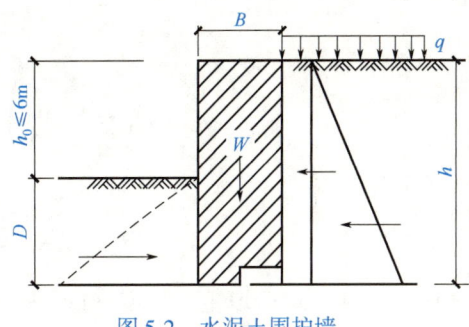

图 5-2 水泥土围护墙

3. 钢板桩支护

简易的钢板桩为槽钢等型钢，由于截面抗弯能力弱，只用于较浅（$h \leqslant 4m$）的基坑，而且防渗能力弱，有时需降水。

4. 型钢横挡板围护墙支护

型钢横挡板围护墙也称桩板式支护结构。这种围护墙由工字钢（或 H 型钢）桩和横挡板（也称衬板）组成，再加上围檩、支撑等形成支护体系，如图 5-3 所示。

5. 钻孔灌注桩支护

钻孔灌注桩为间隔排列，如图 5-4 所示，缝隙不小于 100mm，因此它不具备挡水功能，需另做挡水帷幕，用于地下水位较低地区则不需做挡水帷幕。目前，我国应用较多的是厚 1.2m 的水泥土搅拌桩。

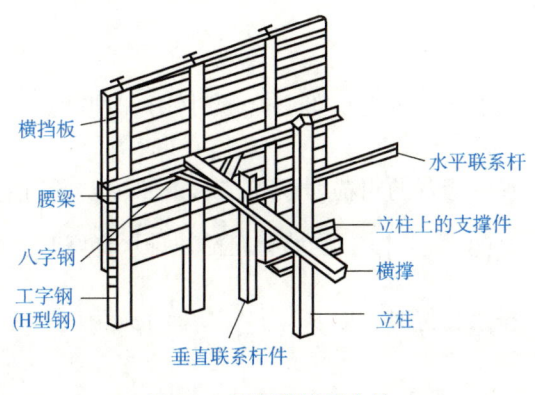

图 5-3 型钢横挡板支护

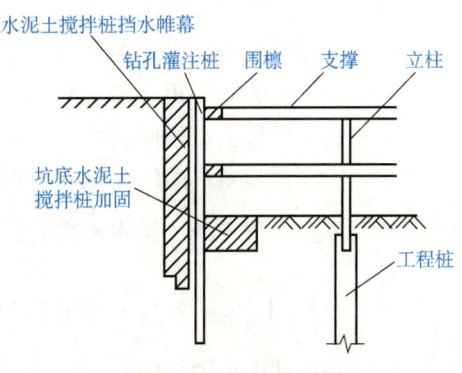

图 5-4 钻孔灌注桩围护墙

5.3 基坑工程施工相关计算

5.3.1 土压力计算

1. 朗肯理论土压力计算

当墙背竖直、光滑，其后填土表面水平，并无限延伸，不计土与墙间的摩擦力，主动土压力强度 p_a（kN/m²）可按下式计算：

无黏性土：

$$p_a = \gamma h \tan^2\left(45° - \frac{\varphi}{2}\right) = \gamma h K_a \tag{5-1}$$

黏性土：

$$p_a = \gamma h \tan^2\left(45° - \frac{\varphi}{2}\right) - 2c\tan\left(45° - \frac{\varphi}{2}\right) = \gamma h K_a - 2c\sqrt{K_a} \tag{5-2}$$

其中：

$$K_a = \tan^2\left(45° - \frac{\varphi}{2}\right) \tag{5-3}$$

式中 γ——墙后填土的重度（kN/m³），地下水位以下用浮重度；
　　h——计算主动土压力强度的点至填土表面的距离（m）；
　　φ——填土的内摩擦角（°），根据试验确定，当无试验资料时选用；
　　K_a——主动土压力系数；
　　c——填土的黏聚力（kN/m²）。

2. 库伦理论土压力计算

挡土墙的墙背倾斜，填土表面呈斜坡且墙背与填土间存在摩擦力，并假设墙后填土为无黏性土，土体滑裂破坏面 BC 为一平面，土楔 ABC 向下滑动而处于极限平衡状态，由静力平衡条件，则主动土压力可由下式计算：

$$E_a = \frac{1}{2}\gamma H^2 \frac{\cos^2(\varphi-\alpha)}{\cos^2\alpha(\alpha+\delta)\left[1+\sqrt{\frac{\sin(\alpha+\delta)\sin(\varphi-\beta)}{\cos(\alpha+\delta)\cos(\alpha-\beta)}}\right]} = \frac{1}{2}\gamma H^2 K_a \tag{5-4}$$

式中 γ——墙后填土的重度（kN/m³）；
　　H——挡土墙高度（m）；
　　φ——墙后填土的内摩擦角（°）；
　　α——墙背的倾斜角（°），俯斜（逆时针）时取正号，仰斜（顺时针）时取负号；
　　β——墙后填土面的倾斜角（°）；
　　δ——墙背与填料间的摩擦角，由试验或由墙背的粗糙程度和排水条件按以下确定：
　　　　当墙背平滑、排水不良时，取 $\delta = \left(0 \sim \frac{1}{3}\right)\varphi$；当墙背粗糙、排水良好时，取 $\delta = \left(\frac{1}{3} \sim \frac{1}{2}\right)\varphi$；墙背很粗糙、排水良好时，取 $\delta = \left(\frac{1}{2} \sim \frac{2}{3}\right)\varphi$。
　　K_a——主动土压力系数。

5.3.2 基坑(槽)和管沟支撑的计算

连续水平板式支撑的构造为：挡土板水平连续放置，不留间隙，然后两侧同时对称竖立楞木（立柱），上、下各顶一根横撑木，端头加木楔顶紧。这种支撑适于较松散的干土或天然湿度的黏土类土，地下水很少，深度为 3~5m 的基坑（槽）和管沟支撑。水平挡土板与梁的作用相同，承受土的水平压力的作用，设土与挡土板间的摩擦力不计，则深度 h 处的主动土压力强度 P_a（N/m²）为

$$P_a = \gamma h \tan^2\left(45° - \frac{\varphi}{2}\right) \tag{5-5}$$

式中 γ——坑壁土的平均重度，$\gamma = \dfrac{\gamma_1 h_1 + \gamma_2 h_2 + \gamma_3 h_3}{h_1 + h_2 + h_3}$（kN/m³）；

h——基坑（槽）深度（m）；

φ——坑壁土的平均内摩擦角，$\varphi = \left(\dfrac{\varphi_1 h_1 + \varphi_2 h_2 + \varphi_3 h_3}{h_1 + h_2 + h_3}\right)$。

5.3.3 挡土板桩支护计算

假定上端为简支，下端为自由支承。这种板桩相当于单跨简支梁，作用在桩后为主动土压力，作用在桩前为被动主压力。

主动土压力：

$$E_a = \frac{1}{2}e_a(H + t) = \frac{1}{2}\gamma(H + t)^2 K_a \tag{5-6}$$

被动土压力：

$$E_p = \frac{1}{2}e_p t = \frac{1}{2}\gamma t^2 K_p \tag{5-7}$$

式中 e_a——主动土压力最大压强，$e_a = \gamma(H + t)K_a$；

e_p——被动土压力最大压强，$e_p = \gamma t K_p$；

K_a——主动土压力系数，$K_a = \tan^2\left(45° - \dfrac{\varphi}{2}\right)$；

K_p——被动土压力系数。

5.3.4 混凝土灌注桩支护计算

1. 挡土灌注柱支护的计算

深基础施工时，为防止邻近建筑物出现裂缝或倾斜，保证正常使用和安全，常不放坡垂直开挖基坑土方，采用挡土钢筋混凝土灌注桩支护。它具有刚度大，位移小，施工方便，振动少，噪声低，费用较省等特点。其计算公式如下：

$$E_{a1} = \frac{\gamma(h + x)^2}{2}\tan^2\left(45° - \frac{\varphi}{2}\right) = \frac{\gamma(h + x)^2}{2}K_a \tag{5-8}$$

$$E_{a2} = p(h + x)\tan^2\left(45° - \frac{\varphi}{2}\right) = p(h + x)K_a \tag{5-9}$$

$$E_p = \frac{\gamma x^2}{2}\tan^2\left(45° - \frac{\varphi}{2}\right) = \frac{\gamma x^2}{2}K_p \tag{5-10}$$

式中　γ——土的重度（kN/m^3）；
　　　h——基坑（槽）深度（m）；
　　　φ——土的内摩擦角（°）；
　　　K_a——主动土压力系数；
　　　K_p——被动土压力系数；
　　　E_{a1}、E_{a2}——主动土压力（kN）；
　　　E_p——被动土压力（kN）。

2. 混凝土灌注桩截面及配筋计算

混凝土灌注桩一般按钢筋混凝土正截面受弯构件计算配筋。对于沿周边均匀配置纵向钢筋的圆形截面钢筋混凝土受弯构件，当截面内纵向钢筋数量不少于6根时，其抗弯承载力按下式计算：

$$M \leq \frac{2}{3}\alpha_1 f_c Ar \frac{\sin^3\pi\alpha}{\pi} + f_y A_s r_s \frac{\sin\pi\alpha + \sin\pi\alpha_t}{\pi} \tag{5-11}$$

$$\alpha f_c A \left(1 - \frac{\sin 2\pi\alpha}{2\pi\alpha}\right) + (\alpha - \alpha_t) f_y A_s = 0 \tag{5-12}$$

$$\alpha_t = 1.25 - 2\alpha \tag{5-13}$$

式中　M——单桩弯矩设计值（N·mm）；
　　　f_c——混凝土轴心抗压强度设计值（N/mm^2）；
　　　A——混凝土灌注桩横截面积（mm^2）；
　　　r——圆形截面的半径（mm）；
　　　f_y——钢筋抗拉强度设计值（N/mm^2）；
　　　A_s——全部纵向钢筋的截面面积（mm^2）；
　　　r_s——纵向钢筋所在圆周的半径（mm）；
　　　α——对应于受压区混凝土截面面积的圆心角（rad）与2π的比值；
　　　α_t——纵向受拉钢筋截面面积与全部纵向钢筋截面面积的比值，当$\alpha > 0.625$时，取$\alpha_t = 0$。

5.3.5　土层锚杆支护及施工计算

1. 锚杆长度计算

$$L = KH + L_1 + L_2 \tag{5-14}$$

式中　L——锚杆长度；
　　　H——冒落拱高度；
　　　K——安全系数；
　　　L_1——锚杆锚入稳定岩层的深度；
　　　L_2——锚杆在巷道中的外露长度。

2. 锚杆直径的选择

$$d = \sqrt{\frac{4PK}{\pi\sigma_t}} \tag{5-15}$$

式中　K——安全系数；

P——锚杆杆体承载力;

σ_t——杆体材料的抗拉设计强度。

3. 锚索支护参数计算

(1) 锚索的长度

$$L = L_a + L_b + L_c + L_d \tag{5-16}$$

式中　L——锚索总长度(m);

　　　L_a——锚索深入稳定层锚固长度(m);

　　　L_b——需要悬吊不稳定岩体厚度,取6m;

　　　L_c——上托盘及锚具厚度,取0.25m;

　　　L_d——需要外露的张拉长度,取0.35m。

锚索锚固长度L_a按下式确定:

$$L_a \geqslant K \frac{d_1 f_a}{4 f_c} \tag{5-17}$$

式中　L_a——锚索深入稳定层锚固长度;

　　　K——安全系数,取$K=2$;

　　　d_1——锚索钢绞线直径;

　　　f_a——钢绞线抗拉强度;

　　　f_c——锚索与锚固剂的黏合强度。

(2) 锚索间排距校核

$$L = \frac{nF_2}{[BH\gamma - (2F_1 \sin\theta / L_1]} \tag{5-18}$$

式中　L——锚索排距;

　　　B——巷道最大冒落宽度;

　　　H——巷道最大冒落高度;

　　　γ——岩体容量;

　　　L_1——锚杆排距;

　　　F_1——锚杆锚固力;

　　　F_2——锚索极限承载力;

　　　θ——角锚杆与巷道顶板的夹角;

　　　n——锚索排数。

5.3.6　沉井施工计算

1. 沉井下沉和下沉稳定性系数计算

当沉井下沉到设计标高时,还应有足够的下沉稳定系数,可按下式验算:

$$K_0 = \frac{G_T}{R_f + R_1 + R_2} \tag{5-19}$$

式中　G_T——沉井总重力(kN);

　　　R_f——沉井外壁摩阻力的总和(kN);

R_1——刃脚踏面及斜面下土的支承力（kN）；

R_2——沉井内部隔墙和底梁下土的支承力（kN）。

2. 沉井渗水量计算

沉井由于四周为混凝土壁，可假定为一深井，其渗水量可按下式计算：

$$Q = KA \tag{5-20}$$

$$i = \frac{h'}{h' + 2t} \tag{5-21}$$

式中　Q——单位时间内的渗水量（m³/d）；

　　　K——土的渗透系数（m/d）；

　　　A——水渗流的截面面积（m²），即沉井底部面积；

　　　i——水力坡度；

　　　h'——地下水位至封底面的高度；

　　　t——刃脚高度。

3. 沉井封底及抗浮稳定性计算

当沉井的刃脚落在不透水的黏土层中，可采用干封底的方法，但黏土层应有足够的厚度，以免被下部含水层中的地下水压力所"顶破"。干封底应确保满足下列计算条件：

$$A\gamma'h + cuh > A\gamma_w H_w \tag{5-22}$$

式中　A——沉井的底部面积（m²）；

　　　γ'——土的浮重力（kN/m³）；

　　　h——刃脚下面不透水黏土层厚度（m）；

　　　c——黏土的黏聚力（kN/m²）；

　　　u——沉井刃脚踏面内壁周长（m）；

　　　γ_w——水的重度（kN/m³）；

　　　H_w——透水砂层的水头高度（m）。

5.3.7　基坑地下水控制计算

1. 基坑明沟排水计算

基坑采用明沟排水，流入基坑内的渗水量与土的种类、渗透系数、水头、坑底面积等有关，除通过抽水试验或凭经验估计外，也可按大井法估算。即将矩形基坑（其长短边的比值不大于10）假想为一个半径 r_0 的圆形大井，其流入基坑内的涌水量 Q，为从四周坑壁和坑底流入的水量之和，按下式计算：

$$Q = \frac{1.366Ks(2H-s)}{\lg\frac{R}{r_0}} + \frac{6.28Ksr_0}{1.57 + \frac{r_0}{m_0}\left(1 + 1.185\lg\frac{R}{4m_0}\right)} \tag{5-23}$$

式中　Q——基坑总涌水量（m³/d）；

　　　K——土的渗透系数（m/d）；

　　　s——抽水前坑内以上的水位高度（m）；

　　　H——抽水前坑底以上的水位高度（m）；

　　　R——抽水影响半径（m）；

r_0——引用半径（m）；

m_0——从坑底到下卧不透水层的距离（m）。

2. 轻型井点降水计算

单井井点涌水量 q（m³/d）按无压完整井计算：

$$q = 1.366K \frac{(2H - s)s}{\lg R - \lg r} \tag{5-24}$$

式中　K——土的渗透系数（m/d）；

　　　H——含水层厚度（m）；

　　　s——水位降低值（m）；

　　　R——抽水影响半径（m）；

　　　r——井点的半径（m）。

3. 井点回填施工计算

回灌井点按无压完整井计算，方法同轻型抽水井点系统。所需回灌水量 Q 按工程深基坑总涌水量 Q 的 1/4 估算，并考虑补偿系数 $K_1 = 2$（即考虑回灌水仅 1/2 流向相邻建筑物一侧），则所需回灌水量 Q_1（m³/d）按下式计算：

$$Q_1 = 2Q \times \frac{1}{4} = \frac{Q}{2} \tag{5-25}$$

单根井点管的回灌水量 q（m³/d）按下式计算：

$$q_1 = 65\pi dl \sqrt[3]{K} \tag{5-26}$$

需用回灌井点管数量 n（根）为

$$n = 1.1 \frac{Q_1}{q_1} \tag{5-27}$$

回灌井点间距 D（m）可按下式计算：

$$D = 1.1 \frac{L}{n} \tag{5-28}$$

式中　K——土层的渗透系数（m/d）；

　　　L——设置回灌井点一侧基坑长度或建筑物长度（m）。

5.4 基坑（槽）施工

5.4.1 定位与放线

1. 基坑（槽）的定位

在建筑物各角桩位置定好后，应把角桩之间的细线位置引测至基槽以外的龙门板上，如图 5-5 所示，以便在基础开挖好以后，把龙门板上的各轴线投到基槽的底部或基础面上，以确保建筑物的位置准确。

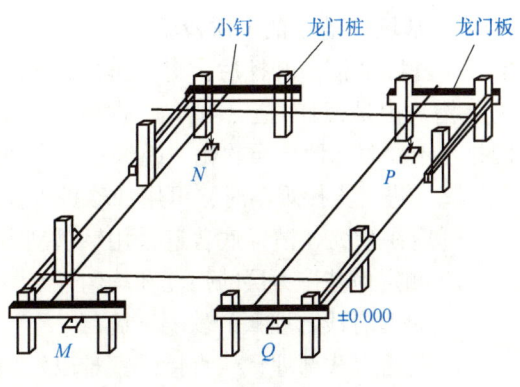

图 5-5　龙门板的设置

2. 基坑（槽）的放线

依据龙门板确定的基础的底面尺寸，并依据埋置深度、土质好坏、地下水位等情况，考虑在施工过程中是否留工作面、放坡、设置排水设施和支撑等，从而定出挖土的边线，进行基坑（槽）的放线。

5.4.2 基坑（槽）开挖

基坑（槽）开挖方法应根据基坑（槽）土质不同而异。根据经验，按路基土质类型，基坑（槽）开挖方法主要有以下几种：

①硬土类包括土夹石、硬土、砂岩、风化石等，这类土质密实，自结合力强，可采用挖小坑的办法开挖基坑。非雨期人工开挖不会塌方，不需坑壁支撑防护，如图5-6所示。

图5-6　硬土类基坑开挖

②碎石类包括石夹土、碎石、填方土等，这类土质自结合力不均匀，稳定性较差，适宜采用挖小坑、局部支撑的方法，如图5-7所示。

③流沙、高水位土质类宜采用钢筋混凝土防护圈进行施工，类似沉井法。采用此法可节省木材，经济，可靠，便于施工。

④坚石、次坚石类采用控制爆破法。当采用法兰盘支柱时，只需按要求钻孔灌注锚栓即可。

图5-7　碎石类基坑开挖

5.4.3 基坑（槽）检验与处理

1. 基坑（槽）的土质检验

①基坑（槽）开挖后，对新鲜的未扰动的岩石直接观察，并与勘察报告核对，注意基坑（槽）内是否有填土、坑穴、古墓、古井等分布，是否有因施工不当而使土质产生扰动、因排水不及时而使土质软化、因保护不当而使土体冰冻等现象。

②在进行直接观察时，可用袖珍贯入仪作为辅助手段。

③应在基坑（槽）底普遍采用轻型动力触探进行检验。

a. 测定地基持力层的强度和均匀性。

b. 是否有浅部埋藏的软弱下卧层。

c. 是否有浅部埋藏、直接观察难以发现的坑穴、古墓、古井等。

④基坑（槽）底部深处若有承压水层，轻型动力触探可能造成冒水涌沙，此时不宜进

行轻型动力触探。持力层若为卵石时，一般不需要进行轻型动力触探。

2. 基坑（槽）内有松软土时应采取的处理措施

①清除填土等松软土，用与持力层相近的材料回填夯实。

②基坑（槽）底有小于500mm厚的薄层软土时，如因水位高不易清除，可铺夯大卵石将软土挤密。

③基坑（槽）内松软土所占的面积较大（深度超过5m）时，为防止发生不均匀沉降，可将基础局部加深并做坡度为1∶2的台阶，与两端基础连接。

④独立基础下的基坑，如松软土所占的面积大于基坑面积的1/3，宜将柱基础整个加深，但与相邻柱基的标高差不宜大于柱基之间净距的1/2。

3. 基坑（管）内有松软土时应采取的处理措施

①局部换填有困难时，可用短桩基础处理，并适当加强基础和上部结构的刚度。

②当基坑（槽）内的坑穴、古墓、古井较深，难以把填土清到底并采用逐步放台阶处理时，可在主要压缩层范围内采取换土处理，下部软土抛石挤密，结构采用过梁跨越，如图5-8所示。

图5-8 松软土的处理

5.4.4 支护结构施工

基础拟采用机械放坡开挖，人工配合清底的方式进行。开挖过程中如果遇到岩石，采取浅眼爆破，但在基底以上30cm时，不得爆破，采用人工开挖基坑边坡的坡度视地质情况而定，一般采用1∶1~1∶0.5，基底挖至接近设计标高时，保留0.3m厚的一层，待灌注混凝土前由人工开挖至设计标高，迅速检验，随即进行基础施工。如果施工便道需经过基顶，坑顶与便道之间设置1m宽的护道，并在基坑顶面设置截水沟防止地面水流入基坑。放坡开挖前，首先根据平面点及高程点，计算并放出开挖边线。钢板桩或开挖边线准备完成后，采用机械开挖，首先用挖掘机清除表面松土，然后根据现场和岩层情况在桩间进行浅眼爆破至扩大基础底标高0.3m以上位置，剩余部分人工配合风镐开挖至设计标高5cm以下处，砂浆封底（如果基底岩层较好，人工挖至承台底标高即可，可不再做5cm的封底）。基坑开挖面积放坡开挖时，每边留出大约80cm的工作面，钢板桩挡护内开挖时，顺钢板桩往下挖即可，开挖完成后根据现场渗水情况，在基底四周设置排水沟和集水井。开挖后，对基坑四周的危石进行处理，必要时进行挂网锚喷处理。

5.4.5 钢板桩施工

1. 施工准备

①场地平面布置。施工道路布置应利于桩架开进移出以及大量钢板桩运输。设置钢板桩堆放场地，应便于大型机械和车辆进出。应设置必要的钢板桩材料堆场。

②钢板桩材料准备。桩于打入前应将桩尖处的凹槽底口封闭，避免泥土挤入，锁口应涂

以黄油或其他油脂。用于永久性工程的桩表面应涂红丹和防锈漆。对于年久失修、锁口变形、锈蚀严重的钢板桩，应整修矫正：弯曲变形的桩可用油压千斤顶顶压或火烘等方法进行矫正。

③导架安装。导架通常由导梁和导桩等组成，其形式在平面上有单面和双面之分，在高度上有单层、双层及多层之分，在移动方式上有锚固式和移动式之分，在刚度上有刚性和柔性之分。一般常用的是单层双面导架，如图5-9所示。导桩可用H型钢、工字钢或槽钢等，导桩间距一般为3~5m，双面导梁之间的间距一般比板桩墙高度大8~15mm，导桩打入土中深度以5m左右为宜，导梁底面距地面高度设为50mm，双层或多层导梁的层高间距按导梁刚度情况而定，但不宜过大，导梁宽度略大于桩厚度3~5cm。

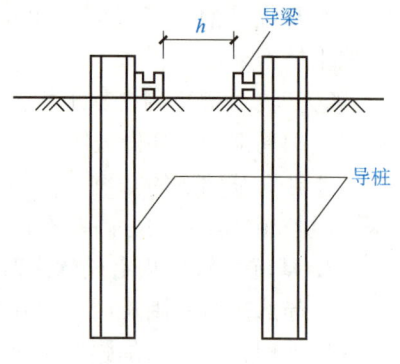

图5-9 导架的安装

④转角桩的制作。由于钢板桩构造的需要，常要配备改变打桩轴线方向的特殊形状的钢板桩，在矩形墙中为90°的转角桩。一般是将工程所用的钢板桩从背面中线处切断，再根据所选择的截面进行焊接或铆接组合而成为转角桩。

2. 钢板桩的打设

为保证钢板桩沉桩的垂直度及施打板桩墙墙面的平整度，在钢板桩打入时应设置打桩围檩支架。围檩支架由围檩及围檩桩组成，围檩采用双面布置形式，打桩要求较低时也可单面布置。如果对钢板桩打设要求较高，可沿高度上布置双层或多层，这样对钢板桩打入时导向效果更佳。一般下层围檩可设在离地面约500mm处，双面围檩之间的净距应比插入板桩宽度放大2000~3000mm，如图5-10所示。

3. 钢板桩的拔除

钢板桩拔除的难易，取决于打入时顺利与否。如果在硬土或密实砂土中打入时困难，则板桩拔除时也很困难，尤其是一些板桩的咬口在打入时产生变形或垂直度很差，则拔桩时会遇到很大的阻力。

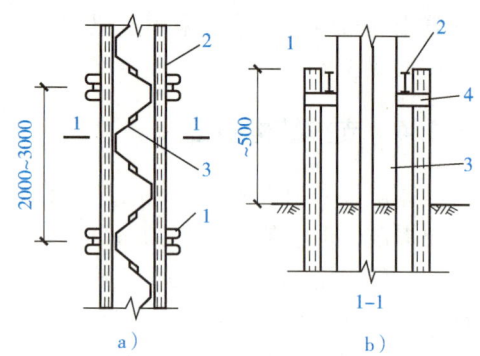

图5-10 打桩围檩支架
a）平面布置 b）剖面
1—围檩桩 2—围檩 3—钢板桩 4—连接板

此外，基坑开挖时，若支撑（拉锚）不及时，使板桩产生很大的变形，拔除也很困难，这些因素必须予以充分重视。拔桩产生的桩孔，可用振动法、挤实法和填入法，及时回填以减少对邻近建筑物等的影响。在软土地区，拔桩产生的空隙会引起土层损失和扰动，使已施工的地下结构产生沉降，也可能引起周围地面沉降，为此拔桩时要采取措施对拔桩造成的地层空隙及时回填，往往灌砂填充法效果较差，因此在控制地层位移有较高要求时，宜采取跟踪注浆等新型的填充法。

振动拔除钢板桩采用振动锤与起重机共同拔除。后者用于振动锤拔不出的钢板桩，在钢板桩上设吊架，起重机在振动锤振拔的同时向上引拔。振动锤产生强迫振动，破坏板桩与周围土体间的黏结力，依靠附加的起吊力克服拔桩阻力将桩拔出。拔桩时先用振动锤将锁口振活以减小与土的黏结，然后边振边拔。较难拔的桩可选用柴油锤先振打，然后再与振动锤交替进行振打和振拔。

5.4.6 水泥土墙施工

1. 测量放样

先测量放样定出开挖中线及边线、起点及终点，并设置桩标，如图 5-11 所示。

2. 基坑开挖

基坑开挖后应检验基底承载力，合格后妥善修整，并在最短的时间内复测，如图 5-12 所示。

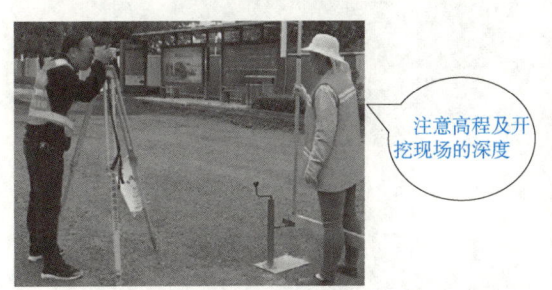

图 5-11　测量放样　　　　　　　　图 5-12　基坑开挖

3. 基坑检测

基坑检测是在施工及使用期限内，对建筑基坑及周边环境进行检查、监控，其检测主要包括支护结构、相关自然环境、施工工况地下水状况、基坑底部及周围土体、周围建筑物、周围地下管线及地下设施、周围重要的道路以及其他应检测的对象。

4. 钢筋的制作及安装

使用抽查合格的产品，按照设计给定的规格、形状及数量进行钢筋的放样和加工，将制作好的钢筋，按照设计给定的钢筋规格、型号、间距进行钢筋安装，如图 5-13 所示。安装中，钢筋的接长采用绑扎连接或双面焊接方式。钢筋连接接头按设计及规范要求错开设置。

5. 模板及支架的安装

由于挡墙墙身较薄，为了使模板稳定不变形，可采用外撑内拉的方式进行模板加固。为防止漏浆在拉杆上设橡胶止水片，如图 5-14 所示。

图 5-13　钢筋的制作及安装　　　　　　图 5-14　模板及支架的安装

6. 混凝土浇筑

混凝土均采用商品泵送混凝土，混凝土所需各类原材料，经检验、报验合格后方可使用。到现场的商品混凝土，采用拖泵或汽车泵输送至浇筑点，如图 5-15 所示。

7. 混凝土的养护及拆模

混凝土养护天数视气候条件可将间隔时间适当延长，养护总天数不少于14d。在进行大体积混凝土养护时，如遇异常天气（气温较低、室外温度与混凝土内部温差≥25℃）应采取必要的保温养护措施，如图5-16所示。

图5-15 混凝土浇筑

图5-16 混凝土的养护及拆模

8. 回填

墙背回填填料优选粗粒土、砂粒土或砂卵石，应分层摊铺、分层碾压、分层检测，密实度满足路基要求。回填至泄水孔预埋标高处时，对预埋泄水孔清孔，按设计敷设弹塑性透水管，透水管应接入排水系统，如图5-17所示。

图5-17 回填现场图

5.4.7 加筋水泥土桩（SMW工法）

1. 测量放线

测量人员应根据现场水准点和坐标点，严格按照设计图进行放样定位及高程引测工作，并做好永久和临时标志，然后请现场监理复测。

2. 开挖导槽

为清除妨碍成桩施工的杂填土和安置H型钢架，用挖掘机开挖1.2m宽沟槽，深度应到达杂填土底部，如图5-18所示。

3. 安置定位型钢架

定位型钢架安置在导沟内，两侧采用4根型钢架与槽钢焊接固定，如图5-19所示。

图5-18 开挖导槽现场图

图5-19 安置定位型钢架

4. 桩机定位

①移动搅拌机到达作业位置，并调整桩架垂直度至符合要求。桩机移位由当班机长统一指挥，移动前必须仔细观察现场情况，发现障碍物应及时清除，桩机移动结束后认真检查定位情况并及时纠正。

②桩机应平稳、平整，每次移机后可用水平尺或水准仪检测桩机平台的平整度，并用线锤对立柱进行垂直定位观测，以确保桩机的垂直度，必要时可采用桩机定位经纬仪进行校核。

③三轴搅拌桩桩机定位后再进行定位复核，如图 5-20 所示。

5. 注浆

施工前在距离打桩施工现场 100m 的位置搭建水泥库房以便堆放水泥，并应在水泥库边搭建拌浆平台。拌浆平台至少要有 3 只水泥浆搅拌桶，其上分别设一台搅拌机，水泥浆在搅拌桶中按规定的水灰比配制拌匀后排入存浆桶，再由 2 台泥浆泵抽吸加压后经过输浆管压至钻杆内的注浆孔。为了保证供浆压力，供浆平台距离施工地点 100m 左右为宜。水泥浆液的配制过程中严格控制浆液的计量、配备水泥浆液的流量计及压力装置，以便及时调节供浆的流量及压力，防止水泥掺入量不足的现象产生。

图 5-20 桩机定位

6. 桩机钻杆下沉与提升

按照搅拌桩施工工艺要求，钻杆在下沉和提升时均需注入水泥浆液。钻杆下沉速度不大于 1m/min，提升速度不大于 2m/min，现场设专人跟踪检测、监督桩机下沉、提升搅拌速度，可在桩架上每隔 1m 设明显标记，以达到搅拌均匀的目的，在桩底部分适当持续搅拌注浆至少 15s，确保水泥搅拌桩的成桩均匀性，并做好每次成桩的原始记录。

按照技术交底要求均匀、连续地注入拌制好的水泥浆液，钻杆提升完毕时，设计水泥浆液全部注完，搅拌桩施工结束。

7. 型钢的吊装与插入

①施工中采用工字钢，对接采用内菱形接桩法。

②型钢拔出时的减摩剂至关重要。

③型钢应在水泥土初凝前插入。

④型钢回收。

⑤H 型钢减摩剂施工。

使用电热棒将减摩剂加热至完全熔化，用搅棒搅动时感觉厚薄均匀后，方可涂敷于型钢表面，否则会使减摩剂涂层不均匀而容易产生剥落，如图 5-21 所示。

图 5-21 型钢的吊装与插入

5.4.8 地下连续墙施工

1. 测量放样

①根据设计图提供的坐标计算出地下连续墙中心线角点坐标,用全站仪实地放出地下连续墙角点,放样误差小于 ±5mm,并做好护桩。

②为确保后期基坑结构的净空符合要求,导墙中心轴线应各向外放大 α,即结构总体扩大 $2a$。

2. 导墙沟槽开挖

①导墙分段施工,分段长度根据模板长度和规范要求,一般控制在 20~30m,深度宜为 1.2~2.0m,并使墙趾落在原状土上。

②导墙沟槽开挖采用反铲挖掘机开挖,侧面人工进行修直,塌方或开挖过宽的地方做 240 砖墙外模。

③为及时排除坑底积水,在坑底中央设置一排水沟,在一定距离设置集水坑,用抽水泵外排。

④在开挖导墙时,若有废弃管线等障碍物应进行清除,并应严密封堵废弃管线断口,防止其成为泥浆泄漏通道。

⑤导墙沟槽开挖结束后,将中轴线引入沟槽底部,以控制模板的安装。

3. 导墙钢筋和模板施工

导墙钢筋按设计图施工,搭接接头长度不小于 $45d$(d 为钢筋直径),连接区段内接头面积百分率不大于 25%,单面搭接焊不小于 $10d$。模板按地下连续墙中轴线支立,左右偏差不大于 5mm,各道支撑应牢固,模板表面应平整,接缝严密,不得有缝隙、错台现象,如图 5-22 所示。

导墙钢筋和模板的现场施工

图 5-22 导墙钢筋和模板施工

4. 导墙混凝土浇筑

导墙混凝土强度必须符合设计要求,灌注时两侧均匀布料,每隔 50cm 振捣一次,以表面泛浆、混凝土面不下沉为准。每次打灰留试件一组。

5.4.9 混凝土支撑施工

钢筋混凝土支撑体系(支撑及围檩)应在同一平面内整浇,支撑与支撑、支撑与围檩相交处宜采用加腋,使其形成刚性节点。

支撑施工宜用开槽浇筑的方法,底模板可用素混凝土,也可采用木、小钢模等铺设,也可利用槽底作为土模,侧模多用木、钢模板。

钢筋混凝土支撑与立柱的连接在顶层支撑处可采用钢板承托方式,在顶层以下的支撑位置,一般可由立柱直接穿过支撑,其立柱的设置与钢支撑立柱相同。

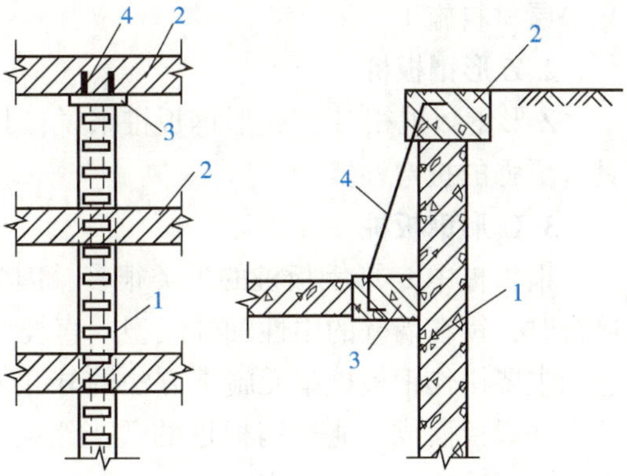

设在支护墙腰部的钢筋混凝土腰梁与支护墙间应浇筑密实，腰梁可用设置在冠或上层支撑腰梁的悬吊钢筋作为竖向吊点，如图 5-23 所示。悬吊钢筋直径不宜小于 20mm，间距一般 1~1.5m，两端应弯起，插入冠梁及腰梁不少于 40d。

5.4.10 土层锚杆（土锚）施工

1. 钻（扩）孔

①扩孔的方法通常有 4 种：机械扩孔、爆炸扩孔、水力扩孔和压浆扩孔。

②土层锚杆的水平误差不得大于 25cm，标高误差不得大于 10cm。

图 5-23 钢筋混凝土支撑与立柱的连接
1—钢立柱 2—钢筋混凝土支撑
3—承托钢板（厚 10） 4—插筋（4Φ20）

2. 安装拉杆

土层锚杆用的拉杆常用的有粗钢筋、钢丝束和钢绞丝。

3. 灌浆

锚杆灌浆分为一次灌浆和二次灌浆两种灌浆方式。锚杆一次灌浆和二次灌浆时间间隔需要 4~6h。

一次灌浆的压力可不加以限制，只要孔口溢出浆液，即暂停灌浆，然后将孔口封闭，稳压 1min 左右，即可结束灌浆。二次灌浆应在一次灌浆形成的水泥结石体强度达到 5.0MPa（4~6h）时进行，灌浆压力 0.5~1.5MPa，最高达到 2.0MPa，灌浆时间一般为 20min~1h，如图 5-24 所示。

4. 张拉与锚固

土层锚杆灌浆后，待锚固体强度达到设计强度的 80% 以上时，便可对锚杆进行张拉和锚固。张拉前先在支护结构上安装围檩，如图 5-25 所示。

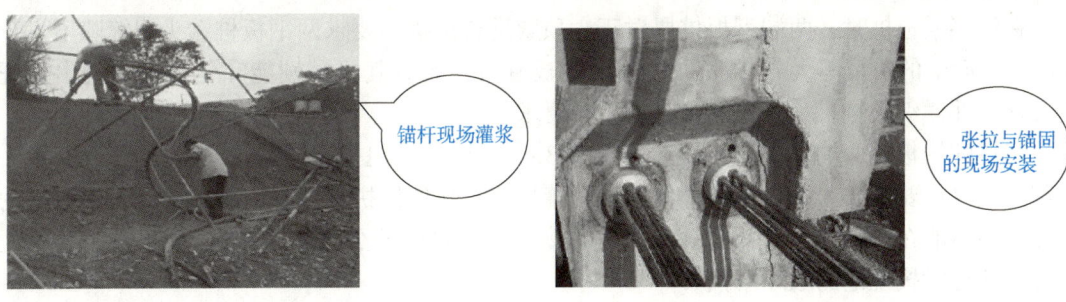

图 5-24 灌浆现场图　　　　图 5-25 张拉与锚固

5.5 钢板桩工程施工

5.5.1 常用钢板桩分类

1. 沟槽钢板桩

这种板桩最重要的特点是它有一个非常高强度的锁紧接头。沟槽钢板桩主要适用于模块化房屋材料施工。

2. Z形钢板桩

Z形钢板桩相对于U形钢板桩来说，其惯性矩更大，截面模数更大，对于施工来讲，其具有更强的抗弯性能。

3. U形钢板桩

钢板桩中U形钢板桩的种类很多，因为它坚固，适合重复使用，所以常用于临时结构。接合时，锁在墙壁的中性轴处成型。直线型钢板桩具有两端锁紧件咬合强度非常高的特点。它们主要用作钢板桩单元施工方法的外壳材料。组合钢板桩是由两根U形钢板桩组装成圆柱形并焊接而成。通过钢板桩的适当组装可以获得更显著的截面系数。根据设计和施工条件，可以改变装配的长度。

5.5.2 施工机械

打设钢板桩所用机械的选择与其他桩施工相似，但以采用三支点导杆式履带打桩机较为理想，因其稳定性好、行走方便，导杆可作水平垂直和前后调节，便于每块板桩随时较正，对保证垂直度起很大作用。

桩锤应根据板桩打入阻力进行选择，即根据不同土层土质确定其侧壁摩阻力和端部阻力。打设钢板桩，自由落锤、蒸汽锤、空气锤、液压锤、柴油锤、振动锤等皆可，但使用较多的为振动锤。振动锤是以振动体上下振动而使板桩沉入，贯入效果好，但振动会使钢板桩锁口的咬合和周围土体受到影响。如使用柴油锤时，为保护桩顶因受冲击而损伤和控制打入方向，在桩锤和钢板桩之间需设置桩帽。桩锤选择还应考虑锤体外形尺寸，其宽度不大于组合打入块数的宽度之和。

5.5.3 质量控制

1. 质量控制要点

在拼接钢板桩时，两端钢板桩要对正、顶紧进行焊接，要求两钢板桩端头间缝隙不大于3mm，断面上的错位不大于2mm。使用新钢板桩时，要有其机械性能和化学成分的出厂证明文件，并详细丈量尺寸，检验其是否符合要求。

组拼的钢板桩两端要平齐，误差不大于3mm，钢板桩组上下一致，误差不大于30mm，全部的锁口均要涂防水混合材料，使锁口嵌缝严密。在使用拼接接长的钢板桩时，钢板桩的拼接接头不能在同一断面上，而且相邻桩的接头上下错开至少2m。在组拼钢板桩时要预先配桩，插桩时按规定的顺序吊插。

桩身应垂直，施工中应加强测量工作，发现倾斜及时调整。钢板桩桩顶标高允许偏差为±100mm；轴线允许偏差为±100mm；垂直度允许偏差为1%。钢板桩打设时，当钢板桩的垂直度较好时，可一次将桩打到要求深度；当垂直度较差时，要分两次进行施打，即先将所有的桩打入约一半深度后，再第二次打到要求的深度。打桩时必须在桩顶安装桩帽，以免桩顶破坏，切忌锤击过猛，以免桩尖弯卷，造成拔桩困难。

2. 钢板桩质量检验

钢板桩均为工厂成品，新桩可按出厂标准检验，重复使用的钢板桩应符合表5-4的规定。

表 5-4　重复使用的钢板桩检验标准

序号	检查项目	允许偏差或允许值		检查方法
		单位	数值	
1	桩垂直度	%	<1	用钢尺量
2	桩身弯曲度	%	<0.2%l	用钢尺量，l 为桩长
3	齿槽平直度及光滑度		无电焊渣或毛刺	用 1m 长的桩段做通过试验
4	桩长度		不小于涉及长度	用钢尺量

5.6　钻孔灌注排桩工程施工

5.6.1　施工机械与设备

目前，国内主要的钻孔机械有螺旋钻孔机、全套管钻孔机、转盘式钻孔机、回转斗式钻孔机、潜水钻孔机和冲击式钻孔机。

5.6.2　施工工艺

钻孔灌注桩施工工序包括场地准备、桩位放样、埋设护筒、钻孔、清孔、吊放钢筋笼、灌注混凝土等，施工工艺流程如图 5-26 所示。钻孔灌注桩施工是一项质量要求高，须在一个短时间内连续完成多道工序的地下隐蔽工程，施工必须要认真按照施工工艺流程进行。

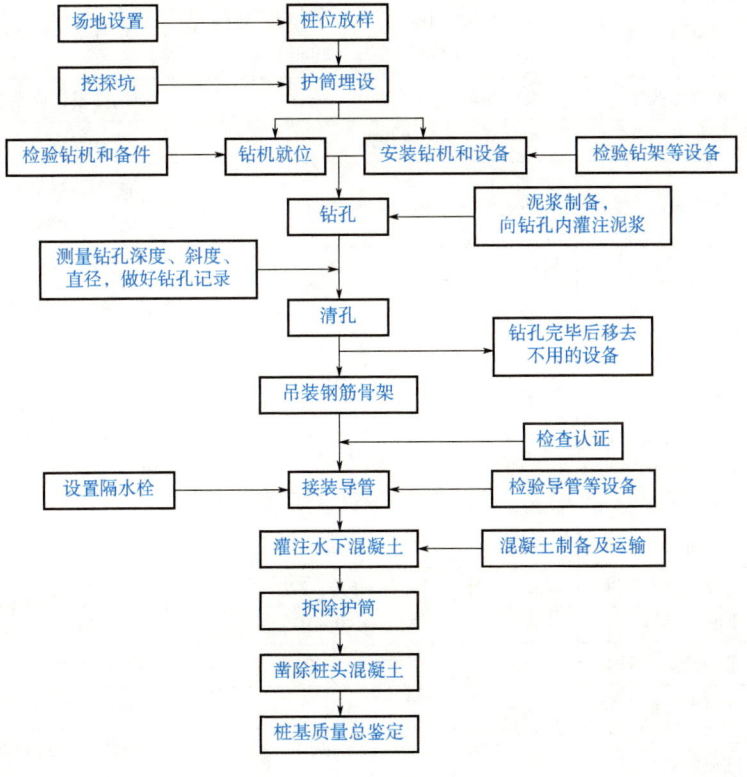

图 5-26　钻孔灌注桩施工工序

5.6.3 质量控制

钻孔灌注桩排桩的质量检验内容包括成孔深度、桩位、桩垂直度、泥浆比重、泥浆黏度、桩径、沉渣厚度、钢筋笼长度、主筋间距、箍筋间距、混凝土保护层厚度、钢筋笼安装深度、钢筋笼直径、混凝土充盈系数、混凝土坍落度和桩顶标高等。

混凝土抗压强度试块每 $50m^2$ 混凝土不少于 1 组试块,且每根桩不少于 1 组试块。必要时可采用低应变动测法检测桩身完整性。周边环境保护要求较高的基坑,可采用坑内预降水的方法对隔水帷幕的隔水性能进行检测。

当采用低应变动测法检测桩身完整性时,检测桩数不宜少于总桩数的 20%,且不得少于 5 根,当根据低应变动测法判定的桩身完整性为Ⅲ类或Ⅳ类时,应采用钻芯法进行验证,并应扩大低应变动测法检测的数量。

除特殊要求外,钻孔灌注桩排桩的施工偏差应符合表 5-5 规定。

表 5-5 钻孔灌注桩质量检验标准

项目	序号	检查项目	允许偏差或允许值		检查方法
			单位	数值	
主控项目	1	桩位	mm	≤100	基坑开挖前量护筒,开挖后量桩中心
	2	孔深	mm	300	只深不浅,用重锤测,或测钻杆、套管长度,嵌岩桩应确保进入设计要求的嵌岩深度
	3	桩体质量检验	按基桩检测技术规范,如钻芯取样,大直径嵌岩桩应钻至桩尖下 50cm		按基桩检测技术规范
	4	混凝土强度	设计要求		试件报告或钻芯取样送检
	5	承载力	按基桩检测技术规范		按基桩检测技术规范
一般项目	1	垂直度	%	<1	测套管或钻杆,或用超声波探测,干施工时吊垂球
	2	桩径	mm	±50	井径仪或超声波检测,干施工时用钢尺量,人工挖孔桩不包括内衬厚度
	3	泥浆密度(黏土或砂性土中)		1.15~1.2	用密度计测,清孔后在距孔底 50cm 处取样
	4	泥浆面标高(高于地下水位)	m	0.5~1.0	用密度计测,清孔后在距孔底 50cm 处取样
	5	沉渣厚度:端承桩 摩擦桩	mm mm	≤50 ≤150	目测
	6	混凝土坍落度:水下灌注 干施工	mm mm	160~220 70~100	用沉渣仪或重锤测量
	7	钢筋笼安装深度	mm	±100	用钢尺量
	8	混凝土充盈系数		>1	检查每根桩的实际灌注量
	9	桩顶标高	mm	30 −50	水准仪,需扣除桩顶浮浆层及劣质桩体

5.7 地下连续墙工程施工

5.7.1 施工机械与设备

地下连续墙的施工方法从结构形式上可分为柱列式和壁式两大类,其施工机械也相应分为柱列式和壁式两大类。前者主要通过水泥浆及添加剂与原位置土进行混合搅拌形成桩,并在横向上重叠搭接形成连续墙。后者则由水泥浆与原位置土搅拌形成连续墙,并就地灌注混凝土形成连续墙。柱列式地下连续墙施工机械设备一般采用长螺旋钻孔机和原位置土混合搅拌壁式地下连续墙(TRD 工法)施工设备;壁式地下连续墙施工机械设备一般采用抓斗式成槽机、回转式成槽机及冲击式成槽机三大类,抓斗式包括悬吊式液压抓斗成槽机、导板式液压抓斗成槽机和导杆式液压抓斗成槽机三种,回转式包括垂直多轴式成槽机和水平多轴式回转钻成槽机(铣槽机)两种。

随着地下空间开发技术的发展,地下连续墙作为一种重要的深基坑围护结构,也有越做越深、越做越厚的趋势,相应的地层条件、周边环境、作业空间也越来越复杂。大型化、一体化、组合成槽等已经成为地下连续墙施工机械的发展方向。

5.7.2 施工工艺

我国建筑工程中应用最多的是现浇钢筋混凝土壁式地下连续墙,其施工工艺过程通常如图 5-27 所示。

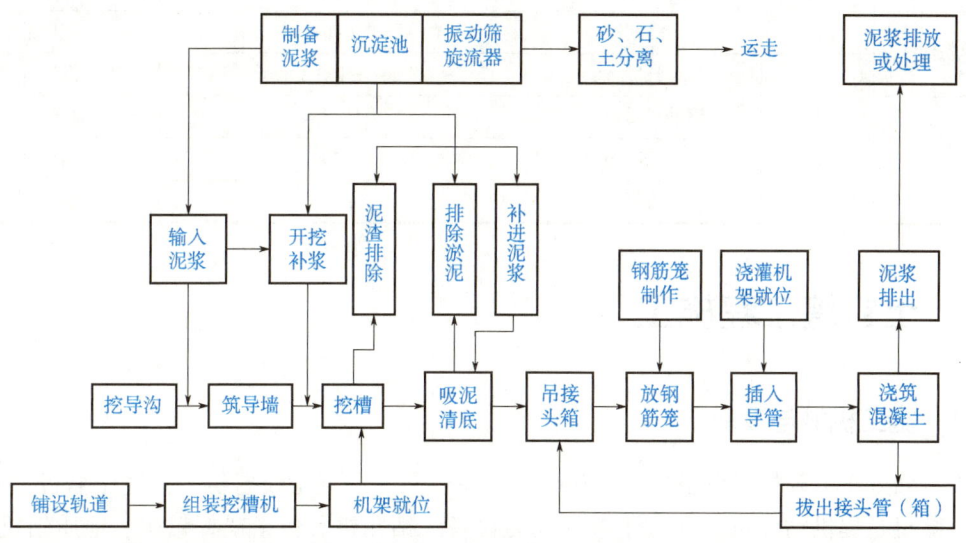

图 5-27 现浇钢筋混凝土壁式地下连续墙的施工工艺过程

5.7.3 质量控制

地下连续墙质量控制标准见表 5-6,地下连续墙钢筋笼质量控制标准见表 5-7。

表 5-6 地下连续墙质量控制标准

项目	序号	检查项目		允许偏差或允许值		检查方法
				单位	数值	
主控项目	1	墙体强度		设计要求		查试块记录或取芯试压
	2	垂直度	永久结构		1/300	声波测槽仪、成槽仪或成槽机上的监测系统
			临时结构		1/150	
一般项目	1	导墙尺寸	宽度	mm	W+40	钢尺量,W 为设计墙厚
			墙面平整度	mm	<5	钢尺量
			导墙平面位置	mm	±10	钢尺量
	2	沉淀厚度	永久结构	mm	≤100	重锤测或沉积物测定仪测
			临时结构	mm	≤200	
	3	槽深		mm	100	重锤测
	4	混凝土坍落度		mm	180~220	坍落度测定器
	5	地下连续墙表面平整度	永久结构	mm	<100	此为均匀黏土层,松散及易坍土层由设计决定
			临时结构	mm	<150	
			插入式结构	mm	<20	
	6	永久结构的预埋件位置	水平向	mm	≤10	钢尺量
			垂直度	mm	≤20	水准仪

表 5-7 地下连续墙钢筋笼质量控制标准(mm)

项目	序号	检查项目	允许偏差或允许值	检查方法
主控项目	1	主筋间距	±10	钢尺量
	2	长度	±100	钢尺量
一般项目	1	钢筋材质检验	设计要求	抽样送检
	2	箍筋间距	±20	钢尺量
	3	直径	±10	钢尺量

5.8 土钉墙工程施工

5.8.1 施工机械与设备

土钉墙施工主要机械设备包括钻孔机具、注浆泵、混凝土喷射机、空气压缩机。其中,空气压缩机是提供钻孔机械和注浆泵的动力设备。钻孔机具包括锚杆钻机、地质钻机和洛阳铲。

5.8.2 施工工艺

1. 土钉墙施工流程

开挖工作面→修整坡面→施工第一层面层→土钉定位→钻孔→清孔检查→放置土钉→注

浆→绑扎钢筋网→安装泄水管→施工第二层面层→养护→开挖下一层工作面→重复上述步骤直至基坑设计深度。

2. 复合土钉墙施工流程

止水帷幕或微型桩施工→开挖工作面→修整坡面→施工第一层混凝土面层→土钉或锚杆定位→钻孔→清孔检查→放置土钉或锚杆→注浆→绑扎面层钢筋网及腰梁钢筋→安装泄水管→施工第二层混凝土面层及腰梁→养护→锚杆张拉→开挖下一层工作面→重复上述步骤直至基坑设计深度。

5.8.3 质量控制

土钉支护成孔、注浆、喷混凝土等工艺可参照《建筑基坑支护技术规程》（JGJ 120—2012）、《喷射混凝土施工技术规程》（YBJ 226—1991）等。土钉钻孔孔距允许偏差为±100mm；孔径允许偏差为±5mm；孔深允许偏差为±30mm；倾角允许偏差为±1°，见表5-8。

表 5-8　土钉墙支护工程质量检验标准

项目	序号	检查项目	允许偏差或允许值		检查方法
			单位	数量	
主控项目	1	土钉长度	mm	±30	钢尺量
一般项目	1	土钉位置	mm	±100	钢尺量
	2	钻孔倾斜度	°	±1	测钻机倾角
	3	浆体强度	设计要求		试样送检
	4	注浆量	大于理论计算浆量		检查计量数据
	5	土钉墙面厚度	mm	±10	钢尺量
	6	墙体强度	设计要求		试样送检

5.9　地下结构逆作法施工

5.9.1　逆作法施工分类

①全逆作法是利用地下各层钢筋混凝土肋形楼板对四周围护结构形成水平支撑。楼盖混凝土为整体浇筑，然后在其下掏土，通过楼盖中的预留孔洞向外运土并向下运入建筑材料。

②半逆作法是利用地下各层钢筋混凝土肋形楼板中先期浇筑的交叉格形肋梁，对围护结构形成框格式水平支撑，待土方开挖完成后再二次浇筑肋形楼板。

③部分逆作法是利用基坑内四周暂时保留的局部土方对四周围护结构形成水平抵挡，抵消侧向压力所产生的一部分位移。

④分层逆作法是针对四周围护结构，采用分层逆作，不是一次整体施工完成。分层逆作法的围护结构是土钉墙。

5.9.2　逆作法施工

逆作法施工工程项目一般处于城市建筑密集区，施工场地有限，施工环境效应较大，施工组织和管理要求高。此外，逆作法施工技术要求高，必须掌握相关的核心技术，如支撑柱的垂直度调整技术、钢管混凝土柱和柱下桩的混凝土浇捣技术、取土技术、施工节点的处理技术以及竖向结构的钢筋绑扎和混凝土逆作浇捣技术等。随着地下建筑物的面积和深度增加，施工工期也明显加长，采用逆作法施工可同时进行地上和地下结构施工，因而能够合理地缩短工期，如图5-28所示。

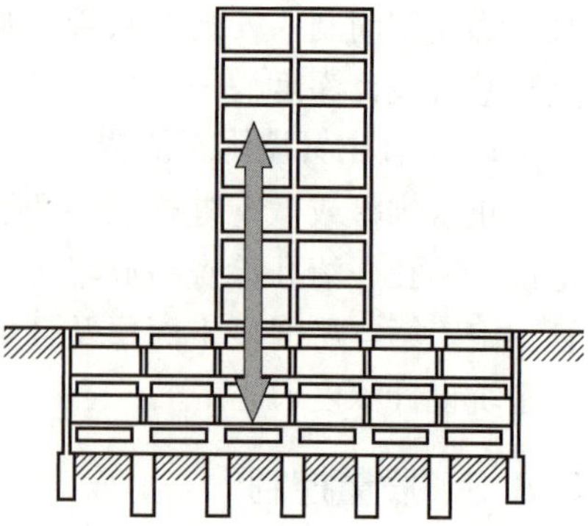

图5-28 逆作法的施工顺序

5.9.3 逆作法施工工艺

逆作法的施工工艺如图5-29所示。

第①步：在基础外围进行围护结构的施工，多采用地下连续墙，通常围护结构仅做到顶板搭接处，其余部分用便于拆除的临时挡土结构围护，也可采用排桩支护，排桩采用冲孔桩、钻孔桩或挖孔桩等。

第②步：中间立柱桩的施工，可按照钻孔灌注桩进行设计施工，插入钢立柱（钢管柱或型钢柱），挖土完成后再做外包混凝土。

第③步：在地面开挖至主体结构顶板底面标高，利用未开挖的土体作为土模，浇筑形成地下结构的永久顶板，该顶板兼作围护结构的第一道支撑，并在此层预留出若干个挖土方的出土洞。另外，若有道路通行要求，在顶板上回填土后恢复道路，可以铺设永久性路面，恢复交通。

第④～⑨步：在顶板覆盖下，自地下1层开始，按照-1，-2，-3，…的顺序，自上而下逐层开挖，每挖完一层，即浇筑本层的底板（同时也是下一层的顶板）和边墙，逐层建造主体结构直至整体结构的底板。

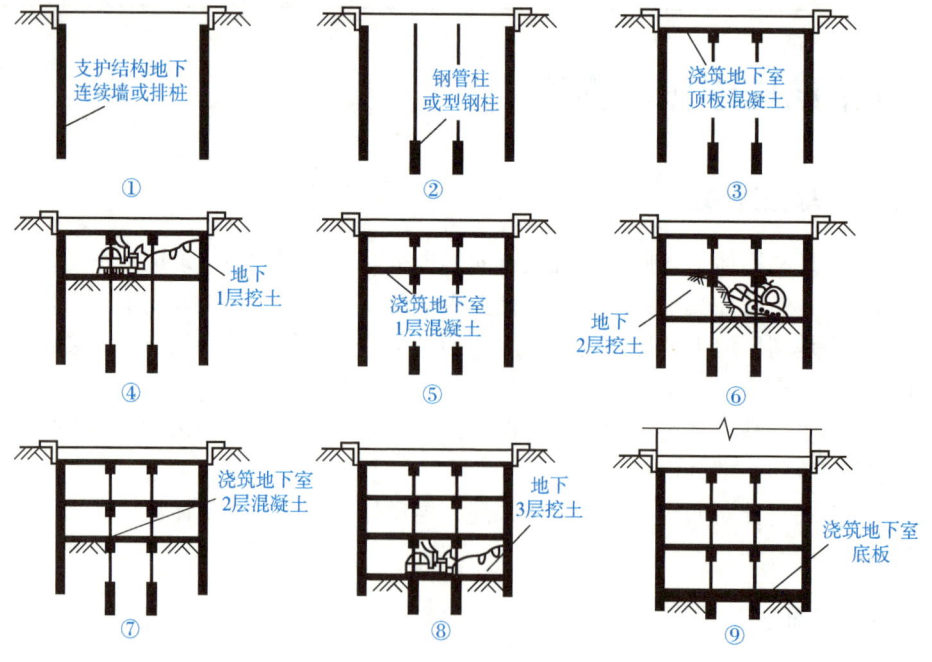

图5-29 逆作法的施工工艺

5.9.4 逆作法施工监测

1. 技术安全措施

①施工过程监测。采用逆作法施工,是利用逆作浇筑的地下室梁板结构作为四周地下连续墙围护结构的内部支撑。由于地下室结构刚度大,所以地下连续墙在侧压力作用下变形就小得多。但由于此类基坑大都处于城市建筑群密集、周围环境复杂、工程地质水文条件较差、施工场地狭小的地段,因此对支护结构除必须进行认真的设计计算和严密的施工组织外,还要结合多种有效的监测手段进行信息化施工,此为基坑开挖和降水阶段安全管理的重要措施。

②挖土过程的安全措施。基坑挖土施工对支护结构整体稳定性和变形都有很大影响,挖土的方案应符合设计要求,在软土地基情况下,一般从中间向四周分层开挖至设计标高。在任何情况下,都不允许有超标挖土和无序挖土的现象。挖土机不得碰撞梁板及支撑柱结构。严格控制地下连续墙外侧的地面堆土,有条件时可适时卸土,减小作用在墙上的土压力。

③施工过程的排水。当坑底有承压水存在时,应验算地下连续墙入土深度和底板的抗浮稳定性。做好坑周排水系统,严禁场地施工用水流入坑内。当围护墙出现渗漏水的情况时,应及时采取有效堵漏止水措施,防止渗漏发展。当周围环境允许时,也可采用坑外降水的方法,减小墙后土压力。

2. 施工安全措施

①逆作法地下结构施工时,进坑的动力及照明电线应使用电缆,并设计其走向,在支撑或坑壁上要可靠地进行固定。一般要求电源线位置高于操作面2.0m以上。坑内应有足够照明度,照明应架设在上层楼板下方,做到有序排列,并使用低压电气设备。

②当逆作层数较多,操作层空气不流通时,应每隔一定距离在地下层梁板处预留通风筒口,并在筒口处架设通风设备,以调节坑内空气。

③逆作施工时由于坑洞和孔洞较多,要设围护栏杆,上下要设有专用上下人梯。上下同时作业防护措施应得当,垂直孔洞应有专项安全方案和具体要求。

5.10 基坑工程施工质量验收

1. 工程质量验收的程序

为了落实建设参与各方各级的质量责任,规范施工质量验收程序,工程质量的验收均应在施工单位自行检查评定的基础上,按施工的顺序进行:检验批→分项工程→分部(子分部)工程→单位(子单位)工程。单位工程完工后,施工单位应自行组织有关人员进行检查评定,并向建设单位提交工程验收报告。建设单位应及时组织有关各方进行验收。单位工程质量验收合格后,建设单位应在规定时间内将工程竣工验收报告和有关文件,报建设行政管理部门备案。

2. 工程质量验收的组织

工程质量验收的组织及参加人员见表5-9。

表 5-9 工程质量验收的组织及参加人员

序号	工程	组织者	参加人员
1	检验批	监理工程师	项目专业质量（技术）负责人
2	分项工程	监理工程师	项目专业质量（技术）负责人
3	分部（子分部）工程	总监理工程师	项目经理、项目技术负责人、项目质量负责人
3	地基与基础、主体结构分部工程	总监理工程师	施工技术部门负责人、施工质量部门负责人、勘察项目负责人、设计项目负责人
4	单位（子单位）工程	建设单位（项目）负责人	施工单位（项目）负责人、设计单位（项目）负责人、监理单位（项目）负责人

第 6 章

地基与基础工程

6.1 地基基础

6.1.1 地基土的工程特性

地基是指建筑物下面支承基础承受上部结构荷载的土体或岩体。相对于岩体而言，构成地基的土体对上部结构的作用更加复杂，承受上部结构荷载的能力取决于地基土的工程特性：物理性质、压缩性、稳定性、均匀性、水理性和动力特性等。

1. 地基土的物理性质

土是连续、坚固的岩石在风化作用下形成的大小悬殊的颗粒，经过不同的搬运方式，在各种自然环境中生成的沉积物。土中颗粒的大小、成分及三相之间的比例关系反映出土的不同性质，如轻重、松紧、软硬等。在工程中常用的物理指标有密度、相对密度、含水量、孔隙比或孔隙度、饱和度等，这些指标都可通过试验取得。

2. 地基土的压缩性

地基土的压缩性是指在压力作用下体积缩小的性能。从理论上，土的压缩变形可能有：土粒本身的压缩变形；孔隙中不同形态的水和气体等流体的压缩变形；孔隙中水和气体有一部分被挤出，土的颗粒相互靠拢，使孔隙体积减小。

3. 地基土的稳定性

地基土的稳定性包括承载力不足而失稳，以及地基变形过大造成建筑物失稳，还有经常作用水平荷载的构筑物基础的倾覆和滑动失稳以及边坡失稳。地基土的稳定性评价是岩土工程问题分析与评价的一项重要内容。

4. 地基土的均匀性

地基土的均匀性即为基底以下分布地基土的物理力学性质均匀性，这体现在两个方面：一是地基承载力差异较大；二是地基土的变形性质差异较大。评价标准如下：

①当地基持力层层面坡度大于 10% 时，可视为不均匀地基。

②建筑物基础底面跨两个以上不同的工程地质单元时为不均匀地基。

③建筑物基础底面位于同一地质单元、土层属于相同成因年代时，地基不均匀性用建筑物基础平面范围内，其中两个钻孔所代表的压缩最大、最小的压缩模量当量值之比，即地基不均匀系数 β 来判定，见表 6-1。

表 6-1 地基不均匀系数 β

压缩模量当量值 E_s/MPa	≤4	7.5	15	>20
地基不均匀系数 β	1.3	1.5	1.8	2.5

5. 地基土的水理性

地基土的水理性是指地基土在水的作用下工程特性发生改变的性质,施工过程中必须充分了解这种变化,避免地基土的破坏。黏性土的水理性主要包括三种性质,黏性土颗粒吸附水能力的强弱称为活性,由活性指标 A 来衡量;黏性土含水量的增减反映在体积上的变化称为胀缩性;黏性土由于浸水而发生崩解散体的特性称为崩解性,通常由崩解时间、崩解特征和崩解速度三项指标来评价。对于岩石的水理性,包括吸水性、软化性、可溶性、膨胀性等性质。

6. 地基土的动力特性

土体在动荷载作用下的力学特性称为地基土的动力特性。动荷载作用对土的力学性质的影响可以导致土的强度减低,产生附加沉降、土的液化和融变等结果。

影响土的动力变形特性的因素包括周期压力、孔隙比、颗粒组成、含水量等,最为显著的影响因素是应变幅值。应变幅值在 $10^{-4}\sim10^{-6}$ 及以下的范围内时,土的变形特性可认为是弹性性质。一般由火车、汽车的行驶以及机器基础等所产生的振动反应都属于这种弹性范围。应变幅值在 $10^{-4}\sim10^{-2}$ 范围内时,土表现为弹塑性性质,在工程中,如打桩、地震等所产生的土体振动反应即属于此。当应变幅值超过 10^{-2} 时,土将被破坏或产生液化、压密等现象。

6.1.2 地基基础的类型

常见的地基基础类型如图6-1所示。

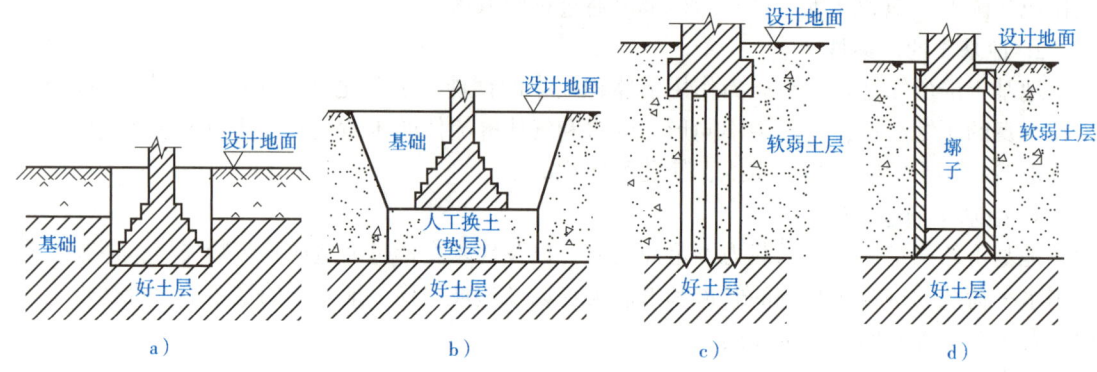

图6-1 常见地基基础的类型
a) 天然地基浅基础 b) 人工地基 c) 桩基 d) 深基础

①地基内部都是良好土层,或上部有较厚的良好土层,一般将基础直接做在天然土层上,基础埋置深度小,可用普通方法施工,称为天然地基上的浅基础,或称为天然地基。

②对地基上部软弱土层进行加固处理,提高其承载能力,减少其变形,基础做在这种经过人工加固的土层上,称为人工地基。

③在地基中打桩,基础做在桩上,建筑物的荷载由桩传到地基深处的坚实土层,或由桩与地基土层接触面的摩擦力承担,称为桩基础。

④用特殊的施工手段和相应的基础形式(如地下连续墙、沉井、沉箱等)把基础做在地基深处承载力较高的土层上,称为深基础。

6.1.3 地基处理方法

地基处理方法就是按照上部结构对地基的要求，对地基进行必要的加固或改良，提高地基土的承载力，保证地基稳定，减少上部结构的沉降或不均匀沉降，消除湿陷性黄土的湿陷性及提高抗液化能力的方法，包括孔内深层强夯法、换填垫层法、强夯法、砂石桩法、振冲法、水泥土搅拌法、高压喷射注浆法、预压法、夯实水泥土桩法、水泥粉煤灰碎石桩法、石灰桩法、灰土挤密桩法和土挤密桩法、柱锤冲扩桩法、单液硅化法和碱液法等。

6.2 地基与基础工程施工相关计算

6.2.1 桩与桩基承载力计算

一般直径单桩竖向极限承载力计算公式为

$$Q_{uk} = Q_{sk} + Q_{pk} = u \sum q_{sik} l_i q_{pk} A_p \tag{6-1}$$

式中 Q_{sk}——单桩总极限侧阻力标准值；
  Q_{pk}——单桩总极限端阻力标准值；
  u——桩身周长；
  q_{sik}——桩侧第 i 层土的极限侧阻力标准值，见表6-2；
  l_i——桩穿越第 i 层土的厚度；
  q_{pk}——极限端阻力标准值；
  A_p——桩端面积。

表 6-2 桩的极限侧阻力标准值 q_{sik} （单位：kPa）

土的名称	土的状态	混凝土预制桩	泥浆护壁钻（冲）孔	干作业钻孔桩
填土	—	22~30	20~28	20~28
淤泥	—	14~20	12~18	12~18
淤泥质土	—	22~30	20~28	20~28
粉土	稍密，$e>0.9$	26~46	24~42	24~42
粉土	中密，$0.75<e\leq 0.9$	46~66	42~62	42~62
粉土	密实，$e\leq 0.75$	66~88	62~82	62~82

注：e 为孔隙比。

6.2.2 换填垫层法的厚度和宽度计算

1. 垫层厚度的计算

垫层厚度 z 应根据垫层底面下卧软弱土层的承载力来确定，即要求在垫层底面处土的自重力与附加压力之和不大于下卧软弱土层的地基承载力。垫层底面处的附加压力，除了可用弹性理论的土中应力公式进行计算外，常用的是按压力扩散角的方法进行简化计算。

条形基础：

$$p_z = \frac{b(p_k - p_c)}{b + 2z\tan\theta} \qquad (6\text{-}2)$$

矩形基础：

$$p_z = \frac{bl(p_k - p_c)}{(b + 2z\tan\theta)(l + 2z\tan\theta)} \qquad (6\text{-}3)$$

式中　b——矩形基础或条形基础底面的宽度（m）；

　　　l——矩形基础底面的长度（m）；

　　　p_k——基础地面压力值（kPa）；

　　　p_c——基础底面处土的自重压力值（kPa）；

　　　z——基础底面下垫层的厚度（m）；

　　　θ——垫层的压力扩散角。

具体设计时，可根据下卧土层的地基承载力，先假设一个垫层厚度，然后进行验算。若不符合要求，则改变厚度，重新再验算，直到满足要求为止。

2. 垫层宽度的计算

确定垫层宽度时，应满足基础底面压力扩散的要求，同时还要考虑到垫层应有足够的宽度及垫层侧面土的强度条件，以防止垫层材料向侧边挤出而增加垫层的竖向变形量。

$$b' \geq b + 2z\tan\theta \qquad (6\text{-}4)$$

式中　b'——垫层底面宽度（m）；

　　　θ——垫层压力扩散角，可按表 6-3 采用，但当 $z/b < 0.25$ 时，仍按 $z/b = 0.25$ 取值。

表 6-3　垫层压力扩散角 θ　　　　　　　　　　（单位：°）

z/b	换填材料		
	中砂、粗砂、砾砂圆砾、角砾、卵石、碎石	粉质黏土和粉土（$8 < I_p < 14$）	灰土
0.25	20	6	30
≥0.50	30	23	30

6.2.3　重锤夯实施工计算

1. 锤重与锤底直径

锤重与底面直径的关系，应符合使锤重在底面积上的单位静压力保持在 15~20kPa 的原则。根据实践，为使有效的夯实深度能达到锤底直径的 1.0~1.2 倍，夯锤的重力、锤底直径应满足以下关系式：

$$\frac{Q}{10A} \geq 1.6 \qquad (6\text{-}5)$$

$$\frac{Q}{10D} \geq 1.8 \qquad (6\text{-}6)$$

式中　Q——夯锤重力（kN）；

　　　A——夯锤底面积（m²）；

　　　D——夯锤底面直径（m）。

2. 预留土层的厚度

采用重锤夯实，地基土夯打会产生下沉，故需先确定基坑（槽）底面以上预留土层的厚度。预留土层厚度为试夯时总下沉量加 5~10cm，无试夯资料时，基坑（槽）底面以上预留土层的厚度可按下式计算：

$$s = \frac{e - e'}{1 - e} hk \tag{6-7}$$

式中　s——基坑（槽）底面以上预留土层的厚度（m）；
　　　e——在有效夯实深度内地基土夯实前的平均孔隙比；
　　　e'——在有效夯实深度内地基夯实后的平均孔隙比，一般为夯实前的 55%~65%；
　　　h——有效夯实深度（m），一般为 1.2~1.75m；
　　　k——经验系数，一般为 1.5~2.0。

3. 基坑底面的夯实宽度

采用重锤夯实时，确定基坑（槽）底面的宽度，除应考虑基底应力扩散宽度外，还应考虑施工特点，避免基坑（槽）底面因夯实宽度不足而使基土产生侧向挤出，降低处理效果，基坑（槽）底面的夯实宽度可按下式计算：

$$B = b + 0.8h + 2c \tag{6-8}$$

式中　B——基坑底面的夯实宽度（m）；
　　　b——基础地面的宽度（m）；
　　　c——考虑靠近坑（槽）壁边角处难以夯打而增加的附加宽度，一般为 0.1~0.15m；
　　　h——有效夯实深度（m），一般为 1.2~1.75m。

4. 补充加水量

重锤夯实地基土的含水量应控制在最优含水量 ±2% 范围内，如含水量低于最优含水量 2% 以上，应按计算加水量加入，使其均匀渗入地基，经 1d 后，含水量符合要求后方可夯打。每平方米基坑（槽）的加水量可按下式计算：

$$Q_0 = (\omega'_{cp} - \omega) \frac{\rho}{10(1 + \omega)} hk \tag{6-9}$$

式中　Q_0——每平方米基坑的加水量（m^3/m^2）；
　　　ω'_{cp}——土的最优含水量，以小数计；
　　　ω——夯实前地基土的平均天然含水量，以小数计；
　　　ρ——夯实前地基土的平均天然密度（t/m^3）。

6.2.4 强夯加固地基施工计算

单点夯击能等于锤重乘以落距，夯击的能量与加固深度 z 的关系，可由下式确定：

$$z = m\sqrt{WH} \tag{6-10}$$

式中　W——锤重；
　　　H——落距；
　　　m——经验系数，碎石土、砂土等为 0.45~0.5；粉土、黏性土、湿陷性黄土等为 0.4~0.45。

6.2.5 灰土挤密桩施工计算

设加固地基的总面积为 F，布桩总数 N 可按下式计算：

$$N = \frac{1.2732F}{n^2 d^2} \tag{6-11}$$

式中　n——桩土应力比；
　　　d——桩的直径。

6.2.6 砂石桩施工计算

设加固地基的总面积为 F，总桩数为 N，则

$$N = \frac{1.2733F}{D_0^2} \tag{6-12}$$

式中　D_0——桩的有效影响直径。

6.2.7 石灰挤密桩施工计算

石灰挤密桩间距的计算：

$$Q_1 = \left(\frac{\sqrt{3}}{4}S^2 - \frac{\pi r^2}{2}\right)\rho_a H \tag{6-13}$$

$$Q_2 = \left(\frac{\sqrt{3}}{4}S^2 - 0.72\pi r^2\right)\rho_b H \tag{6-14}$$

式中　ρ_a、ρ_b——加固前和加固后土的干密度（t/m³）；
　　　H——石灰挤密桩的深度（m）；
　　　Q_1——加固前3个桩之间土的重量（三个桩连起来是个三角形），不包括桩本身的重量；
　　　Q_2——加固后3个桩之间土的重量（三个桩连起来是个三角形），不包括膨胀后桩的重量；令 Q_1 等于 Q_2 就能得到石灰挤密桩的间距；
ρ_a、ρ_b 和 H 为已知数，解之即可求得挤密桩距 S（m）。

6.2.8 振冲碎石桩加固地基施工计算

振冲桩孔位布置常用等边三角形和正方形两种方法，桩间距可按下式经验公式进行估算，初步确定，如图6-2所示。

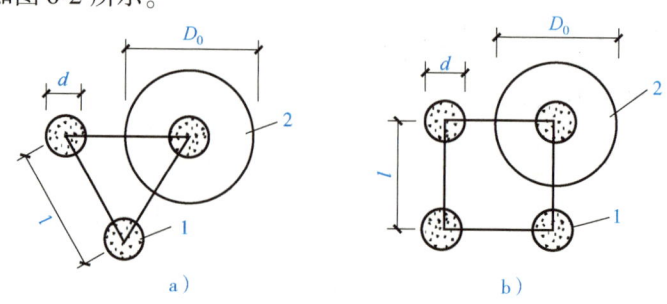

图6-2　振冲桩孔位布置
a）按等边三角形布置　b）按正方形布置
1—振冲桩　2—桩有效影响范围

①按等边三角形布置：
$$l = 0.9523D_0 \tag{6-15}$$

②按正方形布置：
$$l = 0.8862D_0 \tag{6-16}$$

6.2.9 水泥粉煤灰碎石桩加固地基施工计算

水泥粉煤灰碎石桩复合地基承载力特征值，应通过载荷试验确定，施工中也可按下式估算：

$$f_{spk} = m\frac{R_a}{A_p} + \beta(1-m)f_{sk} \tag{6-17}$$

式中 f_{spk}——复合地基承载力特征值（kPa）；
  m——面积置换率；
  R_a——单桩竖向承载力特征值（kN）；
  A_p——桩的截面面积（m²）；
  β——桩间土承载力折减系数，宜按地区经验取值，无经验时，可取 0.75~0.95，天然地基承载力较高时取大值；
  f_{sk}——处理后桩间土承载力特征值（kPa），宜按当地经验取值，如无经验时，可取天然地基承载力特征值。

6.2.10 水泥土搅拌法加固地基施工计算

1. 水泥掺入量计算

$$\alpha = W/V \tag{6-18}$$

式中 α——水泥掺入量（kg/m³）；
  W——掺加的水泥质量（kg）；
  V——被加固土的体积（m³）。

2. 搅拌桩的桩距计算

复合地基的置换率 m 确定后，即可按下式计算桩距 d（m）：

$$d = \left(\frac{A_p}{m}\right)^{\frac{1}{2}} \tag{6-19}$$

式中 A_p——桩的截面面积（m²）；
  m——面积置换率。

3. 桩的总数

布桩形式可采用正方形或等边三角形，桩的总数可按下式计算：

$$n = mA/A_p \tag{6-20}$$

式中 n——搅拌桩总桩数；
  A——地基加固的面积，即基础底面积；
  其他符号意义同前。

6.2.11 高压喷射注浆加固地基施工计算

喷浆量可按下式计算：

$$Q = \frac{1}{4}\pi D^2 H \alpha (1+\beta) \tag{6-21}$$

式中 Q——需用浆量（m³）；
$\quad\quad D$——设计的加固直径（m）；
$\quad\quad H$——设计桩长（m）；
$\quad\quad \alpha$——混合系数，黏性土取 0.5~1.3，砂性土取 0.8~2.0；
$\quad\quad \beta$——作业损失系数，国内旋喷法施工经验取 $\beta=0.1$~0.3。

高压喷射注浆布孔应根据工程需要布设。用于地基加固时，可选用正方形、三角形、分散群桩等方式；用于防水帷幕或基坑防水护底时宜选用交联式三角形或交联式排列形布孔；另外，高压喷射注浆法可分别与灌注桩、钢板桩、混凝土预制桩等组合为一体，构成防水帷幕。

6.2.12 粉体喷射搅拌桩加固地基施工计算

为了确保喷粉桩的施工质量，制桩过程中必须控制固化剂喷出量粉体发送器单位时间内的粉体喷出量，即喷入被搅拌土层中的固化剂数量可按下式计算：

$$q_p = \frac{\pi}{4} d^2 \rho_d \mu_p v \tag{6-22}$$

式中 q_p——单位时间内粉体喷出量（kg/min）；
$\quad\quad d$——钻头直径（m）；
$\quad\quad \rho_d$——被搅拌土的干密度（kg/m³）；
$\quad\quad \mu_p$——要求的固化剂掺入比（%），由实验室提供；
$\quad\quad v$——钻头提升速度（m/min）。

6.2.13 注浆法加固地基施工计算

在渗入性注浆时，以不破坏地层的天然结构为原则，选用注浆压力 P，常用方法有以下两种：

①在注浆试验中，逐级增大压力，测定注浆量，绘制压力与注浆量间的关系曲线，在注浆量突然增加时相应的压力即为允许注浆压力。

②按经验取用，注浆过程中再按具体情况调整。

对砂砾地基：
$$P = C(0.75T + k\lambda h) \tag{6-23}$$

对岩石地基：
$$P = P_0 + mD \tag{6-24}$$

式中 P——容许注浆压力（kPa）；
$\quad\quad C$——与注浆期序有关的系数，第一期孔取 $C=1$，第二期孔取 $C=1.25$，第三期孔取 $C=1.5$；
$\quad\quad T$——覆盖层厚度（m）；
$\quad\quad k$——与注浆方式有关的系数，自上而下注浆时 $k=0.8$；自下而上时 $k=0.6$；
$\quad\quad \lambda$——与地层性质有关的系数，在 0.5~1.5 选用，结构疏松取低值；
$\quad\quad h$——地面至注浆段深度；
$\quad\quad P_0$——表面段容许注浆压力（kPa）；

m——注浆段每加深1m容许增加的应力（N）；
D——注浆段深度（m）。

6.2.14 预制桩打（沉）桩施工计算

打桩时，桩锤打击的冲击荷载有时会使桩产生桩屈曲或打入时使桩头部分局部产生屈曲，或由于地上部分桩的荷载而引起长桩屈曲验算时，由于冲击荷载和桩锤重量所产生的长桩屈曲，当细长比（也就是桩屈曲长度/桩最小回转半径）超过100时，可以采用以下欧拉公式计算桩的最大允许屈曲荷载：

$$P_{cr} = \frac{\pi^2 EI}{l_0^2} \tag{6-25}$$

式中 P_{cr}——桩的最大允许屈曲荷载（kN）；
　　　E——桩材的弹性模量（kPa）；
　　　I——桩的惯性矩（m⁴）；
　　　l_0——桩屈曲长度（m），一般取从桩头到假设固定点的长度。

6.3 地基处理技术

6.3.1 地基处理技术概述

地基处理的目的是采取各种地基处理方法以改善地基条件，这些措施包括以下五个方面内容：改善剪切特性；改善压缩特性；改善透水特性；改善动力特性；改善特殊土的不良地基特性。在确定地基处理技术方案时，可按下列步骤进行：

①对初步选定的几种地基处理方案，应分别从预期处理效果、材料来源和消耗、施工机具和进度、对周围环境影响等各种因素，进行技术、经济、安全性分析和对比，从中选择最佳的地基处理方案。

②选择地基处理方案时，尚应同时考虑加强上部结构的整体性和刚度。

③对已选定的地基处理方案，根据建筑物的地基基础设计等级和场地复杂程度，可在有代表性的场地上进行相应的现场实体试验，以检验设计参数、选择合理的施工方法（其目的是为了调试机械设备，确定施工工艺、用料及配比等各项施工参数）和确定处理效果。

6.3.2 砂、砂石和碎石地基

①在垫层铺设前应先进行验槽，将基底表面的浮土、淤泥、杂物清除干净，两侧应设置一定坡度，防止振捣时出现塌方。基坑（槽）两侧附近如有低于地基的孔、洞、沟、井和墓穴等，应在未进行垫层施工前加以填实。

②垫层底面宜铺设在同一标高上，如深度不同时土面应挖成阶梯或斜坡形状搭接，并按先深后浅的顺序施工，尤其对搭接处应夯压密实。分层铺设时，接头处也应做成斜坡或阶梯形搭接，每层错开0.5~1.0m，并注意充分捣实。

③当采用人工级配的砂石垫层时，应当将砂石材料按设计比例搅拌均匀后再进行铺设捣实。

④开挖基坑铺设垫层时,严禁扰动垫层下卧层及侧壁的软弱土层,防止被践踏、受冻或浸泡,否则土的结构会在施工时遭到破坏,其强度就会显著降低。因此,基坑开挖后应及时进行回填,不可暴露过久。如果垫层下有厚度较小的淤泥或淤泥质土层,在碾压荷载下抛石能挤入该层底面时,可采用挤出淤泥方法处理,先在软弱土层面上堆填块石、片石等材料,然后将这些材料压入,以置换和挤出软弱土,最后再做垫层。

⑤垫层应分层进行铺设,并分层夯实或压实,基坑内预先设置好5m×5m网格标注,控制每层的铺设厚度。分层厚度应根据选用的振动力大小而定,一般为15~20cm。振动夯实要做到交叉重叠1/3,严格防止出现漏振捣和漏压实。夯实、碾压遍数和振实时间应当通过试验确定。

6.3.3 土工合成材料地基

土工合成材料是指以聚合物为原料的材料名词的总称,它是岩土工程领域中一种新型建筑材料。土工合成材料的主要功能有反滤、排水、加筋、隔离等作用,不同材料的功能不尽相同,但同一种材料往往兼有多种功能。土工合成材料可分为土工织物、土工膜、特种土工合成材料和复合型土工合成材料四大类,目前在实际工程中广泛使用的主要是土工织物和加筋土。本节以土工织物为例介绍。

①铺设土工织物前,应将基土表面压实、修整平顺均匀,清除杂物、草根,表面凹凸不平的可铺一层砂找平。当作为路基铺设时,表面应有4%~5%的坡度,以利排水。

②铺设应从一端向另一端进行,端部应先铺填,中间后铺填,端部必须精心铺设锚固,铺设松紧应适度,防止绷拉过紧或褶皱,同时需保持连续性、完整性。避免过量拉伸超过其强度和变形的极限而发生破坏、撕裂或局部顶破等。在斜坡上施工时,应注意均匀和平整,并保持一定的松紧度;避免石块使其变形超出聚合材料的弹性极限;在护岸工程坡面上铺设时,上坡段土工织物应搭在下坡段土工织物上。

③土工织物连接可采用搭接、缝合、胶合或U形钉钉合等方法。采用搭接法时,应有足够的宽(长)度,一般为0.3~0.9m,在坚固和水平的路基,一般为0.3m,在软的和不平的地面,则需0.9m;在搭接处尽量避免受力,以防移动。缝合法是采用缝合机面对面或折叠缝合,用尼龙或涤纶线,针距7~8mm,缝合处的强度一般可达缝合物强度的80%。胶合法是用胶黏剂将两块土工织物胶结在一起,最少搭接长度为100mm,胶结后应停2h以上,其接缝处的强度与土工织物的原强度相同。用U形钉钉合是每隔1.0m用一U形钉插入连接,其强度低于缝合法和胶合法。一般多采用搭接和缝合法施工。

6.3.4 粉煤灰地基

①粉煤灰垫层在铺筑前,应认真清除地基土中的垃圾,排除表面的积水,按要求平整场地,并用8t振动碾预压两遍,使地基达到密实。粉煤灰垫层应分层铺筑、碾压。

②粉煤灰垫层施工时的含水量应接近最优含水量,最优含水量应通过室内击实试验确定,也可按当地已建工程的经验取用。施工时,粉煤灰垫层的施工含水量宜控制在土的最优含水量(1±4%)范围内。

③粉煤灰垫层铺筑后宜当天压实,每层验收后应及时铺筑上层或封层,防止粉煤灰干燥后松散起尘,同时应禁止车辆在垫层上碾压通行。

④粉煤灰垫层竣工验收合格后，应及时进行基础施工与基坑回填，防止日晒雨淋。

6.3.5 强夯地基

强夯地基是将很重的锤从高处自由落下，给地基以冲击力和振动，从而提高地基土的强度并降低其压缩性。施工要点如下：

①清理并平整施工场地。
②铺设垫层。在地表形成硬层，用以支承起重设备，确保机械通行和施工。同时，可加大地下水和表层面的距离，防止夯击的效率降低。
③标出第一遍夯击点的位置，并测量场地高程。
④起重机就位，使夯锤对准夯点位置。
⑤测量夯前锤顶标高。
⑥将夯锤起吊到预定高度，待夯锤脱钩自由下落后放下吊钩，测量锤顶高程；若发现因坑底倾斜而造成夯锤歪斜时，应及时将坑底整平。
⑦重复步骤⑥，按设计规定的夯击次数及控制标准，完成一个夯点的夯击。
⑧重复步骤④~⑦，完成第一遍全部夯点的夯击。
⑨用推土机将夯坑填平，并测量场地高程。

强夯的有效加固深度见表6-4。

表6-4 强夯的有效加固深度

单击夯击能/（kN·m）	强夯的有效加固深度/m	
	碎石土、砂土等粗颗粒土	粉土、黏性土、湿陷性黄土等细颗粒土
1000	4.0~5.0	3.0~4.0
2000	5.0~6.0	4.0~5.0
3000	6.0~7.0	5.0~6.0
4000	7.0~8.0	6.0~7.0
5000	8.0~8.5	7.0~7.5
6000	8.5~9.0	7.5~8.0
8000	9.0~9.5	8.0~9.0
10000	10.0~11.0	9.5~10.5
12000	11.5~12.5	11.0~12.0
14000	12.5~13.5	12.0~13.0
15000	13.5~14.0	13.0~13.5
16000	14.0~14.5	13.5~14.0
18000	14.5~15.5	—

6.3.6 注浆地基

1. 花管注浆（单管注浆）**施工**

①施工场地应预先平整，并沿钻孔位置开挖沟槽和集水坑。
②注浆施工时，宜采用自动流量和压力记录仪，并应及时对资料进行整理分析。

③钻机与注浆设备就位。
④钻孔或采用振动法将花管置入土层。
⑤当采用钻孔法时，应从钻杆内注入封闭泥浆，然后插入孔径为50mm的金属注浆管。
⑥待封闭泥浆凝固后，移动花管自下向上或自上向下进行注浆。
⑦注浆完毕后，应用清水冲洗花管中的残留浆液，以利下次再行重复注浆。

2. 压密注浆法施工
①钻机与注浆设备就位。
②钻孔或采用振动法将金属注浆管压入土层。
③采用钻孔法时，应从钻杆内注入封闭泥浆，然后插入孔径为50mm的塑料或金属注浆管。
④待封闭泥浆凝固后，去除注浆管的活络堵头，然后提升注浆管自下向上或自上向下对地层注入水泥-砂浆液或水泥-水玻璃双液快凝浆液。
⑤注浆完毕后，应用清水冲洗塑料阀管中的残留浆液，以利下次再行重复注浆。对于不宜用清水冲洗的场地，可考虑用纯水玻璃浆或陶土浆灌满阀管内。

6.3.7 砂桩地基

①砂桩施工应从外围或两侧向中间进行，砂桩成孔可采用振动沉管或锤击沉管等方法，振动沉管时宜用活瓣式桩靴。
②砂桩的灌砂量，可按桩孔体积和砂在中密状态时的干密度计算，实际灌砂量（不包括水重）不得少于计算的95%。
③施工时，在基底标高以上宜预留0.5～1.0m的土层，待打完桩后再将预留土层挖至设计标高。如坑底不够密实，可辅以人工夯实或机械压实。
④砂桩施工完毕后，地面垫层要分层铺设，用平板振动器振实。若地面很软不能保证施工机械正常行驶和操作时，可在砂桩施工前铺设垫层。

6.3.8 预压地基

预压地基是对软土地基施加压力，使其排水固结来达到加固地基的目的。为加速软土的排水固结，通常可在软土地基内设置竖向排水体，铺设水平排水垫层。其施工方法有堆载预压、砂井堆载预压及砂井真空降水预压等。

1. 施工设备
砂井施工机具可采用振动锤、射水钻机、螺旋钻机等机具或选用灌注桩的成孔机具。

2. 施工要点
①排水垫层施工方法与砂垫层和砂石垫层地基相同。当采用袋装砂井时，砂袋应选用透水性和耐水性好以及韧性较强的麻布、再生布或聚丙烯编织布制作。当桩管沉入预定深度后插入砂袋（袋内先装入200mm厚砂子作为压重），通过漏斗将砂子填入袋中并捣固密实，待砂灌满后扎紧袋口，往管内适量灌水（减小砂袋与管壁的摩擦力）拔出桩管，此时袋口应高出井口500mm，以便埋入水平排水砂垫层内，严禁砂井全部深入孔内，造成与砂垫层不连接。
②砂井堆载预压的材料一般可采用土、砂、石和水等。堆载的顶面积不小于基础面积，

堆载的底面积也应适当扩大,以保证建筑物范围内的地基得到均匀加固。

③地基预压前,应设置垂直沉降观察点、水平位移观测桩、测斜仪以及孔隙水压力计,以控制加载速度和防止地基发生滑动。其设置数量、位置及测试方法,应符合设计要求。

④堆载应分期分级进行并严格控制加荷速率,保证在各级荷载下地基的稳定性。对打入式砂井地基,严禁未待因打砂井而使地基减小的强度得到恢复就加载。

⑤地基预压达到规定要求后方可分期分级卸载,但应继续观测地基沉降和回弹情况。

6.3.9 振冲地基

振冲地基是利用振冲器水冲成孔,分批填以砂、石骨料形成一根根桩体,桩体与地基构成复合地基以提高地基的承载力,减少地基的沉降和沉降差。施工要点如下:

①桩机定位。桩机定位时,必须保持平稳,不发生倾斜、移位。为准确控制造孔深度,应在桩架上或桩管上做出控制的标尺,以便在施工中进行观测、记录。

②造孔。起动吊机使振冲器以 1~2m/min 的速度在土层中徐徐下沉。每贯入 0.5~1.0m,直悬留振冲 5~10s 扩孔,待孔内泥浆溢出时再继续贯入。当造孔接近加固深度时,振冲器应在孔底适当停留并减小射水压力,以便排除泥浆进行清孔。

③清孔。造孔后边提升振冲器边冲水直至孔口,再放至孔底,重复两三次扩大孔径,并使孔内泥浆变稀,振冲孔顺直、通畅,以利填料加密。

④填料。一般清孔结束可将填料倒入孔中。填料可采用连续填料、间断填料或强迫填料方式。振冲制桩的工艺如图6-3所示。填料的密实度,以振冲器工作电流达到规定值为控制标准。如在某深度电流达不到规定值,则需提起振冲器继续往孔内倒一批填料,然后再下降振冲器继续进行振密。如此重复操作,直到该深度的电流达到规定值为止。在振密过程中,宜保持小水量补给,以降低孔内泥浆相对密度,有利于填料下沉,使填料在水饱和状态下,便于振捣密实。

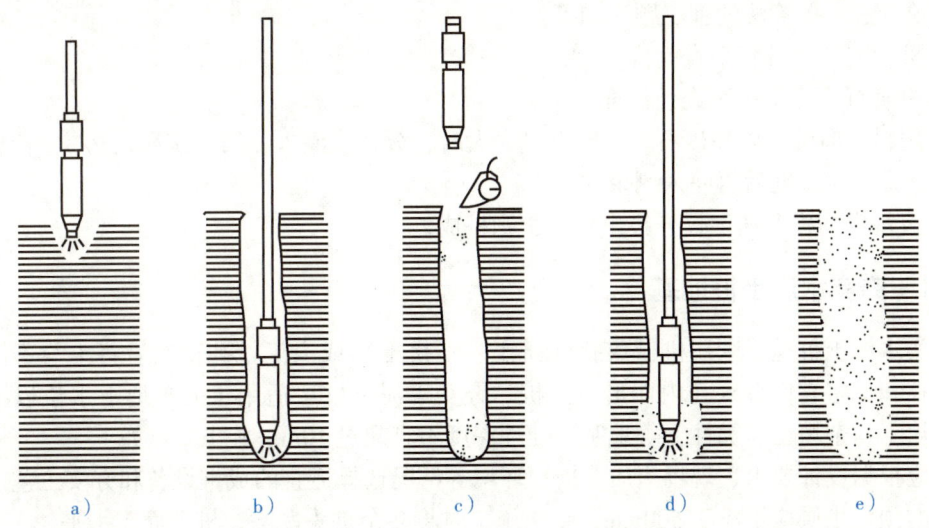

图6-3 振冲制桩的工艺
a) 振冲器就位 b) 下沉、清孔 c) 上提、加料 d) 下沉、振实 e) 成型

⑤电流控制。电流控制是指振冲器的电流达到设计确定的加密电流值。设计确定的加密

电流值是振冲器空载电流值加某一增量电流值。在施工中由于不同振冲器的空载电流有差值，加密电流应作相应调整。30kW振冲器加密电流宜为45~60A，75kW振冲器加密电流宜为70~100A。

⑥振冲。施工可在原地面定位造孔，也可在基坑（槽）中定位造孔。孔位上部有硬层时，应先挖孔后振冲。

6.3.10　砂石桩地基

1. 振动成桩法施工

振动成桩工艺就是在打桩机的振动作用下，把带有底盖或排砂活瓣的套管打入规定的设计深度，套管入土后，挤密了套管周围的土体，然后投入砂子，排砂于土中，振动密实后成为砂桩。具体施工顺序如下：

①在地面上将套管位置确定好。

②开动振动机，将套管打入土中，如遇有坚硬难打的土层，可辅以喷气或射水助沉。

③将套管打入到预定的设计深度后，由料斗投入套管一定量的砂。

④将套管提升到一定高度，套管内的砂即被压缩空气排砂于土中。

⑤再一次将套管打入规定深度，并加以振动，使排出的砂振密，于是砂再次挤压周围土体。

⑥再一次投砂于管内，将套管提升到一定的高度。

⑦如此重复多次，一直打到地面，即成为砂桩。

2. 锤击成桩法施工

锤击成桩法又可分为双管法和单管法两种。

①双管法。双管法施工机械主要有蒸汽打桩机或柴油打桩机，底端开口的外管（套管）和底部封口的内管履带式起重机及装砂石料斗等。

②单管法。单管法的施工顺序如下：

a. 桩靴闭合，桩管垂直就位。

b. 桩管沉入土层中至设计深度。

c. 用料斗向桩管内灌砂石，当砂石量太大时，分两次灌入，第一次灌入2/3，待桩管从土层中提升一半长度后再灌入剩余的1/3。

d. 按规定的提升速度提升拔出桩管，则桩成。

6.3.11　夯实水泥土桩地基

夯实水泥土桩是指利用机械成孔（挤土、不挤土）或人工挖孔，然后将土与不同比例的水泥拌和，将它们夯入孔内而形成的桩。夯实水泥土桩法适用于处理地下水位以上的粉土、素填土、杂填土、黏性土等地基。处理深度不宜超过10m。施工要点如下：

①应根据设计要求、现场土质、周围环境等情况选择适宜的成桩设备和夯实工艺。设计标高上的预留土层应不小于500mm，垫层施工时将多余桩头凿除，桩顶面应水平。

②夯实水泥土桩混合料的拌和。夯实水泥土桩混合料的拌和可采用人工和机械两种。人工拌和不得少于3遍；机械拌和宜采用强制式搅拌机，搅拌时间不得少于1min。

③采用人工或机械洛阳铲成孔在达到设计深度后要进行孔底虚土的夯实，在确保孔底虚

土密实后,再倒入混合料进行成桩施工。

④夯实水泥土桩复合地基施工。分段夯填时,夯锤落距和填料厚度应满足夯填密实度的要求,水泥土的铺设厚度应根据不同的施工方法按要求选用。夯击遍数应根据设计要求,通过现场干密度试验确定。

6.3.12 水泥粉煤灰碎石桩地基

①桩机进入现场,根据设计桩长、沉管入土深度确定机架高度及沉管长度,并进行设备组装。

②桩机就位,调整沉管与地面垂直,偏离不大于1%。

③起动桩机沉管到预定标高停机。

④向管内注料,直至混合物与进料口齐平。

⑤起动桩机,留振5~10s开始拔管。

⑥沉管拔出后,确定符合要求,移机下一根桩的施工,其施工工艺流程如图6-4所示。

6.3.13 高压喷射注浆地基

高压喷射施工工艺流程,如图6-5所示。

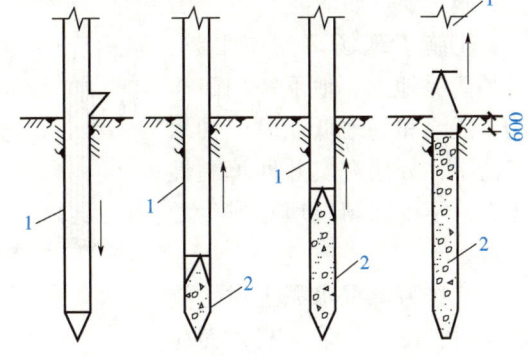

图6-4 水泥粉煤灰碎石桩施工
1—桩管 2—水泥粉煤灰碎石桩

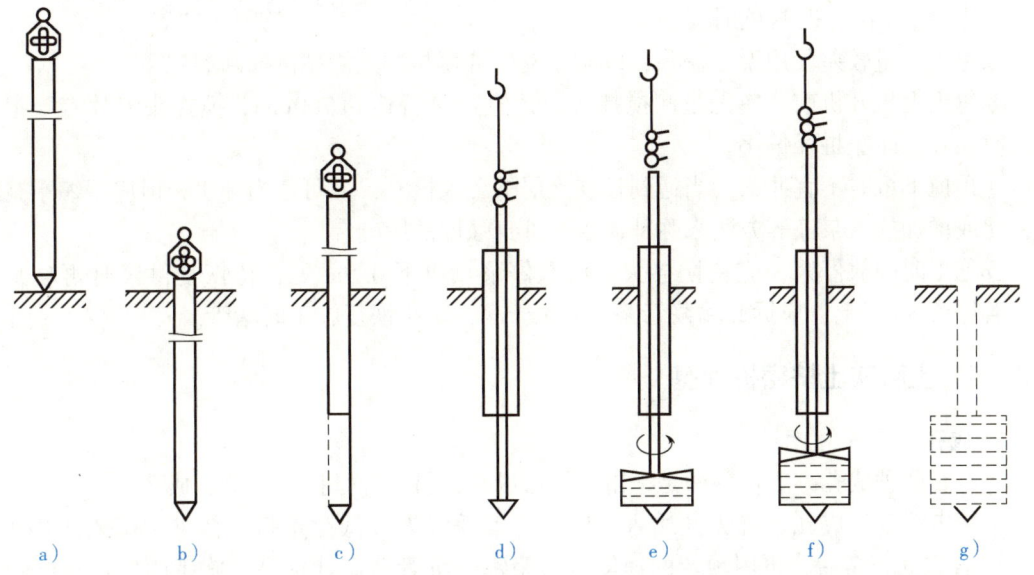

图6-5 高压喷射注浆地基施工工艺流程
a) 振动打桩机就位 b) 桩管打入土中 c) 拔起一段套管 d) 拆除地面上套管,插入喷射注浆管
e) 喷浆 f) 自动提升喷射注浆管 g) 拔出喷射注浆管与套管、下部形成喷射桩加固体

施工要点如下:
①检查高压喷射注浆设备的性能、压力表、流量表的精度和灵敏度。
②连接成套高压喷射注浆设备,试运转。确认设备性能符合设计要求。
③旋喷施工前,应将钻机定位安放平稳,旋喷管的允许倾斜度不得大于1.5%。

④由于喷射压力较大，容易发生窜浆（即第二个孔喷进的浆液，从相邻的孔内冒出），影响邻孔的质量，应采用间隔跳打法施工，一般两孔间距大于1.5m。

⑤当高压喷射注浆完毕，应迅速拔出注浆管，用清水冲洗管路，为防止浆液凝固收缩影响桩顶高程，必要时可在原孔位采用冒浆回灌或第二次注浆等措施。

6.3.14 水泥土搅拌桩地基

水泥土搅拌桩施工工艺流程，如图6-6所示。

施工要点如下：

①施工现场事先应平整，必须清除地上、地下一切障碍物。潮湿和场地低洼时应抽水和清淤，分层夯实并回填黏性土料，不得回填杂填土或生活垃圾。

②作为承重水泥土搅拌桩施工时，设计停浆（灰）面应高出基础底面标高300～500mm（基础埋深大取小值、反之取大值），在开挖基坑时，

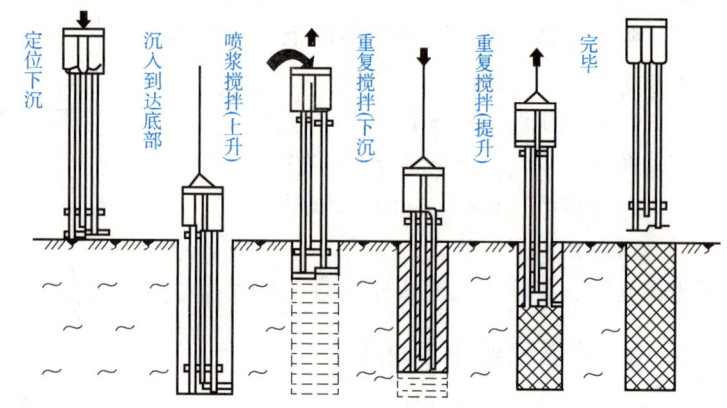

图6-6　水泥土搅拌桩施工工艺流程

应将该施工质量较差段用手工挖除，以防止发生桩顶与挖土机械碰撞断裂现象。

③每天上班开机前，应先量测搅拌头刀片直径是否达到700mm，搅拌头刀片有磨损时应及时加焊，防止桩径偏小。

④预搅下沉时不宜冲水，当遇到较硬土层下沉太慢时，方可适当冲水，但应用缩小浆液水灰比或增加掺入浆液等方法来弥补冲水对桩身强度的影响。

⑤施工时因故停浆，应将搅拌头下沉至停浆点以下0.5m处，待恢复供浆时再喷浆提升。若停机3h以上，应拆卸输浆管路，清洗干净，防止恢复施工时堵管。

6.3.15 土和灰土挤密桩地基

1. 成孔

一般有两种成孔方法：一种是锤击沉管法成孔，另一种是振动沉管法成孔。

①锤击沉管法成孔。桩尖开始入土时，先低锤轻击或低锤重打，待桩尖沉入土中1～2m，且各方面正常后，再用预定的速度、落距锤击沉管至设计标高。施工顺序：当沉管速度小于1m/min时，宜由里向外打；当桩距为2～2.5倍桩径或桩距小于2m时，应采用跳点、跳排打的方法施工。

②振动沉管法成孔。沉管法的施工顺序：桩机就位；沉管挤土；拔管成孔；桩孔夯填（同锤击沉管法成孔相同）。

2. 桩孔夯填

填夯施工前，应进行夯填试验，以确定每次合理的填实数量和夯填次数，据夯填质量标准确定检测方法应达到的指标。人工填料应指定专人按规定数量均匀填料，不得盲目乱填，

更不允许用送料车直接倒料入孔。填料、夯击交替进行，均匀夯击至设计标高以上 20～30cm 时为止。桩顶至地面间的空当可采用素土夯填轻击处理，待做桩上的垫层时，将超出设计桩顶的桩头及土层挖掉。

6.4 浅基础施工

6.4.1 砖基础

砖基础施工是比较简单的，其施工过程主要包括做基础垫层、进行基础弹线、砌筑砖基础和铺设基础防潮层 4 个方面。

1. 做基础垫层

为将基础所承受的荷载比较均匀地传给地基，常在基础底部设置垫层。常用的垫层材料有素土、灰土、碎砖三合土、碎石三合土、砂或砂石、低强度混凝土等。所做的基础垫层一定要尺寸适宜、材料相同、厚薄均匀、压夯密实、质量符合规范要求。

2. 进行基础弹线

基础弹线的基本步骤为：在基槽四角设置龙门板，在龙门板上标明基础、墙身和轴线的位置；在相对的龙门板的轴线标志钉子处拉线绳；沿着线绳吊线锤把轴线引至垫层面上；在垫层上用墨斗弹出外墙地基的轴线；用钢尺量出内墙基础的轴线位置并用墨斗弹线；在轴线两侧量出基础边线的位置并进行弹线。最后，将弹出的基础线按图纸和设计要求进行复核，待准确无误后即可进行砖基础的施工。如图 6-7 所示为基础弹线示意图。

3. 砌筑砖基础

在砌筑砖基础前先检查一下垫层质量，合格后进行垫层表面抄平，立上皮数杆。在皮数杆的控制下砌筑各转角大放脚，然后以转角为标准拉线，用拉线控制两转角中间部分砌体的砌筑。当有条件时，内外砌体最好同时砌筑，否则应按有关规定留斜槎或直槎。

条形砖基础下部的扩大部分称为大放脚。大放脚分为等高式和不等高式两种，如图 6-8 所示。等高式大放脚是每砌筑两皮一收，两边各收进 1/4 砖长（60mm）；不等高式大放脚是两皮一收与一皮一收相间隔，两边也各收进 1/4 砖长。各层大放脚的宽度应为半砖长（120mm）的整数倍。大放脚一般采用一顺一丁砌筑法，竖向缝要错开，要注意十字及丁字接头处砖块的搭接，在这些交接处纵横墙要隔皮砌通。大放脚的最下面一皮及每一收分层的最上面一皮应以丁砌为主，这样可增强砌体的整体性。

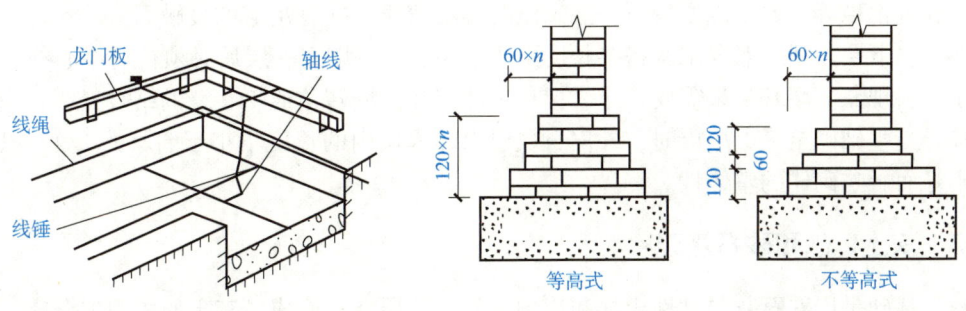

图 6-7　基础弹线示意图　　图 6-8　基础大放脚形式

4. 铺设基础防潮层

①防水砂浆防潮层。按设计的防水砂浆配合比拌制砂浆，如采用防水粉，应先将水泥与防水粉拌匀，再与砂加水进行拌和；如采用防水剂，要先将防水剂与水调匀，再与拌好的水泥砂进行拌和。在抹防水砂浆时，在基础顶面两旁夹上板条，板条高出顶面的高度即为防潮层的厚度，把防水砂浆铺上后，沿板条压实抹平，并在砂浆初凝后进行湿养护。

②铺贴油毡防潮层。油毡防潮层是施工非常简单的一种方法，在一般工程中经常采用。即先将基础顶面用水泥砂浆找平，待砂浆干硬后再刷上冷底子油一道，晾干后用热沥青粘贴一毡二油，油毡厚度同墙厚，沿长度铺设，搭接长度不小于100mm。

6.4.2 毛（料）石基础

在建筑工程中的毛（料）石基础断面形式，一般有阶梯形和梯形两种，如图6-9所示。基础的顶面宽度一般比上部墙厚200mm，即每边应宽出100mm，每阶的高度一般为300～400mm，并至少砌工皮毛石。

①在进行毛（料）石基础砌筑前，应先认真清理砌筑处的杂物，并夯实整平土层，弹出砌筑的线和轴线。检查基槽（坑）的尺寸、标高后，按照弹好的线砌筑第一层毛石。在适当的位置立上皮数杆，皮数杆上画出分层砌石高度及退台情况，在皮数杆之间拉上准线，各层石块按准线进行砌筑。

②根据所放基础准线，先由技术水平较高的工人砌墙角石块，以此固定准线作为向上砌石的标准。上级阶梯的石块应当压下级阶梯的石块1/2，相邻阶梯

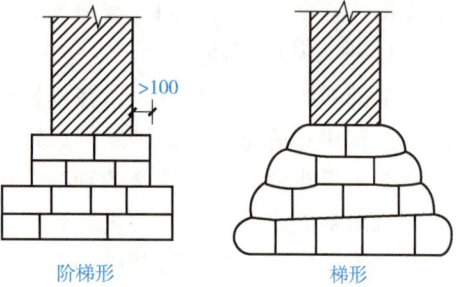

图6-9 毛（料）石基础的断面形式

的毛石应相互错缝搭砌。砌第一层石块时基础要坐浆，石块大面向下，基础的最上一层石块宜大面向上砌筑。基础的第一层及转角处、交接处和洞口处，宜选用较大的平毛石砌筑。

③石块铺满一层，再将砂浆铺入空隙处，用小石块填空挤入砂浆，然后用手锤将小石块打紧，务必使砂浆充满空隙，填空的石块应根据空隙的大小，尽量选用整块石，不要用几块小石块来填充一个空隙，以免影响砌体强度。不允许先填塞小石块后铺砂浆，以免产生干缝和空隙。

④石块应分层进行砌筑，每层厚度以30cm为宜，或按设计规定。块石之间的上下皮竖缝必须相互错开，并力求丁顺交错排列。每砌筑一层，其表面必须大致平整，不可有尖角、驼背、放置不稳等现象，以便使下一层砌筑时容易放稳，并有足够的接触面。

⑤上、下层之间一般要求其搭接长度不小于8cm，每砌完一层后必须校对中心线，检查和纠正偏斜现象。墙基如果需要留槎，槎口不能留在外墙转角或T字墙的结合处，且应留成踏步槎。当基础砌至最上一层时，外皮石块要求伸入墙内的长度不小于墙厚的1/2，以免因连接不好而影响砌体的整体性。

6.4.3 灰土、砂和砂石基础

灰土基础是用熟石灰与黏性土拌和均匀，然后分层夯实而成。灰土的体积配合比一般用2∶8或3∶7（石灰∶土），其28d强度可达1MPa。一般适用于地下水位较低、基槽经常处于

较为干燥状态的基础。

灰土和三合土基础的施工工艺为：基槽清理→底夯→灰土拌和→控制虚土厚度→机械夯实→质量检查→逐皮交替完成。

①灰土的配合比除设计有特殊要求外，一般为2∶8或3∶7（体积比）。基础垫层灰土必须标准过筛，严格执行配合比。必须拌和均匀，至少翻拌两次，拌好的灰土颜色一致。

②灰土施工时，应适当控制含水率，工地检验方法是用手将灰土紧握成团，两指轻捏即碎为宜。如土料水分过多或不足，应晾干或洒水润湿。

③灰土铺摊厚度为200~250mm。

④灰土分段施工时，不得在墙角、柱基及承重墙下接缝。上下两层灰土的接缝距离不得大于500mm。当灰土基础标高不同时，应做成阶梯形。

6.4.4　混凝土基础

扩展基础是指柱下钢筋混凝土独立基础和墙下钢筋混凝土条形基础。柱下独立基础，常为矩形、阶梯形和锥形。根据受力传递方式不同，基础的结构形式也不同，根据柱承受荷载的偏心距大小不同时，基础底板常为方形和矩形。建筑结构承重墙下多为混凝土条形基础。具体的施工技术要点如下：

①在验槽合格后应立即灌注垫层混凝土，以便保护已合格的基槽，垫层混凝土宜采用表面振动器进行振捣，要求其表面粗糙而平整。基坑验槽清理要求同刚性基础。

②当垫层混凝土达到一定强度后，在垫层上弹线、支模、绑扎钢筋网，按要求在钢筋网底部垫设水泥砂浆垫块，以使钢筋保护层厚度符合设计要求。

③在浇筑基础混凝土之前，应再次清除垫层上的杂物，对支好的木模板应洒水湿润。

④基础混凝土宜分层连续进行浇筑。对于阶梯形基础，每浇筑完一层台阶的混凝土应停歇0.5~1h，使混凝土初步获得沉实，然后再浇筑上层混凝土，以防止下级台阶的混凝土隆起；对于锥形基础，应保证锥体斜面的坡度，斜面部分的模板应随混凝土浇捣分阶段支设并顶紧支牢，以防止模板产生上浮变形，边角处的混凝土应特别注意捣实，严禁在斜面上不支模而只用铁锹拍实。

⑤当基础上有插筋时，应设法固定以保证插筋位置正确，防止浇捣混凝土时发生位移。混凝土浇筑完毕后，应及时进行覆盖和浇水养护，养护时间应符合设计要求。

6.4.5　筏形基础

筏形基础由钢筋混凝土底板和基础地基梁等组成，主要适用于有地下室或地基承载能力较低而上部荷载较大的地基。

1. 筏形基础的构造要求

筏形基础的构造如同倒置的钢筋混凝土肋梁式楼盖或无梁楼盖。筏形基础分为梁板式和平板式两大类，如图6-10所示。

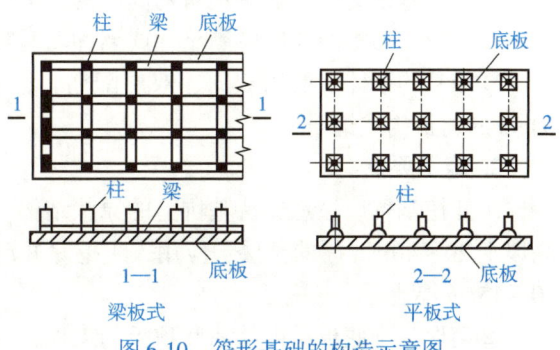

图6-10　筏形基础的构造示意图

筏形基础底板厚度一般不宜小于200mm，基础一般为等厚，平面应大致对称，尽量减少基础承受偏心力矩；梁高出底板的顶面一般不小于300mm，梁的宽度不小于250mm；钢筋的保护层厚度不宜小于35mm；垫层混凝土的强度等级宜采用C10，其厚度为100mm，每边伸出基础底板的宽度不小于100mm；筏形基础混凝土的强度等级宜采用C20，或符合设计要求。

2. 筏形基础的施工要点

①在筏形基础施工前，首先应根据地质勘探和水文资料，摸清地下水位情况，当地下水位较高影响基础施工时应采用降低地下水位的措施，使地下水位降低至基底以下不少于500mm。应保证在无水的情况下，进行基坑开挖和钢筋混凝土筏形基础的施工。

②根据筏形基础的结构组成情况、施工条件等，确定合理的施工方案。首先铺设基础垫层，达到一定强度后，在垫层上绑扎底板（地梁）钢筋和柱子锚固插筋，然后浇筑底板混凝土。待底板混凝土达到设计强度的25%时，再在底板上支设模板，继续浇筑地基梁部分的混凝土，也可将底板和梁模板一体安装，将混凝土一次浇筑完成。

③筏形混凝土基础应一次连续浇筑完成，一般不宜留施工缝；如果必须留施工缝时应按施工缝的要求进行留设，并进行必要的处理，同时应有止水技术措施。

④进行沉降观测。在筏形基础浇筑混凝土的施工中，应在基础底板上预埋好沉降观测点，定期进行观测，并做好观测记录。

⑤加强对筏形基础混凝土的养护。混凝土筏形基础施工完毕后，表面应立即加以覆盖和洒水养护，以保证混凝土的施工质量。

6.4.6 箱形基础

箱形基础是由钢筋混凝土底板、外墙、顶板和一定数量内隔墙构成一封闭空间的整体箱体，基础中空部分可在隔墙开门洞做地下室，如图6-11所示。这种基础具有整体性好，刚度大，承受不均匀沉降能力及抗震能力强；可减少基底处原有地基自重能力，降低总沉降量等特点。适用于民用建筑地基面积较大，平面形状简单，荷载较大或上部结构分布不均匀的高层建筑的箱形基础工程。

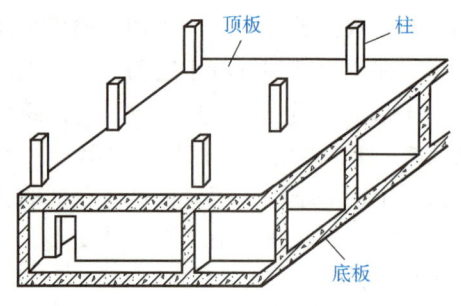

图6-11 箱形基础结构示意图

1. 构造要求

①箱形基础高度一般取建筑物高度的1/12~1/8，同时不宜小于其长度的1/18。

②底板、顶板的厚度应满足柱或墙冲切验算要求，根据实际受力情况精确计算。

③箱基的墙体一般用双向、双层配筋，箱基墙体的顶部均宜配置两根以上直径不小于20cm的通长构造钢筋。

2. 施工要点

①开挖基坑应注意保持基坑上的原状结构，当采用机械开挖基坑时，在基坑底面设计标高以上20~40mm厚的土层，应用人工挖除并清理，如不能立即进行下道工序施工，应预留10~15cm厚土层。

②箱形基础底板、内外墙和顶板的支模、钢筋绑扎和混凝土浇筑，可采取分块进行。

③当箱形基础长度超过40m时，为避免出现温度收缩裂缝或减轻浇灌强度，宜在中部设置贯通后浇缝带，并从两侧混凝土内伸出贯通主筋，主筋按原设计安装而不切断。

④钢筋绑扎应注意形状和准确位置，接头部位用闪光接触对焊或套管挤压连接。

6.5 桩基础施工

6.5.1 一般规定

1. 桩身混凝土及混凝土保护层厚度规定

①桩身混凝土强度等级不得小于 C25，混凝土预制桩桩尖强度等级不得小于 C30。

②灌注桩主筋的混凝土保护层厚度不应小于 35mm，水下灌注桩的主筋混凝土保护层厚度不得小于 50mm。

③四类、五类环境中桩身混凝土保护层厚度应符合现行标准《港口工程混凝土结构设计规范》（JTJ 267—1998）、《工业建筑防腐蚀设计标准》（GB/T 50046—2018）的相关规定。

2. 扩底灌注桩扩底端尺寸规定（图 6-12）

①当持力层承载力较高、上覆土层较差、桩的长径比较小时，可采用扩底桩；扩底端直径与桩身直径之比 D/d，应根据承载力要求及扩底端侧面和桩端持力层土性特征以及扩底施工方法确定；挖孔桩的 D/d 不应大于 3，钻孔桩的 D/d 不应大于 2.5。

②扩底端侧面的斜率应根据实际成孔及土体自立条件确定，a/h_c 可取 1/4~1/2，砂土可取 1/4，粉土、黏性土可取 1/3~1/2。

③扩底端底面宜呈锅底形，矢高 h_b 可取（0.15~0.20）D。

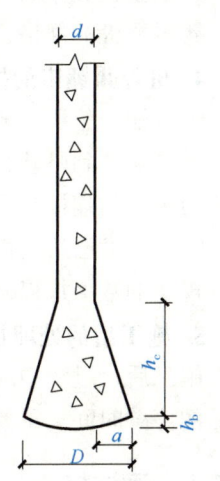

图 6-12 扩底灌注桩构造

6.5.2 打桩方法

①锤击法打桩。适用于软塑或可塑的黏性土层中沉桩。

②振动法沉桩。适用于沉、拔钢板桩及钢管桩，在砂土中效率最高，在黏性土中较差，需用较大功率的振动器。

③射水法（水冲法）沉桩。适用于淤泥、淤泥质土、软及中等密实黏土、粉质黏土、粉土、松散的砂、水饱和砂、密实砂、混有砾石的砂，特别适用于与锤击法、振动法配合使用。不能用于粗卵石、极坚硬的黏土层或厚度较大的泥炭层。

④插（钻、打）桩法沉桩。适用于软土地基打入大量密集预制桩；对附近 30~40m 范围内会造成土体大量隆起和水平位移，在不危害邻近的地下管道、地面交通和建筑物的安全情况下使用；对坚硬土层难以打入时，也可采用。

6.5.3 预制混凝土桩

预制混凝土桩的施工工艺流程如下：

现场布置→场地整平与处理→场地地坪做三七灰土或浇筑混凝土→支模→绑扎钢筋骨架、安设吊环→浇筑混凝土→养护至 30% 强度拆模，再支上层模，涂刷隔离层→重叠生产浇筑第二层桩混凝土→养护至 70% 强度起吊→达 100% 强度后运输、堆放→沉桩。

6.5.4 先张法预应力管桩

1. 施工前的检查

施工前应检查进入现场的成品桩,根据地质条件、桩型、桩的规格选用合适的桩锤。

2. 桩打入时的规定

①桩帽与桩周围的间隙应为 5~10mm。
②桩锤与桩帽、桩帽与桩之间应加弹性衬垫。
③桩锤、桩帽或送桩应与桩身在同一中心线上。
④桩插入时的垂直度偏差不得超过 0.5%。

3. 打桩顺序的规定

①对于密集的桩群,自中间向两个方向或向四周对称施打。
②当一侧毗邻建筑物时,由毗邻建筑物处向另一方向施打。
③根据桩底标高,宜先深后浅。
④根据桩的规格,宜先大后小,先长后短。

4. 桩停止锤击的控制原则

①桩端,位于一般土层时,以控制桩端设计标高为主,贯入度可作为参考。
②桩端达到坚硬、硬塑的黏性土、中密以上粉土、砂土、碎石类土、风化岩,以贯入度控制为主,桩端标高可作为参考。
③贯入度已达到而桩端标高未达到时,应继续锤击 3 阵,按每阵 10 击的贯入度不大于设计规定的数值加以确认。

5. 施工后的处理情况

施工后、过程中应检查桩的贯入情况、桩顶完整状况、电焊接桩质量、桩体垂直度、电焊后的停歇时间。重要工程应对电焊接头做 10% 的焊缝探伤检查。

6.5.5 灌注桩

施工前准备好施工材料和机具并检查。常用的设备有正反循环钻孔、旋挖钻孔、冲(抓)式钻孔、长螺旋钻机等。混凝土灌注桩按其成孔方法不同,分为泥浆护壁成孔灌注桩、套管成孔灌注桩、旋挖成孔灌注桩、冲(抓)成孔灌注桩、长螺旋干作业钻孔灌注桩、人工挖孔灌注桩。施工顺序如图 6-13 所示。

钢筋笼的质量检查标准应符合表 6-5 的规定。

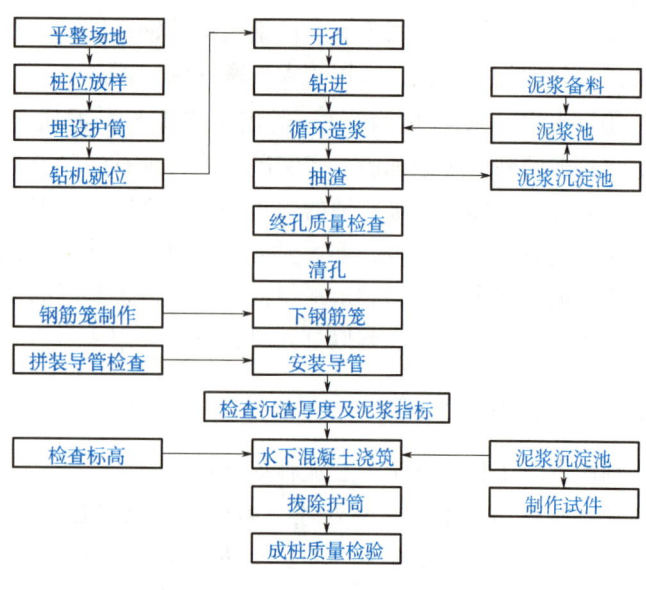

图 6-13 混凝土灌注桩施工顺序

表 6-5 钢筋笼的质量检查标准

项目	序号	检查项目	允许偏差或允许值/mm	检查方法
主控项目	1	主筋间距	±10	用钢尺量
	2	长度	±100	用钢尺量
一般项目	1	钢筋材质检验	设计要求	抽样送检
	2	箍筋间距	±20	用钢尺量
	3	直径	±10	用钢尺量

6.5.6 静压力桩

静力压桩的方法有锚杆静压、液压千斤顶加压、绳索系统加压等。凡非冲击力沉桩均为静力压桩。适用于软弱土层。

1. 施工原理

在桩压入过程中，以桩机本身的重量（包括配重）作为反作用力，克服压桩过程中的桩侧摩阻力和桩端阻力。当预制桩在竖向静压力作用下沉入土中时，桩周土体发生急速而激烈的挤压，土中孔隙水压力急剧上升，土的抗剪强度大大降低，桩身很容易下沉。

2. 压桩顺序与压桩程序

压桩顺序宜根据场地工程地质条件确定，并应符合下列规定：

①对于场地地层中局部含砂、碎石、卵石时，宜先对该区域进行压桩。

②当持力层埋深或桩的入土深度差别较大时，宜先施压长桩后施压短桩。

静压法沉桩一般采取分段压入、逐段接长的方法。其程序为：测量定位→压桩机就位、对中、调直→压桩→接桩→再压桩→送桩→终止压桩→切桩头。

压桩的工艺程序如图 6-14 所示。

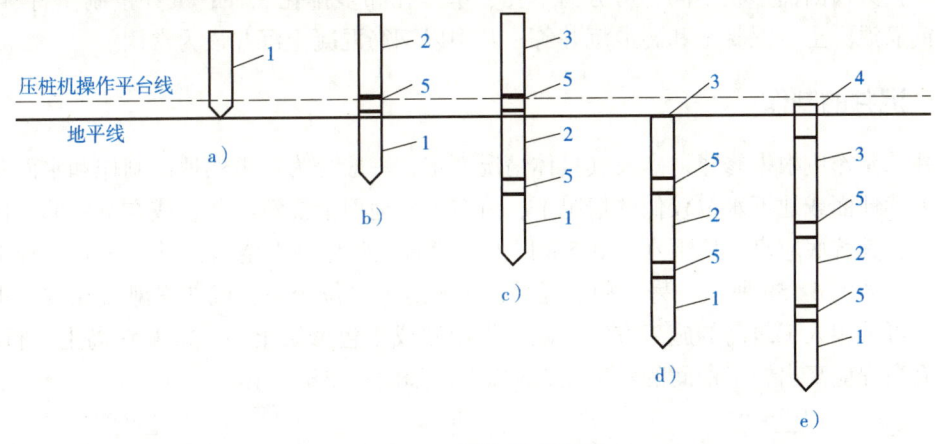

图 6-14 压桩工艺程序图

a）准备压第一段桩 b）接第二段桩 c）接第三段桩 d）整根桩压平至地面 e）采用送桩压桩完毕
1—第一段 2—第二段 3—第三段 4—送桩 5—接桩处

6.5.7 钢桩施工

①钢桩制作的允许偏差应符合表 6-6 的规定。

表 6-6　钢桩制作的允许偏差

项目		允许偏差/mm
外径或断面尺寸	桩端部	±0.5% 外径或边长
	桩身	±0.1% 外径或边长
长度		>0
矢高		≤1% 桩长
端部平整度		≤2（H 型钢桩≤1）
端部平面与桩身中心线的倾斜值		≤2

②钢桩可采用管型、H 型钢或其他异型钢材。适用于码头、水中结构的高桩承台、桥梁基础、超高层公共与住宅建筑桩基、特重型工业厂房等基础结构。

③H 型钢桩断面刚度较小，锤重不宜大于 4.5t 级，适用于南方较软土层，且在锤击过程中桩架前应有横向约束装置，防止横向失稳。当持力层较硬时，H 型钢桩不宜送桩。当地表层遇有大块石、混凝土块等回填物时，应在插入 H 型钢桩前进行触探，并清除桩位上的障碍物。

6.6　沉井

6.6.1　沉井类型

在修筑地下工程和深埋基础时，沉井是一种常用的施工方法，沉井多用于建筑物和构筑物的深坑、地下室、水泵房、设备深基础、墩台等工程。

沉井按其横断面形状不同，可分为单孔、单排孔和多排孔三种；沉井按制作材料不同，可分为钢筋混凝土、混凝土和砖混沉井等，其中以钢筋混凝土沉井最为常用。

6.6.2　沉井的制作

沉井的制作应根据修建地点及其具体情况而定，一般分为在天然地面制作和水面制作两类。当天然地面或地下水位较低的情况下，可在天然地面上浇筑沉井，或在沉井的设计位置开挖基坑，其坑底应高出地下水位 0.5m 以上，然后在此标高上浇筑沉井，这是一种常见的施工方法，如图 6-15a 所示。另一种情况是，由于地下水位较高，或在岸滩或在浅水中制作沉井时，可采用人工筑岛的施工方法。此时先用砂或土包修筑土岛，沉井在岛上进行浇筑，岛的顶面高程应高出施工期间的水位 0.5m 以上，如图 6-15b 所示。

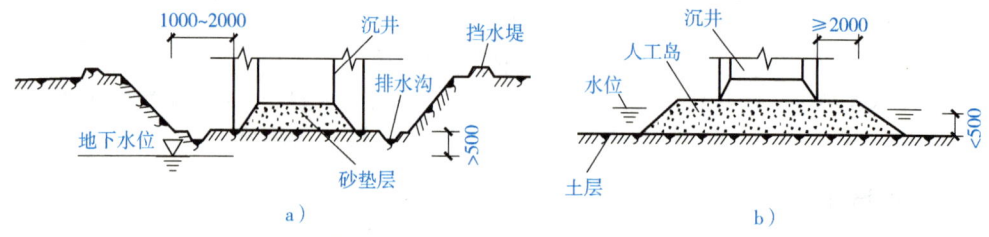

图 6-15　沉井制作的基坑
a）地下水位较低时沉井　b）地下水位较高时沉井

沉井制作的主要步骤可分为刃脚支设和井壁制作两个环节。

1. 刃脚支设

沉井制作下部刃脚的支设，可根据沉井重量、施工荷载和地基承载力情况，采用垫架法、半垫架法、砖垫法或土料底模法等方法。

当沉井较大、较重，又在较软弱的地基上制作时，常采用垫架法或半垫架法，以免造成地基下沉，而造成刃脚裂缝。当直径（或边长）在8m以内的较轻沉井，且在土质较好的地基上制作时可采用砖垫法。对于较轻的小沉井，当土质较好时可采用挖槽或土料底模法。

2. 井壁制作

井壁的制作主要包括模板安装、钢筋绑扎和混凝土浇筑三大工艺。

①模板安装。沉井的模板可根据沉井的模数选择组合式定型钢模板组装而成，内外模板应采取分节支设，每节的高度一般为1.5~2.0m，并用直径为12~16mm对拉螺栓将固定模板的槽钢圈拉紧固定，对有抗渗要求的应在螺栓中间设置止水。

②钢筋绑扎。在进行钢筋绑扎时，竖向主筋必须保证垂直，并一次将其扎牢，水平钢筋可分段进行绑扎，连接两节井壁的伸出钢筋采用焊接连接，接头在同一截面上不得超过1/4。井壁与内隔墙连接部位，应按设计预留插筋，长度必须保证施工规范的要求。

③混凝土浇筑。沉井混凝土的浇筑关键是沿着井壁四周均匀对称进行，避免出现较大的高差，造成压力不均匀，可根据施工情况及有关规定，在井壁上留施工缝并要处理好，防止出现漏水。当井壁较薄且防水要求不高时，可采用平缝；当井壁较厚且防水要求较高时，可采用凸式或凹式施工缝，也可采用钢板止水施工缝。对于分节制作的沉井，必须待第一节混凝土达到设计强度的70%以上方可浇筑上一节混凝土。

6.6.3 沉井下沉

根据沉井施工时所通过的地质和地下水情况，沉井下沉的方法一般采用排水挖土下沉和不排水挖土下沉两种。

1. 排水挖土下沉

在黏性土层、稳定性较好的土层或砂砾层中，可以采用排水挖土方法下沉。排水的方法与地基开挖排水相同，一般有明沟集水井排水、井点排水等多种。排水后，即可采用人工或小型反铲挖土机分层进行开挖。开挖必须对称、均匀地进行，以便沉井能均匀下沉，不产生过大的偏斜。挖土的方法随土质情况而定，具体方法见表6-7。

表6-7 沉井采用挖土下沉的施工方法

施工方法		技术要求
排水下沉的挖土方法		采用挖土下沉时，应当分层、均匀、对称地进行挖土，使沉井能均匀地竖直下沉，不出现过大的倾斜
土质条件	普通土层时	应从井的中间开始挖向四周，挖土分层的厚度为400~500mm，在刃脚处留1000~1500mm的台阶，再沿井壁每2000~3000mm向刃脚方向全面逐层、对称、均匀地削薄土层，每次削薄50~100mm。当土层经不住刃脚的挤压而破裂，沉井便在自重作用下均匀破土下沉
	砂夹卵石或硬土层时	按平面布置分段，逐层、对称地将刃脚下挖空，并挖出刃脚外壁约100mm，每段挖完用小卵石填塞夯实，待全部挖空回填后，再分层刷掉回填的小卵石，即可使沉井均匀地减少承压而平衡下沉

（续）

施工方法		技术要求
土质条件	岩层时	当为风化或软质岩层时，应用风镐或风铲等，在刃口打斜炮孔，进行松动爆破，炮孔的深度为1300mm，以1000mm×1000mm网格交错排列，伸出刃脚口外150～300mm，开挖宽度可超过刃口50～100mm。下沉时，先沿刃脚分段爆破开挖，每挖1000mm宽即进行回填，如此逐段进行挖填，直至全部回填后，再刷掉回填土堆，使沉井平稳下沉

2. 不排水挖土下沉

当沉井穿过亚砂土、粉砂土、土层不稳定有可能产生流沙时可以采用不排水挖土方法下沉。下沉中要使井内水面高出井外水面1～2m，以防产生流沙。井内水下出土可采用拉铲或抓斗式挖土机，或采用高压水枪破土，然后用空气吸泥机将泥水排出井外。无论采用哪种方法下沉，只有当沉井的第一节混凝土达到设计强度，其余各节达到设计强度的70%以上时方能开始作业。

6.6.4 沉井封底

沉井下沉达到设计标高，并经2～3d观测证明下沉确实已稳定，或证明在8d内累计下沉量不大于10mm时，即应进行沉井封底工作。沉井封底的方法一般有排水封底和不排水封底两种。

1. 排水封底

排水封底是将新老混凝土接触面冲刷干净或进行打毛处理，对井底进行修整使之成为锅底形，由刃脚向中心挖放射性排水沟，沟内填以卵石做成滤水暗沟。在中部设2～3个集水井，深1～2m。集水井之间可以采用盲沟相互连通，插入直径为600～800mm四周带孔眼的钢管或混凝土管，四周填以卵石，使井底的水流汇入井中用水泵排出，如图6-16所示，并保持地下水位低于基底面0.3m以下。封底一般先浇筑一层500～1500mm厚的混凝土垫层，达到设计强度的50%以上，即可绑扎底板钢筋。钢筋两端应伸入刃脚或凹槽内，然后浇筑底板混凝土。底板混凝土应分层浇筑，每层厚度为300～500mm。混凝土可采用自然养护，养护期间应继续进行抽水，待底板混凝土强度达到设计强度70%以上时，再将集水井逐个停止抽水和封堵。

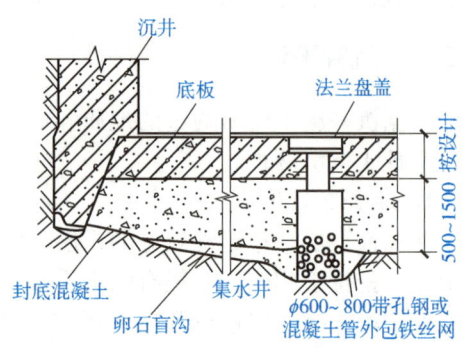

图6-16 沉井封底的构造

封堵集水井的方法是：将滤水井中的水抽干，在套管内迅速用干硬性高强度等级的混凝土堵塞并捣实，然后上法兰盘用螺栓拧紧或焊固，上部用混凝土垫实捣平。

2. 不排水封底

不排水封底即在水中封底。在水中进行封底时，要求将井底浮泥彻底清除干净，并铺设一定厚度的碎石垫层。封底水下混凝土宜采用提升导管灌注底板混凝土，如图6-17所示，当混凝土达到设计强度后才能从沉井内抽水，然后按排水封底方法浇筑钢筋混凝土。

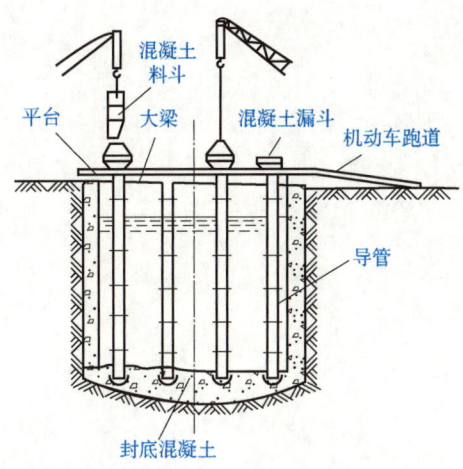

图 6-17 不排水封底导管灌注混凝土

6.7 地基与基础工程施工质量验收

建筑物地基的施工应具备以下资料：

①岩土工程勘察资料，临近建筑物和地下设施类型、分布及结构质量情况。

②砂、石子、水泥、钢材、石灰、粉煤灰等原材料的质量、检验项目、批量和检验方法，应符合国家现行标准的规定。

③地基施工结束，宜在一个间歇期后进行质量验收，间歇期由设计确定。

④地基加固工程，应在正式施工前进行试验施工，论证设定的施工参数及加固效果。为验证加固效果所进行的荷载试验，其施加荷载应不低于设计荷载的 2 倍。

⑤对灰土地基、砂和砂石地基、土工合成材料地基、粉煤灰地基、强夯地基、注浆地基、预压地基，其竣工后的结果（地基强度或承载力）必须达到设计要求的标准。检验数量，每单位工程不应少于 3 点；1000m^2 以上工程，每 100m^2 至少应有 1 点；3000m^2 以上工程，每 300m^2 至少应有 1 点。每一独立基础下至少应有 1 点，基槽每 20 延米应有 1 点。

⑥对水泥土搅拌复合地基、高压喷射注浆桩复合地基、砂桩地基、振冲桩复合地基、土和灰土挤密桩复合地基、水泥粉煤灰碎石桩复合地基及夯实水泥土桩复合地基，其承载力检验，数量为总数的 0.5%～1%，但不应少于 3 根。

⑦除主控项目外，其他主控项目及一般项目可随意抽查，但复合地基中的水泥土搅拌桩、高压喷射注浆桩、振冲桩、土和灰土挤密桩、水泥粉煤灰碎石桩及夯实水泥土桩至少应抽查 20%。

第3篇

施工技术篇

第 7 章

砌体工程

7.1 工程施工材料

7.1.1 砌筑砂浆

砌筑砂浆是将散体砌块粘结成为一个整体的胶结材料，砌筑砂浆的性能和强度直接影响砌体质量和强度，尤其是对砌体灰缝的抗剪切和抗拉强度影响更大。在砌体的施工中，要求砂浆有良好的流动性和保水性，砂浆流动性以稠度表示，是砌筑砂浆摊铺难易程度的技术指标。

①水泥砂浆。水泥砂浆是目前应用最广泛的一种砂浆，由水泥、砂子和水按一定比例混合而成。水泥砂浆的和易性较差，但抗压强度和粘结力均较高，适用于潮湿环境、水中及要求砂浆强度等级较高的工程。

②石灰砂浆。石灰砂浆由石灰、砂子和水按一定比例混合而成。石灰砂浆的和易性比较好，但其强度比较低，加上石灰是一种气硬性胶凝材料，所以石灰砂浆不宜用于潮湿环境和水中，一般宜用于地上的、强度要求不高的低层建筑或临时性建筑。

③水泥石灰砂浆。水泥石灰砂浆由水泥、石灰、砂子和水按一定比例混合而成。这种砂浆的强度、和易性、耐水性介于水泥砂浆和石灰砂浆之间，一般用于地面以上的工程。

7.1.2 砌筑用砖

砌筑用砖分为实心砖和空心砖两种。根据使用材料、制作方法和规格不同，又分为烧结普通砖、非烧结普通黏土砖、蒸压灰砂砖、粉煤灰砖、炉渣砖等。黏土空心砖按作用不同，又分为烧结多孔砖和烧结空心砖，烧结空心砖仅用于非承重部位。通常以砖的抗压强度为主要标准来确定砖的强度等级，同时各强度等级的砖也要分别满足一定的抗折强度。

砖的外观尺寸应准确，没有或很少有缺棱掉角，表面应平整、无裂纹。用于清水墙、柱的砖，应边角整齐，色泽均匀。砖在砌筑前应进行湿润，以免过多吸收砂浆中的水分，并可除去砖面上的粉末。砖的湿润程度如何，对于砌体的质量有很大影响，如果砖内含水量不足，则会过多吸收砂浆中的水分而影响粘结力；如果砖内含水量过多，则会发生跑浆而使砌体走样或滑动。一般来说，普通砖、空心砖的含水率以 10%～15% 为宜；灰砂砖、粉煤灰砖的含水率以 8%～12% 为宜。湿润砖的时间应适当，宜在砌筑前一天进行，切勿随砌筑随浇湿。

7.1.3 砌筑用石料

砌筑用石料分为毛石和料石两大类。

1. 砌筑毛石

毛石是指形状不规则的石块，又分为乱毛石和平毛石两种。乱毛石是指形状不规则的石块；平毛石是指形状不规则，但有两个平面大致平行的石块。毛石每块尺寸一般在 200～400mm，其中部厚度不得小于 150mm，质量为 20～30kg。

2. 砌筑料石

按加工的平整度不同，料石可分为细料石、半细料石、粗料石和毛料石四种，其宽度和厚度均不宜小于 200mm，长度不宜大于厚度的 4 倍。

石材的强度等级分为 MU100、MU80、MU60、MU50、MU40、MU30、MU20、MU15 和 MU10 九个级别，其强度等级以边长为 70mm 的立方体试块的抗压强度表示（取三个试块的平均值）。

7.1.4 砌筑用砌块

建筑砌块是我国大力推广应用的新型墙体材料之一，品种规格很多，主要有混凝土空心砌块（包括小型砌块和中型砌块两类）、蒸压加气混凝土砌块、轻骨料混凝土砌块、粉煤灰砌块、煤矸石空心砌块、石膏砌块、菱镁砌块、大孔混凝土砌块等。

用于承重墙砌筑的砌块有普通混凝土小型空心砌块、粉煤灰小型空心砌块；用于填充墙砌筑的砌块有加气混凝土砌块、轻骨料混凝土小型空心砌块。砌块的强度等级必须符合设计要求，外观尺寸必须符合规范要求。

普通混凝土小型砌块吸水率很小，砌筑前不需要浇水湿润，当天气干燥炎热时可提前洒水湿润；轻骨料混凝土小型空心砌块吸水率较大，应提前 2d 浇水湿润；用加气混凝土砌块砌筑时，应向砌筑面适量浇水，但含水量不宜过大，以免影响砌体的质量。

7.1.5 砌体结构类型和工程施工基本要求

1. 砖砌体结构

砖砌体是指采用标准尺寸的烧结普通砖、黏土空心砖、非烧结硅酸盐砖、粉煤灰砖与砂浆砌筑而成的砌体，一般用于墙体或柱结构，具体的砌筑方式如图 7-1 所示。但因黏土砖浪费农田、人工以及保温效果差等原因，有些地方已经禁用。

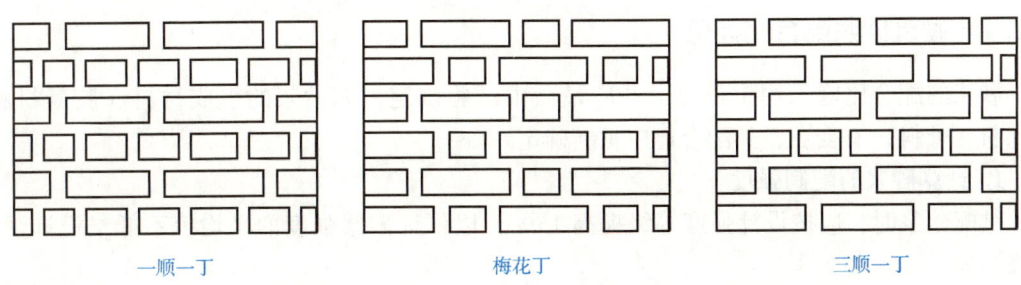

一顺一丁　　　　　　梅花丁　　　　　　三顺一丁

图 7-1 砖砌体砌筑方式

2. 石材砌体

采用天然料石或毛石与砂浆砌筑的砌体称为天然石材砌体，常用于条形基础、挡土墙结构，不宜用于承受振动荷载的结构。石砌体分为料石砌体、毛石砌体和毛石混凝土砌体，如图 7-2 所示。

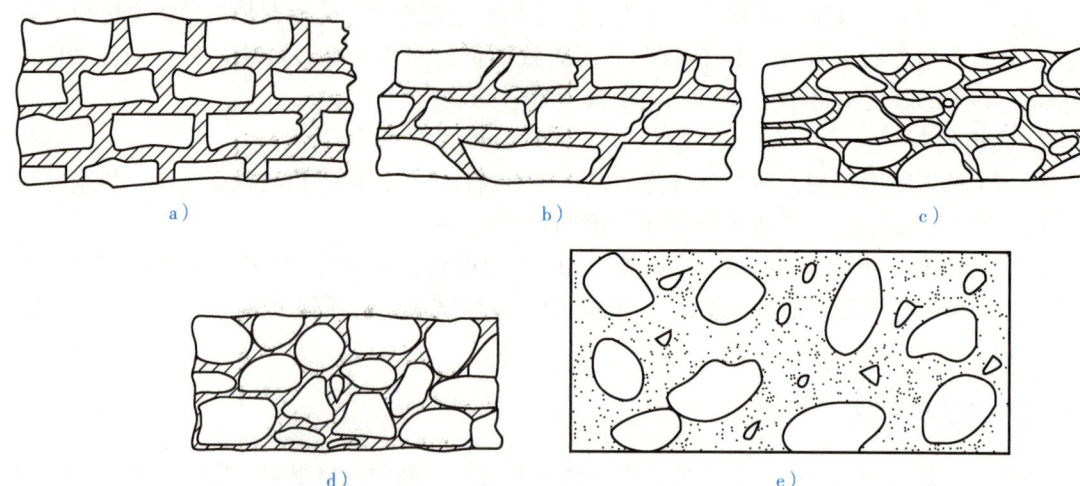

图 7-2　石材砌体分类

a）细料石砌体　b）半细料石砌体　c）毛石砌体　d）乱毛石砌体　e）毛石混凝土砌体

3. 砌块砌体

砌块砌体是用中小型混凝土砌块、硅酸盐砌块、粉煤灰砌块与砂浆砌筑而成的砌体，可用于定型设计的民用房屋及工业厂房的墙体。且由于砌块砌体自重轻，保温隔热性能好，施工进度快，经济效益好，因此采用砌块建筑是墙体改革的一项重要措施。

4. 配筋砌体

采用在砖砌体或砌块砌体水平灰缝中配置钢筋网片或在砌体外部预留沟槽，槽内设置竖向粗钢筋并灌注细石混凝土（或水泥砂浆）的组合砌体称为配筋砌体。这种砌体可提高强度，减小构件截面，加强整体性，增加结构延性，因此常用于改善结构抗震能力。

7.2　砌筑工程施工相关计算

7.2.1　砌筑砂浆配合比计算

砂浆的配合比应采用重量比，并应最后由试验确定。如砂浆的组成材料（胶凝材料、掺和料、骨料）有变更，其配合比应重新确定。

1. 计算砂浆的配制强度

试配砂浆时，应按设计强度等级提高 15%，以保证砂浆强度的平均值不低于设计强度等级，即

$$f_p = 1.15 f_m \tag{7-1}$$

式中　f_p——砂浆试配强度，精确至 0.1MPa；

f_m——砂浆强度等级,精确至 0.1MPa。

2. 计算水泥用量

根据砂浆试配强度和水泥强度等级计算每立方米砂浆的水泥用量,按下式计算:

$$Q_c = \frac{(f_{m,0} - \beta)}{\alpha f_{c0}} \times 1000 \tag{7-2}$$

式中　Q_c——每立方米砂浆中的水泥用量(kg);

　　　$f_{m,0}$——砂浆试配强度;

　　　α,β——经验系数,α 值见表 7-1;

　　　f_{c0}——水泥的实测强度(MPa)。

表 7-1　经验系数 α 值

水泥强度等级	砂浆强度等级				
	M10	M7.5	M5	M2.5	M1
525	0.885	0.815	0.725	0.548	0.412
425	0.931	0.855	0.758	0.608	0.427
325	0.999	0.915	0.806	0.643	0.450
275	1.048	0.957	0.839	0.667	0.466
225	1.113	1.012	0.884	0.698	0.486

3. 计算石灰膏用量

根据计算得出的水泥用量计算每立方米砂浆中的石灰膏用量为

$$Q_{po} = 350 - Q_c \tag{7-3}$$

式中　Q_{po}——每立方米砂浆中石灰膏用量(kg);

　　　350——经验系数,在保证砂浆和易性的条件下,其范围在 250~350。

所用石灰膏在试配时的稠度应为 12cm。

4. 计算掺加料用量

砂浆的掺加料用量按下式计算:

$$Q_D = Q_A - Q_C \tag{7-4}$$

式中　Q_D——每立方米砂浆的掺和料用料(kg),石灰膏、黏土膏使用时的稠度为 120mm ±5mm。

　　　Q_A——每立方米砂浆中水泥和掺加料的总量(kg),宜在 300~350kg;

　　　Q_C——每立方米砂浆的水泥用量(kg)。

5. 确定砂用量

含水率为零的过筛净砂,每立方米砂浆用 0.9m³ 砂子;含水量为 2% 的中砂,每立方米砂浆的用砂量为 1m³;含水率大于 2% 的砂,应酌情增加用砂量。

6. 确定水用量

通过试拌,以满足砂浆的强度和流动性要求来确定用水量。

通过以上计算所得到的配合比需经过试配进行必要的调整,得到符合要求的砂浆,这时所得到的配合比才能作为施工配合比。

7. 常用的水泥砂浆的材料用量

每立方米水泥砂浆的材料用量见表 7-2。

表 7-2 每立方米水泥砂浆的材料用量

砂浆强度等级	每立方米砂浆水泥用量/kg	每立方米砂浆砂用量/kg	每立方米砂浆用水量/kg
M2.5、M5	200~230	$1m^3$砂的堆积密度值	270~330
M7.5、M10	220~280		
M15	280~340		
M20	340~400		

7.2.2 砂浆强度的换算

$$R_t = \frac{1.5tR_{28}}{14+t} \tag{7-5}$$

式中　R_t——龄期为 t （d）时的砂浆强度（MPa）；

　　　t——龄期（d）；

　　　R_{28}——龄期 28d 的砂浆抗压强度（MPa）。

此式适用于混合砂浆和水泥砂浆在温度为（20±3）℃的情况。

7.2.3 砖墙砌筑用料计算

砖砌体材料用量有时需按实体积计算砖墙用砖和用灰量,以立方米计。每立方米各种不同厚度砖墙用砖和用灰量可分别由以下通用公式求得。

1. 需用砖块净用量计算

每立方米砖墙净用砖块数量 A（块）可按下式计算：

$$A = \frac{1}{D(a+d)(c+d)}K \tag{7-6}$$

式中　D——砖墙厚度；

　　　a——砖长度；

　　　c——砖厚度；

　　　d——灰缝厚度；

　　　K——系数,$K=2N$。

2. 需用砂浆净用量计算

每立方米砖墙砂浆净用量 B（m^3）可按下式计算：

$$B = 1 - NV \tag{7-7}$$

式中　N——墙身的砖数量（块）；

　　　V——每块砖体积（m^3）。

7.2.4 砖砌材料用量简易计算

普通烧结砖尺寸为 240mm×115mm×53mm（长×宽×厚）,因此尚可进一步简化按以下方法简易计算。设 b 为砖宽,c 为砖厚,d 为灰缝厚度,则砖墙每平方米砌体材料用量可按下式计算：

$$A = \frac{K}{(b+d)(c+d)} = \frac{K}{(0.115+0.01)(0.053+0.01)} \approx 127K \tag{7-8}$$

$$B = D - AV = D - 0.001463A = D - 0.1858K \tag{7-9}$$

式中　A——$1m^2$砖砌体净用砖量（块）；
　　　B——$1m^2$砖砌体净用砂浆量（m^3）；
　　　K——不同厚度砖砌体的砖数；
　　　D——墙厚（m^3）；
　　　V——每块砖体积，即 $0.24 \times 0.115 \times 0.053 \approx 0.001463$（$m^3$）。

墙厚（m）乘以$1m^2$即$1m^2$的墙体体积，在实际应用时，还应考虑一定的材料损耗率，砖和砂浆的损耗率一般均按1%计。在算出单位工程墙体的面积（m^2）后，即可算出砖和砂浆的实际需用量，即砖用量为$1.01A$乘以墙体面积（块）；砂浆用量为$1.01B$乘以墙体面积（m^3）。

7.2.5　带形砖基础大放脚横截面面积简易计算

1. 不等高式大放脚横截面面积计算

不等高式大放脚横截面面积计算简图如图7-3和图7-4所示。

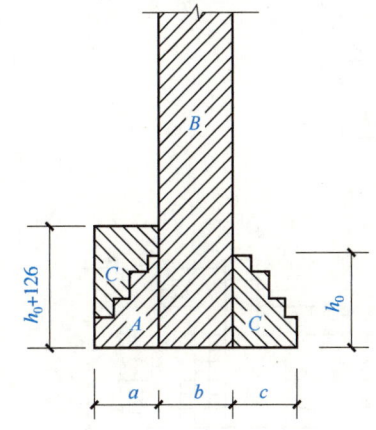 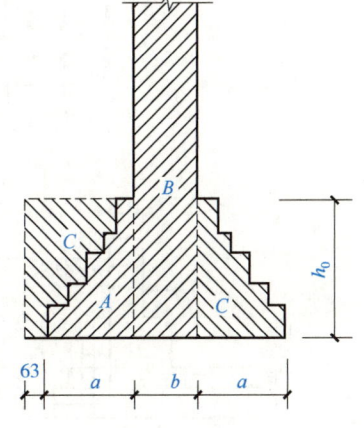

图7-3　阶数相等的不等高式大放脚　　　图7-4　阶数不相等的不等高式大放脚

大放脚高度：

$$h_0 = 126n_1 + 63n_2 \tag{7-10}$$

$$a = 63(n_1 + n_2) \tag{7-11}$$

当 $n_1 = n_2$ 时，
$$2S_A = a(h_0 + 126) \tag{7-12}$$

当 $n_1 \neq n_2$ 时，
$$2S_A = (a + 63)h_0 \tag{7-13}$$

式中　n_1、n_2——基础大方脚高126mm、63mm 的台阶数。

2. 等高式大放脚横截面面积计算（图7-5）

$$2S_A = (a + 63)h_c = ah_0 + 63h_0 \tag{7-14}$$

$$2S_A = a(h_0 + 126) = ah_0 + 126a \tag{7-15}$$

7.2.6　带形砖基础大放脚体积简易计算

带形砖基础大放脚截面形式如图7-6所示。

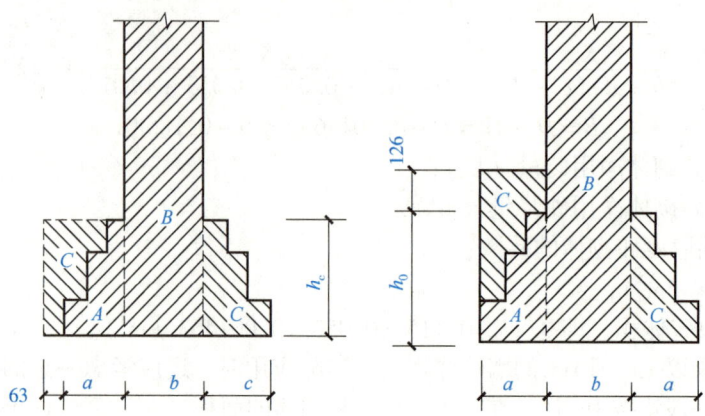

图 7-5　等高式大放脚两种截面

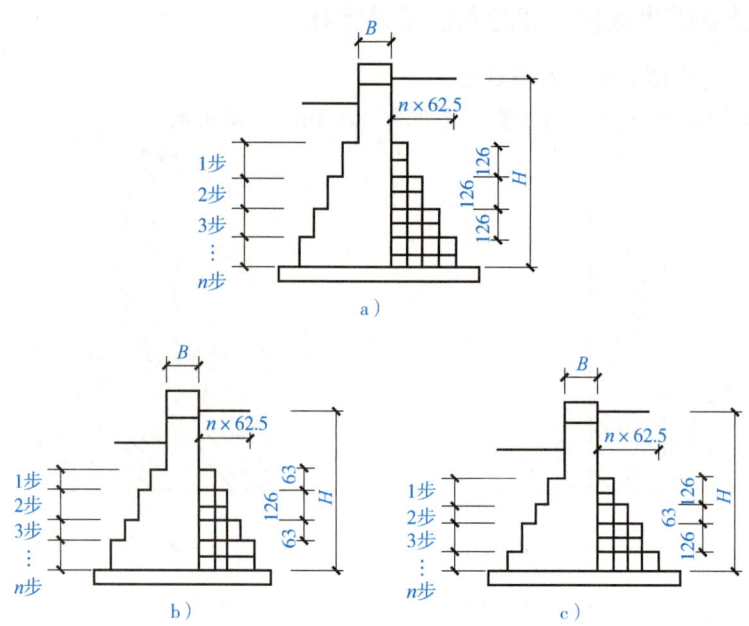

图 7-6　带形砖基础大放脚截面形式

a) 1:2 砖基础　b) 1:1.5 上单砖基础　c) 1:1.5 上双砖基础

1:2 砖基础截面形式：
$$V = L[BH + 0.007875(n+1)n] \tag{7-16}$$

1:1.5 上单砖基础截面形式：
$$V = L\{BH + 0.007875[0.75n^2 + (-1)^n n]\} \tag{7-17}$$

1:1.5 上双砖基础截面形式：
$$V = L\{BH + 0.007875[0.75n^2 + 0.5(-1)^n n]\} \tag{7-18}$$

式中　V——带形砖基础大放脚体积（m^3）；

L——带形大放脚砖基础的长度（m）；

B——带形大放脚砖基础墙身的宽度（m）；

H——垫层上皮至墙基与砖身分界线的高度（m）；

n——带形大放脚砖基础的放脚步数。

7.2.7 砖柱大放脚体积的简易计算

砖柱大放脚体积的简易计算简图如图 7-7 所示。

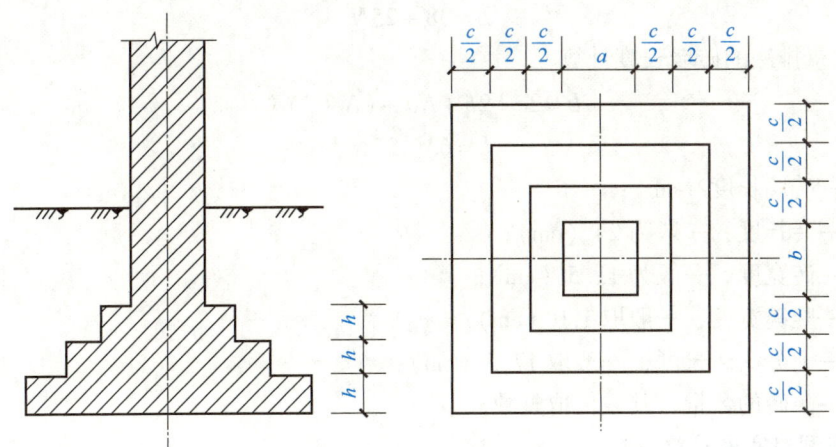

图 7-7　砖柱大放脚体积计算简图

$$V_{放} = \sum_{i=1}^{n} V_i = \frac{1}{6}chn(n+1)(3a+3b+2nc+c) \tag{7-19}$$

7.2.8 砖柱、石柱用料计算

1. 砖柱的砖及砂浆用量

计算砖柱需用材料数量，先要计算出柱的体积（m³），再计算每 1m³ 用多少材料，最后累计。设砖长为 a、砖宽为 b、砖厚为 c（一般标准砖长为 0.24m，砖宽为 0.115m，砖厚为 0.053m）；灰缝厚度为 d（规范规定为 0.01m）。则砖柱每 1m³ 需砖块数 A（块/m³）按下式计算（再加 5% 损耗）：

$$A = \frac{1}{(a+d)(b+d)(c+d)} \tag{7-20}$$

砖柱 1m³ 需砂浆用量 B（m³）按下式计算：

$$B = 1 - (abcA) \tag{7-21}$$

2. 石柱的石材及砂浆用量

计算石柱需用材料数量，也先要计算出柱的体积（m³），再计算每 1m³ 用多少材料，最后累计。石砌柱，如为一定规格的平整石砌体，也可按以上公式计算，如为毛石砌体，则无法计算出准确数，一般按经验估计，每 1m³ 毛石砌体用毛石 1.1m³（现场松方），用砂浆 0.36m³。

7.2.9 砖墙排砖计算

普通黏土砖墙铺砌方法有满丁满条、五层重排法等，老的砌法有三顺一丁、一顺一丁等。在砌筑前，要根据设计的门窗口、砖墙、门窗垛等尺寸和排砖方法，进行排砖计算和校核，以使砖墙尺寸准确。

1. 砖墙长度计算

①满丁满条法的砖墙长度计算。

$$L = 2e + Na + (N+1)d_1 \tag{7-22}$$

$$L = 38 + 25N \tag{7-23}$$

②五层重排法的砖墙长度计算。

$$L = 2e + 2b + Na + (N+3)d_1 \tag{7-24}$$

$$L = 63 + 25N \tag{7-25}$$

式中　L——砖墙长度（cm）；

　　　a——砖长度，一般为 24（cm）；

　　　b——砖宽度，一般为 11.5（cm）；

　　　d_1——竖缝宽度，一般取 1.0（cm）；

　　　e——七分头砖长度，一般取 17.5（cm）；

　　　N——条砖的数量，其数值取整数。

2. 门窗洞口宽度计算

$$B = b + Nb + (N+2)d_1 \tag{7-26}$$

$$B = 13 + 25N \tag{7-27}$$

3. 门窗洞口高度计算

门窗洞口高度 H 应为 $c + d_2$（=6.3cm）的倍数，如门窗洞口上面砌砖拱，则应加 1cm。

注：c——砖厚度，一般为 5.3（cm）；d_2——横缝厚度，一般取 1.0（cm）。

7.2.10　砖拱圈楔形砖加工规格及数量计算

当砖拱圈仅由一种楔形砖组砌时，楔形砖小头的厚度和每环拱顶所需楔形砖的数量可由下式计算（图 7-8）：

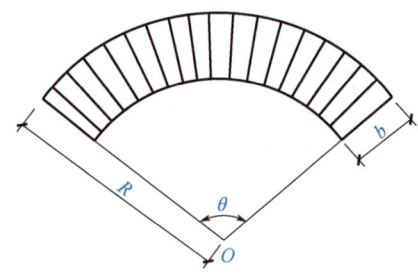

图 7-8　楔形砖计算简图

$$c_0 = \frac{c(R-b)}{R} \tag{7-28}$$

$$N = \frac{\pi R \theta}{180(c+d)} \tag{7-29}$$

式中　c_0——楔形砖小头厚度（mm）；

　　　c——楔形砖或直形砖大头的厚度（mm）；

d——砖缝厚度（mm）；
b——砖拱的砌砖厚度（mm）；
R——砖拱的外半径（mm）；
N——楔形砖的数量（块）；
θ——拱的中心角（°）。

7.2.11 砖烟囱砌筑楔形砖加工规格及数量计算

砖烟囱楔形砖加工计算简图如图 7-9 所示。

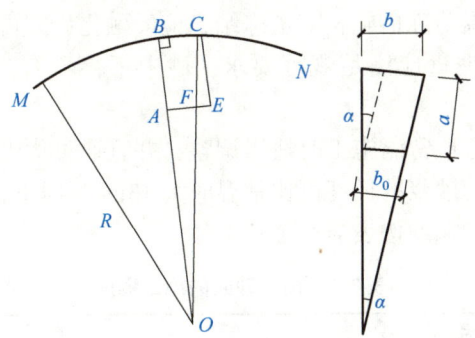

图 7-9　砖烟囱楔形砖加工计算简图

采用单一楔形砖砌筑时，圆周楔形砖的数量按下式计算：

$$N = \frac{360°}{\alpha} \tag{7-30}$$

式中　N——单一楔形砖的数量（块）；
　　　α——砖的圆心角（°）。

7.2.12 砖含水率、砂浆水平灰缝厚度和饱满度对砌体强度的影响计算

1. 砖含水率对砌体强度的影响计算

$$K = 0.84 + \frac{\sqrt[3]{\omega}}{10} \tag{7-31}$$

2. 砂浆水平灰缝厚度对砌体强度的影响计算

$$\psi = \frac{1.4}{1 + 0.04t} \tag{7-32}$$

3. 砂浆水平灰缝饱满度对砌体强度的影响计算

$$R_B = (0.2 + 0.8B + 0.4B^2)R \tag{7-33}$$

式中　K——含水率对砌体抗压强度的影响系数；
　　　ω——砖的含水率，以百分数计；
　　　ψ——砂浆水平灰缝厚度对砌体抗压强度的影响系数；
　　　t——砂浆水平灰缝厚度（mm）；
　　　R_B——水平灰缝砂浆饱满度为 B 时的砌体抗压强度（MPa）；
　　　B——水平灰缝砂浆饱满度，以小数计；
　　　R——设计规范中规定的砌体抗压强度（MPa）。

7.3 砖砌体工程

7.3.1 材料要求

①水泥宜采用普通硅酸盐水泥,强度等级为32.5R,水泥不得受潮结块。

②普通砖、空心砖、混凝土小型空心砌块、加气混凝土砌块在砌筑前,应清除表面污物及冰雪等。遭水浸后冻结的砖和砌块不得使用。

③石灰膏等宜采取保温防冻措施,如遭冻结,应经融化后方可使用。

④砂宜采用中砂,含泥量应满足规范要求,砂中不得含有冰块及直径大于1cm的冻结块。

⑤砌筑砂浆的稠度,宜比常温施工时适当调整,并宜通过优先选用外加剂方法来提高砂浆的稠度。在负温条件下,砂浆的稠度可比常温时大13cm,但不得大于12cm,以确保砂浆与砖的粘结力,具体的施工稠度按表7-3确定。

表7-3 砌筑砂浆的施工稠度

砌体种类	施工稠度/mm
烧结普通砖砌体、粉煤灰砖砌体	70~90
混凝土砖砌体、普通混凝土小型空心砌块砌体、灰砂砖砌体	50~70
烧结多孔砖、空心砖砌体、轻集料混凝土小型空心砌块砌体、蒸压加气混凝土砌块砌体	60~80
石砌体	30~50

7.3.2 砖墙施工

①砌筑前,先根据砖墙位置定出墙身轴线及边线。开始砌筑时先要进行摆砖,排出灰缝宽度。摆砖时应注意门窗位置、砖垛等对灰缝的影响,同时要考虑窗间墙的组砌方法,务必使各皮砖的竖缝相互错开。同一墙面上的砌筑方法要一致。

②砖墙的水平灰缝和竖向灰缝宽度一般为10mm,但不小于8mm。水平灰缝的砂浆饱满度不应低于80%,竖向灰缝宜采用挤浆或加浆方法,使其砂浆饱满,严禁用水冲浆灌缝。

③砖墙的转角处和交接处应同时砌筑。对不能同时砌筑而又必须留置的临时间断处,应砌成斜槎,斜槎长度不小于高度的2/3,如图7-10所示。如留斜槎有困难时,除转角处外,也可留直槎,如图7-11所示。但抗震设防地区不得留直槎。

④在墙上留置临时施工洞口,其侧边距离交接处墙面不应小于500mm,洞口净宽度不应超过1m。临时

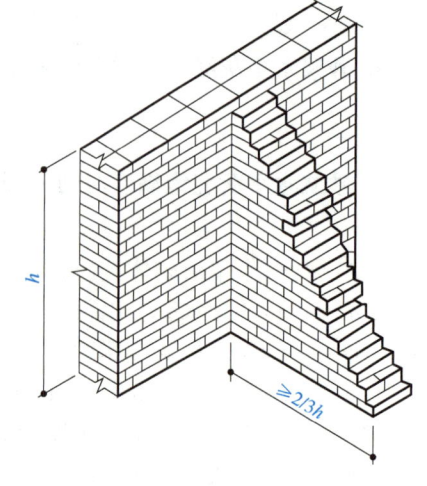

图7-10 斜槎

施工洞口应做好补砌。

⑤不得在下列墙体或部位设置脚手眼：

a. 半砖墙。

b. 砖过梁上与过梁成60°的三角形范围内及过梁净跨度1/2的高度范围内。

c. 宽度小于1m的窗间墙。

d. 梁或梁垫上下500mm范围内。

e. 砖墙的门窗洞口两侧180mm和转角处430mm的范围内。

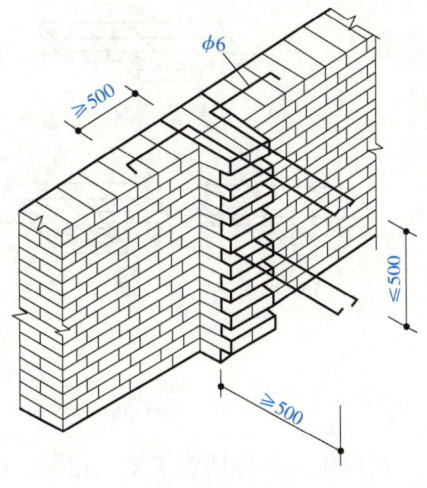

图 7-11 直槎

7.3.3 砖柱施工

砖柱一般砌成矩形或方形断面，主要断面尺寸有240mm×240mm、365mm×365mm、365mm×490mm、490mm×490mm等。砌筑形式如图 7-12 所示。

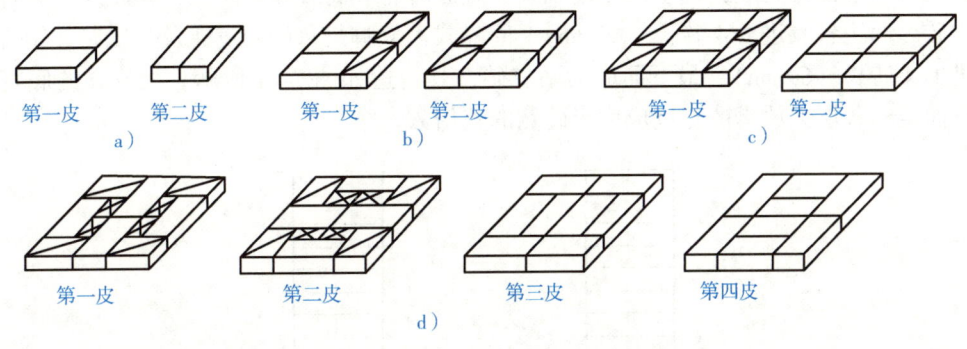

图 7-12 砖柱砌筑形式

a) 240×240 砖柱　b) 365×365 砖柱　c) 365×490 砖柱　d) 490×490 砖柱

砖柱砌筑应保证砖柱外表面上下皮垂直灰缝错开1/4砖长，砖柱内部少通缝，为错缝需要应加砌配砖，不得采用包心砌法。施工要点如下：

①单独的砖柱砌筑时，可立固定的皮数杆，也可用流动皮数杆检查高低情况。当几个砖柱在同一直线上时，可先砌两头的砖柱，然后拉通线，依线砌中间部分的砖。

②砖墙的水平灰缝和竖向灰缝宽度一般为10mm，但不小于8mm。水平灰缝的砂浆饱满度不应低于80%，竖向灰缝宜采用挤浆或加浆方法，使其砂浆饱满，严禁用水冲浆灌缝。

③隔墙与柱如不同时砌筑而又不留斜槎时，可于柱中引出阳槎，或于柱灰缝中预埋拉结筋，其构造与砖墙相同，但每道不少与2根。

④砖柱每天砌筑高度不宜大于1.8m，宜选用整砖砌筑。

⑤砖柱中不得留置脚手眼。

7.3.4 砖垛施工

砖垛应与所附砖墙同时砌起，砖垛与墙身应逐皮搭接，不可分离砌筑，搭砌长度不小于1/4砖长，砖垛外表面上下皮垂直灰缝应相互错开1/2砖长。一砖墙附砖垛的砌法如图 7-13 所示。

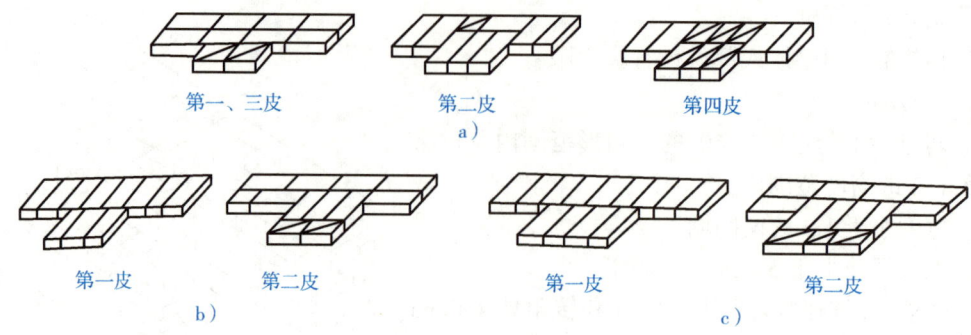

图 7-13 一砖墙附砖垛砌法
a) 365×365 砖垛 b) 365×490 砖垛 c) 490×490 砖垛

砖垛施工与砖墙施工要点相同，可参照砖墙的施工要点进行。

7.3.5 砖基础施工

砖基础的下部为大放脚、上部为基础墙。大放脚有等高或和间隔式。等高式大放脚是每砌两皮砖，两边各收进1/4砖长（60mm）；间隔式大放脚是每砌两皮砖及一皮砖，轮流两边各收进1/4砖长（60mm），最下面应为两皮砖，其构造如图7-14所示。大放脚的底宽应根据计算而定，各层大放脚的宽度应为半砖宽的整倍数。

图 7-14 砖基础大放脚形式

大放脚下面一般需设置垫层。垫层材料可用2:8或3:7的灰土，也可用1:2:4或1:3:6的碎砖三合土。防潮层可用1:2.5水泥防水砂浆在离室内地面下一皮砖处设置，厚度约20mm。施工要点如下：

①砖基础底标高不同时，应从低处砌起，并应由高处向低处搭砌。

②当设计无要求时，搭砌长度 L 不应小于砖基础底的高差 H，搭接长度范围内下层基础应扩大砌筑。

③砌基础时可先在转角及搭接处砌几层砖，然后在其间拉准线砌中间部分。内外墙砖基础应同时砌起，如不能同时砌起时应留置斜槎，斜槎长度不应小于高度的2/3。

④有高低台的砖基础，应从低处砌起，在其接头处由高台向低台搭接。如设计无要求，搭接长度不应小于基础扩大部分的高度。

⑤砌完基础后，应及时回填。回填土要在基础两侧同时进行，并分层夯实。

7.3.6 空斗墙施工

1. 弹线

砌筑前,应在砌筑位置弹出墙边线及门窗洞口边线。为防止基础墙与上部墙错台,基础砖撂底要正确,收退大放角两边要相等,退到墙身之前要检查轴线和边线是否正确,如偏差较小可在基础部位纠正,不得在防潮层以上退台或出沿。

2. 排砖

按照图纸确定的几眠几斗先进行排砖,先从转角或交接处开始向一侧排砖,内外墙应同时排砖,纵横方向交错搭砌。空斗墙砌筑前必须进行试摆,不够整砖处,可加砌斗砖,不得砍凿斗砖。

3. 大角砌筑

空斗墙的外墙大角,须用普通砖砌成锯齿状与斗砖咬接。盘砌大角不宜过高,以不超过3个斗砖为宜,新盘的大角,及时进行吊、靠。如有偏差,要及时修整。盘角时要仔细对照皮数杆的砖层和标高,控制好灰缝大小,使水平灰缝均匀一致。大角盘好后再复查一次,平整和垂直完全符合要求后,再挂线砌墙。

4. 挂线

砌筑必须双面挂线,如果长墙几个人均使用一根通线,中间应设几个支线点,小线要拉紧,每层砖都要穿线看平,使水平缝均匀一致,平直通顺;可照顾砖墙两面平整,为下道工序控制抹灰厚度奠定基础。

5. 砌砖

①砌空斗墙宜采用满刀披灰法。
②砌砖时砖要放平。里手高,墙面就要张;里手低,墙面就要背。
③砌砖一定要跟线,即"上跟线,下跟棱,左右相邻要对平"。
④空斗墙应同时砌起,不得留槎。每天砌筑高度不应超过1.8m。

7.3.7 砖过梁施工

砖过梁主要分为钢筋砖过梁、平拱式过梁和弧拱式过梁。

1. 钢筋砖过梁

钢筋砖过梁的底面为砂浆层,厚度不小于30mm。砂浆层中应配置钢筋,其直径不小于5mm,间距不大于120mm,钢筋两端深入体内的长度不宜小于240mm,并有向上的直角弯钩,如图7-15所示。

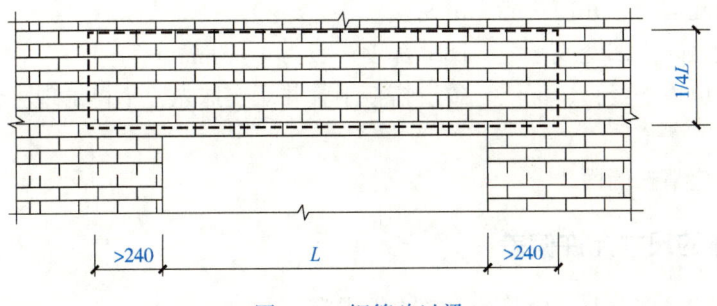

图7-15 钢筋砖过梁

砌筑时，钢筋砖过梁的最下一皮砖应砌丁字砌层，接着向上逐层平砌砖层。在过梁作用范围内（不少于6皮砖或1/4过梁跨度范围内），应用 M5 砂浆砌筑。砖过梁底部的模板，应在灰缝砂浆强度达到设计强度的50%以上时，方可拆除。

2. 平拱式过梁

平拱式过梁由普通砖侧砌而成，其高度有 240mm、300mm 和 370mm 等，厚度等于墙厚。应用 MU7.5 以上的砖、不低于 M5 砂浆砌筑。平拱式过梁如图 7-16 所示。

砌筑前，先在过梁处支设模板，在模板面上画出砖及灰缝位置。砌筑时，在拱脚两边的墙端应砌成斜面，斜面的斜度一般为 1/6~1/4。应从两边对称向中间砌，正中一块应挤紧，拱脚下面应伸入墙内不小于 20mm。灰缝砌成楔形缝，宽度不小于 5mm。

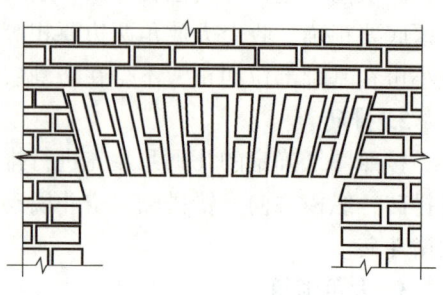

图 7-16 平拱式过梁

3. 弧拱式过梁

弧拱式过梁的构造与平拱式过梁基本相同，只是外形呈圆弧形，如图 7-17 所示。施工要点也与平拱式基本类似，其两者不同之处在于砌筑时，弧拱式过梁模板应设计成圆弧形，灰缝成放射状。

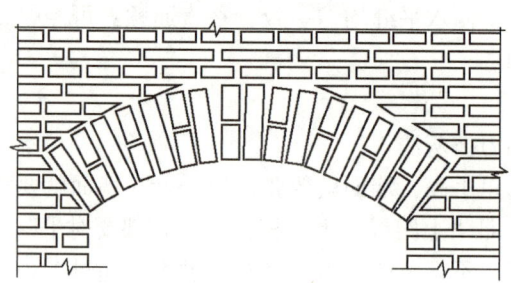

图 7-17 弧拱式过梁

7.3.8 砖墙面勾缝

①勾缝前清除墙面粘结的砂浆、泥浆和杂物，并洒水湿润。脚手眼内也应清理干净，洒水湿润，并用与原墙相同的砖补砌严密。

②墙面勾缝应采用加浆勾缝，宜用细砂拌制的 1:1.5 水泥砂浆。砖内墙也可采用原浆勾缝，但必须随砌随勾缝，并使灰缝光滑密实。

③砖墙勾缝宜采用凹缝或平缝，凹缝深度一般为 4~5mm。

④墙面勾缝应横平竖直、深浅一致、搭接平整并压实抹光，不得出现丢缝、开裂和粘结不牢等现象。

⑤勾缝完毕应清扫墙面。

7.3.9 砖砌体的尺寸允许偏差

砖砌体的尺寸允许偏差，应符合表 7-4 的规定。

表 7-4 砖砌体的尺寸允许偏差

序号	项目		允许偏差/mm			检验方法
			基础	墙	柱	
1	轴线位移		10	10	10	用经纬仪复查或检查施工测量记录
2	基础顶面和楼面标高		±15	±15	±15	用经纬仪复查或检查施工测量记录
3	墙面垂直度	每层	—	5	5	用2m托线板检查
		全高 小于或等于10	—	10	10	用经纬仪或吊线和尺检查
		全高 大于10	—	20	20	
4	表面平整度	清水墙、柱	—	5	5	用2m直尺和楔形塞尺检查
		混水墙、柱	—	8	8	
5	水平灰缝平直度	清水墙	—	7	—	拉10m线和尺检查
		混水墙	—	10	—	
6	水平灰缝厚度（10皮砖累计数）		—	±8	—	与皮数杆比较，用尺检查
7	清水墙游丁走缝		—	20	—	吊线和尺检查，以每层第一皮砖为准
8	外墙上下窗口偏移		—	20	—	用经纬仪或吊线检查以底层窗口为准
9	门窗洞口宽度（后塞口）		—	±5	—	用尺检查

7.4 石砌体工程

7.4.1 砌筑用石

砌筑用石分毛石和料石。毛石又分乱毛石（指形状不规则的石块）、平毛石（指形状不规则，但有两个面大致平行的石块）。毛石砌体所用的毛石应呈块状，其中部厚度不宜小于150mm。

料石按其加工面的平整程度分为细料石、半细料石、粗料石和毛料石四种。料石各面的加工要求，见表7-5。料石加工的允许偏差也要符合相关规定。料石的宽度、厚度均不宜小于200mm，长度不宜大于厚度的4倍。

表 7-5 料石各面的加工要求

序号	料石种类	外露面及相接周边的表面凹入深度	叠砌面和接砌面的表面凹入深度
1	细料石	不大于2mm	不大于10mm
2	半细料石	不大于10mm	不大于15mm
3	粗料石	不大于20mm	不大于20mm
4	毛料石	稍加修整	不大于25mm

7.4.2 砌筑用砂浆

①配制砌筑砂浆时，各组分材料应采用质量计量，水泥及各种外加剂配料的允许偏差为±2%；砂、粉煤灰、石灰膏等配料的允许偏差为±5%。

②砌筑砂浆应采用机械搅拌，搅拌时间自投料完起算应符合下列规定：

a. 水泥砂浆和水泥混合砂浆不得少于120s。

b. 水泥粉煤灰砂浆和掺用外加剂的砂浆不得少于180s。

c. 掺加增塑剂的砂浆，其搅拌方式、搅拌时间应符合行业标准《砌筑砂浆增塑剂》（JG/T 164—2004）的有关规定。

d. 干混砂浆及加气混凝土砌块专用砂浆宜按掺用外加剂的砂浆确定搅拌时间或按产品说明书采用。

③现场拌制的砂浆应随拌随用，拌制的砂浆应在3h内使用完毕；当施工期间最高气温超过30℃时，应在2h内使用完毕。预拌砂浆及蒸压加气混凝土砌块专用砂浆的使用时间应按照厂方提供的说明书确定。

④砌体结构工程使用的湿拌砂浆，除直接使用外必须贮存在不吸水的专用容器内，并根据气候条件采取遮阳、保温、防雨雪等措施，砂浆在贮存过程中严禁随意加水。

7.4.3　石砌体的施工

1. 铺筑面准备

对开挖成形的岩基面，在砌石开始之前应将表面已松散的岩块剔除，具有光滑表面的岩石须人工凿毛，并清除所有岩屑、碎片、砂、泥等杂物。对于水平施工缝，一般要求在新一层砌筑前凿去已凝固的浮浆，并进行清扫、冲洗，使新旧砌体紧密结合。对于竖向施工缝，在恢复砌筑时，必须进行凿毛、冲洗处理。

2. 选料

建筑工程所用石料，应是质地均匀、没有裂缝、没有明显风化迹象且不含杂质的坚硬石料。在天气严寒地区使用的石料，还要求具有一定的抗冻性以及其他性能，具体的技术性能指标见表7-6。

表7-6　各种石材的技术性能指标

石材种类	密度/(kg/m³)	抗拉强度/MPa
花岗石	2500~2700	120~250
石灰岩	1800~2600	22~140
砂岩	2400~2600	47~140

3. 铺（座）浆

砌石用的砂浆一般与砌砖工程中采用的砂浆相同，但由于岩块吸水性小，所以砂浆稠度应比砌砖砂浆为小。

砌筑砂浆的品种和强度等级应符合设计要求。砂浆的稠度宜为3~5cm，雨期或冬期稠度应小一些，在暑期或干燥气候情况下，稠度可大些。

对于毛石砌体，由于砌筑面参差不齐，必须逐块座浆、逐块安砌，在操作时还必须认真调整，务必使座浆密实，以免形成空洞。

对砌石坝，水泥砂浆的铺浆厚度宜为设计灰缝厚度的1.5倍，从而使石料安砌后有一定的下沉余地，有利于灰缝密实。小石子砂浆或细石混凝土的铺浆厚度为设计灰缝厚度的1.3倍。铺浆后须经人工稍加平整，并剔除超径凸出的集料，然后摆放石料。对于毛石砌体，座浆厚度约 8cm，以盖住凹凸不平的层面为度。座浆一般只宜比砌石超前 0.5~1m，座浆应与砌筑相配合。

4. 安放石料

把洗净的湿润石料安放在座浆面上，用铁锤敲击石面，以使座浆开始溢出为度。石料之间的砌缝宽度应严格控制，采用水泥砂浆砌筑时，毛石的灰缝厚度一般为 2~4cm，料石的灰缝厚度为 0.5~2cm；采用细石混凝土砌筑时，一般为所用集料最大粒径的 2~2.5 倍。安放石料时应注意不能产生细石架空现象。

5. 竖缝灌浆

安放石料后，应及时进行竖缝灌浆。一般灌浆与石面齐平，水泥砂浆用捣插棒捣实，细石混凝土用插入式振捣器振捣，振实后缝面下沉，待上层摊铺座浆时一并填满。

6. 振捣

水泥砂浆常用钢筋捣插棒或竹片捣棒人工捣插的方法。细石混凝土一般采用 1.1kW 的插入式振动器振捣 20~30s，以混凝土不冒气泡并开始泛浆为度。应注意对角缝的振捣，防止重振或漏振。每一层铺砌完工 24~36h 后（视气温及水泥种类、胶结材料强度等级而定），即可冲洗，准备上一层的铺砌。

7.5 混凝土小型空心砌块砌体工程

7.5.1 混凝土小型空心砌块

普通混凝土小型空心砌块是以水泥、砂、碎石或卵石、水等预制而成的。普通混凝土小型空心砌块主规格尺寸为 390mm×190mm×190mm，有两个方形孔，最小外壁厚应不小于 30mm，最小肋厚应不小于 25mm，空心率应不小于 25%，如图 7-18 所示。其他的普通混凝土小型空心砌块的规格尺寸见表 7-7。

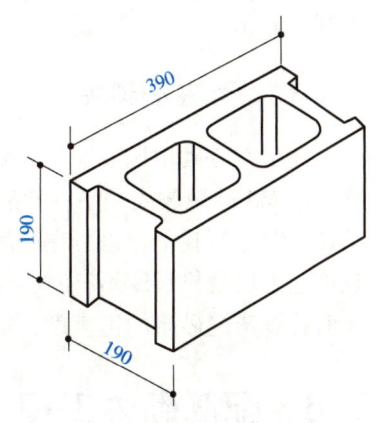

图 7-18 混凝土小型空心砌块

表 7-7 普通混凝土小型空心砌块的规格尺寸 （单位：mm）

砌块名称	外形尺寸			最小壁、肋厚度
	长	宽	高	
主规格砌块	390	190	190	30
辅助规格砌块	290	190	190	30
	190	190	190	30
	90	190	190	30

普通混凝土小型空心砌块按其强度分为 MU3.5、MU5、MU7.5、MU10、MU15 和 MU20 六个强度等级。普通混凝土小型空心砌块按其尺寸偏差、外观质量分为优等品、一等品和合格品。普通混凝土小型空心砌块的尺寸允许偏差应符合相关规范规定。

7.5.2 混凝土小型空心砌块砌体

①对室内地面以下的砌体，应采用普通混凝土小砌块和不低于 M5 的水泥砂浆。

②五层及五层以上民用建筑的底层墙体，应采用不低于 MU5 的混凝土小砌块和 M5 的砌筑砂浆。

③施工采用的小砌块的产品龄期不应小于 28d。

④小砌块砌筑应从转角或定位处开始，内外墙同时砌筑，纵横墙交错搭接。外墙转角处应使小砌块隔皮露端面；T 字交接处应使横墙小砌块隔皮露端面，纵墙在交接处改砌两块辅助规格小砌块（尺寸为 290mm×190mm×190mm，一头开口），所有露端面用水泥砂浆抹平。

⑤砌筑一般采用"披灰挤浆"，先用瓦刀在砌块底面的周肋上满披灰浆，铺灰长度不得超过 800mm，再在待砌的砌块端头满披头灰，然后双手搬运砌块，进行挤浆砌筑。

⑥小砌块墙体应对孔错缝搭砌，搭接长度不应小于 90mm。

⑦所有露端面用水泥砂浆抹平。

⑧当空心砌块墙的十字交接处无芯柱时，在交接处应砌一孔半砌块，隔皮相互垂直相交，其半孔应在中间。当该处有芯柱时，在交接处应砌三孔砌块，隔皮相互垂直相交，中间孔相互对正。

7.5.3 新型空心砌块

新型空心砌块比普通的混凝土空心砌块的性能有所优化。砌块的施工步骤为：将第一皮砌块用 M5 砂浆放线找平，然后干垒，干垒时每隔 3～7 皮砌块用砂浆放线找平一次，可沿横向灰缝进行找平，也可在砌块顶部凹槽的钢筋混凝土带上用细石混凝土放线调平。当墙体长度与砌块规格长度不符时，可用连接片调节砌块长度，以满足墙体长度的要求。粉刷时应及时检查灰缝砂浆的饱满度，如不满足要求应增加粉刷压力或改变砂浆的稠度。

7.6 配筋砌体工程

7.6.1 面层和砖组合砌体

面层和砖组合砌体有组合砖柱、组合砖垛和组合砖墙，如图 7-19 所示。

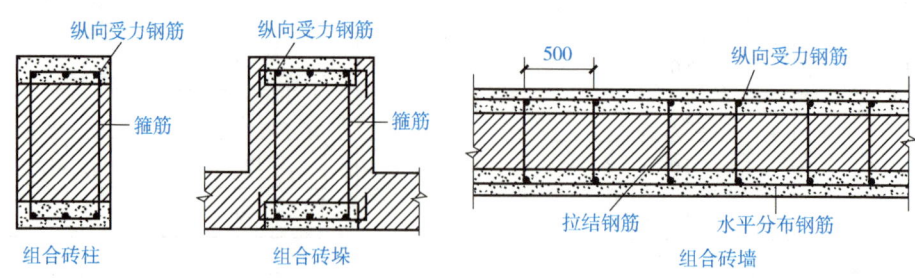

图 7-19　面层和砖组合砌体

面层和砖组合砌体应按下列顺序施工：

①砌筑砖砌体，同时按照箍筋或拉结钢筋的竖向间距，在水平灰缝中铺置箍筋或拉结钢筋。

②将纵向受力钢筋与箍筋绑牢，在组合砖墙中，将纵向受力钢筋与拉结钢筋绑牢，将水平分布钢筋与纵向受力钢筋绑牢。

③在面层部分的外围分段支设模板，每段支模高度宜在500mm以内，浇水润湿模板及砖砌体面层，分层浇灌混凝土或砂浆，并用捣棒捣实。

④待面层混凝土或砂浆的强度达到其设计强度的30%以上，方可拆除模板。如有缺陷应及时修整。

7.6.2 构造柱和砖组合砌体

构造柱和砖组合墙的施工程序为先砌墙后浇混凝土构造柱。构造柱施工程序为：绑扎钢筋、砌砖墙、支模板、浇混凝土、拆模。

①构造柱的模板可用木模板或组合钢模板。在每层砖墙及其马牙槎砌好后，应立即支设模板，模板必须与所在墙的两侧严密贴紧，支撑牢靠，防止模板缝漏浆。

②构造柱的底部（圈梁面上）应留出2皮砖高的孔洞，以便清除模板内的杂物，清除后封闭。

③构造柱浇灌混凝土前，必须将马牙槎部位和模板浇水湿润，将模板内的落地灰、砖渣等杂物清理干净，并在结合面处注入适量与构造柱混凝土强度等级相同的去石水泥砂浆。

④构造柱的混凝土坍落度宜为50~70mm，石子粒径不宜大于20mm。混凝土随拌随用，拌和好的混凝土应在1.5h内浇灌完。构造柱的混凝土浇灌可以分段进行，每段高度不宜大于2.0m。

⑤构造柱的混凝土浇灌可以分段进行，每段高度不宜大于2.0m。在施工条件较好并能确保混凝土浇灌密实时，也可每层一次浇灌。

⑥捣实构造柱混凝土时，宜用插入式混凝土振动器，应分层振捣，振动棒随振随拔，每次振捣层的厚度不应超过振捣棒长度的1.25倍。振捣棒应避免直接碰触砖墙，严禁通过砖墙传振。钢筋的混凝土保护层厚度宜为20~30mm。

⑦构造柱与砖墙连接的马牙槎内的混凝土必须密实饱满。

⑧构造柱从基础到顶层必须垂直，对准轴线。在逐层安装模板前，必须根据构造柱轴线随时校正竖向钢筋的位置和垂直度。

7.6.3 网状配筋砖砌体

网状配筋砖砌体有配筋砖柱、砖墙，即在烧结普通砖砌体的水平灰缝中配置钢筋网，如图7-20所示。具体的施工工艺如下：

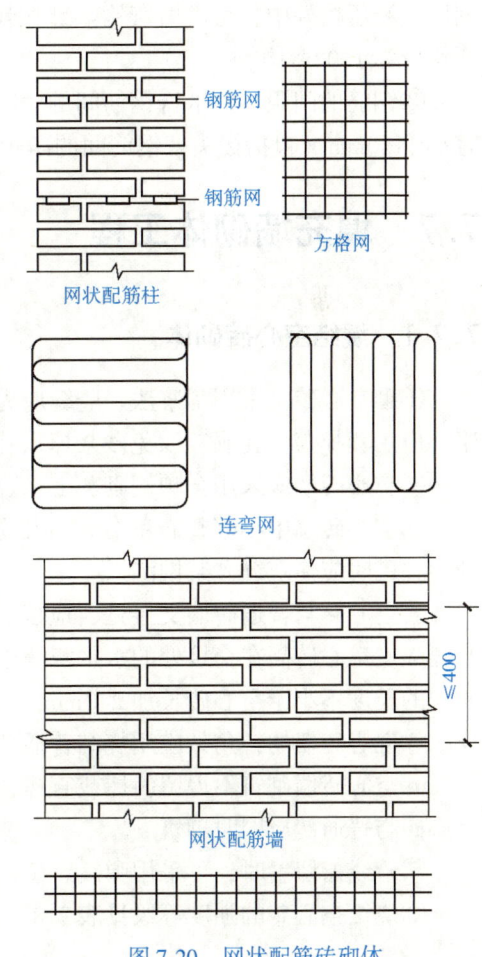

图7-20 网状配筋砖砌体

①钢筋网应按设计规定制作成型。

②砖砌体部分与常规方法砌筑相同。在配置钢筋网的水平灰缝中，应先铺一半厚的砂浆层，放入钢筋网后再铺一半厚砂浆层，使钢筋网居于砂浆层厚度中间。钢筋网四周应有砂浆保护层。

③配置钢筋网的水平灰缝厚度：当用方格网时，水平灰缝厚度为 2 倍钢筋直径加 4mm。当用连弯网时，水平灰缝厚度为钢筋直径加 4mm。确保钢筋上下各有 2mm 厚的砂浆保护层。

④网状配筋砖砌体外表面宜用 1∶1 水泥砂浆勾缝或进行抹灰。

7.6.4 配筋砌块砌体

配筋砌块砌体施工前，应按设计要求，将所配置钢筋加工成型，堆置于配筋部位的近旁。砌块的砌筑应与钢筋设置互相配合。砌块的砌筑应采用专用的小砌块砌筑砂浆和专用的小砌块灌孔混凝土。

①钢筋的接头。钢筋直径大于 22mm 时宜采用机械连接接头，其他直径的钢筋可采用搭接接头。

②钢筋的弯钩。钢筋骨架中的受力光面钢筋，应在钢筋末端做弯钩，在焊接骨架、焊接网以及受压构件中，可不做弯钩；绑扎骨架中的受力变形钢筋，在钢筋的末端可不做弯钩。弯钩应为 180°弯钩。

③钢筋的间距。两平行钢筋间的净距不应小于 25mm；柱和壁柱中的竖向钢筋的净距不宜小于 40mm（包括接头处钢筋间的净距）。

7.7 填充墙砌体工程

7.7.1 烧结空心砖砌体

①砌空心砖宜采用刮浆法。竖缝应先批砂浆后再砌筑。当孔洞呈垂直方向时，水平铺砂浆，应用套板盖住孔洞，以免砂浆掉入孔洞内。

②空心砖墙应采用全顺侧砌，上下皮竖缝相互错开 1/2 砖长。

③空心砖墙中不够整砖部分，宜用无齿锯加工制作非整砖块，不得用砍凿方法将砖打断。补砌时应使灰缝砂浆饱满。

④空心砖与普通砖墙交接处，应以普通砖墙引出不小于 240mm 长与空心砖墙相接，并与隔 2 皮空心砖高在交接处的水平灰缝中设置 2ϕ6mm 钢筋作为拉结筋，拉结钢筋在空心砖墙中的长度不小于空心砖长加 240mm。

⑤空心砖墙的转角处应用烧结普通砖砌筑，砌筑长度角边不小于 240mm。

⑥空心砖墙砌筑不得留斜槎或直槎，中途停歇时，应将墙顶砌平。在转角处和交接处，空心砖与普通砖应同时砌筑。

⑦管线槽留置时，可采用弹线定位后用开槽机开槽，不得采用斩砖预留槽的方法。

⑧烧结空心砖的强度等级见表 7-8。

表 7-8　烧结空心砖的强度等级

强度等级	抗压强度/MPa		
	抗压强度平均值 $f \geqslant$	变异系数 $\delta \leqslant 0.21$ 强度标准值 $f_k \geqslant$	变异系数 $\delta > 0.21$ 单块最小抗压强度值 $f_{min} \geqslant$
MU10.0	10.0	7.0	8.0
MU7.5	7.5	5.0	5.8
MU5.0	5.0	3.5	4.0
MU3.5	3.5	2.5	2.8

7.7.2　蒸压加气混凝土砌块砌体

①基层处理。将砌筑加气混凝土砌块墙体根部的混凝土梁、柱的表面清扫干净，用砂浆找平、拉线，用水平尺检查其平整度。

②根据排列图纸及砌块尺寸、灰缝厚度制作皮数杆，并立于墙的两端，两相对皮数杆的同皮标志处之间拉准线，在砌筑位置放出墙身边线。同时，蒸压加气混凝土砌块规格尺寸应符合表 7-9 规定。

表 7-9　蒸压加气混凝土砌块规格尺寸　　　　　　　　　　（单位：mm）

长度 L	宽度 B	高度 H
600	100、120、125 150、180、200 240、250、300	200、240、250、300

③砌筑前，应对砌块外观质量进行检查，尽可能选用规格标准砌块，少用辅助规格和异型砌块，禁止用断裂砌块。

④灰缝应横平竖直，砂浆饱满。水平灰缝厚度不得大于 15mm。竖向灰缝宜用内外临时夹板夹住后灌缝，其宽度不得大于 20mm。

⑤砌块墙的转角处，应隔皮纵、横墙砌块同时相互搭砌。砌块墙的 T 字交接处，应使横墙砌块隔皮端面露头。

⑥砌到接近上层梁、板底时，宜用烧结普通砖斜砌挤紧，砖倾斜角度为 60°左右，砂浆应饱满。

⑦墙体洞口上部应放置 2 根直径 6mm 钢筋，伸过洞口两边的长度，每边不应小于 500mm。

7.8　砌体结构冬期和雨期施工

7.8.1　砌体结构冬期施工

1. 冻结法

冻结法是指采用不掺有化学外加剂的普通水泥砂浆或水泥混合砂浆进行砌筑，砌体砌筑完毕后，不需加热保温等附加措施的一种冬期施工方法。

2. 氯盐外加剂法

掺入氯盐（氯化钠、氯化钙）的水泥砂浆、水泥混合砂浆称为氯盐砂浆，采用这种砂浆砌筑砌体的方法称为氯盐外加剂法。

3. 暖棚法

暖棚法砌筑多用于较寒冷地区的地下工程和基础工程的砌体砌筑。

7.8.2　砌体结构雨期施工

①雨期施工的工作面不宜过大，应逐段、逐区域地分期施工。

②雨期施工前，应对施工场地原有排水系统进行检修疏通或加固，必要时应增加排水措施，保证水流畅通；另外，还应防止地面水流入场地内；在傍山、沿河地区施工，应采取必要的防洪措施。

③基础坑边要设挡水埝，防止地面水流入。基坑内设集水坑并配足水泵。坡道部分应备有临时挡水措施（如草袋挡水）。

④基坑挖完后，应立即浇筑好混凝土垫层，防止雨水泡槽。

⑤基础护坡桩距既有建筑物较近者时，应随时测定位移情况。

⑥控制砌体含水率，不得使用过湿的砌块，以避免砂浆流淌，影响砌体质量。

⑦确实无法施工时，可留接槎缝，但应做好接缝的处理工作。

⑧施工过程中，考虑足够的防雨应急材料，如人员配备雨衣、电气设备配置挡雨板、成形后砌体的覆盖材料（如油布、塑料薄膜等）。尽量避免砌体被雨水冲刷，以免砂浆被冲走，影响砌体的质量。

7.9　砌体工程的质量控制与安全技术措施

7.9.1　砌体工程的质量控制

1. 砌筑砂浆

①同一验收批砂浆试块强度平均值应大于或等于设计强度等级值的1.10倍。

②同一验收批砂浆试块抗压强度的最小一组平均值应大于或等于设计强度等级值的85%。

抽检数量：每一检验批且不超过250m³砌体的各类、各强度等级的普通砌筑砂浆，每台搅拌机应至少抽检一次。验收批的预拌砂浆、蒸压加气混凝土砌块专用砂浆，抽检可为3组。

检验方法：在砂浆搅拌机出料口或在湿拌砂浆的贮存容器出料口随机取样制作砂浆试块（现场拌制的砂浆，同盘砂浆只作1组试块），试块标养28d后进行强度试验。预拌砂浆中的湿拌砂浆稠度应在进场时取样检验。

2. 砌砖工程

①砖砌体组砌方法应正确，内外搭砌，上、下错缝。清水墙、窗间墙无通缝；混水墙中

不得有长度大于 300mm 的通缝，长度 200～300mm 的通缝每间不超过 3 处，且不得位于同一面墙体上。砖柱不得采用包心砌法。

抽检数量：每检验批抽查不应少于 5 处。

检验方法：观察检查。砌体组砌方法抽检每处应为 3～5m。

②砖砌体的灰缝应横平竖直，厚薄均匀，水平灰缝厚度及竖向灰缝宽度宜为 10mm，但不应小于 8mm，也不应大于 12mm。

抽检数量：每检验批抽查不应少于 5 处。

检验方法：水平灰缝厚度用尺量 10 皮砖砌体高度折算；竖向灰缝宽度用尺量 2m 砌体长度折算。

3. 砌块工程

①小砌块和芯柱混凝土、砌筑砂浆的强度等级必须符合设计要求。

②砌体水平灰缝和竖向灰缝饱满度，按净面积计算不得低于 90%。

③墙体转角处和纵横墙交接处应同时砌筑。临时间断处应砌成斜槎，斜槎水平投影长度不应小于斜槎高度。施工洞口可预留直槎，但在洞口砌筑和补砌时，应在直槎上下搭砌的小砌块孔洞内用强度等级不低于 C20 的混凝土灌实。

7.9.2 砌体工程的安全技术措施

①不准站在墙顶上做画线、刮缝及清扫墙面或检查大角垂直等工作。

②脚手架下的基土应夯实，搭设稳固，并有可靠的防雷接地措施。

③在操作之前必须检查操作环境是否符合安全要求，道路是否畅通，机具是否完好牢固，安全设施和防护用品是否齐全，经检查符合要求后方可施工。

④砌筑基础时，应检查和经常注意基坑土质变化情况，有无崩裂现象。堆放砌筑材料应离开坑边 1m 以上。当深基坑装设挡土板或支撑时，操作人员应设梯子上下，不得攀跳。运料不得碰撞支撑，也不得踩踏砌体和支撑上下。

⑤墙身砌体高度超过地坪 1.2m 以上时，应搭设脚手架。在一层以上或高度超过 4m 时，采用里脚手架必须支搭安全网；采用外脚手架应设护身栏杆和挡脚板后方可砌筑。

⑥脚手架上堆料量不得超过规定荷载，堆砖高度不得超过 3 皮侧砖，同一块脚手板上的操作人员不应超过两人。

⑦砍砖时应面向内打，防止碎砖跳出伤人。

第8章 混凝土工程及预应力混凝土工程

8.1 混凝土材料和技术性能

8.1.1 混凝土材料一般要求与规定

1. 水泥

对水泥的要求主要体现在水泥品种及强度等级，通用水泥品种与强度等级应根据设计、施工要求以及工程所处环境确定。如在普通气候环境中的混凝土，可以优先选用普通硅酸盐水泥；在高湿度环境中或永远处在水下的混凝土，就要优先选用矿渣硅酸盐水泥；而厚大体积的混凝土则优先选用粉煤灰硅酸盐水泥或者矿渣硅酸盐水泥。

2. 碎石、卵石

制备混凝土拌合物时，宜选用粒形良好、质地坚硬、颗粒洁净的碎石或卵石。碎石或卵石宜采用连续粒级，也可用单粒级组合成满足要求的连续粒级。

①混凝土用的碎石或卵石，其最大颗粒粒径不得超过构件截面最小尺寸的1/4，且不得超过钢筋最小净间距的3/4。

②对实心混凝土板，碎石或卵石的最大粒径不宜超过板厚的1/3，且不得超过40mm。

③泵送混凝土用碎石的最大粒径不应大于输送管内径的1/3，卵石的最大粒径不应大于输送管内径的2/5。

3. 砂

制备混凝土拌合物时，宜选用级配良好、质地坚硬、颗粒洁净的天然砂、人工砂和混合砂。配制混凝土时宜优先选用Ⅱ区砂。当采用Ⅱ区砂时，应提高砂率，并保持足够的水泥用量，以满足混凝土的和易性。当采用Ⅲ区砂时，宜适当降低砂率，以保证混凝土强度。当采用特细砂时，应符合相应的规定。配制泵送混凝土时，宜选用中砂。使用海砂时，其质量指标应符合行业标准《海砂混凝土应用技术规范》（JGJ 206—2010）的规定。

4. 外加剂

对外加剂的使用要求主要体现在外加剂的性能指标方面，如减水率、泌水率比、含气量、凝结时间之差、1h经时变化量抗压强度比、收缩率比和相对耐久性，同时还包括一些匀质性指标。这些指标都要符合相关设计规范中的规定。

8.1.2 混凝土技术性能

1. 混凝土的强度

按照国家标准《混凝土结构设计规范》（GB 50010—2010）（2015年版），混凝土强度等级应该按立方体抗压强度标准值进行确定。立方体抗压强度标准值指的是按标准方法制作和养护的边长为150mm的立方体试件，采用28d龄期用标准试验方法测得的具有95%保证率的抗压强度，以f_{ck}表示。混凝土强度等级是混凝土结构设计、施工质量控制和工程验收工作的重要依据。不同的建筑工程及建筑部位需要采用不同强度等级的混凝土，一般有一定的选用范围和标准。

2. 混凝土的变形性能

混凝土的变形性能主要表现在化学变形、干湿变形、温度变形、荷载作用下的变形。

①化学变形。混凝土在硬化的过程中，由于水泥水化产物的体积小于反应物（水泥与水）的体积，结果导致混凝土在硬化时产生收缩，称为化学变形。

②干湿变形。混凝土由周围环境湿度的变化会产生干缩湿胀变形等现象。

③温度变形。在混凝土凝结硬化初期，由于水泥水化放出的水化热不易散发而聚集在内部，从而造成混凝土内外温差很大，导致混凝土出现变形。

④荷载作用下的变形。主要分为混凝土在短期荷载作用下的变形以及混凝土在长期荷载作用下的变形。

3. 混凝土的耐久性

混凝土的耐久性指的是混凝土在使用环境下，抵抗各种物理和化学作用破坏的能力。混凝土的耐久性会直接影响结构物的安全和使用性能。耐久性主要包括抗渗性、抗冻性、抗化学侵蚀性和碱骨料反应等。

8.1.3 混凝土配合比

混凝土配合比是指混凝土各组成材料之间用量的比例关系。一般按质量计，以水泥质量为1，以水泥:砂:石子和水灰比来表示。混凝土配合比设计依据如下：

①混凝土拌合物工作性能，如坍落度、扩展度、微薄稠度等。

②混凝土力学性能，如抗压强度、抗折强度等。

③混凝土耐久性能，如抗渗、抗冻、抗侵蚀等。

8.2 混凝土工程施工相关计算

8.2.1 混凝土配合比计算

1. 确定配制强度

$$f_{cu,0} = f_{cu,k} + t\sigma \tag{8-1}$$

式中 $f_{cu,0}$——混凝土试配强度（MPa）；

$f_{cu,k}$——混凝土立方体抗压强度标准值（MPa）（由设计或有关标准提供）；

t——当强度保证率为95%时，取1.645；

σ——混凝土强度标准差，无统计资料计算时，按国家现行相关标准取用。

2. 确定水灰比

$$f_{ce} = \gamma_c f_{ce,g} \tag{8-2}$$

式中 f_{ce}——水泥28d抗压强度实测值（MPa）；

γ_c——水泥强度等级值的富余系数,按实际统计资料统计,取 1.13;

$f_{ce,g}$——水泥强度等级值(MPa)。

$$W/C = Af_{ce}/(f_{cu,0} + ABf_{ce}) \tag{8-3}$$

式中 W/C——水灰比;

A,B——回归系数。

3. 计算每立方米水泥用量

$$m_c = m_{w0} \times C/W \tag{8-4}$$

式中 m_{w0}——计算配合比每立方米混凝土中的用水量(kg/m³);

m_c——掺外加剂前水泥用量(kg/m³)。

由于粉煤灰的用量为水泥用量的15%,所以水泥的用量为

$$m_{c0} = m_c \times (1 - 0.15)$$

式中 m_{c0}——掺外加剂后,粉煤灰替代部分水泥后水泥用量(kg/m³)。

4. 每立方米外加剂掺量

外加剂掺量为胶凝材料质量的1.1%,即

$$m_a = (m_c + m_{f0}) \times A\% \tag{8-5}$$

式中 m_a——外加剂用量(kg/m³);

m_{f0}——计算配合比每立方米混凝土中矿物掺合料用量(kg/m³)。

5. 混凝土最大水灰比和最小水泥用量

如计算水灰比值大于表 8-1 中规定的最大水灰比值时,则取表中规定的最大水灰比值。

表 8-1 混凝土最大水灰比和最小水泥用量

混凝土所处的环境条件	最大水灰比	最小水泥用量/(kg/m³)			
		普通混凝土		轻骨料混凝土	
		配筋	无筋	配筋	无筋
不受雨雪影响的混凝土	不做规定	250	200	250	225
①受雨雪影响的露天混凝土 ②位于水中及水位升降范围内的混凝土 ③在潮湿环境中的混凝土	0.70	250	225	275	250
①寒冷地区水位升降范围内的混凝土 ②受水压作用的混凝土	0.65	275	250	300	275
严寒地区水位升降范围内的混凝土	0.6	300	275	325	300

8.2.2 砂石堆体积计算

棱台体体积计算(图 8-1)

$$V = \frac{h}{3}(A_1 + A_2 + \sqrt{A_1 A_2}) \tag{8-6}$$

式中 V——砂、石子堆体积(m³);

h——砂、石子堆高度(m);

A_1,A_2——砂、石子堆上底面积和下底面积(m²)。

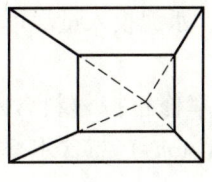 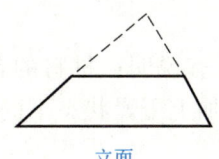 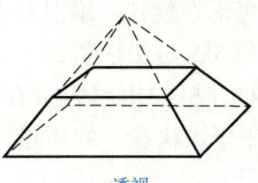

平面　　　　　　　　立面　　　　　　　　透视

图 8-1　四棱台

外形大都不是正规堆积的，只是使上、下底面保持平行，四个侧面为梯形的六面体，其侧棱的延长线并不交于一点，如图 8-2 所示，上、下两个面也不一定相似，这种形体称为拟柱体（梯形体），其堆积体积计算是先将梯形体切成中间矩形体、四边三棱柱、四角四棱锥，将它们相加按下式计算：

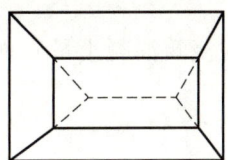 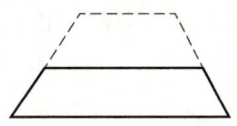 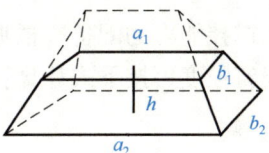

图 8-2　拟柱体（梯形体）

$$V = \frac{h}{6}(A_1 + A_2 + 4A_0) \tag{8-7}$$

式中　A_0——砂、石子堆中截面（$h/2$ 处）面积；

A_1，A_2——$A_1 = a_1 b_1$；$A_2 = a_2 b_2$。

8.2.3　混凝土施工骨料含水率的测定及调整计算

根据理论计算和试拌调整所确定的混凝土配合比为理论配合比，其骨料采用干燥状态的砂、石料，而现场实际砂、石料并非干燥的，因此在实际施工中，应视现场骨料的含水状况来进行修正，使其调整后成为施工配合比。

施工现场砂含水率计算：

$$\omega = \frac{W - W_0(1 - \omega_0)}{W_0(1 - \omega_0)} \tag{8-8}$$

式中　ω——现场砂含水率；

ω_0——原砂含水率；

W_0——某一容器中原砂质量；

W——某一容器中现场砂质量。

设混凝土理论配合比为：水泥∶砂∶石子 = 16∶x∶y，水灰比为 W/C，并测得砂的含水率为 ω_x，石料含水率为 ω_y，则混凝土施工配合比为

$$1 : x(1 + \omega_x) : y(1 + \omega_y) \tag{8-9}$$

实际上，现场砂和石料的含水率随气候的变化而变化，因此在施工中必须要经常测定其含水率，及时调整混凝土配合比，准确控制原材料用量，确保混凝土质量。

8.2.4　混凝土拌制投料量及掺外加剂用量计算

混凝土拌制投料量应根据混凝土搅拌机出料容量和粗细骨料的实际含水率进行修正而

定,同时应考虑在搅拌一罐混凝土时,省去水泥的配零工作量;水泥投入量尽可能以整袋水泥计,或按每5kg进级取整数。

混凝土搅拌机的出料容量在铭牌上有说明;材料的含水率修正按材料含水时的质量(m_h)应等于干燥状态下的质量(m_d)加上干燥状态下的质量(m_d)与含水率(ω)的乘积,按下式计算:

$$m_h = (1 + \omega) m_d \tag{8-10}$$

混凝土掺外加剂用量计算的步骤是:先按外加剂掺量求纯外加剂用量,再根据已知浓度外加剂,求实际浓度外加剂用量,然后计算配成水溶液后的每袋水泥的溶液掺量及扣除溶液含水量后的加水量。

8.2.5 混凝土浇筑强度及时间计算

混凝土搅拌能力的配备应根据混凝土浇筑强度(即每小时浇筑混凝土量)而定,混凝土的最大浇筑强度可按下式计算:

$$Q = \frac{Fh}{t} = \frac{Fh}{t_1 - t_2} \tag{8-11}$$

混凝土浇筑需要时间按下式计算:

$$T = \frac{V}{Q} \tag{8-12}$$

式中 Q——混凝土的最大浇筑强度(m^3/h);
  F——混凝土最大水平浇筑截面面积(m^2);
  h——混凝土分层浇筑厚度,一般取$0.2 \sim 0.4m$;
  t——每层混凝土浇筑时间(h);
  t_1——水泥的初凝时间(h);
  t_2——混凝土的运输时间(h);
  T——全部混凝土浇筑完毕需要的时间(h);
  V——全部混凝土浇筑量(m^3)。

8.2.6 泵送混凝土施工计算

混凝土输送泵车需用台数(N_1)可按下式计算:

$$N_1 = \frac{Q}{Q_1 T_0} \tag{8-13}$$

式中 Q——混凝土浇筑体积量(m^3);
  Q_1——每台混凝土泵的实际平均输出量(m^3/h);
  T_0——混凝土泵送计划施工作业时间(h)。

每台混凝土输送泵车需配备混凝土搅拌运输车台数(N_2)可按下式计算:

$$N_2 = \frac{Q_1}{V}\left(\frac{L}{S} + T_t\right) \tag{8-14}$$

式中 N_2——混凝土搅拌运输车台数(台);
  Q_1——每台混凝土泵的实际平均输出量(m^3/h);

V——每台混凝土搅拌运输车的容量（m³）；

S——混凝土搅拌运输车平均行车速度（km/h）；

L——混凝土搅拌运输车往返距离（km）；

T_t——每台混凝土搅拌运输车总计停歇时间（h）。

混凝土泵数量按下式计算：

$$n_2 = \frac{q_n}{q_m} T \tag{8-15}$$

式中 T——全部混凝土浇筑完毕需要的时间（h）；

q_n——混凝土浇筑数量（m³/h）；

q_m——泵车计划排量（m³/h）；

n_2——混凝土泵数量。

8.2.7 混凝土强度的换算

混凝土强度的换算是施工中经常遇到的技术问题，如已知混凝土的 nd 强度，需要推算出 28d 标准龄期强度或另一个龄期的强度等；或已知标准养护 28d 龄期的强度，需要推算出 nd 龄期的强度等。由大量试验可知，混凝土强度增长情况大致与龄期的对数成正比例关系，其关系式如下：

$$f(n) = f(28) \frac{\lg n}{\lg 28} \tag{8-16}$$

$$f(28) = \frac{f(n) \lg 28}{\lg n} \tag{8-17}$$

式中 $f(n)$——nd 龄期混凝土的抗压强度（N/mm²）；

$f(28)$——28d 龄期混凝土的抗压强度（N/mm²）。

根据上式可由一个已知龄期的混凝土强度换算另一个龄期强度，只适用于在标准养护条件下，而且龄期大于（或等于）3d 的情况。

8.2.8 混凝土温度变形值计算

在温度变化时，混凝土（钢）结构的伸长或缩短的变形值（ΔL）与长度、温差和材料种类有关，可按下式计算：

$$\Delta L = L(t_2 - t_1)\alpha \tag{8-18}$$

式中 ΔL——随温度变化而伸长或缩短的变形值（cm）；

L——结构长度（cm）；

$t_2 - t_1$——温度差（℃）；

α——材料的线胀系数，混凝土为 1.0×8^{-5}，钢材为 12×8^{-6}。

8.2.9 混凝土裂缝控制施工计算

大体积结构（厚度大于 1m）贯穿性或深进的裂缝，主要是由平均降温差和收缩差引起过大温度收缩应力所造成的。混凝土因外约束引起的温度（包括收缩）应力（二维时）可按以下简化公式计算：

$$\sigma = -\frac{E_{(t)}\alpha\Delta T}{1-v}S_{(t)}R \qquad (8\text{-}19)$$

$$\Delta T = T_0 + \frac{2}{3}T_{(t)} + T_{y(t)} - T_h \qquad (8\text{-}20)$$

式中　σ——混凝土的温度（包括收缩）应力（N/mm²）；
　　　ΔT——混凝土的最大综合温差（℃），如为负则为降温；
　　　T_0——混凝土的入模温度（℃）；
　　　T_h——混凝土浇筑后达到稳定时的温度，一般根据历年气象资料取当年平均气温（℃）；
　　　R——混凝土的外约束系数，当为岩石地基时，$R=1$；当为可滑动的垫层时，$R=0$；一般地基取 0.25~0.50；
　　　α——混凝土的线膨胀系数；
　　　$E_{(t)}$——混凝土的最终弹性模量（N/mm²）；
　　　$S_{(t)}$——松弛系数；
　　　$T_{(t)}$——混凝土的水化热绝热温升值（℃）；
　　　$T_{y(t)}$——各龄期（d）混凝土收缩当量温差（℃），负号表示降温；
　　　v——混凝土的泊松比，可采用 0.15~0.20。

当大体积混凝土结构长期裸露在室外（未回填土）时，ΔT 值可按混凝土水化热最高温升值（包括混凝土浇筑入模温度）与当地月平均最低温度之差进行计算。

8.2.10　混凝土蓄水养护温度控制计算

混凝土的表面蓄水深度可按下式计算：

$$h_w = R\lambda_w \qquad (8\text{-}21)$$

如果施工测温时发现，中心温度与表面温度之差大于20℃时，可采取提高水温或调整水深进行处理。蓄水深度可根据不同水温按下式计算调整：

$$h'_w = h_w \frac{T'_b}{T_a} \qquad (8\text{-}22)$$

式中　R——混凝土表面的热阻系数（K/W）；
　　　h_w——混凝土表面的蓄水深度（m）；
　　　λ_w——水的热导率，可以取 0.58W/(m·K)；
　　　h'_w——调整后的蓄水深度（m）；
　　　T'_b——需要蓄水养护温度（℃）；
　　　T_a——大气平均温度（℃）。

8.3　混凝土工程施工

8.3.1　混凝土搅拌

1. 投料顺序

①当无外加剂、混合料时，依次进入上料斗的顺序为：石子→水泥→砂子。

②当掺混合料时，其顺序为：石子→水泥→混合料→砂子。

③当掺干粉外加剂时，其顺序为：石子→水泥→砂子→外加剂。

2. 第一盘混凝土拌制

每次拌制第一盘混凝土时，先加水使搅拌筒空转数分钟，搅拌筒被充分湿润后，将剩余积水倒净。搅拌第一盘时，由于砂浆黏在筒壁而损失。因此，石子的用量应按配合比减去10%。

3. 第二盘

从第二盘开始，按确定的施工混凝土配合比投料。

4. 搅拌时间

混凝土应搅拌均匀，宜采用强制式搅拌机搅拌。混凝土搅拌的最短时间可按表8-2采用，当能保证搅拌均匀时可适当缩短搅拌时间。搅拌强度等级 C60 及以上的混凝土时，搅拌时间应适当延长。

表 8-2 混凝土搅拌的最短时间

混凝土坍落度/mm	搅拌机机型	搅拌机出料量/L		
		<250	250~500	>500
≤40	强制式	60	90	120
>40，且<100	强制式	60	60	90
≥100	强制式	60	60	60

注：1. 混凝土搅拌时间是指全部材料装入搅拌筒中起，到开始卸料止的时间段。
2. 当掺有外加剂与矿物掺合料时，搅拌时间应适当延长。
3. 当采用自落式搅拌机时，搅拌时间宜延长30s。
4. 当采用其他形式的搅拌设备时，搅拌的最短时间也可按设备说明书的规定或经试验确定。

8.3.2 混凝土运输

1. 水平运输

当混凝土为现场拌制时，混凝土浆的水平运输宜优先采用混凝土输送泵或塔式起重机。当采用预拌混凝土时，混凝土浆的水平运输宜采用混凝土罐车和混凝土输送泵。

2. 垂直运输

当混凝土为现场拌制时，混凝土浆的垂直运输宜优先采用混凝土输送泵。当条件受限时，可采用塔式起重机或物料提升机进行混凝土垂直运输；当采用预拌混凝土时，混凝土浆的垂直运输宜采用混凝土输送泵，应合理确定泵管及布料杆的位置。

混凝土从搅拌机内卸料后，应以最少的转载次数和最短时间，从搅拌地点运到浇筑地点。混凝土从搅拌机中卸出到浇筑完毕的延续时间不宜超过表8-3 中的规定。

表 8-3 混凝土从搅拌机中卸出到浇筑完毕的延续时间　　（单位：s）

混凝土强度等级	气温	
	不高于25℃	高于25℃
不高于 C30	120	90
高于 C30	90	60

8.3.3 混凝土浇筑

混凝土应分层浇筑。浇筑层厚度：当采用插入式振动器为振动器作用部分长度的1.25倍；当用表面式振动器时为200mm。

混凝土浇筑时的坍落度应符合表8-4的规定。

表8-4 混凝土浇筑时的坍落度

结构种类	坍落度/mm
基础或地面等的垫层、无配筋的大体积或配筋稀疏的结构	10~30
板、梁和大型及中型截面的柱等	30~50
配筋密列的结构	50~70
配筋特密的结构	70~90

浇筑混凝土时应分层分段进行，浇筑层厚度应根据混凝土供应能力、一次浇筑方量、混凝土初凝时间、结构特点、钢筋疏密综合考虑决定。

在地基上浇筑混凝土前，对地基应事先按设计标高和轴线进行校正，并应清除淤泥和杂物。同时注意排除开挖出来的水和开挖地点的流动水。

8.3.4 混凝土振捣

混凝土应能使模板内各个部位混凝土密实、均匀，不应漏振、欠振、过振等。混凝土振捣可采用插入式振动棒、平板振动棒或附着振动器。其振动的间距、频率应符合相关规定的要求，梁和板同时浇筑混凝土，高度大于1m的梁等结构，可单独浇筑混凝土。

8.3.5 混凝土养护

常温施工混凝土一般采用自然养护，自然养护可分为洒水养护和涂刷养护剂两种方法。

1. 洒水养护

楼板混凝土宜采用铺养护毡浇水养护的方法。应在浇筑后12h以内采取覆盖保湿养护措施，防止脱水、裂缝。养护时间一般不得少于7d，对于有抗渗要求的混凝土，养护时间不得少于14d。养护期间应能保证混凝土始终处于湿润状态。

2. 涂刷养护剂

柱、墙混凝土可采用涂刷养护剂的养护方法。柱、墙混凝土拆模后，立即在混凝土表面涂刷过氯乙烯树脂塑料溶液，溶剂挥发后形成一层塑料薄膜，使混凝土与空气隔绝，阻止水分蒸发，以保证水化作用正常进行。混凝土必须养护至其强度达到1.2N/mm² 以上，才准在上面行人和架设支架、安装模板，但不得冲击混凝土。当日平均气温低于5℃时，不得浇水。

8.3.6 混凝土施工缝及后浇带

混凝土施工缝及后浇带应按下列规定执行：

①应仔细清除施工缝处的垃圾、水泥薄膜、松动的石子以及软弱的混凝土层。对于达到强度、表面光洁的混凝土面层还应加以凿毛，用水冲洗干净并充分湿润，且不得积水。

②要注意调整好施工缝位置附近的钢筋。要确保钢筋周围的混凝土不受松动和损坏,应采取钢筋防锈或阻锈等技术措施进行保护。

③在浇筑前,为了保证新旧混凝土的结合,施工缝处应先铺一层厚度为1~1.5cm的水泥砂浆,其配合比与混凝土内的砂浆成分相同。

④从施工缝处开始继续浇筑时,要注意避免直接向施工缝边投料。机械振捣时,宜向施工缝处渐渐靠近,并距80~100mm处停止振捣,但应保证对施工缝的捣实工作,使其结合紧密。

⑤对于施工缝处浇筑完新混凝土后要加强养护。当施工缝混凝土浇筑后,新浇混凝土在12h以内就应根据气温等条件加盖草帘浇水养护。如果在低温或负温下则应该加强保温,还要覆盖塑料布阻止混凝土水分的散失。

⑥水池、地坑等特殊结构要求的施工缝处理,要严格按照施工图要求和有关规范执行。

⑦承受动力作用的设备基础的水平施工缝继续浇筑混凝土前,应对地脚螺栓进行一次观测校准。

8.3.7 特殊条件下的混凝土施工

1. 雨期混凝土施工

①模板隔离层在涂刷前要及时掌握天气预报,以防止隔离层被雨水冲掉。

②遇到大雨应停止浇筑混凝土,已浇部位应当加以覆盖。浇筑混凝土时应当根据结构情况和可能性,多考虑几道施工缝的留设位置。

③在雨期施工时,应当加强对混凝土粗细骨料含水量的测定,及时调整混凝土的施工配合比。

④在大面积的混凝土浇筑前,要了解2~3d的天气预报,尽量避开大雨。混凝土浇筑现场要预备大量防雨材料,以备浇筑时突然降雨时进行覆盖。

⑤模板支撑下部回填土要夯实,并加好垫板,雨后要及时检查有无下沉。

2. 水下混凝土施工

①麻袋灌注法。将拌好的混凝土装入袋中,袋的一端密封,另一端开口,开口的一端装有对称的铁圈。混凝土装入袋中,即用铁棒穿入铁圈,将麻袋封闭。然后把麻袋缓慢地放入水中,有铁圈端向下,等麻袋到达基坑底部时便抽拉联结铁圈的绳索,铁圈分离,而麻袋口解开,混凝土便靠自重灌注在基础底面。一般浇筑的厚度可达80cm,待混凝土凝固以后,可将水抽干,经表面处理之后(浇筑时可适当高出2~3cm),凿去薄弱层,方可继续浇筑。

②漏斗浇筑法。漏斗浇筑法的技术要求如下:

a. 导管在安装前首先检查其有无裂缝或漏洞,管壁是否平直,进行必要的水密和接头试验,防止施工过程中出现漏水,提拔导管时接头断裂。导管的数量与位置,应根据浇筑范围和导管的作用半径而定。一般导管的作用半径不大于3m。开始浇筑时,导管底部应接近地基面5~10cm,应尽力安置在地基的低洼处,并固定导管不再下落,安装好漏斗,使漏斗上口与工作台面平齐,以便倒入混凝土。在浇筑过程中,导管只应上下升降,不得左右移动。

b. 水下混凝土的含砂率宜控制在45%左右,最好采用0.5mm以下的中砂。粗骨料的最大粒径不得大于导管内径的1/4,或钢筋间距的1/4,也不宜超过6mm,以选用0.5~2cm

的级配较为合适。水灰比不应小于 0.6~0.65，这样才能保证混凝土有足够的流动性和较大的坍落度。

c. 浇筑过程中，导管内应经常充满混凝土，并始终保持导管插入已浇筑的混凝土内。按规定，埋入深度一般不得小于 1.5m，以便所浇混凝土与水隔离，这是保证混凝土水下浇筑质量成功的关键。如混凝土的供应中断，则应设法防止管内出空。如中断时间较长，则应按冷缝处理，必须在已浇筑混凝土强度达 $250kg/cm^2$ 时，才能继续浇筑，但还应将混凝土表面软弱部分清除后方可再浇筑。

③倾注法。倾注法浇筑水下混凝土，可用于岸边水深不超过 1.5m 的情况。新浇的混凝土堆用夯击或振动等方法挤入已浇的混凝土体中，使只有前沿的混凝土坡面与水直接接触。混凝土的坍落度以 7~10cm 为宜。采用此种方法应尽量缩短浇筑时间，在浇筑工作未完成之前，先浇的混凝土不得凝固。

④柔性管法。柔性管法是采用柔性软管输送混凝土，利用周围的水对软管的压力控制混凝土的下落速度。

⑤活底吊箱法。活底吊箱法是将混凝土装在能够开底的密闭吊箱内，通过水层直达浇筑地点，然后开 0.3~0.4m 底卸料。

8.3.8 大体积混凝土

1. 底板浇筑

在浇筑时，泵车停泊地既要方便泵管的延伸和拆卸，也要方便搅拌车的行驶和卸料。搅拌车在运料中不能加水。在卸料前，搅拌车应快速转动 1min 方可卸料。在卸料后，搅拌筒内的余水必须除净。在泵车、泵管发生堵塞时，应当先关泵机，后排气，再拆卸泵管。必须有专人做好有关试块和坍落度的测试工作，还要关注当天的气温变化，应当有相应的、良好的坍落度，避免混凝土冷缝的出现。在浇筑时，采用连续施工，不留施工缝。可以采用斜面分层踏步浇筑方法。为保证浇筑上层混凝土时，下层混凝土不产生初凝，要严格控制混凝土的浇筑量。

对于混凝土布料厚度、布料间隔时间、布料搭接和覆盖时间、振捣质量、板面标高及平整情况、坑内泌水排出等要全面控制。严禁在操作中产生施工缝。

根据大体积混凝土施工时流淌、铺摊面、平仓、收头等因素，拟定混凝土初凝时间要大于 6h，布料分层厚度要小于 50cm，布料间隔时间要小于 2h，布料搭接时间要小于 2h，入模温度要小于 25℃，混凝土布料方式一般是底板由长轴一端向另一端推进，也可由两端布料向中间合龙，或是由中间布料向两端推进。浇筑时，混凝土搅拌出料至卸料入模时间必须要小于 4h。穿入混凝土布料方式一般是底板由长轴一端向另一端推进，也可由两端布料向中间合龙，或是由中间布料向两端推进。浇筑时，必须严格按照施工方案指示方向进行。

2. 振捣

混凝土是分层浇筑的，振捣也应分层进行。需要随时振捣、随时抽水，操作时要站在跳板上，不得对已振捣过的混凝土再振捣，要做好振捣棒插入深度的标记，控制振捣棒插入的深度和密度。严禁用振捣棒直接碰撞或撬打模板、预埋件、套筒及柱、板墙插筋，以免造成其脱落和移位。振捣时，混凝土上皮振捣棒应插入下皮 50cm，以此达到混凝土上皮和下皮密实结合的目的。振捣棒落点呈梅花形，落点间距应小于 35cm，各点振捣时间 20~30s，以混凝土面呈水平、不出现泥浆水、不冒气泡、无沉凹现象为度。

3. 平仓、收头

底板平仓必须在混凝土初凝前进行。可以用 2m 长刮尺刮平其表面，再按面标高拍打平整。混凝土面上有凹凸情况时，可以用刮尺刮平，再用木楔打磨两遍，然后在其表面收水干硬前，用木楔拍打一遍或用铁筒滚压，以闭合混凝土的收缩裂缝，最后覆盖混凝土表面。

8.3.9 高性能与高强混凝土

1. 内部输送

采用吊车斗运方式进行输送，与普通混凝土没有差别。但由于高强混凝土的黏度较大，因此在泵送时，泵压损失比普通混凝土要大。有研究表明，高强轻集料混凝土的泵压损失大约是普通混凝土的 2 倍。

2. 浇筑

由于高强混凝土通常用于一些荷载较大的部位，而这些部位的钢筋通常是较密集的，加上高强混凝土通常比较黏，所以极容易架空。因此，浇筑时应当用导管插入钢筋笼中，确保混凝土拌合物自由下落的高度小于 1m。一次浇筑的层厚也不宜太厚，以免振捣不透。混凝土浇筑后应当及时振捣。高强混凝土的振捣一般采用的是内插式振捣器。如采用模板振捣器，必须合理布置，否则构件强度的离差较大。

无筋时，高频棒状振捣器的有效作用范围大约为振捣器直径的 10 倍，而振捣器插入点的间距不应大于这一范围。当采用粗钢筋时，因加速度量值降低，振捣时应当减小插入间隔。此外，还应考虑混凝土的黏聚性。当混凝土的黏聚性较大时，插入间隔也应适当缩小。一般每点的振捣时间为 10~20s，应当根据混凝土的工作性来掌握。振捣时间太短，混凝土不密实。但振捣时间太长，对于流动性较大的混凝土，容易造成离析；对于黏性较大的混凝土，也可能会引起混凝土中的气泡向表面集中。因此，应当根据混凝土工作性酌情掌握，以混凝土充分密实而又不破坏其均匀性为原则。

3. 养护

高强混凝土的养护方法与普通混凝土的养护方法相同，梁、柱构件应当适当地延长模板覆盖时间，一般以 2~3d 后脱模为宜。脱模后应采用罩膜养护，以保持潮湿状态。对于楼板，除了可采用罩膜养护方法外，也可采取洒水养护。对于 C60 以上的混凝土，应当防止混凝土表面急剧干燥而产生较大的塑性裂缝。高强混凝土应当至少养护 7d 以上，一般情况下为 2 周。

8.3.10 泵送混凝土

1. 混凝土泵的安装

混凝土泵的安装应保持水平，场地应平坦坚实，尤其是支腿支撑处。严禁左右倾斜和安装在斜坡上，如地基不平，应当整平夯实。应当尽量安装得靠近施工现场。若使用混凝土搅拌运输车供料，还应注意车道和进出方便。长期使用时需要在混凝土泵上方搭设工棚。混凝土泵安装应当牢固。

2. 管道安装

输送管的管径取决于泵送混凝土粗骨料的最大粒径。管壁厚度应当与泵送压力相适应。

使用管壁太薄的配管，作业中会产生爆管，使用前应清理检查。太薄的管应当装在前端出口处。布管时混凝土输送管线宜直，转弯宜缓，以减少压力的损失。接头应严密，防止漏水漏浆。浇筑点应先远后近（管道只拆不接，方便工作）。前端软管应垂直放置，不宜水平布置使用，如需水平放置，切忌弯曲角过大，以防爆管。

3. 混凝土泵空转

混凝土泵压送作业前应先空运转，方法是将排出量手轮旋至最大排量，给料斗加足水空转 10min 以上。

4. 管道润滑剂的压送

混凝土泵开始连续泵送前要对配管泵送润滑剂。润滑剂有砂浆和水泥浆两种，一般常选用砂浆。

5. 混凝土的压送

开始压送混凝土时，应当使混凝土泵低速运转，要注意观察混凝土泵的输送压力和各部位的工作情况，在确认混凝土泵各部位工作正常后，才能提高混凝土泵的运转速度，加大行程，转入正常压送。

正常压送时，要保持连续地压送，尽量避免压送中断。停止时间越长，混凝土分离现象就会越严重。当中断后再继续压送时，输送管上部泌水就会被排走，最后剩下的下沉粗骨料容易造成输送管的堵塞。

泵送时，受料斗内应当经常有足够的混凝土，以防止吸入空气造成阻塞。

8.3.11 清水混凝土

清水混凝土属于一次浇筑成型，不做任何外装饰，直接取结构主体混凝土本身的肌理、质感和精心设计施工的明缝、禅缝和对拉螺栓孔等组合而形成的一种自然状态装饰面，如图 8-3 所示。

1. 清水混凝土分类

清水混凝土分为三种类型：第一类是普通清水混凝土，其表面颜色无明显色差，对饰面效果无特殊要求；第二类是饰面清水混凝土，其表面颜色基本一致；第三类是装饰清水混凝土，其要求的混凝土质量更高，混凝土浇筑成型后符合一定的装饰面，形成木纹、仿石、青砖等纹理。

图 8-3　清水混凝土施工

2. 清水混凝土施工工艺流程

模板（钢模板、竹胶模板）定做、进场→弹线定位→钢筋绑扎→模板安装→底台混凝土浇筑→模板拆除移位→脚手架搭设→立柱钢筋绑扎→模板支设→泵送混凝土浇筑→模板拆除→养护→成品保护→表面修复→透明保护膜的涂刷。

8.3.12 喷射混凝土

喷射混凝土是一种水泥与骨料的砂浆或混凝土的拌合物，利用压缩空气高速喷射在某一表面上。喷射混凝土有两种基本的施工方法，即干拌法和湿拌法。在这两种施工方法中，经常加入硅灰外加剂。

1. 干拌法

①将水泥、骨料、硅灰的纤维预先混合成超大袋的拌合物,一般每袋拌合物的质量应为1000kg。

②水泥和骨料在工厂中干拌成可运送的拌合物,并在工地将硅灰和纤维投入运送拌合机中。

③根据施工体积配合比,加入水和袋装的硅灰或混合水泥。

④把硅灰稀浆加入喷嘴中。

2. 湿拌法

①运送拌合物和预拌混凝土一样,将水泥、外加剂和骨料混合在一起,在中心搅拌厂或干拌厂按照体积比加入硅灰。

②从预拌厂运送的混凝土,硅灰是在工地按袋配料的。

③在分批投料设备中加入稀浆。

8.4 混凝土质量控制与检验

8.4.1 原材料检验

1. 通用硅酸盐水泥的检验

①性能检验。通用硅酸盐水泥应符合国家标准《通用硅酸盐水泥》(GB 175—2007)的规定,主要包括一些主要的物理指标,如强度、安定性和凝结时间。

②交货时检验。交货时水泥的质量验收,一般以抽取实物试样的检验结果为验收依据。以抽取实物试样的检验结果为验收依据时,买卖双方应在发货前或交货地共同取样和签封。

代表批量:按同一生产厂家、同一等级、同一品种、同一批号且连续进场的水泥,袋装不超过200t为一批,散装不超过500t为一批,每批抽样不少于一次。

取样方法:采用取样管随机从20个以上不同部位取等量样品,取样数量为20kg,缩分为二等份。一份由卖方保存40d,一份由买方按标准规定的项目和方法进行检验。

检验项目:水泥进场时应对其品种、级别、包装或散装仓号、出厂日期等进行检查,并应对其强度、安定性及其他必要的性能指标进行复验。

③包装与标志的检验。

a. 包装。水泥可以散装或袋装,袋装水泥每袋净含量为50kg,且应不少于标志质量的99%;随机抽取20袋其总质量(含包装袋)应不少于1000kg。其他包装形式由供需双方协商确定,但有关袋装质量要求应符合上述规定。水泥包装袋应符合国家标准《水泥包装袋》(GB 9774—2010)的规定。

b. 标志。水泥包装袋上应清楚标明:执行标准、水泥品种、代号、强度等级、生产者名称、生产许可证标志及编号、出厂编号、包装日期、净含量。包装袋两侧应根据水泥的品种采用不同的颜色印刷水泥名称和强度等级,硅酸盐水泥和普通硅酸盐水泥采用红色,矿渣硅酸盐水泥采用绿色,火山灰质硅酸盐水泥、粉煤灰硅酸盐水泥和复合硅酸盐水泥采用黑色或蓝色。

散装发运时应提交与袋装标志相同内容的卡片。

2. 砂、石的检验

①砂、石质量验收。供货单位应提供砂或石的产品合格证及质量检验报告，使用单位应按砂或石的同产地、同规格分批验收。

代表批量：采用大型工具（如火车、货船或汽车）运输的，应以 400m³ 或 600t 为一个验收批。采用小型工具（如拖拉机等）运输的，应以 200m³ 或 300t 为一个验收批。不足上述量者，应按一个验收批进行验收。

取样方法：每验收批取样方法应按下列规定执行：

a. 从料堆上取样时，取样部位应均匀分布。取样前应先将取样部位表层铲除，然后由各部位抽取大致相等的砂 8 份、石子 16 份，组成各自一组样品。

b. 从皮带运输机上取样时，应在皮带运输机机尾的出料处用接料器定时抽取砂 4 份、石子 8 份，组成各自一组样品。

c. 从火车、汽车、货船上取样时，应从不同部位和深度抽取大致相等的砂 8 份、石子 16 份，组成各自一组样品。

检验项目：每验收批砂、石至少应进行颗粒级配、含泥量、泥块含量检验。对于碎石或卵石，还应检验针、片状颗粒含量；对于海砂或有氯离子污染的砂，还应检验其氯离子含量；对于海砂，还应检验贝壳含量；对于人工砂及混合砂，还应检验石粉含量。对于重要工程或特殊工程，应根据工程要求增加检测项目。对其他指标的合格性有怀疑时，应予检验。

②砂、石数量验收。砂、石的数量验收，可按质量计算，也可按体积计算。测定质量时，可以汽车地量衡或船舶吃水线为依据；测定体积，可按车皮或船舶的容积为依据。采用其他小型运输工具时，可按量方确定。

③砂、石的堆放。砂、石应按产地、种类和规格分别堆放。碎石或卵石的堆料高度不宜超过 5m，对于单粒级或最大粒径不超过 20mm 的连续粒级，其堆料高度可增加到 10m。

8.4.2 配合比设计检验

1. 稠度试验

①坍落度与坍落度扩展度法。

a. 湿润坍落度筒及底板，坍落度筒内壁和底板应无明水。

b. 把按要求取得的混凝土试样用小铲分 3 层均匀地装入筒内，使捣实后每层高度为筒高的 1/3 左右，每层用捣棒插捣 25 次。

c. 清除筒边底板上的混凝土后，垂直平稳地提起坍落度筒，坍落度筒的提筒过程应在 5~10s 内完成。从开始装料到提坍落度筒的整个过程不间断地进行，并应在 150s 内完成。

d. 提起坍落度筒后，测量筒高与坍落后混凝土试体最高点之间的高度差，即为该混凝土拌合物的坍落度值。坍落度筒提离后，如混凝土发生崩坍或一边剪坏现象，则应重新取样重测，如第二次试验仍出现上述现象，则表示该混凝土和易性不好，应予记录。

e. 观察坍落后的混凝土试体的黏聚性和保水性。黏聚性采用捣棒在已坍落的混凝土锥体侧面轻轻敲打，观察其锥体变体情况判定；保水性以混凝土稀浆析出的程度来评定。

f. 当混凝土拌合物的坍落度大于 220mm 时，用钢尺测量混凝土扩展后最终的最大直径和最小直径，在这两个直径之差小于 50mm 的条件下，用其算术平均值作为坍落扩展度值。

否则，此次试验无效。如果发现粗骨料在中央集堆或边缘有水泥浆析出，表示此混凝土拌合物抗离析性不好，应予以记录。

②维勃稠度法。

a. 应放在坚实水平面上，用湿布把容器、坍落度筒、喂料斗内壁及其他用具润湿。

b. 将喂料斗提到坍落度筒上方扣紧，校正容器位置，使其中心与喂料中心重合，然后拧紧固定螺钉。

c. 把按要求取得或制作的混凝土拌合物试样用小铲分3层经喂料斗均匀装入筒内，使捣实后每层高度为筒高的1/3左右，每层用捣棒插捣25次。

d. 把喂料斗转离，垂直地提起坍落度筒，此时应注意不使混凝土试体产生横向的扭动。

e. 把透明圆盘转到混凝土圆台体顶面，放松测杆螺钉，降下圆盘，使其轻轻接触到混凝土顶面。

f. 拧紧定位螺钉，并检查测杆螺钉是否已经完全放松。

g. 开启振动台的同时用秒表计，当振动到透明圆盘的底面被水泥浆布满的瞬间停止计时，并关闭振动台。

2. 凝结时间试验

①应从制备或现场取样的混凝土拌合物试样中，用5mm标准筛筛出砂浆，每次应筛净，然后将其拌和均匀，一次性分别装入3个试样筒中，做3个试验。取样混凝土坍落度不大于70mm的宜用振动台振实；大于70mm的宜用捣棒人工捣实，应沿螺旋方向由外向中心均匀插捣25次，插捣后应用橡皮锤轻轻敲打筒壁，直至插捣棒留下的空洞消失为止。振实或插捣后，砂浆表面应低于砂浆试样筒口约10mm，并应立即加盖。

②砂浆试样制备完毕，编号后应置温度为（20±2）℃的环境中或现场同条件下待试，并在以后的整个测试过程中，环境温度应始终保持在（20±2）℃。现场同条件测试时，应与现场条件保持一致。在整个测试过程中，除在吸取泌水或进行贯入试验外，试样筒应始终加盖。

③凝结时间测定从水泥与水接触瞬间开始计时。根据混凝土拌合物的性能，确定测针试验时间，以后每隔0.5h测试一次，在临近初、终凝时可增加测定次数。

3. 压力泌水试验

①混凝土拌合物应分两层装入压力泌水仪的缸体容器内，每层的插捣次数应为20次。捣棒由边缘向中心均匀地插捣，插捣底层时捣棒应贯穿整个深度，插捣第二层时，捣棒应插透本层至下一层的表面，每一层捣完后用橡皮锤轻轻沿容器外壁敲打5~10次，进行振实，直至拌合物表面插捣孔消失并不见大气泡为止，并使拌合物表面低于容器口以下约30mm处，用抹刀将表面抹平。

②将容器外表擦洗干净，压力泌水仪按规定安装完毕后应立即给混凝土试样施加压力至3.2MPa，并打开泌水阀门同时开始计时，保持恒压，泌出的水接入200ml量筒里，加压至10s时读取泌水量V_{10}，加压至140s时读取泌水量V_{140}。

4. 表观密度试验

①用湿布把容器擦干净，称出容量筒的质量，精确至50g。

②混凝土的装料及捣实方法应根据拌合物稠度而定；坍落度不大于70mm的混凝土，以用振动台振实为宜，以大于70mm的用捣棒振实为宜。

③用刮刀将筒口多余的混凝土拌合物刮去，表面如有凹陷应填平，将容量筒外壁擦净，称出混凝土试样与容量筒总质量，精确至50g。

5. 含气量试验

①用湿布擦净容器和盖的内表面，装入混凝土拌合物试样。

②捣实可采用手工或机械方法。当拌合物坍落度大于70mm时，宜采用手工插捣；当拌合物坍落度不大于70mm时，宜采用机械振捣。

③捣实完毕后立即用刮尺刮平，表面如有凹陷应予填平抹光。

④关闭操作阀和排气阀，打开排水阀和加水阀，通过加水阀，向容器内注入水；当排水阀流出的水流不含气泡时，在注水状态下，同时关闭加水阀和排水阀。

8.4.3 混凝土施工检验

1. 主控项目

混凝土的强度等级必须符合设计要求。用于检验混凝土强度的试件应在浇筑地点随机抽取。

检查数量：对同一配合比混凝土，取样与试件留置应符合下列规定：

①每拌制100盘且不超过100m³时，取样不得少于一次。

②每工作班拌制不足100盘时，取样不得少于一次。

③连续浇筑超过1000m³时，每200m³取样不得少于一次。

④每一楼层取样不得少于一次。

⑤每次取样应至少留置一组试件。

检验方法：检查施工记录及试件强度试验报告。

2. 一般项目

后浇带的留置位置应符合设计要求，后浇带和施工缝的留设及处理方法应符合施工方案要求。

检查数量：全数检查。

检验方法：观察。

混凝土浇筑完毕后应及时进行养护，养护时间以及养护方法应符合施工方案要求。

检查数量：全数检查。

检验方法：观察，检查混凝土养护记录。

8.4.4 现浇结构检验项目

1. 现浇结构外观检验

①主控项目。现浇结构的外观质量不应有严重缺陷。

对已经出现的严重缺陷，应由施工单位提出技术处理方案，并经监理单位认可后进行处理；对裂缝、连接部位出现的严重缺陷及其他影响结构安全的严重缺陷，技术处理方案尚应经设计单位认可。对经处理的部位应重新验收。

检查数量：全数检查。

检验方法：观察，检查处理记录。

②一般项目。现浇结构的外观质量不应有一般缺陷。

对已经出现的一般缺陷,应由施工单位按技术处理方案进行处理。对经处理的部位应重新验收。

检查数量:全数检查。

检验方法:观察,检查处理记录。

2. 现浇结构尺寸偏差检验

①主控项目。现浇结构不应有影响结构性能或使用功能的尺寸偏差;混凝土设备基础不应有影响结构性能或设备安装的尺寸偏差。

对超过尺寸允许偏差且影响结构性能或安装、使用功能的部位,应由施工单位提出技术处理方案,并经监理、设计单位认可后进行处理。对经处理的部位应重新验收。

检查数量:全数检查。

检验方法:量测,检查处理记录。

②一般项目。检查数量:按楼层、结构缝或施工段划分检验批。在同一检验批内,对梁、柱和独立基础,应抽查构件数量的 10%,且不应少于 3 件;对墙和板,应按有代表性的自然间抽查 10%,且不应少于 3 间;对大空间结构,墙可按相邻轴线高度 5 m 左右划分检查面,板可按纵、横轴线划分检查面,抽查 10%,且均不少于 3 面;对于电梯井,应全数检查。

现浇设备基础的位置、尺寸应符合设计和设备安装的要求。其位置和尺寸允许偏差及检验方法应符合规范的规定。

检查数量:全数检查。

8.5 预应力混凝土概述

8.5.1 预应力混凝土的特点

预应力混凝土是最近几十年发展起来的一项新技术,它与普通钢筋混凝土相比,具有以下几个明显的特点:

①在与钢筋混凝土同样的条件下,可以有效地利用高强度钢筋和高强度等级的混凝土,能充分发挥钢筋和混凝土各自的特性,具有构件截面小、自质轻、刚度大、抗裂度高、耐久性好、节省材料等优点。

②提高构件的抗裂度和刚度。由于预应力的作用,增强了构件混凝土的抗拉能力,可以使混凝土不过早地出现裂缝,还可以按照构件的特点,控制其在使用过程中不出现裂缝。同时,由于预应力的作用,构件在承受荷载后向下弯曲的程度减小,也即其抵抗变形的能力增大,从而提高了构件的刚度。

③增加构件的耐久性。预应力混凝土能推迟或避免裂缝的出现,构件内的钢筋就不容易锈蚀,因而能相应地延长构件的使用年限。

④预应力混凝土的施工,需要专门的材料与设备、特殊的施工工艺,工艺比较复杂,操作要求较高,但用于大开间、大跨度与重荷载的结构中,其综合效益较好。

⑤随着施工工艺的不断发展和完善,预应力混凝土的应用范围越来越广,不仅可用于一般的工业与民用建筑结构上,而且也可用于大型整体或特种结构上。

8.5.2 预应力筋的种类

1. 预应力钢丝

预应力钢丝是高碳钢盘条经淬火、酸洗、冷拔等工艺加工而成的高强钢丝,具有强度高、柔性好等优点,可适用于大型构件。使用钢丝可节省钢材,施工安全可靠,但成本较高。

预应力钢丝又称为高强圆形钢丝,用优质碳素结构钢制成,又可分为消除应力冷拉钢丝、消除应力螺旋肋钢丝、消除应力光圆钢丝和消除应力刻痕钢丝四种,按应力松弛程度不同又分为Ⅰ级松弛和Ⅱ级松弛,其抗拉强度可达 1470~1770MPa。

钢丝按外形不同,可分为光圆、螺旋肋和刻痕三种,其代号分别为 P(光圆钢丝)、H(螺旋肋钢丝)、I(刻痕钢丝)。经低温回火消除应力后钢丝的塑性比冷拉钢丝要高,刻痕钢丝是经压痕轧制而成的,刻痕后与混凝土的粘结强度(握裹力)增大,这样可以有效减少混凝土裂缝。预应力混凝土用钢丝的外形如图 8-4 所示。

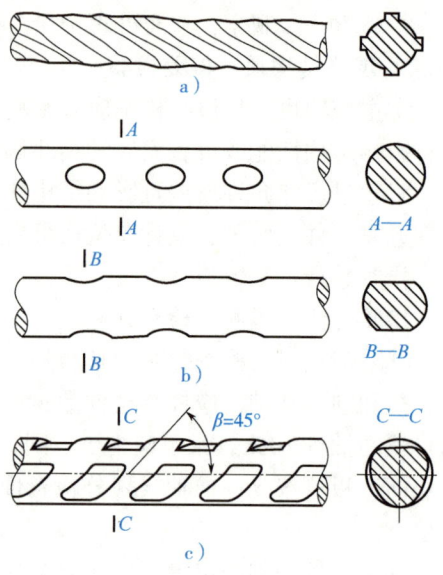

图 8-4 预应力混凝土用钢丝的外形
a) 螺旋肋钢丝外形 b) 两面刻痕钢丝外形
c) 三面刻痕钢丝外形

2. 预应力混凝土用钢绞线

建筑工程中预应力混凝土用钢绞线是由 2 根、3 根、7 根高强度钢丝扭结而成的一种高强预应力钢材,其构造如图 8-5 所示。

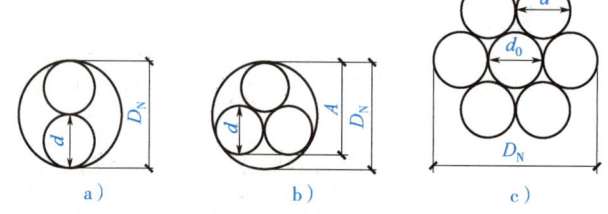

图 8-5 钢绞线构造
a) 1×2 结构钢绞线 b) 1×3 结构钢绞线 c) 1×7 结构钢绞线
注:A—1×3 结构钢绞线测量尺寸;D_N—钢绞线直径;d_0—中心钢丝直径;d—外丝钢丝直径。

在建筑工程中应用最多的是 1×7 结构钢绞线,这种钢绞线由 7 根 2.5~5.0mm 的高强碳素钢丝在绞线机上以一根为中心,其余 6 根围绕中心钢丝进行螺旋状绞捻,然后再经过低温回火消除内应力而制成。芯丝的直径一般比外围钢丝的直径大 5%~7%,使各根钢丝紧密接触,钢丝的扭矩一般为 $12~16d$。

预应力混凝土用 1×7 结构钢绞线具有强度高、与混凝土粘结性能好、断面面积大、根数少、在结构中易于布置、柔性好、锚固性能优等特点,主要用于大跨度、重荷载(如后张预应力屋架等)、曲线配筋的预应力混凝土结构。这种预应力钢绞线既可以在先张法预应力混凝土中使用,也可以适用于后张有粘结和无粘结工艺。

8.5.3 对混凝土的要求

预应力混凝土的技术要求，主要体现在混凝土的强度方面。预应力混凝土结构的混凝土强度，在一般情况下不宜低于 C30；当采用碳素钢丝、钢绞线、Ⅴ级钢筋（热处理）作为预应力钢筋时，混凝土的强度不宜低于 C40。目前，国内有些特别重要的预应力混凝土结构，混凝土的强度已采用 C60~C80，有的已达到 C100。预应力混凝土高强化是今后预应力混凝土发展的趋势。

在预应力混凝土中采用比较高的混凝土强度，是因为预应力混凝土中所采用的预应力钢筋，其强度比一般的钢筋混凝土中的钢筋高得多，所以要想发挥高强度钢筋的作用，混凝土的强度必然也要相应提高，使钢筋与混凝土的强度有一个适宜的比例，以便共同承受外力，从而达到减小截面尺寸、减轻构件自重、节约材料用量的目的。同时，提高混凝土的强度，可以提高钢筋与混凝土之间的粘结力，保证钢筋在预应力混凝土中的锚固性能。

预应力混凝土对其所用的材料要求是十分严格的。如果材料质量不合格，不仅会影响到构件的正常使用，而且可能在制作过程中发生事故（如钢筋在张拉时突然断裂），以致造成财产和生命安全的严重损失。

对于混凝土来说，所用的水泥最好是硅酸盐水泥或普通硅酸盐水泥，其强度宜比混凝土的设计强度高一个等级；所用的砂石和搅拌用水必须符合国家的现行有关规定；混凝土拌和物中不得掺用对预应力钢筋有腐蚀作用的氯盐（如氯化钠、氯化钙等）。

8.5.4 预应力的施加方法

预应力的施加方法有两类，即先张法和后张法。

1. 先张法

先张法就是先张拉预应力钢筋，后浇筑混凝土的方法，如图 8-6 所示，其主要工序如下：
①将预应力钢筋用夹具固定于台座或钢模上。
②支模、绑扎非预应力钢筋、浇筑混凝土。
③待混凝土达到预定强度后，切断或放松钢筋，使混凝土产生预压应力。

2. 后张法

后张法就是先浇筑构件混凝土，待混凝土养护硬结并达到一定强度后，再在构件上张拉预应力钢筋的方法，如图 8-7 所示，其主要工序如下：

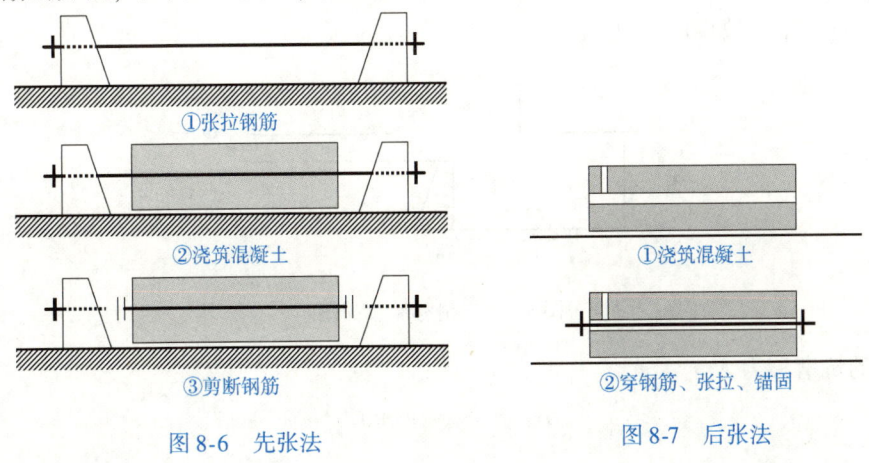

图 8-6 先张法　　　　图 8-7 后张法

①浇筑混凝土构件,并在构件中预留孔道。
②待混凝土达到预定强度后,用千斤顶张拉钢筋,用锚具将张拉端预应力钢筋锚固。
③用压力泵将高强水泥浆灌入预留孔道,使预应力钢筋与孔道壁产生粘结力。

8.6 预应力混凝土工程施工相关计算

8.6.1 预应力台座计算

1. 抗倾覆验算

抗倾覆验算简图如图 8-8 所示。

取台座绕 O 点的力矩,并忽略土压力的作用,则

平衡力矩:$M_r = G_1 l_1 + G_2 l_2$

倾覆力矩:$M_{OV} = N h_1$

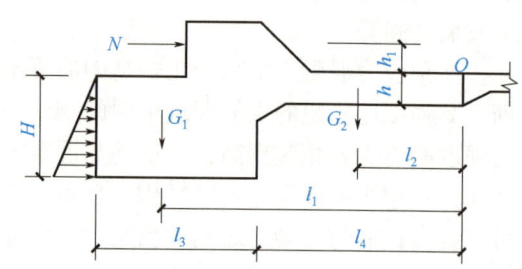

图 8-8 抗倾覆验算简图

抗倾覆力矩安全系数 K 应满足以下条件:

$$K = \frac{M_r}{M_{OV}} = \frac{G_1 l_1 + G_2 l_2}{N h_1} \geq 1.5 \tag{8-23}$$

式中 G_1——台座外伸部分的重力;
G_2——台座部分重力;
l_1——G_1 点至 O 点的水平距离;
l_2——G_2 点至 O 点的水平距离;
N——预应力钢筋的张拉力;
H——台座的埋设深度(mm),详见图 8-8;
h——台座板厚度(mm);
l_3——传力墩牛腿的水平距离(mm),详见图 8-8;
l_4——台座板的水平距离(mm),详见图 8-8;
h_1——N 作用点至 O 点的垂直距离。

2. 抗滑移验算

抗滑移验算简图如图 8-9 所示。

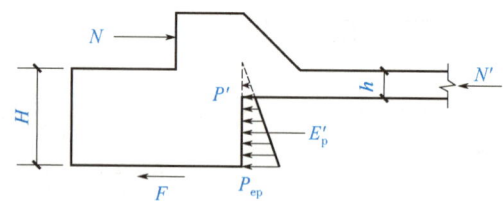

图 8-9 抗滑移验算简图

台座的抗滑移力 N_1:

$$N_1 = N' + F + E'_P \tag{8-24}$$

抗滑移安全系数 K 应满足以下条件：

$$K = \frac{N_1}{N} = \frac{N' + F + E'_P}{N} \geq 1.3 \tag{8-25}$$

式中 N——预应力钢筋的张拉力；
N'——台面的抵抗力（kN/m）；
F——混凝土台座与土的摩阻力；
H——台座的埋设深度（mm），详见图 8-9；
h——台座板厚度（mm），详见图 8-9；
P'——台座板底部的土压力（N/m），详见图 8-9；
P_{ep}——台座板后面最大的土压力（N/m），详见图 8-9；
E'_P——台座底部和座面上土压力的合力。

8.6.2　素混凝土台座伸缩缝设置间距计算

对于素混凝土台座，通常需要设置横向伸缩缝，以防在大气温差作用下，出现大量不规则杂乱裂缝，影响构件生产质量，其最大间距 L_{max}（m）按下式计算：

$$L_{max} = \frac{f_t}{0.65 K \mu \gamma (1 + h_1/h)} \tag{8-26}$$

式中 f_t——混凝土抗拉强度设计值（N/mm²）；
K——考虑超载不均匀构件锚台影响的综合安全系数，取 $K=2$；
μ——台座面层板块与基层之间的摩擦系数，一般取 0.60~0.70；
γ——台座板块的重力密度（kN/m³）；
h——台座板块的厚度（mm）；
h_1——台座板块与其上荷载的计算厚度（mm）。

8.6.3　不设伸缩缝的预应力混凝土台座计算

预应力混凝土露天长线台座不设横向伸缩缝时，在使用阶段设计的主要控制条件是在日温差或季节性温差作用下不允许开裂，即满足下式要求：

$$\sigma_{tmax} k_f \leq \sigma_h + f_t \tag{8-27}$$

式中 σ_{tmax}——在日温差或季节性温差作用下，板块中的最大温度应力；
k_f——抗裂设计安全系数，按严格要求不出现裂缝时，取 $k_f=1.25$；
σ_h——全部预应力损失扣除后，板块的有效预应力；
f_t——混凝土抗拉强度设计值。

8.6.4　普通混凝土台面计算

普通混凝土台面，一般是在夯实的地面上铺设一层 100~200mm 碎石，夯压密实，再在其上浇筑一层厚 60~100mm 厚的混凝土而成。要求密实，具有一定的抗压强度，能承受预应力台座端头张拉传来的水平力，其水平承载力可按下式计算：

$$P = \frac{\varphi A f_c}{K_1 K_2} \tag{8-28}$$

式中　P——台面的水平承载力；

　　　φ——轴心受压纵向弯曲系数，取 $\varphi=1$；

　　　A——台面截面面积；

　　　f_c——混凝土轴心抗压强度设计值；

　　　K_1——超载系数，取 1.25；

　　　K_2——考虑台面截面不均匀和其他影响因素的附加安全系数，取 $K_2=1.5$。

台面伸缩可根据当地温差和经验设置，一般约为 10m 设置一条，也可采用预应力混凝土滑动台面，不留施工缝。

8.6.5　预应力混凝土台面计算

为了使预应力台面不出现裂缝，台面的预压应力 σ_{pc} 应符合下列要求：

$$\sigma_{pc} > \sigma_0 - 0.5 f_{tk} \tag{8-29}$$

式中　σ_{pc}——$\sigma_{pc} = \dfrac{N_{p0}}{A_0}$；$N_{p0}$ 为预应力筋的合力；A_0 为台面面层的换算截面面积；

　　　σ_0——由于温差引起的温度应力；

　　　0.5——受拉区混凝土塑性影响系数和混凝土拉应力限制系数的乘积；

　　　f_{tk}——混凝土的抗拉强度标准值。

8.6.6　预应力筋张拉力计算

预应力筋的张拉力 P_j，按下式计算：

$$P_j = \sigma_{con} A_p \tag{8-30}$$

预应力筋中建立的有效预应力值 σ_{pe}，可按下式计算：

$$\sigma_{pe} = \sigma_{con} - \sum_{i=1}^{n} \sigma_{li} \tag{8-31}$$

式中　P_j——预应力筋的张拉力；

　　　σ_{con}——预应力筋的张拉控制应力值，不宜超过表 8-5 的规定；

　　　A_p——预应力筋的截面面积；

　　　σ_{pe}——预应力筋的有效预应力值；

　　　σ_{li}——第 i 项预应力损失。

表 8-5　张拉控制应力限值

预应力筋种类	张拉控制应力限值
消除应力钢丝、钢绞线	$0.75 f_{ptk}$
中强度预应力钢丝	$0.70 f_{ptk}$
预应力螺纹钢筋	$0.85 f_{pyk}$

注：f_{ptk} 为预应力钢筋极限抗拉的强度标准值。

8.6.7　预应力筋张拉设备选用计算

张拉设备所需要的张拉力由预应力钢筋要求的张拉力大小确定。预应力钢筋的张拉力由下式计算：

$$N = \sigma_{con} A_p n \tag{8-32}$$

油压千斤顶等张拉设备所需要的行程长度，应满足预应力钢筋张拉时的伸长要求，即

$$l_s \geq \Delta l = \frac{\sigma_{con}}{E_s} L \tag{8-33}$$

压力表上的压力读数是指张拉设备的工作油压面积（活塞面积）上每单位面积承受的压力，由下式计算：

$$P_n = \frac{N}{A_n} \tag{8-34}$$

式中 N——预应力筋的张拉力；
σ_{con}——预应力筋的张拉控制应力值；
A_p——预应力筋的截面面积；
n——同时张拉的钢筋根数；
l_s——千斤顶或其他张拉设备的行程长度（mm）；
Δl——预应力钢筋张拉伸长值（mm）；
E_s——预应力钢筋弹性模量（N/mm²）；
L——预应力钢筋张拉时的有效长度（mm）；
P_n——计算压力表读数（N/mm²）；
A_n——张拉设备的工作油压面积（mm²）。

8.6.8 预应力筋张拉伸长值计算

预应力筋张拉伸长值 ΔL 可按下式计算：

$$\Delta L = \frac{P L_T}{A_p E_s} \tag{8-35}$$

式中 ΔL——预应力筋张拉伸长值；
P——预应力筋的平均张拉力，取张拉端拉力与计算截面处扣除孔道摩擦损失后的拉力平均值；
L_T——预应力筋的实际长度；
A_p——预应力筋的截面面积；
E_s——预应力筋的弹性模量。

8.6.9 预应力筋下料长度计算

1. 先张法预应力筋的下料长度

先张法预应力筋长线台座整根粗钢筋下料长度计算简图，如图 8-10 所示。

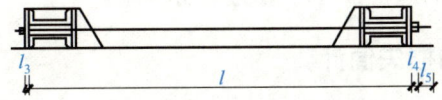

图 8-10 先张法预应力筋长线台座整根粗钢筋下料长度计算简图

钢筋的计算长度：

$$L_0 = l + l_3 + l_4 + l_5 + (3 \sim 5) \text{cm} \tag{8-36}$$

式中 l——长线台座（包括横梁、定位板在内）或构件孔道的长度（mm）；
　　　l_3——镦头（包括锚板或帮条锚具长度）（mm）；
　　　l_4——锚形夹具的长度（mm）；
　　　l_5——穿心式千斤顶长度（mm）。

钢筋下料长度：

$$L = \frac{L_0}{1 + r - \delta} \quad (8\text{-}37)$$

式中 L_0——钢筋的计算长度；
　　　L——钢筋下料长度；
　　　r——钢筋冷拉拉长率（由试验确定）；
　　　δ——钢筋冷拉后的弹性回缩率（由试验确定）。

2. 后张法预应力筋的下料长度

后张法预应力筋的下料长度计算简图，如图 8-11 所示。

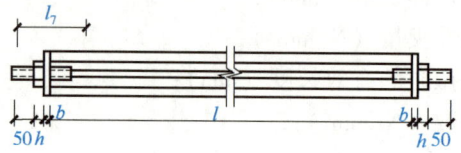

图 8-11　后张法预应力筋的下料长度计算简图

钢筋的计算长度：

$$L_0 = l + 2b + 2h - 2l_7 + (3 \sim 5)\,\text{cm} \quad (8\text{-}38)$$

式中 l——长线台座（包括横梁、定位板在内）或构件孔道的长度（mm）；
　　　b——构件端部垫板厚度（mm）；
　　　h——螺帽高度（mm）；
　　　l_7——螺丝端杆长度（mm）。

钢筋的下料长度：

$$L = \frac{L_0}{1 + r - \delta} + n_1 l_1 \quad (8\text{-}39)$$

式中 L_0——钢筋的计算长度；
　　　L——钢筋下料长度；
　　　r——钢筋冷拉拉长率（由试验确定）；
　　　δ——钢筋冷拉后的弹性回缩值（由试验确定）。
　　　n_1——对焊接头的数量；
　　　l_1——每个对焊接头的预留量（一般为钢筋直径）。

8.6.10　预应力钢筋应力损失值计算

张拉端锚固时，由于锚具变形和预应力筋内缩引起的预应力损失称为锚固损失。直线预应力筋的锚固损失 σ_{l1}，可按下式计算：

$$\sigma_{l1} = \frac{a}{L} E_s \quad (8\text{-}40)$$

式中　a——张拉端锚具变形和预应力筋内缩值（mm），见表8-6；
　　　L——钢筋张拉端至锚固端之间的距离（mm），先张法中为台座长度，后张法中为构件的长度；
　　　E_s——预应力筋弹性模量（N/mm²）。

表 8-6　张拉端锚具变形和预应力筋内缩值 a　　　　（单位：mm）

锚具类别		a
支承式锚具 （钢丝束墩头锚具等）	螺帽缝隙	1
	每块后加垫板的缝隙	1
夹片式锚具	有顶压时	5
	无顶压时	6~8

8.6.11　无粘结预应力筋的应力损失值计算

无粘结预应力直线筋张拉端由于锚具变形和无粘结预应力筋内缩引起的预应力损失 σ_{l1} 可按下式计算：

$$\sigma_{l1} = \frac{a}{l} E_p \tag{8-41}$$

式中　a——张拉端锚具变形和无粘结预应力筋内缩值（mm）；
　　　l——钢筋张拉端至锚固端之间的距离（mm）；
　　　E_p——无粘结预应力筋弹性模量（N/mm²）。

8.6.12　预应力筋分批与叠层张拉计算

1. 分批张拉计算

预应力筋分批张拉时，应考虑后批预应力筋张拉时，产生的混凝土弹性压缩对先批张拉的预应力筋的影响，而将先批预应力筋的张拉力提高。其张拉力的增加值 ΔP 按下述方法计算。

后批张拉的预应力筋的有效预应力 σ_{pe}：

$$\sigma_{pe} = \sigma_{con} - \sigma_{Ll} \tag{8-42}$$

则先批张拉预应力筋应增加的张拉力为

$$\Delta P = a_E \sigma_{pc} A_{p1} \tag{8-43}$$

式中　ΔP——先批张拉预应力筋应增加的张拉力值；
　　　σ_{pe}——预应力筋的有效预应力值；
　　　σ_{Ll}——预应力损失值；
　　　σ_{con}——预应力筋的张拉控制应力值；
　　　a_E——预应力筋弹性模量与混凝土弹性模量的比值；
　　　σ_{pc}——预应力筋张拉产生的混凝土法向应力；
　　　A_{p1}——先批张拉预应力筋的截面面积。

2. 叠层张拉计算

后张构件叠层生产时，由于构件接触面摩擦阻力影响，混凝土弹性压缩变形受到阻碍，待构件起模后,摩擦阻力影响消失而引起钢筋的预应力损失。影响叠层摩阻损失大小的因素有预应力筋品种、隔离剂种类、构件自重以及接触表面的状况等。张拉时可先实测各层构件的压缩值,再按下式计算叠层摩阻损失值:

$$\sigma_{tm} = \frac{\Delta l - \Delta l_i}{L} E_s \tag{8-44}$$

式中 σ_{tm}——叠层生产因摩阻消失而引起的第 i 层构件预应力损失;
Δl——构件张拉时理论弹性压缩变形计算值;
Δl_i——第 i 层构件混凝土弹性压缩变形实测值;
L——构件长度;
E_s——预应力钢筋弹性模量。

8.6.13 预应力筋放张施工计算

预应力筋放张,除混凝土强度符合要求外,同时应检查钢丝与混凝土的粘结效果。可根据钢丝应力传递长度 l_{tr},即钢丝应力由端部为零逐步增至 σ_{pl} 所需的长度,如图 8-12 所示,求出放张时钢丝在混凝土内的回缩值 a。如放张时实测回缩值 a' 小于 a,则认为钢丝与混凝土粘结良好,可以进行放张。

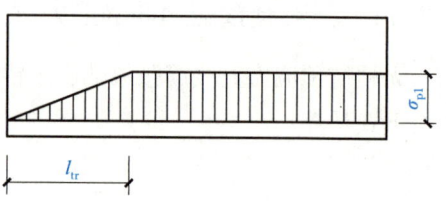

图 8-12 先张法构件预应力筋传递

回缩值可按下式计算:

$$a = \frac{\sigma_{pl}}{2E_S} l_{tr} > a' \tag{8-45}$$

式中 a——钢丝在混凝土内的回缩值(mm);
σ_{pl}——第一批预应力损失完成后,预应力钢丝中的有效预应力(N/mm²);
E_S——钢丝的弹性模量(N/mm²);
l_{tr}——预应力筋传递长度;
a'——放张时实测回缩值。

8.6.14 预应力锚杆计算

锚杆的承载能力取决于:预应力筋的极限抗拉强度,预应力筋与锚固体之间的极限握裹力,锚固体与岩土之间的极限抗拔力。对于土层锚杆,其承载力一般由后者控制。

预应力筋的截面面积 A_s 可按下式计算:

$$A_s = \frac{T}{0.55 f_{ptk}} \tag{8-46}$$

锚固段长度 L 可按下式计算:

$$L = \frac{Tk}{\pi d \tau} \tag{8-47}$$

式中 A_s——预应力筋的截面面积;
T——锚杆的设计荷载;

L——锚固段的长度;

k——安全系数,临时性锚杆取 1.5,永久性锚杆取 2.0;

πd——锚杆的周长;

τ——岩土与锚固体之间单位面积上的摩阻力。

8.7 预应力混凝土先张法施工

8.7.1 台座

台座在先张法构件生产中是主要的承力设备,它承受预应力筋的全部张拉力。台座在受力状态下的变形、滑移会引起预应力的损失和构件的变形,因此台座应有足够的强度、刚度和稳定性。台座一般由台面、横梁和承力结构组成。主要的台座形式有墩式台座和槽式台座。

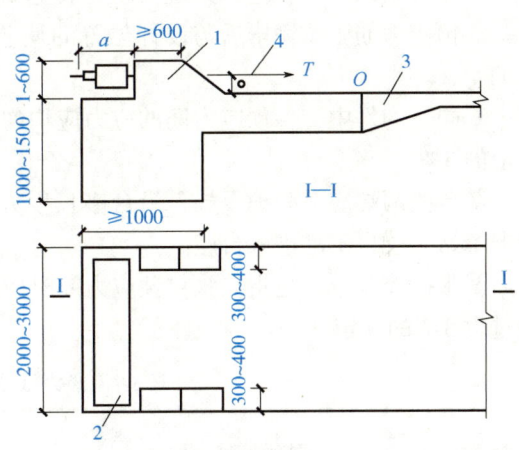

图 8-13 墩式台座
1—传力墩 2—横梁 3—台面 4—预应力筋

1. 墩式台座

墩式台座由台墩、台面和横梁等组成,如图 8-13 所示。其长度一般为 50~150m,也可根据构件的生产工艺等选定。

2. 槽式台座

槽式台座由端柱、传力柱、柱垫、上下横梁、砖墙和台面等组成,如图 8-14 所示。它既可承受张拉力,又可作为蒸汽养护槽,适用于张拉吨位较高的大型构件,如吊车梁、屋架、薄腹梁等。

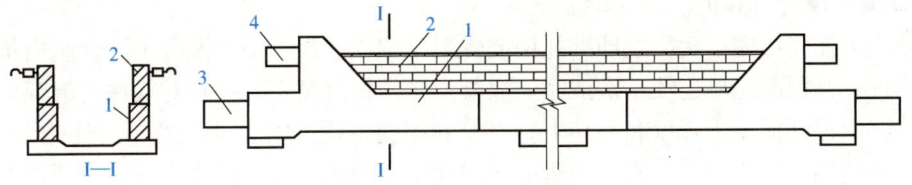

图 8-14 槽式台座
1—钢筋混凝土压杆 2—砖墙 3—下横梁 4—上横梁

8.7.2 一般先张法工艺

1. 预应力筋的铺设

为了便于脱模,在预应力筋的铺设前对台面及模板应先刷隔离剂;为避免铺设预应力筋时因其自重下垂破坏隔离剂,污染预应力筋,影响预应力筋与混凝土的粘结,应在预应力筋设计位置下面先放置好垫块或定位钢筋后铺设。预应力钢丝宜用牵引车铺设,如遇钢丝需要接长时,可使用钢丝拼接器,用 20~22 号铁丝将钢丝连接段密排绑扎。对冷拔低碳钢丝绑扎长度不得小于 $45d$,对高强刻痕钢丝不得小于 $80d$(d 为钢丝直径)。预应力钢筋铺设时,钢筋接长或钢筋与螺杆的连接，可采用套筒双拼式连接器。钢筋采用焊接时应合理布置接头位置。

2. 预应力筋的张拉

预应力筋的张拉工作是预应力混凝土施工中的关键工序，为确保施工质量，在张拉中应严格控制张拉应力、张拉程序、计算张拉力和进行预应力值校核。

①应首先张拉靠近台座截面重心处的预应力筋，以避免台座承受过大的偏心力。

②张拉机具与预应力筋应在同一条直线上，张拉应以稳定的速率逐渐加大拉力。

③拉到规定应力在顶紧锚塞时，用力不要过猛，以防钢丝折断。

④在拧紧螺母时，应时刻观察压力表上的读数，始终保持所需要的张拉力。

⑤预应力筋张拉完毕后与设计位置的偏差不得大于 5mm，且不得大于构件截面最短边长的 4%。

⑥同一构件中，各预应力筋的应力应均匀，其偏差的绝对值不得超过设计规定的控制应力值的 5%。

⑦台座两端应有防护设施，沿台座长度方向每隔 4～5m 放一个防护架，张拉钢筋时两端严禁站人，也不准进入台座。

⑧张拉控制应力是指在张拉预应力筋时所达到的规定应力，但其最大张拉控制应力不得超过表 8-7 的规定。

表 8-7 最大张拉控制应力允许值

钢筋种类	张拉方法	
	先张法	后张法
碳素钢丝、刻痕钢丝、钢绞线	$0.80f_{ptk}$	$0.75f_{ptk}$
热处理钢筋、冷拔低碳钢丝	$0.75f_{ptk}$	$0.70f_{ptk}$
冷拉钢筋	$0.95f_{pyk}$	$0.90f_{pyk}$

3. 混凝土浇筑与养护

在预应力筋张拉完毕后，立即绑扎钢筋骨架、架立模板、浇筑混凝土。台座内每条生产线上的构件，其混凝土应连续一次浇完。混凝土必须振捣密实，特别对构件的端部更要注意加强振捣，以保证混凝土强度和粘结力。浇筑和振捣混凝土时，要注意不可碰击预应力筋；在混凝土未达到一定程度前，不允许碰撞或踩动预应力筋；当叠层生产时，必须待下层混凝土强度达 8～10N/mm² 后方可进行。

混凝土可采用自然养护或湿热养护，自然养护一般不得少于 14d。当干硬性混凝土浇筑完毕后应立即覆盖进行养护。当预应力混凝土采用湿热养护时，要尽量减少由于温度升高而引起的预应力损失。预应力筋张拉后锚固在台座两端，随着养护温度的升高，预应力筋纵向伸长，而台座的温度和长度变化不大，因而预应力筋的应力有所降低；在这种情况下，混凝土逐渐硬化而造成预应力的损失。

4. 预应力筋的放张

放张方法是指预应力筋的放松方式。

①千斤顶放张。放张单根预应力筋，一般宜采用千斤顶放张，即用千斤顶拉动单根钢筋的端部，然后将锚固的螺母松开；如果多根预应力筋构件均采用千斤顶放张时，应按照对

称、相互交错放张的原则，拟定合理的放张顺序，控制每一次循环放张的吨位，缓慢逐根多次循环放松。

②砂箱放张。当构件预应力筋较多时，整批同时放张可采用砂箱和楔块等放松装置。砂箱由钢板制作的缸套和活塞组成，箱内装石英砂或铁砂。预应力筋张拉时，砂箱中的砂被压实承受横梁的反力；预应力筋放张时，将出砂口打开，砂粒缓慢地流出，活塞徐徐回退，钢筋则会逐渐放松。

在安装时，用大于张拉力的压力压紧砂箱，以减小砂的空隙引起的预应力损失。当采用两台砂箱时要控制放张的速度一致，以免构件扭曲损伤。砂箱放张构造简单，能自主地控制放张速度，工作比较可靠，常用于张拉力大于 1000kN 的预应力筋放张。

③楔块放张。楔块放张装置由固定楔块、活动楔块和螺杆组成，楔块放置在台座与横梁之间，在预应力筋进行放张时，旋转螺母使螺杆向上运动，带动活动楔块向上移动，则钢块的间距变小，横梁向台座方向移动，从而同时放张预应力筋。楔块放张装置一般由施工单位自行设计，适用于张拉力小于 300kN 的预应力筋放张。

8.7.3 折线张拉工艺

1. 垂直折线张拉

利用槽形台座制作折线式吊车梁，共 12 个转折点。在上下转折点处设置上下承力架，以支撑竖向力。预应力筋张拉可采用两端同时或分别按 $25\%\sigma_{con}$ 逐级加荷至 $100\%\sigma_{con}$ 的方式进行，以减少预应力损失，如图 8-15 所示。

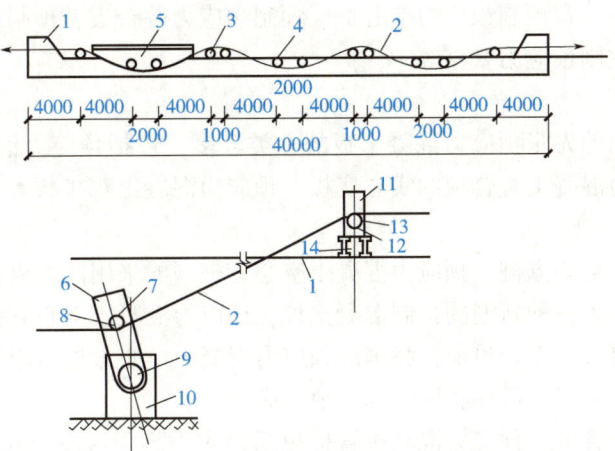

图 8-15 折线形吊车梁预应力筋垂直折线张拉示意图
1—台座 2—预应力筋 3—上支点（即圆钢管 12） 4—下支点（即圆钢管 7） 5—吊车梁
6—下承力架 7、12—钢管 8、13—圆柱轴 9—连销 10—地锚 11—上承力架 14—工字钢梁

钢筋张拉完毕后浇筑混凝土。当混凝土达到一定强度后，两端同时放松钢筋，最后抽出图 8-15 中转折点的圆柱轴 8、13，只剩下支点钢管 7、12 埋在混凝土构件内（钢管直径 $D \geqslant$ 2.5 倍钢筋直径）。

2. 水平折线张拉

以预制钢筋混凝土双肢柱作为台座压杆，在现场对生产桁架式吊车梁进行张拉，如图 8-16 所示。在预制柱上相应于钢丝弯折点处，套以钢筋抱箍 5，并装置短槽钢 7，连以焊接钢筋网片，预应力筋通过网片而弯折。为承受张拉时产生的横向水平力，在短槽钢上安置木撑 6、8。

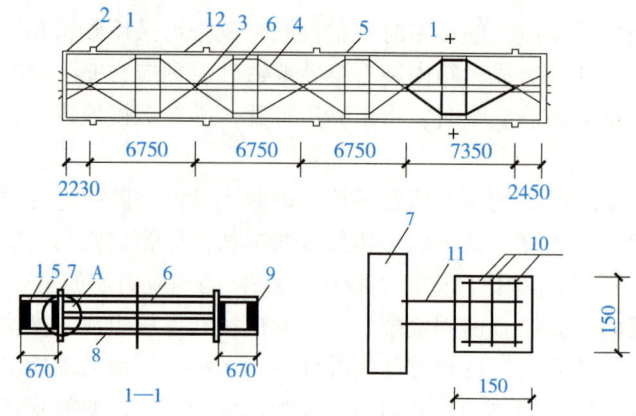

图 8-16　预应力筋水平折线张拉示意图
1—台座　2—横梁　3—直线预应力筋　4—折线预应力筋　5—钢筋抱箍　6、8—木撑
7—8 号槽钢　9—70×70 方木　10—3ϕ10 钢筋　11—2ϕ18 钢筋　12—砂浆填缝

两根折线钢筋可用 4 台千斤顶在两端同时张拉，或采用两台千斤顶同时在一端张拉后，再在另一端补张拉。为减少应力损失，可在转折点处采取横向张拉，以补足预应力。

8.7.4　先张法预制构件

先张法预制构件，有预制预应力空心板、预制预应力叠台板、预制预应力多孔板、预制预应力混凝土梁和预制预应力管桩等。

1. 先张预制板

目前，国内应用的先张预应力混凝土板的种类较多，包括预应力混凝土圆孔板、SP 预应力空心板、预应力混凝土叠合板的实心底板、预应力混凝土双 T 板等。

2. 先张预制桩

①预应力混凝土空心方桩。预应力混凝土空心方桩一般采用离心成型方法制作，预应力通过先张法施加。作为一种新型的预制混凝土桩，预应力混凝土空心方桩具有承载力高、生产周期短、节约材料等优点。目前，我国的预应力混凝土空心方桩适用于非抗震区及抗震设防烈度不超过 8 度的地区，可在我国大部分地区应用。

②预应力混凝土管桩。预应力混凝土管桩包括预应力高强混凝土管桩（PHC）、预应力混凝土管桩（PC）和预应力混凝土薄壁管桩（PTC）。预应力均通过先张法施加。PHC 桩、PC 桩适用于非抗震和抗震设防烈度不超过 7 度的地区，PTC 桩适用于非抗震和抗震设防烈度不超过 6 度的地区。

8.8　预应力混凝土后张法施工

8.8.1　有粘结预应力施工

后张法的施工工艺主要包括预留孔道、预应力筋制作、预应力筋的穿入敷设、预应力筋的张拉和孔道灌浆，如图 8-17 所示。

1. 预留孔道

预留孔道方法有钢管抽芯法、胶管抽芯法和预埋管法等，其基本要求是孔道的尺寸与位置应正确，孔道应平顺，接头不漏浆，端部的预埋钢板应垂直于孔道中心线，孔道的直径应符合要求。

2. 预应力筋制作

①钢绞线下料与编束。钢绞线的盘重大、盘卷小、弹力大，为了防止在下料过程中钢绞线紊乱并弹出伤人，事先应制作一个简易铁笼或用扣件钢管搭设放盘架。在进行下料时，将钢绞线盘卷装在铁笼内，从盘卷中央逐步抽出，这样才能确保下料安全。钢绞线的下料长度应由计算确定，计算时应考虑结构的孔道长度、锚（夹）具厚度、千斤顶长度、焊接接头或镦头预留量、冷拉伸长

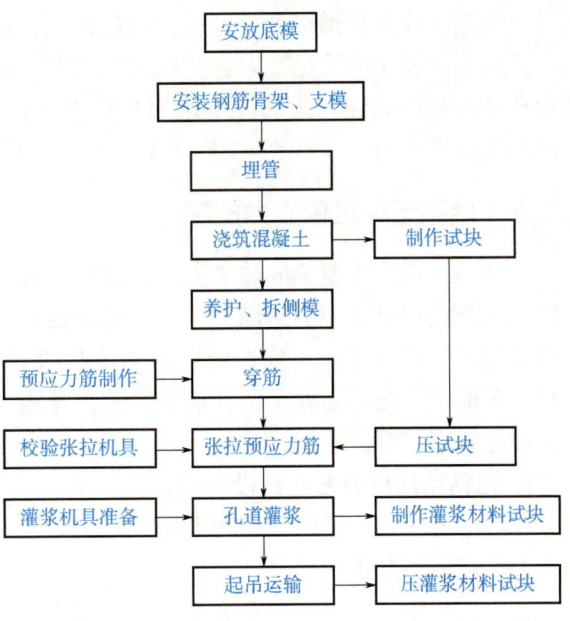

图 8-17　有粘结预应力施工工艺流程

率、弹性回缩值、张拉伸长值等。对于需要钢绞线编束的，宜用 20 号铁丝绑扎，间距为 2～3m。编束时应先将钢绞线理顺，并尽量使各根钢绞线松紧程度一致。如果钢绞线单根穿入孔道，则不必进行编束。

②钢丝下料与编束。

a. 钢丝下料。消除应力钢丝放开后是直的，可以直接按计算长度进行下料。钢丝下料时如发现钢丝表面有电焊接头或机械损伤，应随时将其剔除。

b. 钢丝编束。为保证钢丝束两端钢丝的排列顺序一致，穿束与张拉时不致紊乱，每束钢丝都必须进行编束。随着所用锚具形式不同，编束的方法也有差异。

3. 预应力筋穿束

预应力筋穿入孔道，简称穿束。穿束可分为先穿束法和后穿束法两种。先穿束法是在浇筑混凝土之前穿束。后穿束法是在混凝土浇筑之后穿束，此种穿束方法不占工期，便于用通孔器或高压水通孔，穿束后立即可以张拉，易于防锈，但穿束时比较费力。

根据预应力筋一次穿入的数量不同，可分为整束穿法和单束穿法。对钢丝束一般应采用整束穿法；对钢绞线优先采用整束穿法，也可用单根穿法。穿束工作可由人工、卷扬机和穿束机进行。

4. 预应力筋张拉

为了减少预应力筋与预留孔壁摩擦而引起的应力损失，对于曲线预应力筋和长度大于 24m 的直线预应力筋，应当采取两端同时张拉的方法；对于长度不大于 24m 的直线预应力筋，可以一端进行张拉，但张拉端宜分别设置在构件的两端。

5. 孔道灌浆

在孔道灌浆之前，应用压力水将孔道冲刷干净并润湿孔壁。灌浆应按先下后上的顺序，

以免上层孔道漏浆使下层孔道堵塞。直线孔道灌浆，应从构件的一端逐渐到另一端；在曲线孔道中灌浆，应从孔道最低处开始向两端进行，至最高点排气孔排出空气并溢出浓浆为止。

预应力混凝土的孔道灌浆，一般应在常温下进行。在低温灌浆前，宜通入50°C的温水，洗净孔道并提高孔道周边的温度达到5°C以上；灌浆时水泥浆的温度宜为10～25°C，水泥浆的温度在灌浆后至少有5d保持在5°C以上，且应养护到强度不小于15N/mm²。

8.8.2 后张无粘结预应力施工

无粘结预应力混凝土的施工方法，是在预应力筋的表面刷涂料并包裹塑料布（管）后，如同普通钢筋混凝土中的钢筋一样，先铺设在安装好的模板内，然后再按普通混凝土的方法浇筑混凝土，待混凝土达到设计要求强度后进行预应力筋的张拉和锚固，如图8-18所示。这种工艺的优点是不需要预留孔道和灌浆，其施工简单、方便，张拉摩擦力较小，预应力筋易弯成曲线形状等。

1. 无粘结预应力筋的铺设与定位

在单向板中，无粘结预应力筋的铺设与非预应力筋的铺设基本相同。

在双向板中，无粘结预应力筋需要配置两个方向的悬垂曲线。无粘结预应力筋相互穿插，施工操作比较困难，必须事先编出无粘结预应力筋的铺设顺序。其方法是将各向无粘结预应力筋各搭接点的标高标出，对各搭接点相应的两个标高分别进行比较，若一个方向某一无粘结预应力筋的各点标高，均分别低于与其相交的各筋相应点的标高时，则此筋可先放置。然后依次铺设标高比较大的无粘结预应力筋，以此类推，定出各无粘结预应力筋的铺设顺序。

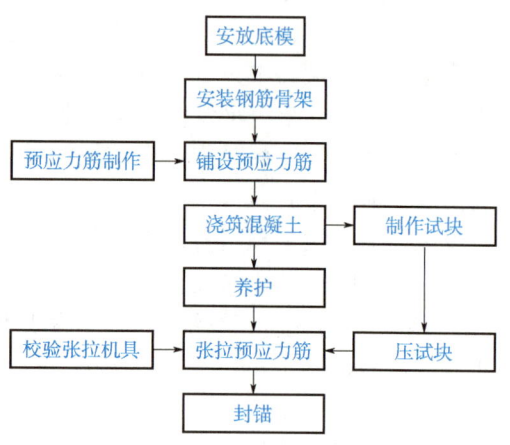

图8-18 无粘结预应力的施工工艺流程

无粘结预应力筋在铺设过程中，应严格按设计要求的曲线形状就位并固定。其垂直方向，宜用支撑钢筋或钢筋马凳固定，其间距为1～2m。一般施工顺序是：依次放置钢筋马凳，然后按顺序铺设无粘结预应力筋，并调整其垂线位置和水平位置，经检查无误后用铅丝与非预应力筋绑扎牢固。在安装水电管线时，应避免将无粘结预应力筋的竖向位置抬高或压低。无粘结预应力筋铺设完毕后，经隐蔽工程验收合格后，方可浇筑混凝土。在浇筑混凝土时，严禁踏压撞碰无粘结预应力筋、钢筋马凳及端部预埋件。

2. 无粘结预应力筋的张拉与锚固

无粘结预应力筋的张拉程序一般采用$1 \rightarrow 1.03\sigma_{con}$进行。由于无粘结预应力筋一般为曲线配筋，当曲线预应力筋的长度超过25m时，宜采取两端进行张拉；当曲线预应力筋的长度超过60m时，宜采取分段进行张拉。为了减小张拉过程中的摩擦损失，在张拉前应用千斤顶先行往复抽动几次，以利于减少摩擦应力的损失。无粘结预应力筋的张拉顺序，应根据其铺设顺序进行，即先铺设者先张拉，后铺设者后张拉。

无粘结预应力筋在张拉过程中应随时测定其伸长值，其张拉伸长值的校核与有粘结预应力筋相同。对超长无粘结预应力筋，由于张拉初期的阻力大，初始张拉力以下的伸长值比常规推算伸长值要小，应通过试验进行修正。

8.8.3 后张缓粘结预应力施工

后张法预应力有粘结筋和无粘结筋的施工工艺，既有其明显的优点，也有其自身的缺陷。通过对有粘结筋和无粘结筋特点的分析比较，现已开发出一种前期既有无粘结筋使施工简易，预应力筋布置比较灵活，后期又有粘结筋解决锚具疲劳问题，又能使预应力筋与混凝土形成整体的新型预应力筋工艺，即缓粘结预应力筋。

缓粘结预应力筋的施工工艺，根据采用的缓凝剂不同可分为缓凝砂浆型和缓凝涂料型两种。缓粘结预应力筋的施工工艺流程如图 8-19 所示。

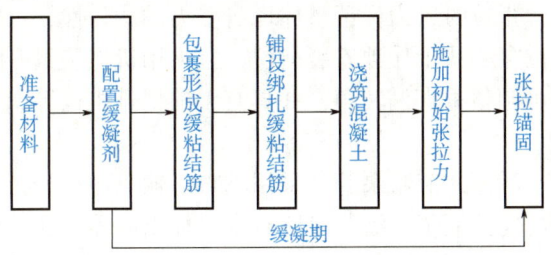

图 8-19 缓粘结预应力筋的施工工艺流程

8.8.4 后张预制构件

目前，国内采用后张法生产的预制预应力混凝土构件主要包括预制预应力混凝土梁、预制预应力混凝土屋架等。

1. 后张预制预应力混凝土梁

后张预制预应力混凝土梁种类较多，市政和铁路桥梁大量采用大跨度后张预制预应力混凝土梁，在建筑工程领域，工业厂房经常采用 6m 跨度的后张预应力混凝土吊车梁和预应力混凝土工字形屋面梁等。

2. 后张预制预应力混凝土屋架

后张预制预应力混凝土屋架主要为折线形屋架，跨度为 18~30m。后张有粘结预应力筋配置于屋架下弦，下弦预应力杆件按二级裂缝控制等级验算，其他拉杆按三级裂缝控制等级验算。后张预应力混凝土屋架适用于非抗震设计和抗震设防烈度不超过 8 度的地区。

8.8.5 特种预应力混凝土结构施工

工程中常见的特种混凝土结构包括支挡结构、深基坑支护结构、贮液池、水塔、筒仓、电视塔、烟囱及核电站安全壳等。随着预应力技术的高速发展、高强钢绞线及大吨位张拉锚固体系的推广应用，使得特种混凝土结构能够向大体量与复杂体形等发展。超长大体积基础，如采用后张预应力技术的电视塔不断突破新的高度。大体积混凝土超长结构，应用日益增多。各种预应力混凝土贮罐和筒仓，如大型混凝土贮水池、天然气贮罐、混凝土贮煤筒仓等，应用广泛。此外，核电站也采用了预应力大型混凝土安全壳。

本节以预应力混凝土高耸结构为例介绍施工要点。

1. 竖向预应力孔道铺设

镀锌钢管应考虑塔身模板体系施工的工艺分段连接，上下节钢管可采用螺纹套管加电焊的方法连接。每根孔道上口均加盖，以防异物掉入堵塞孔道。此外，随塔体的逐步升高，应采取定期检查并通孔的措施，严格检查钢管连接部位及灌浆孔与孔道的连接部位，保证无漏浆。孔道铺设应采用定位支架，每隔 2.5m 设一道，必须固定牢靠，以保证其准确位置。竖管每段的垂直度应控制在 5‰以内。灌浆孔的间距应根据灌浆方式与灌浆泵压力确定，一般介于 20~60m。

2. 竖向预应力筋张拉

竖向预应力筋一般采取一端张拉。其张拉端根据工程的实际情况可设置在下端或上端，必要时在另一端补张拉。张拉时，为保证整体塔身受力的均匀性，一般应分组沿塔身截面对称张拉。为了便于大吨位穿心式千斤顶安装就位，宜采用机械装置升降千斤顶，机械装置设计时应考虑其主体支架可调整垂直偏转角，并具有手摇提升机构等。

3. 竖向孔道灌浆

灌浆可采用挤压式、活塞式灰浆泵等。采用垂直运输机械将搅拌机和灌浆泵运至各个灌浆孔部位的平台处，现场搅拌灌浆，灌浆时所有水平伸出的灌浆孔外均应加阀门，以防止灌浆后浆液外流。

8.9 预应力钢结构施工

8.9.1 预应力钢结构分类

预应力钢结构分类如图 8-20 所示。

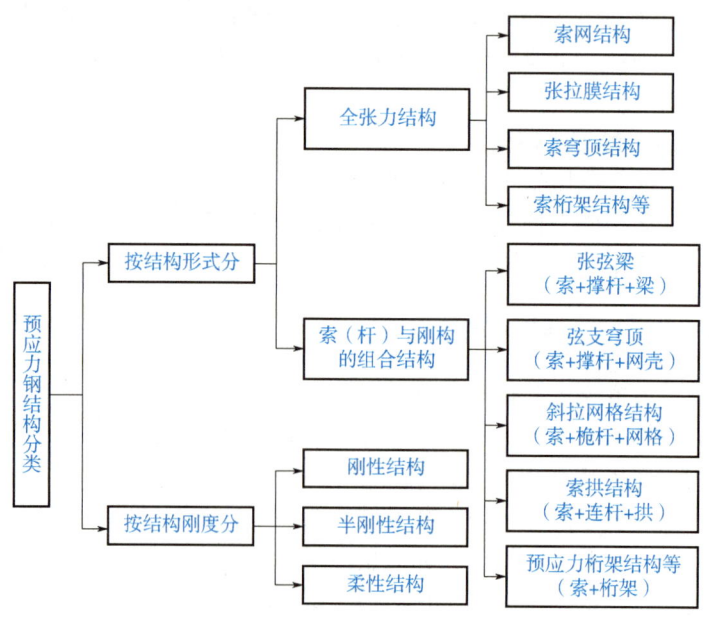

图 8-20 预应力钢结构分类

8.9.2 预应力钢结构计算要求

①在预应力钢结构的计算中,对于布置有悬索或折线形索时必须考虑悬索的几何非线性影响。对于斜拉索,则当索较长时应考虑由于索自重影响而引起斜拉索刚度的折减,通过公式反映对于弹性模量的折减。一般希望斜拉索的作用点与水平夹角大于30°,当接近或小于30°时,必须考虑斜拉索的几何非线性影响。

②对于预应力网架等以配置悬索组合的预应力钢结构的计算时,应注意索与其他结构的位移协调问题,即索在预应力张拉时荷载作用下,其索力是沿索长连续的,在这种情况下应对索建立独立的位移参数,并在竖向与其他结构协调。

③对于预应力结构设计时必须认真考虑结构的预应力索的各项要求,在预应力状态应达到积极平衡自重、调整结构位移、实现结构主动控制的目的。

④由于预应力钢结构跨度大,因此必须考虑地震作用的影响,如何使索不发生应力松弛而使结构失效是关键,其地震作用分为竖向作用(对跨中受力杆件影响大)与水平作用(对下部结构与支座杆件有影响),进行抗震分析可采用振型分解反应谱法与时程分析法。

8.9.3 预应力钢结构常用节点

1. 张拉节点

高强拉索的张拉节点应保证节点张拉区有足够的施工空间,便于施工操作,锚固可靠。对于张拉力较大的拉索,可采用液压张拉千斤顶或其他专用张拉设备进行张拉;对于张拉力较小的拉索,可采用花篮调节螺栓或直接拧紧螺帽等方法施加预应力。

2. 锚固节点

锚固节点应采用传力可靠、预应力损失低和施工便利的锚具,尤其应注意锚固区的局部承压强度和刚度的保证。锚固节点区域受力状态复杂、应力水平较高,设计人员应特别重视主要受力杆件、板域的应力分析及连接计算,采取的构造措施应可靠、有效,避免出现节点区域因焊缝重叠、开孔等易导致严重残余应力和应力集中的情况。

3. 转折节点

转折节点是使拉索改变角度并顺滑传力的一种节点,一般与主体结构连接。转折节点应设置滑槽或孔道供拉索准确定位和改变角度,如拉索需要在节点内滑动,则滑槽或孔道内摩擦阻力宜小,可采用润滑剂或衬垫等低摩擦系数材料;转折节点沿拉索夹角平分线方向对主体结构施加集中力,应注意验算该处的局部承压强度和该集中力对主体结构的影响,并采取加强措施。拉索转折节点处于多向应力状态,其强度降低应在设计中考虑。

4. 拉索交叉节点

拉索交叉节点是将多根平面或空间相交的拉索集中连接的一种节点,多个方向的拉力在交叉节点汇交、平衡。拉索交叉节点应根据拉索交叉的角度优化连接节点板的外形,避免因拉索夹角过小而相撞,同时应采取必要措施避免节点板由于开孔和造型切角等因素引起应力集中区,必要时应进行平面或空间的有限元分析。

8.9.4 钢结构预应力施工

1. 施工准备

根据设计及预应力施工工艺要求,计算出索体的下料长度、索体各节点的安装位置及加工图。针对具体工程建立结构整体模型，进行施工仿真计算，对结构各阶段预应力施工中的各工况进行复核，并模拟预应力张拉施工全过程。对复杂空间结构须计算施工张拉时，各索相互影响，找出最合理的张拉顺序和张拉力的大小，并提供索体张拉时每级张拉力的大小、结构的变形、应力分布情况，作为施工监测依据。

2. 索体制作

拉索制作方式可分为工厂预制和现场制造两种。扭绞型平行钢丝拉索应采用工厂预制，其制作应符合相关产品技术标准的要求。钢绞线拉索和钢棒拉索可以预制也可在现场组装制作，其索体材料和锚具应符合相关标准的规定。

3. 索体安装

预应力钢结构刚性件的安装方法有高空散装、分块（榀）安装、高空滑移［上滑移——单榀、逐榀和累积滑移、下移法——地面分块（榀）拼装滑移后空中整体拼装］、整体提升法（地面整体拼装后，整体吊装、柱顶提升、顶升）等。其索体安装时，可根据钢结构构件的安装选择合理的安装方法，与其平行作业，充分利用安装设备及脚手架，达到缩短工期、节约设备投资的目标。索体的安装方法还应根据拉索的构造特点、空间受力状态和施工技术条件，在满足工程质量要求的前提下综合确定，常用的安装方法有三种，是以索体张拉方法（整体张拉法、部分张拉法、分散张拉法）相对应的。

4. 索体张拉施工

索体张拉允许偏差、检查方法及检查数量见表 8-8。

表 8-8 索体张拉允许偏差、检查方法及检查数量

部位	检查项目	规定值或允许偏差	检查方法	检查数量
索体	实际张拉力	±5%	标定传感器	全数
撑杆	垂直度	$L/100$	用拉线和钢尺	设计要求
钢结构	应力值	设计要求	传感器	设计要求
	起拱值	设计要求起拱 ± $L/5000$	全站仪	设计要求
	支座水平位移值	设计未要求起拱 ± $L/2000$	位移计	设计要求

8.10 施工安全与质量验收

8.10.1 预应力混凝土工程施工安全技术

①高压液压泵和千斤顶的性能，应符合产品说明书的要求。机具设备及仪表，应由专人使用和管理，并定期维护与检验。

②张拉设备测定期限，一般不宜超过半年。当遇到下列情况之一时应重新测定：千斤顶经拆卸与修理；千斤顶放置时间很久又使用；压力计受过碰撞或出现过失灵，更换压力计；张拉中发生多根筋破断事故或张拉伸长值误差较大。弹簧测力计应在压力试验机上测定。

③在张拉的操作中应时刻关注预应力筋的伸长情况，预应力筋的一次伸长值不应超过设备的最大张拉行程。

④操作千斤顶和测量伸长值的人员，应站在千斤顶的侧面操作，严格遵守操作规程。液

压油泵开动过程中，不得擅自离开岗位。如果确实需要离开，必须把液压阀门全部松开或切断电路。

⑤钢丝束镦头锚固体系在张拉过程中应随时拧上螺母，以确保安全；锚固时如遇钢丝束偏长或偏短，应采取增加螺母或连接器等措施。

⑥在预应力筋张拉的过程中，严禁拆换液压管或压力计。

⑦为防止出现触电事故，机壳必须接地，所有线路必须绝缘，经检查完全合格后方可进行试运转。

⑧张拉预应力筋所用的锚具、夹具和连接器等，必须有出厂合格厂和产品说明书，经进场检查合格才能用于工程施工中。

8.10.2 预应力混凝土工程施工质量验收

①后张法预应力混凝土工程的施工，应由具有相应资质等级的预应力专业施工单位承担，无相应资质等级的施工单位不能承担此类工程。

②预应力筋张拉机具设备及仪表应当定期进行维护和校验。张拉设备配套标定，并配套使用。张拉设备的标定期限不应超过半年。当在使用过程中或在千斤顶检修后出现反常现象时，应重新进行标定。张拉设备标定时，千斤顶活塞的运行方向应与实际张拉工作状态一致；压力计的精度不应低于1.5级，标定张拉设备用的试验机或测力精度不应低于±2%。

③在浇筑混凝土之前，应进行预应力混凝土隐蔽工程验收，其内容主要包括：预应力筋的品种、规格、数量、位置等；预应力筋锚具和连接器的品种、规格、数量、位置等；预留孔道的规格、数量、位置、形状及灌浆孔、排气兼泌水管等；锚固区局部加强构造等。

第 9 章

钢筋工程

9.1 钢筋简述

9.1.1 钢筋材料选择

钢筋混凝土用钢筋主要有热轧光圆钢筋、热轧带肋钢筋、余热处理钢筋、冷轧带肋钢筋、冷轧扭钢筋、冷拔螺旋钢筋、冷拔低碳钢丝等。钢筋工程施工宜应用高强度钢筋及专业化生产的成型钢筋，普通钢筋强度标准值见表 9-1。

表 9-1 普通钢筋强度标准值　　　　　　　　　　（单位：N/mm²）

牌号	公称直径 d/mm	屈服强度标准值 f_{yk}	极限强度标准值 f_{stk}
HPB300	6~14	300	420
HRB335	6~14	335	455
HRB400 HRBF400 RRB400	6~50	400	540
HRB500 HRBF500	6~50	500	630

① 热轧（光圆、带肋）钢筋。热轧光圆钢筋是经热轧成型，横截面通常为圆形，表面光滑的成品钢筋。热轧带肋钢筋是经热轧成型，横截面通常为圆形，且表面带肋的混凝土结构用钢材，包括普通热轧钢筋和细晶粒热轧钢筋。

② 余热处理钢筋。余热处理钢筋是热轧后立即穿水，进行表面控制冷却，然后芯部预热自身完成回火处理所得的成品钢筋。

③ 冷轧带肋钢筋。冷轧带肋钢筋是热轧盘条经过冷轧后，在其表面带有沿长度方向均匀分布的三面或二面横肋的钢筋。

9.1.2 钢筋性能

1. 密度

单位体积钢材的质量称为密度，单位为 g/cm³。钢材不同，其密度也稍有不同。钢筋的密度按 7.85g/cm³ 计算。

2. 可熔性

常温时钢材为固体，但是当其温度升高到一定程度时，即能熔化成液体，称为可熔性。钢材开始熔化的温度称为熔点。

3. 线（膨）胀系数

钢材加热时膨胀的能力，称为热膨胀性。受热膨胀的程度，常用线（膨）胀系数来表示。当钢材温度升高1℃时，伸长长度与原来长度的比值，称为钢材的线（膨）胀系数，单位符号为 1/℃。

4. 热导率

钢材的导热能力用热导率来表示。工业上用的热导率用面积热流量除以温度梯度来表示，单位符号为 W/(m·K)。

9.1.3 配筋构造

1. 钢筋锚固

①当纵向受力钢筋的实际配筋面积大于其设计计算面积时，其锚固长度修正系数取设计计算面积与实际配筋面积的比值，但对有抗震设防要求及直接承受动力荷载的结构构件，不应考虑此项修正。

②当锚固钢筋的保护层厚度不大于 $5d$ 时，锚固长度范围内应配置横向构造钢筋，其直径不应小于 $d/4$；对梁、柱、斜撑等构件构造钢筋间距不应大于 $5d$，对板、墙等平面构件构造钢筋间距不应大于 $10d$，且均不大于 100mm，此处 d 为锚固钢筋的直径。

③承受动力荷载的预制构件，应将纵向受力钢筋末端焊接在钢板或角钢上，钢板或角钢应可靠地锚固在混凝土中。钢板或角钢的尺寸应按计算确定，其厚度不宜小于 10mm。其他构件中的受力普通钢筋的末端也可通过焊接钢板或型钢实现锚固。

2. 钢筋连接

①绑扎搭接宜用于受拉钢筋直径不大于 25mm 以及受压钢筋直径不大于 28mm 的连接；轴心受拉及小偏心受拉杆件（如桁架和拱的拉杆）的纵向受力钢筋不得采用绑扎搭接。

②细晶粒热轧带肋钢筋以及直径大于 28mm 的带肋钢筋，其焊接应经试验确定；余热处理钢筋不宜焊接。

③直接承受动力荷载的结构构件中，其纵向受拉钢筋不得采用绑扎搭接接头，也不宜采用焊接接头，除端部锚固外不得在钢筋上焊有附件。当直接承受吊车荷载的钢筋混凝土吊车梁、屋面梁及屋架下弦的纵向受拉钢筋采用焊接接头时，应采用闪光对焊，并去掉接头的毛刺及卷边。

④混凝土结构中受力钢筋的连接接头宜设置在受力较小处；在同一根受力钢筋上宜少设接头。在结构的重要构件和关键传力部位，纵向受力钢筋不宜设置连接接头。

⑤同一构件中相邻纵向受力钢筋的绑扎搭接接头或机械连接接头宜相互错开，焊接接头应相互错开。

9.2 钢筋工程施工相关计算

9.2.1 钢筋基本代换计算

1. 等强度代换

$$A_{s2} \times f_{y2} \geqslant A_{s1} \times f_{y1} \tag{9-1}$$

式中 A_{s1}、A_{s2}——原设计钢筋和拟代换钢筋的计算截面面积（mm²）；

f_{y1}、f_{y2}——原设计钢筋和拟代换钢筋的抗拉强度设计值（N/mm²）。

$$n_2 \geq \frac{n_1 d_1^2 f_{y1}}{d_2^2 f_{y2}} \tag{9-2}$$

式中 n_2——代换钢筋根数；

n_1——原设计钢筋根数；

d_2——代换钢筋直径；

d_1——原设计钢筋直径；

f_{y2}——代换钢筋抗拉强度设计值；

f_{y1}——原设计钢筋抗拉强度设计值。

2. 等面积代换

$$A_{s2} \geq A_{s1} \tag{9-3}$$

$$n_2 \geq n_1 \times \frac{d_1^2}{d_2^2} \tag{9-4}$$

式中 n_2——代换钢筋根数；

n_1——原设计钢筋根数；

d_2——代换钢筋直径；

d_1——原设计钢筋直径。

9.2.2 钢筋特殊代换计算

$$A_{s2} f_{y2} \left(h_{02} - \frac{A_{s2} f_{y2}}{2 f_c b} \right) \geq A_{s1} f_{y1} \left(h_{01} - \frac{A_{s1} f_{y1}}{2 f_c b} \right) \tag{9-5}$$

式中 A_{s1}、A_{s2}——原设计钢筋和拟代换钢筋的计算截面面积（mm²）；

f_{y1}、f_{y2}——原设计钢筋和拟代换钢筋的抗拉强度设计值（N/mm²）；

h_{01}、h_{02}——原设计钢筋和拟代换钢筋合力作用点至构件截面受压边缘的距离（mm）；

f_c——混凝土的抗压强度设计值；

b——构件截面宽度（mm）。

9.2.3 钢筋下料长度基本计算

钢筋下料长度计算见表9-2。

表9-2 钢筋下料长度计算

计算项目	计算公式
直钢筋下料长度	构件长度 − 保护层厚度 + 弯钩增加长度
弯起钢筋下料长度	直段长度 + 斜段长度 + 弯钩增加长度 − 弯曲调整值
箍筋下料长度	箍筋外皮周长 + 弯钩增加长度 − 弯曲调整值

9.2.4 弓形弯起钢筋和元宝形吊筋下料长度计算

1. 弓形弯起钢筋下料长度（图9-1）

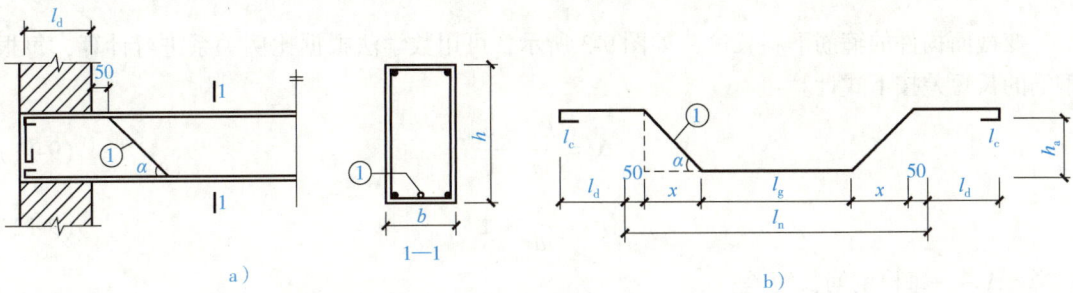

图9-1 梁弯起钢筋构造和下料图
a）梁弯起钢筋构造图 b）梁弓形弯起钢筋下料图

先计算图9-1b中的h_a高度：
$$h_a = h - 2a_s \tag{9-6}$$

再计算图9-1b中的x值：
$$x = h_a \cot\alpha = (h - 2a_s)\cot\alpha \tag{9-7}$$

计算拱背长度l_g：
$$l_g = l_n - 2x - 100 = l_n - 2(h - 2a_s)\cot\alpha - 100 \tag{9-8}$$

最后计算弓形弯起钢筋下料长度：
$$l = l_n + 2(l_d + l_c) + 2(h - 2a_s)\tan\alpha/2 \tag{9-9}$$

式中 l_n——钢筋混凝土梁净长度（mm）；
　　 h——钢筋混凝土梁高度（mm）；
　　 a_s——混凝土保护层厚度（mm）；
　　 α——钢筋弯起角度（°）；
　　 l_c——弯起钢筋弯曲调整值（mm）；
　　 l_d——受拉钢筋伸入墙内或柱身内锚固长度，按设计要求。

2. 元宝形吊筋下料长度

元宝形吊筋下料长度（L）计算简图如图9-2所示。

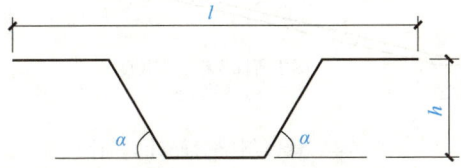

图9-2 元宝形吊筋下料长度计算简图

$$L = l + 2h\tan\frac{\alpha}{2} - \left[(4D + 6d)\tan\frac{\alpha}{2} - (D + d)\tan\frac{\alpha\pi}{90°}\right] \tag{9-10}$$

式中 h——上侧钢筋上表皮到下侧钢筋下表皮的垂直距离；
　　 d、D——钢筋的直径和钢筋的弯曲直径；

α——钢筋的弯折角度。

如元宝形吊筋两端有弯钩，上式还须加上端部弯钩增加长度。

9.2.5 钢筋缩尺配筋下料长度计算

变截面构件的箍筋下料长度，如图 9-3 所示，可用数学法根据比例关系进行计算，每根钢筋的长短差按下式计算：

$$\Delta = \frac{h_d - h_c}{n - 1} \tag{9-11}$$

$$n = \frac{s}{a} + 1 \tag{9-12}$$

式中　Δ——每根钢筋长短差；

　　　h_d——箍筋的最大高度；

　　　h_c——箍筋的最小高度；

　　　n——箍筋个数；

　　　s——最高箍筋与最低箍筋之间的总距离；

　　　a——箍筋间距。

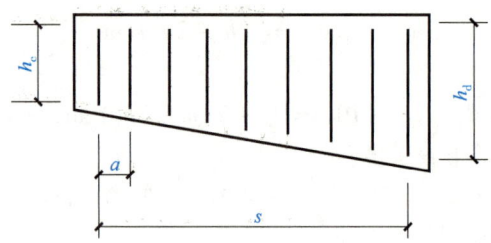

图 9-3　变截面构件箍筋下料长度计算简图

9.2.6 特殊形状钢筋下料长度计算

悬臂斜梁弯筋计算比较复杂，一般可按几何图形用下列公式进行计算，如图 9-4 所示。

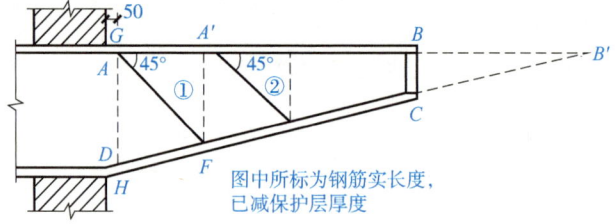

图 9-4　悬臂斜梁弯筋计算简图

$$BB' = \frac{AB \times BC}{AD - BC} \tag{9-13}$$

$$A'B = \frac{(AB - 50) \times (AB + BB') - BB' \times AD}{AD + AB + BB'} \tag{9-14}$$

$$A'G = AB - 50 - A'B \tag{9-15}$$

$$GF = \sqrt{2} \times A'G \tag{9-16}$$

$$B'F = \sqrt{(A'G)^2 + (A'B + BB')^2} \tag{9-17}$$

$$B'C = \sqrt{(BB')^2 + (BC)^2} \tag{9-18}$$

$$FC = B'F - CB' \tag{9-19}$$

求得 GF 和 FC，即可计算出①号（GFC）的长度。

9.2.7 钢筋锚固长度计算

钢筋基本锚固长度，取决于钢筋强度及混凝土抗拉强度，并与钢筋外形有关。当计算中充分利用钢筋的抗拉强度时，受拉钢筋的锚固长度，可按下式计算：

$$l_a = \alpha \frac{f_y}{f_t} d \tag{9-20}$$

式中　l_a——受拉钢筋的锚固长度（mm）；
　　　f_t——混凝土轴心抗拉强度设计值（N/mm²）；
　　　f_y——普通钢筋的抗拉强度设计值（N/mm²）；
　　　d——钢筋的公称直径（mm）；
　　　α——钢筋的外形系数。

9.2.8 钢筋绑扎接头搭接长度计算

纵向受拉钢筋绑扎搭接接头的搭接长度应根据位于同一连接区段内的钢筋搭接接头面积百分率按下式计算：

$$l_1 = \zeta l_a \tag{9-21}$$

式中　l_1——纵向受拉钢筋的搭接长度；
　　　l_a——纵向受拉钢筋的锚固长度；
　　　ζ——纵向受拉钢筋搭接长度修正系数。

9.2.9 钢筋焊接接头搭接长度计算

对于用电弧焊焊接的钢筋接头，为使两段钢筋接长能实施焊接，就必须留有一定的搭接长度，以便能在上面填布焊缝。同时，焊缝的抗力必须大于钢筋的抗力，才能保证钢筋受力至承载能力的极限状态时（即受力至被拉断时），焊缝仍保持完整可靠。因此，应通过必要的钢筋搭接长度来使焊缝达到要求的长度，以保证焊缝具有足够的抗力，见表9-3。

表9-3　钢筋焊接接头的搭接长度规定

钢筋级别	焊缝形式	搭接长度
HPB300级	单面焊	≥8d
	双面焊	≥4d
HRB335级、HRB400级	单面焊	≥10d
	双面焊	≥5d

9.2.10　钢筋质量及用料计算

1m 长钢筋的体积按下式计算：

$$V = \frac{\pi d^2}{4} \times 1000 = 250\pi d^2 \tag{9-22}$$

1m 长钢筋的质量（kg）计算：

$$m = 7850 \times 10^{-9} \times 250\pi d^2 = 0.006165 d^2 \tag{9-23}$$

式中　d——钢筋直径（mm）。

9.2.11　钢筋吊环计算

$$\sigma = \frac{9800m}{nA} \leq [\sigma] \tag{9-24}$$

式中　σ——吊环的拉应力（N/mm²）；

　　　n——吊环截面个数，2 个吊环时为 4；

　　　A——1 个吊环的钢筋截面面积（mm²）；

　　　m——构件质量（t）；

　　　$[\sigma]$——吊环的允许拉应力，一般取不大于 65N/mm²。

9.3　钢筋加工

9.3.1　钢筋冷拉与冷拔

1. 冷拉

钢筋冷拉的施工工艺有以下几个要点：

①对所需冷拉的钢筋的炉号、原材料进行检查，不同厂家和不同批号的钢筋应分别进行冷拉，不得出现混淆。

②在钢筋进行冷拉前，应对冷拉机具、设备，特别是测力计进行校验和复核，并做好冷拉记录，以确保钢筋冷拉质量。

③在钢筋进行正式冷拉前，应用冷拉应力 10% 左右的拉力，先将钢筋拉直，然后测量其长度，再进行冷拉。

④在钢筋冷拉的过程中，为使钢筋变形充分、均匀，冷拉的速度不宜过快，一般以 0.5~1.0m/min 为宜。当达到规定的控制应力或冷拉长度后，一般稍停 1~2min，待钢筋变形基本稳定后，再放松钢筋。

⑤当钢筋在低温（负温）条件下冷拉时，其施工环境温度不宜低于 -20℃。如果采用控制应力方法冷拉，冷拉控制应力应较常温提高 30MPa；采用控制冷拉率方法冷拉时，冷拉率与常温下相同。

⑥冷拉钢筋伸长的起点应以钢筋发生初应力时为准。对初应力的判断如无仪表观测，可观测钢筋表面的浮锈或氧化钢板，以开始剥落时进行计量。

⑦预应力钢筋应先对焊后冷拉，以免对焊焊接时因高温而使钢筋冷拉后的强度降低。如

果焊接接头被拉断，可以切除该焊区 200~300mm 长，重新焊接后，再进行冷拉，但一般不得超过两次。

⑧钢筋时效一般可采用自然时效，即钢筋冷拉后在 15~20℃ 情况下，放置 7~14d 即可使用。

⑨由于钢筋冷拉后其晶体间的间隙增大，性质尚未稳定，遇水后很容易变脆且生锈，因此钢筋冷拉后应防止雨淋和水湿。

2. 冷拔

冷拔是使 $\phi 6 \sim \phi 9 mm$ 的光圆钢筋通过钨合金的拔丝模来进行强力冷拔，如图 9-5 所示。钢筋通过拔丝模时，受到拉伸与压缩兼有的作用，使钢筋内部晶格变形而产生塑性变形，因而抗拉强度提高（可提高 50%~90%），塑性降低，呈硬钢性质。光圆钢筋经冷拔后称为"冷拔低碳钢丝"。

冷拔低碳钢丝有时是经多次冷拔而成，不一定是一次冷拔就达到总压缩率。每次冷拔的压缩率不宜太大，否则拔丝机的功率要大，拔丝模易损耗，且易断丝。一般前道钢丝和后道钢丝的直径之比以 1:0.87 为宜。冷拔次数也不宜过多，否则易使钢丝变脆。

冷拔低碳钢丝的质量应符合《混凝土结构工程施工质量验收规范》（GB 50204—2015）中有关的规定。对用于预应力结构的甲级冷拔低碳钢丝，应加强检验，应逐盘取样。

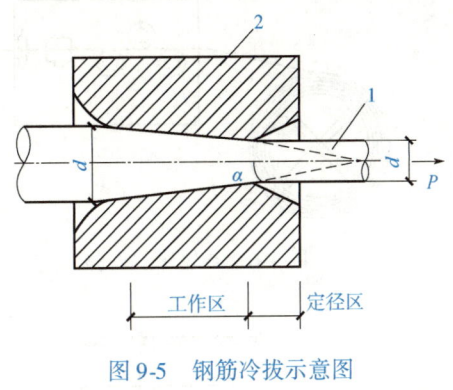

图 9-5 钢筋冷拔示意图
1—钢筋 2—拔丝模

冷拔低碳钢丝经调直机调直后，抗拉强度降低 8%~10%，塑性有所改善，使用时应注意。

9.3.2 钢筋调直

1. 钢筋的机械调直

机械的机械调直是通过钢筋调直机实现的。钢筋调直机一般也有切断钢筋的功能，因此也称钢筋调直切断机。钢筋调直机的使用步骤如下：

①检查。每天工作前要先检查电气系统及其元件有无问题，各种连接零件是否牢固可靠，各传动部分是否灵活，确认正常后方可进行试运转。

②试运转。首先从空载开始确认运转可靠之后才可以进料，试验调直和切断。首先要将盘条的端头捶打平直，然后再将它从导向套推进机器内。

③试断筋。为保证断料长度合适，应在机器开动后试断三四根钢筋检查，以便出现偏差能得到及时纠正（调整限位开关或定尺板）。

④安全要求。盘圆钢筋放入圈架上要平稳，如有乱螺纹或钢筋脱架发生时，必须停车处理。操作人员不能离机械过远，以防发生故障时不能立即停车造成事故。

⑤安装承料架。承料架槽中心线应对准导向套，调直筒和剪切孔槽中心线，并保持平直。

⑥安装切刀。安装滑动刀台上的固定切刀，保证其位置正确。

⑦安装导向管。在导向套前部，安装 1 根长度约为 1m 的导向钢管，需调直的钢筋应先穿入该钢管，然后穿过导向套和调直筒，以防止每盘钢筋接近调直完毕时其端头弹出伤人。

2. 钢筋的人工调直

直径在 10mm 以下的盘条钢筋在施工现场一般采用手工调直。对于冷拔低碳钢丝，可通过导轮牵引调直，如图 9-6 所示。如果牵引过轮的钢丝还存在局部慢弯，可用小锤敲打平直；也可以使用蛇形管调直，如图 9-7 所示。将蛇形管固定在支架上，需要调直的钢丝穿过蛇形管，用人力向前牵引，即可将钢丝基本调直，局部慢弯处可用小锤加以平直。盘条钢筋可用绞盘拉直，如图 9-8 所示。直条粗钢筋一般弯曲较缓，可就势用手扳子扳直。

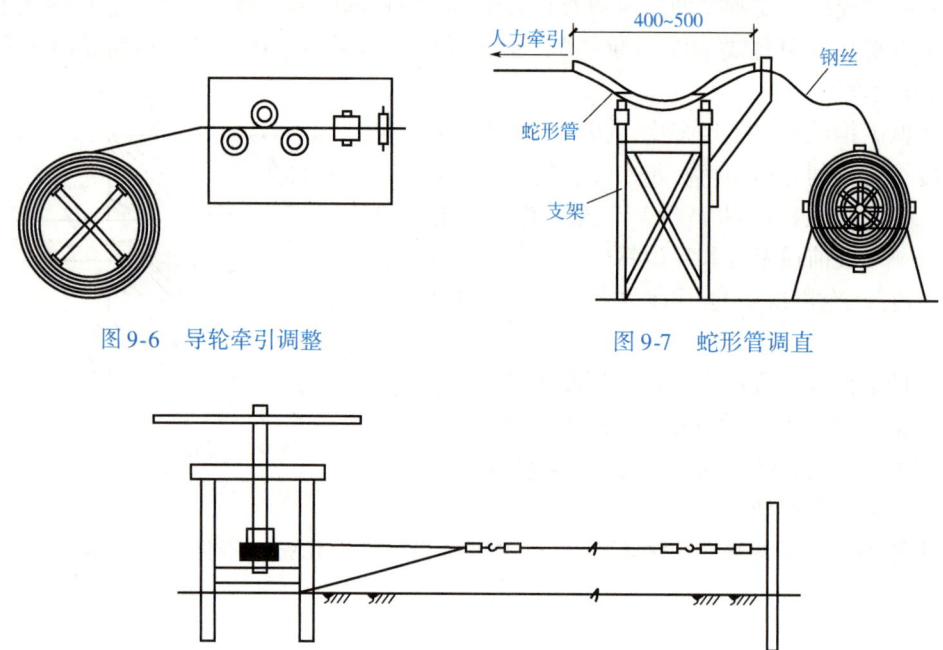

图 9-6　导轮牵引调整　　　图 9-7　蛇形管调直

图 9-8　绞盘拉直装置示意图

9.3.3　钢筋切断

钢筋切断机具有断线钳、手动液压切断器、手动液压切断器、电动液压切断机和钢筋切断机等。

1. 手动液压切断器

手动液压切断器，如图 9-9 所示。其工作原理是：把放油阀按顺时针方向旋紧；揿动压杆使柱塞提升，吸油阀被打开，工作油进入油室；提起压杆，工作油便被压缩进入缸体内腔，压力油推动活塞前进，安装在活塞杆前部的刀片即可断料。切断完毕后立即按逆时针方向旋开放油阀，在回位弹簧的作用下，压力油又流回油室，刀头自动缩回缸内，如此重复动作，以实现钢筋的切断。

手动液压切断器的工作总压力为 80kN，活塞直径为 36mm，最大行程为 30mm，液压泵柱塞直径为 8mm，单位面积上的工作压力为 79MPa，压杆长度为 438mm，压杆作用力为 220N，切断器长度为 680mm，总质量为 6.5kg，可切断直径 16mm 以下的钢筋。这种机具体积小，重量轻，操作简单，便于携带。

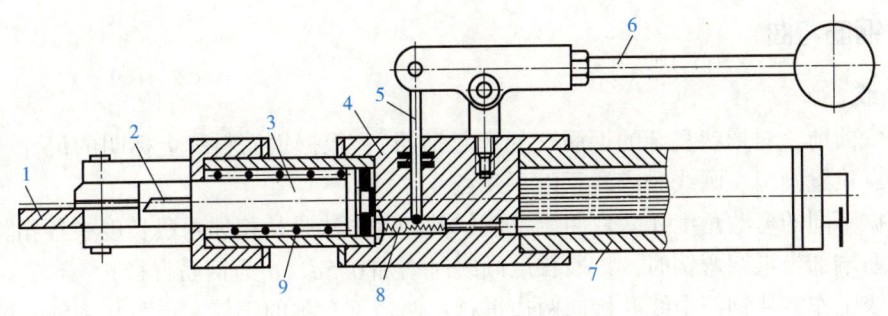

图 9-9 手动液压切断器

1—滑轨 2—刀片 3—活塞 4—缸体 5—柱塞 6—压杆 7—贮油筒 8—吸油阀 9—回位弹簧

2. 电动液压切断机

电动液压切断机，如图 9-10 所示。其工作总压力为 320kN，活塞直径为 95mm，最大行程为 28mm，液压泵柱塞直径为 12mm，单位面积上的工作压力为 45.5MPa，液压泵输油率为 4.5L/min，电动机功率为 3kW，转速为 1440r/min。机器外形尺寸为 889mm（长）× 396mm（宽）×398mm（高），总质量为 145kg。

3. 钢筋切断机

①将同规格钢筋根据不同长度长短搭配，统筹排料；一般应先断长料，后断短料，以减少短头接头和损耗。

②断料应避免用短尺量长料，以防止在量料中产生累计误差。宜在工作台上标出尺寸刻度并设置控制断料尺寸用的挡板。

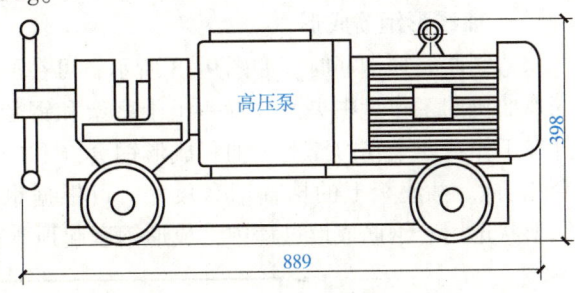

图 9-10 电动液压切断机

③钢筋切断机的刀片应由工具钢热处理制成，刀片的形状如图 9-11 所示。使用前应检查刀片安装是否正确、牢固、润滑，空车试运转应正常。固定刀片与冲切刀片的水平间隙以 0.5~1mm 为宜；固定刀片与冲切刀片刀口的距离：对直径≤20mm 的钢筋宜重叠 1~2mm，对直径>20mm 的钢筋宜留 5mm 左右。

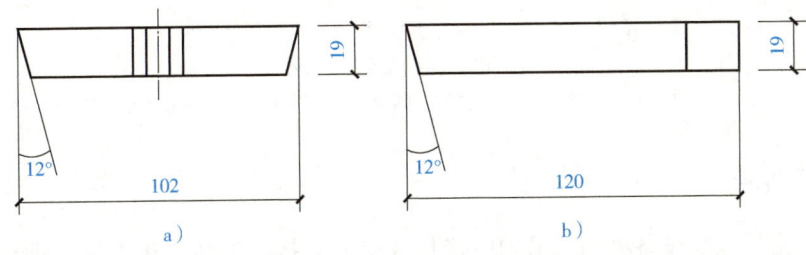

图 9-11 钢筋切断机刀片的形状
a）冲切刀片 b）固定刀片

④向切断机送料时，应将钢筋摆直，避免弯成弧形。操作者应将钢筋握紧，并应在冲切刀片向后退时送进钢筋；切断较短钢筋时，宜将钢筋套在钢管内送料，防止发生人身或设备安全事故。

9.3.4 钢筋弯曲

1. 画线

钢筋弯曲前，对形状复杂的钢筋（如弯起钢筋），根据钢筋料牌上标明的尺寸，用石笔将各弯曲点位置画出。画线时应注意以下几点：

①根据不同的弯曲角度扣除弯曲调整值，其扣除方法是从相邻两段长度中各扣除一半。

②钢筋端部带半圆弯钩时，该段长度画线时增加 $0.5d$（d 为钢筋直径）。

③画线工作宜从钢筋中线开始向两边进行；两边不对称的钢筋，也可从钢筋一端开始画线，如画到另一端有出入时，则应重新调整。

2. 钢筋弯曲成形

钢筋在弯曲机上成形时，如图 9-12 所示，心轴直径应是钢筋直径的 2.5～5.0 倍，成形轴宜加偏心轴套，以便适应不同直径的钢筋弯曲需要。弯曲细钢筋时，为了使弯弧一侧的钢筋保持平直，挡铁轴宜做成可变挡架或固定挡架（加铁板调整）。

3. 曲线形钢筋成形

弯制曲线形钢筋时，如图 9-13 所示，可在原有钢筋弯曲机的工作盘中央，放置一个十字架和钢套；另外在工作盘四个孔内插上短轴和成形钢套（和中央钢套相切）。插座板上的挡轴钢套尺寸，可根据钢筋曲线形状选用。钢筋成形过程中，成形钢套起顶弯作用，十字架只协助推进。

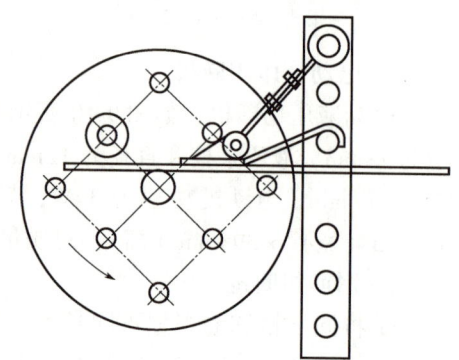

图 9-12 钢筋弯曲成形

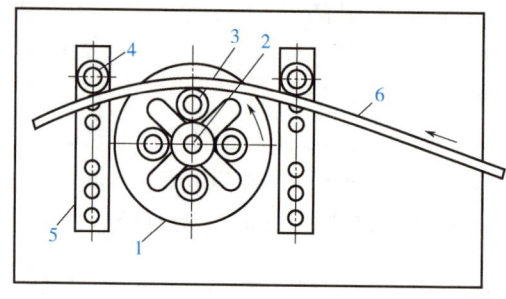

图 9-13 曲线形钢筋成形

1—工作盘 2—十字撑及圆套 3—桩柱及圆套 4—挡轴钢套 5—插座板 6—钢筋

9.3.5 钢筋焊接

钢筋焊接是用电焊设备将钢筋沿轴向接长或交叉连接。钢筋焊接质量与钢材的焊接性、焊接工艺有关。可焊性与钢筋含碳、锰、钛等有关。电焊工艺包括焊接参数与操作水平。

1. 闪光对焊

对焊机使两段被焊钢筋接触，通过低电压的强电流，钢筋被加热到一定温度变软后，轴向加压顶锻，形成对焊接头，将钢筋沿轴向接长。根据对焊工艺，闪光对焊分为连续闪光焊和闪光预热-闪光焊，后者用于焊接大直径钢筋。预应力钢筋皆用这种方法焊接。

2. 电弧焊

用弧焊机使焊条与焊件间产生高温电弧，使焊条和电弧燃烧范围内的焊件熔化，凝固后便形成接头或焊缝。钢筋电弧焊的接头形式有搭接接头（单面焊缝或双面焊缝）、帮条接头（单面焊缝或双面焊缝）、坡口接头（平焊或立焊）。

3. 电渣压力焊

在上、下被焊钢筋间放一小块导电剂（钢丝小球、焊条等），装上药盒和填满焊药，交流电焊机接通电路引弧燃烧，待形成渣池、钢筋熔化并稳弧一定时间后，在断电同时，手动加压机构进行加压顶锻，排除夹渣、气泡，形成接头。这种焊接多用于现浇钢筋混凝土结构构件内竖向钢筋的接长。

4. 电阻点焊

点焊机的上、下电极接触交叉的钢筋而接通电流，交叉钢筋的接触点处电阻较大，电流产生的热量将钢筋熔化，同时电极加压使钢筋焊合。用于焊接钢筋网片、钢筋骨架等钢筋的交叉连接。

5. 钢筋气压焊

利用乙炔、氧气形成的混合气体燃烧的高温火焰将钢筋端部加热到塑性状态（温度 1320～1340℃），边加热边加压，最终施加 3000kgf/cm² 以上的压力，将钢筋焊接在一起。焊接设备有加热器（由混合气管和喷嘴组成）、加压油泵（由油缸和脚踏液压泵组成）和压接器（用来卡紧调整偏心和压接钢筋）。钢筋下料时不宜用切断机，以免接头马蹄形而不能压接，宜用无齿锯锯断。

9.3.6 钢筋机械连接

1. 套筒挤压连接

套筒挤压连接工艺流程，如图 9-14 所示。

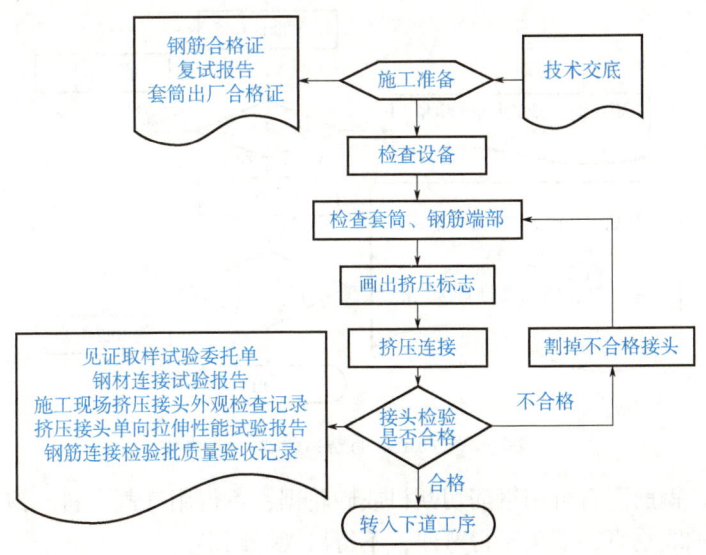

图 9-14 套筒挤压连接工艺流程

① 检查设备。检查设备、电源，确保处于正常状态。

②检查套筒、钢筋端部。对套筒、钢筋挤压部位进行检查，清除表面上的锈斑、油污；钢筋端部若有弯折、扭曲，应予以矫直或切除，但不得用电气焊切割。

③画出压接标志。画出钢筋端头压接标志，以确保钢筋伸入套筒的深度。压接标志距钢筋端部的距离是套筒长度的1/2。

④挤压连接。钢筋应按标记插入套筒，钢筋的轴心与套筒轴心应保持在同一轴线上，防止偏心和弯折。起动超高压油泵，打开下压模卡板，将压钳套入被挤压的钢筋连接套筒中，插入下压模，锁死卡板，压钳口对准钢套筒所需压接的标记处，控制挤压机换向阀进行挤压。挤压时，压钳的压接应对准套筒压痕标记，并垂直于被压钢筋的横肋。挤压应从套筒中央逐道向端部压接，最后检查压痕。为减少高处作业并加快施工进度，宜先挤压一端套筒，在施工作业区插入待接钢筋后，再挤压另一端。钢筋套筒挤压连接，如图9-15所示。

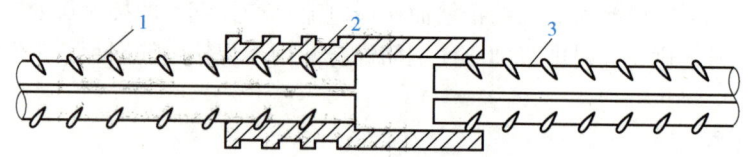

图9-15　钢筋套筒挤压连接

1—已挤压的钢筋　2—套筒　3—未挤压的钢筋

2. 滚轧直螺纹连接

钢筋滚轧直螺纹连接工艺流程，如图9-16所示。

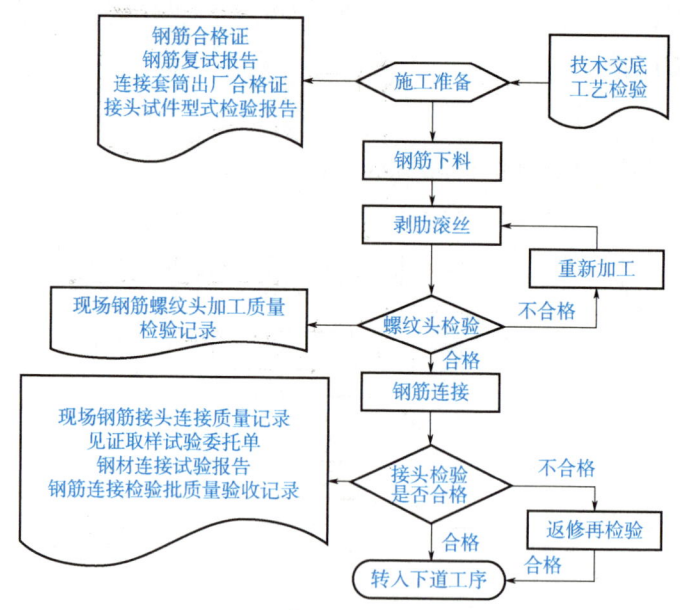

图9-16　钢筋滚轧直螺纹连接工艺流程

①钢筋下料。钢筋下料可用钢筋切断机或砂轮锯，不得用气割下料。钢筋下料时，要求钢筋端面与钢筋轴线垂直，端头不得弯曲，不得出现马蹄形。

②剥肋滚螺纹。将钢筋夹持在台钳上，扳动手柄减速机向前移动，剥肋机构对钢筋进行剥肋，到调定长度后，停止剥肋。减速机继续向前，胀刀触头缩回，滚螺纹头开始滚轧螺

纹，滚轧到设定长度后，设备自动停机并延时反转，将螺纹钢筋退出滚螺纹头，扳动手柄后退，减速机退到后极限位置，完成螺纹的加工。直螺纹螺纹头示意图，如图 9-17 所示。

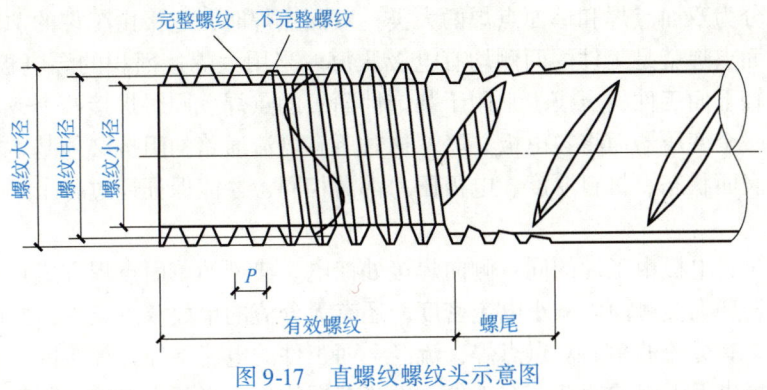

图 9-17　直螺纹螺纹头示意图

③钢筋连接。

a. 检查连接套筒是否与被连接钢筋规格相符；检查钢筋螺纹头螺纹和连接套筒内螺纹是否干净、完好无损；检查钢筋螺纹头有效螺纹长度是否符合产品设计的要求。

b. 将连接套筒旋入被连接钢筋一端的螺纹头。

c. 将另一根被连接钢筋的钢筋螺纹头旋入套筒，并使两根钢筋端头在连接套筒中对顶。

d. 反向旋转连接套筒，调整连接套筒两端钢筋螺纹头外露有效螺纹数量不超过 2P。

e. 用管钳扳手旋转钢筋，使两根被连接钢筋的钢筋螺纹头在连接套筒中间对顶锁紧。

f. 连接完的接头必须立即用油漆做标记，防止漏拧。

9.4　钢筋焊接连接

9.4.1　一般规定

①电渣压力焊适用于柱、墙、构筑物等现浇混凝土结构中竖向受力钢筋的连接；不得在竖向焊接后横置于梁、板等构件中作水平钢筋使用。

②在工程开工正式焊接之前，参与该项施焊的焊工应进行现场条件下的焊接工艺试验，并经试验合格后，方可正式生产。试验结果应符合质量检验与验收时的要求。焊接工艺试验的资料应存于工程档案。

③钢筋焊接施工之前，应清除钢筋、钢板焊接部位以及钢筋与电极接触处表面上的锈斑、油污、杂物等；钢筋端部当有弯折、扭曲时，应予以矫直或切除。

④带肋钢筋闪光对焊、电弧焊、电渣压力焊和气压焊，宜将纵肋对纵肋安放和焊接。

⑤焊剂应存放在干燥的库房内，若受潮时，在使用前应经 250～350℃ 烘焙 2h。使用中回收的焊剂应清除熔渣和杂物，并应与新焊剂混合均匀后使用。

⑥当环境温度低于 -20℃ 时，不宜进行各种焊接。雨天、雪天不宜在现场进行施焊；必须施焊时，应采取有效遮蔽措施。焊后未冷却接头不得碰到冰雪。在现场进行闪光对焊或电弧焊，当超过四级风力时，应采取挡风措施。进行气压焊当超过三级风力时，应采取挡风措施。

⑦焊机应经常维护保养和定期检修，确保正常使用。

9.4.2 钢筋电阻点焊

点焊通常分为双面点焊和单面点焊两大类。双面点焊时，电极由工件的两侧向焊接处馈电。典型的双面点焊就是工件的两侧均有电极压痕。当用大焊接面积的导电板做下电极时，可以消除或减轻下面工件的压痕。常用于装饰性面板的点焊。同时焊接两个或多个点焊的双面点焊，使用一个变压器而将各电极并联，这时所有电流通路的阻抗必须基本相等，而且每一焊接部位的表面状态、材料厚度、电极压力都需相同，才能保证通过各个焊点的电流基本一致。

单面点焊时，电极由工件的同一侧向焊接处馈电。典型的单面点焊方式是不形成焊点的电极采用大直径和大接触面以减小电流密度。还有无分流的单面双点点焊，此时焊接电流全部流经焊接区。有分流的单面双点点焊，流经上面工件的电流不经过焊接区，形成分流。为了给焊接电流提供低电阻的通路，在工件下面垫有铜垫板。当两焊点的间距很大时，例如在进行骨架构件和腹板的焊接时，为了避免不适当的加热引起腹板翘曲和减小两电极间电阻，采用了特殊的铜桥，与电极同时压紧在工件上。

9.4.3 钢筋电渣压力焊

电渣压力焊焊接工艺流程，如图 9-18 所示。

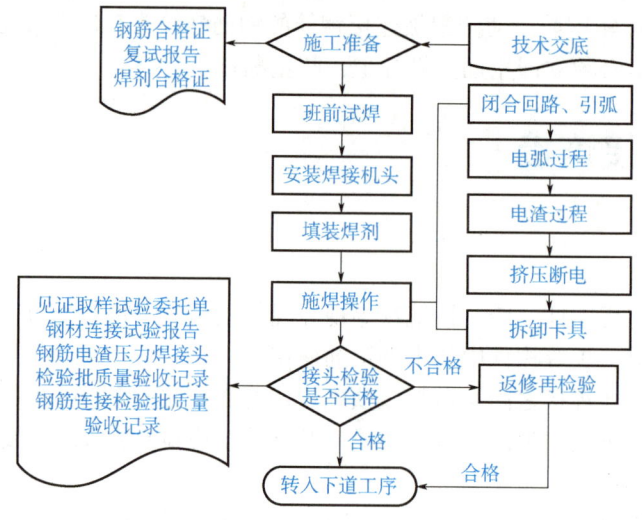

图 9-18 电渣压力焊焊接工艺流程

1. 班前试焊

①检查电源、焊机及工具。焊接电极应与钢筋接触良好。

②选择焊接参数。钢筋电渣压力焊的焊接参数主要包括焊接电流、焊接电压和焊接通电时间。

2. 安装焊接机头

①夹具下钳口应夹紧于钢筋端部的适当位置，一般为 1/2 焊剂罐高度偏下 5～10mm，以确保焊接处的焊剂有足够的埋深。

②不同直径钢筋焊接时，上、下两钢筋轴线应在同一直线上。

③上钢筋放入夹具钳口后,调准动夹头起始点,使上、下钢筋的焊接部位处于同轴状态,夹紧钢筋。

④钢筋一经夹紧,严防晃动,以免上、下钢筋错位和夹具变形。

3. 填装焊剂
安放焊剂罐,填装焊剂。

4. 施焊操作
①闭合回路、引弧。首先接通电源,再通过操纵杆或操纵盒上的开关,在钢筋端面之间引燃电弧,开始焊接。

②电弧过程。引燃电弧后,应控制电弧电压值,借助操纵杆使上、下钢筋端面之间保持一定的间距,进行电弧过程,使焊剂不断熔化而形成渣池。

③电渣过程。随后逐渐下送钢筋,使上钢筋端部插入渣池,电弧熄灭,进入电渣过程的延时,使钢筋全断面加速熔化。

④挤压断电。迅速下送上钢筋,使其端面与下钢筋端面相互接触,挤出熔渣和熔化金属,同时切断焊接电源。

⑤拆卸卡具。接头焊毕,应停歇 20~30s 后(在寒冷地区,停歇时间应适当延长),才可回收焊剂并卸下焊接卡具。

9.4.4 钢筋电弧焊

电弧焊焊接工艺流程,如图 9-19 所示。

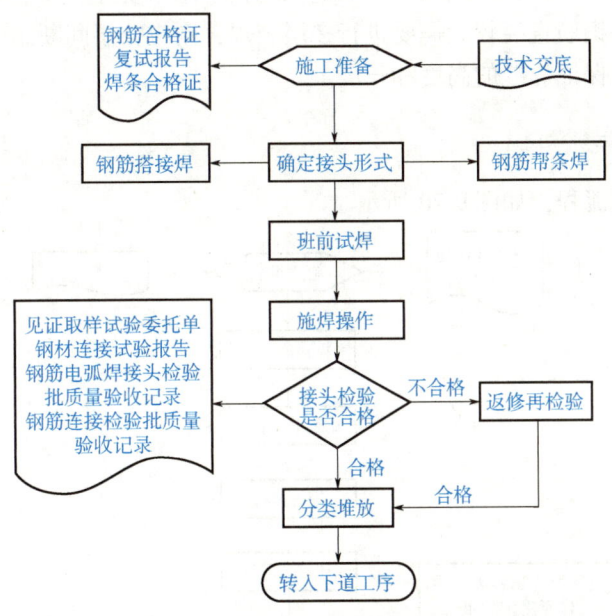

图 9-19 电弧焊焊接工艺流程

1. 确定接头形式

钢筋电弧焊焊接接头可分为搭接焊、帮条焊、坡口焊、窄间隙焊和熔槽帮条焊 5 种接头形式。其中,搭接焊、帮条焊是钢筋电弧焊常用焊接接头形式。钢筋帮条长度见表 9-4。

表 9-4 钢筋帮条长度

钢筋类型	焊缝形式	帮条长度 l
HPB300	单面焊	$\geq 8d$
HPB300	双面焊	$\geq 4d$
HRB335 HRB400 RRB400	单面焊	$\geq 10d$
HRB335 HRB400 RRB400	双面焊	$\geq 5d$

2. 班前试焊

①检查电源、焊机及工具。焊接地线应与钢筋接触良好，防止因起弧而烧伤钢筋。

②选择焊接参数。根据钢筋级别、直径、接头形式和焊接位置，选择适宜焊条型号、直径、焊接层数和焊接电流，保证焊缝与钢筋熔合良好。

3. 施焊操作

①定位。焊接时，应先焊定位点再施焊。

②引弧。带有垫板或帮条的接头，引弧应在钢板或帮条上进行。无钢筋垫板或无帮条的接头，引弧应在形成焊缝的部位，防止烧伤主筋。

③运条。平焊时，一般采用右焊法，焊条与工作表面成 70°角，熔池控制成椭圆形；运条时的直线前进、横向摆动和送进焊条三个动作要协调平稳；焊接过程中应有足够的熔深，避免气孔、夹渣和烧伤缺陷。

④收弧。收弧时，应将熔池填满，拉灭电弧时，注意不要在工作表面造成电弧擦伤。

⑤多层焊。如果钢筋直径较大需要进行多层施焊，则应分层间断施焊，每焊一层后应清渣再焊接下一层，应保证焊缝的高度和长度。

9.4.5 钢筋气压焊

气压焊焊接工艺流程，如图 9-20 所示。

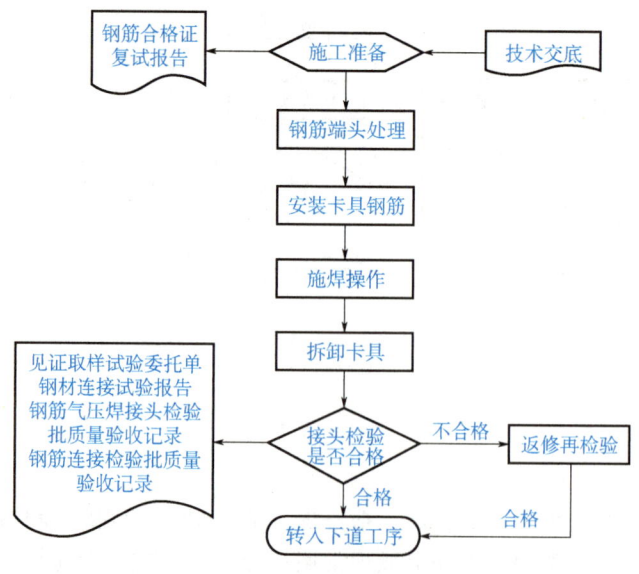

图 9-20 气压焊焊接工艺流程

①钢筋端头处理。进行气压焊的钢筋端头不得形成马蹄形、压变形、凹凸不平或弯曲，焊前钢筋端面应切平并打磨露出金属光泽，必要时用无齿锯切割；清除钢筋端头100mm范围内的锈蚀、油污、水泥等。

②安装卡具、钢筋。先将卡具卡在已处理好的两根钢筋上，接好的钢筋上、下（或前、后）要同心，固定卡具应将顶螺纹上紧，活动卡具要施加一定的初压力，初压力的大小要根据钢筋直径粗细决定，宜为15~20MPa。

③施焊操作。焊接开始时，火焰应采用碳化焰，以防止钢筋端面氧化。火焰中心对准压焊面缝隙，使钢筋表面温度达到1100~1300℃（炽白状态），同时增大对钢筋的轴向压力（按钢筋截面面积乘以30~40MPa），使压焊面间隙闭合。确认压焊面间隙完全闭合后，在钢筋轴向适当再加压，同时将火焰调整为中性焰，对钢筋压焊面沿钢筋长度的上下约2倍钢筋直径范围内进行宽幅加热，使温度均匀上升，随后进行最终加压至30~40MPa，使压焊部位的镦粗直径达到钢筋直径的1.4倍以上，镦粗区长度为钢筋直径的1.0倍以上。压焊区两钢筋轴线相对偏心量不得超过钢筋直径的0.15倍，且不得大于4mm。镦粗区形状应平缓、圆滑，没有明显凸起和塌陷。

④拆卸卡具。将火焰熄灭后，加压并稍延滞，红色消失后即可卸卡具。焊件在空气中自然冷却，不得水冷。

9.5 钢筋绑扎与安装

9.5.1 绑扎工艺要点

①在钢筋搭接处，交叉点都应在中心和两端用铁丝扎牢。

②焊接骨架和焊接网采用绑扎连接时，应符合下列规定：

a. 焊接骨架和焊接网的搭接接头，不宜位于构件的最大弯矩处。

b. 焊接网在非受力方向的搭接长度，不宜小于100mm。

c. 受拉焊接骨架和焊接网在受力钢筋方向的搭接长度，应符合设计规定；受压焊接骨架和焊接网在受力钢筋方向的搭接长度，可取受拉焊接骨架和焊接网在受力钢筋方向的搭接长度的0.70倍。

③在绑扎骨架中非焊接的搭接接头长度范围内，当搭接钢筋为受拉时，其箍筋的间距不应大于$5d$，且不应大于100mm；当搭接钢筋为受压时，其箍筋的间距不应大于$10d$，且不应大于200mm（d为受力钢筋中的最小直径）。

9.5.2 绑扎方法与步骤

1. 面扣法

其操作方法是将钢丝对折成180°，理顺叠齐，放在左手掌内，绑扎时左手拇指将一根钢丝推出，食指配合将弯折一端伸入绑扎点钢筋底部；右手持绑扎钩子用钩尖钩起钢丝弯折处向上拉至钢筋上部，与左手所执的钢丝开口端紧靠，两者拧紧在一起，拧固2~3圈，如图9-21所示。将钢丝向上拉时，钢丝要紧靠钢筋底部，将底面筋绷紧在一起，绑扎才能牢靠。面扣法多用于平面上扣很多的部位，如楼板等不易滑动的部位。

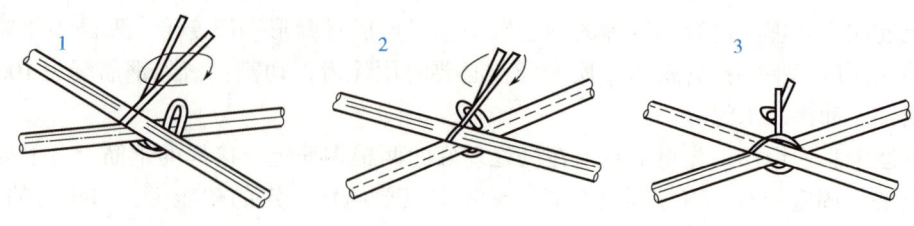

图 9-21 钢筋绑扎面扣法

2. 其他方法

钢筋绑扎其他方法有十字花扣法、兜扣法、缠扣法、反十字花扣法、兜扣加缠法和套扣法等，这些方法主要根据绑扎部位进行选择，其形式如图 9-22 所示。

①十字花扣、兜扣，适用于平板钢筋网和箍筋处的绑扎。
②缠扣，多用于墙钢筋网和柱箍的绑扎。
③反十字花扣、兜扣加缠，适用于梁骨架的箍筋和主筋的绑扎。
④套扣用于梁的架立钢筋和箍筋的绑扎。

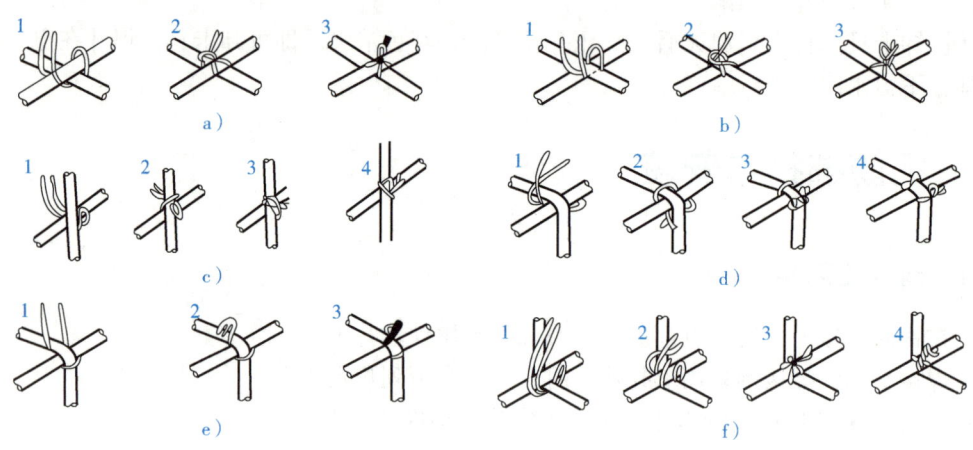

图 9-22 钢筋的其他绑扎方法
a) 兜扣 b) 十字花扣 c) 缠扣 d) 反十字花扣 e) 套扣 f) 兜扣加缠

9.5.3 钢筋安装

单片或单个的预制钢筋网、架的安装较为简单，只要在钢筋入模后，按规定的保护层厚度垫好垫块，就可进行下一道工序。但是当多片或多个预制的钢筋网、架（特别是多个钢筋骨架）在一起组合使用时，则要注意节点相交处的交错与搭接。

钢筋网、架应分段（块）安装，其分段（块）的大小、长度要按结构配筋、施工条件、起重运输能力加以确定。通常钢筋网的分块面积为 6~20m²，钢筋骨架的分段长度为 6~12m，不允许变形，在运输和安装过程中，应采取临时加固措施，如图 9-23 和

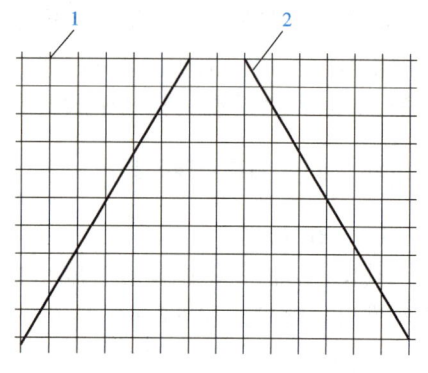

图 9-23 绑扎钢筋网的临时加固
1—钢筋网 2—加固筋

图 9-24 所示。

确定好节点和吊装方法。吊装节点要根据大小、形状、质量和刚度而定，宽度大于 1m 的水平钢筋网应采用四点起吊；跨度小于 6m 的钢筋骨架应采用两点起吊。跨度大、刚度差的钢筋骨架应采用横吊梁（铁扁担）四点起吊。

为了保证吊运钢筋骨架时吊点处钩挂的钢筋不变形，在钢筋骨架内的挂吊钩处设置短钢筋，把吊钩挂在短钢筋上，这样可不用兜吊，既有效地防止了骨架变形，又防止了骨架中局部钢筋的变形，如图 9-25 所示。

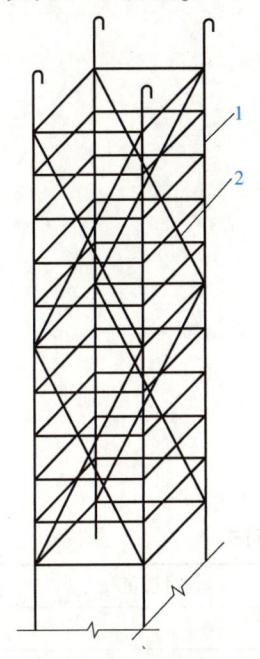
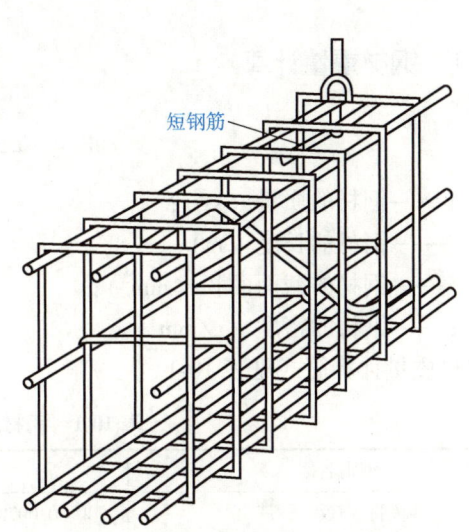

图 9-24　绑扎钢筋骨架的临时加固
1—钢筋骨架　2—加固筋

图 9-25　加短钢筋起吊钢筋骨架

此外，在搬运大钢筋骨架时，还应根据骨架的刚度情况，决定采取的骨架在运输中的临时加固措施。如截面高度较大的骨架，为防止其歪斜，可以用细钢筋进行拉结；柱骨架一般刚度比较小，所以除采用上述方法外，还可以用细竹竿、杉杆等临时绑扎加固。

第 10 章 钢结构工程

10.1 钢结构工程施工相关计算

10.1.1 钢材重量计算

$$W = FLg \times \frac{1}{1000} \quad (10\text{-}1)$$

式中 W——钢材的质量（kg）；
　　L——钢材的长度（m）；
　　F——钢材的截面面积（mm²）；
　　g——钢材的密度（g/mm³）。

钢材质量计算简式见表 10-1。

表 10-1 钢材质量计算简式

型钢名称	钢材质量/g
扁钢、钢板、钢带	$W = 0.00785 \times$ 宽 $\times$ 厚
圆钢、线材、钢丝	$W = 0.00617 \times$ 直径²
方钢	$W = 0.00785 \times$ 边长²
钢管	$W = 0.02466 \times$ 壁厚（外径 − 壁厚）
等边角钢	$W = 0.00785 \times$ 边厚（2 × 边宽 − 边厚）
不等边角钢	$W = 0.00785 \times$ 边厚（长边宽 + 短边宽 − 边厚）
工字钢	$W = 0.00785 \times$ 腰厚 [高 + $f \times$（腿宽 − 腰厚）]
槽钢	$W = 0.00785 \times$ 腰厚 [高 + $e \times$（腰宽 − 腰厚）]

注：1. 角钢、工字钢和槽钢简式用于计算近似值。
　　2. f 值：一般型号及带 a 的为 3.34；带 b 的为 2.65；带 c 的为 2.26。
　　3. e 值：一般型号及带 a 的为 3.26；带 b 的为 2.44；带 c 的为 2.24。
　　4. 各长度单位均为 mm。

10.1.2 钢板及型钢的号料长度计算

1. 钢板的号料长度计算

①折角弯曲件的号料长度，如图 10-1 所示。折角弯曲件（$R < 0.5t$）的号料长度，可近似地用内侧直线相加，再加上 0.5 钢板厚度，即

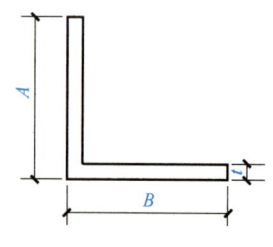

图 10-1 折角弯曲件

$$L = (A - t) + (B - t) + 0.5t \qquad (10\text{-}2)$$

②圆角弯曲件的号料长度,如图10-2所示。圆角弯曲件（$0.5t \leqslant R \leqslant 5t$）的号料长度,直线部分按图示尺寸,圆弧部分按中性层,即

$$L = L_1 + L_2 + \frac{\pi}{180°}\alpha(R + K't) \qquad (10\text{-}3)$$

③圆弧板号料长度,如图10-3所示。圆弧板（$R > 5t$）的号料长度,可直接按板厚中心层计算,即

$$L = (R + 0.5t)\frac{\pi}{180°}\alpha \qquad (10\text{-}4)$$

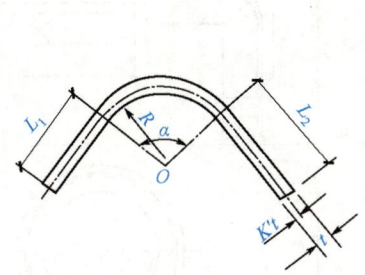

图10-2　圆角弯曲件

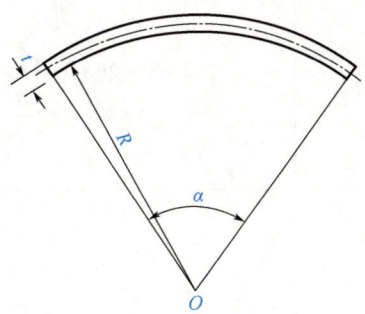

图10-3　圆弧板

在钢板的号料计算中,R为弯曲半径,t为板厚,K为中性层位移系数,K'为中性层内移系数。

2. 型钢的号料长度计算

型钢的号料长度计算见表10-2。

表10-2　型钢的号料长度计算

型钢	号料长度计算	
圆钢	$L = [A - 2(R + d) + 2\pi(R + d/2)]$	
扁钢	$L = A + B + C + \dfrac{\pi\alpha_1}{180°}(R_1 + b/2) + \dfrac{\pi\alpha_2}{180°}(R_2 + b/2)$	

(续)

型钢		号料长度计算	
角钢	角钢内弯直角长方框	$L = 2(A+B) - 8t$	
	角钢外弧内角内弯直角	$L = A + B - 2b + \dfrac{\pi}{2}\left(b - \dfrac{t}{2}\right)$	
	角钢内弯法兰	$L = \pi(D - 2z_0)$	
	角钢外弯法兰	$L = \pi(D + 2z_0)$	
槽钢	槽钢外弧内角直角弯曲件	$L = A + B - 2h + \dfrac{\pi}{2}\left(h - \dfrac{t}{2}\right)$	
	槽钢小面内弯法兰	$L = \pi(D - 2z_0)$	

（续）

型钢		号料长度计算	
槽钢	槽钢小面外弯法兰	$L = \pi(D + 2z_0)$	
	槽钢大面弯法兰	$L = \pi(D - h)$	
工字钢	工字钢翼缘面弯法兰	$L = \pi(D + h)$	
	工字钢腹板面弯法兰	$L = \pi(D - h)$	

10.1.3 零件的剪切、压弯、冲孔和矫正计算

零件的剪切、压弯、冲孔和矫正计算见表10-3。

表 10-3 零件的剪切、压弯、冲孔和矫正计算

零件加工		计算公式	含义
剪切	直剪刀剪断时	$P = 1.4Ff_t$	P：剪切力（N） F：切断材料的截面面积（mm²） f_t：钢材抗拉强度（N/mm²） t：切断材料的厚度（mm） β：剪刀倾斜角，对于短剪刀取 $\beta = 10° \sim 20°$，对于长剪刀取 $\beta = 5° \sim 6°$ 为宜
	斜剪刀剪断时	$P = 0.55t^2 f_t / \tan\beta$	
压弯弯曲力	最大压弯力 P_1/N	$P_1 = bt^2 f/(R+t)$	b：料宽（mm） t：料厚（mm） f：抗拉强度（N/mm²） R：内压弯半径（mm） F：凸模矫正面积（mm²） q：单位矫正压力（N/mm²）
	矫正力 P_2/N	$P_2 = Fq$	
	最大压料力 Q/N	$Q = 0.81 P_1$	
		$Q = 0.25\%(P_1 + P_1)$	
冲孔冲裁力		$P = Stf$	P：冲孔冲裁力（N） S：落料周长（mm） t：材料的厚度（mm） f：材料抗拉强度（N/mm²）
火焰矫正收缩应力	收缩应力	$\sigma_0 = E\alpha T$	σ_0：火焰矫正收缩应力（N/mm²） E：钢材的弹性模量，取 $2.1 \times 10^5 \text{N/mm}^2$ α：钢材的收缩率，取 $1.48 \times 10^{-6} \text{℃}^{-1}$ T：加热温度，一般为 $700 \sim 800 \text{℃}$ Δ：火焰矫正烤红宽度（mm） ε：边缘应变量（mm）
	火焰烤红宽度	$\Delta = \varepsilon / \alpha T$	

注：1. 在冲孔时一般 Q215 钢，$f = 410\text{N/mm}^2$；Q235 钢，$f = 460\text{N/mm}^2$；Q345 钢，$f = 630\text{N/mm}^2$。为减小冲裁力，常把冲头做成对称的斜度或弧形，当斜度 $\alpha = 6°$ 时，冲裁力：$P_1 \approx 0.5P$。
2. f_t 或 f 因考虑到材料的厚度不均、刃口变钝等因素，故不用抗剪强度，而用抗拉强度。

10.1.4 钢结构焊接连接计算

钢结构焊接连接板长度可按下列公式计算。
①等肢角钢、工字钢、槽钢的翼缘和腹板的连接板长度按下式计算：

$$L = 2.02A/h_f + \delta + 4 \tag{10-5}$$

式中 　L——连接板长度（cm）；
　　　A——等肢角钢截面面积（cm²）；工字钢、槽钢一块翼缘的截面面积（cm²）；工字钢、槽钢腹杆截面面积的一半（cm²）；
　　　h_f——焊缝高度（cm）；
　　　δ——间隙（cm）。
②不等肢角钢的连接板长度（考虑偏心影响）按下式计算：

$$L = 2.22A/h_f + \delta + 4 \tag{10-6}$$

在这里需要注意式（10-5）和式（10-6）均为按轴向力等强考虑。

10.1.5 紧固件连接施工计算

紧固件连接包括普通螺栓连接和高强度螺栓连接，其施工计算见表 10-4 和表 10-5。

表 10-4 普通螺栓连接施工计算

受力连接			构件	计算公式
普通螺栓连接	受剪连接	受剪承载力计算	普通螺栓	$N_v^b = nv\dfrac{\pi d^2}{4}f_v^b$
			铆钉	$N_v^r = nv\dfrac{\pi d_0^2}{4}f_v^r$
		承压承载力计算	普通螺栓	$N_c^b = d\sum tf_c^b$
			铆钉	$N_c^r = d_0\sum tf_c^r$
	受拉连接	承载力设计计算	普通螺栓	$N_t^b = \dfrac{\pi d_e^2}{4}f_t^b$
			锚栓	$N_t^a = \dfrac{\pi d_e^2}{4}f_t^a$
			铆钉	$N_t^r = \dfrac{\pi d_e^2}{4}f_t^r$
	剪力和杆轴向拉力	承载力	普通螺栓	$\sqrt{\left(\dfrac{N_v}{N_v^b}\right)^2+\left(\dfrac{N_t}{N_t^b}\right)^2}\leqslant 0.1$ $N_v \leqslant N_c^b$
			铆钉	$\sqrt{\left(\dfrac{N_v}{N_v^r}\right)^2+\left(\dfrac{N_t}{N_t^r}\right)^2}\leqslant 0.1$ $N_v \leqslant N_c^r$

注：N_v 为受剪面数目；d 为螺杆直径（mm）；d_0 为铆钉孔直径（mm）；$\sum t$ 为在不同受力方向中一个受力方向承压构件总厚度的较小值（mm）；f_v^b、f_c^b 为螺栓的抗剪和承压强度设计值（N/mm²）；f_v^r、f_c^r 为铆钉的抗剪和承压强度设计值（N/mm²）；d_e 为螺栓或锚栓在螺纹处的有效直径（mm）；f_t^b、f_t^a、f_t^r 为普通螺栓、锚栓和铆钉的抗拉强度设计值（N/mm²）；N_v、N_t 为某个普通螺栓或锚栓所承受的剪力和拉力（kN）；N_v^b、N_t^b、N_c^b 为一个普通螺栓的抗剪、抗拉和承压承载力设计值（kN）；N_v^r、N_t^r、N_c^r 为一个铆钉的抗剪、抗拉和承压承载力设计值（kN）。

表 10-5 高强度螺栓连接施工计算

受力连接			承载力计算
高强度螺栓连接	摩擦型连接	受剪连接	$N_v^b = 0.9knf\mu n$
		杆轴受拉连接	$N_v^b = 0.8P$
		剪力和杆轴受拉	$\dfrac{N_v}{N_v^b}+\dfrac{N_t}{N_t^b}\leqslant 1$
	承压型连接	受剪连接	计算与普通螺栓连接相同
		杆轴受拉连接	
		剪力和杆轴受拉	$\sqrt{\left(\dfrac{N_v}{N_v^b}\right)^2+\left(\dfrac{N_t}{N_t^b}\right)^2}\leqslant 1.0$ $N_v \leqslant N_c^b/1.2$

注：N_v^b 为一个高强度螺栓的抗剪承载力设计值（kN）；k 为孔型系数，标准孔取 1.0；大圆孔取 0.85；内力与槽孔长向垂直时取 0.7；内力与槽孔长向平行时取 0.6；n_f 为传力摩擦面数目；μ 为摩擦面的抗滑移系数，按钢材摩擦面与涂层连接面的不同来取值；P 为一个高强度螺栓的预拉力设计值（kN）；N_v、N_t 为所计算的某个高强度螺栓所承受的剪力和拉力（kN）；N_v^b、N_t^b 为一个高强度螺栓的抗剪、抗拉承载力设计值（kN）；N_v^b、N_t^b、N_c^b 为一个高强度螺栓按普通螺栓计算时的抗剪、抗拉和承压承载力设计值（kN）。

10.1.6 钢桁架安装稳定性验算

钢桁架吊装时，桁架本身应具有一定刚度，同时应选择适当的吊点位置，或对桁架侧向进行适当的加固，以防吊装时产生变形或造成失稳。

根据计算和实践，一般如果桁架的上、下弦角钢的最小规格能满足表10-6的要求时，则无论绑扎点在桁架上任何一节点上，吊装时均能保证其稳定性。

表10-6 保证桁架吊装稳定性的弦杆最小规格　　（单位：mm）

弦杆截面	桁架跨度/m						
	12	15	18	21	24	27	30
上弦杆 ⌐ ⌐	90×60×8	100×75×8	100×75×8	120×80×8	120×80×8	150×100×12 / 120×80×12	200×120×12 / 180×90×12
下弦杆 ⌐ ⌐	65×6	75×8	90×8	90×8	120×80×8	120×80×10	150×100×10

注：分数形式表示弦杆为不同的截面。

如若不符合表10-6的要求，则应通过计算，选择适当的绑扎点位置，以保证其安装的稳定性，验算方法如下。

① 如图10-4a所示，当弦杆的截面沿跨度方向无变化时，桁架吊装稳定性应符合下式要求：

$$q_\varphi \Psi \leqslant I \tag{10-7}$$

式中　q_φ——桁架每米长的质量（kg）；
　　　Ψ——系数，其值需要根据 $\alpha = l/L$ 查找；
　　　l——桁架的跨度（m）；
　　　L——两吊点之间的距离（m）；
　　　I——弦杆角钢对垂直轴的惯性矩（cm⁴）。

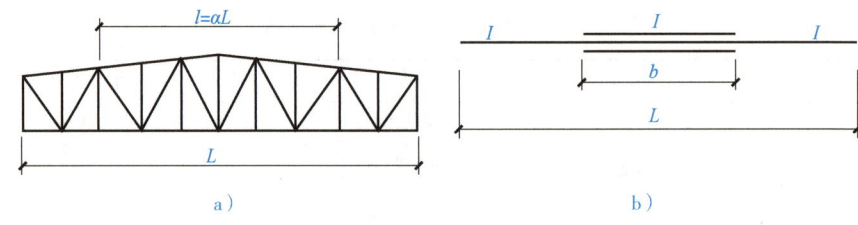

图10-4 桁架吊装稳定性计算简图
a) 桁架弦杆等截面时　b) 桁架弦杆变截面时

② 如图10-4b所示，当弦杆的截面沿跨度方向变化时，桁架吊装稳定性应符合下式要求：

$$q_\varphi \psi \leqslant \varphi_1 I_1 \tag{10-8}$$

式中　I_1——截面较小的弦杆两角钢对垂直轴的惯性矩（cm⁴）；
　　　φ_1——考虑弦杆惯性矩变化的计算系数；
　　　其他符号意义同前。

如果按式（10-7）和式（10-8）验算后稳定性不能满足要求，桁架在安装前要进行加固，以免在吊装过程中产生较大的变形而造成失稳。一般采取在桁架上用8号钢丝绑木脚手

杆使与弦杆共同工作受力,此时桁架吊装稳定性可按下式验算:

$$q_\varphi \psi \leqslant I_1 + I_2/2 \tag{10-9}$$

$$q_\varphi \psi \leqslant \varphi_1 I_1 + I_2/2 \tag{10-10}$$

式中　I_2——木脚手杆的惯性矩（cm^4）,如直径为 d,则 $I_2 = \pi d^4/64$;
　　　其他符号意义同前。

10.1.7　钢网架施工计算

1. 弧线形起拱计算

如图 10-5 所示为网架弧形起拱计算简图,无论是单向或双向起拱,均可按下列圆弧曲线公式进行计算:

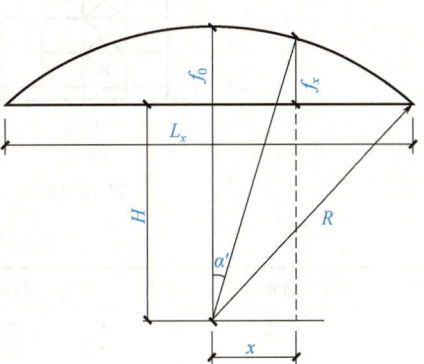

$$R = \frac{l_x^2 + 4f_0^2}{8f_0} \tag{10-11}$$

$$H = R - f_0 \tag{10-12}$$

$$f_x = \sqrt{R^2 - x^2} - H \tag{10-13}$$

$$x = R\cos\left(90° - \sum_1^n \alpha'\right) \tag{10-14}$$

$$S = 2R\sin\frac{\alpha'}{2} \tag{10-15}$$

图 10-5　网架弧形起拱计算简图

式中　R——圆弧曲线的半径（mm）;
　　　l_x——x 向跨度（mm）;
　　　f_0——要求跨中的起拱值（mm）;
　　　x——以跨中为坐标原点 O,所求节点处距原点 O 的距离（mm）;
　　　f_x——所求 x 节点处的起拱值（mm）;
　　　α'——起拱后每个网格所对应的中心角;
　　　n——自原点 O 算起的网格数;
　　　S——起拱后的杆长（m）。

以上公式均可由图 10-5 用勾股定理推导出来,由于是圆弧线起拱,上下弦可用同一公式计算,仅 R 值不同,起拱后的网架高度可保持不变。

2. 钢网架拼装支架稳定性验算

如图 10-6 所示为各组合形式的钢管拼装支架,其整体稳定性,可按表 10-7 中公式进行计算。

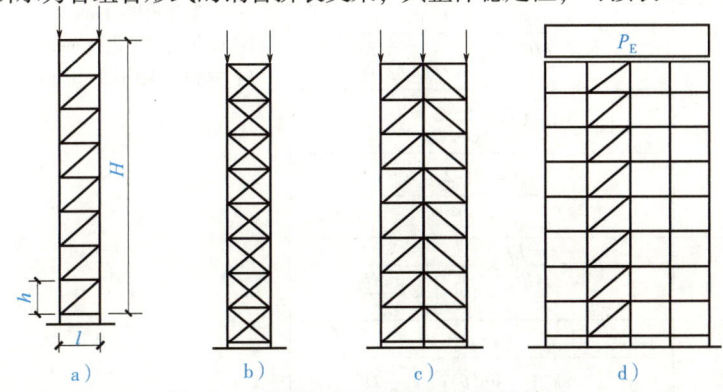

图 10-6　钢管支架构造及受力计算简图
a) 单孔斜腹杆支架　b) 单孔交叉腹杆支架　c) 双孔斜腹杆　d) 四孔斜腹杆支架

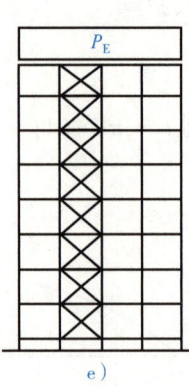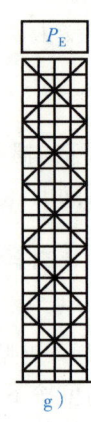

e)　　　　　　　　　f)　　　　　　　　g)

图 10-6　钢管支架构造及受力计算简图（续）

e）四孔交叉腹杆支架　f）五孔交叉腹杆支架　g）四孔斜撑支架

表 10-7　钢网架拼装支架稳定性验算

钢管组合形式	计算公式	含义
单孔斜腹杆支架	$2P_E = \dfrac{\pi^2 EI}{4H^2} \times \dfrac{1}{1 + A\dfrac{\pi^2 EI}{\pi^2 H^2}}$	
	$I = Fl^2/2$	
	$A = 4ks^2/hl^2$	
	$s = \sqrt{h^2 + l^2}$	
单孔交叉腹杆支架	$2P_E = \dfrac{\pi^2 EI}{4H^2} \times \dfrac{1}{1 + \dfrac{A}{2} \times \dfrac{\pi^2 EI}{4H^2}}$	
双孔斜腹杆支架	$3P_E = \dfrac{\pi^2 EI}{4H^2} \times \dfrac{1}{1 + \dfrac{A}{2} \times \dfrac{\pi^2 EI}{4H^2}}$	P_E：竖杆临界荷载 E：各竖杆的弹性模量（Pa） I：各竖杆垂直截面的整体惯性矩（cm⁴） F：竖杆截面面积（mm²） H：支架高度（mm） A：构架的某一层在剪切力作用下所产生的单位水平位移（mm） k：扣件弹性挠曲系数，一般取 0.0005mm/N s：斜腹杆长度（mm） l：单孔支架宽度（mm） h：每格支架高度（mm）
	$I = 2Fl^2$	
四孔斜腹杆支架	$P_E = \dfrac{\pi^2 EI}{4H^2} \times \dfrac{1}{1 + A\dfrac{\pi^2 EI}{4H^2}}$	
	$I = Fl^2/2$	
	$A = \dfrac{4k}{h\cos^2\theta}$	
四孔交叉斜腹杆和五孔交叉斜腹杆支架	$P_E = \dfrac{\pi^2 EI}{4H^2} \times \dfrac{1}{1 + \dfrac{A}{2} \times \dfrac{\pi^2 EI}{4H^2}}$	
	$A = \dfrac{4k}{h\cos^2\theta}$	
	$I = Fl^2/2$	
	$I = 2Fl^2$	
四孔斜撑支架	$P_E = \dfrac{\pi^2 EI}{4H^2} \times \dfrac{1}{1 + A \times \dfrac{\pi^2 EI}{4H^2}}$	
	$I = 8Fl^2$	
	$A = \dfrac{8k(1 + \sin^2\theta)s^2 + \dfrac{1}{2}kl^2}{hl^2}$	

3. 钢网架高空滑移法安装计算

如图 10-7 所示为钢网架滑移安装,牵引力可按滑动摩擦或滚动摩擦按下式进行计算:

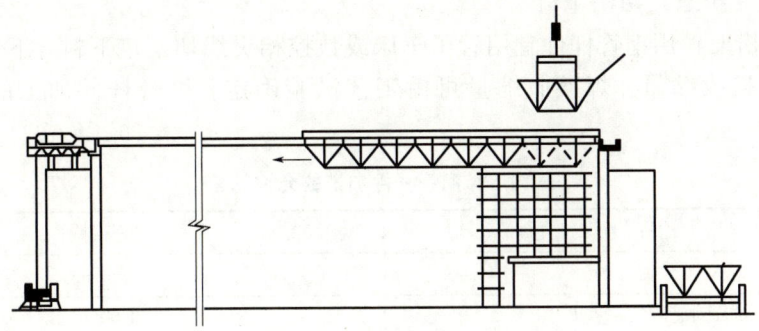

图 10-7　钢网架滑移安装

滑动摩擦的起动牵引力为

$$F_t = \mu_1 \mu_2 G \tag{10-16}$$

滚动摩擦的起动牵引力为

$$F_t \geqslant \left(\frac{\mu_3 r}{R} + \mu_4 \frac{r}{R} \right) G \tag{10-17}$$

式中　F_t——总起动牵引力(kN);

　　　G——需滑移网架总自重(t);

　　　μ_1——滑动摩擦系数,钢与钢自然轧制表面,经粗除锈充分润滑时取 0.12~0.15;

　　　μ_2——阻力系数,当有其他因素影响牵引力时,可取 1.3~1.5;

　　　μ_3——钢制轮与钢之间的滚动摩擦系数,取 0.05;

　　　μ_4——滚轮与滚动轴之间的摩擦系数,对经机械加工后充分润滑的钢与钢之间的摩擦系数,取 0.1;

　　　R——滚轮的外圆半径(mm)。

10.2　钢结构制作与连接

10.2.1　加工制作工艺流程

钢结构加工制作的特点为:标准严,要求精度高,自动化程度高,加工质量易于保证,工作效率高。因此,钢结构加工前,应熟悉设计文件和施工详图,做好各道工序的工艺准备,建筑钢结构制作的施工工艺流程,如图 10-8 所示。

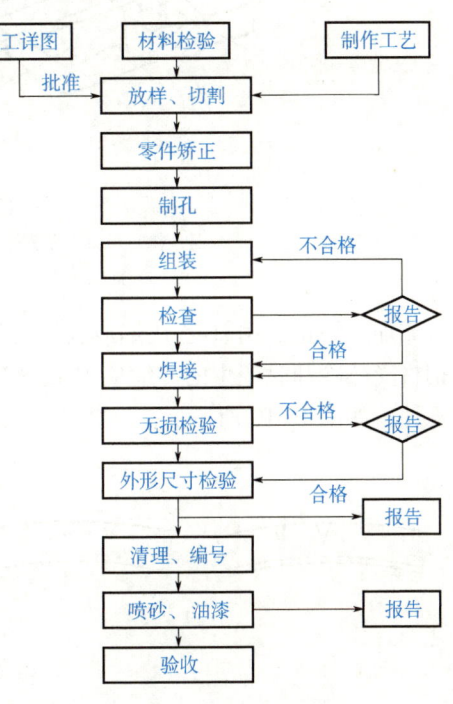

图 10-8　钢结构制作的施工工艺流程

10.2.2 不同构件加工

1. 钢网架（桁架）切割下料

钢网架（桁架）用钢管杆件宜用管子车床或数控相贯线切割机下料，下料时，应预放加工余量和焊接收缩量，焊接收缩量可由工艺试验确定。钢管杆件加工的允许偏差见表10-8。

表10-8 钢管杆件加工的允许偏差

项目	允许偏差
长度	±1.0mm
端面对管轴的垂直度	$0.005r$
管口曲线	1.0mm

注：r为管半径。

2. 型钢矫正

①机械矫正。如图10-9所示，机械矫正是在型钢矫直机上进行的。型钢矫直机的工作力有侧向水平推力和垂直向下压力两种。型钢矫直机的工作部分是由两个支承和一个推撑构成的。

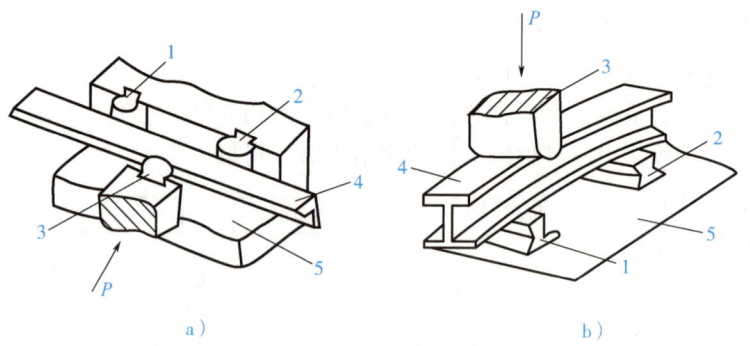

图10-9 型钢机械矫正
a）撑直机矫直角钢 b）撑直机（或压力机）矫直工字钢
1、2—支承 3—推撑 4—型钢 5—平台

②加热矫正。用氧-乙炔焰或其他气体的火焰对部件或构件变形部位进行局部加热，利用钢材受热冷却时产生的冷缩应力来矫正变形。加热方式有点状加热、线状加热和三角形加热三种，如图10-10所示。

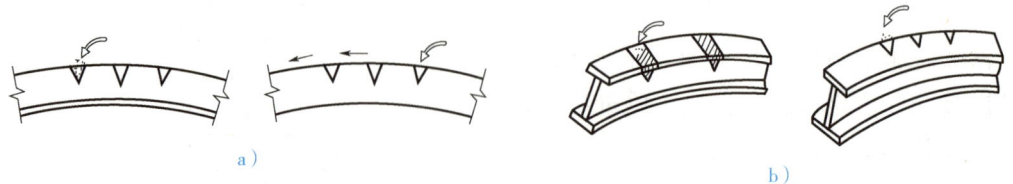

图10-10 三角形加热形式
a）角钢钢板 b）H型钢构件

3. 折边加工

在钢结构制作中，把构件的边缘压弯成倾角或一定形状的操作称为折边。折边广泛用于薄板构件，薄板经折边后可以大大提高结构的强度和刚度。

常用的折边加工机械为板料折边机。板料折边机在结构上具有窄而长的滑块，配合一些狭而长的通用或专用模具和挡料装置，将下模固定在折边机的工作台上，折边机的上模安装在上滑块上。板料在上、下模之间，利用上模向下时产生的压力，完成较长的折边加工工作。

4. 边缘加工

钢结构制造中，常需要做边缘加工的部位主要包括吊车梁翼缘板、支座支承面等具有工艺性要求的加工面；设计图中有焊接坡口及尺寸精度要求严格的加劲板、隔板、腹板及有孔眼的节点板等。对于气割或机械剪切的零件，需要进行边缘加工时，其刨削量不应小于 2.0mm。边缘加工的允许偏差应符合表 10-9 的规定。

表 10-9　边缘加工的允许偏差

项目	允许偏差
零件宽度、长度	长度 ±1.0mm
加工边直线度	$L/3000$，且不应大于 2.00mm
相邻两边夹角	±6′
加工面垂直度	$0.025t$，且不应大于 0.5mm
加工面表面粗糙度	$R_a \leq 50\mu m$

注：L 为杆件长度；t 为切割面厚度；R_a 为加工面表面粗糙度。

5. 螺栓球加工

螺栓球宜热锻成型，加热温度宜为 1150～1250℃，终锻温度不得低于 800℃，成型后螺栓球不应有裂纹、褶皱和过烧。螺栓球加工的允许偏差应符合表 10-10 的规定。

表 10-10　螺栓球加工的允许偏差

项目		允许偏差
球直径	$d \leq 120$	2.0mm
		−1.0mm
	$d > 120$	3.0mm
		−1.5mm
球圆度	$d \leq 120$	1.5mm
	$120 < d \leq 250$	2.5mm
	$d > 250$	3.0mm
同一平面上两铣平面平行度	$d \leq 120$	0.2mm
	$d > 120$	0.3mm
铣平面中心距离		±0.2mm
相邻两螺栓孔中心线夹角		±30′
两铣平面与螺栓孔轴线垂直度		$0.005r$

注：r 为螺栓球半径；d 为螺栓球直径。

10.2.3 钢结构预拼装

1. 预拼装方法

①平装法。平装法适用于拼装跨度较小、构件相对刚度较大的钢结构,如长 18m 以内的钢柱、跨度 6m 以内的天窗架及跨度 21m 以内的钢屋架的拼装。

平装法操作方便,不需要稳定加固措施,也不需要搭设脚手架。焊缝大多数为平焊缝,焊接操作简易,焊缝质量易于保证,校正及起拱方便、准确。

②立拼拼装法。立拼拼装法可适用于跨度较大、侧向刚度较差的钢结构,如长 18m 以上的钢柱、跨度 9~12m 的天窗架及跨度 24m 以上的钢屋架的拼装。

立拼拼装法可一次拼装多榀,块体占地面积小,不用铺设或搭设专用操作平台或枕木墩,节省材料和工时,省去翻身工序,质量易于保证,不用增设专供块体翻身、倒运、就位、堆放的起重设备,缩短了工期。但需搭设一定数量的稳定支架,块体校正、起拱较难,钢构件的连接节点及预制构件的连接件的焊接立缝较多,增加了焊接操作的难度。

③利用模具拼装法。模具是指符合工件几何形状或轮廓的模型(内模或外模)。用模具来拼装组焊钢结构,具有产品质量好、生产效率高等许多优点。对成批的板材结构、型钢结构,应当考虑采用模具拼装法。

桁架结构的装配模,往往是以两点连直线的方法制成的,其结构简单,使用效果好。

2. 钢结构预拼装要求

预拼装前,单个构件应检查合格。当同一类型构件较多时,可选择一定数量的有代表性的构件进行预拼装。

①预拼装场地应平整、坚实;预拼装所用的临时支承架、支承凳或平台,应经测量准确定位,并应符合工艺文件要求。重型构件预拼装所用的临时支承结构应进行结构安全验算。

②预拼装单元可根据场地条件、起重设备等选择合适的几何形态进行预拼装。

③构件应在自由状态下进行预拼装。

④构件预拼装应按设计图的控制尺寸定位,对有预起拱、焊接收缩等的预拼装构件,应按预起拱值或收缩量的大小对尺寸定位进行调整。

⑤采用螺栓连接的节点连接件,必要时可在预拼装定位后进行钻孔。

⑥当多层板采用高强度螺栓或普通螺栓连接时,宜先使用不少于螺栓孔总数 10% 的冲钉定位,再采用临时螺栓紧固。临时螺栓在一组孔内不得少于螺栓孔数量的 20%,且不应少于 2 个。预拼装时,应使板层密贴。螺栓孔应采用试孔器进行检查,并应符合下列规定:

a. 当采用比孔公称直径小 1.0mm 的试孔器检查时,每组孔的通过率不应小于 85%。

b. 当采用比螺栓公称直径大 0.3mm 的试孔器检查时,通过率应为 100%。

⑦预拼装检查合格后,应在构件上标注中心线、控制基准线等标记,必要时可设置定位器。

10.2.4 紧固件连接

1. 普通螺栓连接施工要点

①连接要求。螺栓头和螺母的下面应放置平垫圈。螺母下面的垫圈不应多于 2 个,螺栓头下面的垫圈不应多于 1 个。螺栓头和螺母应与结构构件的表面及垫圈密贴。倾斜面的螺栓

连接，应放置斜垫片垫平。动荷载或重要部位的螺栓，应放置弹簧垫圈。螺栓伸出螺母的长度应不小于两个完整螺纹的长度，如图 10-11 所示。

图 10-11 高强度螺栓

②紧固轴力。螺栓紧固必须从中心开始，对称施拧；大型接头采用复拧，即"两次紧固法"。施拧时的紧固轴力应不超过相应的规定。永久螺栓拧紧质量检验采用锤敲或用力矩扳手检验，要求螺栓不颤动和偏移，拧紧的真实性用塞尺检查，对接表面高差（不平度）不应超出 0.5mm。

2. 高强度螺栓的施工要点

①紧固前检查。螺栓紧固前，应对螺栓孔、被连接件的移位、不平度、不垂直度、磨光顶紧的贴合情况，以及板叠合处摩擦面的处理、连接间隙、孔眼的同心度、临时螺栓的布放等进行检查。

②紧固施工。紧固顺序应从节点中心向边缘依次进行。紧固时，要分初拧和终拧两次紧固；对于大型节点，可分为初拧、复拧和终拧。初拧、复拧轴力宜为 60%～80% 标准轴力，终拧轴力为标准轴力。

当天安装的螺栓，要在当天终拧完毕，防止螺纹被沾污和生锈，引起扭矩系数值发生变化。

③紧固完毕检查。高强度大六角头螺栓检查：包括是否有漏拧和施工扭矩值。

施工扭矩值的检查在终拧完成 1h 后、48h 内进行。

抽查量：每个作业班组和每天终拧完毕数量的 5%，其不合格的数量应小于被抽查数量的 10%，且少于 2 个，方为合格。否则，应双倍抽检。如仍不合格，则应对当天终拧完毕的螺栓全部进行复验。

扭剪型高强度螺栓检查时，只要观察其尾部被拧掉，即可判断螺栓终拧合格。对于某些原因无法使用专用电动扳手终拧掉梅花头时，则可参照高强度大六角头螺栓的检查方法，采用扭矩法或转角法进行终拧并标记。

10.2.5 焊接连接

1. 焊接方法

建筑钢结构中常用的焊接方法有焊条电弧焊、埋弧焊、熔化极气体保护焊、电渣焊、螺柱焊（栓钉焊）等。其中，焊条电弧焊如图 10-12 所示。

2. 焊缝构造

①对接焊缝传力直接、平顺，没有显著的应力集中现象，因而受力性能良好，对于承受静、动荷载的构件连接都适用。但由于对接焊缝的质量要求较高，焊件之间施焊间隙要求较

严，一般多用于工厂制造的连接中。

②角焊缝的形式。角焊缝按其长度方向和外力作用方向的不同，可分为平行于力作用方向的侧面角焊缝、垂直于力作用方向的正面角焊缝与力作用方向斜交的斜向角焊缝以及围焊缝。角焊缝按其截面形式不同，又分为普通式、平坡式和深熔式。普通式截面焊脚边比例为1:1，近似于等腰直角三角形，其传力线弯折较剧烈，故应力集中严重。对直接承受动力荷载的结构，为使传力平顺，正面角焊缝宜采用两焊角边尺寸比例1:1.5的平坡式（长边顺内力方向），侧面角焊缝宜采用比例为1:1的深熔式。

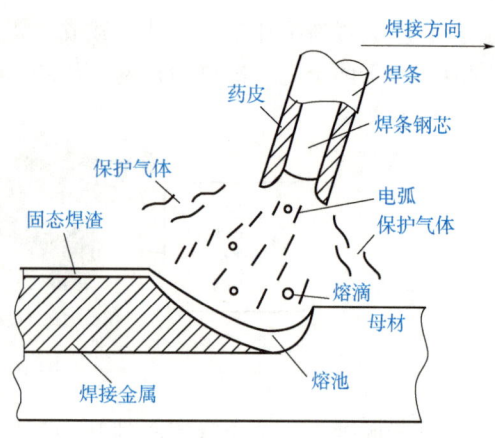

图10-12　焊条电弧焊原理示意图

10.3　钢结构安装

10.3.1　单层钢结构安装

单层钢结构安装工程施工时对于柱子、柱间支撑和吊车梁一般采用单件流水法吊装（可一次性将柱子安装就位，校正后再安装柱间支撑、吊车梁等构件），此种方法尤其适合移动较方便的履带式起重机（当采用汽车式起重机时，考虑到其移动不方便也可以2~3个轴线为一个单元进行节间构件安装）。屋盖系统吊装通常采用"节间综合法"（即起重机一次吊完一个节间的全部屋盖构件后再吊装下一个节间的屋盖构件）。单层钢结构安装工程施工的工艺流程如图10-13所示。单层钢结构安装工作主要包括钢柱安装、吊车梁安装、钢屋架安装等。

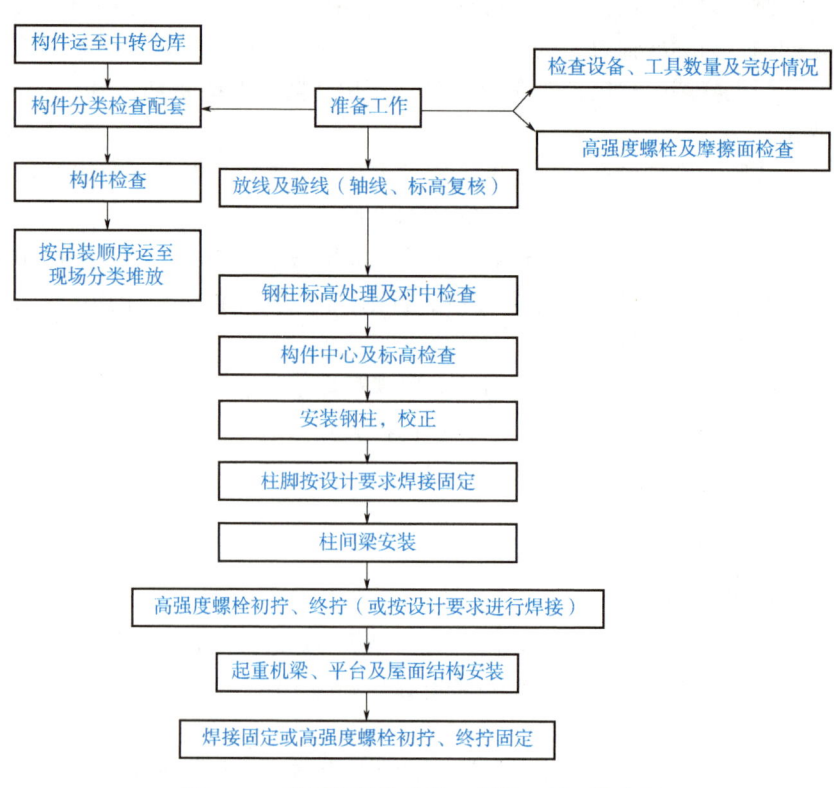

图10-13　单层钢结构安装工程施工的工艺流程

10.3.2 多层与高层钢结构安装

多层与高层钢结构安装工艺流程如图 10-14 所示。应科学制定吊装方案，即根据现场施工条件及结构形式选择最优的吊装方案。同时应对吊装概况有一个全面的了解，应合理选择吊装机具，根据多层与高层钢结构工程结构特点、平面布置及钢构件重量等情况，钢构件吊装一般采用塔式起重机。在地下部分，如果钢构件较重也可采用汽车式起重机或履带式起重机。吊装机具的选择是钢结构安装的重要组成内容，直接关系到安装的成本、质量、安全。

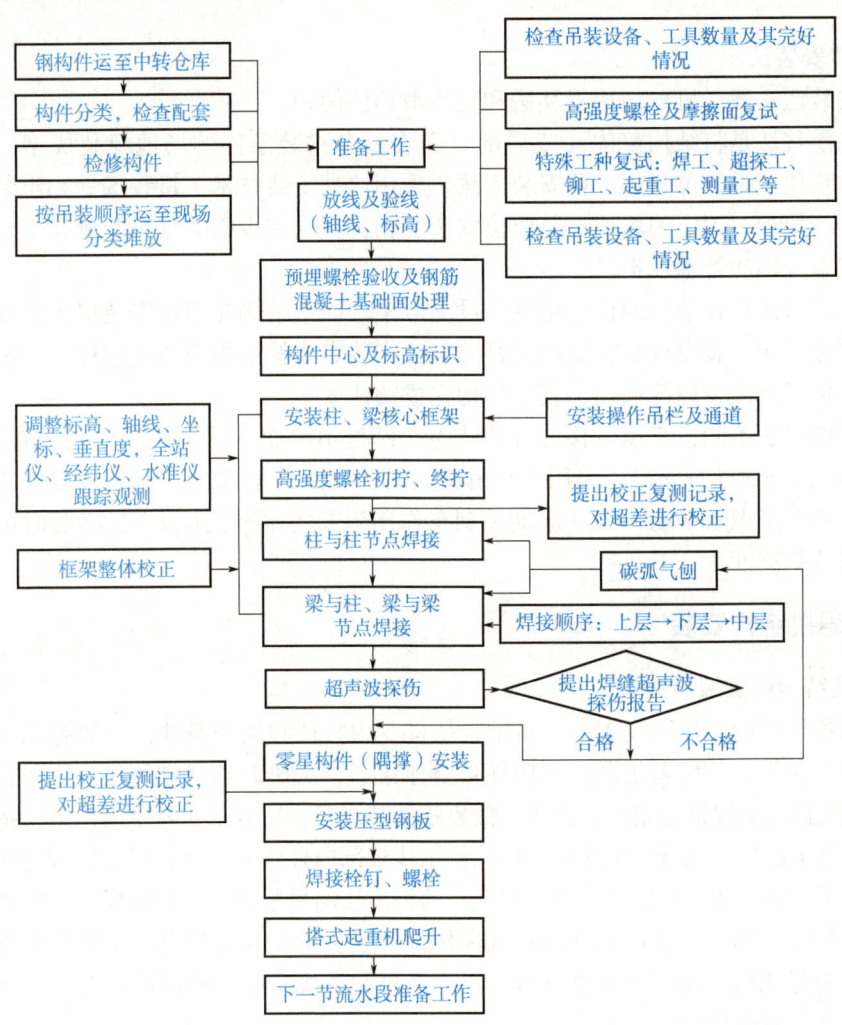

图 10-14 多层与高层钢结构安装工艺流程

10.3.3 大跨度结构安装

1. 高空原位安装法

高空原位安装法包括高空原位散装法和高空原位单元安装法。
①散装法。需搭设满堂支撑，以提供高空搁置及工人的操作平台。
②单元安装法。此法的重点是吊装单元的合理划分，一般应把握以下几个要点：单元的

大小视选用的起重机能力和结构形式而定，比如对于大跨钢桁架结构，分块位置不宜在桁架跨中；对于梁柱结构，设计一般建议将分段位置设在反弯点位置；对于网架及网壳结构，一般可采用分块或分条的方案；单元必须自成体系，有足够的稳定性、刚度及强度。

2. 整体提升安装法

整体提升安装法是将待安装的结构在地面或适宜的楼层投影位置组装成型，再利用"提升系统"将成型结构整体向上提升至设计标高的一种安装方法。当大跨度钢结构高度较高，不利于搭设支承胎架，提升钢结构形状规则时，整体提升的施工方法可作为选择方案之一。

3. 滑移安装法

滑移安装法一般又可分结构滑移法和支承滑移法两种。

①结构滑移法是将结构整体（或局部）先在具备拼装条件的场地组装成型，再利用滑移系统整体移位至设计位置的一种安装方法。采用这种安装技术，拼装场地和组装用机械设备可集中于一块相对固定的场地，与原位安装法相比，可减少临时支承与操作平台的措施用量，节约场地处理和管理成本。

②支承滑移法是在结构的设计位置搭设支承架，以给结构在原位安装提供支承和操作平台，待该部分结构安装完成后，支承滑移即与已安装完成的结构脱离，这样也为相邻结构的原位安装创造了条件，如此循环，直至结构完成整体安装。

与结构滑移法不同，支承滑移法可总结为"结构不滑而支承机构滑"，而结构滑移法则是"结构滑而支承机构不滑"。采用支承滑移法时，支承构架的设计除满足常规的整体及局部稳定外，还要考虑水平动荷载（起动及刹车作用引起的水平惯性力），必要时可增设大斜撑以提高其抗侧刚度。

10.3.4 悬挑结构安装

1. 悬挑结构的安装与校正

根据悬挑结构的悬挑跨度大小、自重、构件受力特征和现场条件，一般有无支撑安装和有支撑安装两种方法。前者是利用钢构件自身刚度，借助临时连接螺栓板或临时拉杆、侧向顶撑等临时稳固措施保证稳定性，逐步扩散累积安装成型；后者是在悬挑结构下方搭设临时支撑胎架对底部关键构件进行定位支承，从结构主体根部向外延伸安装，以此实现悬挑构件的就位，整个悬挑结构安装完成后进行分级卸载。两种方法的吊装设备一般选择大型塔式起重机。

悬挑结构安装精度主要以底部的基础性构件的安装精度控制为主，一般方法为：通过高精度全站仪对悬挑结构端部基准点进行测量，通过起重机和手拉葫芦进行校正，使悬挑结构的轴线偏差符合规范要求。

由于受自重影响，悬挑结构会出现下挠，为保证在承受恒荷载及活荷载下悬挑底部处于水平状态，施工时需要进行反变形预调处理，根据内业计算分析的预调值结果，采取工厂制作预调和现场安装预调相结合的措施，在安装中将理论变形值与实际变化对照，及时修正预调值。

2. 悬挑结构安装注意事项

①悬挑跨度大，结构的稳定性控制难度大，要加强高处作业安全保障。

②做好构件分段与供应计划。根据吊装设备的最大起重性能和安装定位的便利性，对节

点与杆件进行组合分段。

③与主体结构连接的部位为关键点，应重点控制，认真检查好连接部位的空间位形质量情况。

④做好临时稳固措施和测量校正措施设计工作，要确保措施的可操作性与安全可靠。

⑤做好作业人员行走通道和操作架设置工作，以保障作业安全。

10.4 钢结构焊接施工

10.4.1 焊接工艺

坡口形状及尺寸是影响焊缝质量的重要因素，其基本要求是能得到致密的焊缝。焊接方法、坡口形式的代号说明以及坡口尺寸偏差，见表10-11～表10-14。

表10-11 焊接方法及焊透种类的代号

代号	焊接方法	焊透种类
MC	焊条电弧焊	完全焊透焊接
MP		部分焊透焊接
GC	气体保护电弧焊	完全焊透焊接
GP	自保护电弧焊	部分焊透焊接
SC	埋弧焊	完全焊透焊接
SP		部分焊透焊接
SL	电渣焊	完全焊透

表10-12 接头形式及坡口形状的代号

接头形式			坡口形状	
项目	代号	名称	代号	名称
板接头	B	对接接头	I	I形坡口
	T	T形接头	V	V形坡口
	X	十字接头	X	X形坡口
	C	角接接头	L	单边V形坡口
	F	搭接接头	K	K形坡口
管接头	T	T形接头	U①	U形坡口
	K	K形接头	J①	单边U形坡口
	Y	Y形接头		

①当钢板厚度≥50mm时，可采用U形或J形坡口。

表10-13 坡口各部分的尺寸代号

代号	坡口各部分的尺寸
t	接缝部分的板厚/mm
b	坡口根部间隙或部件间隙/mm

(续)

代号	坡口各部分的尺寸
H	坡口深度/mm
P	坡口钝边/mm
α	坡口角度（°）

表10-14 坡口尺寸组装允许偏差

序号	项目	背面不清根	背面清根
1	接头钝边	±2mm	不限制
2	无钢衬垫接头根部间隙	±2mm	2mm −3mm
3	带钢衬垫接头根部间隙	6mm −2mm	不适用
4	接头坡口角度	10° −5°	10° −5°
5	根部半径	3mm 0	不限制

焊接工艺要求如下：

①焊接施工前，制造商或承包商应制定焊接工艺文件用于指导焊接施工，工艺文件可依据焊接工艺评定结果进行制定，也可采用符合免除工艺评定条件的工艺直接编制焊接工艺文件。无论采用何种途径制定的焊接工艺，均应包括但不限于下列要素。

  a. 焊接方法或焊接方法的组合。

  b. 母材的规格、牌号、厚度及限制范围。

  c. 填充金属的规格类别和型号。

  d. 焊接接头形式、坡口形状、尺寸及其允许偏差。

  e. 焊接位置。

  f. 焊接电源的种类和极性。

  g 清根处理。

  h. 焊接工艺参数（焊接电流、焊接电压、焊接速度、焊层和焊道分布）。

  i. 预热温度及焊道间温度范围。

  j. 焊后消除应力处理工艺。

  k. 其他必要的规定。

②对于焊条电弧焊（SMAW）、熔化极气体保护焊（GMAW）、药芯焊丝电弧焊（FCAW）和埋弧焊（SAW）焊接方法，每一道焊缝金属的横截面，无论是深度还是最大宽度，不应超过该道焊缝表面的宽度。

③除用于坡口焊缝的加强角焊缝外，如果满足设计要求，应采用最小角焊缝尺寸。

④对于焊条电弧焊、半自动实心焊丝气体保护焊、半自动药芯焊丝气体保护或自保护焊和自动埋弧焊焊接方法，最大根部焊道厚度、最大填充焊道厚度、最大单道角焊缝尺寸和最

大单道焊焊层宽度宜符合规定。经焊接工艺评定合格验证的除外。

⑤多层焊时应连续施焊,每一焊道焊接完成后应及时清理焊渣及表面飞溅物,发现影响焊接质量的缺欠时,应清除后方可再焊。遇有中断施焊的情况,应采取适当的后热、保温措施,再次焊接时重新预热温度应高于初始预热温度。

⑥塞焊和槽焊可采用焊条电弧焊、气体保护电弧焊及自保护电弧焊等焊接方法。平焊时,应分层熔敷焊缝,每层熔渣冷却凝固后,必须清除方可重新焊接;立焊和仰焊时,每道焊缝焊完后,应待熔渣冷却并清除后方可施焊后续焊道。

⑦严禁在调质钢上采用塞焊和槽焊焊缝。

10.4.2 高层钢结构焊接

1. 总体焊接顺序

一般根据结构平面图的特点,以对称轴为界或以不同体形结合处为界分区,配合吊装顺序进行安装焊接。焊接顺序应遵循以下原则或程序:

①在吊装、校正和栓焊混合节点的高强度螺栓终拧完成若干节间以后开始焊接,以利于形成稳定框架。

②焊接时应根据结构体形特点选择若干基准柱或基准节间,由此开始焊接主梁与柱之间的焊缝,然后向四周扩展施焊,以避免收缩变形向一个方向累积。

③一节间各层梁安装好后应先焊上层梁后焊下层梁,以使框架稳固,便于施工。

④栓焊混合节点中,应先栓后焊(如腹板的连接),以避免焊接收缩引起栓孔间位移。

⑤柱-梁节点两侧对称的两根梁端应同时与柱施焊,既可以减小焊接拘束度,避免焊接裂纹产生,又可以防止柱的偏斜。

⑥柱-柱节点是按由下层往上层顺序焊接,由于焊缝横向收缩,再加上重力引起的沉降,有可能使标高误差累积,在安装焊接若干柱节点后应视实际偏差情况及时要求构件制作厂调整柱长,以保证安装精度达到设计和规范要求。

⑦桁架焊接顺序为:下弦杆→转换柱(竖向杆件)→上弦杆→斜撑。

2. 各类节点焊接顺序

①钢柱的焊接顺序。

a. 箱形柱的焊接顺序。由于箱形柱大部分钢板超厚,施焊时间较长,应采用多名焊工同时对称等速施焊,才能有效地控制施焊的层间温度,并控制焊接应力,如图10-15所示(两名焊工同时施焊)。当焊完第一个两层后,再焊接另外两个相对应边的焊缝,这时可焊完四层,再绕至另两个相对边,如此循环直至焊满整个焊缝。如遇焊缝间隙过大,应先焊大间隙焊缝,把另外相对边点焊牢固,然后依前顺序施焊。

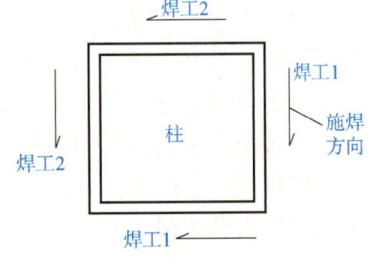

图10-15 箱形柱的焊接顺序

b. 十字柱对接的焊接顺序。先由两名焊工进行翼缘板的对称焊接,如图10-16所示步骤1、步骤2,然后两名焊工再同时对腹板进行中心点对称反向焊接,见步骤3~步骤6。十字柱腹板为双面坡口焊,焊完一侧后另一侧应清根。

c. 工字柱的焊接顺序。当一个区域的钢柱、钢梁安装校正完毕后开始焊接,焊接时首先由两名焊工对称焊接工字柱的翼缘，翼缘焊接完后再由其中一名焊工焊接腹板，焊接完毕后割除引弧板和引出板，最后打磨探伤。

d. 钢管柱的焊接顺序。钢管柱焊接时采取两名焊工分段对称焊的方式进行，如图10-17所示，即先1、2同时对称焊，再3、4同时对称焊。

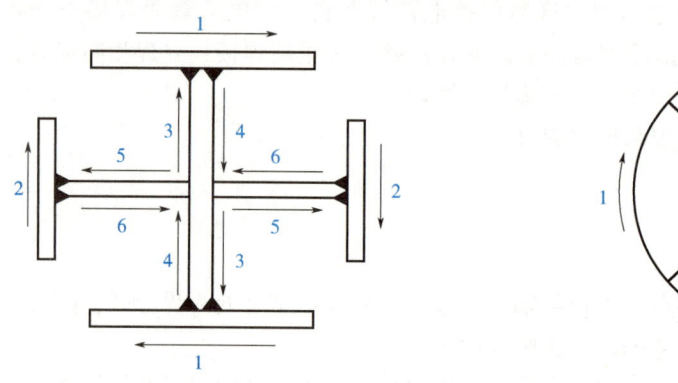 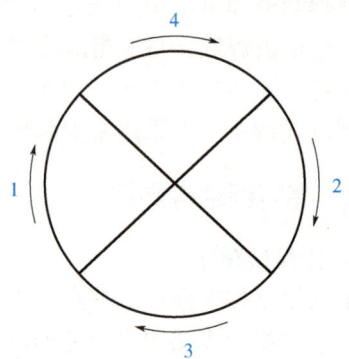

图 10-16　十字柱对接的焊接顺序　　　　　图 10-17　钢管柱的焊接顺序

② 钢梁的焊接顺序。

a. 工字形梁的焊接顺序。当工字形梁翼缘采用焊接，腹板采用螺栓连接时，先焊接下翼缘，然后焊接上翼缘。当工字形梁翼缘、腹板都采用焊接连接时，先焊接下翼缘，然后焊接上翼缘，最后焊接腹板。在钢梁焊接时应先焊梁的一端，待此焊缝冷却至常温，再焊另一端。不得在同一根钢梁两端同时开焊，两端的焊接顺序应相同，如图10-18所示。

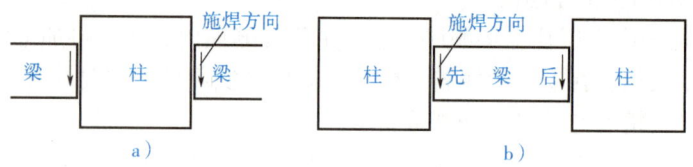

图 10-18　工字形梁的焊接顺序

b. 箱形梁的焊接顺序。箱形梁为了便于焊接，保证焊接质量，在上翼缘开封板，因此焊接时先焊接下翼缘，下翼缘焊接完毕后，由两名焊工同时对称焊接两个腹板，焊接完毕后割除下翼缘和两个腹板的引弧板，并打磨好，24h后对下翼缘和腹板进行探伤，合格后安装上翼缘的封板，然后先由一名焊工依次焊接上翼缘封板的两条平焊缝，最后由两名焊工对称焊接封板与腹板之间的两条横焊缝。当箱形梁比较大时（梁高大于800mm），在焊接此钢梁的下翼缘板时，焊工需要进入箱形梁内进行焊接，此时需要在钢梁的外部有一名焊工配合焊接钢梁腹板和引弧板。

10.4.3　钢管桁架焊接

1. 钢管对接焊接工艺

以下工艺主要针对的焊接方式为焊条电弧焊与CO_2气体保护焊相组合的焊接方式。对焊前、组对、核正复检、预留焊接收缩量、定位焊、焊前防护、焊前清理、焊前预热、焊接、焊后清理与外观检查、无损检测与缺陷返修等工序严格控制，才能确保焊接质量全面达标。

①焊前、组对。组对前用卡具对钢管同心度、圆率、纵向曲度认真复查核对，确认合格后，采用锉刀和砂布将坡口处管内外壁20～25mm处仔细磨去锈蚀及污物。组对时不得在接近坡口处管壁上点焊夹具或硬性敲打，以防四周出现凹凸不平和圆弧不顺滑，同外径管错口现象必须控制在2mm以内，管内衬垫板必须紧密贴合牢固。

②校正复检、预留焊接收缩量。根据管径大小、壁厚预留焊接收缩量，校正后固定，确保整个桁架系统的几何尺寸不因焊接收缩而引起改变。

③定位焊。定位焊对管口的焊接质量有直接影响，主桁架上下弦组对方式通常采用连接板预连接，定位焊位置为圆周三等分，定位焊使用经烘干合格的小直径焊条，采用与正式焊接相同的工艺进行等距离定位焊接，长度为$L>50mm$、$H \geqslant 4mm$。将定位焊起点与收弧处用角向磨光机磨成缓坡状，确认无未熔合、收缩孔等缺陷。

④焊前防护。桁架上下弦杆件接头处焊前搭设平台，焊接作业平台距离管的高度为600～700mm，平台面宽度大于1.5m，密铺木跳板，上铺石棉布防止火灾发生，用彩条布密闭围护，以免作业时有风雨侵扰。架子搭设要稳定牢固，确保焊接作业人员具有良好的作业环境。

⑤焊前清理。正式焊接前将定位焊和对接口处的焊渣、飞溅雾状附着物、油污、灰尘等认真清除。

⑥焊前预热。环境温度低于10℃且空气湿度大于80%时，采用氧乙炔中性焰对焊口进行加热除湿处理，使对接口两侧100mm范围温度均匀达到100℃左右。

⑦焊接。上弦杆的对接焊采用左右两焊口同时施焊的方式，操作者采用外侧起弧逐渐移动到内侧施焊，每层焊缝均按此顺序实施，直至节点焊接完毕。

⑧焊后清理与外观检查。认真除去焊道上飞溅、焊瘤、咬边、气孔、夹渣、未熔合、裂纹等缺陷，对于相贯线角接形式焊缝，焊脚尺寸应符合设计要求及相贯钢管两者中较薄管壁厚度的1.5倍。

⑨无损检测与缺陷返修。用角向磨光机做超声波检测（UT）前清理，注意不得出现过深磨痕。经超声波检测（UT），焊缝符合规范及设计要求方允许拆除防护措施。探伤不合格的焊缝采用气刨对缺陷部分进行刨除，并用角向磨光机打磨清除渗碳及焊渣，确认缺陷清除后，采用与正式焊接相同的工艺进行补缝，24h后进行超声波检测（UT）复探，并出具返修复探记录，同一部位返修次数不得超过2次。

2. 钢管相贯线焊接工艺

斜腹杆与上下弦相贯及次桁架与主桁架相贯焊接处的焊前检查十分重要，部分构件由于制作误差、构件少量变形、安装误差造成焊接接头间隙较大，一般间隙在20mm以内时，可先逐渐堆焊填充间隙，冷却至常温，打磨清理干净，确认无焊接缺陷后再正常施焊，不能添加任何填料。

斜腹杆上口与上弦杆相贯处呈全位置倒向环焊，焊接时从环缝的最低位置处起弧，在横角焊的中心收弧，焊条呈斜线运行，使次桁架弦杆与主桁架弦杆相贯处的焊接从坡口的仰角焊部位超越中心5～10mm处起弧，在平焊位置中心线处收弧，焊接时尽量使熔池保持水平状，注意左右两边的熔合，确保焊缝几何尺寸的外观质量，当相贯线夹角小于30°时采用角焊形式进行焊接，焊角尺寸为$1.5t$。

10.5 钢结构涂料涂装

10.5.1 钢结构防腐涂料涂装

钢结构防腐涂料涂装施工要点有以下几个：

①用钢丝刷、干净毛刷、去油污剂、经过油水分离处理过的压缩空气或棉纱等，将钢材表面清理干净并晾干。

②涂料开桶前应将桶盖上的尘土、污物等清除干净，以防开桶时掉入桶内；开桶后应使用电动搅拌器将涂料搅拌均匀，表面漆皮应除掉；当涂料结块、凝胶和沉淀以至于搅拌不均时，则说明涂料已变质，不得使用。

③涂料出厂时的黏度是在标准条件（温度25℃）下测定的，当温度变化时，会随温度上升而变稀，温度下降而变稠。同时不同施工方法要求施工的黏度也不相同，因此施工前应调整成合适的黏度。调整黏度时应用专用稀释剂，当需要代用时，应经试验确定。

④涂装底漆，一般应根据被涂物的材质、形状、尺寸大小、表面状态、涂料品种、施工现场环境和现有施工机具等因素确定涂装方法。

⑤底漆涂装完毕，待实干固化后，清理油漆表面流挂、尘土、油污等物，再进行下一道油漆的涂装。

⑥涂装中间漆时，中间漆可涂一遍或多遍，应根据涂料品种、施工现场环境和现有施工机具等因素确定涂装方法。

⑦第一遍中间漆涂装完毕，待干燥后，先清理表面流挂、尘土、油污等物，再进行下一道油漆的涂装，如此反复。

⑧面漆涂装要求外观均匀、平整、丰满和有光泽，颜色应符合设计要求且无肉眼可见色差，不允许有咬底、裂纹、剥落、流挂、针孔、刷痕、起皱和颗粒灰尘等，宜采用滚涂法或空气喷涂法施工。

⑨面漆涂装完毕，待实干、固化后，才能搬运。搬运过程中应加软垫以保证漆膜不受损伤，当涂层有缺陷时，应及时修补，修补方法和要求应与完好涂层部分相同。

10.5.2 钢结构防火涂料涂装

1. 喷涂型防火涂料

在发生下列情况之一时，宜在涂层内设置与钢构件相连的钢丝网或采取其他相应措施：

①承受冲击、振动荷载的钢梁。

②涂层厚度等于或大于40mm的钢梁和桁架。

③涂料粘结强度小于或等于0.05MPa的钢构件。

④钢板墙和腹板高度超过1.5m的钢梁。

喷涂防火涂料宜采用压送式喷涂机，空气压力为0.4~0.6MPa，喷枪口直径宜为6~10mm，喷枪嘴和喷涂面的距离宜为300~500mm。喷枪与喷涂面成75°~85°角。喷涂施工应分遍完成，第一遍喷涂厚度应控制在4~6mm，以后每遍喷涂厚度应控制在5~10mm，必须在前一遍基本干燥或固化后，再喷涂后一遍。钢构件表面遇有防火涂料浮灰时应用空气压缩机吹掉。防火涂料喷涂完毕后及时清洗喷涂机械。

施工过程中，操作者应采用测厚针或测厚仪及时检测涂层厚度，直到符合设计规定厚度，方可停止喷涂。节点部位厚度应比要求厚度大3~5mm。用0.75~1kg锤子敲击涂层检查是否有涂料空鼓。裂缝宽度直接用直尺测量。

手工抹涂每遍涂抹厚度应控制在规定的要求以内，每遍涂抹间隔时间宜为24h。

2. 厚涂型防火涂料

①涂料需搅拌均匀。涂料在使用前应搅拌均匀。喷涂宜采用重力式喷枪喷涂，空气压力为0.4MPa左右。喷嘴可根据平整度要求选用4mm或6mm两种型号。喷涂时手握喷枪要稳，喷嘴与钢基材面垂直，喷口到喷面距离为400~600mm。局部修补和小面积施工，可用手工抹涂。喷涂施工应分遍完成，第一遍喷涂厚度不大于1mm，以后每遍喷涂厚度为1~2mm，必须在前一遍基本干燥或固化后，再喷涂后一遍。防火涂料喷涂完毕后及时清洗喷枪。

②薄涂型防火涂料底层涂装。

a. 涂料应分层施工，第一层喷涂宜覆盖钢材表面70%以上，随后每层喷涂厚度宜不超过2.5mm。

b. 喷涂应平行移动、速度一致。

c. 涂装施工时，可采用测厚针控制涂层厚度。

③薄涂型防火涂料面层涂装。

a. 面层应在底层涂装基本干燥后开始涂装。

b. 面层涂料宜涂刷1~2遍，当涂刷两遍时，第一遍宜从左至右涂刷，第二遍宜反向涂刷。

c. 面层涂装应颜色均匀、一致，接槎平整。

④防火涂层自检。施工过程中，操作者用测厚仪及时检测涂层厚度，应符合设计规定厚度，方可停止喷涂。用0.75~1kg锤子敲击涂层检测是否有涂料空鼓。裂缝宽度直接用直尺测量。

10.6 装配式钢结构建筑

10.6.1 常用材料与构件

装配式钢结构常用构件包括H型钢、桁架和实腹梁。

1. H型钢

H型钢是一种新型经济建筑用钢。H型钢截面形状经济合理，力学性能好，轧制时截面上各点延伸较均匀、内应力小，与普通工字钢比较，具有截面模数大、重量轻、节省金属的优点，可使建筑结构减轻30%~40%；又因其腿内外侧平行，腿端是直角，拼装组合成构件，可节约焊接、铆接工作量达25%。常用于要求承载能力大、截面稳定性好的大型建筑（如厂房、高层建筑等），以及桥梁、船舶、起重运输机械、设备基础、支架、基础桩等。

2. 桁架

桁架按结构形式分类见表10-15。

表 10-15 桁架按结构形式分类

分类	特点
三角形桁架	在沿跨度均匀分布的节点荷载下，上下弦杆的轴力在端点处最大，向跨中逐渐减少；腹杆的轴力则相反。三角形桁架由于弦杆内力差别较大，材料消耗不够合理，多用于瓦屋面的屋架中
梯形桁架	与三角形桁架相比，杆件受力情况有所改善，而且用于屋架中可以更容易满足某些工业厂房的工艺要求。如果梯形桁架的上下弦平行，就是平行弦桁架，杆件受力情况较梯形桁架略差，但腹杆类型大为减少，多用于桥梁和栈桥中
多边形桁架	也称折线形桁架。上弦节点位于二次抛物线上，如上弦呈拱形可减少节间荷载产生的弯矩，但制造较为复杂。在均布荷载作用下，桁架外形和简支梁的弯矩图形相似，因而上下弦轴力分布均匀，腹杆轴力较小，用料最省，是工程中常用的一种桁架形式
空腹桁架	基本取用多边形桁架的外形，上弦节点之间为直线，无斜腹杆，仅以竖腹杆和上下弦相连接。杆件的轴力分布和多边形桁架相似，但在不对称荷载作用下杆端弯矩值变化较大。优点是在节点相交的杆件较少，施工制造方便

3. 实腹梁

钢结构中常用热轧型钢（工字钢、槽钢、H 型钢）做小跨度的梁，用焊接工字钢或焊接异型钢做较大跨度的梁。这些构件截面中竖的部件称为腹板、上下横的部件称为翼缘。跨度较小的梁的腹板都是实实在在的钢板，而更大跨度的或荷载很大的梁，因其弯矩大需要截面相当高（数米高）来抵抗，用实实在在的钢板来做腹板太重，而且生产、运输都不便。因此，工程人员研究创造了桁架梁，它的腹板用许多小截面的杆件组成，称为空腹式（或称为格构式）梁，而把前述的梁称为实腹梁。

10.6.2 钢构件的制作与运输

1. 钢构件的制作

①焊接 H 型钢。

焊接 H 型钢的施工要点如下：

a. 焊接 H 型钢应以一端为基准，使翼缘板、腹板的尺寸偏差累积到另一端。

b. 腹板、翼缘板组装前，应在翼缘板上标志出腹板定位基准线。

c. 焊接 H 型钢应采用 H 型钢组立机进行组装。

d. 腹板定位采用定位点焊，应根据 H 型钢具体规格确定点焊焊缝的间距及长度。一般点焊焊缝间距为 300~500mm，焊缝长度为 20~30mm，腹板与翼缘板应顶紧，局部间隙不应大于 1mm。

e. 焊接 H 型钢一般采用自动或半自动埋弧焊。

f. 机械矫正应采用 H 型钢翼缘矫正机对翼缘板进行矫正；矫正次数应根据翼缘板宽度、厚度确定，一般为 1~3 次；使用的 H 型钢翼缘矫正机必须与所矫正的对象尺寸相符合。

g. 当焊接 H 型钢出现侧向弯曲、扭曲、腹板表面平整度达不到要求时，应采用火焰矫正法进行矫正。

h. 焊接 H 型钢的允许偏差应符合规定。

②桁架组装。

a. 无论弦杆、腹杆，应先单肢拼配焊接矫正，然后进行大拼装。

b. 支座、与钢柱连接的节点板等,应先小件组焊,矫正后再定位大拼装。

c. 放拼装胎时放出收缩量,一般放至上限(跨度 $L \leqslant 24m$ 时放 5mm,$L > 24m$ 时放 8mm)。

d. 对跨度大于或等于 18m 的梁和桁架,应按设计要求起拱;对于设计没有起拱要求的,但由于上弦焊缝较多,可以少量起拱(10mm 左右),以防下挠。

e. 桁架的大拼装有胎模装配法和复制法两种,如图 10-19 所示。前者较为精确,后者则较快;前者适用于大型桁架,后者适用于一般中、小型桁架。

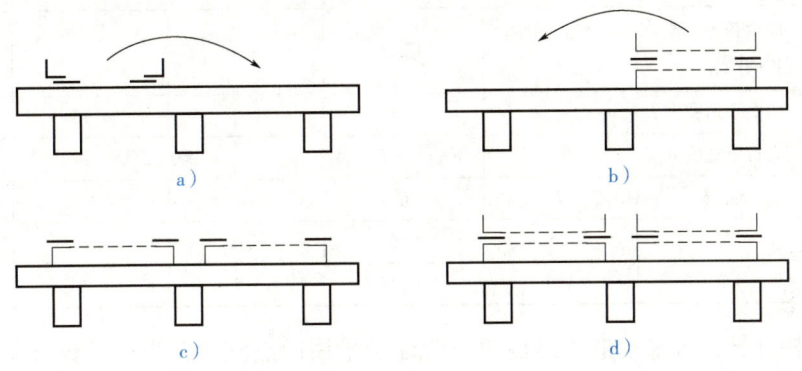

图 10-19　桁架装配复制示意图

a)在操作平台上先拼装好第一榀桁架,再翻身　b)第一榀桁架做胎模复制第二榀桁架
c)然后再翻身、移位　d)以前两榀桁架做胎模复制其他桁架

③实腹梁组装。

a. 腹板应先刨边,以保证宽度和拼装间隙。

b. 翼缘板进行反变形,装配时保持 $\alpha_1 = \alpha_2$,如图 10-20 所示。翼缘板与腹板的中心偏移不大于 2mm。翼缘板与腹板连接侧的主焊缝部位 50mm 以内先行清除油、锈等杂质。

c. 点焊距离杆 200mm,双面点焊,并加撑杆,点焊高度为焊缝的 2/3,且不应大于 8mm,焊缝长度不宜小于 25mm。

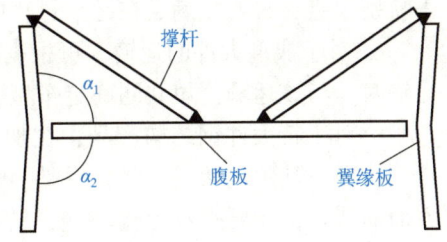

图 10-20　撑杆示意图

d. 为防止梁下挠,宜先焊下翼缘板的主缝和横缝;焊完主缝,矫正翼缘板,然后装加劲板和端板。

e. 对于磨光顶紧的端部加劲角钢,宜在加工时把四支角钢夹在一起同时加工使之等长。

f. 焊接连接制作组装的允许偏差应符合规定。

2. 钢构件的运输

①为避免在运输、装车、卸车和起吊过程中造成钢结构构件变形而影响安装,一般应设置局部加固的临时支撑。

②根据钢结构构件的形状、重量及运输条件、现场安装条件,可采取总体制造、拆成单元运输或分段制造、分段运输的措施。

③钢结构构件,一般采用陆路车辆运输或者铁路包车皮运输。装车尺寸应考虑沿途路面、桥、隧道等的净空尺寸,见表 10-16。一般情况公路运输装运的高度极限为 4.5m,如需

通过隧道时，则高度极限为4m，构件长出车身不得超过2m。

表 10-16 各级公路行车道宽度 （单位：m）

公路等级	净空各部分名称	净空尺寸			
		路宽 15	路宽 9	2 个路宽 7.5 + 分车带	2 个路宽 7 + 分车带
a、b	人行道或安全带边缘间宽度 J	15.0	9.0	7.5	7.0
	下承式桥桁架间净宽 B	15.5	9.5	8.0	7.5
	路拱顶点起至高度为5m处的净宽顶间距 A	12.5	6.5	6.5	6.0
	净空顶角宽度 E	1.5	1.5	0.75	0.75
	人行道宽度 R	≥0.75			
c	公路宽	J	B	A	E	R
	7	7.5	8.5	6.0	5.0	3.5
	4.5	4.5	6.0	3.5	4.5	3.0

a. 柱子构件长，可采用拖车运输。一般柱子采用两点支承，当柱子较长，两点支承不能满足受力要求时，可采用三点支承。

b. 钢屋架可以用拖挂车平放运输，但要求支点必须放在构件节点处，而且要垫平、加固。钢屋架还可以整榀或半榀挂在专用架上运输。

c. 实腹类构件多用大平板车辆运输。

d. 散件运输使用一般货运车，车辆的底盘长度可以比构件长度短1m。散件运输一般不需特别固定，只要能满足在运输过程中不产生过大的残余变形即可。

e. 对于成型大件的运输，可根据产品不同而选用不同车型。委托专业化大件运输公司运输时，与该运输公司共同确定车型。

f. 对于特大件钢结构产品，在加工制造以前就要与运输有关的各个方面取得联系，并得到认可，其中包括与公路、桥梁、电力，以及地下管道，如煤气、自来水、下水道等有关方面的联系，还要查看运输路线、转弯道、施工现场等有无障碍物，并应制定专门的运输方案。

10.6.3 钢构件预拼装

1. 钢柱拼装

①钢柱平拼装操作。钢柱平拼装示意图如图10-21所示。先在柱的适当位置用枕木搭设3~4个支承点，各支承点高度应拉通线，使柱轴中心线成一条水平线，先吊下节柱找平，再吊上节柱，使两端头对准，然后找中心线，并安装螺栓或夹具拧紧，最后进行接头焊接，采取对称施焊，焊完一面再翻身焊另一面。

②钢柱立拼装操作。钢柱立拼装示意图如图10-22所示。在下节柱适当位置设2~3个支点，

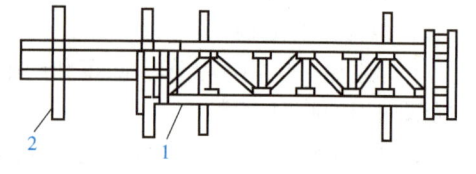

图 10-21 钢柱平拼装示意图
1—拼接点　2—枕木

上节柱设 1~2 个支点，各支点用水平仪测平。

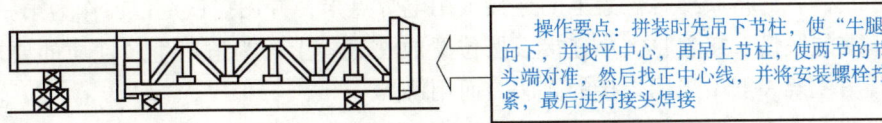

图 10-22　钢柱立拼装示意图

③钢板底座和柱身组合拼装。钢板底座和柱身组合拼装操作要点如下：

a. 将柱身按设计尺寸先行拼装焊接，使柱身达到横平竖直，符合设计和验收标准的要求。若不符合质量要求，可进行矫正，以达到质量要求。

b. 将事先准备好的柱底板按设计规定尺寸，分清内外方向，画结构线，并焊挡铁定位，防止在拼装时位移。

c. 柱底板与柱身拼装之前，必须将柱身与柱底板接触的端面用刨床或砂轮加工平整。同时将柱身分几点垫平，如图 10-23 所示，确保柱身垂直柱底板，使安装后受力匀称，防止产生偏心压力，以达到质量要求。

d. 拼装时，将柱底板用角钢头或平面型钢按位置点固定，作为定位点倒吊挂在柱身平面，并用直角尺检查垂直度和间隙大小，待合格后进行四周全面固定。为避免焊接变形，应采用对角或对称方法进行焊接。

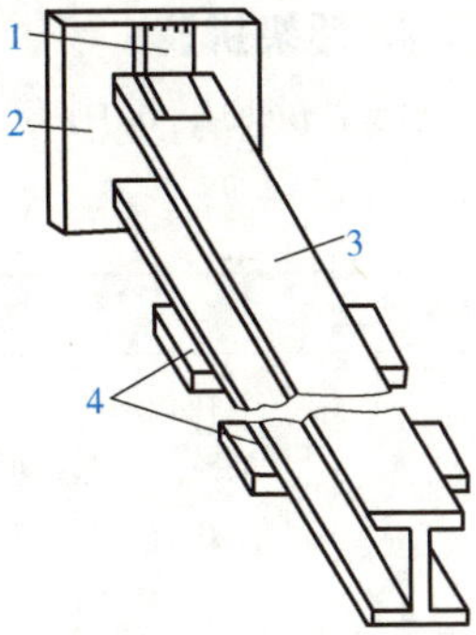

2. 工字钢梁、槽钢梁拼装

工字钢梁、槽钢梁组合拼装如图 10-24 所示，操作要点如下：

①在拼装组合时，首先按图纸标注的尺寸、位置在面板和型钢连接位置处进行画线定位。

图 10-23　钢柱拼装示意图
1—定位角钢　2—柱底板
3—柱身　4—水平垫基

②在组合时，如果面板宽度较窄，为使面板与型钢垂直和稳固，避免型钢向两侧倾斜，可用与面板同厚度的垫板临时垫在底面板（下翼板）两侧来增加面板与型钢的接触面。

③用直角尺或水平尺检验侧面与平面垂直并且几何尺寸正确后，才能按一定距离进行点焊。

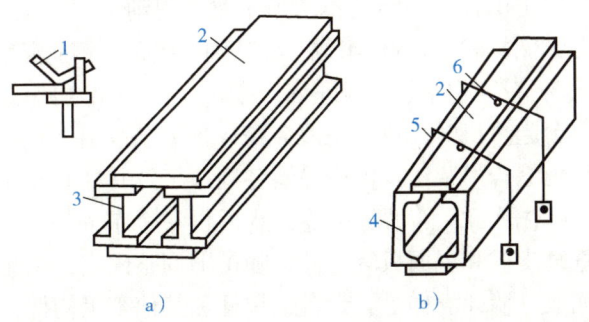

图 10-24　工字钢梁、槽钢梁组合拼装
a）工字钢梁　b）槽钢梁
1—橇杠　2—面板　3—工字钢　4—槽钢　5—龙门架　6—压紧工具

3. 屋架拼装操作

①放好底样后,将底样各位置上的连接板用电焊点牢,并用挡铁定位,作为第一次单片屋架拼装基准的底模,接着将大小连接板按位置放在底模上。为适应生产性质的要求强度,特殊动力厂房屋架一般不采用焊接的方法,而用铆焊。

②屋架的上下弦、所有的立斜撑及限位板都放到连接板上面,进行找正对齐,用卡具夹紧点焊。待全部点焊牢固,可用起重机进行180°翻转,这样就可以该单片屋架为基准仿效组合拼装。

③屋架拼装一定要注意平台的水平度,若平台不平,可在拼装前用仪器或拉粉线的方法调整垫平,否则拼装成的屋架在上下弦及中间位置会产生侧向弯曲。

④对特殊动力厂房屋架,为适应生产性质的要求强度,一般不采用焊接的方法,而用铆焊。

4. 托架拼装

托架拼装的常用方法及操作细节见表10-17。

表10-17 托架拼装的常用方法及操作细节

常用方法	操作细节
平装	在托架四周设定位角钢或钢挡板,将两半榀托架吊到平台上,拼缝处装上安装螺栓,检查并找正托架的跨距和起拱值,安上拼接处连接角钢。用卡具将托架和定位钢板卡紧,拧紧螺栓并对拼装焊缝施焊。施焊时,要求对称进行,焊完一面,检查并纠正变形,用木杆两道加固,然后将托架吊起翻身,再用同样方法焊另一面焊缝,符合设计和规范要求后,方可加固、扶直和起吊就位
立装	托架拼装时,采用人字架稳住托架进行合缝,校正并调整好跨距、垂直度、侧向弯曲和拱度后,安装节点拼接角钢,并用卡具和钢楔使其与上下弦角钢卡紧。复查后,用电焊进行定位焊,并按先后顺序进行对称焊接,直至达到要求为止。当托架平行并紧靠柱列排放时,可以3~4榀为一组进行立拼装,用方木将托架与柱子连接稳定

10.6.4 单层装配式钢结构建筑施工技术

1. 安装顺序和方法

①钢结构单层工业厂房由柱、柱间支撑、吊车梁、制动梁(桁架)、托架、屋架、天窗架、上下弦支撑、檩条及墙体骨架等构件组成,柱基则一般采用钢筋混凝土阶梯或独立基础。

②安装顺序一般从跨端一侧向另一侧进行。多跨厂房先吊主跨,后吊辅助跨;先吊高跨,后吊低跨。当有多台起重机时,也可采取多跨(区)齐头并进的方法安装。

③跨间安装通常采用综合吊装法,即先吊装各列柱子及其柱间支撑,再吊吊车梁、制动梁(或桁架)及托梁(或托架),随吊随调整,然后再一个节间一个节间地依次吊装屋架、天窗架及其间水平、垂直支撑和屋面板等构件,随吊随调整固定,如此逐段逐节间进行,直至全部厂房结构安装完成。墙架、梯子、走台、拉杆和其他零星构件,可以与屋架屋面板等构件的安装平行作业。

2. 安装与矫正

①钢柱的安装与矫正。

a. 钢柱安装设备通常采用履带式起重机、轮胎式起重机、塔式起重机或桅杆式起重机。

b. 钢柱的绑扎、吊装与钢筋混凝土柱基本相同，采用单机旋转或滑行法起吊和就位。对重型钢柱可采用双机递送抬吊或三机抬吊、一机递送的方法吊装；对于很高和细长的钢柱，可采取分节吊装的方法，在下节柱及柱间支撑安装并校正后，再安装上节柱。

c. 钢柱柱脚固定方法一般有两种形式：一种是基础上预埋螺栓固定，底部设钢垫板找平，如图 10-25a 所示；另一种是插入杯口灌浆固定方式，如图 10-25b 所示。前者当钢柱吊至基础上部插锚固螺栓固定；后者采取灌浆，多用于一般厂房钢柱的固定。

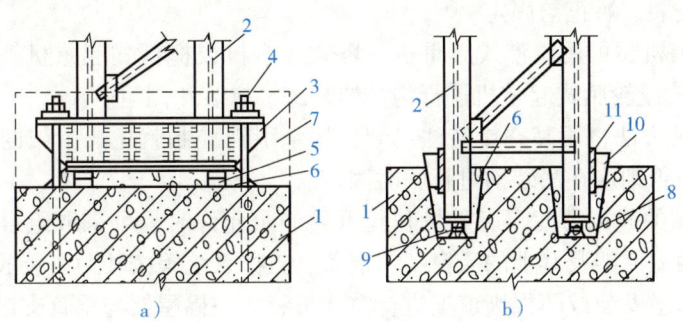

图 10-25 钢柱柱脚形式和安装固定方法
a) 用预埋地脚螺栓固定 b) 用杯口二次灌浆固定
1—柱基础 2—钢柱 3—钢柱脚 4—地脚螺栓 5—钢垫板 6—二次灌浆细石混凝土
7—柱脚外包混凝土 8—砂浆局部粗找平 9—焊于柱脚上的小钢套镦 10—钢楔 11—35mm 厚硬木垫板

② 吊车梁的安装、矫正与固定。

a. 钢柱吊装经最后固定后，方可吊装吊车梁。

b. 吊车梁安装一般采用与柱子吊装相同的起重机，用单机吊装。对 24m、36m 跨重型吊车梁，可采用双机抬吊方法。

c. 吊车梁一般采取分件安装方法，单机或双机吊装均采用双绳套两点对称绑扎，如图 10-26a、b 所示；当起重能力允许时，也可采取将吊车梁与制动梁（或桁架）及支撑等组成一个大部件进行整体安装，如图 10-26c 所示。

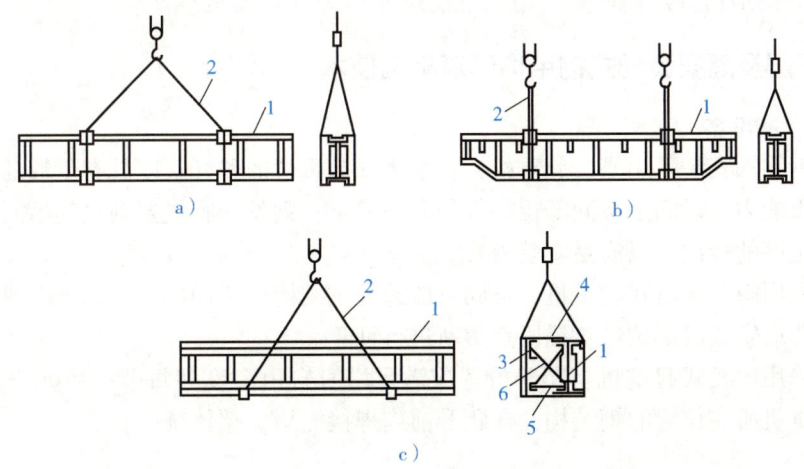

图 10-26 钢吊车梁的绑扎吊装
a) 单机起吊绑扎 b) 双机抬吊绑扎 c) 单机起吊组合绑扎吊装
1—钢吊车梁 2—吊索 3—侧面桁架 4—上平面桁架及走台 5—底面桁架 6—斜撑

d. 吊车梁可分区段进行校正或在全部吊车梁等安装完毕后进行总体一次校正。校正内容包括标高、垂直度、中心轴线和跨距。一般除标高外，应在屋盖安装完成并固定后进行，以免因屋架安装校正引起钢柱跨间移位，校正可用千斤顶、撬杠、钢楔、手拉葫芦、花篮螺栓等工具进行，方法与钢筋混凝土吊车梁的校正基本相同。当支承面出现空隙，应用楔形铁片塞紧，保证支承贴紧面不少于70%。

e. 吊车梁校正完后，将螺栓旋紧，支座与牛腿上垫板焊接固定。

③钢屋架的安装、矫正与固定。

a. 钢屋架安装机械可用履带式起重机、塔式起重机或桅杆式起重机等进行，另配1台120~150kN履带式或轮胎式起重机进行构件的装卸、拼装和倒运。

b. 钢屋架安装方法也用高空旋转法吊装，用牵引绳控制就位。屋架的绑扎点要保证屋架吊装的稳定性，否则应在吊装前进行临时固定。

c. 当吊装机械的起重高度、起重量和起重臂伸距允许时，可采取组合安装法，即在地面装配平台上将两榀屋架及其上的天窗架、檩条、支撑系统等按柱距拼装成整体，用横吊梁或多点吊索一次起吊安装或两榀天窗架进行整体吊装或一榀屋架与垂直支撑组合安装，以提高效率。

d. 钢屋架的临时固定方法是：第一榀屋架安装后，应用钢丝绳拉牢；第二榀屋架安装后，需用上下弦支撑与第一榀屋架连接，以形成空间结构刚性系统，以后安装屋架则绑水平脚手杆与已安装屋架联系保持稳定，屋架临时固定如需用临时螺栓，则每个节点穿入数量不少于安装孔数的1/3，且至少应穿入两个临时螺栓，冲钉穿入数量不宜多于临时螺栓的30%。

e. 当钢屋架与钢柱的翼缘连接时，应保证屋架连接板与柱翼缘接触紧密，否则应垫入垫板使其严密，如屋架的支承反力靠钢柱上的承托传递时，屋架端节点与承托板的接触要紧密，其接触面应不小于承压面积的70%，缝隙应用钢板垫塞密实。

f. 钢屋架的校正。垂直度可用挂线锤球检验；屋架的弯曲度检验可用拉紧测绳进行检验。

g. 钢屋架的最后固定用电焊（或高强度螺栓）焊（栓）固。

10.6.5 多层及高层装配式钢结构建筑施工技术

1. 吊装机械准备

①高层钢结构安装采用塔式起重机，要求塔式起重机的臂杆长度具有足够的覆盖面；具有足够的起重能力，以满足不同部位构件的起吊要求；钢丝绳容量要满足起吊高度要求；起吊速度要有足够的档次，以满足安装需要。

②如果采用附着式塔式起重机，锚固点应选择钢结构便于加固、有利于形成框架整体结构和有利于幕墙安装的部位，对锚固点重新进行计算。

③如果采用内爬式起重机，爬升位置应满足塔身自由高度和每节柱单元安装高度的要求。塔式起重机所在位置的钢结构，在爬升前应焊接完毕，整体统一。

2. 吊装法

多层及高层钢构件吊装常采用综合吊装和分件吊装两种方法。

3. 现场焊接

钢结构现场焊接主要是柱与柱、柱与梁、主梁与次梁、梁拼接、支撑、楼梯及支撑等的焊接。接头形式、焊缝等级由设计确定。

①多层及高层钢结构的现场焊接顺序，应按照力求减少焊接变形和降低焊接应力的原则加以确定。

a. 在平面上，从中心框架向四周扩展焊接。

b. 先焊收缩量大的焊缝，再焊收缩量小的焊缝。

c. 对称施焊。

d. 同一根梁的两端不能同时焊接（先焊一端，待其冷却后再焊另一端）。

e. 当节点或接头采用腹板栓接、翼缘焊接形式时，翼缘焊接宜在高强度螺栓终拧后进行。

②钢柱之间常用坡口电焊连接。主梁与钢柱的连接，一般为刚接；上、下翼缘用坡口电焊连接，而腹板用高强度螺栓连接。次梁与主梁的连接一般为铰接，基本上是在腹板处用高强度螺栓连接，只有少量再在上、下翼缘处用坡口电焊连接，如图10-27所示。

上节柱和梁经校正及固定后进行柱接头焊接。柱与梁的焊接顺序：先焊接顶部梁柱节点，再焊接底部梁柱节点，最后焊接中间部分梁柱节点。

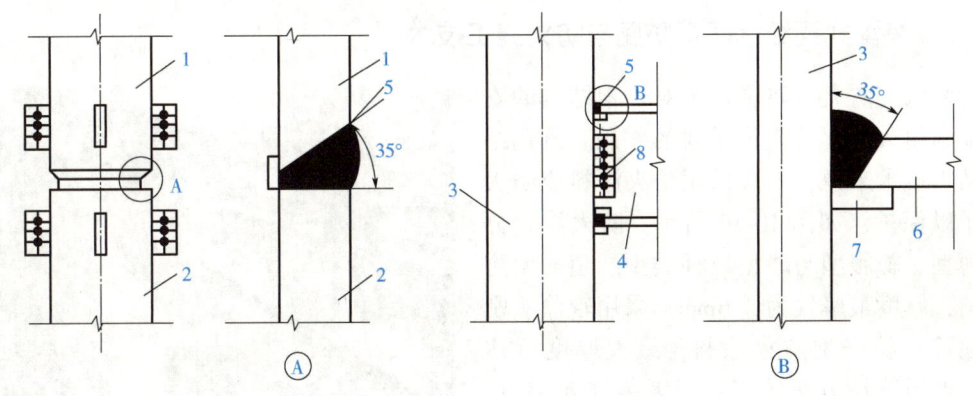

图10-27 上柱与下柱、柱与梁连接构造

1—上节钢柱；2—下节钢柱 3—框架梁 4—主梁 5—单坡焊缝 6—主梁上翼缘 7—钢垫板 8—高强度螺栓

③柱与柱接头焊接，宜在本层梁与柱连接完成之后进行。施焊时，应由两名焊工在相对称位置以相等速度同时施焊。

a. 单根箱形柱节点的焊接，由两名焊工对称、逆时针转圈施焊。起始焊点距柱棱角50mm，层间起焊点互相错开50mm以上，直至焊接完成，焊至转角处，放慢速度，保证焊缝饱满。焊接结束后，将柱连接耳板割除并打磨平整。

b. H型钢柱节点的焊接顺序如图10-28所示，先焊翼缘

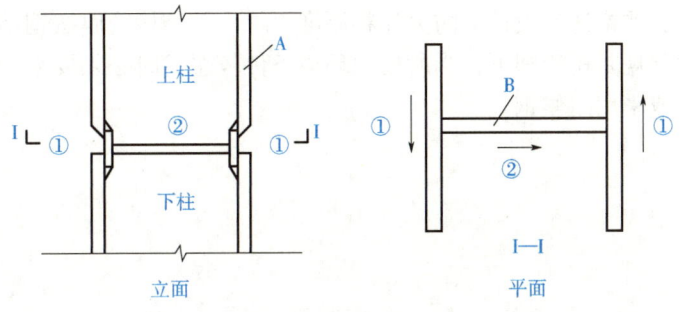

图10-28 H型钢柱节点的焊接顺序

注：A—翼缘板；B—腹板；①、②—焊接顺序；→—焊接走向。

板焊缝，再焊腹板焊缝。翼缘板焊接时两名焊工对称、反向焊接。

④梁、柱接头的焊接。应设长度大于3倍焊缝厚度的引弧板。引弧板的厚度应和焊缝厚度相适应，焊完后割去引弧板时应留5~10mm。梁、柱接头的焊缝，宜先焊梁的下翼缘板，再焊其上翼缘板，上、下翼缘板的焊接方向相反。同一层梁、柱接头焊接顺序如图10-29所示。

⑤对于板厚大于或等于25mm的焊缝接头，用多头烤枪进行焊前预热和焊后热处理，预热温度为60~150℃，后热温度为200~300℃，恒温1h。

⑥焊条电弧焊时，当风速大于5m/s（五级风）；气体保护焊时，当风速大于3m/s（二级风），均应采取防风措施方能施焊。雨天应停止焊接。

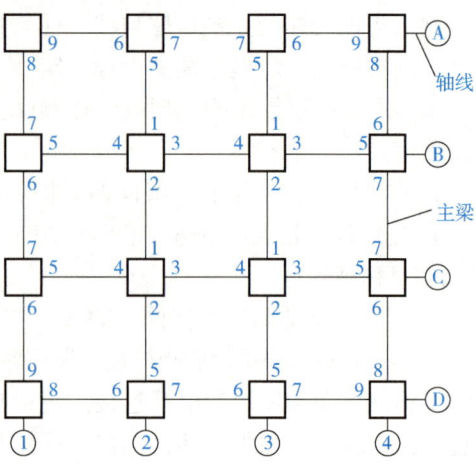

图10-29　同一层梁、柱接头焊接顺序

注：柱、梁焊接顺序：1→2→3→4→5→6→7→8→9。

10.6.6　装配式钢结构建筑防腐与防火施工技术

钢结构的防火与防腐技术对于钢结构的安全性能与耐久性起着极为重要的作用。就钢结构的防火技术来说，一般采用防火涂料或防火板材予以保护，如图10-30所示。防火涂料分为超薄型、膨胀型与厚型三种类型。超薄型防火涂料，厚度最厚仅为2.6mm，采用辊涂、刷涂或喷涂；膨胀型防火涂料，最大厚度可达7mm，采用喷涂方法施工；当无装饰要求时，可采用不带矿物纤维的非膨胀厚型无机防火涂料，最大厚度为50mm，采用涂抹或喷涂方法

图10-30　钢结构防火涂料喷涂

施工。对某些梁柱需要包裹的情况还可以应用防火板材包裹，达到保护目的。采用的各类防火涂料与材料必须得到消防部门指定的检测机构的认可，施工时必须按要求多道喷涂或涂刷，严格达到设计的防火涂料厚度要求。钢结构防腐按钢结构的使用要求而定，一般情况下用常规防锈漆即可，当所处的环境条件较恶劣时必须要采用性能优异的防腐涂料如富锌类涂料或采用耐候钢。

第 11 章 模板工程

11.1 模板结构类型

11.1.1 模板的基本功能和要求

模板的基本功能和要求见表 11-1。

表 11-1 模板的基本功能和要求

项目	内容
模板的基本功能	混凝土结构的模板工程，是混凝土构件成型的一个十分重要的组成部分。采用先进的模板技术，对于提高工程质量、加快施工速度、提高劳动生产率、降低工程成本和实现文明施工，都具有十分重要的意义。 模板及其支架必须符合下列规定： ①保证工程结构和构件各部分形状尺寸和相互位置的正确。 ②具有足够的强度、刚度和稳定性，能可靠地承受新浇筑的混凝土的重量和侧压力，以及在施工过程中所产生的荷载。 ③构造简单，装拆方便，并便于钢筋的绑扎与安装，符合混凝土的浇筑及养护等工艺要求。 ④模板接缝应严密，不得漏浆
模板材料的要求	模板结构使用的材料种类很多，常用的有木材和钢材，其他还有铝合金、竹（木）胶合板等。为了确保模板结构的质量和施工安全，对选用的模板结构材料必须满足以下要求： ①具有足够的强度，以保证模板结构具有足够的承载能力。 ②保证模板结构具有足够的刚度，确保在使用过程中结构的稳定性。 ③必须确保新浇筑混凝土的表面质量，能达到清水混凝土要求。 ④坚持因地制宜、就地取材的原则，做到支拆简便，周转次数多

每立方米混凝土的模板用量见表 11-2。

表 11-2 每立方米混凝土的模板用量

序号	工程类别	模板用量/m²
1	工业与民用建筑基础	1.8
2	工业与民用建筑上部结构	3~12
3	筒仓工程	6~9
4	冷却塔	10
5	大型设备基础	1.5~2.0
6	桥梁	1.5~2.0
7	市政工程排水沟	2.5
8	市政工程沉淀池	4.5~5.0

11.1.2 组合式结构模板

1. 组合钢模板

组合钢模板的部件主要由钢模板、连接件和支承件 3 部分组成。钢模板采用 Q325 钢材制成，钢板厚度 2.5 mm，对于≥400mm 宽面钢模板的钢板厚度应采用 2.75mm 或 3.0mm。

组合钢模板组装的连接，横向用 U 形卡连接，间距不大于 300mm，纵（竖）向用 L 形插销连接，转角处用阴角模板、阳角模板或连接角模，借 U 形卡拼接，组成需要形式截面，再用钩头螺栓、对拉螺栓、紧固螺栓、拉杆或板条式拉杆、蝶形等紧固整体，组合钢模板组装的结构示意图如图 11-1 所示。

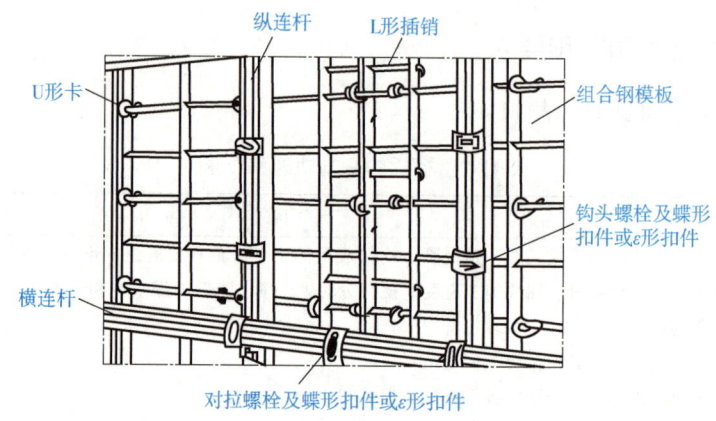

图 11-1 组合钢模板组装的结构示意图

钢模板施工组装质量标准见表 11-3。

表 11-3 钢模板施工组装质量标准

项目	允许偏差
两块模板之间的拼接缝隙	≤2.0mm
相邻模板面的高低差	≤2.0mm
组装模板板面平面度	≤2.0mm（用 2m 长平尺检查）
组装模板板面的长宽尺寸	最大为 ±4.0mm（≤长度和宽度的 1/1000）
组装模板两对角线长度差值	≤7.0mm（≤对角线长度的 1/1000）

2. 钢框胶合板模板

钢框胶合板模板，板面用 12mm 厚覆膜胶合板或高强胶合板。钢框结构有明框和暗框两种，明框的框边与板面齐平，暗框的边框位于板面之下，如图 11-2 所示。可加工成较大面积的模板，拼缝和连接件相应减少，装拆方便，效率高，保温隔热性能优良。但刚度和耐久性稍差；一次性投资高。钢框胶合板模板适用于各种现浇结构和预制构件模板，并能与组合模板混用。

胶合板的尺寸允许偏差见表 11-4。

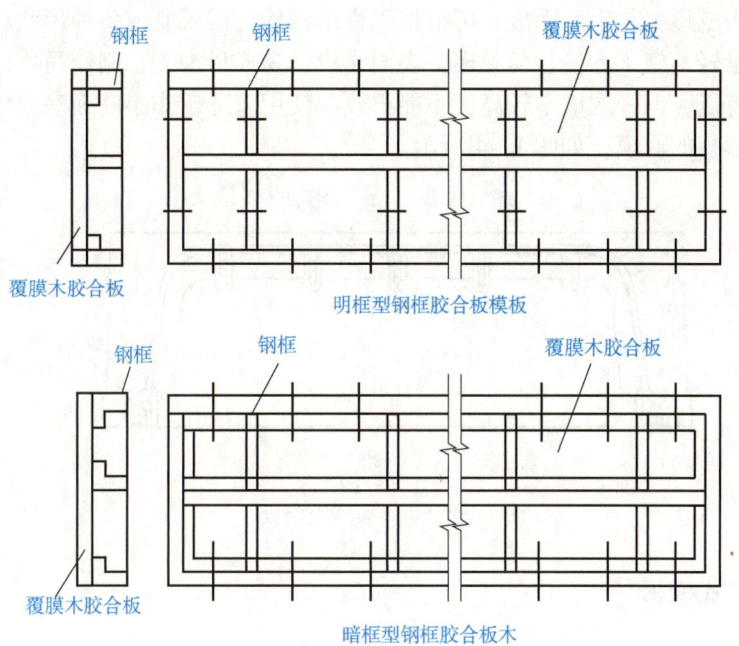

图 11-2 钢框胶合板模板

表 11-4 胶合板的尺寸允许偏差　　　　　　　　（单位：mm）

厚度				长度	宽度	对角线不大于
12	15	18	20			
±0.5	0.5 −0.7	0.5 −0.9	0.5 −1.1	±3.0	±3.0	4.0

3. 钢框竹胶合板模板

钢框竹胶合板模板是以竹胶合板为面板的钢框覆面模板，竹胶合板是以竹篾纵横交错纺织，用酚醛胶或脲醛胶做胶黏剂热压而成，其强度、刚度和硬度比木材高，吸水率低，不易变形，耐磨、耐冲击，使用寿命长，能多次周转使用，重量轻，加工方便，适用性强，可用于各种现浇结构和预制构件模板，并能与组合模板混用，如图 11-3 所示。

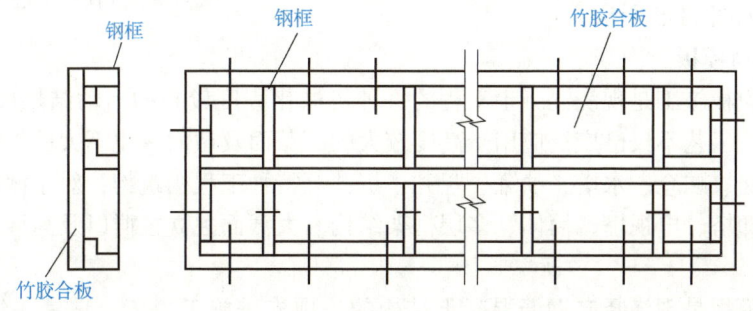

图 11-3 钢框竹胶合板模板

4. 玻璃钢模板

玻璃钢模板是采用低碱或中碱玻璃纤维布为原材料，不饱和聚酯树脂为胶黏剂，用阳模为模具，用手糊成形工艺生产而成，可根据工程结构构件需要制成各种形状和规格尺寸。这种模板具有重量轻，施工方便，易脱模，表面光滑，易成形加工，制作简单，强度高，可多次周转使用等特点，但一次成本较高，不能再改制使用。适于作小曲面率圆柱模板及密肋的模壳及预制槽形板的底模，如图 11-4 所示。

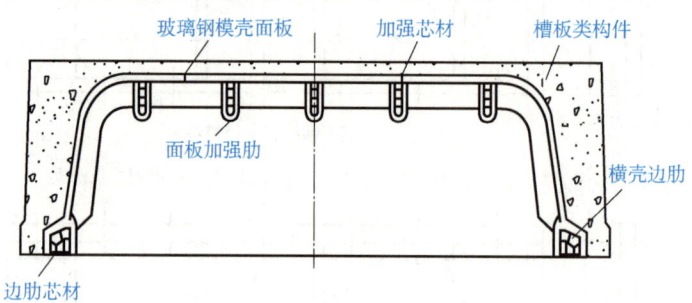

图 11-4　玻璃钢模板

11.1.3　工具式模板

1. 大模板

大模板施工是一种用大块工具式模板现浇混凝土墙体的工业化施工方法。模板尺寸大，构造拼装较为复杂；质量大，需用起重机械吊装。大模板是由面板、加劲肋、竖楞、支撑桁架稳定机构及附件组成，其尺寸与墙面积大体相同或为它的模数。面板材料多采用钢板、胶合板，也可采用玻璃面板。

大模板工程施工的特点是：以建筑物的开间、进深、层高为标准化的基础，以大模板为主要手段，以现浇混凝土墙体为主导工序，组织进行有节奏的均衡施工。采用这种施工方法，施工工艺简单，工程进度快，机械化施工程度高，劳动强度低，装修湿作业少，结构整体性和抗震性好，因此具有较好的技术经济效果。因此，也要求建筑和结构设计能做到标准化，以便模板能周转通用，大模板构造示意图如图 11-5 所示。

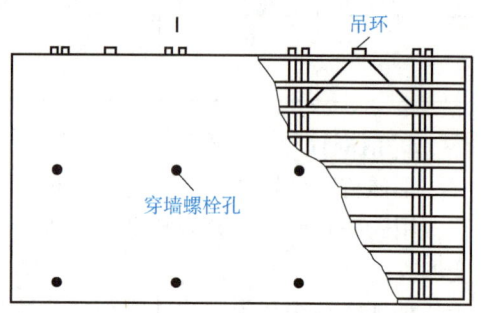

图 11-5　大模板构造示意图

2. 液压滑动模板

液压滑动模板施工是现浇混凝土工程的一种机械化程度较高的活动结构成型施工工艺。目前，这种施工工艺不仅已广泛应用于高度较大的等截面及截面变化不大的钢筋混凝土整体式结构，如烟囱、贮仓、水塔、油罐、竖井、沉井等特种工程构筑物；对于截面变化较大的构筑物，如冷却塔、电视塔、筒体、多层框架结构、大截面独立柱群以及高层建筑墙、板结构等也可应用。

液压滑动模板是现浇竖向钢筋混凝土结构的一项先进施工工艺。它是在建（构）筑物的基础上，按照平面图，沿结构周边一次装设高 1.2m 左右的一段模板，随着模板内不断浇筑混凝土和绑扎钢筋，不断提升模板来完成整个建（构）筑物的浇筑和成形。整个液压滑动模板是由模板结构系统（包括操作平台系统）和液压提升设备系统两大部分组成。

液压滑动模板的特点是：整个结构用一套液压滑动模板和提升设备完成；模板结构与操作平台一次组装，用多台小型千斤顶提升；滑升过程不用再支模、拆模、搭设脚手架和运输等工作；混凝土保持连续浇筑，施工速度快，可避免施工缝，可以节省大量模板。但是缺点就是一次性投资较大，液压滑动模板构造示意图如图 11-6 所示。

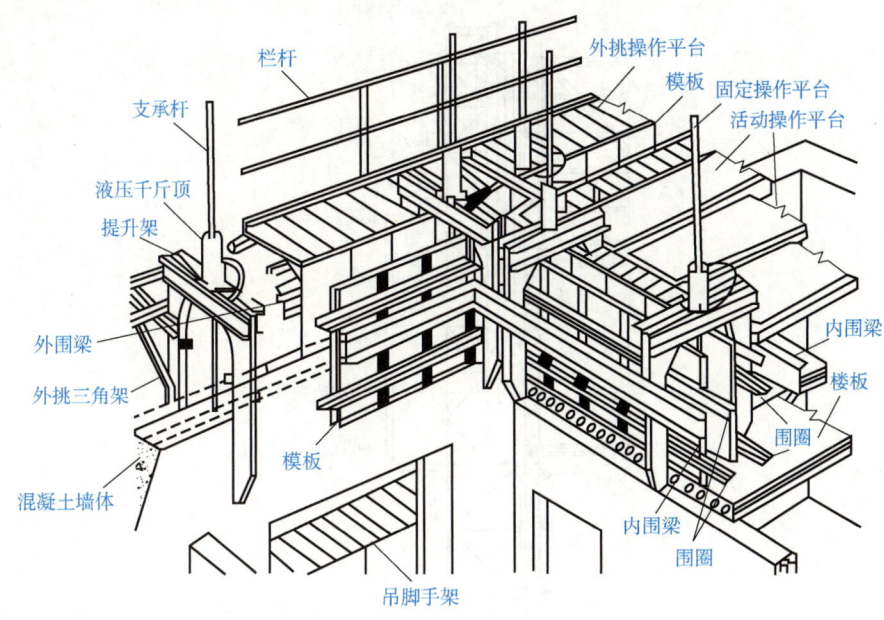

图 11-6 液压滑动模板构造示意图

3. 滑框倒模

①滑框倒模施工工艺的提升设备和模板装置与一般滑模基本相同，也由液压控制台、油路、千斤顶及支承杆和操作平台、围圈、提升架、模板等组成。

②模板不与围圈直接挂钩，模板与围圈之间增设竖向滑道，滑道固定于围圈内侧，可随围圈滑升。滑道的作用相当于模板支承系统，既可抵抗混凝土的侧压力，又能约束模板位移，且便于模板的安装。滑道的间距按模板的材质和厚度决定，一般为 300～400 mm；长度为 1.0～1.5m，可采用内径 25～40mm 的钢管制作。

③模板应选用活动轻便的复合面层胶合板或双面加涂玻璃钢树脂面层的中密度纤维板，以利于向滑道内插放和拆模倒模。

4. 爬升模板

爬升模板（即爬模）是一种适用于现浇钢筋混凝土竖向（或倾斜）结构的模板工艺，如墙体、电梯井、桥梁、塔柱等。爬模施工在我国主要用于高层建筑外墙外侧和电梯井筒内侧无楼板阻隔的现浇混凝土竖向结构，逐步形成多种爬模工艺，并发展形成整体爬模工艺。

爬升模板是综合大模板与滑动模板工艺和特点的一种模板工艺，具有大模板和滑动模板共同的优点。它与滑动模板一样，在结构施工阶段依附在建筑竖向结构上，随着结构施工而逐层上升，这样模板可以不占用施工场地，也不用其他垂直运输设备。另外，它装有操作脚手架，施工时有可靠的安全围护，故可不搭设外脚手架，特别适用于在较狭小的场地上建造多层或高层建筑。

它与大模板一样,是逐层分块安装的,故其垂直度和平整度易于调整和控制,可避免施工误差的积累,也不会出现墙面被拉裂的现象。但是,爬升模板的配制量要大于大模板,原因是其施工工艺无法实行分段流水施工,因此模板的周转率低,爬升模板构造示意图如图 11-7 所示。

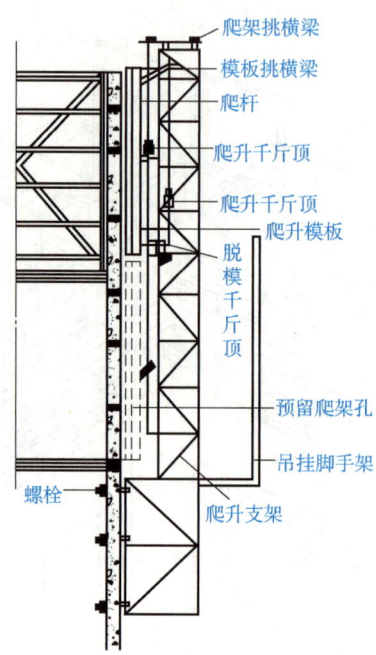

图 11-7　爬升模板的构造示意图

爬升模板组装允许偏差和检测方法见表 11-5。

表 11-5　爬升模板组装允许偏差和检测方法

序号	项目		允许偏差	检测方法
1	墙面预留穿墙螺栓孔位置		±5mm	钢尺检测
2	穿墙螺栓孔直径		±2mm	
3	爬升模板	标高	±5mm	与水平线钢尺检测
		垂直度	0.5% 或 0.1%	挂线坠

5. 飞（台）模板

飞模板是一种大型工具式模板,因其外形像桌子一样,故又称为台模板。由于它们可以借助起重机械从已浇筑完混凝土的楼板下吊运飞出转移到上层重复使用,故称飞模板。

飞（台）模板主要由平台板、支撑系统（包括梁、支架、支撑、支腿等）和其他配件（如升降和行走机构等）组成。适用于标准层多、柱网比较规则、层高变化不大的高层建筑和板柱及剪力墙结构体系使用,特别适用于柱帽尺寸一致的多层无梁楼盖使用。

飞（台）模板是一种预拼装整体式模板。它由组合钢模板组成一定尺寸的大面积平面模板,再与钢管支撑架组合成一个整体。模板之间用 U 形卡和 L 形插销连接,钢管支架用十字扣件和回转扣件连接,模板与钢管支架间用钩头螺栓连接。使用时,将每一楼层柱网楼板划分为若干张"台子"组成飞（台）模板，每一台模采取现场整体安装，整体拆除，再吊至上一楼层重复使用。

飞（台）模板具有重量轻，承载力高，支模工艺简化，组装拆卸方便，配件标准化，易制作，可预先组装，一次配板，可层层使用等特点；同时可节省大量脚手架搭设，提高工效，加速模板支设进度，降低成本；但需有塔式起重机配合运输、安装，相关构造如图 11-8 所示。

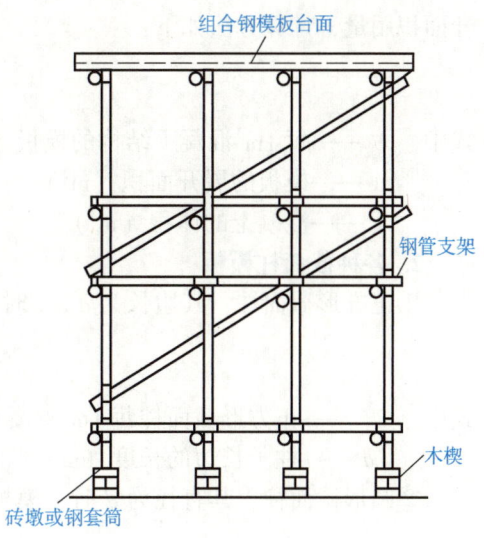

图 11-8 飞（台）模板示意图

11.1.4 永久性模板

1. 压型钢板模板

压型钢板模板，是采用镀锌或经防腐处理的 0.75~1.6mm 厚 Q235 薄钢板，经冷轧成具有梯波形截面的槽形钢板，多用于多层和高层钢结构工程的混凝土楼板作底模板，也可用于作混凝土结构的楼板模板。作为现浇混凝土楼板的底模板，一般市场有成品供应。其与混凝土楼板的组合，如图 11-9 所示。

2. 混凝土薄板模板

薄板模板在施工期间起永久性模板作用，可简化楼板模板支拆模工艺，减少支拆模工作量和劳动强度，节省大量模板材料和支拆模费用，加快施工进度。适用于作现浇混凝土楼板的模板，可与楼板现浇混凝土叠合组成共同受力构件压型钢板模板，如图 11-10 所示。

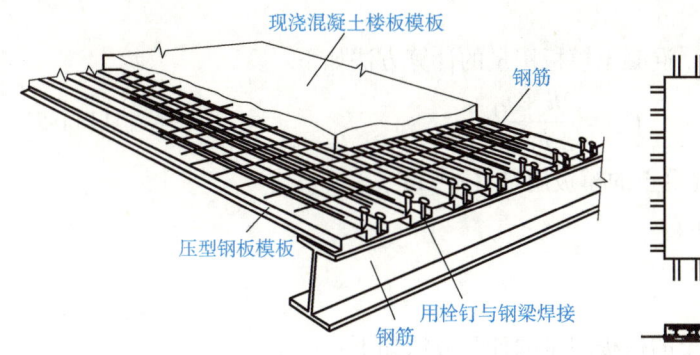

图 11-9 压型钢板模板构造示意图

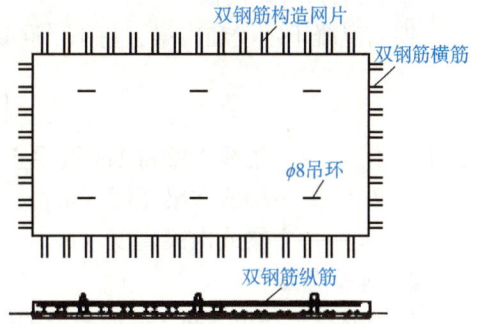

图 11-10 双钢筋混凝土薄板模板

11.2 模板工程相关计算

11.2.1 混凝土模板用量计算

1. 展开面积

在现浇钢筋混凝土结构施工中，常需估算模板的耗用量，即计算每 $1m^3$ 混凝土结构的展开面积用量，计算方法如下：

$$U = \frac{A}{V} \tag{11-1}$$

式中　U——每 $1m^3$ 混凝土结构的模板（展开面积）用量（m^2/m^3）；
　　　A——模板的展开面积（m^2）；
　　　V——混凝土的体积（m^3）。

2. 各种截面柱模板

①正方形截面柱，其边长为 $a \times a$ 时，模板用量的计算方法如下：

$$U_1 = \frac{4}{a} \tag{11-2}$$

式中　U_1——正方形截面柱每 $1m^3$ 混凝土的模板用量（m^2/m^3）；
　　　a——柱子长边的长度（m）。

②圆形截面柱，其直径为 d 时，模板用量的计算方法如下：

$$U_2 = \frac{4}{d} \tag{11-3}$$

式中　U_2——圆形截面柱每 $1m^3$ 混凝土的模板用量（m^2/m^3）；
　　　d——柱直径（m）。

③矩形截面柱，其边长为 $a \times b$ 时，模板用量的计算方法如下：

$$U_3 = \frac{2(a+b)}{ab} \tag{11-4}$$

式中　U_3——矩形截面柱每 $1m^3$ 混凝土的模板用量（m^2/m^3）；
　　　a——柱子长边的长度；
　　　b——柱子短边的长度（m）。

3. 主梁和次梁模板

钢筋混凝土主梁和次梁，每 $1m^3$ 混凝土模板用量的计算方法如下：

$$U_4 = \frac{2h+b_1}{b_1 h} \tag{11-5}$$

式中　U_4——主梁或次梁每 $1m^3$ 混凝土的模板用量（m^2/m^3）；
　　　b_1——主梁或次梁宽度（m）；
　　　h——主梁或次梁高度（m）。

4. 楼板模板

钢筋混凝土楼板，每 $1m^3$ 混凝土的模板用量的计算方法如下：

$$U_5 = \frac{1}{d_1} \tag{11-6}$$

式中　U_5——楼板每 $1m^3$ 混凝土的模板用量（m^2/m^3）；
　　　d_1——楼板的厚度（m）。

5. 墙模板

混凝土或钢筋混凝土墙，每 $1m^3$ 混凝土的模板用量的计算方法如下：

$$U_6 = \frac{2}{d_2} \tag{11-7}$$

式中　U_6——墙每 $1m^3$ 混凝土的模板用量（m^2/m^3）；

d_2——墙的厚度（m）。

11.2.2 模板承受侧压力计算

1. 最大侧压力

混凝土作用于模板的侧压力，一般随混凝土的浇筑高度而增加，当浇筑高度达到某一临界值时，侧压力就不再增加，此时的侧压力即为新浇筑混凝土的最大侧压力，采用插入式振动器且浇筑速度不大于 10m/h、混凝土坍落度不大于 180mm 时，新浇筑混凝土对模板的侧压力标准值可按照式（11-8）、式（11-9）计算，并取两个式子中的较小值：

$$F = 0.28\gamma_c t_0 \beta V^{\frac{1}{2}} \quad (11\text{-}8)$$

$$F = \gamma_c H \quad (11\text{-}9)$$

式中　F——新浇筑混凝土作用于模板的最大侧压力标准值（kN/m²）；

　　　γ_c——混凝土的重力密度（kN/m³）；

　　　t_0——新浇筑混凝土的初凝时间（h），可按实测确定；当缺乏试验资料时，可采用 $t_0 = 200/(T+15)$ 计算；

　　　T——混凝土的温度（℃）；

　　　V——浇筑速度，取混凝土浇筑高度（厚度）与浇筑时间的比值（m/h）；

　　　H——混凝土侧压力计算位置至新浇筑混凝土顶面的总高度（m）；

　　　β——混凝土坍落度影响修正系数；当坍落度大于 50mm 且不大于 90mm 时，β 取 0.85；坍落度大于 90mm 且不大于 130mm 时，β 取 0.9；坍落度大于 130mm 且不大于 180mm 时，β 取 1.0。

2. 有效压力高度

混凝土侧压力的计算分布图如图 11-11 所示。
相关计算式如下：

$$h = \frac{F}{\gamma_c} \quad (11\text{-}10)$$

式中符号意义同前。

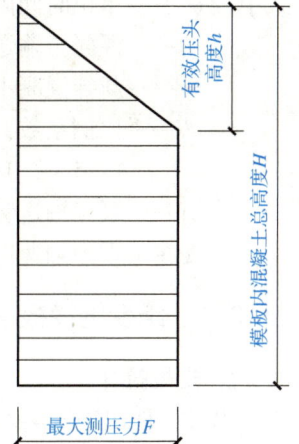

图 11-11　混凝土侧压力的计算分布图

11.2.3 作用在水平模板上的冲击荷载计算

浇筑混凝土时，作用在水平模板上的冲击荷载有机动翻斗车刹车时的水平力、混凝土吊斗卸料时的冲击力和泵送混凝土出料时的冲击力等。

1. 机动翻斗车刹车时的水平力

当用机动翻斗车浇筑楼板混凝土时，模板及其支撑系统应能承受作用在模板上的水平力。如有多辆翻斗车同时刹车，应考虑总推力的作用，混凝土机动翻斗车急刹车时产生的水平力 F（kN）的计算公式如下：

$$F = Ma = \frac{Wa}{g} \quad (11\text{-}11)$$

式中　M——负载翻斗车的重量，$M = \frac{W}{g}$；

　　　W——负载翻斗车的重力（kN）；

g——重力加速度（m/s^2），取 $g = 9.8 m/s^2$；

a——翻斗车平均加速度或减速度（m/s^2）。

2. 混凝土吊斗卸料时的冲击力

混凝土浇灌采用吊斗卸料时，混凝土碰到模板或其上的混凝土料堆而突然降低速度所产生的附加压力 F（kN），有时是相当大的，其相关计算方法如下：

$$F = \frac{W\sqrt{2gh}}{Tg} \tag{11-12}$$

式中　W——吊斗中原有混凝土自重（kN）；

　　　h——卸料高度（m）；

　　　g——重力加速度（m/s^2），取 $g = 9.8 m/s^2$；

　　　T——混凝土均速卸料时卸空吊斗所需的时间（s）。

由上式可知，F 取决于吊斗内混凝土的原有重量、吊斗内混凝土上表面到模板的垂直距离及卸空吊斗所需时间。该力与卸空吊斗的速度成正比，并与卸料高度的平方根成正比。由此可知，如需减小冲击力，减慢卸料速度比减小卸料高度更为有效。

3. 泵送混凝土出料时的冲击力

泵送混凝土是用混凝土泵通过输送管道将拌合物的混凝土压送到浇筑部位，因混凝土在输送管出口处具有初速度，故泵送混凝土在浇灌过程中对水平模板的冲击荷载比传统浇筑法大。其对水平模板的最大冲击力 F_{tmax}（kN）一般可按下式计算：

$$F_{tmax} = \frac{\gamma}{g} b\overline{Q}\left(\frac{\overline{Q}}{A} + 2\sqrt{gh}\right) \tag{11-13}$$

式中　$\overline{Q}$——单位时间内平均泵送混凝土量（m^3/h）；

　　　h——混凝土输送管出料口距模板面的垂直高度（mm）；

　　　γ——新拌混凝土的重力密度（kN/m^3）；

　　　b——比例系数，与混凝土泵的构造与工作效率有关，对柱塞式与隔膜式泵，$b = 1.25 \sim 2.0$；对软管挤压式泵，$b = 1.2 \sim 1.5$；

　　　A——泵车输送管的横截面面积（mm^2）；

　　　g——重力加速度（m/s^2）。

11.2.4　组合钢模板连接件及支承件计算

1. 模板拉杆

模板拉杆用于连接内、外两组模板，保持内、外模板的间距，承受混凝土侧压力对模板的荷载，使模板有足够的刚度和强度。拉杆形式多采用圆杆式（通称对拉螺栓或穿墙螺栓），分组合式和整体式两种，如图 11-12 所示。

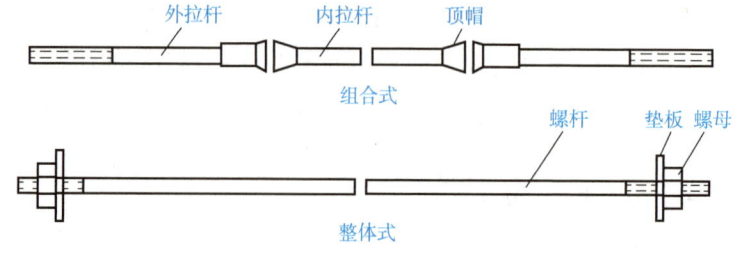

图 11-12　对拉形式

模板拉杆的拉力计算公式如下：

$$P = FA \tag{11-14}$$

式中　P——模板拉杆承受的拉力（N）；
　　　F——混凝土的侧压力（N/m²）；
　　　A——模板拉杆分担的受荷面积（m²），其值为 $A = ab$，其中 a 是模板拉杆的横向间距（m），b 是模板拉杆的纵向间距（m）。

2. 钢管支撑

钢管支撑可按两端铰接的轴心受压构件进行计算，在插管拉伸至最大使用长度时，钢管支撑的受力情况最不利，钢管支撑相关受压稳定的计算公式如下：

$$[N] = \varphi A_2 f \tag{11-15}$$

式中　$[N]$——钢管支撑的容许荷载（N）；
　　　φ——轴心受压构件的稳定系数；
　　　A_2——套管截面面积（mm²）；
　　　f——钢材承压强度设计值，取 215N/mm²。

11.2.5　现浇混凝土模板简易计算

1. 梁模板简易计算

①梁木模板。梁木模板的底板多支承在顶撑或楞木上（顶撑或楞木的间距为 1.0m 左右），一般按连续梁计算，底模上所受荷载按均布荷载考虑，底板按强度和刚度计算厚度，相关构造图如图 11-13 所示，相关计算如下：

$$M = \frac{1}{10}q_1 l^2 = [f_m] \times \frac{1}{6}b_1 h^2 \tag{11-16}$$

式中　M——计算最大弯矩；
　　　$[f_m]$——木材抗弯强度设计值，采用松木模板时取 13N/mm²；
　　　q_1——作用在梁底模板上的均布荷载；
　　　l——计算跨度，对底板为顶撑间距；
　　　h——底板厚度；
　　　b_1——梁底板宽度。

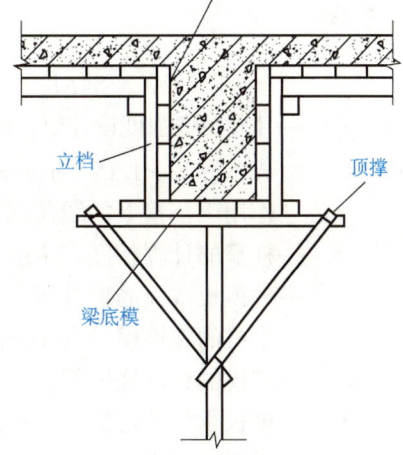

图 11-13　梁木底模

②组合钢模板。梁模采用组合钢模板时，多用钢管脚手支模，由梁模板、小楞、大楞和立柱组成，如图 11-14 所示，梁底模按简支梁计算，按强度和刚度的要求，允许的跨度计算如下：

$$M = \frac{1}{8}q_1 l^2 \tag{11-17}$$

$$l = 41.5\sqrt{\frac{W}{q_1}} \tag{11-18}$$

式中　M——计算最大弯矩（N·mm）；

q_1——作用在梁底模上的均布荷载（N/mm）；

l——计算跨距，对底板为顶撑立柱纵向间距（mm）；

W——钢管截面抵抗矩（N·mm）。

2. 柱模板简易计算

柱模板的一般构造如图 11-15 所示，柱模板主要承受混凝土的侧压力和倾倒混凝土的振动荷载，荷载计算与梁的侧模板相同。浇筑混凝土时倾倒混凝土的振动荷载按 2kPa 采用。

模板按简支梁考虑，模板承受的弯矩、需要的截面惯性矩、挠度控制值计算如下：

弯矩：

$$M = \frac{1}{8}ql^2 \qquad (11-19)$$

截面抵抗矩：

$$W = \frac{M}{f_m} \qquad (11-20)$$

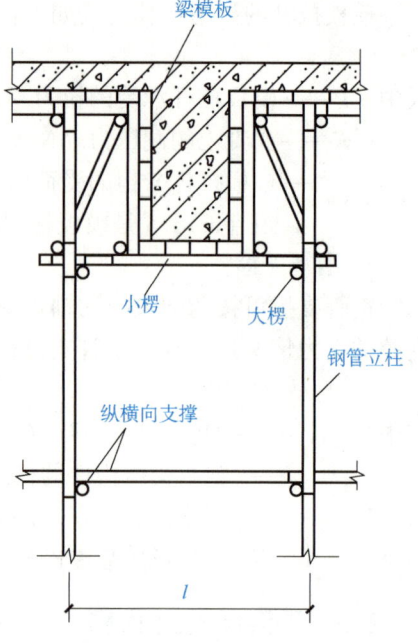

图 11-14　组合钢模板

挠度：

$$\omega_A = \frac{5l^4}{384EI} \qquad (11-21)$$

式中　f_m——木材抗弯强度设计值，可提高 15%，采用松木取 $13 \times 1.15 \text{N/mm}^2 = 14.95 \text{N/mm}^2$；

q——作用于柱箍上的线荷载（N/mm）；

l——柱箍的计算长度（mm）；

I——柱模板截面的惯性矩（mm）；

E——木材的弹性模量（N/mm²）；

$[\omega]$——柱模的允许挠度值；

M——模板承受的弯矩（N·mm）；

W——模板的截面抵抗矩（mm³）；

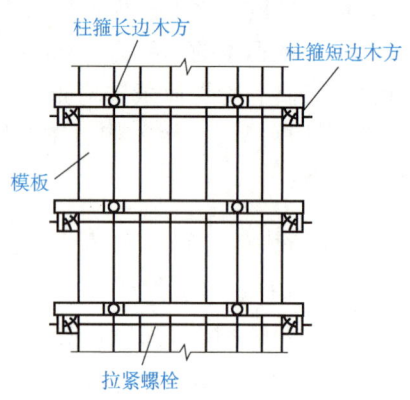

图 11-15　柱模板的一般构造

ω_A——模板的挠度（N·mm）。

3. 墙模板简易计算

墙模板构件包括模板（钢模或木模）、内楞（钢或木）、外楞（钢或木）及对拉螺栓等。当墙侧采用木模板时，支承在内楞上一般按三跨连续梁计算，按强度和刚度要求，弯矩和容许的跨度按下式计算：

$$M = \frac{1}{10}q_1 l^2 = [f_m] \times \frac{1}{6}bh^2 \qquad (11-22)$$

$$l = 4.65\sqrt{\frac{b}{q_1}} \qquad (11-23)$$

式中　M——计算最大弯矩（N·mm）；

$[f_m]$——木材抗弯强度设计值，采用松木模板取 13N/mm²；

q_1——作用在梁底模板上的均布荷载（N/mm）；
l——计算跨度（mm）；
h——侧板厚度（mm）；
b——侧板宽度（mm）。

11.2.6 竹、木散装散拆胶合板模板计算

现浇混凝土结构支模，多采用竹、木散装散拆胶合板模板，使用门式钢管脚手架支承系统。其优点是：模板结构简单，板幅大，重量轻，板面平整，装拆方便、快速，周转率高，费用较低。

按抗弯强度要求相关计算公式如下：

$$\sigma = \frac{M}{W} \leqslant f_d \tag{11-24}$$

式中 σ——楼板模板、梁底模板、侧模板等所承受的弯曲应力（N/mm²）；
M——以上各项所承受的弯矩（N·mm）；
W——以上各项的截面抵抗矩，取1m宽的板带为计算单元；
f_d——以上各项的弯矩设计强度值。

按抗剪强度要求相关计算公式如下：

$$\tau = \frac{3V}{2bh} \leqslant f_v \tag{11-25}$$

式中 τ——以上各项承受的剪应力（N）；
b——以上各项的计算宽度（mm）；
h——以上各项的计算高度（mm）；
V——以上各项承受的剪力（N）；
f_v——以上各项的抗剪强度设计值（N/mm²）。

11.2.7 模板构件临界长度的计算

梁按弯矩与剪力的临界长度：$l/h = 13.0$，其中 h 代表的是梁截面的高度。当 $l/h = 13.0$ 时，梁的抗弯与抗剪是等强的；当 $l/h < 13.0$ 时，抗剪控制；当 $l/h > 13.0$ 时，抗弯控制。

梁按弯矩与挠度的临界长度：$l/h = 13.5$，其中 h 代表的是梁截面的高度。当 $l/h < 13.5$ 时，抗弯控制；当 $l/h > 13.5$ 时，挠度控制。

梁按剪力与挠度的临界长度：$l/h = 13.3$，其中 h 代表的是梁截面的高度。当 $l/h < 13.3$ 时，抗剪控制；当 $l/h > 13.3$ 时，挠度控制。

11.2.8 压型钢模板计算

在高（多）层钢结构或钢-混凝土结构中，楼层多采用组合楼板，它是用压型钢板与混凝土通过各种不同的剪力连接形式组合在一起。压型钢板用作组合楼板（楼盖）施工中的模板，具有良好的结构受力性能，可部分或全部地起到组合楼板中的受拉钢筋作用，并可用作永久性模板，施工中不需设满堂支撑，且无支模和拆模工序，可有效地加快施工进度等优点，其模板抗弯承载力计算公式如下：

$$M \leq fW_s \quad (11\text{-}26)$$

式中 M——施工阶段弯矩设计值（N/mm²）；
  f——压型钢板抗拉抗压强度设计值（N/mm²）；
  W_s——压型钢板截面抵抗矩（mm⁴）。

11.2.9 现浇混凝土墙大模板计算

在高层民用建筑剪力墙结构体系中，常采用大模板作为现浇混凝土墙的侧模。一般是一片墙用一块或两块大钢模板成型，由5mm厚钢面板、槽钢或角钢横肋、小扁钢或型钢小纵肋、两根槽钢组合的大纵肋和穿墙螺栓等组成。

其中，钢面板的正应力 σ 计算公式如下：

$$\sigma = \frac{M_{\max}}{W} \leq f \quad (11\text{-}27)$$

式中 $M_{\max}$——由计算或查表求得的横肋最大弯矩值；
  W——板的截面抵抗矩；
  f——压型钢板抗拉抗压强度设计值（N/mm²）。

11.2.10 大模板稳定性简易分析与计算

大模板的稳定性主要取决于模板的自稳角。为保证支架的稳定性，不致使其向右边倾覆，以及为了保证模板在风载作用下不致向左边倾覆，就应使模板面板与垂直方向的夹角控制在一个合适的范围内，这个角度就称为大模板的自稳角，其相关稳定性的计算公式如下：

$$\alpha = \arcsin\left(\frac{-q \pm \sqrt{q^2 + 4\omega^2}}{2\omega}\right) \quad (11\text{-}28)$$

式中 α——自稳角，即大模板与垂直方向的夹角（°）；
  q——模板单位面积自重设计值（kN/m²），由模板单位面积自重乘以荷载分项系数0.9计算所得；
  ω——风荷载设计值（kN/m²）。

11.2.11 液压滑动模板计算

液压滑动模板设施主要由围板、围圈、提升架、千斤顶、操作平台和支承杆等组成，如图11-16所示。

液压滑动模板一般多用钢模板。也可用木或钢木制成。钢模板的宽度一般为200~500mm，高度可根据混凝土达到出模强度所需时间和模板滑升速度用下式计算：

$$H = Tv \quad (11\text{-}29)$$

式中 H——模板高度（m）；
  T——混凝土达到滑升强度所需的时间（h）；
  v——模板的滑升速度（m/h）；

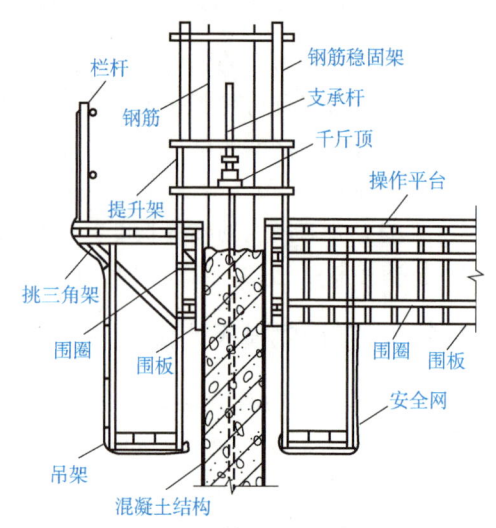

图11-16 液压滑动模板构造图

模板侧压力的合力计算公式如下：

$$P = \frac{3}{4}Fh \quad (11\text{-}30)$$

式中　P——侧压力合力（kN/m）；
　　　F——混凝土侧压力计算最大值（kN/m²）；
　　　h——新浇筑混凝土侧压力的作用高度（一般取 $0.65H$，低温时取 $0.70H$）（m）。

11.2.12　高精度地脚螺栓固定架计算

设备基础地脚螺栓的埋设，国内最为普遍应用的是采用固定架固定的方法，它的布置与设计属于模板设计的一部分，施工前要根据螺栓固定架的布置较精确地进行设计和计算。

固定架多采用双角钢或槽钢制成，承受螺栓和操作的集中荷载。根据固定螺栓数量和位置，其强度按下式验算：

$$\sigma = \frac{M_{\max}}{W_n} \leqslant f \quad (11\text{-}31)$$

式中　$M_{\max}$——作用于固定框的最大弯矩；
　　　W_n——固定框的截面抵抗矩；
　　　σ——固定框承受的弯应力；
　　　f——钢材的抗拉、抗压、抗弯强度设计值，取 $f=215\text{N/mm}^2$。

11.2.13　预埋件埋设简易计算

在工业与民用建筑及临时工程中，广泛地应用预埋件作为钢筋混凝土结构的连接件或支承件。预埋件的计算，通常应用"剪力-摩擦"理论，假定如下：

①预埋件承受剪力时，由垂直于受剪面的锚筋阻止其变位，因混凝土无法对钢筋施加剪力，全靠最前面一段混凝土将锚筋握裹住，因而使锚筋实际在受拉状态下工作。

②受剪面不论采用哪种粘结形式，受剪钢筋的锚固长度大于或等于 10 倍锚筋直径时，即可充分发挥其作用，它的强度可认为已经达到屈服点，预埋件被破坏之前，剪切面先开裂，使锚筋受拉，剪切面将产生摩阻力来承担剪力，抗剪能力是由剪切面的摩擦所决定的。其极限抗剪力可用下式计算：

$$V = \mu_0 A_s \sigma_T \quad (11\text{-}32)$$

式中　V——锚筋的极限抗剪力（kN）；
　　　μ_0——相当于摩擦系数，随剪切面的粘结形式而变化，越粗糙，μ_0 值越大；
　　　A_s——受剪钢筋的截面面积（mm²）；
　　　σ_T——钢筋的极限屈服强度（kN/mm²）。

11.3　现场加工、拼装模板

11.3.1　木模板

木模板的选材及优缺点见表 11-6。

表 11-6　木模板的选材及优缺点

项目	内容
选材	现阶段木模板主要用于异型构件。木模板选用的木材品种，应根据它的构造及工程所在地区来确定，多数采用红松、白松、杉木
优点	①制作拼装随意，尤其适用于浇筑外形复杂、数量不多的混凝土结构或构件 ②木材导热系数低，混凝土冬期施工时，木模板具有保温作用
缺点	木材消耗量大，重复利用率低

木模板施工使用要求见表11-7。

表 11-7　木模板施工使用要求

项目	内容
木模板施工使用要求	①木模板的配置应以节约为原则，并考虑可持续使用，提高周转使用率 ②定制模板尺寸时，要考虑模板拼装结合的需要，根据实际情况适当加长或缩短模板的长度 ③拼装模板时，板边要刨平刨直，接缝严密，不漏浆。不得将木料上有节疤、缺口等疵病的部位与混凝土面直接接触，应放在反面或截去 ④木模板厚度：侧模一般采用20～30mm厚，底模一般采用40～50mm厚 ⑤直接与混凝土接触的木模板（侧模）宽度不宜大于200mm；梁和拱的底板木模板宽度不加限制 ⑥钉子长度应为木板厚度的2～2.5倍，每块木板与木档相叠处至少钉2个钉子 ⑦配制好的模板应在反面编号并写明规格，分类堆放保管，以免错用。备用模板要加以遮盖保护，以免变形

木模板允许荷载见表11-8。

表 11-8　木模板允许荷载　　　　　　　　　　　　　　　（单位：N/m²）

板厚/mm	支点间距/mm									
	400	450	500	550	600	700	800	900	1000	1200
20	4000	3000	2500	2000						
25	6000	5000	4000	3000	2500	2000				
30	9000	7000	5500	4500	4000	3000	2000			
40	15000	12000	10000	8000	7000	5000	4000	3000	2500	
50				15000	13000	10000	8000	6000	5000	4000	2500

11.3.2　土模

土模是指在基础或垫层施工时利用地槽的土壁作为模板。主要适用于地下连续墙、桩、承台、地基梁、逆作施工楼板。采用土模可以提高工效，保证质量，并能节约大量木材。

土模施工分现浇式和预制式两种。现浇式是指在地基上浇筑拱桥及建筑物基础。预制式又可分为地下式（即按构件的外形挖地槽浇筑）、半地下式和地上式3种。

土模施工时需要注意以下几点：

①一般土模选用黏土较为适宜，不能用淤泥或砂土，含水量宜控制在20%～24%，且应严格控制地下水位，如果含水率大，土质稀软易变形；如果含水率低，土模容易剥落难密实。

②土模要有一定的密实度，一般在80%左右，具体数据根据试验来定。

11.3.3 胶合板模板

1. 木胶合板模板

木胶合板是一组单板（薄木片）按相邻层木纹方向相互垂直组坯相互胶合成的板材。其表板和内层板对称配置在中心层或板芯的两层。混凝土模板用的木胶合板属于具有高耐气候性、耐水性的Ⅰ类胶合板，胶黏剂为酚醛树脂胶或性能相当的树脂。木胶合板模板的构造图如图11-17所示。

模板用木胶合板的幅面尺寸，一般宽度为1200mm左右，长度为2400mm左右，厚度为12~18mm。

木胶合板模板的特点见表11-9。

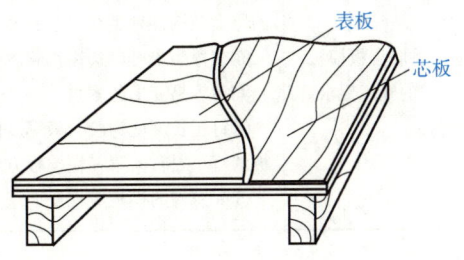

图11-17 木胶合板模板的构造图

表11-9 木胶合板模板的特点

项目	内容
木胶合板模板的特点	板幅大，板面平整。既可减少安装工作量，节省现场人工费用，又可减少混凝土外露表面的装饰及磨棱接缝的费用
	承载能力大，特别是经表面处理后耐磨性好，能多次重复使用
	材质轻，厚18mm的木胶板，单位面积质量为50kg，模板的运输、堆放、使用和管理等都较为方便
	保温性能好，能防止温度变化过快，冬期施工有助于混凝土的保温
	锯截方便，易加工成各种形状的模板
	便于按工程的需要弯曲成型，用作曲面模板

2. 竹胶合板模板

混凝土模板用的竹胶合板，其面板与芯板做法不同。芯板通常为竹帘单板，做法是将竹子内肉部分劈成竹条，宽度为14~17mm，厚度为3~5mm，在软化池中进行高温软化处理后，作烤青、烤黄、去竹衣及干燥等进一步处理，如图11-18所示。

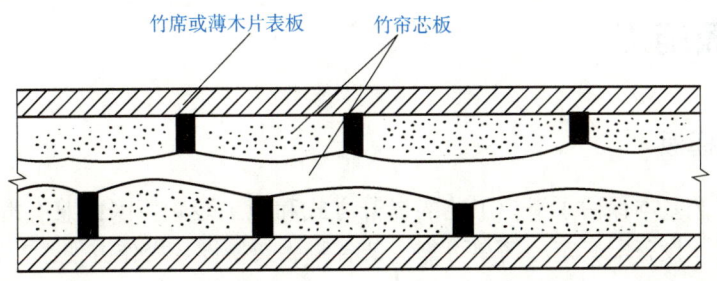

图11-18 竹胶合板模板构造示意图

竹胶合板模板的施工要求见表11-10。

表 11-10　竹胶合板模板的施工要求

项目	内容
竹胶合板模板的施工要求	①应整张直接使用，尽量减少随意锯截，以免造成胶合板浪费 ②木胶合板厚度一般为 12mm 或 18mm，竹胶合板厚度一般为 12mm，内、外楞的间距可随胶合板的厚度及构件种类和尺寸，通过设计计算进行调整 ③支撑系统可以选用钢管脚手架，也可以采用木材。采用木支撑时，不得选用脆性、严重扭曲和受潮后容易变形的木材 ④钉子长度应为胶合板厚度的 1.5~2.5 倍，每块胶合板与木楞相叠处至少钉两个钉子。第二块板的钉子要转向第一块模板方向斜钉，使拼缝严密 ⑤配制好的模板应在反面编号并写明规格，分别堆放保管，以免错用

11.3.4　塑料模板

塑料模板是指适用于一些异型、不规则构件以及现场加工有困难的模板，只进行现场拼装的模板。塑料模板是一种节能的绿色环保产品，在使用上"以塑代木""以塑代钢"是节能环保的发展趋势。

塑料模板的施工使用要求见表 11-11。

表 11-11　塑料模板的施工使用要求

项目	内容
塑料模板的施工使用要求	①施工前，应根据设计图要求，按施工流水段做好材料、工具的准备工作，配好模板，按尺寸裁割（考虑 2mm 的加工余量） ②因塑料模板尺寸特别准确，厚度没有太多偏差，补边用的多层板或其他材料应确保厚度与其一致，拼缝不错台 ③清理时应注意清理侧边，以免粘附杂质，导致拼缝不严 ④次龙骨木方一定要过刨，使其表面平整，以保证表面铺设的平整度 ⑤因模板材质为塑料，不得直接在板面进行电气焊施工，以免烧坏模板 ⑥模板边设有钉子眼，钉钉时，只能从眼内下钉，不得随意下钉 ⑦塑料模板在现场搬运时要轻拿轻放，不得乱砸乱摔。堆放时要码放整齐 ⑧拆模时，注意不得用铁件翘边，避免砸坏模角。要轻拆轻放，分类码放，专模专用，提高周转次数

11.4　模板施工

11.4.1　滑动模板

滑框倒模工艺基本保留了滑模工艺的提升方式和施工装置，因此兼有滑模施工的优点，如施工连续快速，设备配套定型简单可靠，节省脚手架搭设，操作方便，改善施工条件等。

这种工艺主要由钢骨架支承系统、模板和液压提升系统三部分组成。钢骨架支承系统包括滑道、围圈、支托、提升架、爬杆、操作平台和吊架等。液压提升系统包括液压千斤顶、电动油泵、液压控制装置和输油管等。

模板不与围圈直接挂钩，模板与围圈之间增设竖向滑道，滑道固定于围圈内侧，可随围圈滑升。滑道的作用相当于模板的支承系统，既能抵抗混凝土的侧压力，又可约束模板位移，且便于模板的安装。滑道的间距按模板的材质和厚度决定，一般为300~400mm；长度为1~1.5m，可采用外径30mm左右的钢管。

滑框倒模以千斤顶为提升机具，在液压控制装置的控制下所有千斤顶沿着爬杆同步向上爬升，从而带动提升架、操作平台、滑道上升，而模板则留在原地，当上升一个施工高度时(40cm)，再将上部模板插入滑道内。

模板在施工时与混凝土之间不产生滑动，而与滑道之间相对滑动，即只滑框，不滑模。当滑道随围圈滑升时，模板附着于新浇筑的混凝土表面留在原位，待滑道滑升一层模板高度后，即可拆除最下一层模板，清理后，倒至上层使用。模板的高度与混凝土的浇筑层厚度相同，一般为500mm左右，可配置3层或4层。模板的宽度，在插放方便的前提下，尽可能加大，以减少竖向接缝，滑框倒模示意图如图11-19所示。

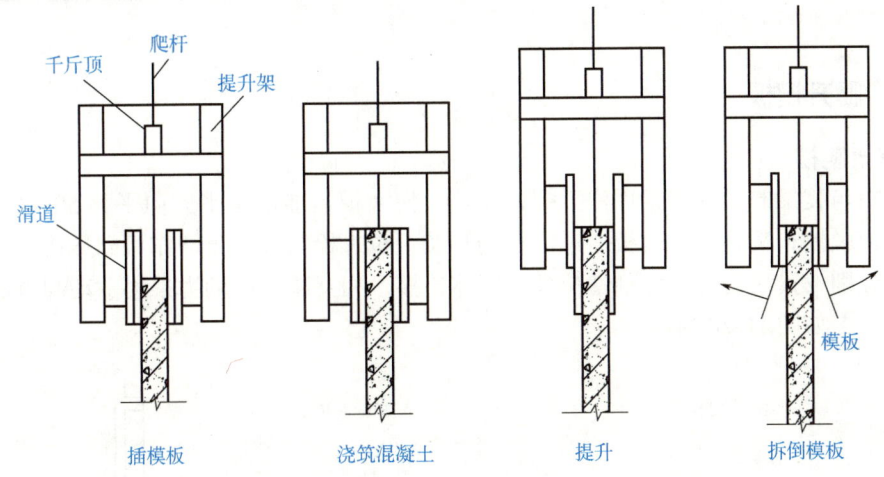

图 11-19 滑框倒模示意图

滑模装置构件制作的允许偏差见表 11-12。

表 11-12 滑模装置构件制作的允许偏差

名称	内容	允许偏差/mm
钢模板	高度	±1
	宽度	-0.7~0
	表面平整度	±1
	侧面平直度	±1
	连接孔位置	±0.5
围圈	长度	-5
	弯曲长度≤3m	±2
	>3m	±4
	连接孔位置	±0.5

(续)

名称	内容	允许偏差/mm
提升架	高度	±3
	宽度	±3
	围圈支托位置	±2
	连接孔位置	±0.5
支撑杆	弯曲	小于（1/1000）L
	直径 $\phi25$	−0.5~0.5
	$\phi28$	−0.5~0.5
	$\phi48×3.5$	−0.2~0.5
	圆度公差	−0.25~0.25
	对接焊缝凸出母材	<0.25

注：L 为支撑杆加工长度。

11.4.2 爬升模板

1. 有架爬模

大模板与爬架的爬升套架用法兰螺杆连接，使大模板能沿水平方向平移 50~80mm，以便于大模板脱模和爬升。大模板通过留孔钢管及对拉螺栓与混凝土墙作可靠连接，爬架的底部和中部分别设置活动靴脚和刚性拉杆与墙体连接。相互爬升的动力采用手动起重葫芦，爬模施工示意图如图 11-20 所示。

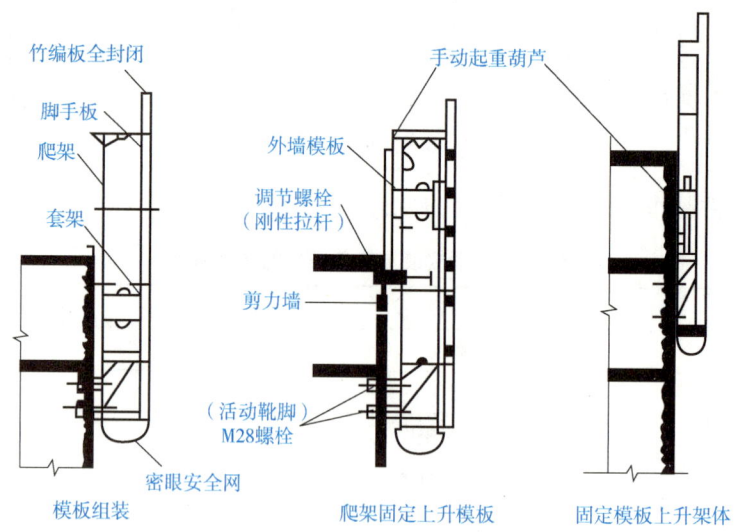

图 11-20　爬模施工示意图

2. 整体爬模

整体爬升模板施工，必须着重解决楼板水平构件影响模板爬升的问题。整体爬模主要由内、外爬架和内、外模板组成。内爬架置于墙角，通过楼板孔洞，立在短横扁担上，并用穿墙螺栓传力于下层的混凝土墙体；外爬架传力于下层混凝土外墙体。其形成内、外爬架与内、外模板相互依靠、交替爬升的施工过程。整体爬模施工如图11-21所示。

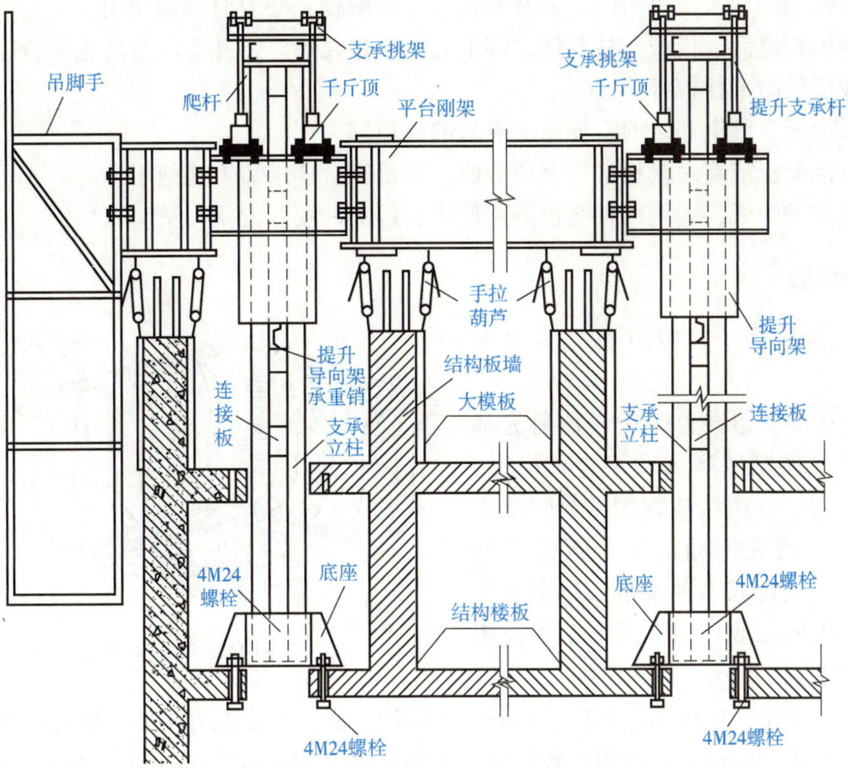

图11-21 整体爬模施工示意图

11.4.3 飞模

飞模的种类形式较多，应用范围也不一样。如按照飞模的构架材料分类，可分为钢架飞模、铝合金飞模和铝木结合飞模等。如按照飞模的结构形式分类，飞模可分为立柱式飞模、桁架式飞模和悬空式飞模等。

飞模施工的相关要求如下：

①采用飞模施工，除应遵照《混凝土结构工程施工质量验收规范》（GB 50204—2015）等国家标准外，还需要对飞模的稳定性进行设计计算，并进行试压试验，以保证飞模各部件有足够的强度和刚度。

②飞模组装应严密，几何尺寸要准确，防止跑模和漏浆，允许偏差如下：

面板标高与设计标高偏差±5mm；面板方正≤3mm（对角线）；面板平整≤5mm（塞尺）；相邻面板高差≤2mm。

③组装时要对照图纸设计检查零部件是否合格，安装位置是否正确，各部位的紧固件是否拧紧。

④各类飞模面板要求拼接严密。竹木类面板的边缘和孔洞的边缘，要涂刷模板的封边剂。

⑤立柱式飞模组装前，要逐件检查门式架、构架和钢管是否完整无缺陷，所用紧固件、扣件是否工作正常，必要时做荷载试验。

⑥所用木材应无劈裂、糟朽等现象。

⑦面板使用多层板类材料时，要及时检查有无破损，必要时翻面使用。

⑧飞模模板之间、模板与柱和墙之间的缝隙一定要堵严，并要注意防止堵缝物嵌入混凝土中，造成脱模时卡住模板。

⑨各类面板在绑钢筋之前，要涂刷有效的脱模剂。

⑩浇筑混凝土前要对模板进行整体验收，质量符合要求后方能使用。

⑪飞模上的弹线，要用两种颜色隔层使用，以免两层线混淆不清。

11.4.4 壳模

壳模又称模壳，其按材料分为以下几种：

①塑料模壳。以改性聚丙烯塑料为基材注塑而成，现发展到大型组合式模壳，采用多块（四块）组装成钢塑结合的整体大型模壳，在模壳四周增加角钢便于连接，能够灵活组合成多种规格，适用于空间大、柱网大的工业厂房、图书馆等公用建筑，如图11-22所示。

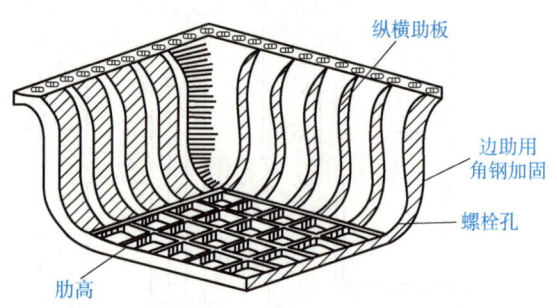

图11-22 塑料模壳

②玻璃钢模壳。采用不饱和聚酯树脂作为粘结材料，用中碱方格玻璃丝布增强，采用薄壁加肋构造形式，刚度大，使用次数较多，周转率高。可采用气动拆模，但生产成本较高。模壳的几何尺寸、外观质量和力学性能，均应符合国家和行业有关标准以及设计的需要，应有产品出厂合格证，如图11-23所示。

按模壳的形状分类，分为T形模壳和M形模壳，其中T形模壳适用于单向密肋楼板，M形模壳适用于双向结构密肋楼板，如图11-24所示。

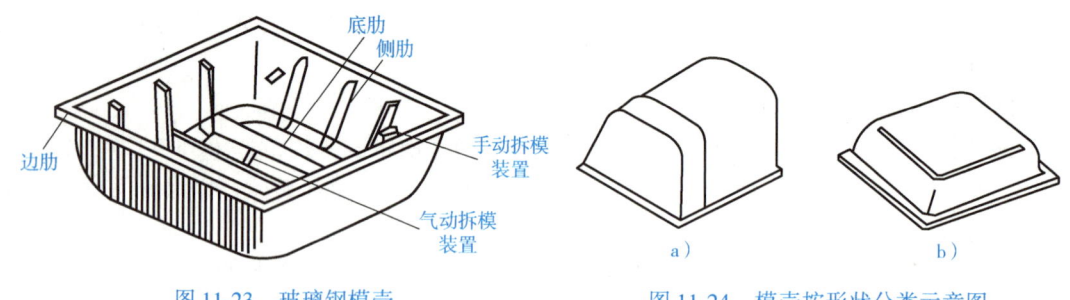

图11-23 玻璃钢模壳

图11-24 模壳按形状分类示意图
a) T形模壳 b) M形模壳

11.5 模板安装与拆除

11.5.1 模板安装质量检验要求

模板安装质量检验要求见表11-13。

表 11-13　模板安装质量检验要求

项目	内容
模板安装质量检验要求	安装现浇混凝土的上层模板及其支架时，下层楼板应具有承受上层荷载的承载能力，或加设支架；上、下层支架的立柱应对准，并铺设垫板
	模板的接样不应漏浆；在浇筑混凝土前木模板应浇水湿润，但模板内不应有积水；模板与混凝土的接触面应清理干净并涂刷隔离剂，但不得采用影响结构性能或妨碍装饰工程施工的隔离剂
	浇筑混凝土前，模板内的杂物应清理干净；对清水混凝土工程及装饰混凝土工程，应使用能达到设计效果的模板
	对跨度不小于4m的现浇钢筋混凝土梁、板，其模板应按设计要求起拱；当设计无具体要求时，起拱高度宜为跨度的1/1000～3/1000
	在涂刷模板隔离剂时，不得沾污钢筋和混凝土的接槎处
	固定在模板上的预埋件、预留孔和预留洞均不得遗漏

11.5.2　模板拆除质量检验要求

模板拆除质量检验要求见表11-14。

表 11-14　模板拆除质量检验要求

项目	内容
模板拆除质量检验要求	底模及其支架拆除时的混凝土强度应符合设计要求
	对后张法预应力混凝土结构构件，侧模宜在预应力张拉前拆除；底模支架的拆除应按施工技术方案执行，当无具体要求时，不应在结构构件建立预应力前拆除
	后浇带模板的拆除和支顶应按施工技术方案执行
	侧模拆除时的混凝土强度应能保证其表面及棱角不受损伤
	模板拆除时，不应对楼层形成冲击荷载。拆除的模板和支架宜分散堆放并及时清运

底模拆除时的混凝土强度要求见表11-15。

表 11-15　底模拆除时的混凝土强度要求

构件类型	板件跨度/m	达到设计的混凝土立方体抗压强度标准值的百分率（%）
板	≤2	≥50
	>2，≤8	≥75
	>8	≥100
梁、拱、壳	≤8	≥75
	>8	≥100
悬臂构件	—	≥100

第 12 章

脚手架工程与垂直运输工程

12.1 脚手架的分类和基本要求

12.1.1 脚手架的分类

1. 外脚手架

外脚手架是沿着建筑物外围搭设的脚手架，主要用于砌筑工程和装饰施工，按照结构形式不同，其主要可分为扣件式钢管脚手架、碗扣式钢管脚手架和门式脚手架等。

①扣件式钢管脚手架又称为多立杆式脚手架，有双排式和单排式两种基本形式，如图 12-1 所示。

图 12-1 扣件式钢管脚手架搭接现场图

②碗扣式脚手架可搭设为单排脚手架、双排脚手架、满堂脚手架、支撑架、移动式脚手架、提升井架和悬挑脚手架等，其中双排脚手架构造示意图如图 12-2 所示。

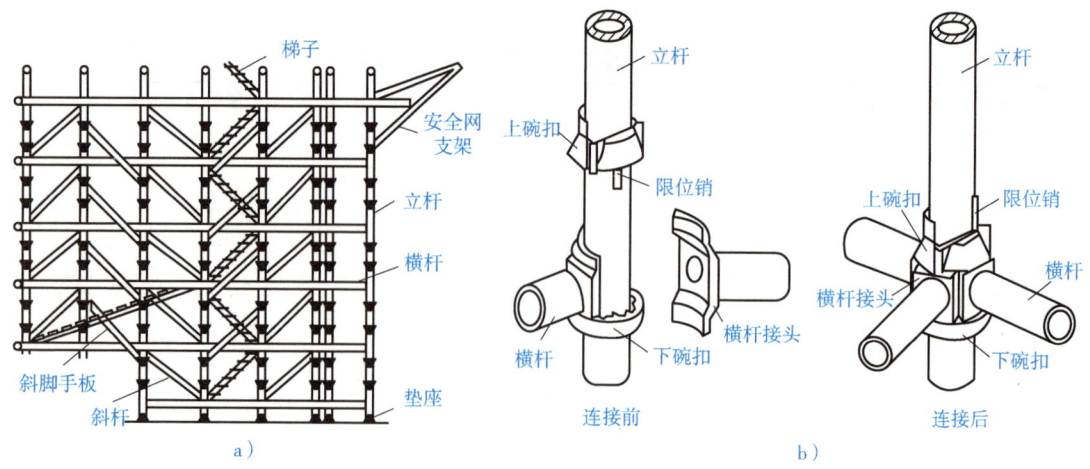

图 12-2 碗扣式脚手架构造示意图
a) 双排脚手架构造示意图 b) 碗扣式脚手架细部构造图

③门式脚手架的主架呈"门"字形，是建筑中应用最广泛的脚手架之一。它由螺旋基脚、门式框架、连接器、剪刀撑和水平梁架等构成基本单元，将基本单元连接并增加梯子、栏杆及脚手板即构成整片脚手架，相关构造图如图 12-3 所示。

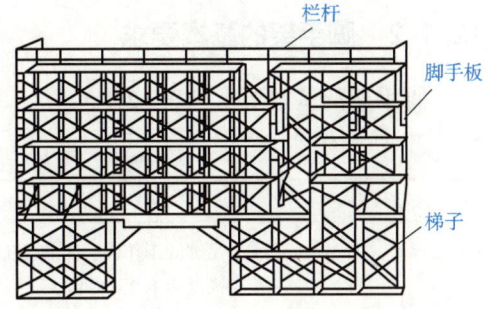

图 12-3　门式脚手架构造示意图

2. 里脚手架

里脚手架搭设于建筑物内部，每砌完一层墙后，可将其转移到上一层楼面，进行新的一层墙体砌筑，其只需要搭设 2~3 步架，具有用料少、轻便灵活、装拆方便、经济等优点，缺点是装拆频繁。里脚手架一般有折叠式里脚手架、支柱式里脚手架和门架式里脚手架 3 种类型。

①折叠式里脚手架根据材料不同，可分为角钢、钢管和钢筋折叠式里脚手架，其中角钢折叠式里脚手架构造示意图如图 12-4 所示。

②支柱式里脚手架由若干支柱和横杆组成，横杆上铺脚手板，其搭设间距，砌墙时不超过 2m，粉刷时不超过 2.5m。支柱式里脚手架的支柱有套管式和承插式两种形式，比较常见的是套管式，套管式支柱是指将插管插入立管中，以销孔间距调节高度，在插管顶端的凹形支托内搁置方木横杆，横杆上铺设脚手架，其架设高度为 1.5~2.1m，如图 12-5 所示。

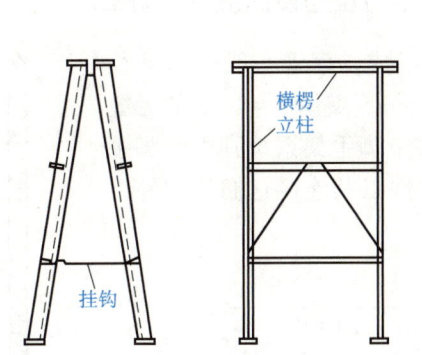

图 12-4　角钢折叠式里脚手架构造示意图

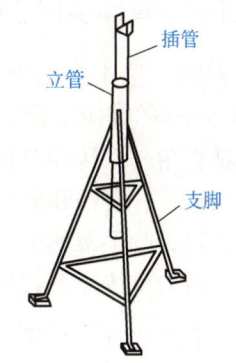

图 12-5　支柱式里脚手架

③门架式里脚手架由支架与门架组成，其支架间距，砌墙时不超过 2.2m，粉刷时不超过 2.5m，其架设高度为 1.5~2.4m，如图 12-6 所示。

竹马凳

木马凳

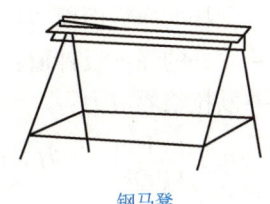
钢马凳

图 12-6　门架式里脚手架

12.1.2 脚手架的基本要求

脚手架的基本要求见表12-1。

表12-1 脚手架的基本要求

项目	内容
整体性要求	①有足够的工作面，能满足工人操作、材料堆放及运输的要求。脚手架的宽度一般为1.5~2m，一步架高度为1.2~1.4m ②有足够的强度、刚度及稳定性 ③搭拆简单，搬运方便，能多次周转使用 ④因地制宜，就地取材，尽量节约用料
拆除要求	①拆除前应对脚手架做一次全面检查，清除所有多余物件，并设立拆除区，严禁闲杂人员进入 ②脚手架的拆除应按由上而下、逐层拆除的顺序进行，严禁上下同时作业 ③拆除的构件应用吊具吊下，或人工递下，严禁抛掷 ④拆除的构件应及时分类堆放，以便运输和保管 ⑤所有固定件应随脚手架逐层拆除，严禁先将固定件整层或数层拆除后再拆除脚手架

12.2 脚手架工程施工计算

12.2.1 扣件式钢管脚手架立杆允许承载力及搭设高度简易计算

扣件式钢管脚手架主要由钢管和扣件组成。钢管一般采用外径48mm、壁厚3.5mm 的焊接钢管，或外径51mm、壁厚3~4mm 的无缝钢管；扣件包括直角、回转和对接扣件。整个脚手架系统则由钢脚手板、小横杆、大横杆、立杆和剪刀撑、拉撑件以及连接它们的扣件组成。单排式扣件钢管脚手架如图12-7 所示。

其允许的承载力可按照下式计算：

$$KN = A_n \left[\frac{f_y + (\eta + 1)\sigma}{2} - \sqrt{\left(\frac{f_y + (\eta + 1)\sigma}{2}\right)^2 - f_y\sigma} \right] \quad (12-1)$$

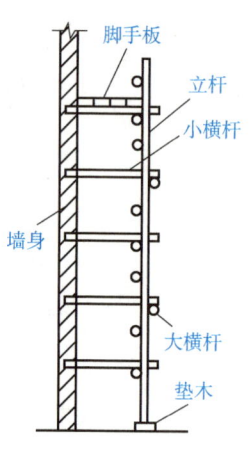

图12-7 单排式扣件钢管脚手架

式中 N——立杆的设计荷载；

K——考虑钢管平直度、锈蚀程度等因素影响的附加系数，一般取 $K = 2$；

A_n——立杆的净截面面积；

f_y——立杆的强度设计值；

σ——欧拉临界应力；

η——$0.3\left(\dfrac{1}{100i}\right)^2$，$i$ 为立杆截面的回转半径。

允许的搭接高度可按下式计算：

$$h = nb \quad (12-2)$$

式中　h——根据立杆设计荷载求出的脚手架最大允许安装高度；
　　　n——安装层层数；
　　　b——脚手架步距。

12.2.2　脚手架立杆底座和地基承载力验算

脚手架计算除进行立杆的稳定性和脚手架的整体稳定性验算外，还应对立杆底座和地基承载力进行相关的验算。

立杆底座验算：

$$N \leqslant R_d \tag{12-3}$$

式中　N——脚手架立杆传至基础顶面的轴心力设计值；
　　　R_d——底座承载力（抗压）设计值，一般取 40kN。

立杆地基承载力验算：

$$\frac{N}{A_d} \leqslant Kf_{ak} \tag{12-4}$$

式中　A_d——立杆基础的计算底面积；
　　　K——调整系数，碎石土、砂土、回填土取 0.4；黏土取 0.5；岩石、混凝土取 1.0；
　　　f_{ak}——地基承载力特征值。

12.2.3　扣件式钢管脚手架杆配件配备数量计算

扣件式钢管脚手架的杆配件配备数量，需要有一定的富余量，以适应脚手架搭设时变化的需要，一般采用近似匡算的方法，按立杆根数计的杆配件用量计算，设已知脚手架立杆总数为 n，搭设高度为 H，步距为 h，立杆纵距为 l_a，立杆横距为 l_b，排数为 n_1，作业层数为 n_2，长杆的平均长度为 l，下面以单排脚手架为例去进行相关计算。

①长杆总长度 L：

$$L = (2n - 1)H \tag{12-5}$$

②小横杆数 N_1：

$$N_1 = 1.1\left(\frac{H}{h} + 2\right)n \tag{12-6}$$

③直角扣件数 N_2：

$$N_2 = 2.2\left(\frac{H}{h} + 1\right)n \tag{12-7}$$

④对接扣件数 N_3：

$$N_3 = \frac{L}{l} \tag{12-8}$$

⑤旋转扣件数 N_4：

$$N_4 = 0.3\frac{L}{l} \tag{12-9}$$

⑥脚手板面积 S：

$$S = 2.2(n - 1)l_a l_b \tag{12-10}$$

12.2.4 门式钢管脚手架计算

1. 不组合风荷载时脚手架稳定性计算

$$N = 1.2(N_{G1K} + N_{G2K})H + 1.4\sum N_{Qk} \tag{12-11}$$

式中　N——作用于门架的轴向力设计值，取式（12-5）和式（12-6）计算结果的较大值；

　　　N_{G1k}——每米高度架体构配件自重产生的轴向力标准值；

　　　N_{G2k}——每米高度架体附件重产生的轴向力标准值；

　　　$\sum N_{Qk}$——作用于门架的各层施工荷载标准值总和；

　　　H——门式脚手架搭设高度。

2. 组合风荷载时脚手架稳定性计算

$$N = 1.2(N_{G1K} + N_{G2K})H + 0.9 \times 1.4\left(\sum N_{Qk} + \frac{2M_{wk}}{b}\right) \tag{12-12}$$

式中　1.2、1.4——永久荷载与可变荷载分项系数；

　　　M_{wk}——风荷载产生的弯矩标准值；

　　　b——门架宽度；

　　　其他符号意义同前。

12.2.5 悬挑式脚手架计算

悬挑式脚手架是在结构外部设置不落地的悬挑式或悬挑与拉、撑相结合的脚手架。其构造由悬挑承力结构和向上的双排外脚手架两部分组成。悬挑承力结构从结构承力形式上可分为挑梁式、挑拉式、挑撑式和撑拉结合式 4 类，如图 12-8 所示。

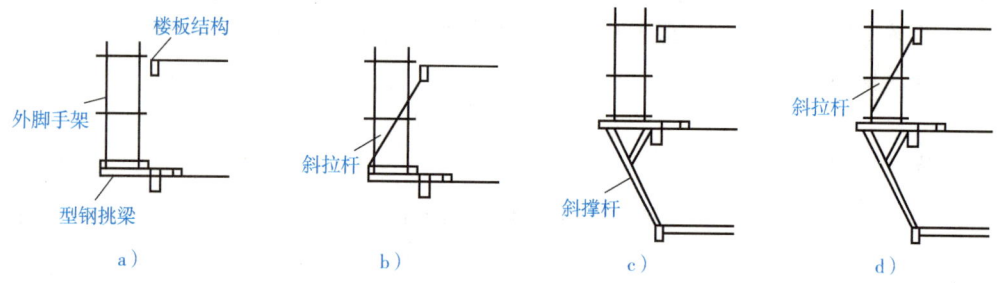

图 12-8 悬挑式脚手架构造示意图

a) 挑梁式　b) 挑拉式　c) 挑撑式　d) 撑拉结合式

其整体稳定性的计算如下：

$$\frac{M_x}{\varphi_b W_x} \leq f \tag{12-13}$$

式中　M_x——绕强轴作用的最大弯矩（N·mm）；

　　　φ_b——悬挑梁的整体稳定性系数；

　　　W_x——净截面抵抗矩（mm³）；

　　　f——钢材的抗弯、抗压、抗拉强度设计值（N/mm²）。

12.2.6 悬挂式吊篮脚手架计算

悬挂式吊篮脚手架,主要用于对高层建筑的砖或砌块外墙进行勾缝或装修。由吊篮、悬挂绳、挑梁和顶端杉杆等组成。其构造及常用吊篮架尺寸如图 12-9 所示。使用时,用卷扬机或吊车将吊篮提升到最上层,然后逐层下放,装修自上而下进行。

悬挂式吊篮脚手架的强度按下式计算:

$$\sigma = \frac{S}{\varphi A} + \frac{M}{W} \leqslant f \qquad (12\text{-}14)$$

式中 S——杆件内力;
A——杆件净截面面积;
σ——杆件应力;
M——上弦杆承受的弯矩;
W——上弦杆截面抵抗矩;
φ——轴心受压构件的稳定系数;
f——钢材的抗压、抗拉、抗弯强度设计值。

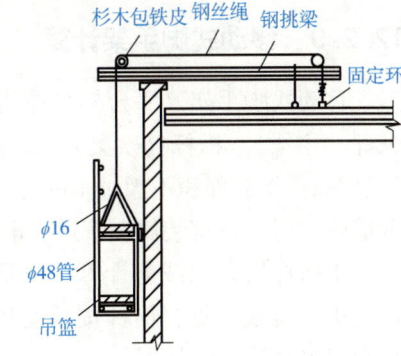

图 12-9 悬挂式吊篮脚手架构造图

12.2.7 扶墙三角挂脚手架计算

扶墙三角挂脚手架常用于砖、砌块外墙勾缝或粉刷。它具有制作、装拆、搬运方便,节省脚手架材料等优点。但使用时,要求墙体应有一定强度(上层最好已铺预制楼板),脚手架之间应用钢管或杉木杆连接,上铺脚手板以形成整体,扶墙三脚挂脚手架强度按下式计算:

$$\sigma = \frac{S}{\varphi A} \leqslant f \qquad (12\text{-}15)$$

式中 A——脚手架杆件的净截面面积(mm²);
σ——脚手架杆件应力(N/mm²);
S——脚手架杆件内力(N);
f——钢材的抗拉、抗压、抗弯强度设计值(N/mm²);
φ——轴心受压构件的稳定系数。

12.2.8 插口飞架脚手架计算

插口飞架脚手架是在有窗洞口的建筑,根据平面结构形式及外墙洞口尺寸,先在地面上用 $\phi 48$mm 钢管和扣件组成单体脚手架,借助工程使用的塔式起重机将单体脚手架插入建筑物的窗洞口内,并与室内横向挡固杆连接牢固,而后将单体脚手架用杆件连接组成整体挑脚手架,脚手架随主体施工逐层上提直至工程完成,如图 12-10 所示。

其脚手架受压强度计算如下:

$$\sigma_c = \frac{R_B}{\varphi A} \leqslant f \qquad (12\text{-}16)$$

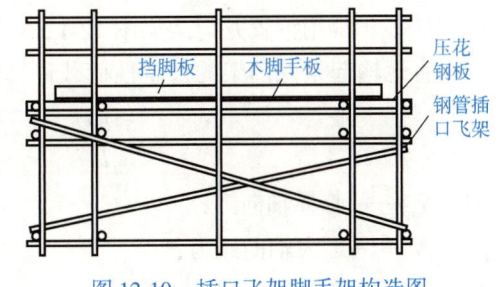

图 12-10 插口飞架脚手架构造图

式中 f——钢材的抗拉、抗弯、抗压强度设计值;
  σ_c——杆件的压应力;
  R_B——杆件的轴向压力;
  A——杆件的毛截面面积;
  φ——纵向弯曲系数。

12.2.9 移动式脚手架计算

移动式脚手架(平台架)是用扣体式钢管或门式钢管脚手杆(架)搭设而成,由立杆、纵杆(主梁)、横杆(次梁)、脚手板和行走轮等组成,如图12-11所示。一般搭设高度不超过5m,平台面积不超过10m²;高度和短边比值不宜大于2:1,否则应采取设置抛撑等安全措施。适于建筑装修和管道、电气安装等工程应用。

①横杆抗弯承载力计算,包括承受均布荷载和承受集中荷载计算,横杆按承受均布荷载和集中荷载则相关计算方式如下:

$$M = \frac{ql^2}{8} + \frac{pl}{4} \qquad (12\text{-}17)$$

式中 M——横杆弯矩设计值(N·m);
  q——横杆上等效均布荷载设计值(N/m);
  l——横杆计算跨度(m);
  p——横杆上的集中活荷载(N)。

②纵杆抗弯承载力计算:

$$M = -0.125ql^2 \qquad (12\text{-}18)$$

式中 M——纵杆弯矩设计值(N·m);
  q——纵杆上等效均布荷载设计值(N/m);
  l——纵杆计算跨度(m)。

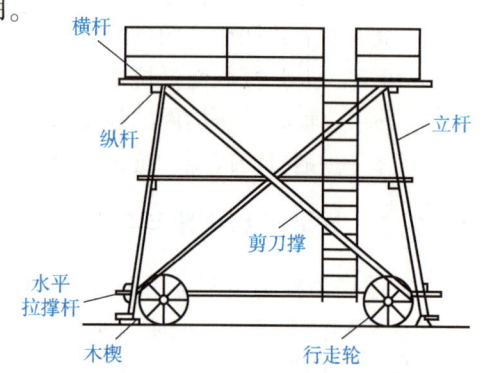

图12-11 移动式脚手架(平台架)示意图

12.2.10 垂直运输起重龙门架计算

起重龙门架是墙体砌筑和混凝土浇筑工程垂直运输材料的主要设施,一般由两根立柱、顶部横梁、吊盘、起重滑车组和缆风绳等组成。龙门架的立柱可采用单根钢管或组合式立柱,由角钢或钢管等分段拼装而成。由于钢管组合立柱的龙门架使用轻便,刚度好,故应用最多。常用钢管龙门架如图12-12所示。

垂直运输起重龙门架的稳定性荷载计算如下:

$$\frac{N_{kp}}{N_1} = \frac{\pi^2 EI}{N_1 l^2} \geq K \qquad (12\text{-}19)$$

式中 N_{kp}——临界轴向力;
  N_1——最大轴向压力;
  π——圆周率,取3.14;

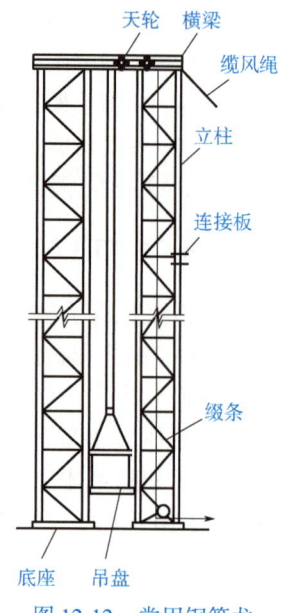

图12-12 常用钢管龙门架示意图

E——钢材的弹性模量;

I——三角形截面对 x 轴(或 y 轴)的惯性矩;

l——计算长度,当设 1 根缆风绳时,l 等于龙门架高度;当设 2 根缆风绳时,应分段计算,取其较小值代入公式应用;

K——稳定安全系数,一般取 $K = 1.5 \sim 2.5$。

12.2.11 格构式型钢井架计算

格构式型钢井架主要由型钢立柱、型钢缀条或缀板(钢板)焊接(或螺栓连接)而成一个整体,其平面形式分为方形或长方形。

①起吊物和吊盘重力(包括索具等)G 按下式计算:

$$G = K(Q + q) \tag{12-20}$$

式中 K——动力系数,对起重 5t 以下的手动卷扬机 $K = 1$;30t 以下的机动卷扬机 $K = 1.2$;

Q——起吊物体重力;

q——吊盘(包括索具等)自重力。

②提升重物的滑轮组引起的钢丝绳拉力 S 按下式计算:

$$S = f_0[K(Q + q)] \tag{12-21}$$

式中 f_0——引出绳拉力计算系数;

其他符号意义同前。

12.2.12 扣件式钢管井架计算

扣件式钢管脚手架常用来作为较大截面梁板和框架结构的模板支架。具有材料易得、支拆方便、承载力高、可变性大、节省模板材料、损耗率小、费用较低等优点,井架由四榀平面井架用系杆构成空间体系,主要由立杆、水平杆、斜杆、扣件和缆风绳等构成,其井架整体的稳定性计算如下:

$$\sum W_{pi}h_i \leq \frac{Qb}{2} \tag{12-22}$$

式中 Q——井架自重;

b——井架宽;

W_{pi}——作用于井架的风力;

h_i——风力作用点离地面的距离。

12.2.13 钢管脚手模板支撑架计算

钢管脚手模板支撑架由钢管、扣件、底座和调节杆等组成。钢管一般用外径 48mm、壁厚 3.0~3.5mm 的焊接钢管,长度有 2m、3m、4m、5m 等几种。扣件按用途的不同,有直角扣件、回转扣件和对接扣件 3 种;按使用材质的不同,又可分为玛钢扣件和钢板扣件两种。底座安装在立杆的下部,有可调螺栓式和固定套管式两种。钢管脚手模板支撑架的相关荷载计算如下:

$$\omega_{\max} = \frac{ql^4}{150EI} \leq [\omega] \tag{12-23}$$

式中 ω_{max}——模杆的最大挠度（mm）；
q——均布荷载（N/mm）；
l——立杆的间距（mm）；
$[\omega]$——容许挠度，为3mm；
其他符号意义同前。

12.2.14 门式钢管脚手架支模稳定性验算

采用门式钢管脚手架（简称门架）支模，具有利用现场工具式脚手架材料，提高支模效率，省工、省时、省料，节约劳力1/3左右，经济实用，安全，可靠等优点，一般多用于支撑梁、板模板，垂直于梁轴线布置，两门架之间用交叉支撑连接，借调节器调整模板支撑高度。支模程序是：先铺设门架调节器，间距为1.8m；然后安装门架、连接交叉支撑，支设托梁、小楞，设置水平加固件，最后支上部梁、板模板，其最大轴向力设计值 N 稳定性验算如下：

$$N = 1.2(N_{G1K} + N_{G2K})H + 1.4\sum N_{QK} \quad (12\text{-}24)$$

式中 N_{G1K}——每米高度门架支撑自重产生的轴向力标准值；
N_{G2K}——每米高度门架加固杆、附件自重产生的轴向力标准值；
$\sum N_{QK}$——施工荷载作用于一榀门架的轴向力标准值；
H——以米为单位的门架高度值；
1.2、1.4——永久荷载与可变荷载的荷载分项系数。

12.3 常用脚手架搭设与拆除

12.3.1 多立杆式脚手架

多立杆式脚手架搭设与拆除的相关施工要点见表12-2。

表12-2 多立杆式脚手架搭设与拆除的相关施工要点

项目	内容
搭设要点	①脚手架的搭设必须根据建筑物的施工进度进行，一次搭设高度不应超过相邻连墙杆件以上两步。为确保脚手架的搭设质量和施工安全，每搭设完一步脚手架后，应按施工规范校正步距、纵距、横距及立杆垂直度，完全合格后才能进行下一步搭设 ②底座、垫板均应准确地放在确定的定位线上；垫板应当采用长度不少于2跨、厚度不小于50mm的木垫板，也可采用适宜的槽钢 ③在立杆搭设中严禁将外径48mm与51mm的钢管混合使用；在开始搭设立杆时，应每隔6跨设置一根抛撑，直至连墙杆件安装稳定后才能根据实际情况拆除 ④当搭设至有连墙杆件的构造点时，在搭设完该处的立杆、纵向水平杆和横向水平杆后，应立即设置连墙杆；连墙杆件的数量、位置要正确，连接要牢固，无松动现象。拧紧扣件后，使连墙杆件不得过松或过紧 ⑤纵向水平杆搭设在封闭型脚手架的同一步中，纵向水平杆件应当四周交圈，并用直角扣件与水平杆进行固定 ⑥为确保杆件连接可靠牢固，各杆件端头伸出扣件盖板边缘的长度不应小于100mm

(续)

项目	内容
拆除要点	①单、双排脚手架拆除作业必须由上而下逐层进行，严禁上下层同时进行作业；连墙杆件必须随脚手架逐层拆除，严禁先将连墙件整层或数层拆除后再拆脚手架；分段拆除高差大于两步时，应增设连墙杆件加固 ②脚手架拆除时应画出工作区标志和设置围栏，并派专人负责警戒，严禁行人进入施工现场。拆除作业必须由上而下逐层进行，严禁上下层同时作业 ③在脚手架拆除时，应当加强领导、统一指挥、上下呼应、动作协调，当解开与另一个人安全有关的结扣时，应当预先告知对方，防止出现坠落伤人事故 ④脚手架拆下的各种杆件和配件，必须配吊具将它们送至地面，严禁抛掷至地面 ⑤运至地面的各种构配件，应当立即运送到规定地点，及时进行检查、整修与保养，并按品种、规格进行码堆存放

12.3.2 门式脚手架

门式脚手架的搭设和拆除的相关施工要点见表12-3。

表12-3 门式脚手架的搭设和拆除的相关施工要点

项目	内容
搭设要点	①门架搭设的过程中应自一端向另一端延伸，并逐层改变搭设的方向，不得相对进行。搭设完毕一步门架后，应按规范要求检查并调整门架的水平度和垂直度 ②交叉支撑、水平梁架或脚手板，应随着门架的搭设及时设置，以便增加门架的刚度和稳定性；连接门架与配件的锁臂、搭钩必须处于锁紧状态 ③水平梁架或脚手板应在同一步内连续设置，脚手板在一层中应当满铺 ④底层钢梯的底部应加设钢管，并用扣件扣牢于门架的立架上，钢梯的两侧均应设置扶手，每段钢梯可跨越两步或三步门架再进行转折 ⑤为确保施工安全，在脚手架操作层的外侧、门架立杆的内侧，均应按规定设置栏杆和挡脚板 ⑥水平加固杆、剪刀撑必须与脚手架的搭设同步进行，水平加固杆应设置于门架立杆的内侧，剪刀撑应设置于门架立杆的外侧，并做到连接牢固 ⑦连墙杆的搭设必须随脚手架搭设同步进行，严禁滞后设置或脚手架搭设完毕后补设，连墙杆应连接于上、下两榀门架的接头附近，做到垂直墙面、连接牢固 ⑧当脚手架的操作层高出相邻连墙件以上两步时，应采用确保脚手架稳定的临时拉结措施，直到连墙件搭设完毕后方可拆除 ⑨脚手架应沿着建筑物的周围连续、同步搭设升高，并在建筑物周围形成封闭结构；如果确实不能封闭时，在脚手架的两端应按规范要求增设一定数量的连墙件
拆除要点	①架体的拆除应从上而下逐层进行，严禁上下层同时进行拆除作业 ②同一层的构配件和加固件必须按照先上后下、先外后内的顺序进行拆除 ③连墙件必须随脚手架逐层拆除，严禁先将连墙件整层或数层拆除后再拆架体，拆除作业过程中，当架体的自由高度大于两步时必须加设临时拉结 ④连接门架的剪刀撑等加固杆件必须在拆除该门架时再拆除 ⑤在拆除连接部件时，应先将止退装置旋转至开启位置，然后拆除，不得硬拉，严禁敲击。拆除作业中，严禁使用手锤等硬物击打、撬别 ⑥门架和配件应采用机械或人工运至地面，严禁采用抛掷的方式 ⑦拆卸的门架、配件和加固件等不得集中堆放在未拆除的架体上，并应及时检查、整修和保养，并宜按品种、规格分别堆放

门架和配件所用的钢管，其规格应符合表12-4的要求。

表12-4　门架和配件所用的钢管规格尺寸　　　　　　　　　　（单位：mm）

名称	外径	壁厚	极限偏差	
			外径	壁厚
立杆、横杆、水平架横杆	42	2.5	±0.5	±0.3
其他	22～36	1.5～2.6		±0.25～±0.3

12.3.3　升降式脚手架

升降式脚手架是沿结构外表面满搭的脚手架，在结构和装修工程施工中应用较为方便，但费料耗工，一次性投资大，工期也长。因此，近年来在高层建筑及筒仓、竖井、桥墩等施工中发展了多种形式的外挂脚手架，其中应用较为广泛的是升降式脚手架，包括自升降式、互升降式和整体升降式3种类型。

升降式脚手架的搭设和拆除的相关施工要点见表12-5。

表12-5　升降式脚手架的搭设和拆除的相关施工要点

项目	内容
搭设要点	①脚手架不需满搭，只搭设满足施工操作及安全各项要求的高度 ②地面不需做支承脚手架的坚实地基，也不占施工场地 ③脚手架及其上承担的荷载传给与之相连的结构，对这部分结构的强度有一定要求 ④随施工进程，脚手架可随之沿外墙升降。结构施工时由下往上逐层提升，装修施工时由上往下逐层下降
拆除要点	①自升降式脚手架拆除时设置警戒区，有专人监护，统一指挥。先清理脚手架上的垃圾杂物，然后自上而下逐步拆除。拆除升降架可用起重机、卷扬机或手拉葫芦。升降机拆下后要及时清理整修和保养，以利重复使用，运输和堆放均应设置地楞，防止变形 ②互升降式脚手爬架拆除前应清理脚手架上的杂物。拆除爬架有两种方式：一种是同常规脚手架拆除方式，采用自上而下的顺序，逐步拆除；另一种是用起重设备将脚手架整体吊至地面拆除

12.3.4　悬挑式脚手架

悬挑式脚手架是指其垂直方向荷载通过底部型钢支承架传递到主体结构上的外脚手架，是建筑施工中应用十分广泛的一种脚手架形式。这种脚手架要求必须有足够的强度、刚度和稳定性，并能将脚手架的荷载有效地传给建筑结构。相对于落地式脚手架，它的优越性在于能获得良好的经济效益以及节约工期，其搭设和拆除的要求见表12-6。

表12-6　悬挑式脚手架搭设和拆除的要求

项目	内容
悬挑式脚手架搭设和拆除的要求	①钢管悬挑式脚手架搭设须控制使用荷载，搭设要牢固。搭设时应先搭好里架子，使横杆伸出墙外，再将斜杆撑起与挑出横杆连接牢固，随后再搭设悬挑部分，铺脚手板，外围要设栏杆和挡脚板，下面支设安全网，以保证安全 ②多层支挑脚手架应一层一层地搭设，并与结构拉结好，斜撑杆上端应用旋转扣件与悬挑杆相连接，不得用铁丝绑扎

(续)

项目	内容
悬挑式脚手架搭设和拆除的要求	③支撑式、斜拉式、悬挑脚手架各杆件应根据使用荷载进行认真设计和验算，应保证杆件有足够的强度和刚度 ④脚手架组装应编制施工组织设计，明确使用荷载，确定平面立面布置和安装程序，并按设计要求进行搭设，使牢固可靠，并且有足够的稳定性 ⑤悬挑梁和连接件与柱、墙体结构的连接，应按设计预先埋设件或留好孔洞，保证混凝土密实，锚固可靠，不得漏埋、打凿孔洞，破坏柱墙体 ⑥脚手架立杆与挑梁（或横梁）的连接，应在挑梁或横梁上焊短钢管（长150~200mm），其外径应比脚手架立杆内径小1.0~1.5mm，用接长扣件与立管连接，同时在立杆下部绑1~2道扫地杆，以确保脚手架底部的稳定 ⑦钢支架焊接应保证焊缝高度和质量符合要求。支架上部脚手架应用连接件与柱、墙牢固拉结，并应随脚手架的升高设置 ⑧脚手架搭设完后应经全面检查、验收，其牢固性、垂直度、整体稳定性均合格后，方可投入使用

12.3.5 里脚手架

1. 结构里脚手架

结构里脚手架搭设和拆除要求如下：

①立杆间距最大不得超过1.5m，架子宽度不得小于1.3m，宽度超过1.7m时，必须再加设一排支柱，排木的间距不得超过1m。

②顺水杆每步高度（1.2m）应低于每步砌筑墙高度20cm；2m以上，每步均要绑一道防护栏杆，墙外侧离地面高度超过3m时应采取外防护措施。

③架子的尽端和墙角处应绑八字戗。十字盖和压栏子做法同结构外脚手架。

④里脚手架应搭设行人马道或斜梯。斜梯宽度不得小于1m，踏步高度不得大于40cm，并至少绑两道防护栏杆。斜梯与地面的夹角不大于60°。当斜梯的高度超过5m时必须设置休息平台。

2. 装修里脚手架

装修里脚手架搭设和拆除要求如下：

①装修里脚手架立杆间距、水平杆间距、排木间距、钢管立杆下脚做法与装修外脚手架的规定相同。

②四面交圈的里脚手架，四角必须绑抱角戗杆，中间必须加十字盖。一面脚手架应绑八字戗或十字盖。

③距地面高度超过2m，每步应绑两道防护栏杆和18cm以上高度的挡脚板，并应设有行人马道或斜梯。

12.4 脚手架安全与维护

12.4.1 对脚手架的质量检查

对脚手架的质量检查的相关要求见表12-7。

表 12-7　对脚手架的质量检查的相关要求

项目	内容
对脚手架的质量检查的相关要求	①新钢管必须有产品质量合格证，必须有质量检验报告；钢管的表面应光滑，不应有裂缝、结疤、分层、错位、毛刺、压痕和深痕划道；钢管的外径、壁厚、端面等的允许偏差，应分别符合规范规定，外形不得有硬弯，其表面应涂有一层防锈漆 ②旧钢管表面的锈蚀深度不得超过 0.5mm。锈蚀情况应每年检查一次，在进行检查时，应在锈蚀严重的钢管中抽取 3 根，在每根锈蚀严重部位横向截断取样检查。钢管弯曲变形在端部长度 1.5m 以内不得超过 5mm，立杆弯曲不得超过 12mm ③新扣件应有产品质量合格证、生产许可证与专业检测单位的测试报告，旧扣件使用前必须进行质量检查，有裂缝、变形的严禁使用，脱扣的螺栓要进行更换；新、旧扣件均须涂防锈漆 ④钢脚手板尺寸允许偏差，表面挠曲不应超过 12mm，表面扭曲（是指任一角翘起）不应超过 5mm，每块钢脚手板必须涂防锈漆 ⑤木脚手板的宽度不宜小于 200mm，厚度不宜小于 50mm，其材质应符合规范规定，已腐朽的脚手板不能再用

12.4.2　脚手架安全技术措施

脚手架安全技术措施见表 12-8。

表 12-8　脚手架安全技术措施

项目	内容
脚手架安全技术措施	①在搭设和拆除脚手架前，应由工程项目技术负责人向工长、安全员、施工操作班组全体人员作安全技术交底，讲述施工中应特别注意的事项。当采用新技术、新工艺、新设备时，必须制定相应的安全技术措施，经有关部门批准方可执行。在整个施工的过程中，对职工应经常进行安全技术教育，发现施工中的安全技术问题应立即解决 ②垂直设置建筑的外脚手架的外侧应满挂安全网围护，一般应选用细尼龙绳编织的密目式安全网。安全网应封严，与外脚手架固定牢靠 ③从第 2 层楼面起应设置水平安全网，往上每隔 3～4 层设一道，同时再设一道随施工层的安全网。要求网绳不破损，生根要牢固，围拼要严密 ④严禁随意拆除杆件和进行危及脚手架的作业 ⑤脚手架的搭设人员必须是经过国家相关考核合格的专业架子工。上岗人员应定期进行体检，体检和考核合格者才能持证上岗

12.4.3　脚手架的防电和避雷措施

脚手架的防电和避雷措施见表 12-9。

表 12-9　脚手架的防电和避雷措施

项目	内容
脚手架的防电措施	①如果脚手架必须穿过 380V 以内的电力线路而距离又在 2m 以内时，在搭设和使用期间应当切断或拆除电源。如果不能拆除，必须采取可靠的绝缘措施。进行绝缘包扎应由专业电工操作，并用瓷绝缘子固定和设置隔离层。如果电力线路垂直穿过或靠近脚手架，应将靠近线路至少 2m 内的脚手架水平连接，线路下方的脚手架垂直连接进行接地。如果线路和脚手架平行靠近时，在靠近线路的脚手架水平连接，并在靠墙一侧每相距 25m 设置一接地极，入土深度 2～2.5m

(续)

项目	内容
脚手架的防电措施	②在脚手架上施工时,操作者应穿绝缘靴,戴绝缘手套。通过脚手架的电力线路要严格检查并采取保护措施。在架上使用的电焊机、振动器等,要放在干燥的木板上,外壳要采取保护性接地或者接零措施。夜间施工等操作的照明线通过脚手架时,应尽可能使用低于12V的低压电源
脚手架的避雷措施	①正确选用制作接闪器(避雷针)和接地装置 ②接地位置应设在通常人不能去到的地方,以避免跨步电压的危害和接地线受到机械的损伤。接地极应尽可能采用钢材,水平接地极宜采用角钢、圆钢或钢管,但不宜采用螺纹钢材 ③一般每设置一个接地极,脚手架的连续长度应不超出50m,但如果离接地极最远处的脚手架上过渡电阻达到或大于10Ω,应当缩小接地极间距。接地电阻一般不得超过20Ω

12.4.4 脚手架产生事故的原因

脚手架产生事故的原因见表12-10。

表12-10 脚手架产生事故的原因

项目	内容
直接原因	①不重视脚手架施工方案设计 ②工程为了抢工期、赶进度,违反施工组织要求,多层上下同时作业,造成脚手架严重超载,或者脚手架上堆料过多造成局部超载 ③遇到突发的自然因素和外来因素的影响,造成脚手架失稳或损坏,如暴雨大风、猛烈的机械碰撞等 ④在搭设脚手架前,未按有关规定对地基进行处理,在施工的过程中出现地基不均匀沉降,从而造成脚手架坍塌事故作业层,或未按规定要求设置安全防护设施,如外侧未设置封闭的安全网,脚手架上未设置防护栏杆和挡脚板,或者设置的标准不符合要求 ⑤脚手板未按规定进行铺设,板与板之间的间隙过大,或者脚手板搁置不稳、固定不牢,有探头板现象,或受载后脚手板出现断裂 ⑥脚手架上的工作面比较狭窄,再加上施工人员或架上堆料过多,操作人员在作业时相互拥挤碰撞,或上下脚手架行走不便 ⑦在脚手架上施工用力过猛,或脚手板较滑造成身体失稳、滑倒,从而造成人员高空坠落、落物伤人等事故 ⑧钢管脚手架搭设在高压架空电线的安全距离内,且没有任何防护措施,造成施工人员因不小心触电伤亡事故 ⑨在旷野、空旷地带和落雷区的脚手架,或高出相邻建筑物的脚手架,未按有关规定装置避雷设施,造成雷击伤亡事故
间接原因	①管理不到位 ②工人操作安全意识不强

12.4.5 脚手架的维护

脚手架的维护见表12-11。

表 12-11　脚手架的维护

项目	内容
脚手架的维护	①及时做好回收、清理、保管、整修、防锈、防腐等工作，降低损耗率 ②用完的脚手架料和构件、零件要及时回收，分类整理、分类存放。堆放地点要平坦，排水良好。堆放时下面要设支垫 ③弯曲的钢杆件要调直，损坏的构件要修复，损坏的扣件、零件要更换 ④做好钢铁件的防锈和木制件的防腐处理 ⑤搬运长钢管、长角钢时，应采取措施防止弯曲。拆架应拆成单片装运，装卸时不得抛丢，以防止损坏

12.5　垂直运输工程

12.5.1　垂直运输架

1. 龙门垂直运输架

龙门垂直运输架由两根立柱及天轮梁（横梁）构成。立柱由若干个格构柱用螺栓拼装而成，而格构柱用角钢及钢管焊接而成或直接用厚壁钢管构成门架。龙门垂直运输架设有滑轮（天轮、地轮）、导轨、吊盘、安全装置以及起重索、缆风绳等，其构造如图 12-13 所示。

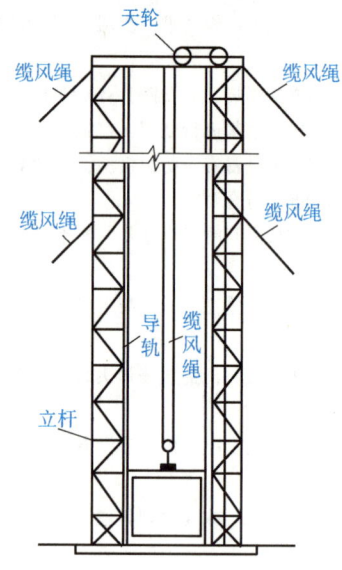

图 12-13　龙门垂直运输架基本构造示意图

龙门垂直运输架的构造要求见表 12-12。

表 12-12　龙门垂直运输架的构造要求

项目	内容
龙门垂直运输架的构造要求	①龙门架一般单独设置，也可在外脚手架的外侧或转角部位设置，拉设缆风绳保持稳定。当设在外脚手架的中间时，应设拉杆将龙门架的立柱与脚手架拉结，但在垂直脚手架方向仍需设置缆风绳并设附墙拉结，脚手架本身也适当设置剪刀撑予以加强

（续）

项目	内容
龙门垂直运输架的构造要求	②龙门架竖立前要做好组装就位工作，装好起重滑轮组，系好起重绳、缆风绳，立杆要用杉木杆进行加固，准备好固定缆风绳的地锚，并进行详细检查，确认安全可靠方可竖立 ③龙门架的安装：一般高度不大的龙门架，在地面组装好后可直接拉动缆风绳竖立；高度和质量较大的龙门架，可采取整体或分节用独脚桅杆或起重机进行安装。采用分节安装时，每安装一节立柱后，应拴好缆风绳或加设临时支撑固定

2. 型钢井架

型钢井架的构造要求见表 12-13，其构造图如图 12-14 所示。

表 12-13　型钢井架的构造要求

项目	内容
型钢井架的构造要求	①井架制作要求杆件尺寸和螺栓连接孔位置准确，不得随意割孔 ②地基应坚实平整，底部应设置枕木或混凝土基座并固定 ③立杆安装要垂直，其垂直度偏差不得超过 1/400 ④斜撑要随接高随设置，并用螺栓固定 ⑤导轨应垂直，其垂直度偏差不得大于 ±10mm ⑥缆风绳宜对称设置，对角的两根安装时应同时收紧，使受力均衡，保持稳定 ⑦设置桅杆的井架，使用前应进行荷载试验，经检查没有变形等情况方可使用

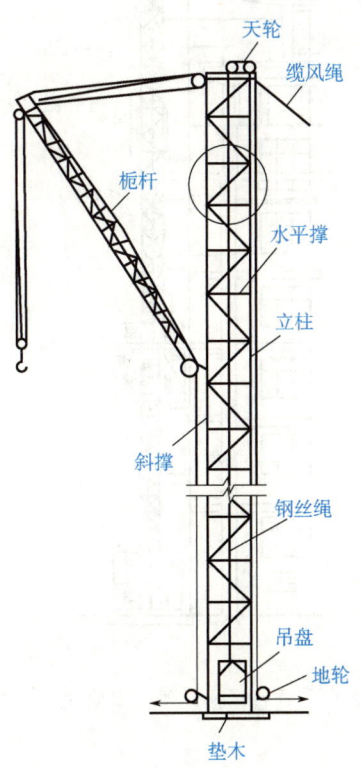

图 12-14　型钢井架构造图

12.5.2　垂直运输设备

建筑施工外用电梯（又称施工升降机）是高层建筑施工垂直运输的重要设备，附着在外墙或其他结构部位上，随建筑物升高而接高，架设高度可达200m。外用电梯由导轨架（井架）、底笼（外笼）、梯笼、平衡箱以及动力传动装置、安全和附墙装置等构成，在形式上有单笼和双笼之分，其相关安装要求见表12-14，构造图如图12-15所示。

表 12-14　建筑施工外用电梯安装要求

项目	内容
建筑施工外用电梯安装要求	①电梯导轨架应按标准加工，要求保证安装精度（平直、两端连接孔同心、表面平整） ②导轨架应设在混凝土基础上，并用锚固螺栓固定 ③安装好的电梯应按试车程序进行试车，使达到正常运行条件后方可使用 ④电梯导轨安装必须垂直，在任何高度上的垂直偏差均不超过10mm。导轨架的接高与附墙支撑和站台结构的装设应协调同步进行 ⑤电梯架设使用前和满载时，均应做电动机制动效果的检查（要求点动1m高度，停2min，里笼无下滑现象）

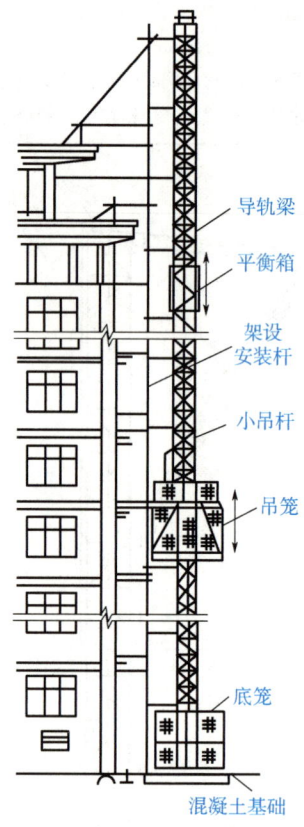

图 12-15　垂直运输设备（升降机）构造图

第 13 章

装配式建筑工程

在学习本章之前，我们来区分以下相关名词术语：

混凝土结构：以混凝土为主制成的结构，包括素混凝土结构、钢筋混凝土结构和现浇混凝土结构。按施工方法可分为现浇混凝土结构和装配式混凝土结构。

装配式混凝土结构：由预制混凝土构件通过各种可靠的连接方式装配而成的混凝土结构。

装配整体式混凝土结构：由预制混凝土构件通过各种可靠的方式进行连接并与现场后浇混凝土、水泥基灌浆料形成的装配式混凝土结构。

13.1 装配整体式混凝土结构材料与构件

13.1.1 装配整体式混凝土结构的主要材料

装配整体式混凝土结构常用的材料包括混凝土、钢筋、型钢、连接材料及其他材料等。

1. 混凝土

混凝土是由胶凝材料、骨料和水（或不加水）按适当的比例配合、拌和制成的混合物，经一定的时间硬化而成的人造石材。混凝土的材料要求：混凝土的各项力学性能指标和有关结构耐久性的要求符合国家标准《混凝土结构设计规范》（GB 50010—2010）（2015 年版）规定。

预制构件的混凝土强度等级不宜低于 C30，预制预应力构件的混凝土强度等级不宜低于 C40，且不应低于 C30。现浇混凝土强度等级不应低于 C25。

2. 钢筋

钢筋在装配式混凝土结构建筑中包括光圆钢筋和带肋钢筋。钢筋具有较好的抗拉、抗压强度，同时与混凝土之间具有很好的握裹力。因此两者结合形成钢筋混凝土，既充分发挥了混凝土的抗压强度，又充分发挥了钢筋的抗拉强度。

3. 型钢

型钢是一种有一定截面形状和尺寸的条形钢材，按其冶炼质量不同，型钢可分为普通型钢和优质型钢。普通型钢按照其断面形状又可分为工字钢、槽钢、角钢和圆钢等。

4. 连接材料

①钢筋连接用灌浆套筒。通过水泥基灌浆料的传力作用将钢筋对接连接所用的金属套筒，通常采用铸造工艺或者机械加工工艺制造，包括全灌浆套筒（水平构件）和半灌浆套筒（竖向构件）两种形式。如图 13-1 和图 13-2 所示。

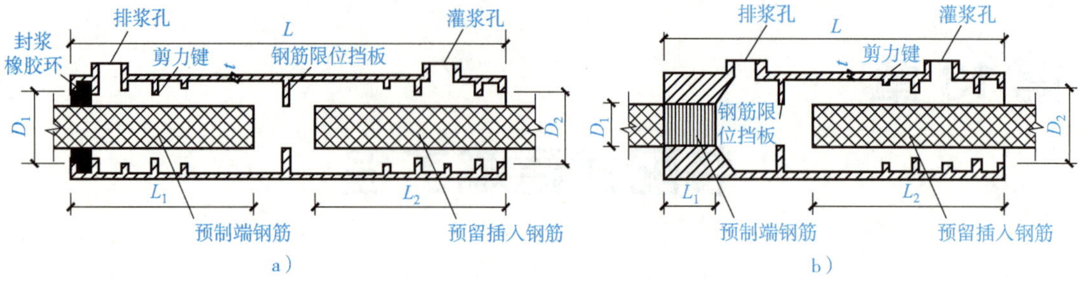

图 13-1 全灌浆套筒连接示意图
a) 全套筒灌浆接头 b) 半套筒灌浆接头

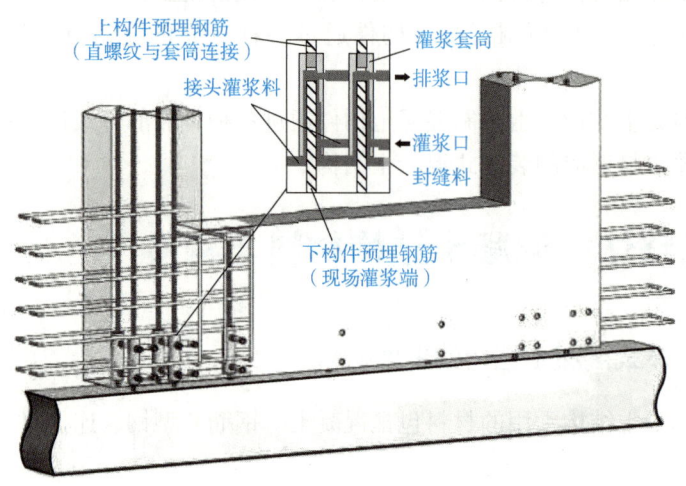

图 13-2 半套筒灌浆连接示意图

②钢筋连接用灌浆套筒连接料。以水泥为基本材料，配以适量的细骨料，以及混凝土外加剂和其他材料组成的干混料，加水搅拌后具有良好的流动性、早强、高强、微膨胀等性能，填充于套筒和带肋钢筋间隙内。

5. 其他材料

①保温材料：夹心外墙板宜采用 EPS 板或 XPS 板等作为保温材料。
②外墙保温拉结件。
③预埋件。
④外装饰材料。

13.1.2 装配整体式混凝土结构的基本构件

装配整体式混凝土结构的基本构件主要包括预制混凝土柱、预制混凝土梁、预制混凝土剪力墙、预制混凝土楼面板、预制混凝土楼梯、预制混凝土阳台、空调板、女儿墙和围护结构等，如图 13-3 所示。这些主要受力构件通常在工厂预制加工完成，待强度等符合规范要求后运输至施工现场进行现场装配施工。

1. 预制混凝土柱

预制混凝土柱按制造工艺分为预制混凝土实心柱、预制混凝土矩形柱壳。预制柱的截面形状一般为正方形或矩形，边长不宜小于 400mm，且不宜小于同方向梁宽的 1.5 倍，如图 13-4 所示。

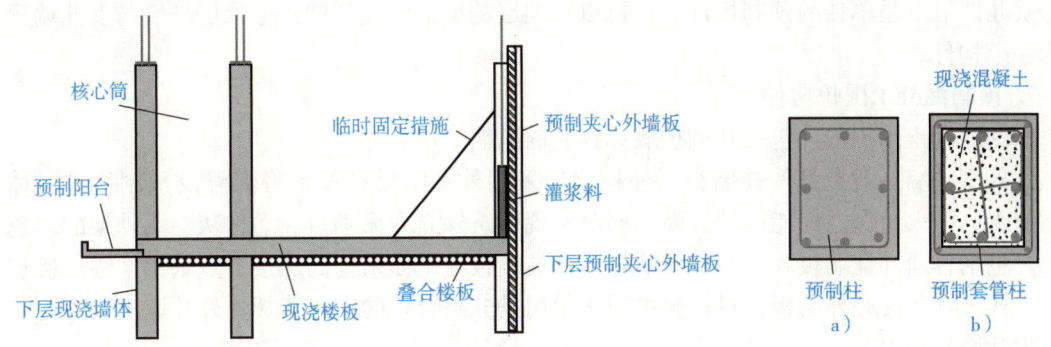

图 13-3　装配整体式混凝土结构基本构成　　图 13-4　预制混凝土柱截面形式

2. 预制混凝土梁

预制混凝土梁根据制造工艺不同，可分为预制实心梁和预制叠合梁两种。预制实心梁制作简单，自重较大，多用于厂房和多层建筑中。预制叠合梁便于预制柱和叠合楼板连接，整体性强、运用广泛。

3. 预制混凝土剪力墙

预制混凝土剪力墙可分为预制实心剪力墙和预制叠合剪力墙。

相对于现浇的剪力墙而言，预制剪力墙可以将墙体完全预制或做成中空，剪力墙的主筋需要在现场完成连接。在预制剪力墙外表面反打上外保温及饰面材料。一般部位的剪力墙可采用部分预制、部分现浇，也可全部预制；底部加强部位的剪力墙宜现浇。

4. 预制混凝土楼面板

预制混凝土楼面板按照制作工艺不同，分为预制混凝土叠合板、预制混凝土实心板、预制混凝土空心板和预制混凝土双 T 板等。

预制混凝土叠合板的预制部分厚度通常为 60mm，叠合楼板在施工现场安装到位后要进行二次浇筑，从而成为整体实心楼板。

预制混凝土实心板制作较为简单，其连接设计根据抗震构造等级的不同而有所不同。

预制混凝土空心板和预制混凝土双 T 板通常适用于较大跨度的多层建筑。预制混凝土双 T 板跨度可达 20m 以上，如用高强轻质混凝土则可达 30m 以上。

5. 预制混凝土楼梯

预制混凝土楼梯外观更加美观，避免在施工现场支模浇筑，节约工期。预制简支楼梯受力明确，安装后可做施工通道，解决垂直运输问题，保证了逃生通道的安全。预制钢结构楼梯，更适用建筑效果要求的异型楼梯，采用钢结构时设计及施工简便，应注意进行防腐防锈处理，并采取防火处理措施。

6. 预制混凝土阳台、空调板、女儿墙

预制混凝土阳台通常包括预制实心阳台和预制叠合阳台。预制阳台板能够克服现浇阳台的缺点，解决了阳台支模复杂，现场高空作业费时、费力的问题。

预制混凝土空调板通常采用预制实心混凝土板，板侧预留钢筋与主体结构相连；预制空调板可与外墙板或楼板通过现场浇筑相连，也可与外墙板在工厂预制时做成一体。

女儿墙处于屋顶处外墙的延伸部位，通常有立面造型，采用预制混凝土女儿墙的优势是能快速安装、节省工期并提高耐久性。

女儿墙可以是单独的预制构件，也可以是顶层的墙板向上延伸，把顶层外墙与女儿墙预制为一个构件。

7. 预制混凝土围护构件

预制混凝土围护构件包括外围护墙和预制内隔墙。

①外围护墙一般指是外挂墙板，外挂墙板采用外饰面反打技术将保温及预制构件一体化，防水、防火及保温性能得到提高，同时实现建筑外立面无砌筑、无抹灰、无外架的绿色施工。包括普通外挂墙板和夹心外挂墙板。外挂墙板与主体结构的连接节点采用柔性连接点支承方式。预制夹心外墙板，目前国内通常采用是非组合式的夹心墙板，外叶墙板仅作为荷载，内叶墙板受力。

②预制内隔墙是指在预制厂或加工制成供建筑装配用的混凝土板型构件，可以提高工厂化、机械化施工程度，减少现场湿作业，节约现场用工，克服季节影响，缩短建筑施工周期。内隔墙在工程预制时可以预埋管线，减少现场二次开槽，降低现场工作量。推广采用绿色材料 ALC 板或蒸压陶粒混凝土板，其具有自重轻，安装便捷，无抹灰等特点。

13.2 装配式建筑生产、存放与运输

13.2.1 建筑构件的生产

1. 建筑构件生产的优势

①能够实现成批工业化生产，节约材料，降低施工成本。

②有成熟的施工工艺，有利于保证构件质量，特别是进行标准定型构件的生产，预制构件厂（场）施工条件稳定，施工程序规范，比现浇构件更易于保证质量。

③可以提前为工程施工做准备，施工时将达到强度的预制构件进行安装，可以加快工程进度，降低工人劳动强度。

2. 构件制作工艺

根据生产过程中组织构件成型和养护的不同特点，预制构件制作工艺可分为台座法、机组流水法和传送带流水法 3 种。目前，预制外墙、预制楼梯、预制阳台等仍以台座法生产为主，部分标准化生产的预制内隔墙条板已经实现了机组流水法或传送带流水法。

①台座法。台座是表面光滑平整的混凝土地坪、胎模或混凝土槽，也可以是钢结构。构件的成型、养护、脱模等生产过程都在台座上进行。

②机组流水法。机组流水法是在车间内根据生产工艺的要求将整个车间划分为几个工段，每个工段皆配备相应的工人和机具设备，构件的成型、养护、脱模等生产过程分别在有关的工段循序完成。

③传送带流水法。传送带流水法是指模板在一条呈封闭环形的传送带上移动，各个生产过程都在沿传送带循序分布的各个工作区中进行。

3. 预制构件的成型

常用的振捣方法有振动法、挤压法和离心法等，以振动法为主。

①振动法。用台座法制作构件，使用插入式振动器和表面振动器振捣。插入式振动器振捣时宜呈梅花状插入，间距不宜超过300mm。若预制构件要求清水混凝土表面，则插入式振动棒不能紧贴模具表面，否则将留下棒痕。表面振动器振捣的方法分为静态振捣法和动态振捣法两种。前者用附着式振动器固定在模具上振捣，后者是在压板上加设振动器振捣，适宜不超过200mm的平板混凝土构件。

②挤压法。挤压法常用于连续生产空心板，尤其是预制轻质内隔墙时常用。

③离心法。离心法是将装有混凝土的模板放在离心机上，使模板以一定转速绕自身的纵轴旋转，模板内的混凝土由于离心力作用而远离纵轴，均匀分布于模板内壁，并将混凝土中的部分水分挤出，使混凝土密实。离心法常用于大口径混凝土预制排水管生产中。

4. 施工工艺对混凝土预制构件的影响及控制

①振捣。用插入式振捣时，移动间距不应超过振捣棒作用半径的15倍，与侧模应保持至少5cm距离；采用平板振动器时，移位间距应以使振动器平板能覆盖已振实部分10cm左右为宜；采用振动台时，要根据振动台的振幅和频率，通过试验确定最佳振动时间。要掌握正确的振捣时间，振捣至该部位的混凝土密实为止。密实的标志是：混凝土停止下沉，不再冒出气泡，表面平坦、泛浆。

②拆模。预制构件待混凝土达到一定的强度、保持棱角不被破坏时，方可进行拆模。拆模时要小心，避免外力过大损坏构件。拆模后构件若有少许不光滑、边角不齐，可及时进行适当修整。

③养护。拆模后要按规定进行养护，使其达到设计强度。避免因养护不到位造成浇筑后的混凝土表面出现干缩、裂纹，影响预制件外观。当气温低于5℃时，应采取覆盖保温措施，不得向混凝土表面洒水。

5. 建筑构件生产线的建立

根据装配式建筑要求及土地现状进行厂区规划及投资费用估算，提供预制混凝土构件产品生产的全部工艺内容，并根据产能需求及生产工艺特点提供生产系统规划。提供装配式建筑工厂的全套工艺技术服务，包含厂区规划、生产线工艺规划、厂内物流系统、厂外物流系统、垂直起吊系统、安全防护系统、生产工艺系统人员配置、给水排水系统和蒸汽养护系统等。

13.2.2 构件的存放与运输

1. 构件主要存贮方式

目前，国内的装配式建筑预制混凝土构件的主要贮存方式有车间内专用贮存架或平层叠放，室外专用贮存架、平层叠放或散放等方式。如果贮存方式或专用的贮存架不合理，将对构件产生不良影响（例如，贮存时损坏了构件的定位孔或连接钢筋，构件将不能正常使用）。因此，必须找好贮存的场地，确定合理的贮存方式。

2. 构件的运输

①构件运输准备工作。构件运输准备工作主要包括制定运输方案、设计并制作运输架、验算构件强度和清查构件。

a. 制定运输方案。此环节需要根据运输构件实际情况，装卸车现场及运输道路的情况，施工单位或当地的起重机械和运输车辆的供应条件以及经济效益等因素综合考虑，最终选定运输方法，选择起重机械（装卸构件用）、运输车辆和运输路线。运输线路的制定应按照客户指定的地点及货物的规格和重量制定特定的路线，确保运输条件与实际情况相符。

b. 设计并制作运输架。根据构件的重量和外形尺寸进行设计制作，且尽量考虑运输架的通用性。

c. 验算构件强度。对钢筋混凝土屋架和钢筋混凝土柱子等构件，根据运输方案所确定的条件，验算构件在最不利截面处的抗裂度，避免在运输中出现裂缝。如有出现裂缝的可能，应进行加固处理。

d. 清查构件。清查构件的型号、质量和数量，有无加盖合格印和出厂合格证书等。

②构件主要运输方式。装配式建筑构件的运输方式是指构件在运输过程中的摆放方式，不同类型的构件在运输过程中的摆放方式是不同的。应根据构件的类型、大小和材料性质建立科学合理的运输方案。

a. 立式运输方式。在低盘平板车上安装专用运输架，墙板对称靠放或者插放在运输架上。对于内、外墙板和PCF板等竖向构件多采用立式运输方案，如图13-5所示。

b. 平层叠放运输方式。将预制构件平放在运输车上，一件一件往上叠放在一起进行运输。

叠合板、阳台板、楼梯、装饰板等水平构件多采用平层叠放方式运输。叠合楼板，标准6层/叠，不影响质量安全可达8层/叠，堆码时按产品的尺寸大小堆叠；预应力板：堆码 8~10 层/叠；

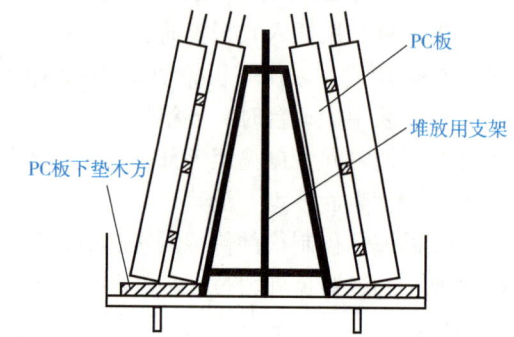

图 13-5　预制板立式运输

叠合梁，2~3层/叠（最上层的高度不能超过挡边一层），考虑是否有加强筋向梁下端弯曲。除此之外，对于一些小型构件和异型构件，多采用散装方式进行运输。

③控制合理运输半径。运输距离由于还与运输路线相关，而运输路线往往不是直线，运输距离还不能直观地反映布局情况，故提出了合理运输半径的概念。

根据预制构件运输经验，实际运输距离平均值比直线距离长20%左右，因此将构件合理运输半径确定为合理运输距离的80%较为合理。

13.3　装配式建筑基础的类型与施工

13.3.1　基础类型与构造

1. 装配式建筑基础类型

装配式建筑的基础一般都采用钢筋混凝土基础，由于装配式建筑的基础与钢筋混凝土结构建筑的基础无太大差异，因此也把装配式建筑的常用基础分为浅基础和桩基础，如图13-6所示。

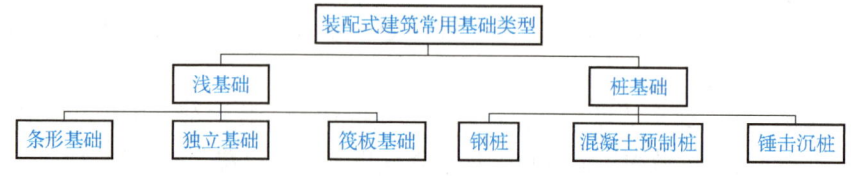

图 13-6　装配式建筑常用基础类型

2. 装配式建筑基础的构造

装配式建筑基础的构造具体内容见表 13-1。

表 13-1 装配式建筑基础构造的具体内容

名称	内容
条形基础	当地基较为软弱、柱荷载或地基压缩性分布不均匀,以至于采用扩展基础可能产生较大的不均匀沉降时,常将同一方向(或同一轴线)上若干柱子的基础连成一体而形成柱下条形基础
独立基础	建筑物上部结构采用框架结构或单层排架结构承重时,基础常采用圆柱形和多边形等形式的独立式基础,这类基础称为独立式基础,也称单独基础
筏板基础	筏板基础又称筏形基础,即满堂基础或满堂红基础,是把柱下独立基础或者条形基础全部用连系梁联系起来,下面再整体浇筑底板。由底板、梁等整体组成
钢桩	钢桩施工适用于一般钢管桩或 H 型钢桩基础工程
混凝土预制桩	提前在预制厂用钢筋、混凝土经过加工后得到的桩
锤击沉桩	锤击沉桩是利用桩锤下落时的瞬时冲击机械能,克服土体对桩的阻力,使其静力平衡状态遭到破坏,导致桩体下沉,达到新的静压平衡状态,如此反复地锤击桩头,桩身也就不断地下沉。锤击沉桩是预制桩最常用的沉桩方法之一

13.3.2 地基的定位与放线

1. 定位的基本方法

建筑四周外廓主要轴线的交点决定了建筑在地面上的位置,称为定位点或角点。建筑的定位是根据设计条件,将定位点测设到地面上,作为细部轴线放线和基础放线的依据。由于设计条件和现场条件不同,建筑的定位方法也有所不同,三种常见的定位方法见表 13-2。

表 13-2 建筑定位的基本方法

定位方法	内容	图例
根据控制点定位	如果待定位建筑的定位点设计坐标已知,且附近有高级控制点可供利用,可根据实际情况选用极坐标法、角度交会法或距离交会法来测设定位点。在这三种方法中,极坐标法是用得最多的一种定位方法	无
根据建筑方格网和建筑基线定位	如果待定位建筑的定位点设计坐标已知,并且建筑场地已设有建筑方格网或建筑基线,可利用直角坐标系法测设定位点。适用于附近有建筑基线、建筑方格网或导线的定位	

(续)

定位方法	内容	图例
根据与原有建筑和道路的关系定位	如果设计图上只给出新建筑与附近原有建筑或道路的相互关系，而没有提供建筑定位点的坐标，周围又没有测量控制点、建筑方格网和建筑基线可供利用，可根据原有建筑的边线或道路中心线将新建筑的定位点测设出来。适用于无控制网的定位	已有　新建 延长直线法

2. 定位标志桩的设置

依照上述定位方法进行定位的结果是测定出建筑物的四廓大角桩，进而根据轴线间距尺寸沿四廓轴线测定出各细部轴线桩。但施工中要开挖基槽或基坑，必然会把这些桩点破坏掉。为了保证挖槽后能够迅速、准确地恢复这些桩位，一般采取先测设建筑物四廓各大角的控制桩，即在建筑物基坑外 1~5m 处，测设与建筑物四廓平行的建筑物控制桩（俗称保险桩，包括角桩、细部轴线引桩等构成建筑物控制网），作为进行建筑物定位和基坑开挖后开展基础放线的依据。

3. 放线

建筑物四廓和各细部轴线测定后，即可根据基础图及土方施工方案用白灰撒出灰线，作为开挖土方的依据。

放线工作完成后要进行自检，自检合格后应提请有关技术部门和监理单位进行验线。验线时首先检查定位，依据桩有无变动及定位条件的几何尺寸是否正确，然后检查建筑物四廓尺寸和轴线间距，这是保证建筑物定位和自身尺寸正确性的重要措施。

对于沿建筑红线兴建的建筑物在放线并自检以后，除了提请有关技术部门和监理单位进行验线以外，还要由城市规划部门验线，合格后方可破土动工，以防新建建筑物压红线或超越红线的情况发生。

4. 基础放线

根据施工程序，基槽或基坑开挖完成后要做基础垫层。当垫层做好后，要在垫层上测设建筑物各轴线、边界线、基础墙宽线和柱位线等，并以墨线弹出作为标志，这项测量工作称为基础放线。这是最终确定建筑物位置的关键环节，应在对建筑物控制桩进行校核并合格的情况下，再依据它们仔细施测出建筑物主要轴线，再经闭合校核后，详细放出细部轴线，所弹墨线应清晰、准确，精度要符合《砌体结构工程施工质量验收规范》（GB 50203—2011）中的有关规定，基础放线尺寸的允许偏差要求见表 13-3。

表 13-3 基础放线尺寸的允许偏差

长度 L、宽度 B 的尺寸/m	允许偏差/mm
$L(B) \leq 30$	±5
$30 < L(B) \leq 60$	±10
$60 < L(B) \leq 90$	±15
$L(B) > 90$	±20

13.3.3 钢筋混凝土基础的施工

以钢筋混凝土、筏板基础、条形基础和独立基础的施工工艺流程见表13-4。

表13-4 钢筋混凝土基础施工流程

名称	施工工艺流程	施工要点
筏板基础	模块的加工及拼装→钢筋制作和绑扎→混凝土浇筑及养护	①开挖基坑时应注意保持基坑底土的原状结构,尽量不要扰动。当采用机械开挖基坑时,在基坑地面设计标高以上保留200~400mm厚土层,采用人工挖除并清理干净。如果不能立即进行下道工序施工,应保留100~200mm厚土层,在下道工序施工前挖除,以防止地基土被扰动。在基坑验槽后,应立即浇筑混凝土垫层 ②基础浇筑完毕,表面应覆盖和进行洒水养护,并防止浸泡地基。待混凝土强度达到设计强度的25%以上时,即可拆除梁的侧模 ③当混凝土基础达到设计强度的30%时,应进行基坑回填。基坑回填应在四周同时进行,并按基底排水方向由高到低分层进行
条形基础	模块的加工与装配→基础浇筑→基础养护	①地基开挖时如有地下水,应降低地下水位至基坑底50cm以下部位,保持在无水的情况下进行土方开挖和基础结构施工 ②侧模在混凝土强度保证其表面及棱角不因拆除模板而受损坏后方可拆除,底模的拆除根据早拆体系中的规定进行
独立基础	清理及垫层浇筑→独立基础钢筋绑扎→模板安装→清理→混凝土浇筑→混凝土振捣→混凝土找平→混凝土养护	①顶板的弯起钢筋、负弯矩钢筋绑扎好后,应做保护,不准在上面踩踏行走。浇筑混凝土时应派钢筋工专门负责修理,保证负弯矩钢筋位置的正确性 ②泵送混凝土时,注意不要将混凝土泵车内剩余混凝土降低到20cm,以免吸入空气 ③控制坍落度,在搅拌站及现场由专人管理,每隔2~3h测试一次

13.4 装配式工业厂房安装施工

13.4.1 构件安装与校正

1. 准备工作

①提前将现浇部位伸出的套筒连接钢筋位置及垂直度调整到位,并将钢筋表面及构件安装部位的混凝土表面上的灰浆、油污及杂物清理干净。

②提前对预制构件外观质量、几何尺寸、表面平整度、预留钢筋、预埋件、预留洞等进行检查,并检查钢筋连接套筒(或浆锚孔)是否垂直及内部是否堵塞,如有问题须及时更换或处理。

③提前准备好构件吊运安装所需的吊具、索具等吊运安装工具,并进行检查和维护。

④提前在构件上安装好随构件一同吊运安装的防护栏、防护架或防护绳等安全防护设备。

⑤在构件就位之前,应设置好构件底部标高控制螺栓或垫片,并测好设计标高,如图13-7所示。

2. 构件吊运及安装

①在被吊装构件上系好牵引绳,保证安全牢固。

②将吊具索具安装吊挂到起重设备的吊钩上,并与构件上的吊挂点进行安装连接,检查是否牢固。

③构件缓慢起吊,提升到约半米高度,观察没有异常现象,待吊索平衡,再继续吊起。

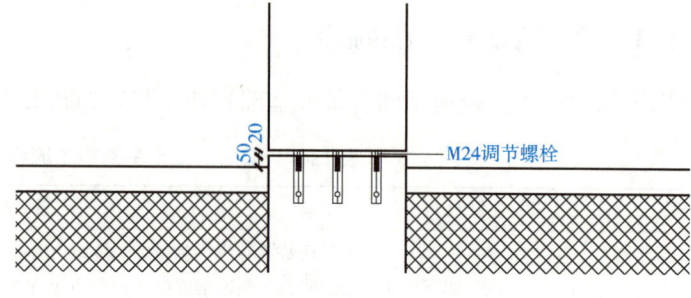

图 13-7　预制柱标高控制螺栓示意图

④柱子吊装是从平躺状态变成竖直状态,在翻转时,柱子底部须隔垫硬质聚苯乙烯或橡胶轮胎等软垫,如图 13-8 所示。

⑤将构件吊至比安装作业面高出 3m 以上且高出作业面最高设施 1m 以上高度时,再平移构件至安装部位上方,然后缓慢下降高度。

⑥构件接近安装部位时稍作停顿,安装人员利用牵引绳控制构件的下落位置和方向。

3. 构件调整校正及临时固定

①构件高度接近安装部位约 1m 处,安装人员手扶构件引导就位。

②构件就位过程中须慢慢下落、平稳就位,柱子、剪力墙板及莲藕梁的套筒(或浆锚孔)对准下部构件伸出钢筋,如图 13-9 和图 13-10 所示。叠合板、梁等构件对准放线弹出的位置或其他定位标识。楼梯板安装孔对准预埋件等。

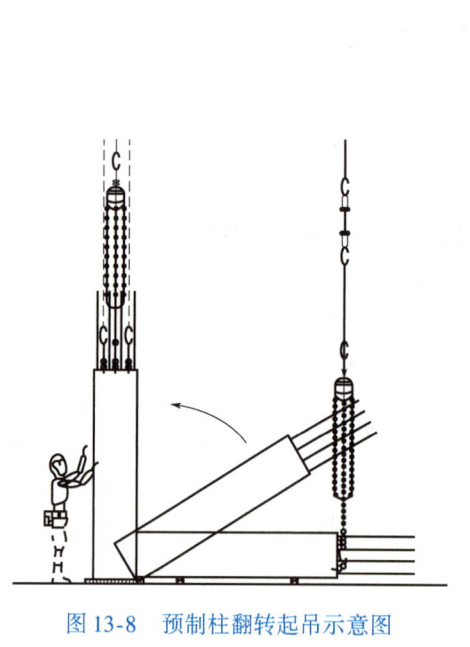

图 13-8　预制柱翻转起吊示意图

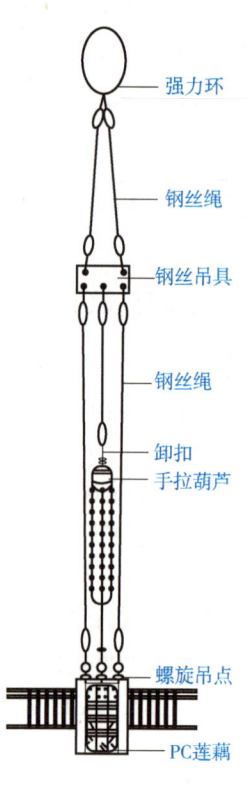

图 13-9　莲藕梁吊装示意图

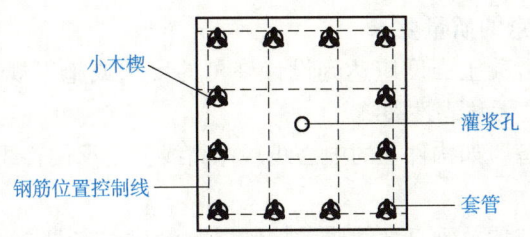

图 13-10　莲藕梁柱主筋控制示意图

③如果构件安装位置和标高大于允许误差，需进行微调。

④水平构件安装后，检查支撑体系的支撑受力状态，对于未受力或受力不平衡的情况进行微调。

⑤柱子、剪力墙板等竖直构件和没有横向支承的梁须架立斜支撑，并通过调节斜支撑长度调节构件的垂直度。垂直度的校正，需要在构件临时固定后进行，如图 13-11 和图 13-12 所示。

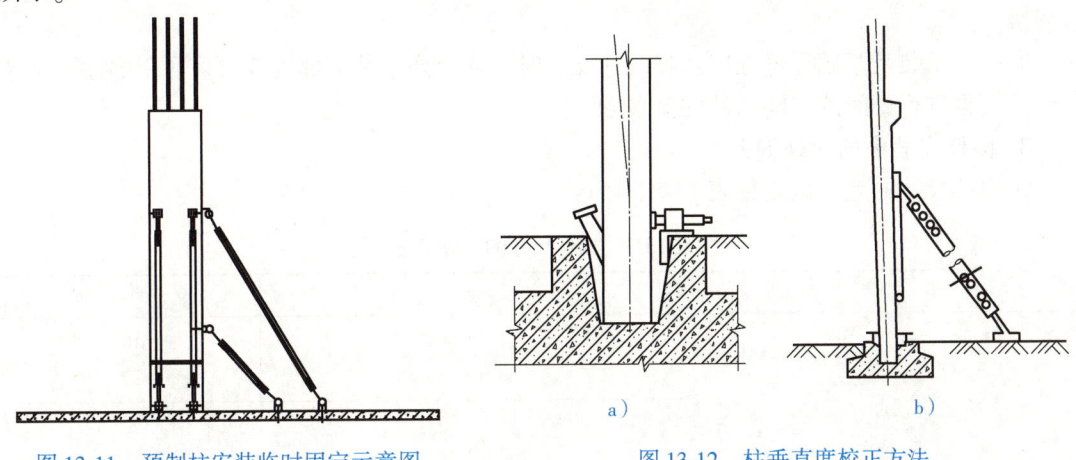

图 13-11　预制柱安装临时固定示意图

图 13-12　柱垂直度校正方法
a) 千斤顶校正法　b) 钢管撑杆法

13.4.2　构件安装质量检验

1. 预制构件应注意的质量要求

①构件尺寸必须准确。制作前一定要认真读懂图纸，保证构件尺寸的准确，控制预制时模板尺寸，浇灌时减少模板变形。

②构件强度必须符合设计要求。使用钢筋、水泥及其他原材料都应进行检验。混凝土计量和配比应准确，钢筋应做好隐蔽检查和钢筋质量的复检，预埋件的位置要准确且安放牢固，焊接符合要求。

③预应力张拉构件控制应力要符合设计，灌浆要及时，钢筋、钢绞线、锚具等要有质量保证。张拉时的混凝土强度应达到设计要求。

④所有构件的混凝土试块应有资料作为旁证依据。原材料质量保证书、复验书也应齐全。

⑤对完成构件的外观质量要符合规定要求。

2. 构件吊装中应注意的质量要求

①构件吊装时,其混凝土强度应达到设计许可的要求或施工规范规定的要求(不低于设计强度的70%)。构件无危害性裂缝。

②充分做好施工准备,如构件上的中心线、标高线、支承位置线都应正确标记,并应经施工人员复检合格。

③抓好柱子吊装的位置及垂直度的质量控制。测量仪器本身必须无误差,观测要认真,校正要负责。

④吊点位置要选准,吊索与构件水平面成角不小于45°。必要时进行吊点验算及采用加强加固措施。

⑤构件安装中及就位后,应具备临时固定的措施和工具,保证构件临时稳定,防止倾倒砸坏构件自身和其他构件,影响整个质量。

⑥安装的构件,必须经过校正达到符合要求后,才可正式焊接和浇灌接头的混凝土。

⑦构件中浇灌的接头、接缝,凡承受内力的,其混凝土强度等级应等于或大于构件的强度等级。

⑧柱子吊装及基础灌缝强度达到设计要求时,才允许吊装上部构件。采取全部柱子吊装就位后,再进行开间的节间吊装的流水方法。

3. 构件安装中的允许偏差

①构件尺寸的允许偏差见表13-5。

表13-5 构件尺寸的允许偏差

项目			允许偏差/mm
截面尺寸	长度	板、梁	10 −5
		柱	5 −10
		墙板	5
		薄腹板、桁架	15 −10
	宽度、高度	板、梁、柱、墙板、薄腹梁、桁架	±5
	肋宽、厚度		4 −2
侧向弯曲		板、梁、柱	$l/750$ 且 ≤20
		墙板、薄腹梁、桁架	$l/1000$ 且 ≤20
预埋件		中心线位置	10
		螺栓位置	5
		螺栓外露长度	10 −5
预留孔		中心线位置	5
预留洞		中心线位置	15

(续)

项目		允许偏差/mm
保护层厚度	板	5 / −3
	梁、柱、墙板、薄腹梁、桁架	10 / −5
对角线差	板、墙板	10
表面平整	板、梁、柱、墙板	5
预应力构件孔道预留位置	梁、墙板、薄腹梁、桁架	3

注：1. 受力钢筋保护层厚度的偏差仅在必要时进行检查。
2. 表中 l 为构件长度（mm）。

②构件安装时的允许偏差见表13-6。

表13-6 构件安装时的允许偏差

项目			允许偏差/mm
杯形基础	中心线对轴线		10
	杯底安装标高		0 / −10
柱	中心线对定位轴线的位置		5
	上下柱接口中心线位置		3
	垂直度	柱高≤5m	5
		柱高>5m，<10m	10
		柱高≥10m	l/1000 且≤20
	牛腿上表面和柱顶标高	≤5m	0 / −5
		>10m	0 / −8
梁或吊车梁	中心线对定位轴线的位置		5
	梁上表面标高		0 / −5
屋架	下弦中心线对定位轴线的位置		5
	垂直度	桁架、拱形屋架	1/250 屋架高度
		薄腹梁	5
天窗架	构件中心线对定位轴线的位置		5
	垂直度		1/300 天窗架高度
托架梁	底座中心线对定位轴线的位置		5
	垂直度		10
板	相邻两板下表面平整	抹灰	5
		不抹灰	3

13.4.3 常见质量通病及防治措施

1. 混凝土常见质量通病及防治措施

预制构件混凝土结构表面质量缺陷大致可以分为 7 个方面：麻面、蜂窝、露筋、孔洞、表面破损、不平整及表观微裂纹。

①麻面。麻面是结构构件表面呈现无数的小凹点，而无钢筋暴露的现象，如图 13-13 所示。

防治措施如下：

a. 钢平台、模具表面清理干净，脱模剂应涂刷均匀。

b. 混凝土搅拌时间要适宜，一般应为 1~2min。

c. 浇筑前检查拼缝，对可能漏浆的缝，设法封堵。

图 13-13 混凝土麻面

d. 振捣遵循快插慢拔原则，振动棒插入到拔出时间控制在 20s 为佳，插入下层 5~10cm，振捣至混凝土表面平坦、泛浆、不冒气泡、不显著下沉为止。

e. 新拌制混凝土必须按水泥或外加剂的性质，在初凝前振捣。

②蜂窝。蜂窝是混凝土表面出现蜂窝似的窟窿，如图 13-14 所示。

防治措施如下：

a. 浇捣混凝土时振捣一定要到位，不要漏振，振捣时混凝土气泡要全部排出。

b. 振捣时不能间隔时间过长，不能超过 2h（混凝土初凝），具体根据当时气温。

c. 模具安装前必须清理干净，刷好模板油，避免因模板未清理干净造成蜂窝。

③露筋。露筋即钢筋没有被混凝土包裹而外露，如图 13-15 所示。

图 13-14 混凝土蜂窝

图 13-15 混凝土露筋

处理方法：钢丝刷或压力水冲洗干净后，在表面抹同混凝土强度等级的砂浆，使露筋部分充满，再予抹平，并保证保护层厚度。对于较深露筋，凿去薄弱混凝土和凸出骨料颗粒，洗刷干净后，用比原强度等级高一级的细石混凝土填塞并压实。

防止措施如下：

a. 浇筑混凝土前应检查钢筋及保护层垫块位置是否正确，木模板应充分湿润。

b. 钢筋密集时粗集料应选用适当粒径的石子。

c. 保证混凝土配合比与和易性符合设计要求。

④孔洞。孔洞是指预制构件内存在的孔隙，局部或全部无混凝土，如图 13-16 所示。

处理方法：将周围的松散混凝土和软弱浆膜凿除，用压力水冲洗，支设带托盒的模板，洒水湿润后，用比结构混凝土高一强度等级的半干硬细石混凝土仔细分层浇筑，强力捣实，并养护。凸出结构面的混凝土，待强度达到50%左右后再凿去，表面用1:2水泥砂浆抹平。对面积大而深进的孔洞，将周围的松散混凝土和软弱浆膜凿除，用压力水冲洗，支设带托盒的模板，洒水湿润后，用比结构混凝土高一强度等级的半干硬细石混凝土仔细分层浇筑，强力捣实，并

图 13-16　混凝土孔洞

养护。凸出结构面的混凝土，待强度达到50%左右后再凿去，表面用1:2水泥砂浆抹平。对面积大而深进的孔洞，全部凿除后重新支模，浇捣比结构砼高一强度等级的混凝土。

防止措施如下：

a. 在钢筋密集处及复杂部位，采用细石混凝土浇筑，在模板内充满，认真分层振捣密实，严防漏振，砂石中混有黏土块、模板工具等杂物掉入混凝土内，应及时清除干净。

b. 将孔洞周围的松散混凝土和软弱浆膜凿除，用压力水冲洗，湿润后用高强度等级细石混凝土仔细浇筑、捣实。

⑤表面破损。缺棱、掉角是指预制构件的直角边上的混凝土局部残损掉落，是表面破损的主要表现之一，产生的主要原因是拆模时棱角损坏或拆模过早，拆模后保护不好也会造成棱角损坏，如图 13-17 所示。

处理方法：较小缺棱掉角，可将该处松散石子凿除，用钢丝刷刷干净，清水冲洗后并充分湿润，用同混凝土强度等级的水泥砂浆抹补齐整。较大缺棱掉角，冲洗剔凿清理后，重新支模用高一强度等级的细石混凝土填灌捣实，并养护。

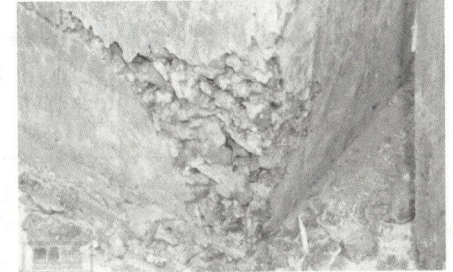

图 13-17　混凝土缺棱、掉角

防止措施如下：

a. 木模板在浇筑混凝土前应充分湿润，混凝土浇筑后应认真浇水养护。

b. 拆除侧面非承重模板时，混凝土应具有1.2MPa 以上强度。

c. 吊运模板，防止撞击棱角，运输时将成品阳角保护好，以免碰损。

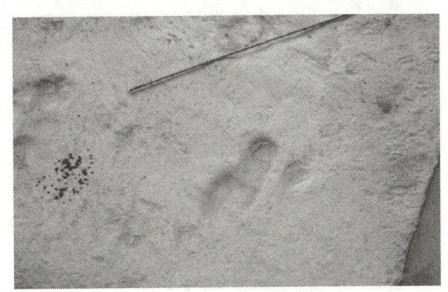

图 13-18　混凝土表面不平整

⑥不平整。不平整是指预制构件表面平整度达不到规范要求，翘曲现场，主要是刮面、收面不到位引起的，如图 13-18 所示。

处理方法：对预制构件表面用靠尺、塞尺进行测量，圈出需修整部位；如凹陷则采用同强度等级的水泥砂浆进行修补；如凸出则用手动磨光机对凸出部位进行打磨，直到平整为止。

防止措施如下：

a. 严格按施工规范操作，浇筑混凝土后，应根据水平控制标志或弹线用抹子找平、压

光，终凝后浇水养护。

b. 模板应有足够的强度、刚度和稳定性，应支设在坚实地基上，有足够的支撑面积，并防止浸水，确保不发生下沉。

c. 混凝土强度达到 1.2MPa 以上，方可在已浇筑结构上走动施工。

⑦表观微裂纹。表观微裂纹是指预制构件表面产生细微裂纹，主要是由于拆模过早、收缩裂纹、起吊强度不足引起，如图 13-19 所示。

处理方法如下：

a. 表面处理法。包括表面涂抹法和表面贴补法。涂抹适用范围是浆材难以灌入的细而浅的裂缝，深度未达到钢筋表面的发丝裂缝，不漏水的缝，不伸缩的裂缝以及不再活动的裂缝。

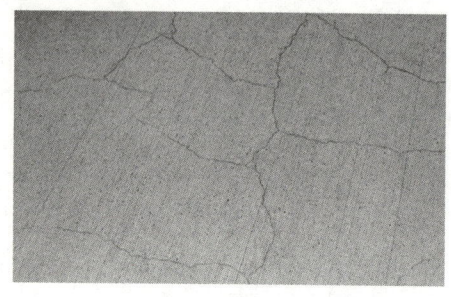

图 13-19　混凝土表观微裂纹

b. 填充法。用修补材料直接填充裂缝，一般用来修补较宽的裂缝，作业简单，费用低。宽度小于 0.3mm、深度较浅的裂缝或是裂缝中有充填物，用灌浆法很难达到效果的裂缝，以及小规模裂缝的简易处理可采取开 V 形槽，然后作填充处理。

2. 钢筋常见质量通病及防治措施

钢筋常见质量通病及防治措施见表 13-7。

表 13-7　钢筋常见质量通病及防治措施

通病现象	原因分析	防治措施
钢筋严重锈蚀	保管不善	①对颗粒状或片状老锈必须清除 ②钢筋除锈后仍留有麻点者，严禁按原规格使用 ③场后加强保管，钢筋进场下垫上盖
钢筋弯曲不直		①采用调直机调直，"死弯"者禁用 ②对严重曲折的钢筋，调直后检查有无裂纹
钢筋脆断	材质或加工工艺问题	①钢筋冷加工的工艺参数必须符合施工规范的规定 ②运输装卸方法不得造成钢筋剧烈碰撞和摔打 ③三级钢筋用电弧点焊必须经过试验鉴定后方可采用
钢筋接头的连接方法和接头数量及布置不符合要求	技术交底不细、工艺控制有误、标准不清、把关不严	①严格技术交底及工艺控制 ②合理配料，防止接头集中 ③正确理解规范中规定的同一截面的含义，分不清钢筋是受拉还是受压时，均按受拉要求施工
钢筋绑扎时缺扣、松扣多，钢筋骨架变形		①控制缺扣、松扣的数量不超过绑扣数的 10%~20%，且不集中 ②钢筋网或骨架的堆放场地平整，运输安装方法正确
弯钩朝向不正确，弯钩在小构件中外露		①弯钩朝向按照施工规范的有关规定执行 ②对薄板等板件弯钩安装后，如超过板厚，将弯钩放斜，以保证有足够的保护层
箍筋端头弯钩形式不符合设计要求和施工规范		①箍筋的弯钩角度和平直段长度严格执行施工规范的规定 ②绑扎钢筋骨架时，防止将箍筋接头重复搭接于一根或两根纵筋上

（续）

通病现象	原因分析	防治措施
钢筋绑扎接头的做法与布置不符合施工规范的规定	技术交底不细、工艺控制有误、标准不清、把关不严	①绑扎接头的搭接长度符合施工规范的规定，其最低要求为搭接长度不小于规定值的95% ②受拉区Ⅰ级钢筋绑扎接头做弯钩
钢筋网中主、负筋放反		①认真看清图纸，并向操作人员进行书面技术交底，复杂部位附有施工草图 ②加强质量检查，认真做好隐蔽工程检验记录
钢筋安装位置偏差过大或垫块设置等固定方法不当，钢筋严重错位		①认真按照施工操作规程及图纸要求施工，并加强自检、互检、交接检 ②控制混凝土的浇灌、振捣成型方法，防止钢筋产生过大位移
钢筋少放或漏放		①加强配料工作，按图核对配料单和料牌 ②钢筋绑扎和安装前认真熟悉图纸和配料单，确定合理的绑扎顺序
钢筋代换不当，造成结构构件的性能下降		钢筋代换除了满足强度要求外，还应满足设计规定的抗裂、刚度、抗震以及构造规定的要求，钢筋代换必须征得设计和监理工程师的同意
钢筋接头的机械性能达不到设计要求和施工规范的规定		①焊接材料、焊接方法与工艺参数，必须符合设计要求及施工组织设计的规定 ②焊工必须有考试合格证，并只准在规定范围内进行焊接操作
接头尺寸偏差过大		①绑条长度符合施工规范的规定，绑条沿接头中心线纵向位移不大于0.5d，接头处弯折不大于4°，钢筋轴线位移不大于0.1d且不大于3mm ②焊缝长度沿绑条或搭接长度满焊，最大误差0.5d
焊缝尺寸不足		①按照设计图的规定进行检查 ②图上无标注和要求时，检查焊件尺寸，焊缝宽度不小于0.7d，焊缝厚度不小于0.3d
咬边焊缝与钢筋交接处有缺口		①选用合适的电流，防止电流过大 ②焊弧不可拉得过长 ③控制焊条角度和运弧方法
电弧烧伤钢筋表面，造成钢筋断面局部削弱，或对钢筋产生脆化作用		①防止带电金属与钢筋接触产生电弧 ②不准在非焊区引弧 ③地线与钢筋接触良好牢固
焊缝中有气孔		①焊条受潮、药皮开裂、剥落以及焊芯锈蚀的焊条均不准使用 ②焊接区洁净 ③适当加大焊接电流，降低焊接速度，使焊缝金属中气体完全外逸 ④雨雪天不准在露天作业
对焊接头脆断		采用"闪光—预热—闪光"对焊工艺，且预热频率采用较低值，以减缓加热和冷却速度
闪光对焊接头未焊透，接头处有横向裂纹		①直径较小钢筋不采用闪光对焊 ②重视热作用，掌握热操作技术要点，扩大加热区域，减小温度梯度 ③选择合适的对焊参数和烧化留量，采用"慢—快—更快"的加速烧化速度

第4篇

施工防护篇

第 14 章

防水工程

14.1 防水基本知识

14.1.1 防水等级与设防要求

防水工程防水等级与设防要求见表 14-1～表 14-4。

表 14-1 屋面防水等级与设防要求

项次	项目	屋面防水等级	
		Ⅰ级	Ⅱ级
1	建筑类型	重要建筑和高层建筑	一般建筑
2	设防要求	两道防水设防	一道防水设防
3	防水层选用材料	应选用合成高分子防水卷材、高聚物改性沥青防水卷材、金属板材、合成分子防水涂料、瓦材等材料	宜选用高聚物改性沥青防水卷材、合成高分子防水卷材、金属板材、合成高分子防水涂料、高聚物改性沥青防水涂料、瓦材等材料
4	防水层做法	卷材防水层和卷材防水层,卷材防水层和涂膜防水层、复合防水层、压型金属板+防水垫层、瓦+防水层	卷材防水层、涂膜防水层、复合防水层、压型金属板、金属面绝热夹芯板、瓦+防水垫层
5	防水层设计使用年限	20 年	10 年

表 14-2 不同建筑防水等级使用材料品种及最小厚度要求 （单位：mm）

材料类别			Ⅰ级	Ⅱ级
每道卷材防水层	合成高分子防水卷材		1.2	1.5
	高聚物改性沥青防水卷材	聚酯胎、玻纤胎、聚乙烯胎	3.0	4.0
		自黏聚酯胎	2.0	3.0
		自黏无胎	1.5	2.0
每道涂膜防水层	合成高分子防水涂膜		1.5	2.0
	聚合物水泥防水涂膜		1.5	2.0
	高聚物改性沥青防水涂膜		2.0	3.0
复合防水层	合成高分子防水卷材 + 合成高分子防水涂料		1.2+1.5	1.0+1.0
	自黏聚合物改性沥青防水卷材（无胎）+ 合成高分子防水涂膜		1.5+1.5	1.2+1.0
	高聚物改性沥青防水卷材 + 高聚物改性沥青防水涂膜		3.0+2.0	3.0+1.2
	聚乙烯丙纶卷材 + 聚合物水泥防水胶结材料		(0.7+1.3)×2	0.7+1.3

（续）

材料类别		Ⅰ级	Ⅱ级
沥青瓦	矿物粒料或片料覆面沥青瓦	2.6	2.6
	金属箔面沥青瓦	2.0	2.0
防水垫层	自黏聚合物沥青防水垫层	1.0	1.0
	聚合物改性沥青防水垫层	2.0	2.0
金属板	压型铝合金板基板	0.9	—
	压型钢板基板	0.6	0.5

表 14-3　地下工程防水等级标准

项次	防水等级	标准要求	适用范围
1	一级	不允许渗水，结构表面无湿渍	人员长期停留的场所；因有少量湿渍会使物品变质、失效的贮物场所及严重影响设备正常运转及工程安全运营的部位；极重要的战备工程、地铁车站
2	二级	①不允许漏水，结构表面可有少量湿渍 ②工业与民用建筑：总湿渍面积不应大于总防水面积（包括顶板、墙面、地面）的 0.1%，单个湿渍的最大面积不大于 0.1m²，任意 100m² 防水面积上的湿渍不超过 2 处	人员经常活动的场所；在有少量湿渍的情况下不会使物品变质、失效的贮物场所及基本不影响设备正常运转和工程安全运营的部位；重要的战备工程
3	三级	①有少量漏水点，不得有线流和漏泥沙 ②单个湿渍的最大面积不大于 0.3m²，单个漏水点的最大漏水量不大于 2.5L/d，任意 100m² 防水面积上的漏水点不超过 7 处	人员临时活动的场所；一般战备工程
4	四级	①有漏水点，不得有线流和漏泥沙 ②整个工程平均漏水量不大于 2L/(m²·d)，任意 100m² 防水面积的平均漏水量不大于 4L/(m²·d)	对渗漏水无严格要求的工程

表 14-4　建筑工程明控法地下工程防水设防

工程部位	防水措施	防水等级			
		一级	二级	三级	四级
主体	防水混凝土	应选	应选	应选	宜选
	防水砂浆 防水卷材 防水涂料 塑料防水板 膨润土防水材料 金属板	应选 1～2 种	应选	宜选 1 种	—

（续）

工程部位	防水措施	防水等级			
		一级	二级	三级	四级
施工缝	遇水膨胀止水条（胶） 中埋式止水带 外贴式止水带 外抹防水砂浆 外涂防水涂料 水泥基渗透结晶型防水涂料	应选2种	应选1~2种	宜选1~2种	宜选1种
后浇缝	补偿收缩混凝土	应选			
后浇缝	遇水膨胀止水条（胶） 外贴式止水带 预埋注浆管 防水密封材料	应选2种	应选1~2种	宜选1~2种	宜选1种
变形缝、诱导缝	中埋式止水带	应选			
变形缝、诱导缝	外贴式止水带 可卸式止水带 防水密封材料 外贴防水卷材 外涂防水涂料	应选1~2种	应选1~2种	宜选1~2种	宜选1种

14.1.2 防水卷材

1. 防水卷材的分类

将沥青类或高分子类防水材料浸渍在胎体上制作成的防水材料产品，以卷材形式提供，称为防水卷材。防水卷材是一种可卷曲的片状防水材料，是建筑工程防水材料中的重要品种之一。

根据主要组成材料不同，防水卷材分为沥青防水卷材、高聚物改性沥青防水卷材和合成高分子防水卷材。

根据胎体的不同，防水卷材分为无胎体卷材、纸胎卷材、玻璃纤维胎卷材、玻璃布胎卷材和聚乙烯胎卷材。

沥青防水卷材是在基胎（如原纸、纤维织物）上浸涂沥青后，再在表面撒布粉状或片状的隔离材料而制成的可卷曲片状防水材料。

2. 防水卷材的性能

防水卷材要求具有良好的耐水性，对温度变化的稳定性（高温下不流淌、不起泡、不滑动；低温下不脆裂），一定的机械强度、延伸性和抗断裂性，一定的柔韧性和抗老化性等。

①耐水性。耐水性是指在水的作用下和被水浸润后其性能基本不变，在压力水作用下具有不透水性，常用不透水性、吸水性等指标表示。

②温度稳定性。温度稳定性是指在高温下不流淌、不起泡、不滑动，低温下不脆裂的性能，即在一定温度变化下保持原有性能的能力。常用耐热度、耐热性等指标表示。

③机械强度、延伸性和抗断裂性。它是指防水卷材承受一定荷载、应力或在一定变形的条件下不断裂的性能。常用拉力、拉伸强度和断裂伸长率等指标表示。

④柔韧性。柔韧性是指在低温条件下保持柔韧的性能。它对保证易于施工、不脆裂十分重要。常用柔度、低温弯折性等指标表示。

⑤大气稳定性。大气稳定性是指在阳光、热、臭氧及其他化学侵蚀介质等因素的长期综合作用下抵抗侵蚀的能力。常用耐老化性、热老化保持率等指标表示。

14.1.3 防水涂料

防水涂料是指涂料形成的涂膜能够防止雨水或地下水渗漏的一种涂料。

1. 防水涂料分类

防水涂料按组成分类,分为沥青基防水涂料、高聚物改性沥青防水涂料和合成高分子防水涂料。按液态类型分类,分为溶剂型、水乳型和反应型。

2. 防水涂料性能

①固体含量。固体含量是指防水涂料中所含固体比例。由于涂料涂刷后依靠其中的固体成分形成涂膜,因此固体含量多少与成膜厚度及涂膜质量密切相关。

②耐热度。耐热度是指防水涂料成膜后的防水薄膜在高温下不发生软化变形、不流淌的性能,即耐高温性能。

③柔性。柔性是指防水涂料成膜后的膜层在低温下保持柔韧的性能。它反映防水涂料在低温下的施工和使用性能。

④不透水性。不透水性是指防水涂料一定水压(静水压或动水压)和一定时间内不出现渗漏的性能。它是防水涂料满足防水功能要求的主要质量指标。

⑤延伸性。延伸性是指防水涂膜适应基层变形的能力。防水涂料成膜后必须具有一定的延伸性,以适应由于温差、干湿等因素造成的基层变形,保证防水效果。

14.1.4 建筑密封的材料

1. 建筑密封材料的分类

建筑密封材料是指能承受接缝位移以达到气密、水密目的而嵌入建筑接缝中的材料。

建筑密封材料分为定型密封材料和不定型密封材料。不定型密封材料通常是指黏稠状的材料,分为弹性密封材料和非弹性密封材料。常用的不定型密封材料有沥青嵌缝油膏、聚氯乙烯接缝膏、塑料油膏、丙烯酸类密封胶、聚氨酯密封胶和硅酮密封胶等。定型密封材料是指具有一定形状和尺寸的密封材料,如密封条带、止水带等。

按构成类型分为溶剂型、乳液型和反应型;按使用时的组分分为单组分密封材料和多组分密封材料;按组成材料分为改性沥青密封材料和合成高分子密封材料。

2. 建筑密封材料的性能

①密封材料有良好的黏结性、抗下垂性,不渗水透气,易于施工。

②在接缝发生形变时,密封材料不应断裂、剥落,具有一定的弹塑性。

③有较长使用寿命。

14.1.5 防水剂

1. 砂浆类防水剂

高级脂肪酸防水剂是以植物提取的高级脂肪酸为主要原料的水泥砂浆、混凝土防水剂。它是新型的防水抗渗建筑材料，用高级脂肪酸类砂浆防水剂搅拌的水泥砂浆或混凝土，不产生微小裂纹和毛细孔，施工后能与水泥基面形成整体，在迎水面和背水面形成与建筑物同寿命周期的永久防水层。

高级脂肪酸类砂浆防水剂具有防水寿命长、适用范围广、施工简单、成本低、安全环保（达口服无毒级别）的特点。

无机铝盐防水剂是以无机物为主体材料的水泥砂浆、混凝土防水剂。它以防水抗渗功能为主，同时兼有微膨胀、增加密实度功能，根据工程需要可配制成减水、缓凝和早强等型号。该防水剂防水效果好，施工简易，工程造价低廉，适用于砂浆或混凝土结构地下工程、水池、水塔、桥梁、涵洞、隧道、码头和堤坝水电站等新建工程的刚性结构自身防水。

2. 有机硅防水剂

有机硅防水剂是单甲基烷合成的高效能防水剂。对于许多建筑材料，尤其是硅酸盐类的建筑材料有很好的亲和作用，能与空气中的二氧化碳作用，自聚形成一层硅树脂防水膜，起到良好的抗水渗透性，它是建筑材料中一种优质廉价的高效防水材料，在国内已被建筑、房修、建材、外装修等行业中广泛采用。

其防水性能好、寿命长、耐酸碱、防污染、防风化，对钢筋无腐蚀且具有膨胀作用，能补偿砂浆和混凝土的收缩性等特点，因其价格低廉、施工方便而深受好评。

14.2 防水工程相关计算

14.2.1 刚性防水屋面施工计算

1. 防水屋面混凝土收缩值

防水屋面的总收缩主要包括干缩、冷缩和碳化收缩三部分。总收缩值与时间因素有关，一般以一年为循环周期，即对龄期为一年的总收缩值进行计算。其方法是在各种基本收缩值的基础上，乘以各种不同的影响折减系数。总收缩值 $\varepsilon_{一年}$ 的计算式如下：

$$\varepsilon_{一年} = K_1 K_2 K_3 K_4 (K_5 \varepsilon_{干} + \varepsilon_{冷} + \varepsilon_{碳}) \tag{14-1}$$

式中 $\varepsilon_{干}$——干缩值，不同相对湿度时，混凝土的干缩值，可由图 14-1 求得（当相对湿度为 50% 时：C20 混凝土约为 380×10^{-6}，C25 混凝土约为 400×10^{-6}，C30 混凝土约为 480×10^{-6}）；

$\varepsilon_{冷}$——冷缩值，用河卵石作骨料的混凝土，其线胀系数为 $(10.1 \sim 11.9) \times 10^{-6}/℃$，而线性冷缩系数为 $8 \times 10^{-6}/℃$；

$\varepsilon_{碳}$——碳化收缩值，根据相对湿度由图 14-2 曲线查得（当相对湿度为 80% 时，一般为 -360×10^{-6}；相对湿度为 90% 时，为 -100×10^{-6}；相对湿度为 25% 及 100% 时，$\varepsilon_{碳} = 0$）；

K_1——纵向钢筋配筋率影响系数；

K_2——横向变形影响系数，对于混凝土 $K_2 = 0.83$；

K_3——龄期影响系数；

K_4——构件暴露于大气中的面积（尺寸）影响系数，通常用一个虚拟厚度 d_m 来决定，$d_m = Bh/(B+h)$（式中，B 为板块宽度，h 为板块厚度）；

K_5——相对湿度影响（折减）系数。

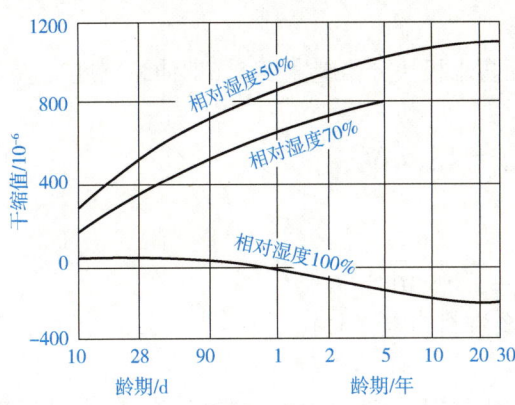

图 14-1　不同相对湿度时混凝土的干缩值示意图　　图 14-2　碳化收缩曲线

2. 防水屋面分格缝

①按板块不出现裂缝的条件确定分格缝间距。

对素混凝土防水板块：

$$L \leqslant L_{max} = \frac{0.15 f_t}{\mu \gamma (1 + h_1/h)} \tag{14-2}$$

对钢筋混凝土防水板块：

为保证板块能克服约束力而自由收缩不开裂，分格缝间距按下式计算：

$$L' \leqslant L'_{max} = \frac{0.2 f_t (1 + 2\alpha_E \rho_3)}{\mu \gamma (1 + h_1/h)} \tag{14-3}$$

式中　L'——分格缝间距（m）；

　　　L'_{max}——分格缝间距最大值（m）；

　　　f_t——混凝土抗拉强度设计值（MPa）；

　　　μ——防水板块地面与搁置面之间的摩擦系数（对可滑动层 $\mu = 0$；一般垫层 $\mu = 0.25 \sim 0.5$；对混凝土 $\mu = 0.9$）；

　　　γ——板块的重力密度（kN/m³）；

　　h、h_1——板块的厚度及其上荷载的折算厚度（mm）；

　　　α_E——钢筋弹性模量 E_s 与混凝土弹性模量的比值，即 $\alpha_E = E_s/E_c$；

　　　ρ_3——钢筋混凝土板块配筋率。

②按嵌缝材料不出现裂缝的条件确定分格缝间距。为保证刚性防水板的总收缩量不超过嵌缝材料（油膏）的有效粘贴延伸量，分格缝间距按下式计算：

$$L'' \leqslant L''_{max} = \frac{\varepsilon_u \delta}{\sum \varepsilon} \tag{14-4}$$

式中 ε_u——嵌缝材料（油膏）的有效延伸率；
　　　δ——分格缝宽度（mm）；
　　　$\sum\varepsilon$——防水板块的总收缩率。

一般情况下，只要嵌缝材料的质量良好，其粘贴延伸率均能满足要求，分格缝的间距主要由防水板块的温度和收缩应力控制。

除以上两项计算外，在结构变形敏感部位和排水方向转折处等位置也应考虑设置必要的分格缝。

③防水屋面板块分格缝宽度计算。屋面防水板块分格缝宽度 δ（即伸缩宽度）应大于板块的伸长量 δ_{max}，按下式计算：

$$\delta \geqslant \delta_{max} = L_{max}\alpha_c\Delta t \tag{14-5}$$

式中 δ——防水板块分格缝宽度（mm）；
　　　L_{max}——防水板块最大长度（m）；
　　　α_c——混凝土的线胀系数，一般取 $\alpha_c = 1.0 \times 10^{-5}/℃$；
　　　Δt——大气最大温度差，根据当地气象资料确定（℃）。

3. 防水屋面板块抗裂性验算

①素混凝土防水板块。素混凝土防水板块在上、下表面温差作用下，应满足下列抗裂条件：

$$\sigma_t \leqslant \frac{f_t}{K} \tag{14-6}$$

式中 f_t——混凝土的抗拉强度设计值（MPa）；
　　　K——素混凝土抗弯构件的强度安全系数，取 $K = 2.65$。

$$\sigma'_t = 0.25\alpha_c\Delta t'E_c \tag{14-7}$$

式中 α_c——混凝土的线胀系数，一般取 $\alpha_c = 1.0 \times 10^{-5}$；
　　　E_c——混凝土的弹性模量；
　　　$\Delta t'$——在骤冷骤热的条件下，防水板块上、下表面的温差，根据当地气象资料或实测数据确定（℃）。

②钢筋混凝土防水板块。钢筋混凝土防水板块在上、下表面温差作用下，应满足下列抗裂条件：

$$\sigma'_t \leqslant \frac{\gamma_s f_t}{K_f} \tag{14-8}$$

式中 γ_s——塑性系数，对矩形截面 $\gamma_s = 1.75$；
　　　K_f——取 1.25；
　　　其他符号意义同前。

此时，式（14-8）可表达为

$$\sigma'_t \leqslant 1.4f_t \tag{14-9}$$

在高温区温差作用下的抗裂验算，计算公式与上述相同，但温度应力 σ' 按下式计算：

$$\sigma'_t \leqslant 0.5\alpha_c E_c \Delta t'' \tag{14-10}$$

式中 $\Delta t''$——取一年高温季节的最大温差或按实测值确定；
　　　其他符号意义同前。

14.2.2 地下防水工程渗漏量计算

在多数情况下，地下工程渗漏水是由于地下水的渗透作用引起的。地下水对地下防水工程衬砌结构的渗透作用和渗透水量，可依据达尔西线性渗透定律，按以下公式计算：

$$Q = KA\frac{h}{L} \tag{14-11}$$

式中　Q——地下水渗透量（m³/s）；
　　　K——渗透系数（m/s），对一般混凝土 K 值取 $2 \times 10^{-6} \sim 2 \times 10^{-5}$ m/s；对防水混凝土 K 值低于 10^{-13} m/s；
　　　A——受水压面积（m²）；
　　　h——水头高度（m）；
　　　L——衬砌厚度（m）。

在上式中，当 A、h 值不变，地下工程的渗透水量与选用的地下结构材料的渗透系数 K 成正比，与地下结构的厚度成反比。因此，结构的渗透系数在一定条件下会影响地下防水工程的质量和造价。

14.2.3 地下槽坑钢板防水层计算

1. 钢板锚固件数量计算

承受外部水压的钢板防水层，固定钢板的锚固件的个数和截面，可根据静水压力的平衡条件按下式计算：

$$n = \frac{4KP}{\pi d^2 f_{st}} \tag{14-12}$$

式中　n——每平方米防水钢板锚固件的个数（个）；
　　　P——钢板防水层所承受的静水压力（kPa）；
　　　K——超载系数，对于水压取 $K = 1.1$；
　　　d——锚固钢筋的直径（mm）；
　　　f_{st}——锚固钢筋抗拉强度设计值（MPa）。

2. 钢板厚度计算

防水层钢板的厚度，根据等强原则，按下式计算：

$$t_n = 0.25d\frac{f_{st}}{f_a} \tag{14-13}$$

式中　t_n——防水钢板厚度（mm）；
　　　f_a——防水钢板承受剪力时的强度，用 Q235 钢时，可取 $f_a = 100$ MPa；
　　　其他符号意义同前。

钢板一般用 3~8mm 厚，材质为 Q235 钢或 Q355 钢板，连接均采用焊接，焊条的规格及材质应满足焊接质量要求。

14.2.4 地下结构涂膜防水层防水涂料用量简易计算

地下涂膜防水层防水涂料使用量，可通过试验测得或使用经验数据，或根据产品使用说明书数据，也可根据以下简易公式计算：

$$G = \frac{b\rho}{C}A \tag{14-14}$$

式中　G——防水涂料理论使用量（kg）；
　　　b——涂料设计厚度（mm）；
　　　ρ——涂料密度（g/m³）；
　　　C——涂料固定质量百分含量；
　　　A——涂刷面积（m²）。

14.2.5　基层含水率控制计算

防水和防腐蚀工程铺贴卷材、板块材或涂刷防腐涂料，根据规范要求基层含水率必须控制在6%以内，以保证粘贴和涂刷质量。具体测定方法是在基层表面3~4处用长钻钻取或常取表层20mm厚度层内的试样。用天平称量，然后将所取试样混合在一起磨碎，在100~105℃的温度下烘至恒重，称取烘干后的质量。含水率可按下式计算：

$$w = \frac{G - G_1}{G} \times 100\% \tag{14-15}$$

式中　w——基层含水率；
　　　G——烘干前试样的质量（g）；
　　　G_1——烘干后试样的质量（g）。

14.3　屋面防水施工

14.3.1　屋面卷材防水施工

1. 找平层

找平层的排水坡度应符合设计要求。平屋面采用结构找坡不应小于3%，采用材料找坡宜为2%；天沟、檐沟纵向找坡不应小于1%，沟底水落差不得超过200mm。

基层与凸出屋面结构的交接处和基层的转角处，找平层均应做成圆弧形。内部排水的水落口周围，找平层应做成略低的凹坑。找平层宜设分隔缝，嵌填密封材料。分隔缝应留设在板端缝处，其纵横缝的最大间距：水泥砂浆或细石混凝土找平层不宜大于6m，沥青砂浆找平层不宜大于4m。

2. 保温层

屋面保温层干燥有困难时宜采用排气屋面，排气道从保温层开始断开至防水层止，排气道通常间距为6m，屋面每36m²宜设置一个排气孔，排气孔应作防水处理。

3. 卷材铺贴方向

屋面坡度小于3%时，卷材宜平行屋脊铺贴；屋面坡度在3%~5%时，卷材可平行或垂直屋脊；屋面坡度大于15%或屋面受振动时，沥青防水卷材应垂直屋脊铺贴，高聚物改性沥青防水卷材和合成高分子防水卷材可平行或垂直屋脊铺贴；上下卷材不得互相垂直铺贴。

4. 卷材铺贴方法

卷材防水层上有重物覆盖或基层变形较大时应优先采用空铺法、点粘法、条粘法或机械固定法，但距屋面周边800mm内以及叠层铺贴的各层卷材之间应满粘；防水层采取满粘施工时，找平层分隔缝处宜空铺，空铺宽度为100mm。在坡度大于25%的屋面上采用卷材防水时，应采取防止卷材下滑的固定措施。

14.3.2 屋面涂膜防水施工

1. 涂膜防水工程施工顺序

涂膜防水的常规施工程序如下：
①施工准备工作。
②基层接缝处理和基层施工。
③涂刷基层处理剂。
④节点和特殊部位附加增强处理。
⑤涂布防水涂料、铺贴胎体增强材料。
⑥防水层清理与检查整修。
⑦保护层施工。

2. 施工要点

①屋面涂膜防水施工中板缝处理和基层施工及其检查是基础，涂料的涂布和胎体增强材料的铺贴是最主要和最关键的工序之一。

②涂膜防水层施工与卷材防水层施工一样，必须按照"先高后低，先远后近"的原则进行，即遇有高低跨屋面，一般先涂布高跨屋面，后涂布低跨屋面。

③在相同高度的大面积屋面上，要合理划分施工段，分段应尽量安排在变形缝处，以便于操作和运输安排。

④在每段中应涂布较远的那一段，最后安排最近的那一段。先涂布排水较集中的水落口、天沟、檐口，再往高处涂布至屋脊或天窗下。

⑤先作节点、附加层，再进行大面积涂布。

⑥一般涂布的方向为顺屋脊方向。

14.3.3 屋面刚性防水施工

1. 施工流程与要点

①屋面结构层施工。屋面结构层为装配式钢筋混凝土屋面板时，应用细石混凝土嵌缝，其强度等级应不小于C20；灌封的细石混凝土宜掺加膨胀剂。当屋面板缝宽度大于40mm时，板缝内应设置构造钢筋，灌缝高度与板面平齐，板端应用密封材料嵌缝密封处理。

②找平层施工。当结构层为装配式混凝土板时，应对板缝进行处理。

③隔离层施工。在找平层上干铺塑料膜、土工布或卷材做隔离层，也可铺抹低强度等级砂浆做隔离层。

④绑扎钢筋。钢筋的保护层厚度不应小于10mm，钢丝必须调直。钢筋网片要保证位置的正确性并且必须在分格缝处断开。

⑤安装分格缝板条和边模。分格缝板条可采用刨光的木板条、塑料板条或金属板条。分格板条安装位置应正确，固定应牢固，起条时不得损坏分格缝处的混凝土。某些情况下可用模板代替分格板条。

⑥现浇防水层混凝土。连续浇筑，界格内不得留施工缝。摊平振捣抹压。

⑦混凝土二次压光。钢纤维混凝土进行二次压光后，混凝土表面不得有钢纤维露出。

⑧养护混凝土。养护天数不少于14d。养护初期严禁上人踩踏。

⑨分格缝清理及刷处理剂。分格缝表面应平整、密实，不得有蜂窝、麻面、起皮和起砂现象。密封前的基层应干净、干燥，涂刷与密封材料相匹配的基层处理剂。

⑩嵌填密封材料。分格缝的底部填放背衬材料，上部用密封材料密封。密封材料嵌填完成后不得碰损及污染，固化前不得踩踏。

⑪保护层施工。分格缝密封材料上应设置宽度不小于200mm的卷材保护层。

2. 细部结构施工

刚性防水层与山墙、女儿墙交接处应留宽度为30mm的缝隙，并用密封材料嵌缝；泛水处铺防水卷材加强，收头嵌入凹槽内固定密封，使用涂膜防水层时应多道涂刷加强嵌缝密封，如图14-3所示。刚性防水层与变形缝两侧墙体交接处应留宽度为30mm缝隙，并用密封材料嵌缝密封，泛水处铺设防水卷材或涂膜防水加强层，变形缝内填充沥青麻绳或泡沫塑料，填放衬垫材料用防水卷材封盖，顶部加扣混凝土或金属盖板，如图14-4所示。

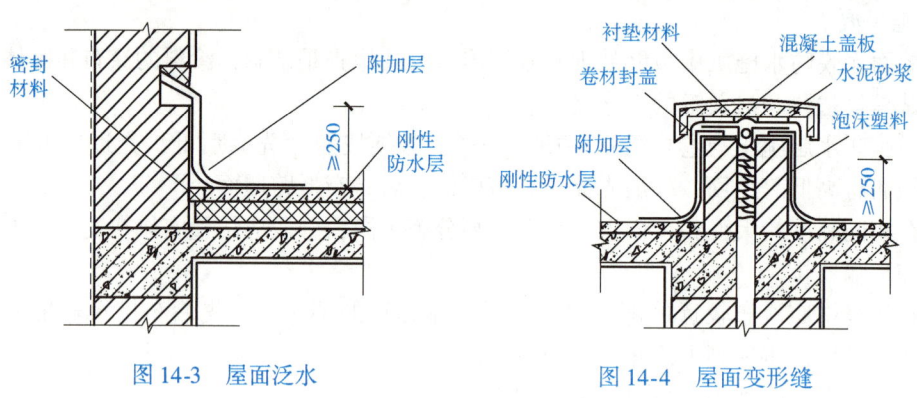

图14-3 屋面泛水　　　　图14-4 屋面变形缝

14.4 地下防水施工

14.4.1 防水混凝土

防水混凝土是以调整混凝土配合比或掺外加剂等方法提高自身的密实性、憎水性和抗渗性，使其满足设计的地下建筑的抗渗要求，达到防水的目的。防水混凝土具有施工简便、工期短、造价低、耐久性好等优点。

1. 施工流程

钢筋施工→模板支设→混凝土配制→运输混凝土→混凝土浇筑→养护混凝土。

2. 施工要点

①保持施工环境干燥，避免带水作业。

②模板支撑牢固、接缝严密。

③防水混凝土浇筑前无泌水、离析现象。

④防水混凝土浇筑时的自落高度不得大于1.5m。

⑤防水混凝土采用机械振捣，并保证振捣密实。
⑥防水混凝土应自然养护，养护时间不少于14d。

3. 施工缝的施工

水平施工缝浇灌混凝土前，应将其表面浮浆和杂物清除，先铺净浆或涂刷混凝土界面处理剂、水泥基渗透结晶型防水涂料等材料，再铺30~50mm厚的1:1水泥砂浆，并及时浇灌混凝土。垂直施工缝浇灌混凝土前，应将其表面清理干净，再涂刷混凝土界面处理剂或水泥基渗透结晶型防水涂料，并及时浇灌混凝土。选用的遇水膨胀止水条应具有膨胀性能，其7d的膨胀率不应大于最终膨胀率的60%，最终膨胀率宜大于220%。遇水膨胀止水条应牢固地安装在缝表面或预留槽内。采用中埋式止水带时，应确保位置准确、固定牢靠。

14.4.2 卷材防水

1. 卷材选择

卷材防水层应采用高聚物改性沥青防水卷材和合成高分子防水卷材。所选用的基层处理剂、胶黏剂、密封材料等配套材料，均应与铺贴的卷材相匹配。

2. 卷材防水施工

①卷材防水层的基面应坚实、平整、清洁，阴阳角处应做圆弧或折角，并应符合所用卷材的施工要求。

②铺贴卷材严禁在雨天、雪天、五级及以上大风中施工；冷粘法、自粘法施工的环境温度不宜低于5℃，热熔法、焊接法施工的环境温度不宜低于-10℃。施工过程中下雨或下雪时，应做好已铺卷材的防护工作。

③基层阴阳角应做成圆弧或45°坡角，其尺寸应根据卷材品种确定；在转角处、变形缝、施工缝、穿墙管等部位应铺贴卷材加强层，加强层宽度不应小于500mm。

④防水卷材的搭接宽度应符合规定要求。铺贴双层卷材时，上下两层和相邻两幅卷材的接缝应错开1/3~1/2幅宽，且两层卷材不得相互垂直铺贴。

⑤顶板的细石混凝土保护层与防水层之间宜设置隔离层。细石混凝土保护层厚度：机械回填时不宜小于70mm，人工回填时不宜小于50mm。

⑥底板卷材防水层上的细石混凝土保护层厚度不应小于50mm。

⑦侧墙卷材防水层宜采用软保护或铺抹20mm厚的1:2.5水泥砂浆。

14.4.3 水泥砂浆防水

1. 基层处理

基层应严格按规定的要求处理，使其达到表面清洁、平整、湿润、坚实、粗糙，以保证砂浆防水层与基层之间粘结牢固，无空鼓现象，以便共同承受外力及压力水的作用。

2. 抹面顺序

抹面顺序为先顶面，再墙面，最后地面。当工程量较大时，需分段施工，由里向外，按上述顺序进行。抹面应连续施工，分层铺抹或喷涂密实，避免留施工缝，必须留设时，宜留在地面上或墙面上，但离开阴阳角处至少200mm以上。施工缝应分出层次，做成阶梯坡形槎，接槎要依层次顺序操作，层层搭接紧密。阴阳角均应分层做成圆弧形，阴角 $r=50mm$，阳角 $r=10mm$，遇有穿墙管、螺栓等预埋件，应在其周围留出凹槽，嵌实密封材料后再做防水层,基础与墙面接搓如图14-5所示。

3. 防水层施工

外加剂防水砂浆防水层施工时,在处理好的基层上先涂抹一层防水净浆,然后分层铺抹防水砂浆3~4层,每层厚度控制在5~7mm,总厚度18~20mm,每层应在前一层凝固后随即进行,最后一层在凝固前,应反复抹压密实、压光。防水砂浆配制时,应先将水泥与砂干拌均匀,然后加入配制好的防水剂水溶液,反复搅拌均匀,配制好的防水砂浆应在30min内用完。

聚合物水泥砂浆防水层因所用聚合物材料不同,施工方法也有所不同。阳离子氯丁胶乳防水砂浆防水层施工时,应在处理好的基层上先涂刷一遍胶乳水泥净浆,仔细封堵孔洞和缝隙,待15min后分层铺抹胶乳水泥砂浆,应按一个方向铺抹,不得反复搓动,阴阳角抹成圆角,砂浆总厚度单层施工宜为6~8mm,双层施工宜为10~12mm,最后一遍砂浆4h后抹一遍普通水泥砂浆保护层;丙烯酸酯共聚乳液水泥砂浆防水层施工方法同普通水泥砂浆防水层,采用多层抹压工艺;有机硅水泥砂浆防水层施工时,在处理好的基层上先刷或喷1~2遍硅水,不等干燥即抹2~3mm厚结合层净浆,初凝后再分层抹压防水砂浆,最后再抹普通水泥砂浆保护层。

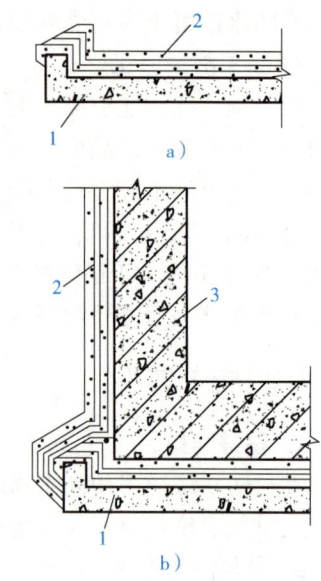

图14-5 防水砂浆转角留搓方法
a) 第一步抹面 b) 第二步抹面
1—混凝土垫层 2—水泥砂浆防水层
3—混凝土结构

4. 养护

外加剂水泥砂浆防水层凝固后应及时养护,墙面用喷雾器喷水养护,地面用湿草包、锯末覆盖浇水养护不少于14d;聚合物水泥砂浆防水层应采用干湿交替的养护方法,即早期(硬化后7d内)采用潮湿养护,后期采用自然养护;在潮湿环境中,可在自然条件下养护。

14.4.4 涂膜防水结构

涂膜防水施工属于冷作业施工,只适合地下室结构外防外涂的防水施工作业,并不适合外防内涂作业。即将涂膜防水涂料涂刷在地下室结构基层面上,形成的涂膜防水层能够适应结构变形。

1. 涂膜材料的配制

聚氨酯涂膜防水材料应随用随配,配制好的混合料宜在1h内用完。

2. 涂膜防水层操作要点

①正式涂刷聚氨酯涂膜之前,先在立墙与平面交界处用密纹玻璃网布或聚酯纤维无纺布作附加过渡处理。附加层施工,应先将密纹玻璃网布或聚酯纤维无纺布用聚氨酯涂膜粘铺在拐角平面(宽300~500mm),平面部位必须用聚氨酯涂膜与垫层混凝土基面紧密粘牢,然后由下而上铺贴玻璃网布或聚酯纤维无纺布,并使网布紧贴阴角,避免吊空。

②垫层混凝土平面与模板墙立面聚氨酯涂膜防水施工,可用长把滚刷蘸取配制好的混合料,顺序均匀地涂刷在基层处理剂已干燥的基层表面,涂刷时要求厚薄均匀一致,对平面基层以涂刷3~4遍为宜,每遍涂刷量为0.6~0.8kg/m²;对立面模板墙基层以涂刷4~5遍为

宜，每遍涂刷量为 0.5~0.6kg/m²，防水涂膜的总厚度宜大于2mm。

③涂完第一遍涂膜后一般需固化12h以上，至指触基本不黏时，再按上述方法涂刷第2~5遍涂膜。对平面的涂刷方向，后一遍应与前一遍的涂刷方向相垂直。凡遇到底板与立墙相连接的阴角，均应铺设密纹玻璃网布或聚酯纤维无纺布进行附加增强处理。

3. 平面部位铺贴油毡保护隔离层

当平面部位最后一遍涂膜完全固化，经检查验收合格后，即可虚铺一层纸胎石油沥青油毡做保护隔离层，铺设时可用少许聚氨酯混合料或氯丁橡胶类胶黏剂固定。

4. 浇筑细石混凝土

在油毡保护隔离层上，直接浇筑50~70mm厚的细石混凝土作为刚性保护层，砖衬模板墙立面抹防水砂浆保护层，施工时必须防止机具或材料损伤油毡层和涂膜防水层。如有损伤现象，必须用聚氨酯混合料修复后，方可继续浇筑细石混凝土，以免留下渗漏水的隐患。

完成刚性保护层施工后，即可根据设计要求绑扎钢筋并进行结构混凝土的施工。

14.4.5 止水带防水

1. 止水带构造形式

止水带构造形式有粘贴式、可卸式和埋入式等。目前较多采用的是埋入式。根据防水设计的要求，有时在同一变形缝处，可采用数层、数种止水带的构造形式。中埋式金属止水带构造如图14-6所示。

2. 止水带防水施工与安装要点

止水带是在混凝土浇筑过程中部分或全部浇埋在混凝土中，混凝土中有许多尖角的石子和锐利的钢筋头，因为塑料和橡胶的撕裂强度比拉伸强低3~5倍，止水带一旦被刺破或撕裂时，不需很大外力，裂口就会扩大，所以在止水带定位和混凝土浇捣过程中，应注意定位方法和浇捣压力，以免止水带被刺破，影响止水效果。施工和安装注意事项如下：

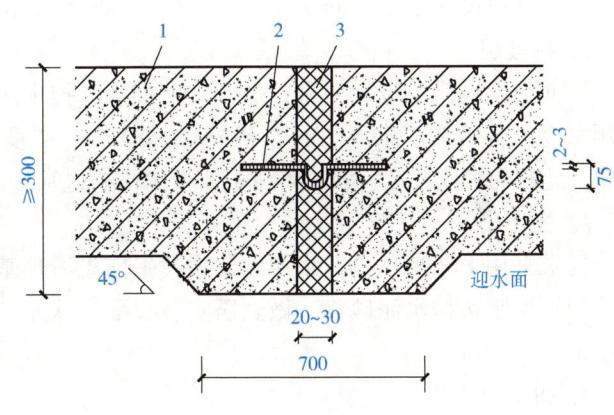

图14-6 中埋式金属止水带构造
1—混凝土结构 2—金属止水带 3—填缝材料

①在运输和施工中，防止机械、钢筋损坏止水带。

②施工过程中，止水带必须可靠固定，避免在浇筑混凝土时发生位移，保证止水带在混凝土中的正确位置。固定止水带的混凝土界面保持平整、干燥，安装前清除界面浮渣、尘土及杂物，用钢钉或胶黏剂将止水条固定在已确定的安装部位。但必须将有注浆管的面安放在原混凝土界面上。

③止水条连接时采用平行搭接方法，其中间不得留断点，连接处止水条用钢钉加强固定，并将止水条上的预留注浆连接管套入平等的另一条止水条上连接二通上。止水带接头在水压小的平面处，一般采用热熔焊机止水带的连接头，不得搭接。

④根据所安装止水条的长度在约30m处装设三通一处，三通直线两端一头插入止水条

内，一头插入注浆连接管内，另一丁字端头应插入备用注浆内，以备缝隙渗漏水时注入化学浆止水使用。

⑤必须将所连接的止水条中的注浆连接管与三通联接件牢固粘结，必须保证所安装的止水条的注浆管完全通畅。安装在三通上的备用注浆管，应放入内墙方向内。

14.5 厕浴间地面防水施工

14.5.1 厕浴间地面防水类别及构造

厕浴间地面一般构造如图 14-7 所示。

1. 结构层

厕浴间地面的结构层宜采用整体现浇钢筋混凝土板或预制整块开间钢筋混凝土板。如设计采用预制空心板时，板缝应用防水砂浆堵严，表面 20mm 深处宜嵌填沥青基密封材料；也可在板缝嵌填防水砂浆并抹平表面后，附加涂膜防水层（即铺贴 100mm 宽的玻璃纤维布一层，涂刷两道沥青基涂膜防水层，其厚度不小于 2mm）。

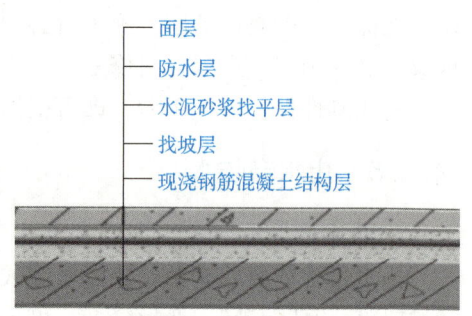

图 14-7 厕浴间地面一般构造

2. 找坡层

地面坡度应满足设计要求，做到坡度准确、排水通畅。找坡层的厚度小于 30mm 时，可使用水泥混合砂浆（水泥:白灰:砂 = 1:1.5:8）；厚度大于 30mm 时，宜使用 1:6 水泥炉渣材料，此时的炉渣粒径宜为 5~20mm，要求严格过筛。

3. 找平层

要求采用 1:(2.5~3) 水泥砂浆，找平前先清理基层并浇水湿润，但不得有积水；找平时边扫水泥浆边抹水泥砂浆，做到压实、找平、抹光。水泥砂浆宜掺防水剂，以形成一道防水层。

4. 防水层

由于厕浴间管道多，工作面小，基层结构复杂，故采用涂膜防水材料较为适宜。常用的涂膜防水材料有聚氨酯防水涂料、氯丁橡胶沥青防水涂料和 SBS 橡胶改性沥青防水涂料等，应根据工程性质和使用标准选用。

5. 面层

地面装饰层按设计要求施工，一般采用 1:2 水泥砂浆陶瓷锦砖和防滑地砖等。墙面防水层一般需做到 1.8m 高，然后甩砂、抹水泥砂浆面层或贴面砖（或贴面砖到顶）装饰层。

14.5.2 厕浴间防水设计基本要求

1. 遵循原则

厕浴间防水设计必须遵循"防排结合、合理选材、技术先进、保证质量、符合环保要求"的原则。

2. 设防范围

厕浴间的防水范围应包括全部地面及高出地面250mm以上的四周泛水；喷淋区墙面防水不低于1800mm；其他有可能经常溅到水的部位，应向外延伸250mm，如洗脸台、拖把盆等周围。

3. 材料选择

厕浴间的防水设计应根据建筑物类型、使用要求、墙体材料等因素按表14-5分别选择地面和墙面的防水做法，并选定材料品种。

表14-5 厕浴间防水等级和设防要求

项目	厕浴间防水等级和设防要求			
	Ⅰ级	Ⅱ级		Ⅲ级
建筑物类型	要求高的大型公共建筑、高级宾馆、纪念性建筑	一般公共建筑、餐厅、商住楼、公寓等		一般建筑
使用要求	两道防水设防	一道防水设防或刚柔复合防水		一道防水设防
地面防水选材/mm	合成高分子防水涂料厚1.5；聚合物水泥防水砂浆厚15；细石防水混凝土厚40	材料 / 高聚物改性沥青防水涂料 / 合成高分子防水涂料 / 防水砂浆 / 聚合物水泥砂浆 / 细石混凝土	单独用 / 3 / 1.5 / 20 / 7 / 40 ; 复合用 / 2 / 1 / 10 / 3 / 40	高聚物改性沥青防水涂料厚2或防水砂浆厚20
墙面防水选材/mm	聚合物水泥砂浆厚10	防水砂浆厚20；聚合物水泥砂浆厚7		防水砂浆厚20

4. 饰面层

饰面层主要解决厕浴墙面（立面）饰面材料与防水材料之间的粘结问题。目前，饰面层一般采用内墙面砖等块材贴面，因此墙面防水设计一般选用聚合物水泥砂浆、聚合物水泥防水涂料和聚氨酯防水涂料作为防水层。

14.5.3 厕浴间涂膜防水施工

涂膜防水材料在施工固化前是黏稠的液体，因此对于厕浴间中任何复杂的管道、卫生洁具、地漏等部位都较容易施工，收头部位容易处理，涂膜固化后，形成没有接头的整体防水层。

涂膜防水为冷作业施工，操作简便。由于需要在施工现场多遍涂刷，因此施工周期较长；涂膜厚度及均匀性不易控制，直接关系到防水层的质量。涂膜施工中必须通过试验来确定防水层厚度与涂料用量的关系，只有在涂膜防水层达到一定厚度，且均匀一致时，才能起到防水作用。一般聚氨酯涂膜防水层在1.2mm厚时的材料用量为2.5kg/m²左右；氯丁胶乳沥青防水涂料二布六涂做法其厚度为1.5mm时，涂料用量为2.5kg/m²左右。施工中可使用带梳状刻痕的刮板或橡胶刮板，以使涂膜层厚度均匀一致。施工中，一方面可通过防水涂料用量来检验防水层厚度；另一方面可实际检验，即在施工现场割取一块防水层，量测其厚度及均匀程度，检测后应将割取部位补涂完好。

14.5.4　厕浴间防水堵漏技术

堵漏技术就是根据地下防水工程特点，针对不同程度的渗漏水情况，选择相应的防水材料和堵漏方法，进行防水结构渗漏水处理。在拟定处理渗漏水措施时，应本着将大漏变小漏、片漏变孔漏、线漏变点漏，使漏水部位汇集于一点或数点，最后进行堵塞的原则进行。

对防水混凝土工程的修补堵漏，通常采用的方法是用促凝剂和水泥拌制而成的快凝水泥胶浆，进行快速堵漏或大面积修补。近年来，采用膨胀水泥（或掺膨胀剂）作为防水修补材料，其抗渗堵漏效果更好。

1. 板面及墙面渗水

①原因。混凝土、砂浆的施工质量不良，存在微孔渗漏；板面、隔墙出现轻微裂缝；防水涂层的施工质量不好或被损坏。

②堵漏措施。

a. 拆除卫生间渗漏部位的饰面材料，涂刷防水涂料。

b. 如果有开裂现象，则应对裂缝先进行增强防水处理，再刷防水涂料。增强处理一般采用贴缝法、填缝法和填缝加贴缝法。贴缝法主要适用于较显著的裂缝，施工时要先进行扩缝处理，将缝扩展成15mm×15mm左右的V形槽，清理干净后刮填嵌缝材料。填缝加贴缝法除采用填缝处理外，还在缝表面再涂刷防水涂料，并粘贴纤维材料处理。

c. 当渗漏不严重、饰面拆除困难时，也可直接在其表面刮涂透明或彩色的聚氨酯防水材料。

2. 卫生洁具及穿楼板管道、排水管口等部位渗漏

①原因。细部处理方法欠妥，卫生洁具及管口周边填塞不严；由于振动及砂浆、混凝土收缩等原因，出现裂缝；卫生洁具及管口周边未用弹性材料处理，或施工时的嵌缝材料及防水涂料粘贴不牢；嵌缝材料及防水涂层被拉裂或拉离粘贴面。

②堵漏措施。

a. 将漏水部位彻底清理，刮填弹性嵌缝材料。

b. 在渗漏部位涂刷防水涂料，并粘贴纤维材料增强。

第 15 章

防腐蚀工程

15.1 防腐蚀工程施工相关计算

15.1.1 沥青玛蹄脂配合成分计算

选择沥青玛蹄脂胶结材料的配合成分时,应先选配具有所需软化点的一种沥青或两种沥青的熔合物。当采用两种沥青时,每种沥青的配合量,可按照下列公式计算:

对石油沥青熔合物:

$$B_g = \frac{t - t_2}{t_1 - t_2} \times 100\% \tag{15-1}$$

$$B_d = 100\% - B_g \tag{15-2}$$

对煤(焦油)沥青熔合物:

$$c = \frac{t_3 - t_4}{1.75} \times 100\% \tag{15-3}$$

式中 B_g——熔合物中高软化点石油沥青含量;
B_d——熔合物中低软化点石油沥青含量;
c——以煤(焦油)沥青和焦油配制熔合物时的焦油含量;
t——石油沥青胶结材料熔合物所需的软化点(℃);
t_1——高软化点石油沥青的软化点(℃);
t_2——低软化点石油沥青的软化点(℃);
t_3——煤(焦油)沥青软化点(℃);
t_4——煤(焦油)沥青和焦油的熔合物所需的软化点(℃);
1.75——经验系数。

确定配合比时,先在上述计算范围内进行试配,试验其耐热度、柔韧性和粘结力是否符合要求,不符合要求须进行调整,适当增加高软化点沥青的用量、增减填充料数量或更换填充料品种等,试验合格后方可使用。

15.1.2 水玻璃模数、模数与密度调整计算

1. 钠水玻璃模数、模数与密度调整计算

①钠水玻璃密度调整。钠水玻璃密度过小时,可加热脱水进行调整;水玻璃密度过大时,可在常温下加水进行调整。

②钠水玻璃模数、模数调整计算。钠水玻璃为钠水玻璃类防腐蚀材料的胶黏剂,其模数

应在 2.6~2.8，密度应在 1.38~1.45g/cm³ 范围内。水玻璃的模数通常根据二氧化硅和氧化钠含量百分率按下式计算：

$$M = \frac{\mathrm{SiO_2}(\%)}{\mathrm{Na_2O}(\%)} \times 1.033 \tag{15-4}$$

式中　M——钠水玻璃模数；
　　　$\mathrm{SiO_2}$——二氧化硅含量；
　　　$\mathrm{Na_2O}$——氧化钠含量；
　　　1.033——$\mathrm{Na_2O}$ 分子量与 $\mathrm{SiO_2}$ 分子量的比值。

施工中，由于材料供应不能满足材质要求，常需将两种不同模数的钠水玻璃混合使用，以满足钠水玻璃耐酸材料配合比中规定的模数要求。

当钠水玻璃模数过低（小于 2.60）时，可掺加高模数的钠水玻璃。加入高模数钠水玻璃的质量可按下式计算：

$$G = \frac{(M_2 - M_1)G_1}{(M - M_2)} \times \frac{N_1}{N} \tag{15-5}$$

式中　G——加入高模数钠水玻璃的质量（g）；
　　　G_1——低模数钠水玻璃的质量（g）；
　　　M——高模数钠水玻璃的模数；
　　　M_1——低模数钠水玻璃的模数；
　　　M_2——要求的钠水玻璃的模数；
　　　N——高模数钠水玻璃的氧化钠含量；
　　　N_1——低模数钠水玻璃的氧化钠含量。

当钠水玻璃模数过高（大于 2.90）时，可掺加氢氧化钠（配成水溶液）。加入氢氧化钠的质量可按下式计算：

$$g_1 = \frac{(M - M_2)NG_2}{M_2 P} \times 1.29 \tag{15-6}$$

式中　g_1——加入氢氧化钠的质量（g）；
　　　G_2——高模数钠水玻璃的质量（g）；
　　　P——氢氧化钠的纯度；
　　　1.29——检验系数。
其他符号意义同前。

2. 钾水玻璃模数、模数与密度调整计算

①钾水玻璃密度调整。当钾水玻璃密度过小时，可采用加热蒸发水分的方法提高密度。当钾水玻璃密度过大时，可采用加水稀释的方法降低密度，加水量可按下式计算：

$$D = \frac{D_0 - D_1}{D_1 - 1} G_0 \tag{15-7}$$

式中　D——钾水玻璃中的加水量（kg）；
　　　D_0——稀释前钾水玻璃的密度（g/cm³）；
　　　D_1——稀释后钾水玻璃的密度（g/cm³）；
　　　G_0——稀释前钾水玻璃的质量（kg）。

②钾水玻璃模数和模数调整计算。

a. 钾水玻璃模数按下式计算：

$$M' = \frac{SiO_2(\%)}{K_2O(\%)} \times 1.570 \tag{15-8}$$

式中　M'——钾水玻璃模数；

　　　SiO_2——二氧化硅含量；

　　　K_2O——氧化钾含量；

　　1.570——K_2O分子量与SiO_2分子量的比值。

b. 当钾水玻璃模数过低时，可加入硅胶粉进行调高，硅胶粉的加入量按下式计算：

$$G_1 = \frac{M_R - M_L}{M_L P_1} A G_L \times 100 \tag{15-9}$$

式中　G_1——低模数钾水玻璃中应加入的硅胶粉质量（kg）；

　　　M_R——调整后的钾水玻璃模数；

　　　M_L——低模数钾水玻璃的模数；

　　　P_1——硅胶粉的纯度；

　　　A——低模数钾水玻璃中的二氧化硅含量；

　　　G_L——低模数钾水玻璃的质量（kg）。

调整时，先将磨细的硅胶粉用水调成糊状，然后逐渐加入钾水玻璃中溶解即成。

c. 当钾水玻璃模数过高时，加入氧化钾进行调低。氧化钾的加入量按下式计算：

$$G_2 = \frac{M_h - M_R}{M_R P_2} B G_h \times 1.19 \times 100 \tag{15-10}$$

式中　G_2——高模数钾水玻璃中应加入氧化钾的质量（kg）；

　　　M_h——高模数钾水玻璃的模数；

　　　P_2——氧化钾的纯度；

　　　B——高模数氧化钾玻璃中氧化钾含量；

　　　G_h——应加入高模数钾水玻璃的质量（kg）；

　　1.19——氧化钾换算成氢氧化钾的换算系数。

其他符号意义同前。

调整时，先将氧化钾配成氢氧化钾溶液，加入到钾水玻璃中，搅拌均匀即可。

d. 当采用高、低模数的钾水玻璃相互调整，可按下式计算：

$$G_h = \frac{M_R - M_L}{M_h - M_R} \times \frac{C}{B} \times G_L \tag{15-11}$$

式中　G_h——应加入高模数钾水玻璃的质量（kg）；

　　　C——低模数钾水玻璃氧化钾含量（%）；

其他符号意义同前。

15.1.3　防腐涂料涂刷露点温度的确定计算

金属表面涂刷防腐蚀、防火涂料时，应使用温度计测定金属的表面温度，用温度计、湿度计测定环境的温度和相对湿度，然后按图15-1查出露点温度（图中斜线表示环境相对湿度)。金属的表面温度必须高于露点温度3℃方可进行施工，否则将会影响涂刷质量，也可按下式进行验证：

$$\Phi = e^{-P\left(\frac{1}{A} - \frac{1}{B}\right)} \times 100\% \quad (15\text{-}12)$$

式中　Φ——环境相对湿度；
　　　P——当地大气压力；
　　　A——露点温度（℃）；
　　　B——环境温度（℃）；
　　　e——取2.718。

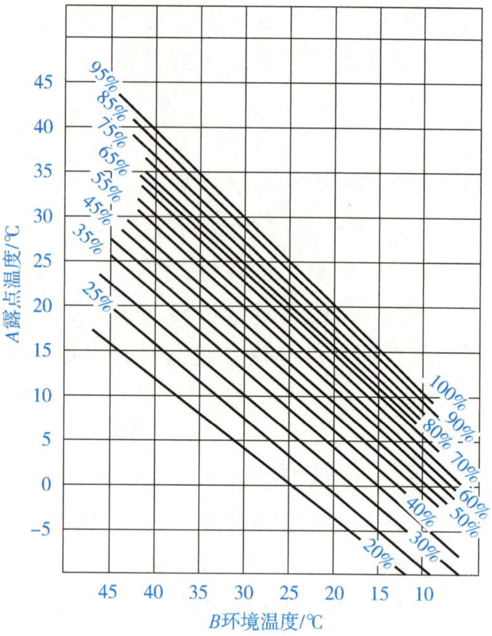

15.1.4　防腐涂料用量和涂层厚度计算

①防腐涂料用量计算。估算防腐涂料用量，需先计算被涂面积，再从涂料产品技术条件里查得该涂料的使用量，可按下式计算涂料用量：

$$W_0 = AG_0 \frac{1}{1000} \quad (15\text{-}13)$$

式中　W_0——刷一度的涂料用量（kg）；
　　　A——被涂刷面积（m²）；
　　　G_0——每平方米涂料使用量（g/m²）。

②涂层厚度计算。以100%固体含量计，1kg涂料涂刷面积与涂层厚度的关系见表15-1。

图15-1　露点温度

表15-1　1kg涂料涂刷面积与涂层厚度的关系

涂层厚度/μm	100	50.0	33.3	25.0	20.0	16.7	14.3	12.5	10.0
涂刷面积/m²	10	20	30	40	50	60	70	80	100

15.2　块材铺砌防腐蚀工程

15.2.1　材料要求

块材是建筑防腐蚀工程中应用较广泛且十分有效的一类材料，其主要用于各种地沟、地面的防护和池槽的表面防护。建筑防腐蚀工程使用的块材，依其材料的来源，可以分为天然块材和人工块材两大类。常用的天然块材主要是指各种天然石材及其粗细骨料和粉料等石块制品，如花岗石、石英石、石英砂、石英粉、安山石、文石等天然耐酸材料以及石灰石等天然耐碱材料。人造块材主要有耐酸陶瓷制品、铸石、砖等人造制品。选用耐腐蚀块材的要求如下：

①耐酸砖、铸石板可用于酸（氢氟酸除外）、碱（融碱除外）、盐类介质作用部位。

②耐酸砖应选用素面砖，当用于贮槽、污水处理池等防腐蚀衬里时，应选用吸水率不大于0.5%的耐酸砖，用于烟囱等高温作用的防腐蚀衬里时，宜选用耐酸耐温瓷砖。

③石材的质地要均匀，结构致密，无风化，不得有裂纹和不耐腐蚀的灰层，花岗石、石英石、安山石等耐酸材料的耐酸率不小于95%，强度等级不应小于MU60。石灰石等耐碱材

料的强度等级不应小于 MU60。

④耐酸石材宜用于酸性介质作用的部位，花岗石等耐酸材料也可用于碱（其中浓碱、熔融碱除外）、盐类介质作用的部位，但不宜用于骤冷、骤热介质作用的部位。

⑤石灰石宜用于碱性介质作用的部位，不得用于酸性介质作用的部位。

15.2.2 块材防腐施工要求

1. 基层处理及施工环境要求

①基层表面若未设置隔离层，应预先均匀涂刷冷底子油两遍。涂刷冷底子油的表面应保持清洁，待干燥后方可进行块材铺砌。

②块材铺砌前宜进行预热；当环境温度低于5℃时，必须预热，预热温度不应低于40℃。经现场调查，发现块材加热的粘结力较不加热的要高，故规定块材在铺筑前宜进行预热，而冬期施工必须加热。

③沥青胶泥的浇铺温度不应低于180℃。当环境温度低于5℃时，应采取措施提高温度后方可施工。

2. 板块材施工工艺

①摊铺结合层。在冷底子油或油毡隔离层上将刚配制好的结合层用热沥青胶泥以油壶进行浇铺，并随时用橡胶刮板刮平，控制厚度为3~5mm。

②平面块材的铺砌。平面块材的铺砌，可采用挤缝法或灌缝法。

a. 挤缝法。应随浇沥青胶泥，随铺砌块材。沥青胶泥的浇铺厚度，应按结合层要求增厚2~3mm（即沥青胶泥的浇铺厚度控制在5~8mm）；铺砌时，灰缝应挤严灌满，表面平整。

b. 灌缝法。沥青胶泥应浇铺刮平，块材应粘结牢固，不得浮铺。

③立面块材的铺砌。立面块材的铺砌可采用刮浆铺砌法或分段浇灌法。

a. 刮浆铺砌法。将胶泥刮到块材上，随即铺砌到基层上并挤牢压平，挤出的胶泥待冷却后铲除。

b. 分段浇灌法。在适当长度内的两端用刮浆法铺贴两块，然后在中间浮贴5~6块，再依次向前实贴1块，又浮贴5~6块，完成一层后分段浇灌沥青胶泥。灌缝时浮贴块材应用靠尺压紧，防止外鼓，用沥青胶泥灌入，待凉后失去流动性，去靠尺，然后铺浇另一段板材。结合层厚度和灰缝宽度均应控制在5~8mm。待立面贴板材全部就位后，对不平整的纵横灰缝要用热沥青胶泥局部填嵌或者刮修平整。

15.2.3 施工要点

①块材铺砌前应对基层或隔离层进行质量检查，合格后再行施工。

②块材铺砌前应先试排。铺砌顺序应由低往高：先地沟，后地面，再踢脚墙裙。

③平面铺砌块材时，不宜出现十字通缝。立面铺砌块材时，可留置水平或垂直通缝，如图15-2和图15-3所示。

④铺砌平面和立面的交角时，阴角处立面块材应压住平面块材，阳角处平面块材应压住立面块材。铺砌一层以上块材时，阴阳角的立面和平面块材应互相交错，不宜出现重叠缝。

⑤块材铺砌时应拉线控制标高、坡度、平整度，并随时控制相邻块材的表面高差及灰缝偏差。

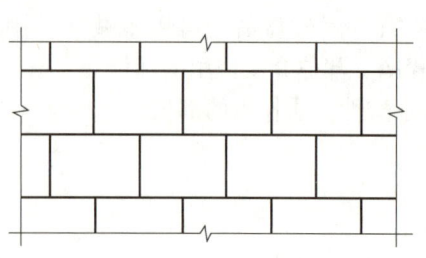

图 15-2 平面铺砌块材示意图

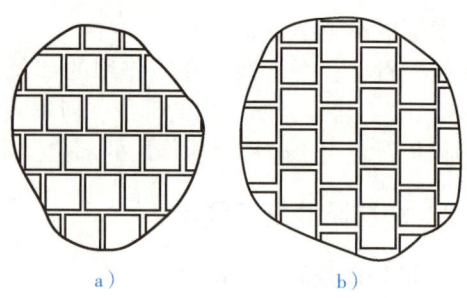

图 15-3 立面错缝排列形式
a) 连续缝 b) 错开缝

⑥块材防腐蚀工程根据其不同的胶结材料,可采用不同的方法进行施工。块材加工机械应有防护罩设备,操作人员应戴防护眼镜。

15.3 水玻璃类防腐蚀工程

15.3.1 材料要求

水玻璃类防腐蚀工程所用的材料包括水玻璃胶泥、水玻璃砂浆和水玻璃混凝土。水玻璃及骨料相关质量要求见表 15-2 ~ 表 15-5。

表 15-2 水玻璃的质量要求

项目	指标	
密度（20℃, g/cm^3）	1.38 ~ 1.42	1.40 ~ 1.45
氧化钠	≥10.2	—
二氧化硅（%）	≥25.7	25.00 ~ 29.00
模数	2.6 ~ 3.0	2.6 ~ 2.9

注：1. 液体内不得混入油类或杂物,必要时使用前应过滤。
2. 施工用钠水玻璃的密度（20°C, g/cm^3）：当用于胶泥时为 1.40 ~ 1.43；当用于砂浆时为 1.40 ~ 1.42；当用于混凝土时为 1.38 ~ 1.42。
3. 采用密实型钾水玻璃材质时,其质量应采用中上限。

表 15-3 施工用水玻璃的密度指标

用途	密度（20℃, g/cm^3）
配制胶泥	1.4 ~ 1.43
配制砂浆	1.4 ~ 1.42
配制混凝土	1.38 ~ 1.42

表 15-4 氟硅酸钠及粉料质量要求

原料	纯度（%）	耐酸率（%）	含水率（%）	细度
氟硅酸钠	≥95	—	≤1	全部通过 0.15mm 筛
粉料	≥95	—	≤1	0.15mm 筛孔筛余量≤5%, 0.09mm 筛孔筛余量为 10% ~ 30%

表 15-5 粗细骨料质量标准

骨料类别	耐酸率（%）	浸酸安定性	含泥量（%）	含水率（%）	吸水率（%）
粗骨粉	≥95	合格	0	≤0.5	≤1.5
细骨料	≥95	合格	≤1	≤1.0	≤1.5

注：配制砂浆的细骨料粒径不应大于 1.2mm。

15.3.2 水玻璃胶泥、砂浆和混凝土的配制

水玻璃胶泥、砂浆和混凝土的配制见表 15-6～表 15-9。

表 15-6 水玻璃胶泥、砂浆和混凝土的施工配合比

材料名称		配合比（质量比）					
		水玻璃	氟硅酸钠	粉料		骨料	
				铸石粉	铸石粉:石英粉=1:1	细骨料	粗骨料
水玻璃胶泥	1	1.0	0.15～0.18	2.5～2.7	—	—	—
	2			—	2.2～2.4	—	—
水玻璃砂浆	1	1.0	0.15～0.17	2.0～2.2	—	2.5～2.7	—
	2			—	2.0～2.2	2.5～2.6	—
水玻璃混凝土	1	1.0	0.15～0.16	2.0～2.2	—	2.3	3.2
	2			—	1.8～2.0	2.4～2.5	3.2～3.3

表 15-7 混凝土细骨料的颗粒级配

筛孔/mm	5	1.25	0.315	0.16
累计筛余量（%）	0～10	20～55	70～95	95～100

表 15-8 混凝土粗骨料的颗粒级配

筛孔/mm	最大粒径	1/2 最大粒径	5
累计筛余量（%）	0.5	30～60	90～100

注：粗骨料最大粒径不得大于结构最小尺寸的 1/4。

表 15-9 改性水玻璃混凝土的施工配合比

配方编号	配合比（质量比）					外加剂
	水玻璃	氟硅酸钠	铸石粉	石英砂	石英石	
1	100	15	180	250	320	糠醇单体 3～5
2	100	15	180	260	320	多羟醚化三聚氰胺 8
3	100	15	210	230	320	木质素磺酸钙 2、水溶性环氧树脂 3

注：1. 水玻璃的密度（g/cm³）：配方 3 应为 1.42，其他配方应为 1.38～1.40。
2. 氟硅酸钠纯度以 100% 计。
3. 糠醇单体应为淡黄色或微棕色液体，有苦辣气味，密度为 1.13～1.14g/cm³，纯度不应小于 98%。
4. 多羟醚化三聚氰胺应为微黄色透明液体，固体含量约为 40%，游离醛不得大于 2%，pH 值应为 7～8。
5. 水溶性环氧树脂应为黄色透明黏稠液体，固体含量不得小于 55%。
6. 木质素磺酸钙应为黄棕色粉末，密度为 1.06g/cm³，碱木素含量应大于 55%，pH 值应为 4～6，水不溶物含量应小于 12%，还原物含量小于 12%。

15.3.3 质量标准

水玻璃胶泥、砂浆、混凝土及铺砌块材的质量要求见表 15-10 ~ 表 15-12。

表 15-10 水玻璃胶泥的质量标准

项目	指标	项目	指标
初凝时间/min	>30	与耐酸砖黏结强度/MPa	≥1.0
终凝时间/h	<8	煤油吸收率（%）	<16
抗拉强度/MPa	>2.5		

表 15-11 水玻璃砂浆及混凝土的质量标准

性能	指标		
	砂浆	混凝土	改性混凝土
抗压强度/MPa	≥15	≥20	≥25
浸酸安定性	合格	合格	合格
抗渗性/MPa	—	—	≥1.2

表 15-12 以水玻璃胶泥或砂浆铺砌块材的结合层厚度和灰缝宽度

块材种类	结合层厚度/mm		灰缝宽度/mm	
	水玻璃胶泥	水玻璃砂浆	水玻璃胶泥	水玻璃砂浆
标形耐酸砖、缸砖、铸石板	5~7	6~8	3~5	4~6
平板形耐酸砖、耐酸陶瓷板	5~7	6~8	2~3	4~6
花岗石及其他条石块材	—	10~15	—	8~12

15.3.4 水玻璃防腐工程施工

1. 施工基本要求

①模板应支撑牢固，拼缝应严密，表面应平整，并应涂脱模剂（脱模剂不能采用碱性材料，如肥皂水等，以防碱性物质破坏水玻璃混凝土）。

②钠水玻璃混凝土内的铁件必须除锈，并应涂刷防腐蚀涂料。

2. 混凝土浇筑规定

水玻璃混凝土的浇筑，应符合下列规定：

①水玻璃混凝土应在初凝前振捣至泛浆排除气泡为止。

②当采用插入式振动器时，每层浇筑厚度不宜大于200mm，插点间距不应大于作用半径的1.5倍，振动器应缓慢拔出，不得留有孔洞。当采用平板振动器和人工捣实时，每层浇筑的厚度不宜大于100mm。当浇筑厚度大于上述规定时，应分层连续浇筑。分层浇筑时，上一层应在下一层初凝以前完成。耐酸贮槽的浇筑必须一次完成，严禁留设施工缝。

③最上层捣实后，表面应在初凝前压实抹平。

④浇筑地面时，应随时控制平整度和坡度；平整度应采用2m直尺检查，其允许空隙不应大于4mm；其坡度允许偏差为坡长的±0.2%，最大偏差值不得大于30mm。

⑤水玻璃混凝土整体地面应分格施工。分格缝间距不宜大于3m，缝宽宜为12~16mm。用于有隔离层地面时，分格缝可用同型号水玻璃砂浆填实；用于无隔离层密实地面时，分格缝应用弹性防腐蚀胶泥填实。

⑥当需要留施工缝时，在继续浇筑前应将该处打毛清理干净，薄涂一层水玻璃胶泥，稍干后再继续灌筑。地面施工缝应留成斜槎。

3. 模板拆除时间及要求

①水玻璃混凝土在不同环境温度下的立面拆模时间应符合规定。

②承重模板的拆除，应在混凝土的抗压强度达到设计强度的70%时方可进行。拆模后不得有蜂窝、麻面、裂纹等缺陷。当有上述大量缺陷时应返工；少量缺陷时应将该处的混凝土凿去，清理干净，待稍干后用同型号的水玻璃胶泥或水玻璃砂浆进行修补。

修补水玻璃混凝土的缺陷时，采用的水玻璃胶泥或水玻璃砂浆应与水玻璃混凝土同型号；如修补密实型水玻璃混凝土时，应采用密实型水玻璃胶泥或密实型水玻璃砂浆。

15.4 沥青类防腐蚀工程

15.4.1 材料要求

沥青等原材料的质量要求见表15-13~表15-16。

表15-13 道路、建筑和普通石油沥青的质量要求

项目	道路石油沥青		建筑石油沥青			普通石油沥青		
	60号甲	60号乙	30号甲	30号乙	10号	75	65	55
针入度（25℃，100g，1/10mm）	15~18	41~80	21~40	21~40	5~20	75	65	55
延度（25℃，cm）	≥70	≥40	≥3	≥3	≥1	≥2	≥1.5	≥1
软化点（环球法，℃）	45~50	≥45	≥70	≥60	≥95	≥60	≥80	≥100

表15-14 粗、细骨料的质量要求

骨料级别	耐酸率（%）	含泥量（%）	浸酸安定性
粗骨料	≥95	≤1	合格
细骨料	≥95	≤1	

表15-15 细骨料颗粒级配

筛孔/mm	5.0	1.25	0.315	0.16
累计筛余量（%）	0~10	35~65	80~95	90~100

表15-16 粉料和骨料混合物的颗粒级配

种类	混合物累计筛余量（%）								
	25	15	5	2.5	1.25	0.63	0.315	0.16	0.08
沥青砂浆	—	—	0	20~38	33~57	45~71	55~80	63~86	70~90
细粒式沥青混凝土	—	—	0	22~37	37~60	47~70	55~78	70~88	75~90
中粒式沥青混凝土	0	10~20	30~50	43~67	52~75	60~82	68~87	72~92	77~92

注：1. 为提高沥青砂浆抗裂性可适当加入纤维状填料。
2. 沥青砂浆用于涂抹立面时，沥青用量可达25%。
3. 本表是采用平板振动器振实的沥青用量，采用碾压机或热滚筒压实时，沥青用量应适当减少。
4. 采用平板振动器或热滚筒压实宜采用30号沥青；采用碾压机压实时宜采用60号沥青。

15.4.2 沥青胶泥、砂浆及混凝土的配制

沥青胶泥、砂浆及混凝土的配制见表15-17和表15-18。

表15-17 沥青胶泥施工配合比及耐热性能

组别	沥青软化点/℃	配合比（重量计）			胶泥耐热性能/℃		推荐用途
		沥青	粗料（石英粉）	石棉	软化点	耐热稳定性	
1	75	100	30	5	75	40	隔离层用
	90	100	30	5	90	50	
	110	100	30	5	110	60	
2	75	100	80	5	95	40	灌缝用
	90	100	80	5	110	50	
	110	100	80	5	115	60	
3	75	100	100	5	90	40	铺砌平面块材用
	90	100	100	10	120	60	
	110	100	100	5	120	70	
4	65	100	150	5	105	40	铺贴立面块材用
	75	100	150	5	110	50	
	90	100	150	10	125	60	
	110	100	150	5	135	70	
5	65	100	200	5	120	40	灌缝法施工时，铺平面结合层用
	75	100	200	5	145	50	
	90	100	200	10	>145	60	
	110	100	200	5	>145	70	

表15-18 沥青砂浆、沥青混凝土参考配合比

种类	粉料、骨料混合物	沥青（重量计,%）
沥青砂浆	100	11~14
细粒式沥青混凝土	100	8~10
中粒式沥青混凝土	100	7~9

15.4.3 质量标准

沥青胶泥的质量应符合表15-19的规定。沥青砂浆和沥青混凝土的技术指标见表15-20。

表15-19 沥青胶泥的质量要求

项目	使用部位的最高温度/℃			
	≤30	31~40	41~50	51~60
耐热稳定性/℃	≥40	≥50	≥60	≥70
浸酸后质量变化率（%）	≤1			

表 15-20　沥青砂浆和沥青混凝土技术指标

项目		指标
抗压强度/MPa	20℃时不小于	3
	50℃时不小于	1
饱和吸收率（%）	以体积计不大于	1.5
浸酸安定性		合格

15.4.4　沥青防腐工程施工

1. 沥青隔离层施工要点

①卷材隔离层，每层沥青胶泥或沥青的涂抹厚度不应大于 2mm。

②卷材隔离层施工，沥青或沥青胶泥的施工温度应不低于下列数值：

a. 建筑石油沥青 190℃。

b. 建筑石油沥青与普通石油沥青混合 220℃。

c. 普通石油沥青 240℃。

2. 沥青砂浆、沥青混凝土施工要点

①沥青砂浆、沥青混凝土一般情况下铺摊温度为 150～160℃，压实后成活温度为 110℃。当环境温度在 0℃以下时，铺摊温度为 170～180℃，成活温度不低于 100℃。

②沥青砂浆和细粒式沥青混凝土每层压实厚度不宜超过 30mm；中粒式沥青混凝土不应超过 60mm。

③立面涂抹沥青砂浆时，每层厚度不应大于 7mm。

3. 沥青胶泥、沥青砂浆铺砌块材施工要点

①沥青胶泥或沥青砂浆铺砌温度不低于下列数值：

a. 建筑石油沥青 180℃。

b. 建筑和普通石油沥青混合胶泥 200℃。

c. 普通石油沥青胶泥 220℃。

②以沥青胶泥铺砌块材前，应将块材预热。当环境温度低于 5℃时，预热温度不应低于 40℃。

③平面块材可用接缝法及灌浆法铺砌。以接缝法铺砌时，沥青胶泥浇铺厚度应比要求的结合层厚度增厚 2～3mm。

4. 碎石灌沥青面层施工要点

①铺设前应将基土表面清理干净，做好周围排水，保持基土干燥。如基土较软，应先在基土表面铺 5cm 厚的碎石，并予夯实。

②碎石铺设厚度一般为设计厚度的 4/5，铺筑要均匀，厚薄要一致，并要求按面层坡向筑出坡度，经夯打结实或手推滚筒滚压密实后，再铺一层粒径 5～15mm 的石屑，厚度为面层设计厚度的 1/5，经找平、拍实即可。

③铺设后，用 150～170℃的热沥青（或沥青胶泥）浇灌。沥青浇灌要均匀，并使碎石颗粒表面浇黑沾满。

④如要求表面平整时，应在浇灌热沥青后，立即在表面均匀撒铺一层粒径 5～15mm 的

石屑,在沥青未冷固前整平、拍实、黏牢,或用平板振动器振捣密实即可。如做室外地坪面层,则应在石屑层上再浇一层热沥青或沥青胶泥面层。

15.5 硫黄类防腐蚀工程

15.5.1 材料要求

硫黄类防腐蚀工程材料要求见表 15-21 ~ 表 15-23。

表 15-21 硫黄的质量要求

项目	指标
水分(%)	≥98.5
硫(%)	≤1.0

表 15-22 改性剂聚硫橡胶的质量要求

项目	聚硫甲胶	聚硫乙胶	液态聚硫橡胶
柔软度(20℃,s)	10 ~ 70	5 ~ 50	—
水分(%)	<2.0	<1.0	<1.0
黏度(25℃,Pa·s)	—	—	50 ~ 120
pH	6 ~ 8	6 ~ 8	6 ~ 8

表 15-23 粉料及骨料的质量要求

材料类别	耐酸率(%)	含水率(%)	含泥量(%)	浸酸安定性	细度
粉料	≥95	≤0.5	≤1	合格	0.05mm 筛孔筛余量 10% ~ 30%
细骨料	≥95				1mm 筛孔筛余 ≤5%
粗骨料	≥95		0		20 ~ 40mm 颗粒 ≥85%
					10 ~ 20mm 颗粒 <15%

15.5.2 硫黄胶泥、砂浆及混凝土的配制

硫黄胶泥、砂浆及混凝土的配制见表 15-24。

表 15-24 硫黄类材料的施工配合比

材料名称		配合比(质量比)				改性剂
		硫黄	填料			聚硫橡胶
			石英粉或铸铁石	石墨粉	细骨料	
硫黄胶泥	1	58 ~ 60	38 ~ 40	—	—	2
	2	70 ~ 72	—	26 ~ 28	—	2
硫黄砂浆		50	17	—	30	3

注:1. 石墨粉应用于耐氢氟酸工程。
   2. 硫黄砂浆也可加入不大于1%的6级石棉。
   3. 硫黄混凝土是以硫黄胶泥或砂浆加粗骨料配制而成的,其中粗骨料的重量占 50% ~ 60%。
   4. 熬制硫黄胶泥的温度为 140 ~ 160°C,并应用砂浴加热和搅拌。

15.5.3 硫黄类防腐工程的施工

1. 硫黄胶泥和砂浆施工要点

①硫黄胶泥和砂浆热塑至 135~145℃ 时，要立即进行浇筑，因此熬制地点距浇筑点不宜过远。

②施工环境温度不应低于 -10℃；低于 5℃ 时，需铺砌的板块材应预热，预热温度为 40℃ 左右，浇筑温度也应适当提高，浇筑完后应立即覆盖保温材料，防止温度骤变而发生裂纹。

③耐酸板块材用硫黄胶泥、砂浆灌注法铺砌时，板块材应先用碎耐酸瓷块或水玻璃砂浆块，按规定的结合层厚度和灰缝宽度垫高摆好；浇筑宜分段、分行进行，每次浇筑面积不宜过大，铺好一段浇筑一段，浇筑点间距以 0.6~1m 为宜。浇筑时，灰缝处的胶泥或砂浆宜高出块材表面 5mm 左右。段、行的边缘应用水玻璃粘贴水泥袋纸封严，以防止胶泥或砂浆外流。如有坡度，浇筑应由低往高进行，在适当位置用瓷管设置排气孔。

④块材应尽可能拼成较大的预制板，然后按上述方法铺砌。预制时，将块材反铺（正面向下）在平整的底板上（板面需涂一层矿物油），留好灰缝宽度，封闭好边缘。浇筑的胶泥不要高出预制块间的灰缝表面。

⑤浇筑垂直面时，一次不宜过高，以一皮砖或两皮砖为宜。侧面需封死，块材水平缝用垫块垫好，浇筑时胶泥或砂浆不宜高出块材表面。侧面需撑牢，以防止变形。

⑥块材间灰缝凸出或不平整时，可铲除或补浇，再烫平，烫平温度为 140~160℃。

2. 硫黄混凝土施工要点

①硫黄混凝土是以硫黄胶泥或硫黄砂浆注入松铺的碎石层内而形成的。硫黄混凝土模板表面要涂一薄层矿物油（施工缝模板不用涂油）。

②耐酸石子在施工前必须干燥，并应预热后再虚铺，使之在浇筑时能保持在 40~60℃。每层厚度不宜大于 40cm。浇筑点间距一般为 30~40cm。在浇筑点，可于铺放骨料时预埋钢管作为浇筑孔，边浇边抽出；也可埋入小段废瓷管，如图 15-4 所示，浇筑后不再抽出。

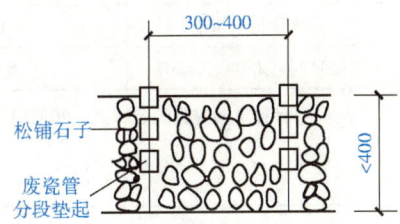

图 15-4 硫黄混凝土浇筑示意图

③浇筑平面时，每一浇筑区的面积以 2~4m² 为宜。在一个浇筑区内，浇筑应同时向各预留的浇筑孔进行，直至全部浇满为止，中间不要中断。硫黄混凝土表面应露出石子，最后用硫黄胶泥或硫黄砂浆找平。如施工温度较低（如低于 5℃ 时），应加覆盖物保温。一个浇筑区浇完，宜待其冷固收缩后（一般为 2h），再浇筑下一区。

④硫黄混凝土地面施工也可采用预制块的办法。预制块制作时，应先在模板底部浇一层 3mm 厚的硫黄胶泥或硫黄砂浆，作为将来的地面面层；然后铺设粗骨料，随之灌注硫黄胶泥或硫黄砂浆。

15.6 树脂类防腐蚀工程

15.6.1 树脂及配料质量

树脂及配料质量见表 15-25 ~ 表 15-30。

表 15-25　E 型环氧树脂的质量

项目	E-44	E-42
环氧值（当量/100g）	0.41~0.47	0.38~0.45
软化点/℃	12~20	21~47

表 15-26　呋喃树脂的质量

项目	指标		
	糠酮型	糠醇糠醛型	糠酮糠醛型
树脂含量（%）	>94		
灰分（%）	>3		
含水率（%）	<1		
pH	7		
黏度（涂料黏度计，25℃，s）	—	20~30	50~80

注：1. 呋喃树脂的贮存期不宜超过 12 个月。
　　2. 糠酮型呋喃树脂主要用于配制环氧呋喃树脂。

表 15-27　不饱和聚酯树脂的质量

项目	指标		
	双酚 A 型	二甲苯型	邻苯型
酸值（氢氧化钾，mg/g）	12~23	<40	17~27
黏度（25℃，Pa·s）	0.25~0.85	0.25~0.55	0.25~0.75
固体含量（%）	50~65	64~72	60~70
胶化时间（250℃，min）	8~30	60	10~30

注：不饱和聚酯树脂的贮存期：20℃时不应超过 6 个月，30℃时不应超过 3 个月。

表 15-28　酚醛树脂的质量

项目	指标	项目	指标
游离酚含量（%）	<10	含水率（%）	<12
游离醛含量（%）	<2	黏度（落球黏度计，25℃，s）	45~65

注：1. 酚醛树脂常温下的贮存期不应超过 1 个月。
　　2. 当采用冷藏法或加入 10% 的苯甲醇时，贮存期不宜超过 3 个月。

表 15-29　粉料及细骨料的质量

材料类别	耐酸率（%）	含水率（%）	保积安定性	粒径及细度
粉料	≥95	≤0.5	合格	0.15mm 筛孔筛余量≤5%，0.09mm 筛孔筛余量为 10%~30%
细骨料	≥95	≤0.5	合格	2mm

注：当使用酸性固化剂时，粉料及细骨料的耐酸率应不小于 98%。

表 15-30 各种树脂的固化剂及稀释剂

树脂类别	固化剂	稀释剂
环氧树脂	低毒及乙二胺类	丙酮、乙醇、二甲苯、甲苯
不饱和聚酯树脂	引发剂加促进剂	苯乙烯
呋喃树脂	酸性固化剂	乙醇
酚醛树脂	苯磺酰氯、硫酸乙酯	无水乙醇

注：1. 常用的引发剂应为过氧化环己酮二丁酯糊、过氧化甲乙酮二丁酯糊、过氧化苯甲酰二丁酯糊；促进剂应为环烷酸钴苯乙烯液、二甲基苯胺苯乙烯液。
2. 硫酸乙酯中，硫酸与无水乙醇的质量比宜为 1:(2~3)；当硫酸乙酯与苯磺酰氯复合使用时，其质量比为 1:1。

15.6.2 树脂类防腐蚀材料的配制

树脂类防腐蚀材料的配制见表 15-31~表 15-34。

表 15-31 环氧类材料的施工配合比（重量比）

材料名称		环氧树脂	稀释剂	固化剂		矿物颜料	耐酸颜料	石英粉
				低毒固化剂	乙二胺			
封底料		100	40~60	15~20	(6~8)	—	—	—
修补料		100	10~20	15~20	(6~8)	—	150~200	—
树脂胶料	铺衬胶料与面层胶料	100	10~20	15~20	6~8	0~2	—	—
	胶料							
胶泥	砌筑或勾缝料	100	10~20	15~20	(6~8)	—	150~200	—
稀胶泥	灌缝或地面面层料	100	10~20	15~20	(6~8)	0~2	100~150	—
砂浆	面层或砌筑	100	10~20	15~20	(6~8)	0~2	150~200	300~400
	石材灌浆料	100	10~20	15~20	(6~8)	—	100~150	100~150

注：1. 除低毒固化剂和乙二胺之外，还可用其他胺类固化剂，应优先选用低毒固化剂，用量应按供货商提供的比例或经试验确定。
2. 当采用乙二胺时，为降低毒性可将配合比所用乙二胺预先配制成乙二胺丙酮溶液（1:1）。
3. 当使用活性稀释剂时，固化剂的用量应适当增加，其配合比应按供货商提供的比例或经试验确定。
4. 本表以环氧树脂 EPO1451-310 举例。

表 15-32 环氧乙烯基酯树脂和不饱和聚酯树脂材料的施工配合比（重量比）

材料名称		树脂	引发剂	促进剂	苯乙烯	矿物颜料	苯乙烯石蜡液	粉料		细骨料	
								耐酸粉	硫酸钡粉	石英砂	重晶石砂
封底料		100	2~4	0.5~4.0	0~15	—	—	—	—	—	—
修补料		100	2~4	0.5~4.0	—	—	—	200~300	(400~500)	—	—
树脂胶料	铺衬胶料与面层胶料	100	2~4	0.5~4.0	—	0~2	—	0~15	—	—	—
	封面料	100	2~4	0.5~4.0	—	0~2	3~5	—	—	—	—
	胶料					—	—	—	—	—	—

（续）

材料名称		树脂	引发剂	促进剂	苯乙烯	矿物颜料	苯乙烯石蜡液	粉料		细骨料	
								耐酸粉	硫酸钡粉	石英砂	重晶石砂
胶泥	砌筑或勾缝料	100	2~4	0.5~4.0	—	—	—	200~300	(250~350)	—	—
稀胶泥	灌缝或地面面层料	100	2~4	0.5~4.0	—	0~2	—	120~200	—	—	—
砂浆	面层或砌筑料	100	2~4	0.5~4.0	—	0~2	—	150~200	(350~400)	300~450	(600~750)
	石材灌浆料	100	2~4	0.5~4.0	—	—	—	120~200	—	150~180	—

注：1. 表中括号内的数据用于含氟类介质工程。
2. 过氧化苯甲酰二丁酯糊引发剂与N，N-二甲基苯胺苯乙烯液促进剂配套；过氧化环己酮二丁酯糊、过氧化甲乙酮引发剂与钴盐（含钴0.6%）的苯乙烯液促进剂配套。
3. 苯乙烯石蜡液的配合比为苯乙烯：石蜡=100:5；配制时，先将石蜡削成碎片，加入苯乙烯中，用水浴法加热至60℃，待石蜡完全溶解后冷却至常温。苯乙烯石蜡液应使用在最后一遍封面料中。
4. 环氧乙烯酯树脂材料，目前有些已采用预促进技术，促进剂在树脂出厂时加入，施工现场只需加入引发剂即可。

表15-33 呋喃树脂类材料的施工配合比（重量比）

材料名称		糠醇糠醛树脂	糠酮糠醛树脂	糠醇糠醛树脂玻璃钢粉	糠醇糠醛树脂胶泥粉	苯磺酸型固化剂	耐酸粉料	石英砂
封底料		同环氧树脂、乙烯基酯树脂或不饱和聚酯树脂封底料						
修补料		同环氧树脂、乙烯基酯树脂或不饱和聚酯树脂修补料						
树脂胶料	铺衬胶料与面层胶料	100	—	40~50	—	—	—	—
		—	100	—	—	12~18	—	—
胶泥	灌封料	100	—	—	250~300	—	—	—
		—	100	—	—	12~18	100~150	—
	砌筑或勾缝料	100	—	—	250~400	—	—	—
		—	100	—	—	12~18	200~400	—
砂浆料		100	—	—	250	—	250~300	—
		—	100	—	—	12~18	150~200	350~450

注：糠醇糠醛树脂玻璃钢粉和胶泥粉内已含有酸性固化剂。

表15-34 酚醛类材料的施工配合比（重量比）

材料名称		酚醛树脂	稀释剂	低毒酸性固化剂	苯磺酰氯	耐酸粉料
封底料		同环氧树脂、乙烯基酯树脂或不饱和聚酯树脂封底料				
修补料		同环氧树脂、乙烯基酯树脂或不饱和聚酯树脂修补料				
树脂胶料	铺衬与面层胶料	100	0~15	6~10	(8~10)	—
胶泥	砌筑或勾缝料	100	0~15	6~10	(8~10)	150~200
稀胶泥	灌缝料	100	0~15	6~10	(8~10)	100~150

15.6.3 树脂类防腐蚀工程的施工

1. 树脂胶泥、砂浆铺砌块材、勾缝和涂抹

①在采用酸性固化剂配制的胶泥、砂浆铺砌块材之前,应在水泥砂浆、混凝土和金属基层上先涂一道环氧打底料,以免基层受酸性腐蚀,影响粘结力。由于环氧打底料有增强粘结力的作用,故在采用非酸性固化剂配制的胶泥、砂浆铺砌施工前,最好也在基层上涂一层环氧打底料,并在干后进行块材铺砌。

②块材的铺砌应采用揉挤法。第一步打灰,基层上(或已砌好的前一层块材上)和待砌的块材上都应满刮胶泥;第二步铺砌,在揉挤中将块材找正放平,并用刮刀刮去缝内挤出的胶泥。

③块材铺砌时,可用木条预留缝隙,勾缝可在胶泥、砂浆养护干燥后进行。先在缝内涂环氧打底料,干燥后用刮刀将胶泥填满缝隙,并随即将灰缝表面压实压光,不得出现气泡、空隙。

④涂抹用的材料一般为环氧类胶泥或砂浆。涂抹之前,也应在基层上涂一层环氧打底料。涂抹的方法与罩麻刀灰面层做法相同。抹前基层可用喷灯预热,并在涂抹时稍加压力,使胶泥嵌入基层孔隙内,要求厚薄均匀,转角处做成圆角。涂抹胶泥面层厚2~3mm,并一次压光;涂抹砂浆面层厚5~7mm,待干燥至不发黏后,再在表面涂刷一遍环氧面层料即可。

树脂胶泥铺砌块材的结合层厚度、灰缝宽度和挤缝灌缝尺寸见表15-35。

表15-35 树脂胶泥块材的结合层厚度、灰缝宽度和挤缝灌缝尺寸

块材种类	铺砌/mm		灌缝或挤缝/mm	
	结合层厚度	灰缝宽度	缝宽	缝深
耐酸砖	4~6	2~4	2~4	≥15
耐酸耐温砖	4~6	2~4	2~4	≥10
铸石板	4~6	3~5	6~8	≥10
花岗石及其条石	4~12	4~12	8~15	≥20

2. 玻璃钢手糊法施工

玻璃钢成型的施工方法有手糊法、喷射法和模压法等多种,但现场施工一般采用手糊法。

施工前,首先应在基层上打底,即刷涂一道薄而均匀的环氧打底料,基层的凹陷不平处应用腻子修补填平;随即刷第二道环氧打底料,两道打底料间应保证有24h以上的固化时间。

玻璃布粘贴的顺序一般是先立面后平面,先局部(如沟道、孔洞处)后大面。立面铺粘由上而下,平面铺粘从低向高。玻璃布的搭接宽度不应少于50mm,且各层的搭接应互相错开;阴角和阳角处可增粘1~2层玻璃布。具体的粘贴方法有连续法和间断法两种。

所谓连续法,即是用毛刷均匀涂刷一层衬布料,随即粘贴第一层玻璃布;贴实后再刷一层衬布料,使玻璃布浸透,随后再粘贴第二层玻璃布。如此连续铺贴,直至达到规定的层数和厚度。施工中要注意用刮板或毛刷将玻璃布贴紧压实,或用辊子反复滚压,务必挤出其中

的气泡和多余的胶料。玻璃布可采取鱼鳞式搭接法，即在铺完第一幅布后，第二幅布以一半幅宽搭在第一幅布上，第三幅同样以一半幅宽搭在第二幅布上，依此类推，即形成两层玻璃衬布。如每幅布与前一幅布的搭接宽度分别为幅宽的 2/3、3/4、4/5，则可一次连续粘贴三、四、五层。

间断法的施工仅是玻璃布的粘贴与连续法有所不同。间断法是在粘贴完第一层玻璃布并涂刷衬布料后，待其固化（约 24h）至不黏手时，再粘贴第二层，依此类推。

面层料一般在最后一层玻璃布贴完后的第二天刷涂。面层料共刷两道，第二道须在第一道干燥后刷涂。

树脂玻璃钢施工后，常温下的养护时间比较长。以地面为例，环氧玻璃钢为 7d，酚醛玻璃钢为 10d，呋喃、聚酯及环氧煤焦油玻璃钢为 15d。如为贮槽，养护时间还要延长 1 倍。养护时间见表 15-36。

表 15-36　玻璃钢常温养护时间

内容名称	养护期不少于/d
	隔离层
环氧玻璃钢	7
不饱和聚酯玻璃钢	7
环氧乙烯基酯玻璃钢	7

注：1. 常温养护温度不低于 20℃。
　　2. 养护时严禁明火、蒸汽、水及日晒。

树脂类防腐蚀工程在施工中要有防火防毒措施，在配制和使用苯、乙醇、丙酮等易燃物的现场，应严禁烟火。乙二胺、苯类、酸类都有程度不同的毒性和刺激性，操作人员应穿戴好防护用具，并在作业后冲洗和淋浴。

第 16 章

保温隔热工程

16.1 松散材料保温隔热层

16.1.1 材料和质量要求

①宜采用无机材料，如使用有机材料，应先做好材料的防腐处理。
②材料在使用前必须检验其容重、含水率和热导率，使其符合设计要求。
③常用的松散保温隔热材料应符合的要求见表 16-1。

表 16-1 常用的松散保温隔热材料应符合的要求

项目	内容
常用的松散保温隔热材料应符合的要求	炉渣和水渣，粒径一般为 5~40mm，其中不应含有有机杂物、石块、土块、重矿渣块和未燃尽的煤块；膨胀蛭石，粒径一般为 3~15mm
	矿棉，应尽量少含小珠，使用前应加工疏松；锯木屑，不得使用腐朽的锯木屑
	稻壳，宜用隔年陈谷新轧的干燥稻壳，不得含有糠麸、尘土等杂物
	膨胀珍珠岩粒径小于 0.15mm 的含量不应大于 8%

④材料在使用前必须过筛，含水率超过设计要求时，应予晾干或烘干。采用锯末屑或稻壳等有机材料时，应作防腐处理，常用的处理方法有钙化法和防腐法两种。

a. 钙化法。钙化锯末屑的配制方法与施工要素，见表 16-2。

表 16-2 钙化锯末屑的配制方法与施工要素

类别	配合比（体积比）			主要性能			配制方法与施工要素
	锯末屑	生石灰粉	水泥	容量 /(kg/m²)	热导率 /[W/(m·K)]	抗压强度 /MPa	
Ⅰ	50	4	3	490	0.11	0.42	先将锯末屑和生石灰粉按配合比干拌均匀，再适量加水拌和经钙化 24h 以上，使木质纤维软化。在使用前再按配合比加入定量水泥（不加水）拌和均匀即可使用。一般虚铺 60mm 压至 40mm
Ⅱ	12	4	1.5	596	0.11	0.20	将锯末屑、生石灰粉和水泥按配合比干拌均匀，然后边加水边搅拌至潮湿均匀。入模加压 8h，由 80mm 压至 50mm，出模后自然阴干三昼夜，再在 50℃的环境中干燥 16h，即可使用
	16	4	1.5	740	0.15	0.15	

b. 防腐法。防腐法的配置方法及要求见表 16-3。

表 16-3　防腐法的配置方法及要求

项目	内容
防腐法的配制方法及要求	将干燥的锯末屑倒入 2% 浓度的铁矾水（100kg 清水加入硫酸亚铁 2kg，经搅拌溶化而成）内，浸泡 2h（锯末应低于水面 30～50mm）。然后将锯末捞起，晾干或烘干（要求彻底干燥、配制的铁矾水可以继续使用）后即可使用。其容重为 300kg/m²，热导率为 0.13W/(m·K)，一般用于顶棚保温材料

16.1.2　松散材料保温层施工

松散材料保温层施工的施工方法及注意事项见表 16-4。

表 16-4　松散材料保温层施工的施工方法及注意事项

项目	内容
铺设保温隔热层	铺设保温隔热层的结构表面应干燥、洁净、无裂缝、蜂窝、空洞。接触隔热保温层的木结构应作防腐处理。如有隔气层屋面，应在隔气层施工完毕经检查合格后进行
松散保温隔热材料铺设	松散保温隔热材料应分层铺设，并适当压实，压实程度应事先根据设计容重通过试验确定。平面隔热保温层的每层虚铺厚度不宜大于 150mm；立面隔热保温层的每层虚铺厚度不宜大于 300mm。完工的保温层厚度允许偏差为 10% 或 -5%
平面铺设松散材料	平面铺设松散材料时，为了保证保温层铺设厚度的准确，可在每隔 800～1000mm 放置一根木方（保温层经压实检查后，取出木方再填补保温材料）、砌半砖矮隔断或抹水泥砂浆矮隔断（按设计计算要求确定高度）一条，以解决找平问题
垂直填充矿棉	垂直填充矿棉时，应设置横隔断，间距一般不大于 800mm，填充锯末屑或稻壳等有机材料时，应设置换料口。铺设时可先用包装的隔热材料将出料口封号，然后再填装锯末屑或稻壳，在墙壁顶段松散材料不易填入时，可加以包装后填入
保温层压实	保温层压实后，不得直接在其上行车或堆放重物，施工人员宜穿平底软鞋
松铺膨胀蛭石	松铺膨胀蛭石时，应尽量使膨胀蛭石的层理平面与热流垂直，以达到更好的保温效果
搬运和铺设矿物棉	搬运和铺设矿物棉时，工人应穿戴头罩、口罩、手套、鞋套和工作服，以防止矿物棉纤维刺伤皮肤和眼睛或吸入肺部
其他	下雨或刮大风时一般不宜施工

16.1.3　松散材料保温隔热层施工

1. 空心板保温隔热屋盖

①施工要点。

a. 板缝用 C20 细石混凝土灌缝。

b. 分格木龙骨要与板缝预埋铁丝绑牢。

c. 隔热保温材料铺设后，要用竹筛或钉有木框的铅丝网覆盖，然后将找平层砂浆倒入筛内，摊平后，取出筛子，找平抹光即可，这样可以防止倾倒砂浆时挤走隔热保温材料，以保证工程质量。

②构造图。空心板隔热保温屋盖构造示意图如图 16-1 所示。

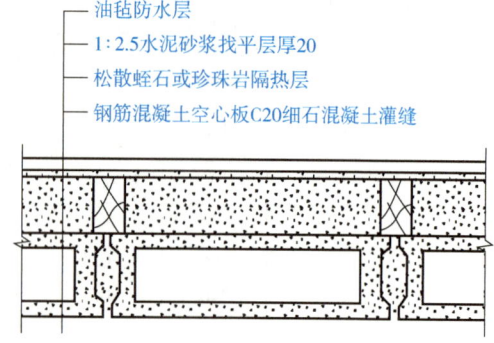

图 16-1　空心板隔热保温屋盖构造示意图

2. 炉渣保温隔热屋盖

①施工要点。炉渣保温隔热层应分层铺设（每层不大于150mm），边铺设边压实，压实后的表面用2m长靠尺检查，顺水方向误差不大于15mm。

②构造图。炉渣保温隔热屋盖构造示意图如图16-2所示，炉渣保温隔热屋盖施工图如图16-3所示。

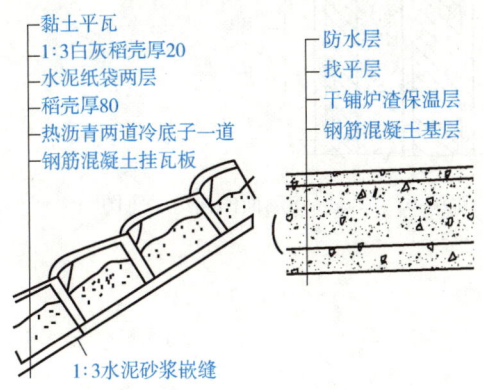

图16-2　炉渣保温隔热屋盖构造示意图　　图16-3　炉渣保温隔热屋盖施工图

3. 保温隔热顶棚

①施工要点。

a. 用纸盒（需作防潮处理）或塑料袋装填隔热保温材料，依次平铺在顶棚内。

b. 袋装厚度要根据设计要求试验确定，铺设时，盒（袋）要靠紧，不得有空隙或漏铺。

②构造图。保温隔热顶棚构造示意图如图16-4所示。

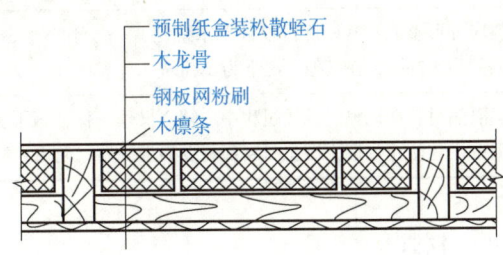

图16-4　保温隔热顶棚构造示意图

4. 保温隔热墙面

①施工要点。

a. 木龙骨应安装牢固并作防腐处理。

b. 内墙和隔热保温材料采取随砌随填（压实）方法。

c. 夹层内不得掉入砂浆和砖块。砌墙时，可用木板将隔热保温材料隔开，当砌至一定高度（如按木龙骨间距）需填铺保温隔热材料时，再取出木板，以此循环施工至设计高度，保温隔热墙面施工如图16-5所示。

②构造图。保温隔热墙面的构造示意图如图16-6所示。

图 16-5 保温隔热墙面施工

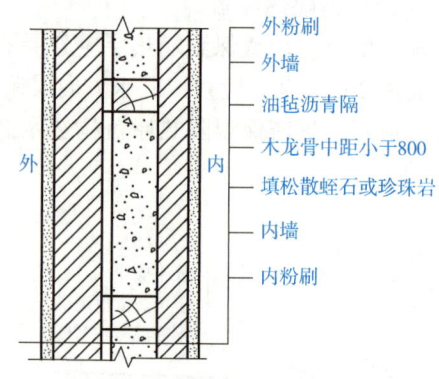

图 16-6 保温隔热墙面的构造示意图

16.2 板状材料保温隔热层

16.2.1 材料和质量要求

板状材料保温隔热层材料和相关质量要求见表 16-5。

表 16-5 板状材料保温隔热层材料和相关质量要求

项目	内容
材料和相关质量要求	板状保温隔热材料有泡沫混凝土板、加气混凝土板、水泥蛭石板、沥青蛭石板、水泥膨胀珍珠岩板、沥青膨胀珍珠岩板、聚苯乙烯泡沫塑料板、木丝板（万利板）、甘蔗板等。这些板制品在使用前，应检查其容重及强度是否符合设计要求
	板状材料应外形整齐，其厚度按设计要求确定，一般不小于 3cm。当用沥青胶结材料粘贴时，厚度允许偏差为 ±2mm；在其他情况下为 ±4mm
	板状保温隔热材料在运输、堆放过程中应精心操作，保证板形完整，无断裂。运入施工现场的材料，要采取措施防止受潮。有机材料板材要做好防腐、防虫、防火工作

16.2.2 常用的板（块）材料

1. 沥青膨胀珍珠岩板（块）

①使用材料和要求。膨胀珍珠岩以大颗粒为宜，容重为 100~120kg/m³，含水率为 10%，使用 60 号石油沥青。

②相关配合比。沥青膨胀珍珠岩板（块）使用材料的相关配合比见表 16-6。

表 16-6 沥青膨胀珍珠岩板（块）使用材料的相关配合比

材料名称	配合比（重量比）	每立方米用料	
		单位	数量
膨胀珍珠岩	1	m³	1.84
沥青	0.7~0.8	kg	128

③沥青膨胀珍珠岩板（块）的制作方法。沥青膨胀珍珠岩板（块）的制作方法见表 16-7。

表 16-7　沥青膨胀珍珠岩板（块）的制作方法

项目	内容
沥青膨胀珍珠岩板（块）的制作方法	将膨胀珍珠岩散料倒在锅内加热不断翻动，预热至 100～120℃，然后倒入已熬化的沥青中拌和均匀。沥青的熬化温度不宜超过 200℃，拌合料的温度宜控制在 180℃ 以内
	将拌和均匀的拌合物从锅内倒在铁板上，铺摊并不断翻动，使拌合物温度下降至成型温度（80～100℃）。如温度过高，脱模成品会自动爆裂，不爆裂的强度也会降低
	将达到成型温度的拌合物装入钢模内，压料成型。钢模内事先要撒滑石粉或铺垫水泥纸袋作为隔离层。拌合物入模后，先用 10mm 厚的木板，在模的四周插压一次，然后刮平压制。钢模可按设计要求确定，一般为 450mm×450mm×160mm。模压工具可采用小型油压榨油机改装即可，压缩比为 1.6
	压制的成品经自然散热冷却后，堆放待用，如图 16-7 所示
	成型后的板（块）状材料的热导率应为 0.084W/(m·K)，抗压强度应为 0.17～0.21MPa，吸水率（雨淋 3 昼夜增加的重量比）应为 7.2%

图 16-7　沥青珍珠岩成品堆放（沥青珍珠岩成品堆放）

2. 沥青稻壳板（块）

沥青稻壳板（块）的相关施工要求见表 16-8。

表 16-8　沥青稻壳板（块）的相关施工要求

项目	施工要求
使用材料	膨胀珍珠岩以大颗粒为宜，容重为 100～120kg/m³，含水率 10%，使用 30 号石油沥青
配合比	稻壳∶沥青 = 1∶0.4（重量比）
制作方法	先将稻壳放在锅内适当加热，然后倒入 200℃ 沥青中拌和均匀，再倒入钢模（或木模）内压制成型，压缩比为 1.4。采用水泥纸袋做隔离层时，加压后六面包裹，连纸再压一次脱模备用
常用规格	100mm×300mm×600mm 或 80mm×400mm×800mm

3. 挤压聚苯乙烯泡沫塑料保温板

挤压聚苯乙烯泡沫塑料保温板（100mm）铺贴在防水层上，用作屋面保温隔热，性能很好，并克服了高寒地区卷材防水层长期存在的脆裂和渗漏的疑难问题，挤压聚苯乙烯泡沫塑料保温板示意图如图16-8所示。

图16-8 挤压聚苯乙烯泡沫塑料保温板示意图

16.2.3 板状材料保温层施工

板状材料保温层材料施工质量要求见表16-9。

表16-9 板状材料保温层材料施工质量要求

项目	聚苯乙烯泡沫塑料		硬质聚氨酯泡沫塑料	泡沫玻璃	微孔混凝土	膨胀蛭石（珍珠岩）制品
	挤压	模压				
表观密度/（g/m³）	≥32	15~30	≥30	≥150	500~700	300~800
热导率/[W/(m·K)]	≤0.03	≤0.041	≤0.027	≤0.062	≤0.22	≤0.26
抗压强度/MPa	—	—	—	≥0.4	≥0.4	≥0.3
在10%形变下的压缩应力/MPa	≥0.15	≥0.06	≥0.15	—	—	—
70℃，48h后尺寸变化率（%）	≤2.0	≤5.0	≤5.0	≤0.5		
吸水率（%）	≤1.5	≤6	≤3	≤0.5		
外观质量	板的外形基本平整，无严重凹凸不平；厚度允许偏差为5%，且不在于4mm					

16.2.4 板状材料保温隔热施工

1. 蛭石（珍珠岩）保温隔热屋盖

①施工要点。

a. 基层清扫干净后，先刷1:1水泥蛭石（或珍珠岩）浆一道，以保证粘贴牢固。

b. 板状保温隔热层的胶结材料最好与找平层材料一致，粘铺完后应立即做好找平层，使之形成整体，防止雨淋受潮。

②构造图。蛭石（珍珠岩）保温隔热屋盖构造示意图如图16-9所示。

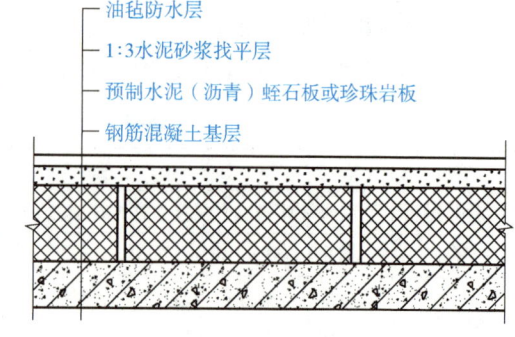

图16-9 蛭石（珍珠岩）保温隔热屋盖示意图

2. 预制木丝板（下贴式）隔热保温屋盖

①施工要求。

a. 木丝板（或其他有机纤维板）平铺于台座上，每块板钉圆钉4~6个，尖头弯钩，板面涂刷热沥青两道。然后支模，上部灌注混凝土使之成为整体。

b. 搬运和吊装板材构件时要轻放，防止保温隔热层碎裂。吊装前要检查保温隔热板材与混凝土结合情况，若有松动应加固后才能吊装。

②构造图。预制木丝板（下贴式）保温隔热屋盖构造示意图如图 16-10 所示。

3. 预制珍珠岩板（下贴式）保温隔热屋盖

①施工要求。

a. 采用预制珍珠岩板（或其他无机材料板材）时，平铺后，先在表面刷 1∶1 = 水泥∶同类板材碎屑浆一道，然后支模灌注混凝土。

b. 搬运和吊装板材构件时要轻放，防止保温隔热层碎裂。吊装前要检查保温隔热板材与混凝土结合情况，有松动加固后才能吊装。

②构造图。预制珍珠岩板（下贴式）保温隔热屋盖构造示意图如图 16-11 所示。

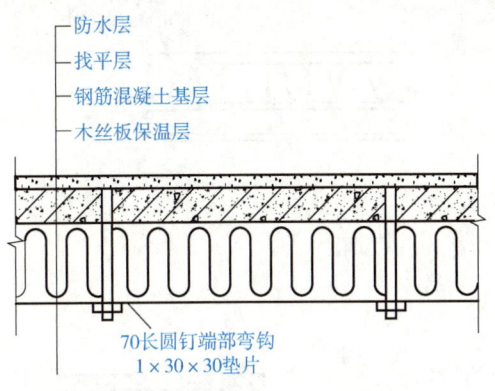

图 16-10　预制木丝板（下贴式）保温隔热屋盖构造示意图

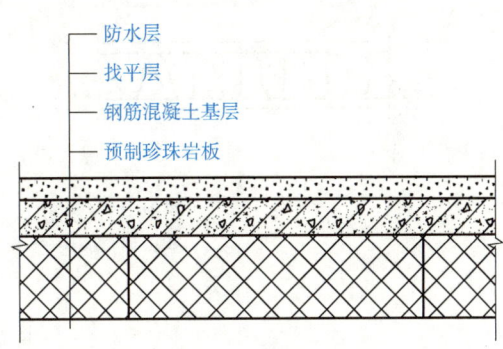

图 16-11　预制珍珠岩板（下贴式）保温隔热屋盖构造示意图

16.3　反射型保温隔热层

16.3.1　铝箔波形纸板

铝箔波形纸板相关施工和安装要求见表 16-10。

表 16-10　铝箔波形纸板相关施工和安装要求

项目	内容
铝箔波形纸板相关施工要求	①波形纸板为基层，铝箔做覆面层，贴在覆面纸上，经加工而成 ②常用的有三层铝箔波形纸板和五层铝箔波形纸板两种，如图 16-12 所示 ③三层铝箔波形纸板由两张覆面纸和一张波形纸组合而成，在覆面纸表面上裱以铝箔 ④五层铝箔波形纸板由三张覆面纸和两张波形纸组合而成，在上下覆面纸的表面上裱以铝箔。为了增强板的刚度，两层波形纸可以互相垂直放置 ⑤铝保温隔热纸板应用牛皮纸包装，并用木板夹住，用铅丝或铁皮捆扎，避免纸板受潮变形 ⑥运输和保管堆放时不宜过高，防止受压变形，且宜堆放在干燥通风的环境，并用木板支垫 ⑦凡已受潮、变形、损坏和表面不洁净的铝箔保温隔热纸板，均需经过干燥、修补后才能使用

(续)

项目	内容
铝箔波形纸板安装要求	①铝箔波形纸板安装方法分为单层和双层两种，如图16-13所示 ②安装应贴实、牢固，嵌缝应密实饱满，不得有漏钉、漏嵌、松动现象 ③钉距不得大于300mm ④预埋木块必须小面向外，采用膨胀螺栓连接时，应预先打孔 ⑤木压条应事先油漆 ⑥膨胀螺栓规格为：聚丙烯胀管外径ϕ10mm，长105mm；铁钉ϕ4.5mm，长105mm，胀管及铁钉钻入钢筋混凝土内不小于20mm

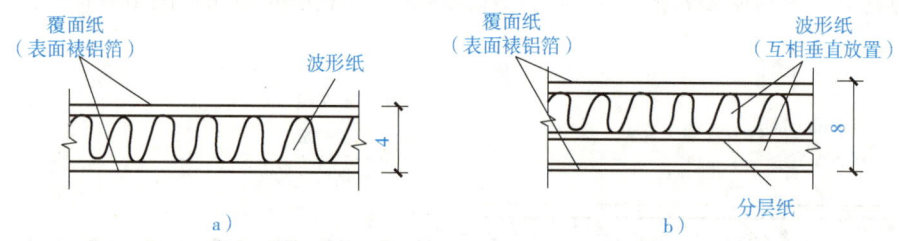

图 16-12 铝箔波形纸板构造示意图
a) 三层铝箔波形纸板 b) 五层铝箔波形纸板

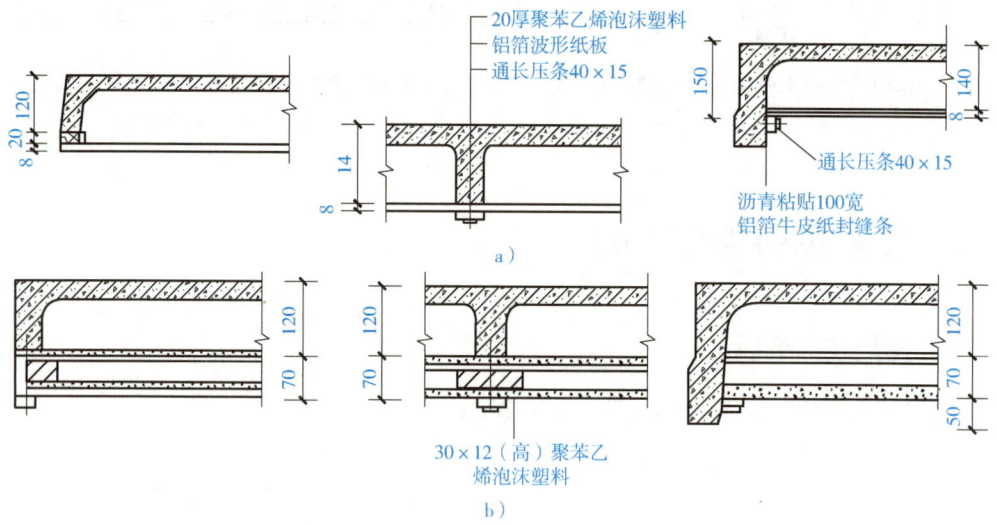

图 16-13 铝箔波形纸板安装做法
a) 铝箔波形纸板安装单层做法 b) 铝箔波形纸板安装双层做法

16.3.2 反射型保温隔热卷材

反射型保温隔热卷材又称反射型外护层保温卷材，是一种新型、优良的保温隔热材料。它是以玻璃纤维布为基材，表面上经真空镀铝膜一层加工而成，是一种真空镀铝膜玻纤织物复合材料。反射型保温隔热卷材的特点及用途见表16-11。

表 16-11 反射型保温隔热卷材的特点及用途

项目	内容
反射型保温隔热卷材的特点	①表面具有与一般抛光铝板同样的银白色金属光泽，在某种情况下，可以代替铝皮、薄铝板使用，可以大量节约有色金属 ②使用该卷材可以解决工矿企业"跑、冒、滴、漏"处最突出的散热损失问题 ③反射性能强，对辐射热及红外线有良好的屏蔽作用 ④对波长 2~30μm 的热辐射具有较大的反射率和较低的辐射率 ⑤根据铝膜层厚度的不同，对可见光波长为 0.33~0.78nm 者，则有一定的透过率 ⑥该卷材用作设备及管道的保温隔热外裹层材料时，整张敷贴，或作矩形、圆形围绕以及螺旋形裹扎，任意而为，非常方便 ⑦接缝处可用胶黏剂粘结，也可用涤纶胶带或布质胶带粘结 ⑧在室内无水淋湿情况下，还可用纸质胶带粘结 ⑨管道施工包扎时，应由下而上、由低而高进行搭缝连接，检修时可以将卷材卸下，若维护得当，可以重复多次使用 ⑩该卷材以玻璃纤维增强强度，强度高
反射型保温隔热卷材的用途	①用作建筑工程的保温隔热材料，墙体、屋面（不论夹层、面层）均可使用，如图 16-14 所示 ②用作冷热设备及管网保温隔热的外层材料，单独或与其他保温材料复合，用于保温绝热工程 ③用作锅炉炉墙外表层的反射材料及管道保温隔热外裹层材料 ④可代替覆面纸及铝箔两种材料，而且可以大大节约贴铝箔的人工费用 ⑤用于照明、太阳能、军事伪装、防烟雾工程、防潮湿外包装工程等

图 16-14 反射型保温隔热卷材的铺设（反射型保温隔热卷材屋面铺设）

16.4 整体保温隔热层

16.4.1 现浇水泥蛭石保温隔热层

现浇水泥蛭石保温隔热层的材料配合比及配置方法见表 16-12。

表16-12　现浇水泥蛭石保温隔热层的材料配合比及配置方法

配合比 水泥∶蛭石∶水（体积比）	每 m³ 水泥蛭石浆用料		表观密度/(kg/m³)	热导率/[W/(m·K)]	抗压强度/MPa	配置方法
	水泥/kg	蛭石/L				
	42.5级普通硅酸盐水泥					①将定量的水泥与水均匀调成水泥浆，然后用小桶将水泥浆均匀地泼在定量的膨胀蛭石上，随泼随拌，拌和均匀 ②水灰比一般以2.4～2.6为宜（体积比），检查方法是用手紧捏成团不散，并稍有水泥浆滴下时为合适
1∶12∶4	110	1300	290	0.087	0.25	
1∶10∶4	130	1300	320	0.093	0.30	
	42.5级普通硅酸盐水泥					
1∶12∶3.3	110	1300	310	0.092	0.30	
1∶12∶3	130	1300	330	0.099	0.35	
	42.5级矿渣水泥					
1∶12∶3	110	1300	290	0.870	0.25	
1∶12∶4	110	1300	290	0.870	0.25	
1∶10∶4	130	1300	290	0.870	0.25	

相关施工要求如下：

①屋面铺设保温隔热层时，应采取"分仓"施工，每仓宽度为700～900mm。可采用木板分隔，也可采用钢筋尺控制宽度和铺设厚度，如图16-15所示。

②保温隔热层的虚铺厚度一般为设计厚度的130%（不包括找平层），铺后用木拍板拍实抹平至设计厚度。铺设时应尽可能使膨胀蛭石颗粒的层理平面与铺设平面平行。

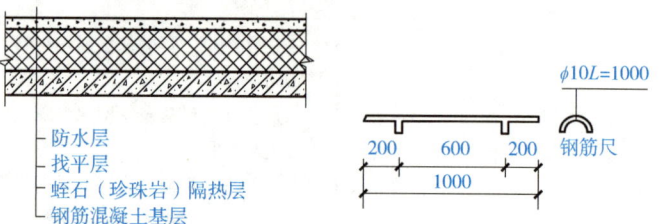

图16-15　现浇水泥蛭石保温隔热屋做法

③水泥蛭石浆压实抹平后应立即抹找平层，两者不得分两个阶段施工。找平层砂浆配合比为水泥∶粗砂∶细砂＝1∶2∶1，稠度为7～8cm（成粥状）。

④由于膨胀蛭石吸水较快，施工时最好把原材料运至铺设地点，随拌随铺，以确保水灰比准确和工程质量。

⑤找平层抹好后，一般情况下可不必洒水养护。

⑥整体保温层应有平整的表面。其平整度用2m直尺检查。直尺与保温层表面之间的空隙：当在保温层上直接设置防水层时，不应大于5mm；如在保温层上做找平层时，不应大于7mm，空隙只允许平缓变化。

16.4.2　喷、抹膨胀蛭石灰浆

喷、抹膨胀蛭石灰浆的施工要求如下：

①被喷抹的基层表面应清洗干净，并须凿毛，然后涂抹一道底浆。

②膨胀蛭石灰浆可采用人工粉刷或机械喷涂，不论采用哪种方法，均应分底层和面层两层施工，防止一次喷抹太厚，产生龟裂。底层完工后须经一昼夜方可再做面层，总厚度不宜超过30mm。

③采用人工抹蛭石灰浆的方法与抹普通水泥砂浆相同，抹时应用力适当。用力过大，易将

水泥浆从蛭石缝中挤出,影响灰浆强度;用力过小,则与基层粘结不牢,且影响灰浆本身质量。

④采用机械喷涂,可用隔膜式灰浆泵或自行改装专制的喷浆机进行施工。喷嘴大小以16~20mm为宜,喷射压力可根据具体情况决定,可在0.05~0.08MPa范围内进行调整。喷涂墙面时,喷枪与墙面垂直,喷涂顶棚时,喷枪与顶棚成45°角为宜。喷嘴距基层表面300mm左右为好。喷涂后的面层可用抹子轻轻抹平。落地灰浆可回收再用。

⑤为了便于施工,机械喷涂的灰浆内可加入灰浆总量3%的塑化剂稀释溶液(体积比)。

⑥蛭石灰浆应随拌随用,一边使用一边搅拌,使浆液保持均匀。一般从搅拌到用完不宜超过2h,否则蛭石水化成粉末会影响隔热保温效果。

16.4.3 水泥膨胀珍珠岩保温隔热层

水泥膨胀珍珠岩是以膨胀珍珠岩为集料,以水泥为胶凝材料,按一定比例配制而成,可用于墙面抹灰,也可用于屋面或夹壁等处做现浇隔热保温层,相关施工方法及要求见表16-13。

表16-13 水泥膨胀珍珠岩保温隔热层施工方法及要求

施工方法	施工要求
抹压法	①将水泥和珍珠岩按一定配合比干拌均匀,然后加水拌和,水不宜过多,否则珍珠岩将由于体轻上浮,产生离析现象。灰浆稠度以外观松散,手握成团不散,挤不出水泥浆或只能挤出少量水泥浆为宜 ②基层表面事先应洒水湿润 ③墙面粉刷时用力要适当,用力过大,易影响保温隔热效果;用力过小,与基层粘结不牢,易产生脱落,一般掌握压缩比130%左右即可 ④平面铺设时应分仓进行,铺设厚度一般为设计厚度的130%左右,经拍实(轻度)至设计厚度。拍实后的表面,不能直接铺贴油毡防水层,必须先抹1:(2.5~3)的水泥砂浆找平层一层,厚度为7~10mm。抹后一周内浇水养护 ⑤整体保温层应有平整的表面,其平整度用2m直尺检查。直尺与保温层间的空隙:当在保温层上直接设置防水层时,不应大于5mm;如在保温层上做找平层时,不应大于7mm。空隙只允许平缓变化
喷涂法	①喷涂法适用于砖墙和拱屋面,施工图如图16-16所示 ②喷前先将水泥和膨胀珍珠岩按一定比例干拌均匀,然后送入喷射机内进一步搅拌,在风压作用下经胶管送至喷枪,水与干物料在喷枪口混合后由喷嘴喷出 ③喷涂时要随时注意调整风量、水量,喷射角度:当喷墙面、屋面时,喷枪与基层表面垂直为宜;喷射顶棚时,以45°角为宜。一次喷涂可达30mm,多次喷涂可达80mm,喷涂墙面一般用1:12,喷涂屋面一般用1:15

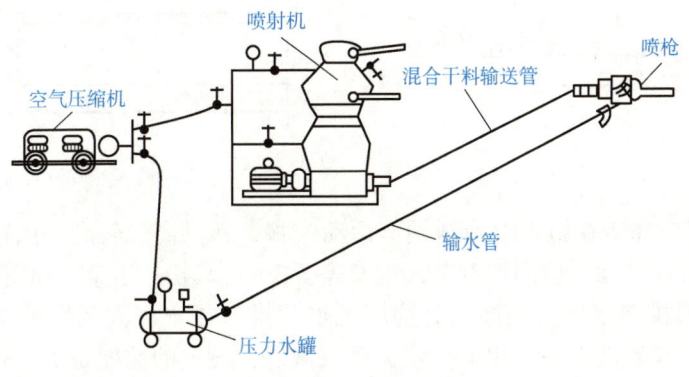

图16-16 喷涂法施工

当采用水泥石灰膨胀珍珠岩灰浆时，宜分两遍喷涂，两遍喷涂时间相隔24h，总厚度不宜超过30mm，其配合比见表16-14。

表16-14 水泥石灰膨胀珍珠岩灰浆配合比

项次	材料比	第一遍	第二遍	适用部位
1	水泥:石灰膏:珍珠岩	1:1:9	1:1:12	顶棚
2	水泥:石灰膏:珍珠岩	1:1:15	1:0.5:15	墙面

16.5 其他保温隔热结构层

16.5.1 架空通风隔热屋盖

1. 架空通风隔热屋盖设计要求

架空通风隔热屋盖是利用通风空气间层散热快的特点，以提高建筑围护结构的隔热能力。它一般是由隔热构件、通风空气间层、支承构件和基层（结构层或加防水层）所组成。屋面隔热层的架空高度按照屋面宽度和坡度大小而变化，如设计无要求，一般以130~260mm为宜，屋面宽度大于10m时，应设置通风屋脊，如图16-17所示。

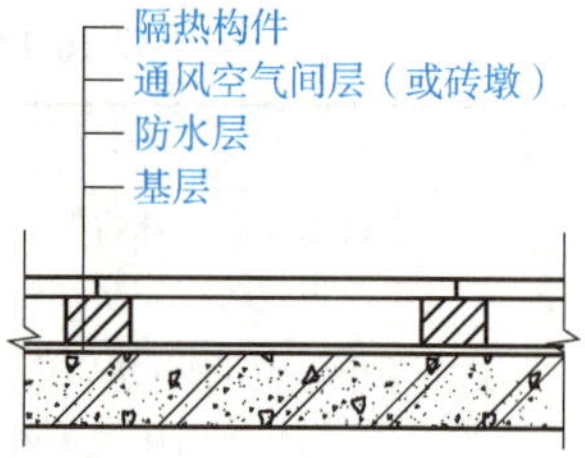

2. 架空通风隔热屋盖施工方法

①双层土瓦屋面在施工时椽子间距要准确一致，屋脊要设置排风口，上层搭七留三，灰条盖缝，底层搭二留八，土瓦盖缝，设置的坡度为1:1.6，相关的构造如图16-18所示。

②大阶砖架空屋盖的屋面要清扫干净，放出支承中线，用M2.5水泥砂浆砌砖带支承，间距偏差不大于10mm。用M2.5水泥砂浆铺砌大阶砖或混凝土小板，用1:2水泥砂浆或沥青砂浆嵌缝，设置的坡度应大于或等于3%，其构造示意图如图16-19所示。

图16-17 架空通风隔热屋盖构造示意图

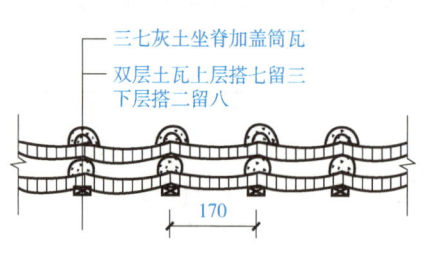

图16-18 双层土瓦屋面构造示意图

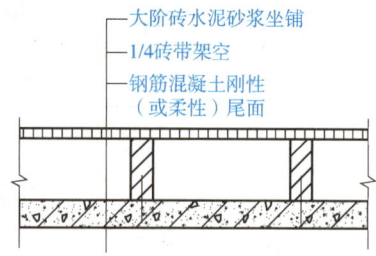

图16-19 大阶砖架空屋盖构造示意图

③1/4砖拱架空屋盖在施工时预制拱形活动模板，其拱高、矢高、拱距要求准确一致，砌筑砂浆饱满，面层抹面，屋面坡度应大于或等于3%，其构造示意图如图16-20所示。

④混凝土半圆拱架空屋盖在施工时混凝土半圆拱（或水泥大瓦）要求无裂缝和损坏，坐砌灰浆要饱满，位置要准确，用1:2水泥砂浆嵌缝，设置的坡度是1:(3~4)，其构造示意图如图16-21所示。

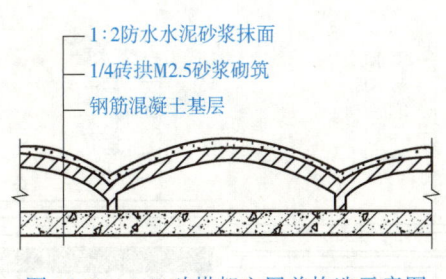

图 16-20　1/4 砖拱架空屋盖构造示意图

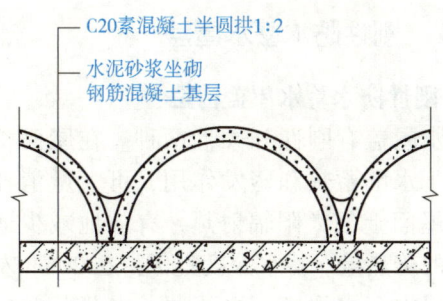

图 16-21　混凝土半圆拱架空屋盖构造示意图

⑤山字形混凝土架空屋盖在施工时山字形构件要求无裂缝和损坏，坐砌灰浆要饱满，位置要准确，设置的坡度应大于或等于3%，其构造示意图如图16-22所示。

⑥混凝土小板架空屋盖在施工时屋面要清扫干净，放出支承中线，在施工中用M2.5水泥砂浆砌砖带支承，间距偏差不大于10mm，用M2.5水泥砂浆铺砌大阶砖或混凝土小板，用1:2水泥砂浆或沥青砂浆嵌缝，设置的坡度应大于或等于3%，其相关构造示意图如图16-23所示。

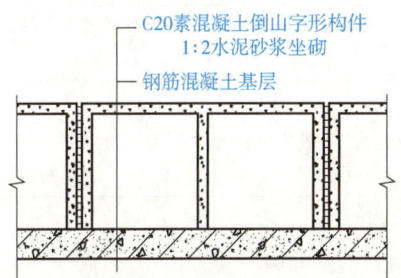

图 16-22　山字形混凝土架空屋盖构造示意图

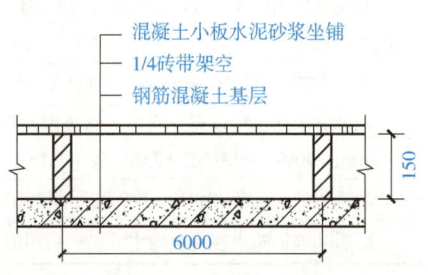

图 16-23　混凝土小板架空屋盖构造示意图

⑦单翼水泥大瓦架空屋盖（双重防水）在施工时水泥大瓦要完整，无裂纹和损坏，铺设时，搭接要稳固，不得有松动，接缝应背向主导风向，设置的坡度为1:(8~12)，其构造示意图如图16-24所示。

⑧双层水泥大瓦架空屋盖（双重防水）在施工时钢筋混凝土檩条要求规格一致，铺设安装距离准确，底层水泥大瓦铺盖时要搁稳，确保安全，设置的坡度应为1:(3~4)，其构造示意图如图16-25所示。

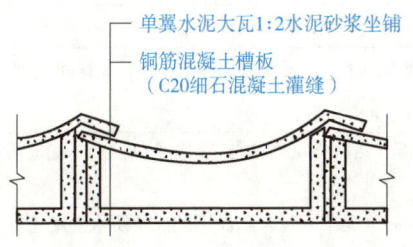

图 16-24　单翼水泥大瓦架空屋盖（双重防水）构造示意图

图 16-25　双层水泥大瓦架空屋盖（双重防水）构造示意图

16.5.2 刚性防水蓄水屋盖

1. 刚性防水蓄水屋盖构造

蓄水屋盖有刚性和柔性两种。在屋面蓄水，由于水的蓄热和蒸发作用，可大量消耗投射在屋面上的太阳辐射热，有效地减少通过屋盖的传热量。蓄水深度宜保持在20cm左右。水层中有水浮莲、水藤菜、水葫芦及白色漂浮物的遮阳蓄水屋盖，水深可小于20cm。蓄水屋盖的构造如图16-26所示。

2. 刚性防水蓄水屋盖使用材料及施工要求

①刚性防水蓄水屋盖使用材料的相关要求见表16-15。

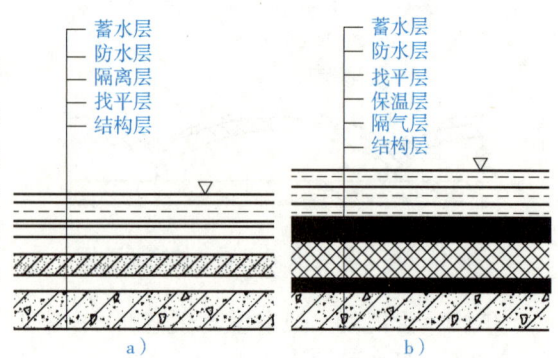

图16-26 蓄水屋盖构造
a) 刚性蓄水屋盖 b) 柔性蓄水屋盖

表16-15 刚性防水蓄水屋盖使用材料要求

项目	内容
水泥	宜用强度等级32.5以上普通硅酸盐水泥或强度等级42.5以上矿渣水泥，贮存期不超过3个月，受潮变质不得使用
砂	所用砂的比例：中砂占85%，细砂占15%，含泥量小于3%
石	以卵石为佳，可以充分利用天然级配，碎石孔隙率较大，一般要求粒径5~15mm的30%，粒径15~25mm的70%，两级配，以达到最小孔隙率，含泥量不大于1%
三乙醇胺	所选用的三乙醇胺pH值为8~9，相对密度为1.12~1.13
水	配料和养护防水混凝土的水，必须采用清洁的饮用水，不得采用工业污水

②刚性防水蓄水屋盖施工要求见表16-16。

表16-16 刚性防水蓄水屋盖施工要求

项目	内容
施工要求	屋面可分为若干个蓄水区，但每个蓄水区的边长不宜大于10m
	防水层的分格缝应设置在装配式结构屋盖的支承端、屋盖转折处、防水层与凸出屋盖结构的交接处，并应与板缝对齐，其纵横间距不宜大于6m，分格缝设置如图16-27所示
	分格缝可用油膏嵌封，分格缝木条为方便拆除应做成上大下小的楔形，使用前在水中浸透，涂刷隔离剂，如图16-28所示
	屋脊和平行于流水方向的分格缝，也可做成泛水，用盖瓦覆盖，盖瓦应单边坐灰固定
	施工前，应先清理基层，将基层表面清理干净，并浇水湿透，当基层表面有油渍时，用碱水清理干净
	防水混凝土的水灰比不应大于0.55，坍落度不应大于5cm
	应用机械搅拌时，先将氯化钠配成密度为1.13的溶液，然后将氯化钠与三乙醇胺按43∶1配成溶液，每袋水泥（50kg）加入1.3kg混合液即可
	浇筑防水混凝土前，先在基层表面满涂水灰比为0.4的水泥浆一道，随涂刷随浇筑防水混凝土。每个蓄水系统必须一次浇筑完毕，不得留施工缝，所有孔洞必须预留，不得后凿。每一蓄水区内应将泛水与屋盖同时做好，泛水部分的高度应高出水面不小于100mm
	防水混凝土必须机械捣实，随后进行浇水养护，养护时间不得小于14d，如图16-29所示

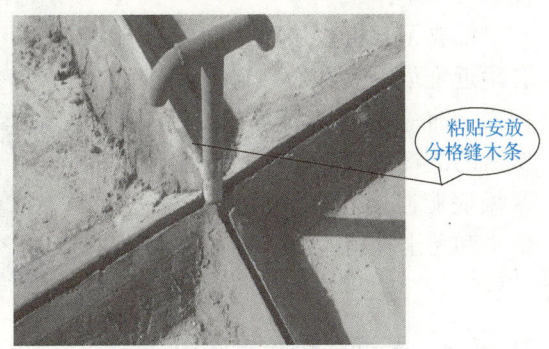

图 16-27　设置分格缝　　　　　　图 16-28　粘贴安放分格缝木条

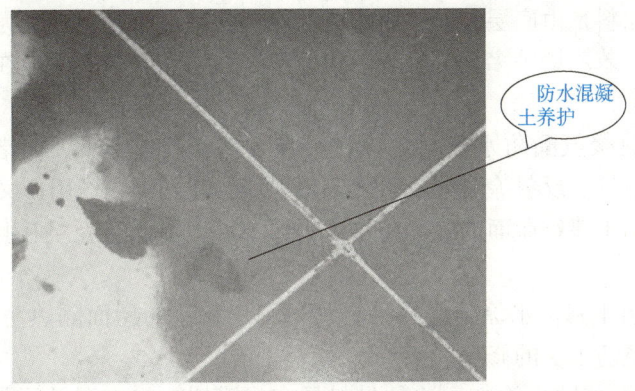

图 16-29　防水混凝土养护

16.5.3　植被屋盖

植被屋盖分有土植被与无土植被两种，属于倒铺屋盖。有土植被屋盖的覆土层厚度宜采用 10cm，可种植草皮等植物。无土植被屋盖可采用锯木屑或膨胀蛭石等多孔轻质松散材料，覆盖层厚度宜采用 15～20cm，可种植花卉、蔬菜等浓荫作物。此外，在屋顶上设置花架、种植攀缘植物等，也是房屋围护结构一种很好的隔热措施，如图 16-30 所示。

图 16-30　屋盖种植花卉

所以，植被屋盖层不仅对防水层和屋盖结构有很好的保护作用，而且有很好的保温隔热效能。

植被屋盖的基层和防水层的施工要点与蓄水屋盖的基层和防水层的做法一样。施工时应注意泄水管的安装，避免种植介质流失。完工后应按设计要求及时将屋面覆盖，植被屋盖如

图 16-31 所示。

铺放无土植被层时，应先在排水孔附近堆放一些卵石或碎石，然后在屋面上铺一层 1~3cm 厚的废棉渣或经筛后的渣滓肥，以及一些干的猪牛的粪做底肥，接着再铺放无土植被层。覆土和无土种植屋面应有 1%~3% 的坡度。

图 16-31　植被屋盖示意图

16.5.4　屋面隔热防水涂料

1. 屋面隔热防水涂料构成

屋面隔热防水涂料是由底层和面层组成的。底层为防水涂料，表层为反射涂料，它以丙烯酸丁酯、丙烯腈、苯乙烯等多元共聚乳液为基料，掺入反射率高的金红石型氧化钛和玻璃粉等填料制成。

①DJ-2 屋面隔热聚氨酯防水涂料。该材料强度高，延伸率大，耐老化性能非常优异，涂层与屋面的粘结力好。反射涂料能反射太阳辐射能，起到隔热作用，又对屋面有一定的装饰效果。这种涂料用于建筑屋面的隔热防水工程，也可用于地下室、卫生间等同时要求防水和装饰的地方。

②DJ-1 屋面隔热丁基防水涂料。这种材料适用于新建的屋面隔热防水工程，也可用于老化渗漏的沥青油毡防水层的修复。

③LJP-1 型隔热装饰防水涂料。这种材料具有成膜快，与水泥基层粘结牢固、强度高、延伸性好、适应基层变形能力强、防水性能好且抗盐碱腐蚀的性能。涂膜抗臭氧性能优异，并具有一定的抗紫外光能力，耐久性好。涂膜能反光隔热。涂料有多种颜色，可装饰美化屋面。

2. 防水隔热粉

防水隔热粉本身应力分散，所以抗震、抗裂性能好，且具有很好的随机应变性，遇有裂缝会自动填充、闭合。用建筑防水粉做防水层，施工时不需加热或用火，其防水层之上设有保护层，所以这样的防水屋面，既防水又防火，因而广泛用于屋面、仓库、地下室等防水、隔热、保温等工程。但缺点是只适用于平基面或坡度不大于 10% 的坡屋面，以及女儿墙、立墙、压顶、檐口、天沟等部位，因为粉末易下滑，造成厚薄不均，故还必须采用其他柔性材料配套使用。

施工时，先做找平层，通常用细石混凝土做成平整无裂隙的光洁表面，然后平铺 5~7mm 的防水隔热粉，继而在其上铺一层隔离层，一般选用卷筒式包装纸，或者用旧报纸粘连卷成筒，铺好后即用物料压住，以防风吹散。最后在其上浇水泥砂浆或小石子混凝土。也可在上面铺地砖或铺混凝土预制板块。

第 17 章

装饰装修工程

17.1 抹灰工程

17.1.1 一般抹灰

常用一般抹灰砂浆的构成及特性见表17-1，抹灰层的平均总厚度见表17-2，每层灰的控制厚度尺寸见表17-3，一般抹灰的允许偏差和检验方法见表17-4。

表 17-1 常用一般抹灰砂浆的构成及特性

名称	构成	特性
水泥砂浆	以水泥作为胶凝材料，配以建筑用砂（视需要加入外加剂）	一般用于外墙面、勒脚、屋檐以及有防水防潮要求或强度要求高的部位，水泥砂浆不得涂抹在石灰砂浆层上
石灰砂浆	以熟石灰作为胶凝材料，配以建筑用砂（视需要加入外加剂）	一般用于室内墙面、顶棚等无防水、防潮要求的中层或面层抹灰
水泥石灰混合砂浆	以水泥、熟石灰作为胶凝材料，配以建筑用砂（视需要加入外加剂）	一般用于室内墙面、顶棚等无防水、防潮要求的底层、中层或面层抹灰
石灰膏	在生石灰中加过量的水（为石灰质量的 2.5~3 倍）所得到的浆体经沉淀并除去表层多余水分后的膏状物	一般用于无防水、防潮要求的室内面层抹灰
纸筋石灰砂浆（纸浆灰）	掺入纸筋的石灰膏	一般用于无防水、防潮要求的室内面层抹灰
麻刀石灰砂浆（麻刀灰）	掺入麻刀的石灰膏	一般用于无防水、防潮要求的室内中层或面层抹灰，粗麻刀石灰用于垫层抹灰，细麻刀石灰用于面层抹灰
粉刷石膏	以石膏作为胶凝材料，配以建筑用砂、保温集料及多种添加剂制成的抹灰材料	具有和易性好、粘结力强、硬化快的特点，用于顶棚抹灰较好，适合墙面薄层找平
聚合物砂浆	在建筑砂浆中添加聚合物胶黏剂，使砂浆性能得到很大改善的新型建筑材料。聚合物的种类和掺量决定了聚合物砂浆的性能	聚合物胶黏剂与砂浆中的水泥或石膏等无机粘结材料组合在一起，大大提高了砂浆与基层的粘结强度、砂浆的可变形性、砂浆的内聚强度等性能

表 17-2　抹灰层的平均总厚度

项目	基层	平均总厚度/mm ≥
顶棚	板条、现浇混凝土	15
顶棚	预制混凝土	18
顶棚	金属网	20
内墙	普通抹灰	20
内墙	高级抹灰	25
外墙	砖墙面	20
外墙	勒脚及凸出墙面部分	25
外墙	石墙	35

表 17-3　每层灰的控制厚度

分类	每层灰厚度/mm
水泥砂浆	5～7
石灰砂浆或水泥混合砂浆	7～9
麻刀灰罩面	<3
纸筋灰、石膏灰罩面	<2
采用腻子刮平的混凝土墙、顶面	分遍刮平总厚度2～3
采用聚合水泥砂浆、水泥混合砂浆喷毛打底，纸筋灰罩面，以及用膨胀珍珠岩水泥砂浆抹面	总厚度3～5
板条、金属网用麻刀灰、纸筋灰抹灰	3～6

表 17-4　一般抹灰的允许偏差和检验方法

项目	允许偏差/mm		检验方法
	普通抹灰	高级抹灰	
立面垂直度	4	3	用2m垂直检测尺检查
表面平整度	4	3	用2m垂直检测尺检查
阴阳角方正	4	3	用直角检测尺检查
分格条（缝）直线度	4	3	拉5m线，不足5m拉通线，用钢直尺检查
墙裙、勒脚上口直线度	4	3	拉5m线，不足5m拉通线，用钢直尺检查

17.1.2　装饰抹灰工程

1. 水刷石工程

水刷石工程施工方法见表17-5。

表 17-5 水刷石工程施工方法

项目	内容
抹石粒浆	①待中层砂浆 6~7 成干时,进行水刷石面层抹灰,如果中层灰层较干,应浇水湿润,接着在中层灰面上刮一遍水灰比为 0.37~0.40 的水泥浆,厚度为 1mm ②为使面层与中层粘结牢固,必须在满刮后,立即抹面层水泥石粒浆,石粒浆的稠度以 5~7cm 为宜,面层厚度一般为石子粒径的 2.5 倍 ③抹水泥石粒浆时,应随抹随用铁抹子压平压实,待稍收水后,再用铁抹子将露出的石子尖棱轻轻拍平,使平面平整密实,然后用刷子蘸水刷去表面浮浆,再拍平压实,并用刷子蘸水再刷及再压,重复 1~2 遍,使石子颗粒在灰浆中翻转,石子大面朝外,表面排列紧密均匀 ④抹石粒浆时,就整个墙面(或当天作业面)来说,是从上往下抹,但对于每一个分格应从下面抹起,每抹完一块,用直尺检查平整,不平处应及时增补找平,同一面层要一次抹完不留施工缝
喷刷	当面层水泥石粒浆开始凝固并达到七成干,用手指轻按无痕,用软刷子刷石粒不掉时,开始喷刷。其方法是:用刷子蘸水从上而下刷掉面层灰浆,或用喷雾器随喷随用毛刷刷掉表面水泥浆,喷水压力要均匀,喷头离墙面 100~200mm。喷刷顺序应自上而下,直至石粒外露 1~2cm,达到清晰可见为止
起分格条	喷刷墙面露出石子后,即起分格条,用抹子柄敲击木条。用小鸭嘴抹子扎入木条,上下活动,轻轻起出,再用小溜子找平。用刷子刷光直缝角,用灰浆将格缝修补平直,颜色一致
滴水槽、滴水线、阳台、雨罩等部位	水刷石应先做小面,后做大面,以保证大面的清洁美观。水刷石阳角部位应用喷头由外往里喷刷,最后用小水壶冲洗干净,檐口、窗台、阳台及雨罩底面,应按规格规定分别设置滴水槽或滴水线。滴水槽上宽不小于 7mm,下宽为 10mm,深度为 10mm,距外表面应不小于 30mm

2. 假面砖抹灰工程

假面砖抹灰用的彩色砂浆,一般按设计要求的色调合理调配,并先做出样板,确定标准配合比。一般多配成土黄、淡黄或咖啡等颜色。假面砖抹灰彩色砂浆配合比(体积比)见表 17-6。假面砖抹灰饰面示意图如图 17-1 所示。

表 17-6 假面砖抹灰彩色砂浆配合比(体积比)

设计颜色	普通水泥	白水泥	白灰膏	颜料(按水泥质量)(%)	细砂
土黄色	5	—	1	氧化铁红(0.2~0.3) 氧化铁黄(0.1~0.2)	9
咖啡色	5	—	—	氧化铁红(0.5)	9
淡黄色	—	5	1	铬黄(0.9)	9
浅桃色	—	5	—	铬黄(0.5)、红珠(0.4)	白色细砂 9
淡绿色	—	5	—	氧化铬绿(2)	白色细砂 9
灰绿色	5	—	1	氧化铬绿(2)	白色细砂 9
白色	—	5	—	—	白色细砂 9

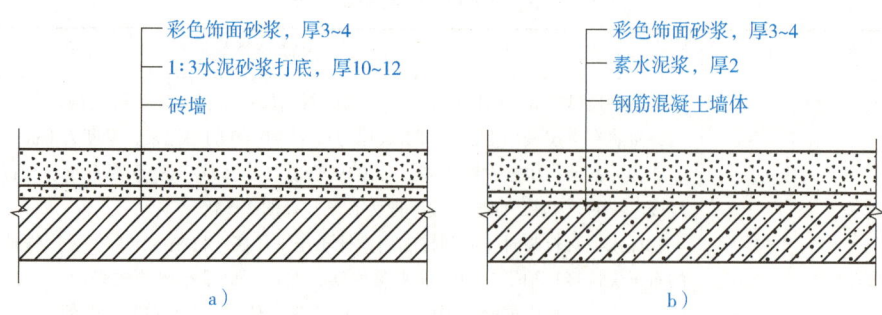

图 17-1 假面砖抹灰饰面示意图

3. 聚合物水泥砂浆滚涂、喷涂与弹涂

①滚涂是将聚合物水泥砂浆抹在基层表面，用滚子滚出花纹，其构造做法如图 17-2 所示。

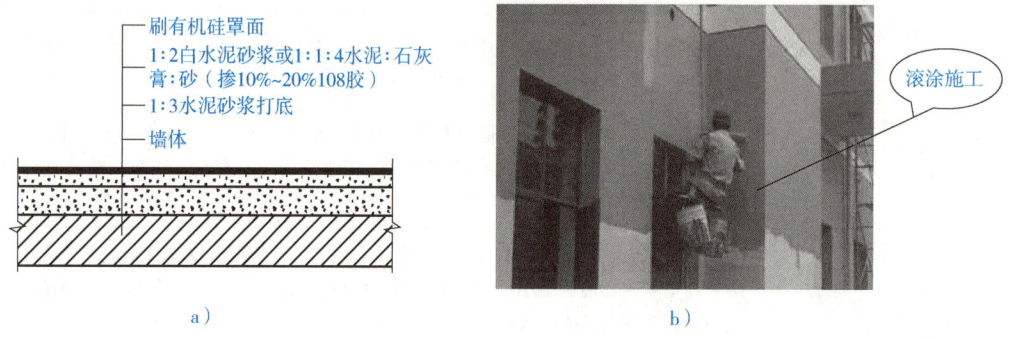

图 17-2 滚涂施工
a）滚涂构造示意图 b）滚涂现场施工图

②喷涂。喷涂是用挤压式砂浆泵或喷斗，将掺入聚合物的水泥砂浆喷涂在基面上，形成波浪、颗粒或花点质感的饰面层。最后在表面再喷一层甲基硅醇钠或甲基硅树脂疏水剂，可提高饰面层的耐久性和耐污染性，如图 17-3 所示。喷涂饰面砂浆配合比（质量比）见表 17-7。

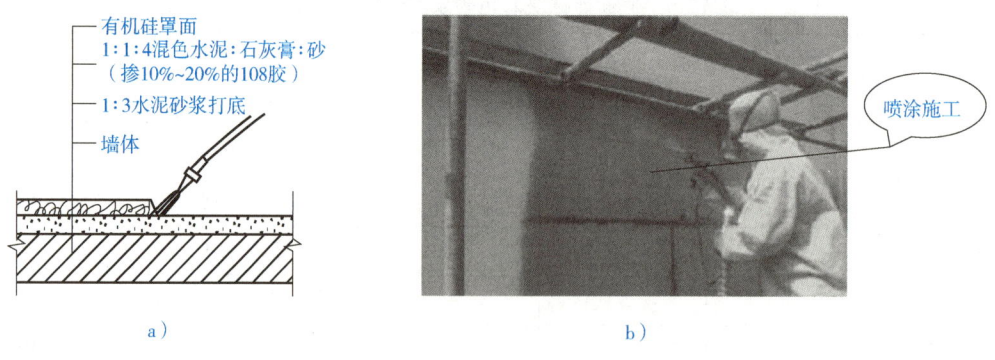

图 17-3 喷涂施工
a）喷涂构造示意图 b）喷涂施工现场图

表 17-7 喷涂饰面砂浆配合比（质量比）

种类	白水泥	水泥	砂子	108 胶	水	颜料
灰色	100	10	110	22	33	—
绿色	100	—	100	20	33	氧化铬绿
	—	100	100	20	33	

③弹涂。弹涂是用电动弹力器，将掺入胶黏剂的 2~3 种水泥色浆，分别弹涂到基面上，形成 1~3mm 圆状色点，获得不同色点相互交错、相互衬托、色彩协调的饰面层。最后刷一道树脂罩面层，起防护作用，弹涂施工使用材料如图 17-4 所示。

弹涂施工宜用云母状或细料状涂料

图 17-4 弹涂施工使用材料的现场图

4. 装饰工程抹灰允许偏差及检验方法

装饰工程抹灰允许偏差及检验方法见表 17-8。

表 17-8 装饰工程抹灰的允许偏差和检验方法

项目	允许偏差/mm				检验方法
	水刷石	斩假石	干粘石	假面砖	
立面垂直度	5	4	5	5	用 2m 垂直检测尺检查
表面平整度	3	3	5	4	用 2m 垂直检测尺检查
阴角方正	3	3	4	4	用直角检测尺检查
分格条（缝）直线度	3	3	3	3	拉 5m 线，不足 5m 拉通线，用钢直尺检查
墙裙、勒脚上口直线度	3	3			拉 5m 线，不足 5m 拉通线，用钢直尺检查

17.2 楼地面工程

17.2.1 整体水磨石面层

1. 构造做法

整体水磨石面层的构造做法见表 17-9。整体水磨石面层构造示意图如图 17-5 所示。

表17-9 整体水磨石面层的构造做法

项目	内容
整体水磨石面层的构造做法	水磨石面层有防静电要求时，其拌合料内应按设计要求掺入导电材料。面层厚度除特殊要求外，一般宜为12~18mm，并按选用的石料粒径确定厚度
	白色或彩色的水磨石面层，采用白水泥；深色的水磨石面层，采用硅酸盐水泥、普通硅酸盐水泥或矿渣硅酸盐水泥；同颜色的面层使用同一批水泥。同一彩色面层使用同厂、同批的矿物颜料，其掺入量宜为水泥质量的3%~6%或由试验确定
	水磨石面层结合层的水泥砂浆体积比宜为1:3，相应的强度等级不应低于M10，水泥砂浆的稠度宜为30~35mm
	普通水磨石面层的磨光遍数不应少于3遍，高级水磨石面层的厚度和磨光遍数由设计确定，其分格不宜大于1m
	防静电水磨石面层应在清洁、表面干燥后，在其上均匀涂抹一层防静电剂和地板蜡，并作抛光处理。当采用导电金属分格条时，分格条须经绝缘处理，且十字交叉处不得碰接
	水磨石面层拌合料的体积比应符合设计要求，或为1:2.5~1:1.5（水泥:石粒）

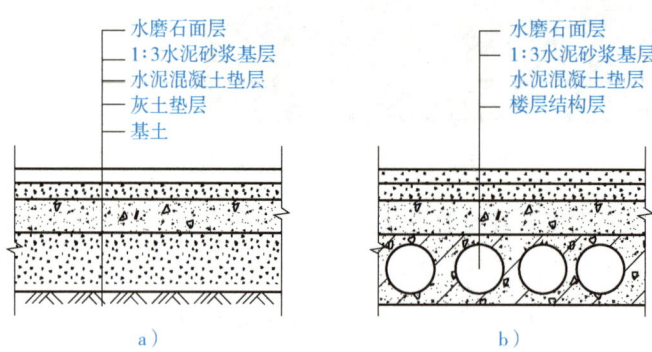

图17-5 整体水磨石面层构造示意图

2. 整体水磨石面层材料要求

整体水磨石面层厚度与石子最大粒径关系见表17-10。

表17-10 整体水磨石面层厚度与石子最大粒径关系 （单位：mm）

水磨石面层厚度	10	15	20	25	30
石子最大粒径	9	14	18	23	28

整体水磨石面层施工配合比见表17-11。

表17-11 整体水磨石面层施工配合比

项次	石子规格	配合比（体积比）（水泥+颜料）:石子	适用部位	铺抹厚度/mm
1	1号	1:2.0	地坪面层	12~15
2	1~3号混合	1:1.5	地坪面层	12~15
3	3号或4号	1:(1.25~1.5)	地坪面层	8~10

（续）

项次	石子规格	配合比（体积比）（水泥+颜料）：石子	适用部位	铺抹厚度/mm
4	3号或4号	1:1.25	墙裙、踢脚板	8
5	3号或4号	1:(0.83~0.9)	复杂线脚	按实际而定
6	1号或2号	1:(1.30~1.35)	预制板	20~30
7	3号或4号	1:1.30	预制扶梯踏步板	20

水泥石子浆用料量见表17-12。

表17-12　水泥石子浆用料量　　　　　　　　　　（单位：kg/m³）

材料名称	1:1	1:1.25	1:1.5	1:2	1:2.5	1:3
水泥	956	862	767	640	550	481
石子	1167	1285	1404	1563	1677	1762
水	279	267	255	240	229	221

水磨石面层施工开磨时间见表17-13。

表17-13　水磨石面层施工开磨时间

平均温度/℃	开磨时间/d	
	机磨	人工磨
20~30	3~4	2~3
10~20	4~5	3~4
5~10	5~6	4~5

17.2.2　地砖面层

地砖面层施工要点如下：

①处理基层、弹线。混凝土地面应将基层凿毛，凿毛深度5~10mm，凿毛痕的间距为30mm左右。清净浮灰、砂浆、油渍。根据房间中心线（十字线）并按照排砖方案图，在地面弹出与门口成直角的基准线，弹线应从门口开始，以保证进口处为整砖，非整砖置于阴角或家具下面，弹线应弹出纵横定位控制线。

②地砖浸水湿润。铺贴前对砖的规格尺寸、外观质量、色泽等进行预选，浸水湿润晾干待用。

③摊铺水泥砂浆，安装标准块。根据排砖控制线安装标准块，标准块应安放在十字线交点，对角安装，根据标准块先铺贴好左右靠边基准行（封路）的块料。

④铺贴地面砖。根据基准行由内向外挂线逐行铺贴，并随时做好各道工序的检查和复验工作，以保证铺贴质量。铺贴时宜采用干硬性水泥砂浆，厚度为10~15mm，然后用水泥膏（2~3mm厚）满涂块料背面，对准挂线及缝子，将块料铺贴上，用小木槌着力敲击至平正。挤出的水泥膏及时清理干净。随铺砂浆随铺贴。面砖的缝隙宽度，当紧密铺贴时不宜大于

1mm；当虚缝铺贴时宜为 5~10mm，或按设计要求。地砖面层的构造做法如图 17-6 所示。

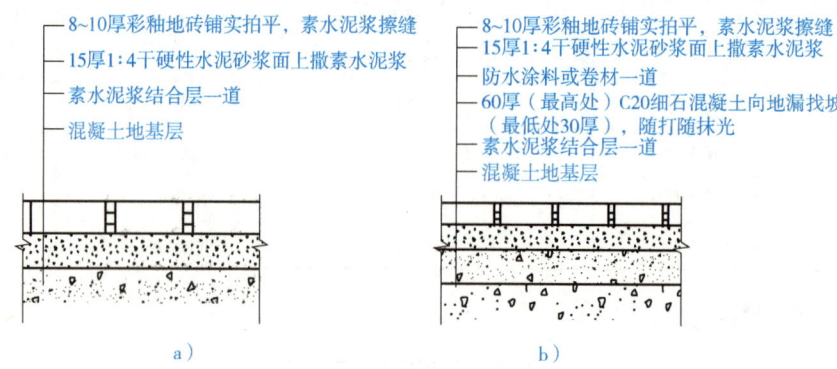

图 17-6　地砖面层的构造做法
a）一般房间的面层构造　b）浴室、卫生间等房间的面层构造

⑤勾缝。面层铺贴 24h 内，根据各类砖面层的要求，分别进行擦缝、勾缝或压缝工作。勾缝深度以比砖面凹 2~3mm 为宜，擦缝和勾缝应采用同品种、同强度等级、同颜色的水泥。

⑥清洁、养护。铺贴完成后，清理面砖表面，2~3h 内不得上人，做好面层的养护和保护工作。

17.2.3　石材面层

石材面层主要指的是大理石、花岗石面层与碎拼大理石面层的相关施工要求。

①基层处理要干净，高低不平处要先凿平和修补，基层应清洁，不能有砂浆，尤其是白灰砂浆、油渍等，并用水湿润地面。

②根据水平控制线，用干硬性砂浆贴灰饼，灰饼的标高应按地面标高减板厚再减 2mm，并在铺贴前弹出排板控制线。

③大理石和花岗石板材在铺贴前应先对色、拼花并编号。按设计要求的排列顺序，对铺贴板材的部位，以现场实际情况进行试铺，核对楼地面平面尺寸是否符合要求，并对大理石和花岗石的自然花纹和色调进行挑选排列并编号。试拼中将色板好的排放在显眼部位，花色和规格较差的铺贴在较隐蔽处，尽可能使楼地面的整体图面与色调和谐统一。

④将板材背面刷干净，铺贴时保持湿润，阴干或擦干后备用。

⑤根据控制线，按预排编号铺好每一开间及走廊左右两侧标准行（封路）后，再进行拉线铺贴，并由里向外铺贴。

⑥铺贴大理石、花岗石、人造大理石。

⑦板材间的缝隙宽度如设计无规定时，对于花岗石、大理石不应大于 1mm。相邻两块高低差应在允许偏差范围内，严禁二次磨光板边。

⑧铺贴完成 24h 后，开始洒水养护。3d 后用水泥浆（颜色与石板块调和）擦缝饱满，并随即用干布擦净至无残灰、污迹为止。铺好的板块禁止行人和堆放物品。

⑨大理石和花岗石板材如有破裂时，可采用环氧树脂或 502 胶黏剂修补。

⑩为保持大理石和花岗石板材面层清晰绚丽的光洁度,对铺贴好的表面应进行整修处理。可采用湿纱布清洗表面,若有污染可用较硬的羊毛毡块包氧化铝粉进行干擦磨光,或用砂蜡擦光。

⑪碎拼大理石面层是采用碎块天然大理石板材在水泥砂浆结合层上铺设而成,碎块间缝填嵌水泥砂浆或水泥石粒浆。

⑫相关石材面层的构造示意图如图17-7所示。

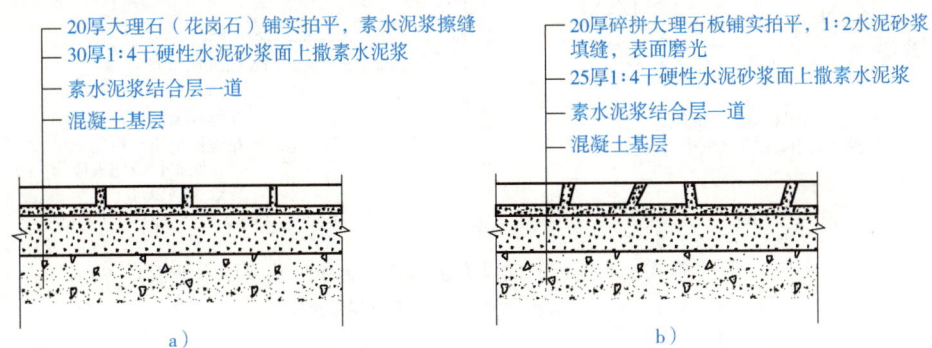

图 17-7 石材面层的构造示意图
a)大理石、花岗石面层 b)碎拼大理石、花岗石面层

17.2.4 实木地板面层

实木地板面层施工要求见表17-14。

表 17-14 实木地板面层施工要求

项目	内容
实木地板面层施工要求	实木地板面层采用条材和块材。实木地板以空铺或实铺方式在基层上铺设。实木地板面层用双层面层和单层面层铺设。双层面层是指下层为毛地板,上层为实木地板,其构造示意图如图17-8所示
	木搁栅固定时,不得损坏基层和预埋管线。木搁栅应垫实钉牢,与墙之间应留出30mm的缝隙,表面应平直
	毛地板铺设时,应与木搁栅成30°或45°角斜向钉牢,并使其髓心向上,板间的缝隙不大于3mm。毛地板与墙之间留8~12mm的缝隙。每块地板与其下的每根搁栅上各用两枚钉固定。钉的长度为板厚度的2.5倍
	铺设实木地板条材时,每块条材应钉牢在每根搁栅上,并从侧面斜向钉入板中。实木地板条材端头接缝应在搁栅上,并应间隔错开,板与板之间应紧密,仅允许个别有缝隙,缝隙宽度不得大于1mm;当采用硬木条材时,不应大于0.5mm。地板与墙之间应留出8~12mm缝隙
	铺设拼花地板时,地板的接缝可采用企口、截口或平头接缝。拼花地板应铺在毛地板上,铺钉应紧密。拼花地板长度小于300mm时,侧面应着钉两枚,长度大于300mm时,每300mm应增加1枚钉,顶端均应着钉1枚。拼花地板的铺设图案应符合设计要求,房间周边宜铺成镶边,拼花地板的构造示意图如图17-9所示

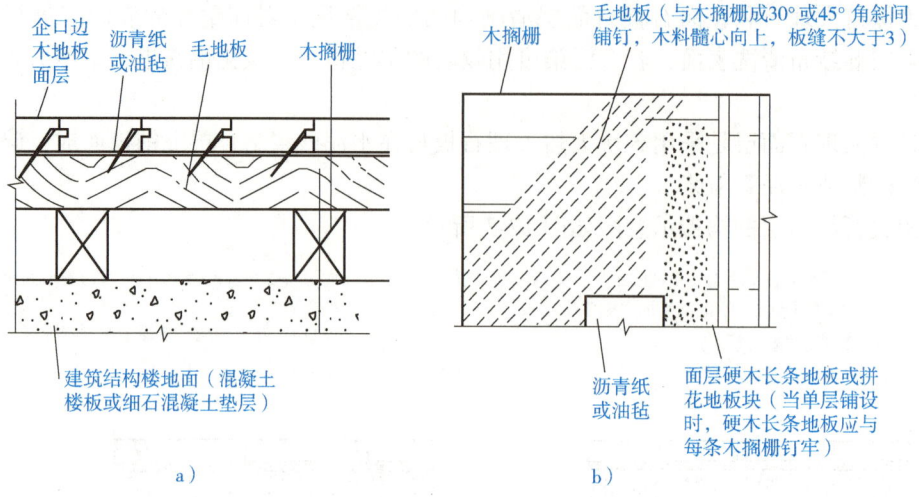

图 17-8 空铺式实木地板的铺设方法（面层为单层或双层木地板）
a）剖面构造示意图　b）平面分层示意图

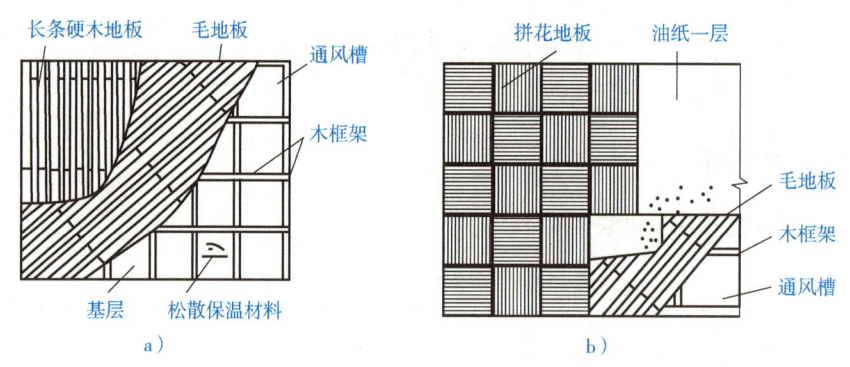

图 17-9 拼花地板的构造示意图
a）长条地面　b）拼花地面

17.3 吊顶工程

17.3.1 暗龙骨吊顶工程

暗龙骨是龙骨隐蔽于面层饰面板内，不外露于装饰空间，龙骨大多采用 U 形和 T 形的轻钢龙骨、铝合金龙骨，在设计为上人龙骨的情况下可使用钢龙骨。饰面板与龙骨的连接方式为企口暗缝连接、卡件连接、螺栓连接，其构造为金属吊杆（吊索）、主龙骨、副龙骨、装饰面板，如图 17-10 所示。

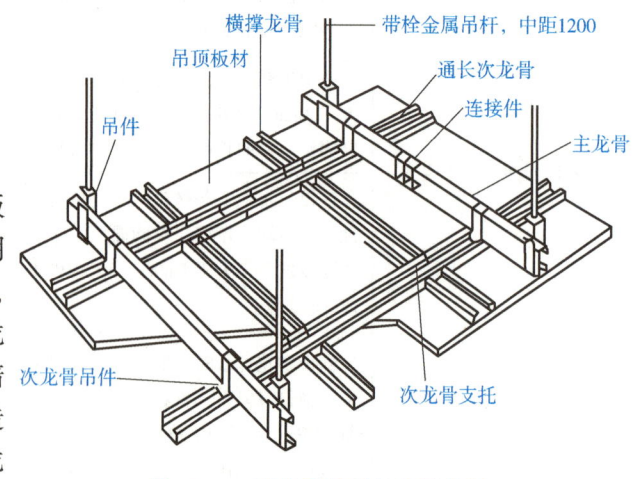

图 17-10 暗龙骨吊顶构造示意图

暗龙骨吊顶工程安装的允许偏差和检验方法见表17-15。

表17-15 暗龙骨吊顶工程安装的允许偏差和检验方法

序列	项目	允许偏差/mm				检验方法
		纸面石膏板	金属板	矿棉板	木板、塑料板、格栅	
1	表面平整度	3	2	2	3	用2m靠尺和塞尺检查
2	接缝直线度	3	1.5	3	3	拉5m线，不足5m拉通线，用钢直尺检查
3	接缝高低差	1	1	1.5	1	用钢直尺和塞尺检查

17.3.2 明龙骨吊顶工程

明龙骨是将饰面板浮搁在合金龙骨或轻钢龙骨上，属于活动式吊顶，如图17-11所示，此类吊顶一般不上人，悬吊方式比较简单，采用伸缩式吊杆悬吊即可，表现形式是外露型或半露型，饰面板以矿棉板、金属板为主。

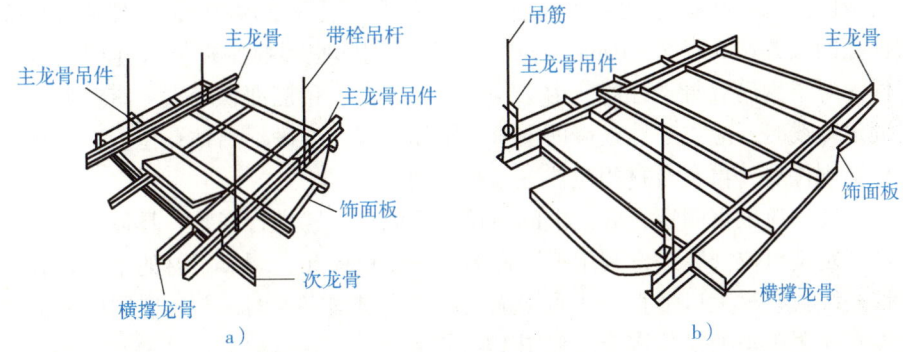

图17-11 明龙骨吊顶工程构造示意图

明龙骨吊顶工程安装的允许偏差及检验方法见表17-16。

表17-16 明龙骨吊顶工程安装的允许偏差及检验方法

序列	项目	允许偏差/mm				检验方法
		石膏板	金属板	矿棉板	塑料板、玻璃板	
1	表面平整度	3	2	3	3	用2m靠尺和塞尺检查
2	接缝直线度	3	2	3	3	拉5m线，不足5m拉通线，用钢直尺检查
3	接缝高低差	1	1	2	1	用钢直尺和塞尺检查

17.4 饰面板（砖）工程

17.4.1 干挂石材饰面板

1. 干挂石材饰面板构造

干挂石材饰面板构造示意图如图17-12所示。

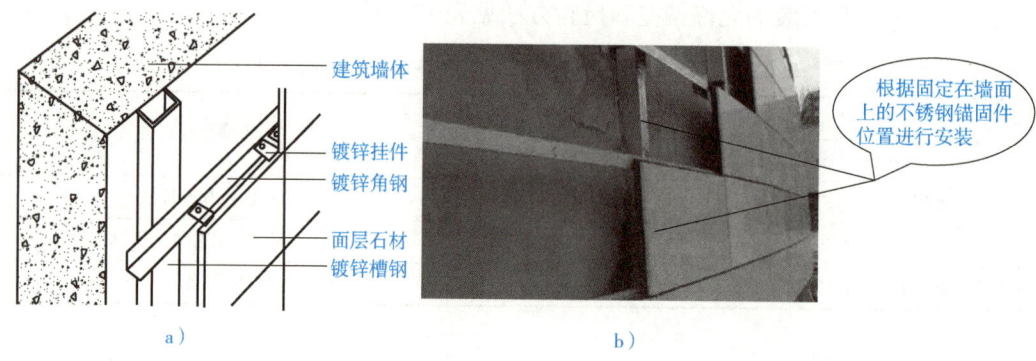

图 17-12 干挂石材饰面板构造示意图
a) 干挂石材饰面板构造图　b) 干挂石材饰面板现场施工图

2. 干挂石材饰面板施工要求

①开槽。安装石材前先测量准确位置，然后再进行钻孔开槽，对于钢筋混凝土或砖墙面，先在石板的两端距孔中心 80～100mm 处开槽钻孔，孔深 20～25mm，然后在墙面相对于石材开槽钻孔的位置钻直径 8～10mm 的孔，将不锈钢膨胀螺栓一端插入孔中固定，另一端挂好锚固件。对于钢筋混凝土柱梁，由于构件配筋率高，钢筋面积较大，有些部位很难钻孔开槽，在测量弹线时，应先在柱或墙面上避开钢筋位置，准确标出钻孔位置，待钻孔及固定好膨胀螺栓锚固件后，再在石材相应位置钻孔开槽。

②石材安装。应根据固定在墙面上的不锈钢锚固件位置进行安装，具体操作是将石材孔槽和锚固件固定销对位安装好，利用锚固件的长方形螺栓孔，调节石材的平整及方尺找阴阳角方正，拉通线找石材上口平直，然后用锚固件将石材固定牢固，并用嵌固胶将锚固件填堵固定，干挂石材阴阳角处安装构造图如图 17-13 所示。

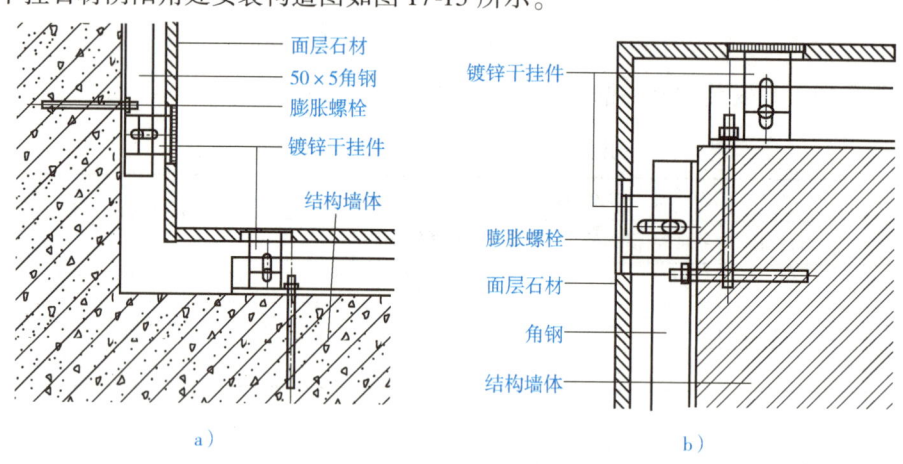

图 17-13 干挂石材阴阳角处安装构造图
a) 干挂石材阴角构造示意图　b) 干挂石材阳角构造示意图

③石材干挂完成后，要进行现场的成品保护，经常走人、墙面拐角的部位要整面墙进行保护，所有的石材干挂阳角必须采取成品保护措施。工程竣工、保洁及其使用时必须采用中性清洗剂，在清洗时必须先做小面积试验，以免选用清洗剂不当，破坏石材的光泽度或者造成麻坑。

3. 饰面板的拼缝宽度

饰面板的拼缝宽度见表 17-17。

表 17-17 饰面板的拼缝宽度

序号	饰面板类型		拼缝宽度/mm
1	天然石材	光面、镜面	1
2		粗磨面、麻面、条纹面	5
3		天然石	10
4	人造石材	水磨石、人造石	2
5		水刷石面	10
6		大理石、花岗石	1

17.4.2 木饰面板

1. 木饰面板构造

木饰面板构造可分为胶粘型和挂装型，挂装型又可分为金属挂件挂装和中密度挂件挂装，如图 17-14 所示。

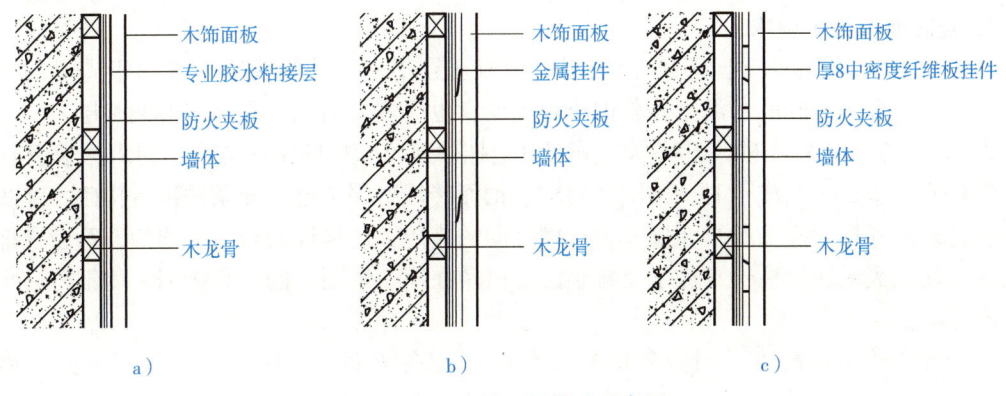

图 17-14 木饰面板构造示意图
a) 面层板胶粘 b) 面层板金属挂件挂装 c) 面层板中密度挂件挂装

2. 木饰面板施工要求

①放线。根据图纸和现场实际测量的尺寸，确定基层木龙骨分格尺寸，将施工作业面按 300~400mm 均匀分格木龙骨的中心位置，然后用墨斗弹线，完成后进行复查，检查无误开始安装龙骨。

②铺设木龙骨。用木方采用半榫扣方，做成网片安装墙面上，安装时先在龙骨交叉中心线位置打直径 14~16mm 的孔，将直径 14~16mm、长 50mm 的木契植入，将木龙骨网片用 3 寸钢钉固定在墙面上，再用靠尺和线坠检查平整度和垂直度并进行调整，达到质量要求。

③木龙骨刷防火涂料。铺设木龙骨后将木质防火涂料涂刷在基层木龙骨可视面上。

④安装防火夹板。用自攻螺钉固定防火夹板，安装后用靠尺检查平整度，如果不平整应及时修复直到合格为止。

⑤面层板安装。面层板用专用胶水粘贴后用靠尺检查平整度，如果不平整应及时修复直

到合格为止。挂装时可采用8mm厚中密度板正、反裁口或专业挂件挂装，如图17-15所示。

17.4.3 瓷砖饰面

1. 瓷砖饰面构造

瓷砖饰面构造如图17-16所示。

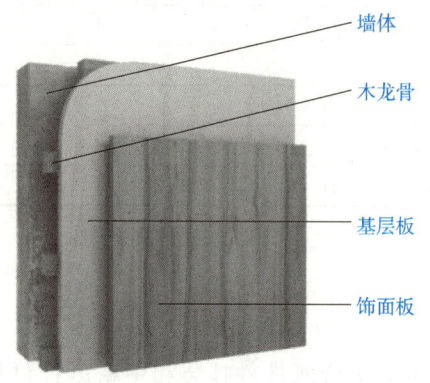

图17-15 木饰面板成品图

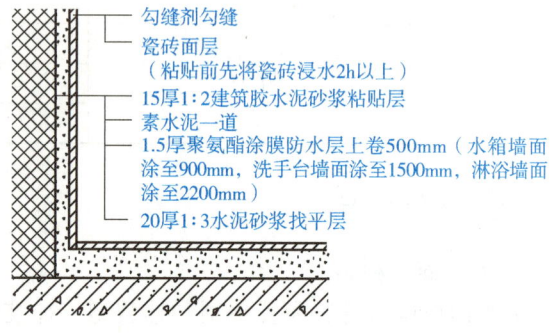

图17-16 瓷砖饰面构造图

2. 瓷砖饰面施工要求

①混凝土墙面基层处理。将凸出墙面的混凝土剔平，对基体混凝土表面很光滑的要凿毛，或用可掺界面剂胶的水泥细砂浆做小拉毛墙，也可刷界面剂，并浇水湿润基层。

②10mm厚1∶3水泥砂浆打底，应分层分遍抹砂浆，随抹随刮平抹实，用木抹子搓毛。

③待底层灰六、七成干时，按图纸要求、釉面砖规格并结合实际条件进行排砖、弹线。

④排砖。根据大样图及端面尺寸进行横竖向的排砖，以保证面砖缝隙均匀，符合设计图的要求，注意大墙面、柱子和垛子要排整砖，以及在同一墙面上的横竖排列，均不得有小于1/4砖的非整砖。

⑤用废瓷砖贴标准点，用做灰饼的混合砂浆贴在墙面上，用以控制贴瓷砖的表面平整度。

⑥垫底尺、计算准确最下一皮砖下口标高，底尺上皮一般比地面低1cm左右，以此为依据放好底尺。

⑦选砖、浸泡。面砖镶贴前，应挑选颜色、规格一致的砖；浸泡砖时，将面砖清扫干净，放入净水中浸泡2h以上，取出待表面晾干或擦干净后方可使用（如使用预拌砂浆粘贴则无须泡砖）。

⑧粘贴面砖。面砖宜采用专用瓷砖胶黏剂铺贴，一般自下而上进行，整间或独立部位宜一次完成。阳角处瓷砖采取45°对角，并保证对角缝垂直均匀。粘贴墙砖在基层和砖背面都应涂批胶黏剂，粘结厚度为5mm，如图17-17所示。

在粘贴时需要留意阴阳角的位置

图17-17 粘贴面砖示意图

施工,阴角预留5mm缝隙,打胶作为伸缩缝。阳角导1.5mm宽边,对角留缝打胶。阴阳角做法如图17-18所示。

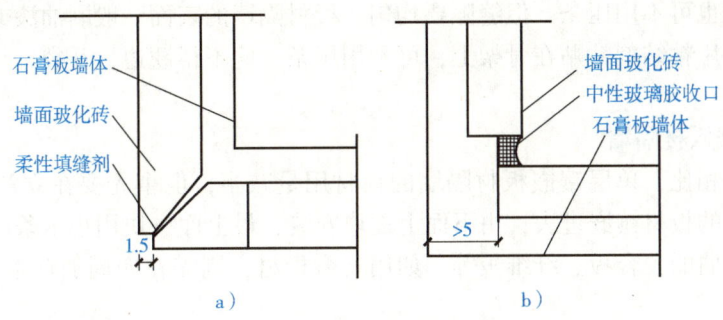

图 17-18 阴阳角处饰面施工做法
a)阳角处饰面施工做法 b)阴角处饰面施工做法

3. 饰面砖粘贴的允许偏差和检验方法

饰面砖粘贴的允许偏差和检验方法见表17-18。

表 17-18 饰面砖粘贴的允许偏差和检验方法

序号	项目	允许偏差/mm		检验方法
		外墙面砖	内墙面砖	
1	立面垂直度	3	2	用2m靠尺和塞尺检查
2	表面平整度	4	3	用2m靠尺和塞尺检查
3	阴阳角方正	3	3	用直尺检测尺检查
4	接缝直线度	3	2	拉5m线,不足5m拉通线,用钢直尺检查
5	接缝高低差	1	0.5	用钢直尺和塞尺检查
6	接缝宽度	1	1	用钢直尺检查

17.5 轻质隔墙和隔断工程

17.5.1 板材隔墙

1. 双面钉贴板材隔墙

双面钉贴板材隔墙是指在方木骨架或金属骨架上,双面镶贴胶合板、纤维板、石膏板、矿棉板、刨花板或木丝板等轻质材料的隔墙。其骨架的做法和板条墙相近,但间距要按照面层板材的大小而定。横撑必须水平。板材应选择较好的面向外,露纹清漆的胶合板还应注意木纹的统一和美观,钉子间距一般为150~200mm,如图17-19所示。

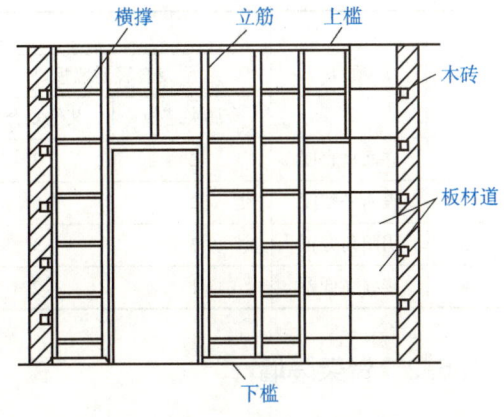

图 17-19 双面钉贴板材隔墙

板材拼缝要留3~5mm间隙，并用压条压住。压条可用木条、铝合金条或硬塑料条。木压条上应没有裂纹、节疤、刨丝、歪扭等缺陷。压条接头用人字槎，不得用齐头槎。板材的周边较整齐时，也可不用压条，但缝隙要均匀。板材隔墙的表面一般刷油漆或涂料，也可贴墙纸。板材也可用粘结剂粘贴在骨架上，可不用压条，但不得翘边、开裂，且不适宜于潮湿的地方。

2. 单层镶嵌板材隔墙

同上述方法相比，单层镶嵌板材隔墙的板材用量减半，但事先要在立筋和横撑上开口槽，然后将裁好的板材镶嵌进去，由下而上逐块安装，最上面一块用小木条压边。这种方法只适用于略能弯曲的胶合板、纤维板等，如用石膏板材，则需在四周加贴木条压边来固定，如图17-20所示。

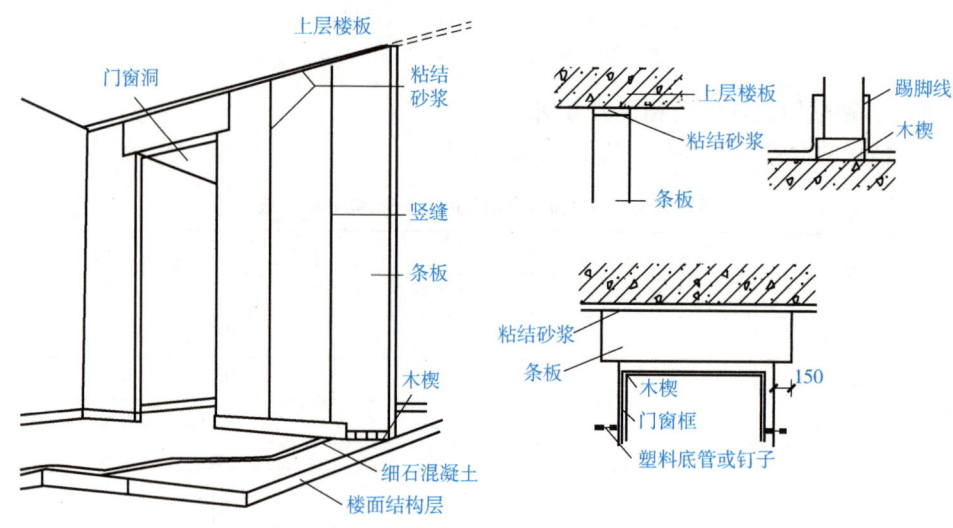

图17-20　单层镶嵌板材隔墙构造示意图及节点详图

3. 板材隔墙安装的允许偏差和检验方法

板材隔墙安装的允许偏差和检验方法见表17-19。

表17-19　板材隔墙安装的允许偏差和检验方法

序号	项目	允许偏差/mm				检验方法
		复合轻质墙板		石膏空心板	钢丝网水泥板	
		金属夹芯板	其他复合板			
1	立面垂直度	2	3	3	3	用2m靠尺和塞尺检查
2	表面平整度	2	3	3	3	用2m靠尺和塞尺检查
3	阴阳角方正	3	3	3	4	用直角检测尺检查
4	接缝高低差	1	2	2	3	用钢直尺和塞尺检查

17.5.2　骨架隔墙

1. 骨架隔墙的施工要点

①普通龙骨隔墙竖龙骨间距通常采用600mm、400mm、300mm，不同的龙骨厚度和规格使

隔墙有不同的高度限制和变形量。选用贯通龙骨体系的，隔墙 3m 以下加一根通贯龙骨，3～5m 加两根，5m 以上加三根。在板与板横向接缝处设置横向龙骨或安装板带，如图 17-21 所示。

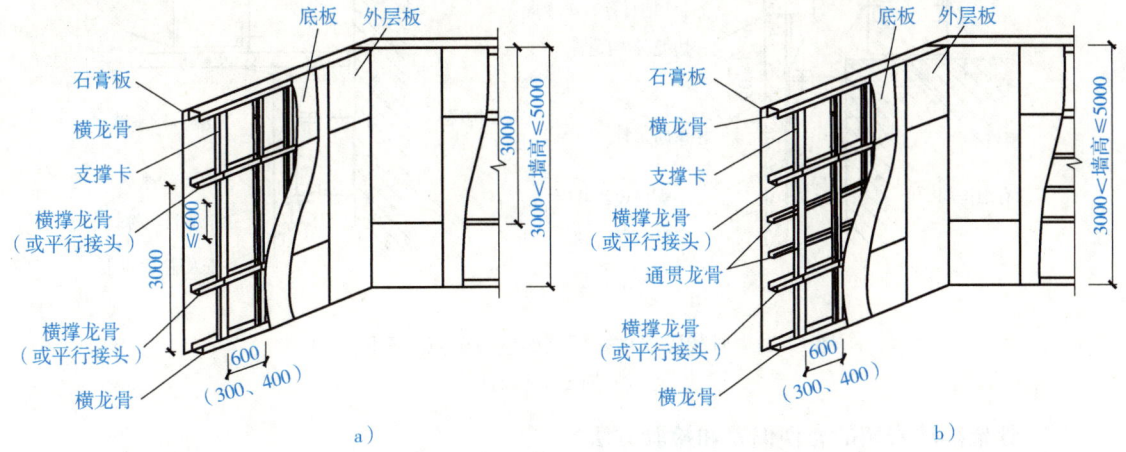

图 17-21 骨架隔墙构造示意图
a) 无贯通龙骨墙体 b) 有贯通龙骨墙体

② 当隔墙在钢结构建筑或结构本身存在较大变形的情况下使用时，与结构连接通常采用滑动连接的方式，如图 17-22 所示。

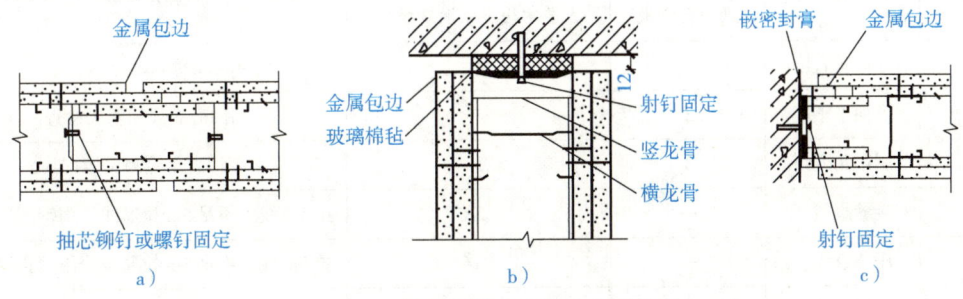

图 17-22 隔声墙滑动连接节点示意图
a) 隔声墙与墙（柱）滑动连接 b) 隔声墙滑动连接 c) 隔声墙与顶板滑动连接

③ 内贴面墙做法。在施工空间较小或修正墙面不平整时采用，使用安装卡或固定夹在 27～125mm 间调整贴面墙厚，如图 17-23 所示。

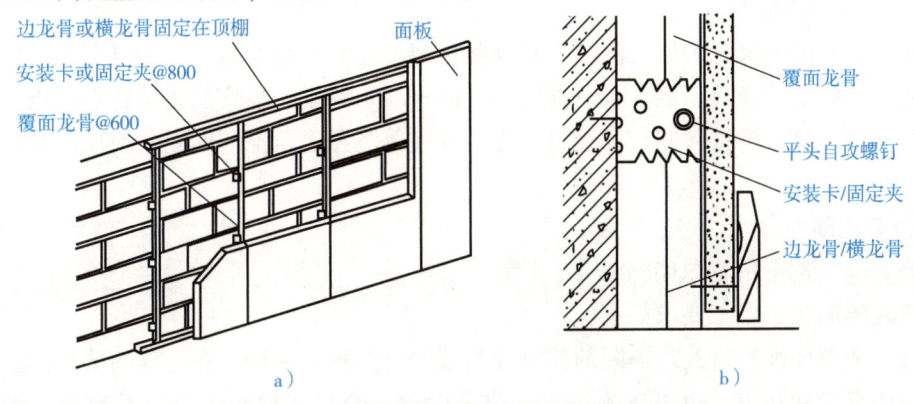

图 17-23 骨架隔墙内贴面墙做法及节点示意图
a) 骨架隔墙内贴面墙构造做法 b) 安装卡示意图

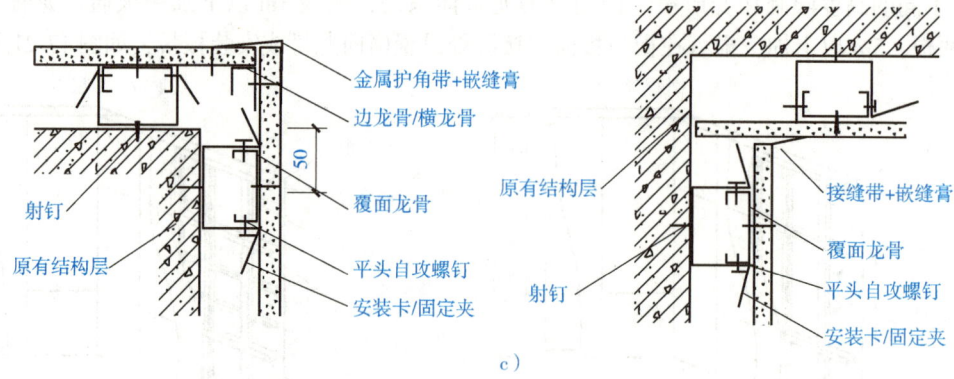

图 17-23　骨架隔墙内贴面墙做法及节点示意图（续）

c）固定夹示意图

2. 骨架隔墙安装的允许偏差和检验方法

骨架隔墙安装的允许偏差和检验方法见表 17-20。

表 17-20　骨架隔墙安装的允许偏差和检验方法

序号	项目	允许偏差/mm		检验方法
		纸面石膏板	人造木板、水泥纤维板	
1	立面垂直度	3	4	用 2m 靠尺和塞尺检查
2	表面平整度	3	3	用 2m 靠尺和塞尺检查
3	阴阳角方正	3	3	用直角检测尺检查
4	接缝直线度	—	3	拉 5m 线，不足 5m 拉通线，用钢直尺检查
5	压条直线度	—	3	拉 5m 线，不足 5m 拉通线，用钢直尺检查
6	接缝高低差	1	1	用钢直尺和塞尺检查

17.5.3　隔断

1. 推拉直滑式隔断

推拉直滑式隔断又称为轨道隔断、移动隔声墙。它具有易安装、可重复利用、可工业化生产、防火、环保等特点。因其具有高隔声、防火、可移动、操作简单等特点，极为适合星级酒店宴会厅、高档酒楼包间、高级写字楼会议室等场所进行空间间隔的使用，其示意图如图 17-24 所示。

2. 折叠式隔断

折叠式隔断构造示意图如图 17-25 所示。

折叠式隔断相关施工要求如下：

①有框架双面硬质折叠式隔断的控制导向装置有两种：一种是在上部的楼地面上设置作为支承点的滑轮和轨道，也可以不设置，或是设置一个只起导向作用而不起支承作用的轨道；另一种是在隔墙下部设置作为支承点的滑轮，相应的轨道设置在楼地面上，平顶上另设

置一个只起导向作用的轨道，如图 17-26 所示。

②无框架双面硬质折叠式隔墙。在平顶上安装箱形截面的轨道，隔墙的下部一般可不设滑轮和轨道。

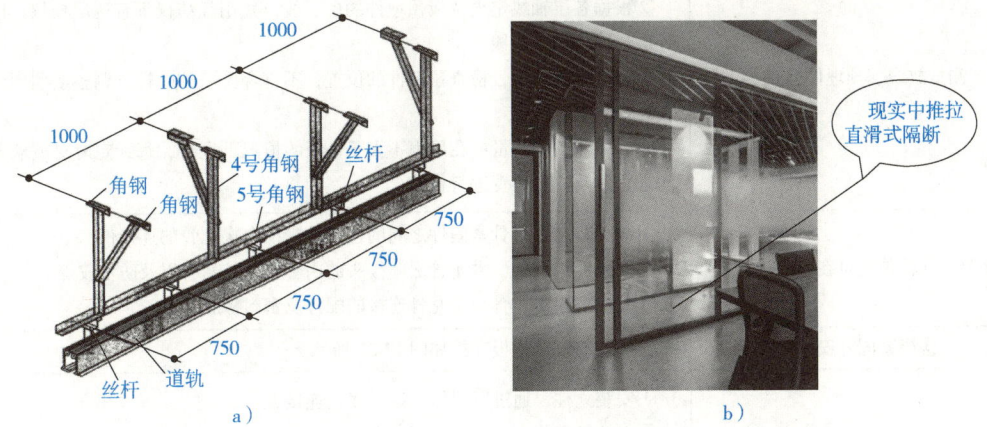

图 17-24　推拉直滑式隔断示意图
a）推拉直滑式隔断构造示意图　b）推拉直滑式隔断现场图

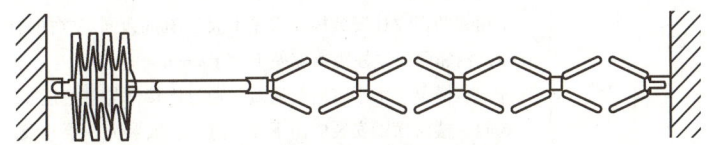

图 17-25　折叠式隔断构造示意图

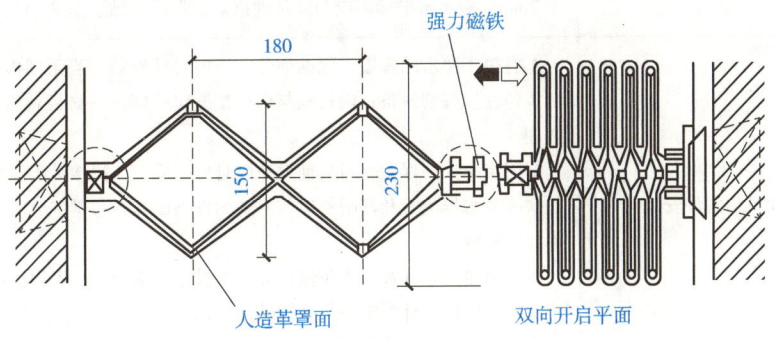

图 17-26　有框架的双面硬质折叠式隔断示意图

17.6　建筑幕墙工程

17.6.1　玻璃幕墙

玻璃幕墙的施工要点见表 17-21。

表 17-21 玻璃幕墙的施工要点

项目	内容
测量放线、预埋件检查	①在工作层上放出 X、Y 轴线,用激光经纬仪依次向上定出轴线 ②根据各层轴线定出楼板预埋件的中心线,并用经纬仪垂直逐层校核,确定各层连接件的外边线 ③分格线放完后,检查预埋件的位置,不符合要求的应进行调整或预埋件补救处理 ④高层建筑的测量应在风力不大于 4 级的情况下进行,每天定时对玻璃幕墙的垂直度及立柱位置进行校核
横梁、立柱装配可在室内进行	①装配竖向主龙骨紧固件之间的连接件、横向次龙骨的连接件 ②安装镀锌钢板,主龙骨之间接头的内套管、外套管以及防水胶等 ③装配横向次龙骨与主龙骨连接的配件及密封橡胶垫等
楼层紧固件安装	紧固件与每层楼板连接如图 17-27 所示
立柱、横梁安装	①安装立柱,通过紧固件与每层楼板连接 ②立柱每安装完一根,即用水平仪调平、固定。全部立柱安装完毕后,复验其间距、垂直度。临时固定螺栓在紧固后及时拆除 ③立柱轴线前后偏差不大于 2mm,左右偏差不大于 3mm,立柱连接件标高偏差不大于 3mm ④相邻两根立柱安装标高偏差不大于 3mm,同层立柱的最大标高偏差不大于 5mm,相邻两根立柱距离偏差不大于 2mm ⑤安装横梁。水平方向拉通线,通过连接件与立柱连接 ⑥同一楼层横梁安装应由下而上进行,安装完一层应及时检查、调整、固定 ⑦相邻两根横梁的水平标高偏差不大于 1mm,同层水平标高偏差,当一幅幕墙宽度不大于 35m 时,不应大于 5mm;当一幅幕墙宽度大于 35m 时,不应大于 7mm。横梁水平标高应与立柱的嵌玻璃凹槽一致,其表面高低差不大于 1mm
防火材料及其他附件安装	①有热工要求的幕墙,保温部分宜由内向外安装。当采用内衬板时,四周应套装弹性橡胶密封条,内衬板与构件接缝应严密;内衬板就位后,即进行密封处理 ②固定防火、保温材料应铺设平整且可靠固定,拼接处不应留缝隙 ③冷凝水排出管及其附件应与水平构件预留孔连接严密,与内衬板出水孔连接处应密封 ④其他通气槽孔及雨水排出口等应按设计要求施工,不得遗漏 ⑤封口应按设计要求进行封闭处理 ⑥采用现场焊接或高强度螺栓紧固的构件,应在紧固后及时进行防锈处理
玻璃安装	①玻璃安装前应进行表面清洁。除设计另有要求外,应将单片阳光控制镀膜玻璃的镀膜面朝向室内,非镀膜面朝向室外 ②按规定型号选用玻璃四周的橡胶条,其长度宜比边框内槽口长 1.5% ~ 2%;橡胶条斜面断开后应拼成预定的设计角度,并应采用胶黏剂粘结牢固;镶嵌应平整 ③立柱处玻璃安装。在内侧安上铝合金压条,将玻璃放入凹槽内,再用密封材料密封,如图 17-28 所示 ④横梁处玻璃安装。安装构造如图 17-29 所示,外侧应用一条盖板封住

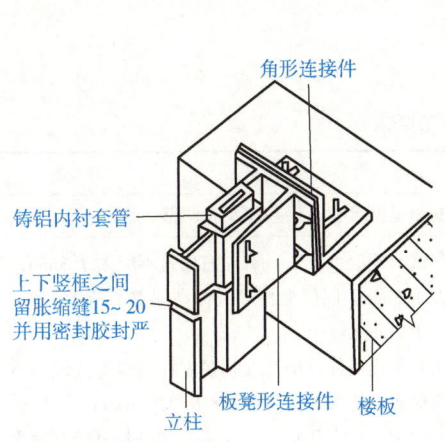

图 17-27　立柱与楼层连接

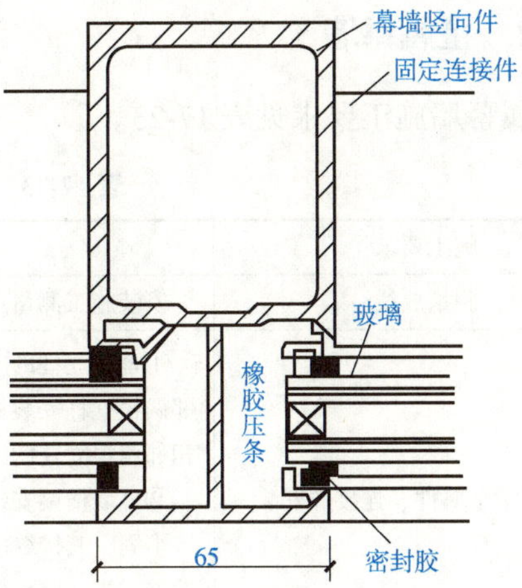

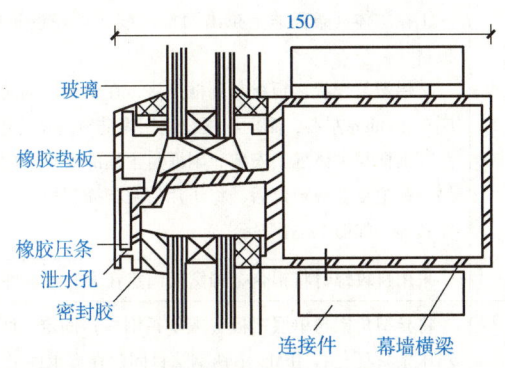

图 17-28　立柱处玻璃安装示意图

图 17-29　玻璃幕墙横梁安装玻璃示意图

玻璃幕墙安装的允许偏差和检验方法见表 17-22。

表 17-22　玻璃幕墙安装的允许偏差和检验方法

项目		允许偏差/mm	检验方法
幕墙垂直度	幕墙高度≤30m	10	用经纬仪检查
	30m＜幕墙高度≤60m	15	
	60m＜幕墙高度≤90m	20	
	幕墙高度＞90m	25	
幕墙水平度	幕墙幅宽≤35m	5	用水平仪检查
	幕墙幅宽＞35m	7	
构件直线度		2	用2m靠尺和塞尺检查
构件水平度	构件长度≤2m	2	用水平仪检查
	构件长度＞2m	3	
相邻构件错位		1	用钢直尺检查
分格框对角线长度差	对角线长度≤2m	3	用钢直尺检查
	对角线长度＞2m	4	

17.6.2 金属幕墙

金属幕墙施工要求见表17-23。

表17-23 金属幕墙施工要求

施工要求	内容
测量放线	安装施工测量应与主体结构的测量配合，其误差应及时调整
幕墙支承金属件、连接件安装	①幕墙立柱的安装。立柱标高偏差不应大于3mm，左右偏差不应大于3mm，相邻两根立柱安装标高偏差不应大于3mm，同层立柱最大标高偏差不应大于5mm，相邻两根立柱的距离偏差不应大于2mm ②幕墙横梁安装。应将横梁两端的连接件及垫片安装在立柱的预定位置并应安装牢固，其接缝应严密。相邻两根横梁的水平标高偏差不应大于1mm。同层标高偏差：当一幅幕墙宽度小于或等于35m时，不应大于5mm；当一幅幕墙宽度大于35m时，不应大于7mm
金属板安装	①在主体框架竖框上拉出两根通线，定好板间接缝的位置，按线的位置安装板材 ②铝塑复合板。板材与副框连接，在侧面用抽芯铝铆钉紧固，抽芯铝铆钉间距应在200mm左右，副框与板材间用聚硅氧烷结构胶粘结，如图17-30所示 ③副框与主体框架安装。副框与主框的连接，副框与主框接触处应加设一层胶垫。铝塑复合板定位后，将压片的两脚插到板上副框的凹槽里，并将压片上的螺栓紧固，如图17-31所示
蜂窝铝板安装	采用自攻螺钉将铝合金蜂窝板固定在方管支承件上，如图17-32所示
单层铝合金板、不锈钢板安装	将异型角铝与单层铝板（或不锈钢板）固定，两块铝板之间用压条（单压条或双压条）压住，用M5不锈钢螺钉固定在支承件横、竖框上，如图17-33所示
封胶	①接缝密封。金属板之间的接缝用耐候聚硅氧烷密封胶封闭，也可用橡胶条等弹性材料封堵，在垂直接缝内放置衬垫棒 ②板端密封。铝合金蜂窝板过厚时，密封的下部深处须用泡沫塑料填充，上部仍用密封胶 ③顶部处理。用金属板封盖，将盖板固定于基层上，用螺栓将盖板与支承件（骨架）牢固连接，并适当留缝，打密封胶，如图17-34所示 ④底部处理。用一条特制挡水板将下端封住，同时将板与墙之间的缝隙盖住 ⑤边缘部位处理。用铝合金成型板将墙板端部及支承件（龙骨）部位封住
清洁	①幕墙工程完成后，应进行清洁，清扫时应避免损伤表面 ②清洗幕墙时，清洁剂不得产生腐蚀和污染

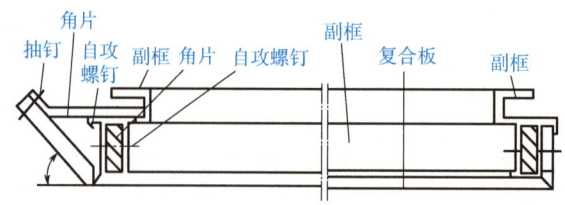

图17-30 铝塑复合板与副框粘结

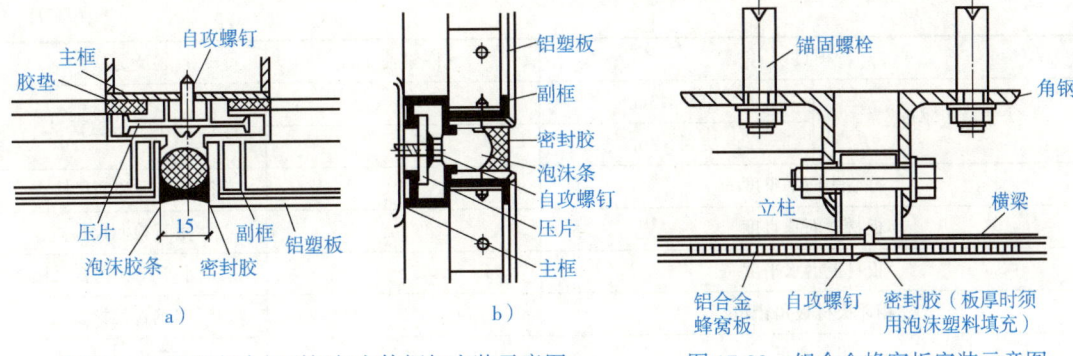

图 17-31 铝塑复合板副框与主体框架安装示意图
a) 副框与主框的连接示意图 b) 铝塑板安装节点示意图

图 17-32 铝合金蜂窝板安装示意图

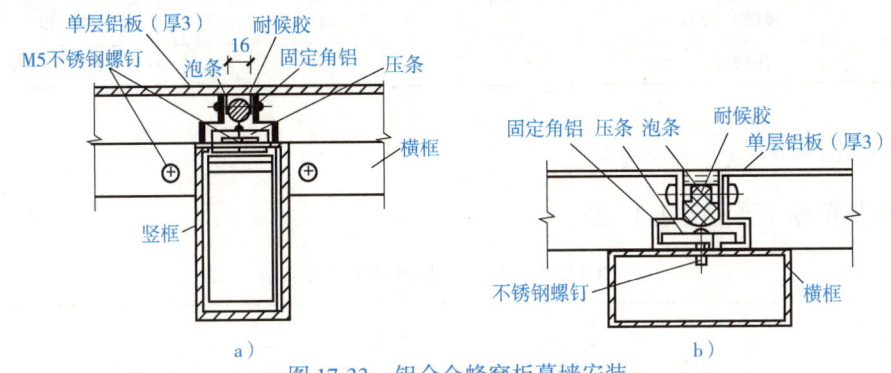

图 17-33 铝合金蜂窝板幕墙安装
a) 竖向节点示意图 b) 横向节点示意图

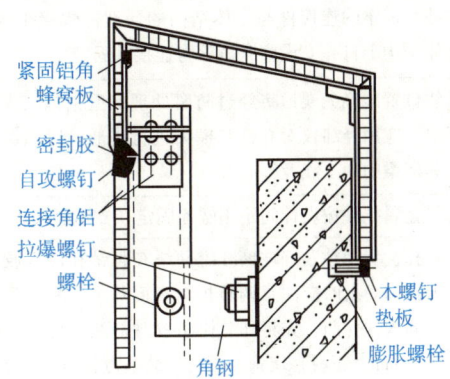

图 17-34 金属幕墙封胶顶部处理示意图

金属幕墙安装的允许偏差和检验方法见表 17-24。

表 17-24 金属幕墙安装的允许偏差和检验方法

项目		允许偏差/mm	检验方法
幕墙垂直度	幕墙高度≤30m	10	用经纬仪检查
	30m＜幕墙高度≤60m	15	
	60m＜幕墙高度≤90m	20	
	幕墙高度＞90m	25	

(续)

项目		允许偏差/mm	检验方法
幕墙水平度	层高≤3m	3	用水平仪检查
	层高>3m	5	
幕墙表面平整度		2	用2m靠尺和塞尺检查
板材立面垂直度		3	用垂直检测尺检查
板材上沿水平度		2	用1m水平尺和钢直尺检查
相邻板材板角错位		1	用钢直尺检查
阳角方正		2	用直角检测尺检查
接缝直线度		3	拉5m线,不足5m拉通线
接缝高低差		1	用钢直尺和塞尺检查
接缝宽度		1	用钢直尺检查

17.6.3 石材幕墙

石材幕墙的施工要点见表17-25。

表17-25 石材幕墙的施工要点

项目	内容
弹线	根据建筑物主体结构上的轴线和标高线,按设计要求将支承框架的安装位置线准确地弹到主体结构上,作为幕墙支承框架安装的依据
安装连接件	将立柱和横梁的连接件与主体结构的预埋件焊接牢固。当主体结构未埋设预埋件时,则在主体结构上打孔安设膨胀螺栓与连接件固定
安装支承框架	按弹线位置准确无误地将经过防腐处理的型钢框架焊接或用螺栓固定在连接件上。安装过程中,应用经纬仪对立柱和横梁进行贯通,以确保安装精度。安装完毕后应全面检查立柱和横梁的中心线及标高等
安装饰面板金属挂件	将石材金属挂件按设计间距用螺栓固定在支承框架上
安装石材饰面板	将打好孔、背面粘贴好玻璃纤维网络布且销孔注入胶黏剂的石材饰面板卡挂在金属挂件上。卡挂饰面板时应注意调整板缝宽度均匀一致。先试挂几块板,用靠尺找平后再正式挂板。插入挂件前,先将环氧树脂胶黏剂注入饰面板销孔内,挂件插入饰面板销孔深度应大于20mm。石材幕墙饰面板的安装节点构造,如图17-35所示
粘贴防污胶条	嵌缝沿石材饰面板边缘粘贴防污胶条,边沿要贴齐、贴严。在石材饰面板缝嵌弹性背衬条,嵌好后的背衬条离外表面5mm,然后用注射枪向石材饰面板缝注入密封胶
石材表面清理,刷罩面涂料	撕去石材表面防污胶条,用棉纱将石材表面擦拭干净。若存在胶迹或其他粘结牢固的杂质,应用小刮刀轻轻铲除,再用棉纱蘸丙酮擦拭干净。然后在石材表面刷罩面涂料,要求涂刷均匀、平整、有光泽
沉降缝、伸缩缝和防震缝的处理	沉降缝、伸缩缝和防震缝必须按设计要求进行施工。施工时既要使两侧幕墙可以位移、不碰撞,又要绝对密封,不渗水、不透气。其中,防震缝宽达20~30mm,需用多道柔性密封
抗渗漏试验	幕墙施工过程中应分层进行抗雨水渗漏性能试验检查

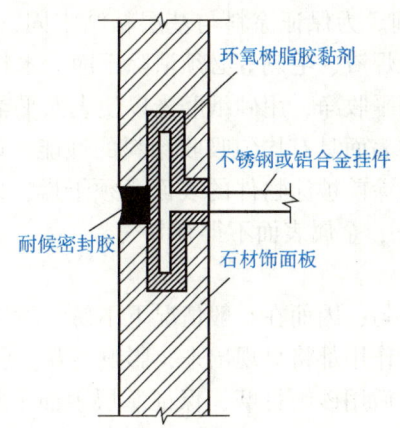

图 17-35　石材幕墙饰面板安装示意图

石材幕墙安装的允许偏差和检验方法见表 17-26。

表 17-26　石材幕墙安装的允许偏差和检验方法

项目		允许偏差/mm		检验方法
		光面	麻面	
幕墙垂直度	幕墙高度≤30m	10		用经纬仪检查
	30m＜幕墙高度≤60m	15		
	60m＜幕墙高度≤90m	20		
	幕墙高度＞90m	25		
幕墙水平度		3		用水平仪检查
板材立面垂直度		3		用水平仪检查
板材上沿水平度		2		用1m水平尺和钢直尺检查
相邻板材板角错位		1		用钢直尺检查
幕墙表面平整度		2	3	用垂直检测尺检查
阳角方正		2	4	用直角检测尺检查
接缝直线度		3	4	拉5m线，不足5m拉通线，用钢直尺检查
接缝高低差		1	—	用钢直尺和塞尺检查
接缝宽度		1	2	用钢直尺检查

17.7　涂饰、裱糊与软包工程

17.7.1　涂饰工程

1. 建筑涂料施工

①基层处理。

a. 混凝土及砂浆的基层处理。为保证涂膜能与基层牢固粘结在一起，基层表面必须干净、坚实，无酥松、脱皮、起壳、粉化等现象，基层表面的泥土、灰尘、污垢、粘附的砂浆等应清扫干净，酥松的表面应铲除。为保证基层整齐而平整，缺棱掉角处应用1∶3水泥砂浆（或聚合物水泥砂浆）修补，表面的麻面、缝隙及凹陷处应用腻子填补修平。

b. 木材与金属基层的处理。为保证涂料与基层粘结牢固，木材表面的灰尘、污垢和金属表面的油渍、鳞皮、锈斑、焊渣、毛刺等必须清除干净。木料表面的裂缝等在清理和修整后应用石膏腻子填补密实、刮平收净，用砂纸磨光以使表面平整。木材基层缺陷处理好后表面上应作打底子处理，使基层表面具有均匀吸收涂料的性能，以保证面层的色泽均匀一致。金属表面应刷防锈漆，涂料施涂前被涂物件的表面必须干燥，以免水分蒸发造成涂膜起泡，一般木材含水率不得大于12%，金属表面不得有湿气。

②刮腻子与磨平。

涂膜对光线的反射比较均匀，因而在一般情况下不易觉察的基层表面细小的凹凸不平和砂眼，在涂刷涂料后由于光影作用都将显现出来，影响美观。所以基层必须刮腻子数遍予以找平，并在每遍所刮腻子干燥后用砂纸打磨，保证基层表面平整光滑。需要刮腻子的遍数，视涂饰工程的质量等级、基层表面的平整度和所用的涂料品种而定。

③涂料的施涂。

a. 一般规定。涂料在施涂前及施涂过程中，必须充分搅拌均匀，用于同一表面的涂料，应注意保证颜色一致。涂料黏度应调整适宜，使其在施涂时不流坠、不显刷纹，如需稀释应用该种涂料所规定的稀释剂稀释。涂料的施涂遍数应根据涂料工程的质量等级而定。施涂溶剂型涂料时，后一遍涂料必须在前一遍涂料干燥后进行；施涂乳液型和水溶性涂料时后一遍必须在前一遍涂料表干后进行。每一遍涂料不宜施涂过厚，应施涂均匀，各层必须结合牢固。

b. 施涂基本方法。涂料的施涂方法有刷涂、滚涂、刮涂、弹涂和喷涂等。

2. 油漆涂料施工

①基层处理。木材表面应清除钉子、油污等，除去松动节疤及脂囊，裂缝和凹陷处均应用腻子填补，用砂纸磨光。金属表面应清除一切鳞皮、锈斑和油渍等。基体如为混凝土和抹灰层，含水率均不得大于8%。新抹灰的灰泥表面应仔细除去粉质浮粒。为使灰泥表面硬化，尚可采用氟硅酸镁溶液进行多次涂刷处理。

②打底子和抹腻子。打底子的目的是使基层表面有均匀吸收色料的能力，以保证整个油漆面的色泽均匀一致。腻子是由涂料、填料（石膏粉、大白粉）、水或松香水等拌制而成的膏状物。抹腻子的目的是使表面平整。对于高级油漆需在基层上全面抹一层腻子，待其干后用砂纸打磨，然后再满抹腻子，再打磨，磨至表面平整光滑为止。有时还要和涂刷油漆交替进行。所用腻子，应按基层、底漆和面漆的性质配套选用。

③涂刷油漆。木料表面涂刷混色油漆，按操作工序和质量要求分为普通、中级和高级两级。金属面涂刷也分三级，但多采用普通或中级油漆，混凝土和抹灰表面涂刷只分为中级和高级两级。油漆涂刷方法有刷涂、喷涂、擦涂、揩涂及滚涂等。方法的选用与涂料有关，应根据涂料能适应的涂漆方式和现有设备来选定。一般油漆工程施工时的环境温度不宜低于10℃，相对湿度小宜大于60%。当遇有大风、雨、雾天气时，不可施工。

17.7.2　裱糊与软包工程

1. 裱糊工程

①裱糊工程的基层处理。

a. 混凝土及抹灰基层处理。裱糊墙纸的基层是混凝土面、抹灰面（如水泥砂浆、水泥混合砂浆，石灰砂浆等），要满刮腻子一遍打磨砂纸。但有的混凝土面、抹灰面有气孔、麻点、凸凹不平时,为了保证质量,应增加满刮腻子和打磨砂纸遍数。

b. 木基层要求接缝不显接槎,接缝、钉眼应用腻子补平并满刮油性腻子一遍(第一遍),用砂纸磨平。第二遍可用石膏腻子找平,腻子的厚度应减薄,可在该腻子五六成干时,用塑料刮板有规律地压光,最后用干净的抹布轻轻将表面灰粒擦净。

对要贴金属墙纸的木基面处理,第二遍腻子时应采用石膏粉调配猪血料的腻子,其配比为10:3(重量比)。金属墙纸对基面的平整度要求很高,稍有不平处或粉尘,都会在金属墙纸裱贴后明显地看出,所以金属墙纸的木基面处理,应与木家具打底方法基本相同,抹腻子的遍数要求在三遍以上。抹最后一遍腻子并打磨平后,用软布擦净。

c. 石膏板基层处理。纸面石膏板比较平整,抹腻子主要是在对缝处和螺钉孔位处。对缝抹腻子后,还需用棉纸带贴缝,以防止对缝处的开裂。在纸面石膏板上,应用腻子满刮一遍,找平大面,在第二遍腻子进行修整,如图17-36所示。

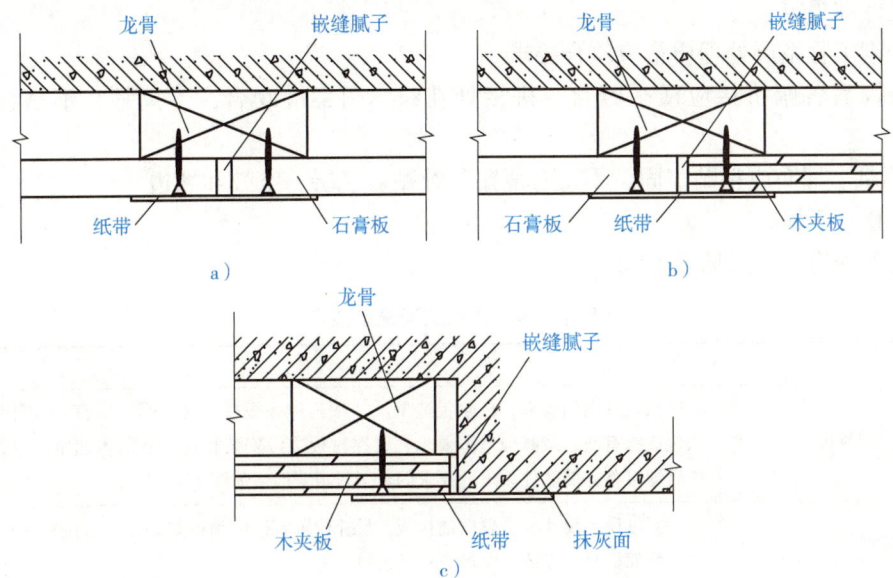

图 17-36 裱糊不同基层之间对缝施工图
a) 石膏板对缝施工示意图　b) 石膏板与木夹板对缝施工示意图　c) 抹灰面与木夹板对缝示意图

② 裱糊工程施工相关要求。

a. 墙纸、墙布装修饰面已裱糊完的房间应及时清理干净,不得做临时材料库房或休息室,避免污染和损坏,应设专人负责管理,如房间及时上锁,定期通风换气、排气等。墙纸裱糊常用的胶黏剂配方见表17-27。

表 17-27　墙纸裱糊常用的胶黏剂配方　　　　　　　　　　(单位:g)

配方	Ⅰ	Ⅱ	Ⅲ
108胶	100	100	—
聚醋酸乙烯乳液	—	20	100
羟甲基纤维素溶液(1%~2%)	20~30	—	20~30
水	60~80	50	适量

b. 在整个墙面装饰工程裱糊施工过程中，严禁非操作人员随意触摸成品。

c. 暖通、电气、上下水管工程裱糊施工过程中，操作者应注意保护墙面，严防污染和损坏成品。

d. 严禁在已裱糊完墙纸、墙布的房间内剔眼打洞。若纯属设计变更所致，也应采取可靠有效措施，施工时要仔细，小心保护，施工后要及时认真修补，以保证成品完整。

e. 二次补油漆、涂浆活及地面磨石、花岗石清理时，要注意保护好成品，防止污染、碰撞与损坏墙面。

f. 墙面裱糊时，各道工序必须严格按照规程施工，操作时要做到干净利落，边缝要切割整齐到位，胶痕要擦干净。

g. 冬期在采暖条件下施工，要派专人负责看管，严防发生跑水、渗漏水等灾害性事故。

h. 墙纸、墙布的种类、规格、图案、颜色和燃烧性能等级必须符合设计要求及国家现行的有关标准规定。

i. 裱糊工程基层处理质量应符合要求。

j. 裱糊后各幅拼接应横平竖直，拼接处花纹、图案应吻合，不离缝，不搭接，不显拼缝。

k. 墙纸、墙布应粘贴牢固，不得有漏贴、补贴、脱层、空鼓和翘边。

2. 软包工程

软包工程施工要点见表17-28。

表17-28 软包工程施工要点

项目	内容
裁割衬板	根据设计图的要求，按软包造型尺寸裁割衬底板材，衬板厚度应符合设计要求。如软包边缘有斜边或其他造型要求，则在衬板边缘安装相应形状的木边框。衬板裁割完毕后即可将挂墙套件按设计要求固定于衬板背面，如图17-37所示
试铺衬板	按图纸所示尺寸、位置试铺衬板，尺寸位置有误的须调整好，然后按顺序拆下衬板，并在背面标号，以待粘贴填充料及面料
计算用料、套裁填充料和面料	根据设计图的要求，进行用料计算和套裁填充料及面料工作，同一房间、同一图案的面料必须用同一卷材料套裁
粘贴填充料	将套裁好的填充料按设计要求固定于衬板上。如衬板周边有造型边框，则安装于边框中间，如图17-38所示
粘贴面料	按设计要求将裁切好的面料按照定位标志找好横竖坐标上下摆正粘贴于填充材料上部，并将面料包至衬板背面，然后用胶水及钉子固定，如图17-39所示
安装	将粘贴完面料的软包按编号挂贴或粘贴于墙面基层板上，并调整平直度

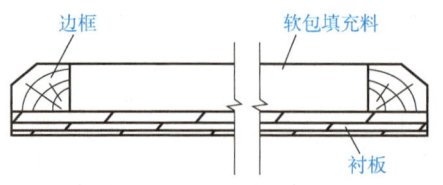

图17-37 裁割衬板构造示意图

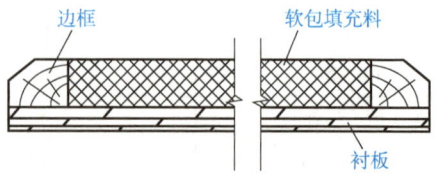

图17-38 粘贴填充料

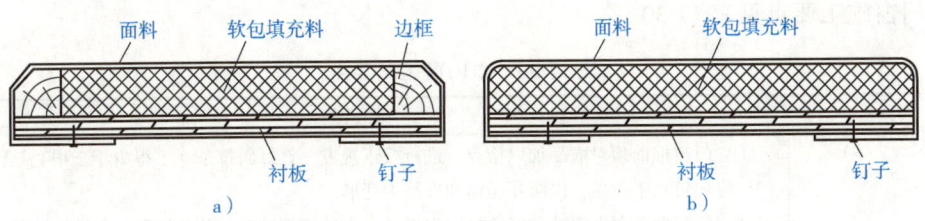

图 17-39 粘贴面料构造图
a) 带边框软包节点图 b) 不带边框软包节点图

软包工程安装的允许偏差和检验方法见表 17-29。

表 17-29 软包工程安装的允许偏差和检验方法

项目	允许偏差	检验方法
垂直度	3mm	用1m垂直检测尺检查
边框宽度高度	0；-2mm	用钢直尺检查
对角线长度差	3mm	用钢直尺检查
裁口线条接缝高低差	1mm	用钢直尺和塞尺检查

17.8 门窗工程

17.8.1 木门窗

木门窗的构造示意图如图 17-40 所示。

图 17-40 木门窗构造示意图

木门窗施工要点见表 17-30。

表 17-30　木门窗施工要点

项目	内容
先立门窗框（立口）（图 17-41）	①立门窗框前须对成品加以检查，进行校正规方，钉好斜拉条（不得少于 2 根），无下坎的门框应加钉水平拉条，以防在运输和安装中变形 ②立门窗框前要事先准备好撑杆、木橛子、木砖或倒刺钉，并在门窗框上钉好护角条 ③立门窗框前要看清门窗框在施工图上的位置、标高、型号、门窗框规格、门扇开启方向，门窗框是里平、外平或是立在墙中等 ④立门窗框时要注意拉通线，撑杆下端要固定在木橛子上 ⑤立框子时要用线坠找直吊正，并在砌筑砖墙时随时检查有否倾斜或移动
木门窗扇安装	①安装前检查门窗扇的型号、规格、质量是否符合规定要求；如发现问题，应事先修好或更换 ②安装前先量好门窗框的高低、宽窄尺寸，然后在相应的扇边上画出高低、宽窄的线，双扇门窗要打叠（自由门除外），先在中间缝处画出中线，再画出边线，并保证梃宽一致，上下冒头也要画线刨直 ③画好高低、宽窄线后，用粗刨刨去线外部分，再用细刨刨至光滑、平直，使其符合设计尺寸要求 ④将扇放入框中试装合格后，按扇高的 1/10～1/8，在框上按合页大小画线，并剔出合页槽，槽深一定要与合页厚度相适应，槽底要平 ⑤门窗扇安装的留缝宽度，应符合有关标准的规定

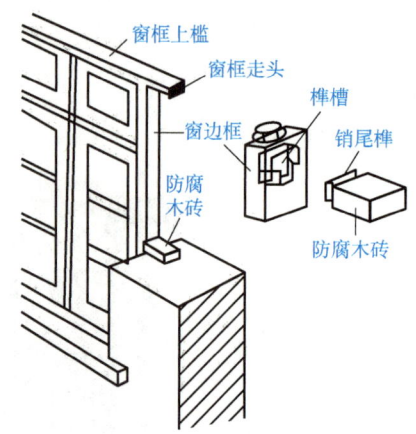

图 17-41　先立门窗框（立口）构造示意图

木门窗成品尺寸允许偏差见表 17-31。

表 17-31　木门窗成品尺寸允许偏差　　　　　　　　　（单位：mm）

成品名称	Ⅰ（高）级			Ⅱ（中）级、Ⅲ（普）级			备注
	高	宽	厚	高	宽	厚	
木门窗框	±2	2 -1	±1	±2	±2	±1	以里口尺寸计算
木门扇（含装木围条的夹板门扇）	2 -1	2 -1	±1	±2	2 -1	±1	以外口尺寸计算

(续)

成品名称	Ⅰ（高）级			Ⅱ（中）级、Ⅲ（普）级			备注
	高	宽	厚	高	宽	厚	
木门扇、亮窗扇	2 -1	2 -1	±1	±2	2 -1	±1	以外口尺寸计算
用于人造板门的木门框及 人造板门框	2 0	1 0	±1	2 0	1 0	±1	以里口尺寸计算
人造板门扇	0 -1	0 -1	0 -1	0 -1	0 -1	0 -1	以外口尺寸计算

注：表中的人造板门仅是指用薄木、浸渍纸、PVC薄膜等装饰材料封边的夹板门及模压门。高度超过2500mm的厂房木门扇，高和宽度允许偏差可放宽至±5mm。

17.8.2 金属门窗

金属门窗框与洞口的连接采用柔性连接，门窗框的外侧用螺钉固定不锈钢锚板，当外框与洞口安装时，经校正定位后锚板即与墙体埋件焊牢，使窗固定，或用射钉将锚板钉入墙体。框的外侧与墙体的缝隙内填沥青麻丝，外抹水泥砂浆填缝，表面用密封膏嵌缝，构造做法如图17-42所示。

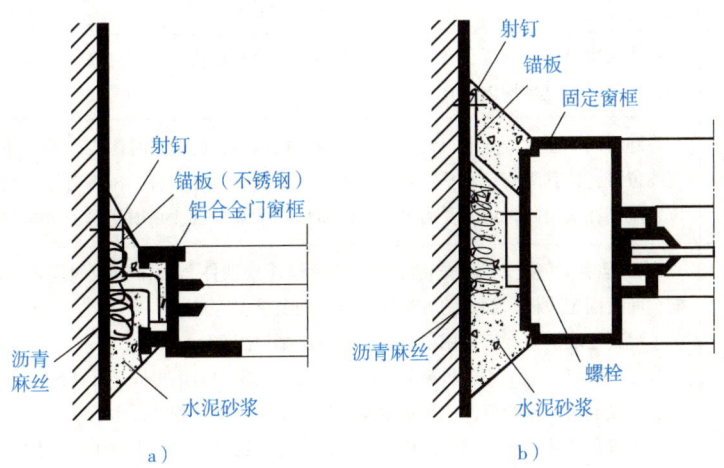

图17-42 金属门窗框构造示意图
a) 门窗框安装 b) 固定扇框

金属门窗成品尺寸允许偏差见表17-32。

表17-32 金属门窗成品尺寸允许偏差 （单位：mm）

项目	尺寸范围	允许偏差	
		门	窗
门窗宽度、高度构造内侧尺寸	<2000	±1.5	
	2000~3500	±2.0	
	≥3500	±2.5	

(续)

项目	尺寸范围	允许偏差	
		门	窗
门窗宽度、高度构造内侧尺寸对边尺寸之差	<2000	≤2.0	
	2000~3500	≤3.0	
	≥3500	≤4.0	
门窗框与扇搭接宽度		±2.0	±1.0
框、扇杆件接缝高低差	相同截面型材	≤0.3	
	不同截面型材	≤0.5	
框、扇杆件装配间隙		≤0.3	

17.8.3 塑料门窗

塑料门窗的相关安装要求见表17-33。

表17-33　塑料门窗的相关安装要求

项目	内容
门窗框上安装铁件	在连接固定点的位置，在塑料门窗框的背面钻安装孔，并用自攻螺钉将Z形镀锌连接铁件拧固在框背面的燕尾槽内
立门、窗框	将塑料门、窗框放入洞口内，并用对拔木楔将门、窗框临时固定。然后按已弹出的水平、垂直线位置，使其垂直、水平、对中、内角方正均符合要求后，再将对拔木楔楔紧。对拔木楔的位置应塞在框附近或能受力处。门、窗框找平塞紧后，必须使框、扇配合严密，开关灵活
门、窗框与墙体固定	将在塑料门、窗框上已安装好的Z形镀锌连接铁件与洞口的四周固定。固定时应先固定上框，而后固定边框。固定的方法应符合下列要求： ①混凝土墙洞口，应采用射钉或塑料膨胀螺钉固定 ②砖墙洞口，应采用塑料膨胀螺钉或水泥钉固定，但不得固定在砖缝上 ③加气混凝土墙洞口，应采用木螺钉将固定片固定在胶粘圆木上 ④设有预埋件的洞口，应采用焊接方法固定，也可先在预埋件上按紧固件打基孔，然后用紧固件固定 ⑤窗下框与墙体的固定如图17-43所示 ⑥塑料门、窗框与墙体无论采用何种方法固定，均必须结合牢固，每个Z形镀锌连接铁件的伸出端不得少于两只螺钉固定。同时还应使塑料门、窗框与洞口墙之间的缝隙均等
嵌缝密封	塑料门、窗上的连接件与墙体固定后，卸下对拔木楔，清除墙面和边框上的浮灰，即可进行门、窗框与墙体间的缝隙处理，并应符合以下要求： ①在门、窗框与墙体之间的缝隙内嵌塞PE高发泡条、矿棉毡或其他软填料，外表面留出10mm左右的空槽 ②在软填料内、外两侧的空槽内注入嵌缝膏密封，如图17-44所示 ③注嵌缝膏时墙体需干净、干燥，注胶时室内外的周边均需注满、打匀，注嵌缝膏后应保持24h不得见水

（续）

项目	内容
安装门、窗扇	一般安装方法如下： ①平开门、窗。应先剔好框上的铰链槽，再将门、窗扇装入框中，调整扇与框的配合位置，并用铰链将其固定，然后复查开关是否灵活自如 ②推拉门、窗。由于推拉门、窗扇与框不连接，因此对可拆卸的推拉扇，则应先安装好玻璃后再安装门、窗扇 ③对出厂时框、扇就连在一起的平开塑料门、窗，则可将其直接安装，然后再检查开闭是否灵活自如，如发现问题，则应进行必要的调整
安装玻璃	塑料门、窗安装玻璃的一般要求如下： ①玻璃不得与玻璃槽直接接触，应在玻璃四边垫上不同厚度的玻璃垫块 ②边框上的玻璃垫块，应用聚氯乙烯胶加以固定 ③将玻璃装入门、窗扇框内，然后用玻璃压条将其固定 ④安装双层玻璃时，应在玻璃夹层四周嵌入中隔条，中隔条应保证密封、不变形、不脱落。玻璃槽及玻璃内表面应清洁、干燥 ⑤安装玻璃压条时可先装短向压条，后装长向压条。玻璃压条夹角与密封胶条的夹角应密合

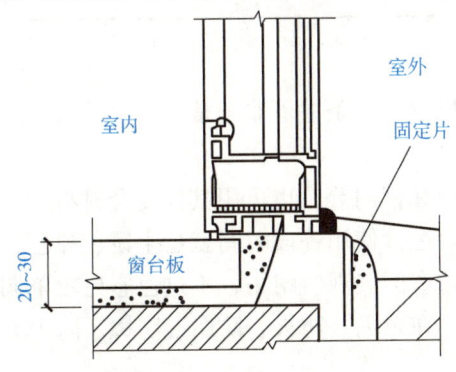

图 17-43　窗下框与墙体的固定

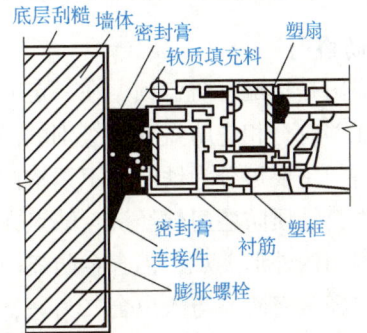

图 17-44　塑料门窗框嵌缝注膏示意图

17.8.4　特种门

1. 防火门

①木质防火门。木质防火门是指用难燃木材或难燃木材制品制作门框、门扇骨架、门扇面板；门扇内若填充材料，则填充对人体无毒、无害的防火隔热材料，并配以防火五金配件所组成的具有一定耐火性能的门。

　　a. 木质防火门的质量和各项性能，应符合设计要求。

　　b. 木质防火门的品种、类型、规格、尺寸、开启方向、安装位置及防腐处理，应符合设计要求。

　　c. 木质防火门的安装必须牢固，预埋件的数量、位置、埋设方式、与框的连接方式，必须符合设计要求。

　　d. 木质防火门的配件应齐全，位置应正确，安装应牢固，功能应满足使用要求和木质防火门的各项性能要求。

　　e. 木质防火门的表面装饰应符合设计要求。

f. 木质防火门的表面应洁净，无划痕、碰伤。

g. 木质防火门安装的允许偏差和检验方法应符合相关标准中关于木门窗的相关规定。

②钢制防火门。钢制防火门外观应平整、光洁，无明显凹痕或机械损伤；涂层、镀层应均匀平整、光滑，不应有堆漆、麻点、气泡、漏涂以及流淌等现象；焊接应牢固、焊点分布均匀，不允许有假焊、烧穿、漏焊、夹渣或疏松等现象，外表面焊接应打磨平整。钢质材料的厚度见表17-34。

表17-34 钢制材料的厚度

部件名称	材料厚度/mm
门扇面板	≥0.8
门框板	≥1.2
铰链板	≥3.0
不带螺孔的加固件	≥1.2
带螺孔的加固件	≥3.0

2. 防盗门

防盗门是指配有防盗锁，在一定时间内可以抵抗一定条件下非正常开启，具有一定安全防护性能并符合相应防盗安全级别的门。

防盗门主要可分为铁门、不锈钢门、铝合金门和铜门等，也可用其他复合材料。

其中，铁质防盗门软经济，缺点在于容易被腐蚀，使用一段时间就会生锈、掉色，从而影响整扇门的外形美观；铝合金防盗门和不锈钢防盗门美观、耐用，不过色彩比较单调；铜质防盗门经常将防盗与入户合二为一，款式多样，在杀菌、防火、防腐、防撬、防尘方面性能好，防盗门的相关技术要求如下：

①防盗门所选板材材质应符合相关的国家标准或行业标准规定，主要构件及五金附件应与防盗门使用功能协调一致，有效证明符合相关标准的规定。

②门框、门扇构件表面应平整、光洁，无明显凹痕和机械损伤。

③防盗门应具备以下防破坏性能：

a. 选择非钢质板材的门扇，应能阻止在门扇上打开一个面积不小于 $615cm^2$ 穿透门扇的开口，防破坏时间须满足相应安全等级的要求。

b. 锁具应在相应安全等级规定的防破坏时间内承受各种破坏试验，门扇不应被打开。

c. 铰链在用普通机械手工工具对其实施冲击、錾切破坏时，在相应安全等级规定的防破坏时间内不得断裂；铰链表面、转轴被破坏后不应将门扇打开；铰链与门框、门扇采用焊接时，焊缝不应高于铰链表面。

④防盗门应具备防闯入性能。门框与门扇之间或其他部位应安装防闯入装置，装置本身及连接强度应可承受30kg砂袋3次冲击试验，不应断裂或脱落。

⑤防盗门宜采用三方位多锁舌锁具，门框与门扇间的锁闭点数按防盗门安全级别，甲级、乙级、丙级、丁级应分别不少于12个、10个、8个、6个。主锁舌伸出有效长度应不小于16mm，并应有锁舌止动装置。

3. 卷帘门

卷帘门主要有三种安装方式：洞外安装、洞中安装和洞内安装，如图 17-45 所示。

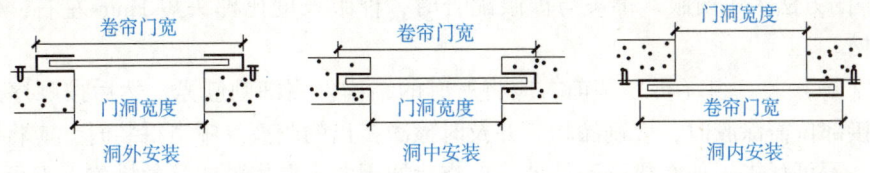

图 17-45　卷帘门安装方式示意图

17.9　细部工程

17.9.1　橱柜制作与安装工程

1. 橱柜的基本构造

橱柜的基本构造如图 17-46 所示。

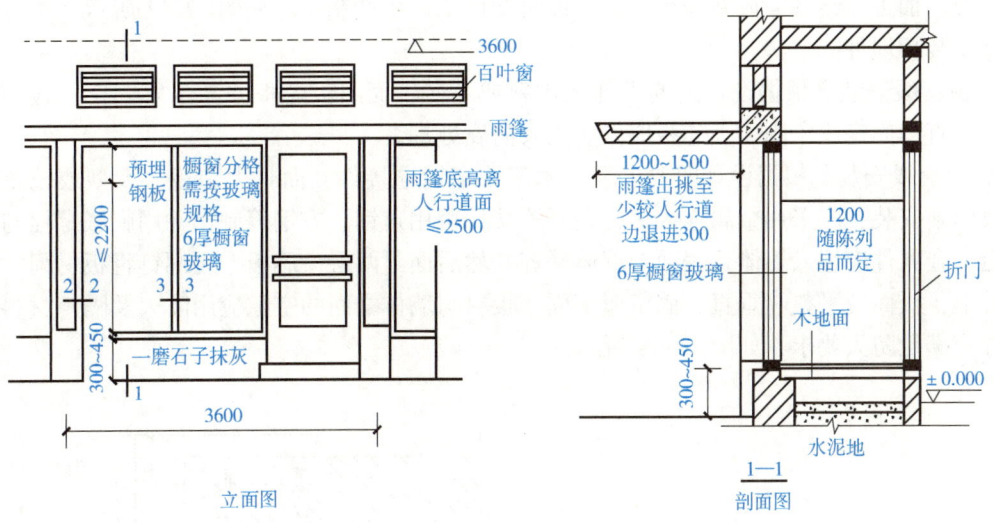

图 17-46　橱柜的基本构造

2. 橱柜制作与安装施工要求

①选料与配料。按设计图选择合格材料，根据图纸要求的规格、结构、式样、材种列出所需木方料及人造木板材料。配坯料时，应先配长料、宽料，后配短料；先配大料，后配小料；先配主料，后配次料。木方料长向按净尺寸放 30~50mm 截取。截面尺寸按净料尺寸放 3~5mm 以便刨削加工。

②刨料与画线。刨料应顺木纹方向，先刨大面，再刨小面，相邻的面成 90°直角。画线前要备好量尺（卷尺和不锈钢尺等）、木工铅笔、角尺等，应清楚理解工艺结构、规格尺寸和数量等技术要求。

③榫槽。其种类主要可分为木方连接榫和木板连接榫两大类,但其具体形式较多,分别适用于木方和木质板材的不同构件连接。无专用机械设备时,选择合适榫眼的杠凿,采用"大凿通"的方法手工凿眼。榫头与榫眼配合时,榫眼长度比榫头短1mm左右,使之不过紧也不过松。

④组(拼)装。组(拼)装前,应将所有的结构件用细刨刨光,然后按顺序逐渐进行装配。衔接部位需涂胶时,应刷涂均匀并及时擦净挤出的胶液。锤击拼装时,应将锤击部位垫上木板,不可猛击;如有拼合不严处,应查找原因并采取修整或补救措施,不可硬敲、硬装就位。

⑤收边、饰面。对外露端口用包边木条进行装饰收口,饰面板在大部位的材种应相同,纹理应相似并通顺,色调应相同无色差。

17.9.2 门窗套

门窗套相关施工要求如下:

①根据放线结果绘制门窗套的加工图,门窗套一般由两侧及上部共三片组成,门窗洞内的门窗套线,其宽度及高度(含基层板厚度)尺寸应比门窗洞口小10~20mm,以防止安装时的误差,加工图绘制完成并经审核后,即可交由工厂生产制作,如图17-47所示。

②安装预埋件。

a. 窗套线安装。根据设计图要求埋入木塞或木砖,面封大芯板并与木塞固定,板面应平整、垂直,固定应牢固。大芯板应做防火及防腐处理。

b. 门套线安装。根据设计图要求埋入木塞或金属连接件,面封大芯板。大型或较重的门套及门扇安装,应采用金属连接件,金属连接件可用角钢、方钢等制作并用膨胀螺栓与墙体固定,金属件应埋入墙体且表面与墙体平齐。然后面封两层大芯板,用螺钉将板材固定于金属件上,板面应平整、垂直,固定应牢固。板材与墙体之间的空隙应用防火及隔声材料封堵,并应满足防火要求,如图17-48所示。

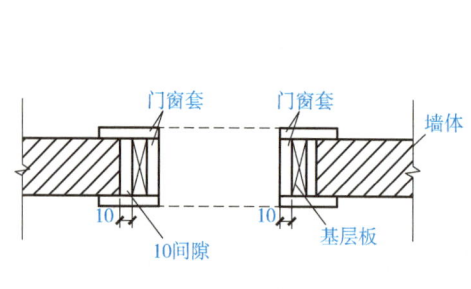

图17-47 门窗套节点图

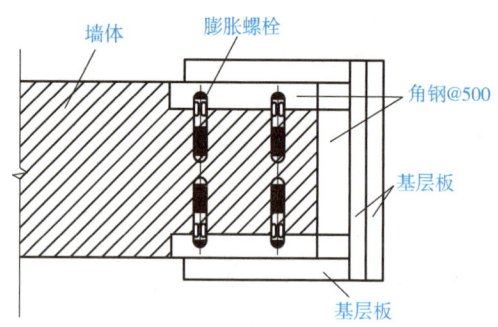

图17-48 门窗套基层板安装节点图

c. 安装饰面板。将工厂加工好的门窗套及木贴脸按设计要求固定于基层大芯板上,固定应牢固。

17.9.3 窗台板

窗台板是木工用夹板、饰面板做成木饰面的形式,也可以用水泥、石材做成。窗台板的款式主要是从材质上来分类的,常见的材质有大理石、花岗石、人造石、装饰面板和装饰木线。窗台土建基础平整度较好,可以直接粘贴;平整度较差或是需要调整窗台板高度的可以考虑使用基层板找平,窗台板示意图如图 17-49 所示。

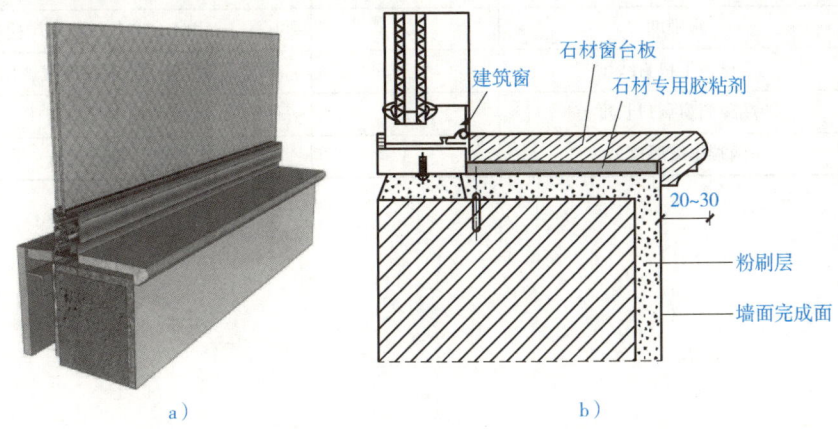

图 17-49 窗台板示意图
a) 窗台板三维图 b) 窗台板构造示意图

17.9.4 窗帘盒

窗帘盒分为明窗帘盒和暗窗帘盒。明窗帘盒是窗帘杆或轨道外露出来,一般安装于顶棚下部。暗窗帘是看不到窗帘杆的,一般安装于顶棚内部隐藏起来。

①明窗帘盒的制作。

a. 下料。按图纸要求截下的木料要长于要求规格 30~50mm,厚度、宽度要分别大于 3~5mm。

b. 制作卯榫。最佳结构方式是采用 45°全暗燕尾卯榫,也可采用 45°斜角钉胶结合,上盖面可加工后直接涂胶钉入下框体。

c. 装配。用直角尺测准暗转角度后把结构固定牢固,注意转角处不得露缝。

d. 修正砂光。结构固化后可修正砂光。用 0 号砂纸打磨掉毛刺、棱角、立槎,注意不可逆木纹方向砂光,要顺木纹方向砂光。

②暗窗帘盒的安装。暗装形式的窗帘盒,主要特点是与顶棚部分结合在一起,常见的有内藏式和外接式。

a. 内藏式窗帘盒主要形式是在窗顶部位的顶棚处做出一条凹槽,凹槽一般采用大芯板制作,完成后在槽内装好窗帘轨。作为含在顶棚内的窗帘盒,与吊顶施工一起做好。

b. 外接式窗帘盒是在顶棚平面上,做出一条贯通墙面长度的遮挡板,在遮挡板内顶棚平面上装好窗帘轨。遮挡板一般采用大芯板制作,也可采用木构架双包镶,并把底边做封板边处理。遮挡板与顶棚交接线应用角线压住。遮挡板的固定法可采用射钉固定,也可采用预埋木楔、圆钉或膨胀螺栓固定。

c. 窗帘轨安装。窗帘轨道有单、双或三轨道之分。单体窗帘盒一般先安轨道,暗窗帘盒在安轨道时,轨道应保持在一条直线上。轨道形式有工字形、槽形和圆杆形等。窗帘轨道的安装,应根据产品说明书及设计要求固定在墙面上或窗帘盒的木结构上。

③窗帘盒安装的允许偏差和检验方法应符合表17-35所示。

表17-35　窗帘盒安装的允许偏差和检验方法

序号	项目	允许偏差/mm	检验方法
1	水平度	2	用1m水平尺和塞尺检查
2	上口、下口直线度	3	拉5m线，不足5m拉通线，用钢尺检查
3	两端距离窗洞口长度差	2	用钢尺检查
4	两端出墙厚度差	3	用钢尺检查

附录　线上资源使用说明

线上资源所在平台地址为：https：//shop. cmpkgs. com，进入平台后再搜索"图解建筑工程施工简明数字化手册"，即可使用本书配套的所有线上资源。同时，读者可通过扫描封底二维码直接使用本书所有线上资源。

本书线上资源分为四大部分，具体包括：①18个视频，主题围绕建筑施工的内容，见表一；②504条知识条目，本书纸质版内容中的所有概念、图表和例题，以及建筑施工常用的基本知识，均转化为这504条知识条目，读者在平台直接输入关键词进行搜索，就可获得想要查找的内容，见表二；③92个计算公式，这些计算公式为建筑施工中的常用公式，读者在线上平台搜索之后，可通过输入公式的各项基本参数，直接获得计算结果，不再需要进行人工手算，免去复杂的计算过程，见表三；④7个数字表格，这些表格也是建筑施工中的常用表格，读者可通过在平台中搜索表格名称关键词，再输入查询的条件，就可直接获得查询结果，见表四。

表一　视频课程

序号	视频内容所属内容	视频具体名称
1	施工准备	施工进度计划的优点
2		工程勘察前应进行的工作
3		三通一平
4	施工测量	CFG复合地基
5	工程施工材料	建设项目常用的建筑材料
6	基坑工程	沉井施工的施工要点
7		钢板桩施工注意事项
8	砌筑工程	建筑工程砖墙施工的注意事项
9	混凝土工程	干拌法和湿拌法的优点
10	钢筋工程	热轧钢筋与冷加工钢筋的区别
11	模板工程	建筑工程模板拆除的流程
12		升降式脚手架的优点
13	装配式建筑工程	装配式建筑的优点
14	防水工程	防水卷材的铺设流程
15	防腐蚀工程	防腐蚀工程施工要点
16		防腐涂料涂装的施工要点
17	保温隔热工程	板状材料保温隔热施工流程
18	装饰装修工程	吊顶工程施工注意事项

表二　知识条目

序号	知识条目所属篇名	知识条目所属章名	知识条目所属节名	知识条目名称
1	施工管理篇	施工准备	施工准备前的调查研究	建设场地自然条件的调查
2				建设场地勘察
3				交通运输条件的调查
4				水、电、气供应条件的调查
5				社会劳动力与生活设置的调查
6			施工准备工作	现场施工准备
7				物资条件准备
8				施工准备工作的实施
9				施工组织准备
10			施工技术资料的准备	编制施工组织设计
11				熟悉和审查施工图
12				编制施工图预算和施工预算
13				原始资料的调查分析
14			建筑工地临时设施	临时道路
15				工地临时房屋设施
16				场外组织与管理的准备
17			季节性施工准备	雨期施工准备
18				冬期施工准备
19				夏期施工准备
20		施工管理		施工机具管理
21				现场施工管理
22				质量管理
23				施工材料管理
24				计划管理
25				施工项目管理
26				计划管理
27				财务管理
28	施工基础篇	施工测量	施工测量的内容	竣工图的绘制
29				控制测量
30				建筑物定位
31				施工控制网的建立
32				施工测量的基本工作
33				细部测量
34				过程测量
35			测量仪器与方法	测量方法
36				测量仪器

(续)

序号	知识条目所属篇名	知识条目所属章名	知识条目所属节名	知识条目名称
37	施工基础篇	施工测量	施工控制测量	房屋定位测设
38				高程控制测量
39				建筑方格网的测设
40				坐标系统的转换
41				主轴线的测设
42			施工过程测量	装修施工测量
43				砌筑工程施工测量
44				钢结构安装测量
45				混凝土结构施工测量
46				基础工程施工测量
47			建筑施工期间的变形测量	变形观测
48				沉降观测
49				裂缝观测
50				裂缝观测
51			线路测量	测设线路中心线
52				线路的施工放线
53				测设线路平曲线
54		土方工程和爆破工程	土方工程概述	土的物理力学性质
55				土的现场鉴别方法
56				土的工程分类及性质
57			土方工程施工数据	土方压实
58				土方回填
59				土方开挖
60			土方工程施工相关计算	场地平整高度的计算
61				土的物理性质指标计算与换算
62				土方的平衡与调配计算
63				场地平整土方量计算
64				土的可松性与压缩性计算
65				土的力学性质指标计算
66			土方施工特点	施工特点
67				土方施工设计的原则
68			土方工程施工准备和开挖	土方边坡及其稳定
69				土方工程施工准备
70				土方开挖与运输
71				基坑（槽）支护

（续）

序号	知识条目所属篇名	知识条目所属章名	知识条目所属节名	知识条目名称
72	施工基础篇	土方工程和爆破工程	填方与压实	填方边坡要求
73				填方压实机具的选用
74				土料的选用、含水率控制及基底处理
75			土石方工程施工与质量验收	土石方回填
76				土石方开挖
77			爆破工程施工相关计算	建筑物控制爆破工艺参数与药量计算
78				破碎剂静态爆破工艺参数与药量计算
79				烟囱控制爆破工艺参数与药量计算
80				土石方爆破作用指数与药量计算
81				爆破作业安全距离的计算
82				水压控制爆破工艺参数与药量计算
83			起爆器材与起爆方式	起爆方式
84				起爆器材
85				炸药及其分类
86			露天爆破	路堑深孔爆破
87				露天浅孔爆破
88				沟槽爆破
89				露天深孔爆破
90			爆破工程施工作业	爆破工程的现场安全技术
91				爆破施工工艺流程
92				爆破工程的施工准备
93			建（构）筑物拆除爆破	烟囱、水塔类构筑物
94				框架结构楼房拆除爆破
95				静态破碎
96				桥梁拆除爆破
97				钢筋混凝土类爆破
98				砖混结构楼房拆除爆破
99				拆除爆破的特点及适用范围
100			特种爆破	定向爆破
101				边线控制爆破
102			绿色施工技术要求	爆破安全、职业健康及环境保护评估
103				爆破危害控制
104		基坑工程	基坑工程基本规定	基坑工程勘察要求
105				支护结构选型
106				基坑支护结构的设计安全等级与原则

（续）

序号	知识条目所属篇名	知识条目所属章名	知识条目所属节名	知识条目名称
107	施工基础篇	基坑工程	基坑支护结构的选型	地基支护结构选用
108				地基支护结构体系
109				深基坑支护结构形式
110				浅基坑支撑（护）方法
111			基坑工程施工相关计算	沉井施工计算
112				基坑地下水控制计算
113				基坑（槽）和管沟支撑的计算
114				土层锚杆支护及施工计算
115				混凝土灌注桩支护计算
116				挡土板桩支护计算
117				土压力计算
118			基坑（槽）施工	土层锚杆（土锚）施工
119				加筋水泥土桩（SMW工法）
120				定位与放线
121				混凝土支撑施工
122				地下连续墙施工
123				水泥土墙施工
124				钢板桩施工
125				支护结构施工
126				基坑（槽）检验与处理
127				基坑（槽）开挖
128			钢板桩工程施工	施工机械
129				常用钢板桩分类
130				钢板桩工程施工——质量控制
131			钻孔灌注排桩工程施工	钻孔灌注排桩工程施工——质量控制
132				钻孔灌注排桩工程施工——施工工艺
133				钻孔灌注排桩工程施工——施工机械与设备
134			地下连续墙工程施工	地下连续墙工程施工——施工机械与设备
135				地下连续墙工程施工——质量控制
136				地下连续墙工程施工——施工工艺
137			土钉墙工程施工	土钉墙工程施工——施工机械与设备
138				土钉墙工程施工——质量控制
139				土钉墙工程施工——施工工艺
140			地下结构逆作法施工	逆作法施工工艺
141				逆作法施工分类

(续)

序号	知识条目所属篇名	知识条目所属章名	知识条目所属节名	知识条目名称
142	施工基础篇	基坑工程	地下结构逆作法施工	逆作法施工监测
143				逆作法施工
144			基坑工程施工质量验收	基坑工程施工质量验收
145		地基与基础工程	地基基础	地基土的工程特性
146				地基处理方法
147				地基基础的类型
148			地基与基础工程施工相关计算	地基土的工程特性
149				地基处理方法
150				地基基础的类型
151				水泥粉煤灰碎石桩加固地基施工计算
152				强夯加固地基施工计算
153				注浆法加固地基施工计算
154				振冲碎石桩加固地基施工计算
155				砂石桩施工计算
156				灰土挤密桩施工计算
157			地基与基础工程施工相关计算	粉体喷射搅拌桩加固地基施工计算
158				高压喷射注浆加固地基施工计算
159				石灰挤密桩施工计算
160				重锤夯实施工计算
161				换填垫层法的厚度和宽度计算
162				桩与桩基承载力计算
163				预制桩打（沉）桩施工计算
164				水泥土搅拌法加固地基施工计算
165			地基处理技术	土和灰土挤密桩地基
166				高压喷射注浆地基
167				砂石桩地基
168				预压地基
169				注浆地基
170				砂、砂石和碎石地基
171				地基处理技术概述
172				水泥土搅拌桩地基
173				水泥粉煤灰碎石桩地基
174				振冲地基
175				夯实水泥土桩地基
176				砂桩地基

(续)

序号	知识条目所属篇名	知识条目所属章名	知识条目所属节名	知识条目名称
177	施工基础篇	地基与基础工程	地基处理技术	强夯地基
178				粉煤灰地基
179				土工合成材料地基
180			浅基础施工	灰土、砂和砂石基础
181				毛(料)石基础
182				砖基础
183				箱形基础
184				筏形基础
185				混凝土基础
186			桩基础施工	钢桩施工
187				静压力桩
188				灌注桩
189				先张法预应力管桩
190				预制混凝土桩
191				打桩方法
192				桩基础施工——一般规定
193			沉井	沉井的制作
194				沉井封底
195				沉井下沉
196				沉井类型
197			地基与基础工程施工质量验收	地基与基础工程施工质量验收
198		砌体工程	工程施工材料	砌体结构类型和工程施工基本要求
199				砌筑用砌块
200				砌筑用石料
201				砌筑砂浆
202				砌筑用砖
203			砌筑工程施工相关计算	砖烟囱砌筑楔形砖加工规格及数量计算
204				砖拱圈楔形砖加工规格及数量计算
205				砖墙排砖计算
206				砖柱、石柱用料计算
207				带形砖基础大放脚体积简易计算
208				砖砌材料用量简易计算
209				砖墙砌筑用料计算
210				砂浆强度的换算
211				砖含水率、砂浆水平灰缝厚度和饱满度对砌体强度的影响计算

（续）

序号	知识条目所属篇名	知识条目所属章名	知识条目所属节名	知识条目名称
212	施工基础篇	砌体工程	砌筑工程施工相关计算	砖柱大放脚体积的简易计算
213				带形砖基础大放脚横截面面积简易计算
214				砌筑砂浆配合比计算
215			砖砌体工程	砖墙面勾缝
216				砖垛施工
217				砖柱施工
218				砖砌体工程——材料要求
219				砖砌体的尺寸允许偏差
220				砖过梁施工
221				空斗墙施工
222				砖基础施工
223				砖墙施工
224			石砌体工程	石砌体的施工
225				砌筑用砂浆
226				砌筑用石
227			混凝土小型空心砌块砌体工程	混凝土小型空心砌块砌体
228				混凝土小型空心砌块
229				新型空心砌块
230			配筋砌体工程	配筋砌块砌体
231				面层和砖组合砌体
232				网状配筋砖砌体
233				构造柱和砖组合砌体
234			填充墙砌体工程	蒸压加气混凝土砌块砌体
235				烧结空心砖砌体
236			砌体结构冬期和雨期施工	砌体结构雨期施工
237				砌体结构冬期施工
238			砌体工程的质量控制与安全技术措施	砌体工程的质量控制
239				砌体工程的安全技术措施
240		混凝土工程及预应力混凝土工程	混凝土材料和技术性能	混凝土配合比
241				混凝土技术性能
242				混凝土材料一般要求与规定
243			混凝土工程施工相关计算	混凝土蓄水养护温度控制计算
244				混凝土裂缝控制施工计算
245				混凝土裂缝控制施工计算
246				混凝土配合比计算

（续）

序号	知识条目所属篇名	知识条目所属章名	知识条目所属节名	知识条目名称
247	施工基础篇	混凝土工程及预应力混凝土工程	混凝土工程施工相关计算	混凝土温度变形值计算
248				混凝土强度的换算
249				泵送混凝土施工计算
250				混凝土浇筑强度及时间计算
251				混凝土拌制投料量及掺外加剂用量计算
252				混凝土施工骨料含水率的测定及调整计算
253				砂石堆体积计算
254			混凝土工程施工	喷射混凝土
255				泵送混凝土
256				高性能与高强混凝土
257				混凝土养护
258				混凝土运输
259				混凝土搅拌
260				混凝土施工缝及后浇带
261				混凝土振捣
262				混凝土浇筑
263				清水混凝土
264				大体积混凝土
265				特殊条件下的混凝土施
266			混凝土质量控制与检验	现浇结构检验项目
267				混凝土施工检验
268				配合比设计检验
269				原材料检验
270			预应力混凝土概述	预应力的施加方法
271				预应力混凝土的特点
272				对混凝土的要求
273				预应力筋的种类
274			预应力混凝土工程施工相关计算	普通混凝土台面计算
275				不设伸缩缝的预应力混凝土台座计算
276				素混凝土台座伸缩缝设置间距计算
277				预应力台座计算
278				预应力筋分批与叠层张拉计算
279				预应力钢筋应力损失值计算
280				预应力筋下料长度计算
281				预应力筋张拉伸长值计算

(续)

序号	知识条目所属篇名	知识条目所属章名	知识条目所属节名	知识条目名称
282	施工基础篇	混凝土工程及预应力混凝土工程	预应力混凝土工程施工相关计算	预应力混凝土台面计算
283				无粘结预应力筋的应力损失值计算
284				预应力筋张拉设备选用计算
285				预应力锚杆计算
286				预应力筋放张施工计算
287				预应力筋张拉力计算
288			预应力混凝土先张法施工	先张法预制构件
289				折线张拉工艺
290				一般先张法工艺
291				台座
292			预应力混凝土后张法施工	特种预应力混凝土结构施工
293				后张缓粘结预应力施工
294				后张预制构件
295				后张无粘结预应力施工
296				有粘结预应力施工
297			预应力钢结构施工	预应力钢结构常用节点
298				预应力钢结构计算要求
299				钢结构预应力施工
300				预应力钢结构分类
301			施工安全与质量验收	预应力混凝土工程施工质量验收
302				预应力混凝土工程施工安全技术
303		钢筋工程	钢筋简述	配筋构造
304				钢筋性能
305				钢筋材料选择
306			钢筋工程施工相关计算	钢筋吊环计算
307				钢筋绑扎接头搭接长度计算
308				钢筋锚固长度计算
309				特殊形状钢筋下料长度计算
310				钢筋缩尺配筋下料长度计算
311				弓形弯起钢筋和元宝形吊筋下料长度计算
312				钢筋下料长度基本计算
313				钢筋特殊代换计算
314				钢筋基本代换计算
315				钢筋质量及用料计算
316				钢筋焊接接头搭接长度计算

（续）

序号	知识条目所属篇名	知识条目所属章名	知识条目所属节名	知识条目名称
317	施工基础篇	钢筋工程	钢筋加工	钢筋机械连接
318				钢筋弯曲
319				钢筋切断
320				钢筋调直
321				钢筋冷拉与冷拔
322				钢筋焊接
323			钢筋焊接连接	钢筋电弧焊
324				钢筋电渣压力焊
325				钢筋电阻点焊
326				钢筋气压焊
327				钢筋焊接连接——一般规定
328			钢筋绑扎与安装	钢筋安装
329				绑扎方法与步骤
330				绑扎工艺要点
331		钢结构工程	钢结构工程施工相关计算	钢筋安装
332				绑扎方法与步骤
333				绑扎工艺要点
334			钢结构制作与连接	紧固件连接
335				焊接连接
336				钢结构预拼装
337				不同构件加工
338				加工制作工艺流程
339			钢结构安装	多层与高层钢结构安装
340				悬挑结构安装
341				大跨度结构安装
342				单层钢结构安装
343			钢结构焊接施工	焊接工艺
344				钢管桁架焊接
345				高层钢结构焊接
346			钢结构涂料涂装	钢结构防火涂料涂装
347				钢结构防腐涂料涂装
348			装配式钢结构建筑	装配式钢结构建筑防腐与防火施工技术
349				多层及高层装配式钢结构建筑施工技术
350				钢构件预拼装
351				常用材料与构件

(续)

序号	知识条目所属篇名	知识条目所属章名	知识条目所属节名	知识条目名称
352		钢结构工程	装配式钢结构建筑	单层装配式钢结构建筑施工技术
353				钢构件的制作与运输
354			模板结构类型	工具式模板
355				组合式结构模板
356				永久性模板
357				模板的基本功能和要求
358			模板工程相关计算	预埋件埋设简易计算
359				高精度地脚螺栓固定架计算
360				液压滑动模板计算
361				大模板稳定性简易分析与计算
362				压型钢模板计算
363				竹、木散装散拆胶合板模板计算
364		模板工程		现浇混凝土模板简易计算
365	施工基础篇			组合钢模板连接件及支件计算
366				现浇混凝土墙大模板计算
367				模板构件临界长度的计算
368				作用在水平模板上的冲击荷载计算
369				模板承受侧压力计算
370				混凝土模板用量计算
371			现场加工、拼装模板	塑料模板
372				胶合板模板
373				土模
374				木模板
375			模板施工	爬升模板
376				滑动模板
377				壳模
378				飞模
379			模板安装与拆除	模板拆除质量检验要求
380				模板安装质量检验要求
381			脚手架的分类和基本要求	脚手架的基本要求
382		脚手架工程与垂直运输工程		脚手架的分类
383			脚手架工程施工计算	门式钢管脚手架支模稳定性验算
384				格构式型钢井架计算
385				悬挂式吊篮脚手架计算
386				悬挑式脚手架计算

（续）

序号	知识条目所属篇名	知识条目所属章名	知识条目所属节名	知识条目名称
387	施工基础篇	脚手架工程与垂直运输工程	脚手架工程施工计算	门式钢管脚手架计算
388				扣件式钢管脚手架杆配件配备数量计算
389				脚手架立杆底座和地基承载力验算
390				扣件式钢管脚手架立杆允许承载力及搭设高度简易计算
391				钢管脚手模板支撑架计算
392				扣件式钢管井架计算
393				垂直运输起重龙门架计算
394				移动式脚手架计算
395				插口飞架脚手架计算
396				扶墙三角挂脚手架计算
397			常用脚手架搭设与拆除	里脚手架
398				悬挑式脚手架
399				升降式脚手架
400				门式脚手架
401				多立杆式脚手架
402			脚手架安全与维护	脚手架的防电和避雷措施
403				脚手架安全技术措施
404				脚手架产生事故的原因
405				脚手架的维护
406				对脚手架的质量检查
407			垂直运输工程	垂直运输架
408				垂直运输设备
409		装配式建筑工程	装配整体式混凝土结构材料与构件	装配整体式混凝土结构的基本构件
410				装配整体式混凝土结构的主要材料
411			装配式建筑生产、存放与运输	建筑构件的生产
412				构件的存放与运输
413			装配式建筑基础的类型与施工	钢筋混凝土基础的施工
414				地基的定位与放线
415				基础类型与构造
416			装配式工业厂房安装施工	常见质量通病及防治措施
417				构件安装质量检验
418				构件安装与校正
419	施工防护篇	防水工程	防水基本知识	防水剂
420				建筑密封的材料

（续）

序号	知识条目所属篇名	知识条目所属章名	知识条目所属节名	知识条目名称
421	施工防护篇	防水工程	防水基本知识	防水涂料
422				防水卷材
423				防水等级与设防要求
424			防水工程相关计算	基层含水率控制计算
425				地下结构涂膜防水层防水涂料用量简易计算
426				刚性防水屋面施工计算
427				地下槽坑钢板防水层计算
428				地下防水工程渗漏量计算
429			屋面防水施工	屋面刚性防水施工
430				屋面卷材防水施工
431				屋面涂膜防水施工
432			地下防水施工	涂膜防水结构
433				水泥砂浆防水
434				卷材防水
435				防水混凝土
436				止水带防水
437			厕浴间地面防水施工	厕浴间地面防水类别及构造
438				厕浴间防水堵漏技术
439				厕浴间涂膜防水施工
440				厕浴间防水设计基本要求
441		防腐蚀工程	防腐蚀工程施工相关计算	防腐涂料涂刷露点温度的确定计算
442				水玻璃模数、模数与密度调整计算
443				防腐涂料用量和涂层厚度计算
444				沥青玛蹄脂配合成分计算
445			块材铺砌防腐蚀工程	施工要点
446				块材防腐施工要求
447				块材铺砌防腐蚀工程——材料要求
448			水玻璃类防腐蚀工程	水玻璃类防腐蚀工程——材料要求
449				水玻璃防腐工程施工
450				水玻璃类防腐蚀工程——质量标准
451				水玻璃胶泥、砂浆和混凝土的配制
452			沥青类防腐蚀工程	沥青防腐工程施工
453				沥青类防腐蚀工程——质量标准
454				沥青胶泥、砂浆及混凝土的配制
455				沥青类防腐蚀工程——材料要求

（续）

序号	知识条目所属篇名	知识条目所属章名	知识条目所属节名	知识条目名称
456	施工防护篇	防腐蚀工程	硫黄类防腐蚀工程	硫黄类防腐工程的施工
457				硫黄胶泥、砂浆及混凝土的配
458				硫黄类防腐蚀工程——材料要求
459			树脂类防腐蚀工程	树脂类防腐蚀工程的施工
460				树脂类防腐蚀材料的配制
461				树脂及配料质量
462		保温隔热工程	松散材料保温隔热层	树脂类防腐蚀工程的施工
463				树脂类防腐蚀材料的配制
464				树脂及配料质量
465			板状材料保温隔热层	板状材料保温隔热层——材料和质量要求
466				板状材料保温隔热施工
467				板状材料保温层施工
468				常用的板（块）材料
469			反射型保温隔热层	反射型保温隔热卷材
470				铝箔波形纸板
471			整体保温隔热层	水泥膨胀珍珠岩保温隔热层
472				喷、抹膨胀蛭石灰浆
473				现浇水泥蛭石保温隔热层
474			其他保温隔热结构层	架空通风隔热屋盖
475				屋面隔热防水涂料
476				植被屋盖
477				刚性防水蓄水屋盖
478		装饰装修工程	抹灰工程	装饰抹灰工程
479				一般抹灰
480			楼地面工程	地砖面层
481				实木地板面层
482				石材面层
483				整体水磨石面层
484			吊顶工程	明龙骨吊顶工程
485				暗龙骨吊顶工程
486			饰面板（砖）工程	瓷砖饰面
487				木饰面板
488				干挂石材饰面板
489			轻质隔墙和隔断工程	隔断
490				骨架隔墙

（续）

序号	知识条目所属篇名	知识条目所属章名	知识条目所属节名	知识条目名称
491	施工防护篇	装饰装修工程	轻质隔墙和隔断工程	板材隔墙
492			建筑幕墙工程	石材幕墙
493				金属幕墙
494				玻璃幕墙
495			涂饰、裱糊与软包工程	裱糊与软包工程
496				涂饰工程
497			门窗工程	特种门
498				塑料门窗
499				金属门窗
500				木门窗
501			细部工程	窗帘盒
502				窗台板
503				门窗套
504				橱柜制作与安装工程

表三　计算公式

序号	计算公式名称
1	爆破冲击波作用安全距离计算
2	爆破地震波作用安全距离的计算
3	爆破殉爆安全距离计算
4	爆破作用指数计算
5	泵送混凝土出料时的冲击力计算
6	泵送混凝土施工计算
7	布桩总数计算
8	单个炮孔装药量计算
9	单孔交叉腹杆支架竖杆临界荷载计算
10	单孔斜腹杆支架构架的某一层在剪切力作用下所产生的单位水平位移计算
11	单孔斜腹杆支架竖杆临界荷载计算
12	单孔斜腹杆支架斜腹杆长度计算
13	单位时间内的渗水量计算
14	单位体积内需要补充的水量计算
15	地下防水工程渗漏量计算
16	地下结构涂膜防水层防水涂料用量简易计算
17	粉体喷射搅拌桩加固地基施工计算
18	钢板厚度计算

(续)

序号	计算公式名称
19	钢板锚固件数量计算
20	钢材重量计算
21	钢结构焊接连接计算
22	钢结构焊接连接计算
23	钢筋吊环计算
24	钢筋锚固长度计算
25	钢丝在混凝土内的回缩值计算
26	高压喷射注浆加固地基施工计算
27	工艺参数计算
28	弓形弯起钢筋下料长度计算
29	横杆抗弯承载力内力计算
30	弧线形起拱计算
31	滑动摩擦的起动牵引力计算
32	环境相对湿度计算
33	混凝土泵数量计算
34	混凝土的温度（包括收缩）应力计算
35	混凝土的最大浇筑强度计算
36	混凝土的最大综合温差计算
37	混凝土吊斗卸料时的冲击力计算
38	混凝土结构单个炮孔的装药量计算
39	混凝土输送泵车需用台数计算
40	机动翻斗车刹车时的水平力计算
41	基坑底面的夯实宽度计算
42	基坑明沟排水计算
43	钾水玻璃模数、模数与密度调整计算
44	棱台体体积计算
45	露天爆破有毒有害气体的影响范围计算
46	满丁满条法的砖墙长度计算
47	锚杆长度计算
48	锚杆直径计算
49	锚索排距计算
50	锚索总长度计算
51	模板侧压力的合力计算
52	模板承受的弯矩计算
53	模板挠度控制值计算
54	模板需要的截面惯性矩计算

（续）

序号	计算公式名称
55	黏性主动土压力强度计算
56	普通混凝土台面的水平承载力计算
57	轻型井点降水计算
58	熔合物中高软化点石油沥青含量计算
59	砂浆强度的换算
60	砂浆水平灰缝饱满度对砌体强度的影响计算
61	砂浆水平灰缝厚度对砌体强度的影响计算
62	砂砾地基容许注浆压力计算
63	施工现场砂含水率计算
64	数式库伦理论土压力计算
65	双孔斜腹杆支架竖杆临界荷载计算
66	水泥粉煤灰碎石桩加固地基施工计算
67	四孔交叉斜腹杆和五孔交叉斜腹杆支架竖杆临界荷载计算
68	四孔斜撑支架竖杆临界荷载计算
69	四孔斜腹杆支架竖杆临界荷载计算
70	素混凝土台座伸缩缝设置间距计算
71	土的压缩率计算
72	土的压缩模量计算
73	土的压缩系数计算
74	无黏性主动土压力强度计算
75	无粘结预应力筋的应力损失值计算
76	五层重排法的砖墙长度计算
77	下沉稳定性系数计算
78	需用砖块净用量计算
79	岩石地基容许注浆压力计算
80	药包量计算
81	用药量计算
82	预埋件埋设简易计算
83	预应力筋的张拉力计算
84	预应力筋张拉伸长值计算
85	预制桩打（沉）桩施工计算
86	直线预应力筋的锚固损失计算
87	主梁或次梁每 $1m^3$ 混凝土的模板用量
88	砖拱圈楔形砖加工规格及数量计算
89	砖拱圈楔形砖加工规格及数量计算
90	砖含水率对砌体强度的影响计算

（续）

序号	计算公式名称
91	纵杆抗弯承载力内力计算
92	组合钢模板最大弯矩计算

表四　数字表格

序号	表格名称
1	常用电线电阻值
2	各种岩土的可松性系数参考值
3	坚硬岩石浅孔爆破主要参数
4	沥青胶泥施工配合比及耐热性能
5	强夯的有效加固深度
6	填土的边坡控制
7	土石的休止角

参 考 文 献

[1] 中华人民共和国住房和城乡建设部,中华人民共和国国家质量监督检验检疫总局.混凝土结构设计规范:GB 50010—2010 [S].北京:中国建筑工业出版社,2010.
[2] 中华人民共和国建设部,中华人民共和国国家质量监督检验检疫总局、国家质量监督检验检疫总局.住宅装饰装修工程施工规范:GB 50327—2001 [S].北京:中国建筑工业出版社,2001.
[3] 中华人民共和国住房和城乡建设部,中华人民共和国国家质量监督检验检疫总局.混凝土结构工程施工质量验收规范:GB 50204—2015 [S].北京:中国建筑工业出版社,2015.
[4] 北京市质量技术监督局,北京市规划和国土资源管理委员会.工程测量技术规程:DB11/T 339—2016 [S].北京:中国计划出版社,2017.
[5] 中华人民共和国住房和城乡建设部,中华人民共和国国家质量监督检验检疫总局.土方与爆破工程施工及验收规范:GB 50201—2012 [S].北京:中国建筑工业出版社,2012.
[6] 中华人民共和国住房和城乡建设部,中华人民共和国国家质量监督检验检疫总局.砌体结构工程施工规范:GB 50924—2014 [S].北京:中国建筑工业出版社,2014.
[7] 中华人民共和国住房和城乡建设部.建筑施工模板安全技术规范:JGJ 162—2008 [S].北京:中国建筑工业出版社,2008.
[8] 吴斌成.建筑工程施工手册:图解版 [M].北京:北京希望电子出版社,2020.
[9] 段玉顺,徐长伟.图解建筑工程施工手册 [M].北京:化学工业出版社,2020.
[10] 建筑施工手册编委会.建筑施工手册 [M].5版.北京:中国建筑工业出版社,2013.
[11] 孙华波,周振鸿.建筑工程施工手册 [M].北京:化学工业出版社,2021.
[12] 理想·宅.装修施工便携手册 [M].北京:兵器工业出版社,2018.